耐波工学

港湾・海岸構造物の耐波設計

耐波工学

港湾・海岸構造物の耐波設計

合田良實 著

鹿島出版会

まえがき

　本著『耐波工学』は，前著『増補改訂　港湾構造物の耐波設計』の改訂版である。しかし，近年の研究成果を取り入れて記述事項を大幅に増やし，また新しく 3 章を加えて内容を一新したので，書名を改めたものである。著者が初版を世に問うたのは 1977 年のことであり，すでに 31 年を経過した。その頃は，波のスペクトルとか不規則波などの概念が技術者の間にようやく広まってきたばかりであり，初版では不規則波に対する構造物の設計法を定着させることに主眼をおいていた。しかし，昨今では方向スペクトルや不規則波を用いた設計法が実務者の間でかなり理解されており，不規則波について詳細に説明する必要性が薄れたと思われる。

　近年は海岸工学関連の研究発表が非常に活発である。国内でいえば，毎年の海岸工学講演会に 250 編以上の論文が提出され，海洋開発シンポジウムでも 200 編近い論文が集まる。また，2 年ごとの国際海岸工学会議にも約 350 編前後の論文が発表され，そのほかにもテーマを絞った国際シンポジウムが毎年のように開催される。各種の学術誌に掲載される論文の数も極めて多い。本著では，このように膨大な数の論文・報告の中から関連するものを選択して紹介したけれども，見落としなども多いと懸念される。読者各位におかれては，独自に文献を渉猟（しょうりょう）され，適切な知見を得られるようお願いしたい。

　本書で改訂した事項を章ごとに述べると次のようになる。第Ⅰ編の設計実務編の第 1 章では，不規則波の取扱いの沿革を取りまとめた。第 2 章の波の統計的性質のスペクトルでは，いろいろな方向分布関数の相互関係を定量的に述べて方向分布関数の間の転換を容易にし，また長周期波の概略を説明した。第 3 章では砕波による波の変形を大改訂するとともに，離岸堤と人工リーフの波高伝達率の新しい算定法を導入した。第 4 章の波力については下迫・高橋が開発した期待滑動量方式を説明するとともに，傾斜防波堤については近年のヨーロッパの研究成果を参照して記述した。第 5 章の護岸・海岸堤防の設計では，波の遡上高のデータを新しく紹介するとともに，玉田・井上・手塚による緩傾斜護岸の越波流量算定図表を掲載した。また，ヨーロッパにおける研究成果の概要を記述するとともに，これに基づいて新しく案出した直立護岸の越波流量推定式を紹介した。第 6 章「港湾の施設の確率論的設計」は新設であり，2007 年に『港湾の施設の技術上の基準』に導入された信頼性設計法の背景や，防波堤の性能設計について解説した。第 7 章は港内静穏度と船舶係留を取り扱っており，係留船舶の許容動揺量などを充実させ，係留障害への対応策を紹介した。第 8 章の水理模型実験では不規則波を用いた縮尺模型実験の事例を割愛して全面的に書き直し，模型の縮尺効果と不規則波を用いた実験手法その他について説明した。

　第Ⅱ編の調査研究編は変更個所が比較的に少ない。内容を書き直したのは第 10 章の波浪の非線形性に関する事項である。また第 11 章では方向スペクトルの推定法と不規則波浪の数値シミュレーション手法の内容を書き改めた。第 12 章「砕波を伴う波浪場・海浜流場の数値計算」は新しく執筆したものである。計算手法を解説するとともに，著者が開発した段階的砕波変形モデルを記述し，それを用いて計算した平均水位の上昇量と沿岸流速の算定公式を紹介した。

第Ⅲ編の極値統計編では，極値分布関数の裾の広がりを表す裾長度パラメータを紹介してその役割を説明し，また日本沿岸の波浪の極値統計分布の地域特性を論じた。また，泉宮・斉藤による重み付き最小2乗法を記述するとともに，泉宮によるワイブル分布のL年最大値などを紹介した。

　第Ⅳ編の「海浜変形論」は新しく書き下ろしたものである。著者がこれまで扱ってこなかった分野であり，これまでの漂砂関連の研究の経緯を概観するとともに，著者の視点で近年の研究の成果を取りまとめた。文献を120編以上も引用したため，文献レビューのような形になったけれども，実務者の方々にとっても海浜変形問題に携わる際の基礎知識として有益ではないかと考えている。また，今後のモデル開発や研究の方向について著者の考えを述べさせていただいた。これまでの研究の流れとは異なる方向からの私見であるので，漂砂問題を専門とされる各位からのご批判を頂ければ幸いである。

　前著の増補改訂版では参考文献として重複を含めて延べ395件を引用したが，今回はこのうち114件を割愛して新しく471件を追加し，全体で延べ752件を引用した。図版は増補改訂版では162葉を掲載したが，今回はこのうち26葉を割愛し，46葉を新しく作成あるいはほかから転載したので，全体で182葉となった。

　今回の再改訂に当たっても多くの方々のご協力を仰ぎ，お教えいただいた。独立行政法人　港湾空港技術研究所の下迫健一郎　耐波研究室長からは防波堤の期待滑動量方式に関するご意見を頂き，平石哲也　波浪研究室長と栗山善昭　漂砂研究室長には文献収集に当たってご尽力いただくとともに，原稿の不備な点をご指摘いただいた。また，港湾水工部の平山克也　主任研究官からは砕波変形とブシネスク方程式について教えていただいた。国土技術政策総合研究所の長尾　毅　港湾施設研究室長には信頼性設計についていろいろご教授いただいた。新潟大学の泉宮尊司　教授からは極値統計解析にかかわるご研究の成果をお教えいただいた。京都大学名誉教授の高山知司博士は信頼性設計に関するご研究をご紹介くださった。さらに，いであ株式会社の玉田　崇　技師からは緩勾配傾斜護岸の越波流量算定図表とそのデータをご提供いただいた。また，(株)エコー顧問の加藤一正博士は，多年のご経験に基づく海浜変形に関するご卓見をお聞かせくださった。そのほか，(株)エコーの社員の方々からも原稿に対して貴重なご意見をいろいろ頂戴した。ほかにも多くの方々にご助力いただいたことを記し，上記の各位に厚くお礼を申し上げる。

　なお，14.3節にその一部を紹介したルーマニア国黒海南部海岸の海浜保全計画調査は国際協力機構が実施したものであり，発表をご許可いただいた同機構に謝意を表するとともに，調査に携わった各位のご助力に感謝する次第である。

　なお，本著の出版に当たっては，鹿島出版会の橋口聖一氏に仮名遣いの統一をはじめとしていろいろご助力いただいた。ここに記して感謝する次第である。

2008年1月17日

著　者

目　次

まえがき

I　設計実務編

1. 緒　論 … 3
　1.1　海の波 … 3
　1.2　不規則波の取扱いの沿革 … 4
　1.3　不規則波に対する設計計算法の概要 … 7
　参考文献 … 10

2. 海の波の統計的性質とスペクトル … 11
　2.1　不規則波形とその代表値 … 11
　2.2　波高と周期の分布 … 14
　2.3　波のスペクトル … 18
　　2.3.1　周波数スペクトル … 18
　　2.3.2　方向スペクトル … 22
　2.4　スペクトルと代表波との関係 … 29
　2.5　波浪に伴う長周期波 … 32
　参考文献 … 35

3. 波の変形 … 39
　3.1　波浪計算の諸パラメータ … 39
　3.2　波の屈折 … 41
　3.3　波の回折 … 49
　3.4　換算沖波 … 59
　3.5　波の浅水変形 … 60
　3.6　砕波による変形 … 63
　　3.6.1　規則波の砕波指標 … 63
　　3.6.2　砕波帯内の波浪現象 … 64
　　3.6.3　一様傾斜海浜における波高変化 … 73
　　3.6.4　複雑な海底地形における砕波変形の取扱い … 80
　　3.6.5　リーフ上の水理現象 … 82
　3.7　波の反射と消波 … 83
　　3.7.1　反射率と消波構造物 … 83
　　3.7.2　反射波の伝播と合成 … 84

        3.8 構造物沿いの波高分布 ………………………………………………… 87
        3.9 防波堤・離岸堤の伝達波 ……………………………………………… 91
            3.9.1 直立・混成防波堤の波高伝達率 ………………………………… 91
            3.9.2 離岸堤・人工リーフの波高伝達率 ……………………………… 93
            3.9.3 構造物背後への伝達波の伝播 …………………………………… 95
        参考文献 ……………………………………………………………………… 96

4. 防波堤の設計 ……………………………………………………………… 101
    4.1 防波堤直立部の設計波圧 ………………………………………………… 101
        4.1.1 波圧算定式の沿革 ………………………………………………… 101
        4.1.2 設計波圧の算定 …………………………………………………… 104
        4.1.3 衝撃砕波力と直立部の滑動 ……………………………………… 110
    4.2 混成防波堤設計の諸問題 ………………………………………………… 115
    4.3 傾斜防波堤設計の諸問題 ………………………………………………… 122
    参考文献 ……………………………………………………………………… 126

5. 護岸・海岸堤防の設計 …………………………………………………… 129
    5.1 不規則波の護岸・堤防への打ち上げ高 ………………………………… 129
    5.2 護岸の越波量 ……………………………………………………………… 132
    5.3 許容越波流量と護岸の天端高 …………………………………………… 145
    5.4 護岸設計の諸問題 ………………………………………………………… 149
    参考文献 ……………………………………………………………………… 151

6. 港湾の施設の確率論的設計 ……………………………………………… 155
    6.1 設計因子の不確定性 ……………………………………………………… 155
    6.2 防波堤の信頼性設計 ……………………………………………………… 158
        6.2.1 信頼性設計の分類 ………………………………………………… 158
        6.2.2 レベル2による安全性の評価 …………………………………… 158
        6.2.3 部分係数法による防波堤の設計 ………………………………… 164
    6.3 防波堤の性能設計 ………………………………………………………… 165
        6.3.1 性能設計の概要 …………………………………………………… 165
        6.3.2 期待滑動量方式による性能設計 ………………………………… 166
        6.3.3 修正レベル1法による混成堤の設計 …………………………… 170
    参考文献 ……………………………………………………………………… 172

7. 港内静穏度と船舶係留 …………………………………………………… 175
    7.1 港内静穏度の考え方 ……………………………………………………… 175
    7.2 港内波浪出現率の推定法 ………………………………………………… 176
    7.3 港内静穏度の向上のための港湾計画 …………………………………… 181
    7.4 係留船舶の動揺 …………………………………………………………… 184
    7.5 係留船舶の許容動揺量と係留障害の防止策 …………………………… 188
    参考文献 ……………………………………………………………………… 191

8. 不規則波による水理模型実験 ································ 193
8.1 相似率および模型縮尺 ································ 193
8.2 不規則波による水理模型実験の必要性 ················ 195
8.3 水槽内の不規則波の発生方法 ·························· 196
8.3.1 造波装置と造波信号 ································ 196
8.3.2 波の発生に関するその他の事項 ·················· 200
8.4 不規則波実験の実施と留意点 ························ 201
参考文献 ·· 203

II 調査研究編

9. 不規則波の記述 ·· 209
9.1 進行波の波形および分散関係式 ···················· 209
9.2 スペクトルによる不規則波形の表示 ·············· 211
9.3 確率過程とスペクトル ································ 213
参考文献 ·· 216

10. 不規則波の統計理論 ······································ 217
10.1 波高分布の理論 ······································ 217
10.1.1 不規則波の包絡波形 ······························ 217
10.1.2 波高のレーリー分布 ······························ 218
10.1.3 最高波高の確率分布 ······························ 222
10.2 波の連なりの理論 ···································· 224
10.3 周期分布の理論 ······································ 232
10.3.1 ゼロアップクロス周期の平均値 ·············· 232
10.3.2 周期分布および波高との結合分布 ············ 233
10.4 波形の極大値の理論 ································ 240
10.5 波浪の非線形性とその影響 ························ 243
10.5.1 水面波形の非線形性 ······························ 243
10.5.2 波高と周期に対する波の非線形性の影響 ···· 247
10.5.3 スペクトル成分波の非線形性と拘束波 ······ 249
10.6 波浪の統計量の変動性 ······························ 252
参考文献 ·· 255

11. 不規則波の解析手法 ······································ 259
11.1 波の統計量の解析 ···································· 259
11.1.1 アナログ記録の解析 ······························ 259
11.1.2 デジタル記録の解析 ······························ 260
11.2 周波数スペクトルの解析 ··························· 263
11.2.1 スペクトル推定の理論 ··························· 263
11.2.2 平滑ピリオドグラム法によるスペクトル推定方法 ······ 268

11.3	方向スペクトルの解析	271
	11.3.1 方向スペクトルと共分散関数の関係	272
	11.3.2 波高計群方式による方向スペクトルの推定	273
	11.3.3 波向計測ブイおよび2成分流速計による方向スペクトルの推定法	280
	11.3.4 最大エントロピー原理法とベイズ法	283
11.4	不規則波浪場における反射波の分離推定法	286
	11.4.1 造波水路内の反射波の分離推定法	286
	11.4.2 平面波浪場における反射波の分離推定法	289
11.5	不規則波浪の数値シミュレーションと数値フィルター	291
	11.5.1 数値シミュレーションの方法	291
	11.5.2 数値フィルター	294
参考文献		295

12. 砕波を伴う平面波浪・海浜流場の数値計算 … 299

- 12.1 波浪変形の数値計算法の概要 … 299
- 12.2 位相平均型波浪変形モデルの概要 … 300
- 12.3 時間発展型波浪変形モデルの概要 … 303
- 12.4 段階的砕波変形モデルによる波浪場の解析 … 305
- 12.5 海浜流場の数値計算法の概要 … 310
- 12.6 一様傾斜海浜における平均水位上昇量と沿岸流速の予測 … 315
- 参考文献 … 321

III 極値統計解析

13. 極値統計解析 … 327

- 13.1 序 説 … 327
  - 13.1.1 極値統計資料の分類 … 327
  - 13.1.2 極値分布関数とその特性 … 330
  - 13.1.3 再現期間と再現確率統計量 … 333
  - 13.1.4 順序統計量とその確率分布 … 335
  - 13.1.5 裾長度パラメータとその意義 … 336
- 13.2 極値分布関数の推定 … 338
  - 13.2.1 プロッティング・ポジションの選択 … 338
  - 13.2.2 最小2乗法による母数および再現確率統計量の推定 … 343
  - 13.2.3 標本に適合する極値分布関数の選定 … 347
  - 13.2.4 極値分布関数の棄却検定 … 349
- 13.3 極値統計量の信頼区間 … 355
  - 13.3.1 標本の標準偏差の分布 … 355
  - 13.3.2 母数推定値の分布 … 357
  - 13.3.3 再現確率統計量の信頼区間 … 360
- 13.4 極値統計に関する諸問題 … 365

13.4.1　発生原因が異なる統計資料の取り扱い ……………………………… 365
　　13.4.2　高波の極値統計を考慮した構造物の設計外力の選定 ……………… 366
　　13.4.3　L 年最大統計量とその変動係数 ……………………………………… 369
　　13.4.4　波浪の極値統計資料とその整理 ……………………………………… 372
　　13.4.5　波浪の極値統計の地域特性 …………………………………………… 374
　参考文献 …………………………………………………………………………… 377

Ⅳ　海浜変形論

14.　海浜変形の予測とその制御 …………………………………………………… 383
14.1　概　説 ……………………………………………………………………… 383
　　14.1.1　海浜変形の様相と研究小史 …………………………………………… 383
　　14.1.2　海浜変形の要因 ………………………………………………………… 386
　　14.1.3　現地海岸における漂砂量の概略値 …………………………………… 388
14.2　海浜変形モデルの概要 …………………………………………………… 389
　　14.2.1　海浜変形計算にかかわる未解決問題 ………………………………… 389
　　14.2.2　砕波による浮遊砂巻き上げの諸問題 ………………………………… 391
　　14.2.3　漂砂量推定式 …………………………………………………………… 393
　　14.2.4　海岸線変化モデル ……………………………………………………… 396
　　14.2.5　3次元海浜変形モデル ………………………………………………… 398
14.3　ワンラインモデルによる汀線変化の予測事例 ………………………… 401
14.4　海浜変形の制御法の概要 ………………………………………………… 405
14.5　養浜工法 …………………………………………………………………… 407
　　14.5.1　海浜の平衡勾配 ………………………………………………………… 407
　　14.5.2　諸外国における養浜工の実施状況 …………………………………… 408
　　14.5.3　養浜工の設計 …………………………………………………………… 408
　参考文献 …………………………………………………………………………… 411

付　表　水深―周期―波長および波速の表 ………………………………………… 417
索　引

I　設計実務編

1. 緒論

1.1 海の波

　われわれは海の中にいろいろな構造物を建設する。防波堤や岸壁などの港湾構造物，堤防や護岸などの海岸構造物，海底石油採掘用のプラットホームなどの海洋構造物などいろいろある。こうした構造物は風，波，潮流，地震などの自然の力に対抗しながらその機能を発揮することを要求される。このためわれわれは自然の力について各種の調査研究を行い，それらをできるだけ正確に理解し，その大きさを推定しようと努めている。

　海中の構造物を取り巻く自然環境の中で，最も特徴的でありかつ影響の大きいのが波浪であり，この存在が海中構造物を陸上構造物から決定的に異なるものとしている。しかし，波浪は自然現象の中でも変容の著しい現象の一つであり，その実体の把握は容易でない。

　海の波はいろいろな性質を持っている。風に従って起こり，山なす大波に発達し，風がすぎてしまえば跡形もなくなる変幻さがその一例である。また，船で沖へ出て海の面を眺めてみると，そこには大波，小波がいろいろな向きに散らばっている。その形の不規則性も波浪の重要な性質の一つである。一方，ゆったりと海岸に打ち寄せるうねりは同じような形を繰り返しながら，次々に砕けていく。この繰返しを親から子へのつながりになぞらえて，山本有三は小説『波』を世に著した。

　水面に波が立ち，伝播していくことは，日常の見慣れた現象である。しかし，これを数式で表し，その性質を解明できるようになったのは19世紀以降のことである*。すなわち，プラハの数学者であるゲルストナーが1802年に深海における波の理論（トロコイド波理論）を発表し，その後1845年に英国のエアリーが深海域から浅海域までの統一的な波の理論（微小振幅波理論）を著した。さらに1847年には波高の大きな深海域の波の理論がストークスによって発表され，これが一般の水深の場合にも拡張されて，波高の大きな波に対するストークス波理論となっている。また，水深が浅い場所では波の山がただ一つの孤立波が存在し，この波は波高がかなり大きくとも安定した形で進行することが1844年にラッセルによって明らかにされ，その理論的裏付けはブーシネスク（1871）およびレーリー（1876）によって，それぞれ独立に与えられた。なお，水深が浅い場所での波高の大きな周期的な波（クノイド波）の理論は，コレテベーグとドフリースによって1895年に導かれている。

　このように，波の基礎理論は19世紀に完成していたけれども，これを土木技術者が使いこなすようになるまでにはさらに数十年を要した。例外はマルセイユ港の技師であったサンフルーの重複波圧理論[2]であり，1928年の発表後あまり時を経ずに港湾関係者に注目され，防波堤の設計理論として各国で採用された。しかし，理論と実務が本格的に結びついたのは第2次世界大戦中のことであり，スベドラップとムンク[3]による波浪推算法

---

　* 以下の波の研究小史はLambの書物[1]に記載の文献に基づく。

(改良されて現在のSMB法となる)，ペニーとプライス[4]による防波堤の回折波の計算などに始まる，いわゆる海岸工学の誕生である。

SMB法では海の波が大小さまざまであることが認識され，その代表値として波群中の大きな波を全体の1/3の数だけ選んだ平均値に等しい有義波が採択された。したがって，有義波の概念は波が不規則であることの認識を前提にしたものであったけれども，結果として単一の波高，周期で波を表示していたために，ともすれば波高，周期が一定の規則的な波として海の波を考えがちであった。そして，規則波の理論や実験の成果がそのまま直接に現地に適用されることが少なくなかった。

一方，海の波の不規則性をその基本的特性としてとらえ，それを設計計算に取り入れようとする試みは米国の海洋学者であるピアソン[5]によって1952年に始められた。そして，波浪推算法としてSMB法と対比されるPNJ法[6]では，波の不規則性を表示する基本として波のスペクトルの概念を導入し，これによって波の発生，発達，うねりの伝播，沿岸での変形を計算する方法を詳述した。このスペクトルの概念は海洋学の分野では早くから取り入れられていたが，港湾・海岸工学の分野では一部の研究者の間にのみとどまり，実務計算にはなかなか導入されずにすぎてきた。こうした状況に変化が生じたのは1970年頃からであり，これについては次節に概説する。

1.2　不規則波の取扱いの沿革

本節では，主として1950年代から1990年代に至る期間において，本書で取り扱う主要事項に関する不規則波の取扱いの沿革の概略を紹介する。

(1)　波高と周期の統計的性質

海岸工学が誕生して間もない頃は，海の波を水圧式波高計で観測し，不規則波の波高や周期の統計的性質を調べることに主眼が置かれた。例えば，カリフォルニア大学のプッツ[7]は，有義波高と平均波高の比が平均的に1.57，1/10最大波高と有義波高の比が1.29であって，個々の波高の頻度分布はペアルソンIII型で近似できると報告した。しかし，波高に対してはレーリー分布が適用可能であることを1952年にロンゲット-ヒギンズが理論的に証明し[8]，これ以降は波高分布をレーリー分布として取り扱うことが定着した。

一方，1950年代では周波数スペクトルの計算に大変な努力を必要とした。なお，スペクトラムというのはラテン語の幽霊に当たるspecterと同根の言葉であり，科学分野では太陽の光をプリズムによって分解したときに得られる色の配列を指す用語として最初に使われた。直感的には分かりにくい概念であり，波の波形を見ただけではスペクトルを推定することなど不可能である。レーリー分布の理論は，不規則な波が周波数のごく近い成分の波だけで成り立っている（周波数スペクトルの分布幅が非常に狭い）場合に対して導かれたものである。しかし実際の波形記録の解析が進むにつれ，海の波には周波数帯の広い範囲の成分が含まれていることが分かってきた。一方で，個別の波高の分布はスペクトルの状況にかかわらず，レーリー分布にほぼ従うことも認められてきた。

こうした理論と実際との矛盾を解消する手がかりになったのが，不規則波形の数値シミュレーションであった。いろいろな形状の周波数スペクトルを与え，そのスペクトルを満足する模擬不規則波をコンピュータ上で生成させ，その波形から個々の波高・周期を読み取り，統計分布を解析する手法である。著者が1968～1969年にシミュレーションを行った頃はコンピュータの能力が今では考えられないほど貧弱であり，一連の波形を模擬する

のに数十分の計算時間が必要であった。このシミュレーション解析によって，周波数スペクトルの形状にかかわりなく，波高のレーリー分布がほぼ成り立つことが確認された[9]。

個々の波の周期に関してはそれ単独で議論されるのではなく，個々の波の波高と結びついたものとして解析される。波高と周期の結合分布については1975年にロンゲット-ヒギンズが一つの理論を示し[10]，それ以降，いろいろな検討が行われている。

(2) スペクトルに基づく波の変形計算

海岸工学の実務計算では，実際の波浪を一つの有義波高，有義波周期，卓越波向を持つ規則的な波で代表させる方式が1970年代前半まで用いられてきた。これを変革させるきっかけとなったのは，カールソンによるスペクトル波浪の屈折計算法の発表であった[11]。これはSMB法に代わって大勢を占めるようになった方向スペクトルによる波浪推算の数値計算方程式を応用したもので，一様傾斜海浜における浅水・屈折変形を一連の数値計算で求める方式である。現在のエネルギー平衡方程式法である。

この新方式は欧米ではあまり注目されず，日本でいち早く実務計算に取り入れた。永井ほか[12]は1974年に実際の港湾の設計に使った事例を発表している。こうした波浪の変形計算では，波のエネルギーが周波数帯だけでなく，方向別にも分布している状況を表示する方向スペクトルを設定する必要がある。洋上の波浪の方向スペクトルについては1950年代から観測が試みられ，特に波エネルギーの方向分布を表現する方向分布関数の解明が進められてきた。九州大学応用力学研究所の光易ほかのグループは綿密な洋上観測を繰り返し，1975年に風波の方向分布関数の定式化を発表した[13]。港湾技術研究所では，直ちにそれを遠地うねりにまで拡張して「光易型方向分布関数」と名付け，不規則波の屈折・回折図表を作成した[14]。欧米においてはこうした不規則波の回折図表を作成する試みがほとんど行われず，プロジェクト案件ごとに計算が行われていたようである。

欧米で方向スペクトルの必要性が認知されるようになったのは，水槽内に指定された方向スペクトルを再現できるような造波装置が普及した1980年代後半である。そうした水槽の一つで，ヴィンセントとブリッグスが実験を行い，方向スペクトル波浪が楕円形浅瀬の上で屈折・回折する状況を解明した。これを報じた1989年の論文[15]は多くの研究者の注目を集め，数値計算の手法がいろいろと開発される端緒となった。

(3) 不規則波の砕波と砕波帯内の諸現象

規則波と不規則波で大きく異なる現象の一つが砕波である。実験水路で起こした規則波であれば，斜面の上の1カ所ですべての波が砕け，その後はエネルギーを失って急速に波高が減少する。しかし不規則波では波高の大きさによって砕ける場所が広範囲にわたり，砕波の場所を特定することが難しい。現地で沿岸砂州が発達していれば，その上が砕波の開始地点となることが多く，その付近から汀線までの範囲が砕波帯と呼ばれる。

不規則波の砕波現象を最初にモデル化したのはコリンズで，1970年の発表[16]である。このモデルではレーリー分布に従う波高分布のうち，水深で規制される限界の波高よりも大きな波が砕けてエネルギーを失い，砕波限界の波高値にとどまると仮定した。すなわち，波高分布関数の変形として取り扱う方式である。著者が1975年に発表した砕波変形モデル[17]はこの改良型に属する。3.6節で述べるように，このモデルはわが国の実務計算に広く利用されてきた。

1978年になると，バッジェスとヤンセンが不規則波中で砕波する波の割合を推定し，水路内のボアーに伴うエネルギー減衰の概念を砕波に当てはめて，代表波高の減衰を算定する方式を発表[18]した。このモデルでは波高の2乗平均平方根値 H_{rms}（以下，2乗平均波高と略称）のみが求められ，最高波高や1/10最大波高などの個別の波高は計算されない。

しかし欧米では海岸堤防が緩傾斜型であり，防波堤も捨石堤が基本であるため，最高波高などの情報はあまり必要としない。また，海浜変形の計算でも2乗平均波高から有義波高を推定して使う。こうしたところから，ヨーロッパではこのモデルが広く使われてきた。

また1985年にダリーほか[19]が，エネルギー減衰率が砕波後の再生・安定波高のエネルギーとの差に比例するというモデルを提案した。当初は規則波の砕波減衰を対象としていたけれども，不規則波中の個々の波にも適用できるところから，その後は多くの研究者がこの系統の砕波変形モデルを開発している。

波が海岸に来襲するときには，波高の変化に付随して平均水位も変化する。砕波帯の外側では水位がわずかに低下し，それから汀線に向かって次第に上昇して沖波有義波高の10%前後の水位上昇を示す。また，波が海岸線に斜めに入射するのであれば，沿岸流という海岸に平行な流れが砕波帯内一円に励起される。こうした平均水位の変化や沿岸流を規則波で計算すると，実際の現象とかなり異なる結果となる。しかしながら，不規則波に基づく水位変化や沿岸流の計算法の開発は遅れ気味であり，規則波の砕波変形を使った研究論文などが2000年代後半でも時折発表されている。

(4) 構造物への波浪作用

直立壁面を有する混成防波堤の設計波力は，最高波を対象とする著者の波圧計算法[20]（1973年発表）がわが国では定着しており，直立消波ケーソン堤その他の特殊形状の防波堤にも適用できるようにいろいろな拡張が行われてきた。ヨーロッパでは1978年にポルトガルのシネス港の大水深傾斜防波堤が大災害をこうむったことを契機としてケーソン防波堤への関心が高まり，1990年代半ばにはEUの科学技術研究予算による共同研究の一つとしてケーソン防波堤の耐波設計が取り上げられ，近年は多数の研究成果が発表されている。

傾斜堤の被覆材については，1980年代に各国で水理実験水槽の造波装置が規則波から不規則波に切り替わったこともあって，有義波高 $H_{1/3}$ あるいは2%超過波高 $H_{2\%}$（≒$H_{1/20}$）を使って安定性を検討する方式が主流になっている。また，海岸堤防や傾斜防波堤の遡上高については不規則波実験で求めるのが原則のようになっており，ヨーロッパでは2%超過遡上高，すなわち遡上高の頻度分布を調べて高いほうから2%に当たる値を採択するのが一般的である。

海岸堤防や防波護岸の越波量について，不規則波を対象とする研究を開始したのは日本が最初である。港湾技術研究所において，一連の系統的実験に基づく直立護岸と消波護岸の平均越波流量の設計図表[21]が1975年に取りまとめられ，港湾区域内の海岸保全施設の計画・設計の基礎データとして利用されてきた。ヨーロッパでは1990年代後半からEU共同研究の一つとして海岸堤防・傾斜防波堤の設計法の見直しが行われ，不規則波による越波流量の測定が多数の研究機関で実施されている。その際には，わが国の設計図表が先行する資料として取り上げられ，比較検討の対象となっている。

(5) 不規則波の実験手法

不規則波を実験水槽内に再現するためには，与えられた信号に従って造波板を忠実に駆動できる装置が必要となる。すなわちサーボシステムの造波装置である。こうした不規則波造波装置は1960年代初めに欧米の船舶試験水槽に導入され，英国やデンマークの水理研究所でも1960年代後半には不規則波を使った港内静穏度の実験が行われるようになった。

わが国ではヨーロッパにやや遅れて不規則造波装置の導入が始まり，1970年代には不規則波による実験的研究が数多く行われるようになった。模型実験を行うときには，水路

内に設置した構造物で波が反射され，その波が逆方向に進んで造波板で再反射され，造波板と構造物の間で何度も反射を繰り返す。規則波であれば再反射された波が構造物に到達する前に測定を終了すればよいけれども，不規則波では100波以上の長い時間の測定が要求されるので，そのような便法を使うことができない。この問題は，多重反射系のままで入射波と反射波を分離する手法[22]が1976年に確立したことによって解決された。この手法は国際海岸工学会議でも発表され，それ以来，世界各国で不規則波実験の標準的手法として利用されている。

さらに，所定の方向スペクトルを持つ多方向不規則波を水槽内に再現する装置も1970年代末に開発され，1980年代に入ると世界の主要な水理研究所に次々に導入され，現在では各国で多方向不規則波を使った実験が数多く行われている。こうした多方向不規則波を使った実験では，発生させた波が目標とする方向スペクトルを再現していることが求められ，方向スペクトルの観測・解析手法が多様化してきた。

不規則波による研究が進み，構造物設計の信頼度が向上してきた背景には，こうした水理実験手法の進展があるのである。

1.3　不規則波に対する設計計算法の概要

(1)　波の変形

海の中の構造物に対する波の作用を推定するためには，沖合で風を受けて発生，発達した波が沿岸に伝播する過程でどのように変化するかを知る必要がある。この波の変形を模式的に示したのが図1-1である[23]。

まず，波が進行の途中で風域の外へ抜け出す**とうねり**となり，その進行距離に応じて減衰する（図の②）。**風波**あるいはうねりが沖合を伝播する途中で島や岬にぶつかると回折現象を起こし，遮蔽領域にも回り込む（図の④）。

波がその波長の約1/2よりも浅い水域（浅海域）にまで伝播すると**浅海波**となり，水深の影響を受けるようになる。水深が波長の約1/2よりも大きい水域を深海域，そこでの波を**深海波**または単に**沖波**という（図の⑤）。なお，内湾などでは発生波そのものが浅海波となる場合が多い。このときは浅海波としての波浪推算が必要になる。ただし，波浪推算については紙数の関係で本書では取り扱わない。

浅海域の変形でまず考慮しなければならないものは，海底地形の屈曲に応じて波の進行方向ならびに波高が変化する**屈折**の現象（図の⑥）である。また，港内の波の問題では防波堤による波の**回折**現象（図の⑦）が支配的な要因である。さらに，図1-1には示していないけれども，水深が浅くて海底勾配が非常に緩やかな水域が広がっているような所では，海底摩擦による波高の減衰も無視できない。こうした屈折，回折などによる波高変化の影響は，**相当深水波**すなわち**換算沖波**（図の⑧）という仮想的な波の表示法を用いて取り扱うのが便利である。この換算沖波は，周期は沖波と同一とし，波高の値に屈折，回折などの影響を加味するものである。

浅海域へ伝播した波は，さらに水深の減少に伴う波のエネルギー輸送率の変化のために波高が漸変する。この現象は**浅水変形**（図の⑨）と呼ばれる。また，水深が有義波高の2～4倍以下になると波群中の波高の大きい波から次第に砕け始め，波のエネルギーが消耗されて波高が減衰する。この変化は**砕波変形**（図の⑩）と呼ばれる。

港湾構造物の設計対象地点における波（図の⑫）は，以上の屈折，回折，浅水変形，砕

図 1-1 波の変形の流れ図[23]

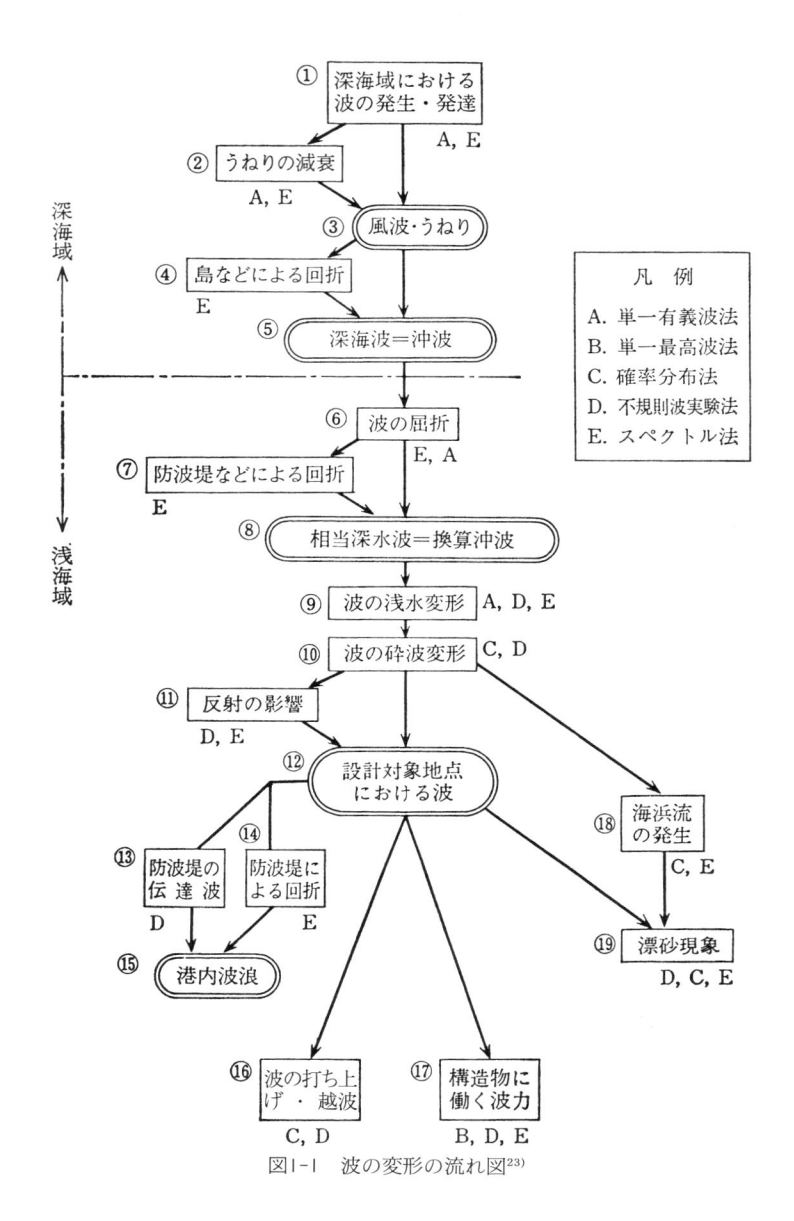

波変形などの諸現象を経た波である。また，隣接地区に長大な防波堤があったり，設計対象地点が港内である場合などは，直接の来襲波だけではなく，既設構造物などによる波の**反射**の影響を考慮する必要がある。これらの波の諸変形については第3章で述べる。設計対象地点における波の諸元が求められれば，それぞれの問題に応じて所要の計算を行う。例えば，港湾静穏度の問題では第6章で述べるように，防波堤の伝達波（図の⑬），港口からの回折波（図の⑭），および図 1-1 では省略しているけれども港内反射波も考慮して，港内波浪の大きさを推定する。

　海岸堤防や護岸などの計画では，波の打ち上げ高あるいは越波量を推定しなければならない。この目的で既往の実験データあるいは算定図表を利用する場合，普通はパラメータとして換算沖波の諸元が用いられているので，形式的には図 1-1 の⑧から⑯へ飛ぶことになる。ただし，実際には実験データの中に⑨と⑩の変形が包含されている。越波に関する諸問題は第5章に記述される。

防波堤などの設計では波力の大きさが問題であり，適切な計算法を用いて算定しなければならない。計算法の選定およびその内容は第4章で記述する。さらに，海浜では漂砂現象が非常に重要であり，海岸侵食や堆積・埋没などの問題を引き起こす。この漂砂の現象は波の砕波変形と密接な関係があり，海浜流の発生（図の⑱）が誘因となる。

なお，以上の波の変形計算においては波の大きさの指標として有義波高と有義波周期を用い，波力計算その他必要に応じて最高波その他の諸元に換算する。これは従来の有義波法と表面上は同一である。しかし，変形計算の過程において波の不規則性を考慮するため，計算によって得られる変形後の有義波高の値が従来のものと異なる場合が多い点に注意されたい。

(2) 不規則波の取扱法

以上の波の諸変形と波の作用を取り扱う方法として，著者は1976年に図1-1の凡例に示す五つの方法を紹介した[23]。すなわち，

A．単一有義波法
B．単一最高波法
C．確率分布法
D．不規則波実験法
E．スペクトル法

まず**単一有義波法**は，不規則な海の波を波高と周期が有義波の諸元に等しい規則波で代表させ，その規則波の変形を理論または実験で求めて，海の波の変形を推定する方法である。この方法は分かりやすくかつ簡便であるけれども，現象によっては大きな誤差を伴うことがある。図1-1に示されているように，この方法を簡便法として使用可能なのは，波の発生・発達，うねりの減衰，波の屈折，および浅水変形の諸現象である。

単一最高波法は，不規則波の中の波高最大の波を対象とするもので，直立・混成防波堤や海洋構造物のように最大波力の波によって被災する危険性のある構造物に対して用いられる。近年は不規則波を使った実験で確かめる事例が増えているけれども，波高最大の波を規則波で置き換えて実験あるいは数値計算で波力を推定することが多い。

次の**確率分布法**は，防波堤ケーソンの滑動量や護岸の越波量の問題のように，不規則な波群中の個々の波の累積効果が重要な場合に使われる。多くは研究の手法として用いられ，得られた結果は有義波などの諸元に基づく設計図表などにまとめられる。また，数値計算法であるモンテカルロ法を使って防波堤の期待滑動量を計算する方法もこの一つといえる。

構造物の安定性などの問題では，不規則波を使った模型実験で確かめることが一般的になっている。また，複雑な地形の海岸では多方向不規則波実験水槽で波の屈折・回折・砕波の諸変形を直接に調査することも行われる。こうした**不規則波実験法**は，造波装置の発達普及によって今では標準的手法といってよい。

一方，波浪変形の数値計算においては方向スペクトルの導入が常識となっている。周波数，方向別のエネルギー分布に応じて波を多数の成分波に分割し，それぞれの成分波の変形を計算した結果を合成する。すなわち**スペクトル法**であり，変形計算だけでなく，大型海洋構造物に働く波力の問題でも活用されている。

以上に述べた五つの方法は，図1-1の現象ごとに最も適当と思われるものを記号で示している。もっとも，実際の問題では複数の方法を使い分けており，この分類にこだわる必要はない。以下の各章においては，それぞれの現象ごとに現在使われている方法を解説する。

参考文献

1) Lamb, H.: *Hydrodynamics* (6th Ed.), Chapt. IX, Cambridge Univ. Press, 1932.
2) Sainflou, G.: Essai sur les digues maritimes verticales, *Annales des Ponts et Chaussées*, Vol. 98, No. 4, 1928.
3) Sverdrup, H. U. and Munk, W. H.: *Wind, Sea, and Swell; Theory of Relations for Forecasting*, U. S. Navy Hydrographic Office, H. O. Pub. No. 601, 1947.
4) Penny, W. G. and Price, A. T.: Diffraction of sea waves by breakwaters, *Directorate of Miscellaneous Weapons Development, Tech. History* No. 26, Artificial Harbours, Sec. 3-D, 1944.
5) Pierson W. J., Jr., et al.: The theory of the refraction of a short-crested Gaussian sea surface with application to the Northern New Jersey Coast, *Proc. 3rd Conf. Coastal Eng.*, Cambridge, Mass., 1952, pp. 86-108.
6) Pierson W. J., Jr., Neumann, G., and James, R. W.: *Practical Methods for Observing and Forecasting Ocean Waves by Means of Wave Spectra and Statistics*, U. S. Navy Hydrographic Office, H. O. Pub. No. 603, 1955.
7) Putz, R.R.: Statistical distributions for ocean waves, *Trans. Amer. Geophys. Union*, Vol. 33, No. 5, 1952, pp. 685-692.
8) Longuet-Higgns, M.S.: On the statistical distribution of the heights of sea waves, *J. Marine Res.*, Vol. IX, No. 3, pp. 245-266.
9) Goda, Y.: Numerical experiments on wave statistics with spectral simulation, *Rept. Port and Harbour Res. Inst.*, Vol. 9, No. 3, 1970, pp. 3-57.
10) Longuet-Higgins, M. S.: On the joint distribution of the periods and amplitudes of sea waves, *J. Geophys. Res.*, Vol. 80, No. 18, 1975, pp. 2688-2694.
11) Karlsson, T.: Refraction of continuous ocean wave spectra, *Proc. ASCE*, Vol. 95, No. WW4, 1969, pp. 471-490.
12) 永井康平・堀口孝男・高井俊郎：方向スペクトルを持つ沖波の浅海域における伝播計算について，第21回海岸工学講演会論文集，1974年，pp. 437-448.
13) Mitsuyasu, H., Tasai, F., Suhara, T., Mizuno, O., Ohkusu, M., Honda, T., and Rikiishi, K.: Observation of the directional spectrum of ocean waves using a cloverleaf buoy, *J. Physical Oceanogr.*, Vol. 5, pp. 750-760.
14) 合田良実・鈴木康正：光易型方向スペクトルによる不規則波の屈折・回折計算，港湾技研資料，No. 230, 1975年，45 p.
15) Vincent, C. L. and Briggs, M. J.: Refraction-diffraction of irregular waves over a mound, *J. Waterway, Port, Coastal and Ocean Eng.*, Vol. 115, No. 2, 1989, pp. 269-284.
16) Collins, I. I.: Probabilities of breaking wave characteristics, *Proc. 12th Conf. on Coastal Eng.*, ASCE, Washington, D. C., 1970, pp. 399-414.
17) 合田良実：浅海域における不規則波の砕波変形，港湾技術研究所報告，第14巻 第3号，1975年，pp. 59-106.
18) Battjes, J. A. and Janssen, J. P. F. M.: Energy loss and set-up due to breaking of random waves, *Prof. 16th Int. Conf. on Coastal Eng.*, ASCE, Hamburg, 1978, pp. 1-19.
19) Dally, W. R., Dean, R. G., and Darlymple, R.A.: Wave height variation across beaches of arbitrary profile, *J. Geophys. Res.*, Vol. 90, No. C6, 1985, pp. 11,917-11,927.
20) 合田良実：防波堤の設計波圧に関する研究，港湾技術研究所報告，第12巻 第3号，1973年，pp. 31-69.
21) 合田良実・岸良安治・神山 豊：不規則波による防波護岸の越波流量に関する実験的研究，港湾技術研究所報告，第14巻 第4号，1975年，pp. 3-44.
22) 合田良実・鈴木康正・岸良安治・菊地 治：不規則波実験における入・反射波の分離推定法，港湾技研資料，No. 248, 1976年，24 p.
23) 合田良実：不規則波浪に対する設計計算法の体系化について，土木学会論文報告集，第253号，1976年，pp. 59-68.

2. 海の波の統計的性質とスペクトル

2.1 不規則波形とその代表値

(1) 波の平面形状

　海の波の形が不規則なことは写真2-1でもうかがわれる。これは弱い風が吹いて波が立ち始めているときの海面を斜め上から写したもので，太陽の光があちこちで反射されている。まだ白波は立っていないが，反射光の状況から分かるように，海面には大小さまざまの波がばらばらの方向を向いて散らばっている。ただし風は右から左へ向かって吹いており，波は全体として風の向きに進んでいる。また，写真2-2は実験室の水路内に風を吹かせて波を起こしたときのもので，波面の形と同時に，手前側のガラス窓で仕切られた波の縦断面の形も写っている。

　こうした波面の形を真上から見下ろして等高線図で表すと，例えば図2-1のようになるであろう[1]。これは実際の海面の形ではなく，2.3節で述べる波の方向スペクトルを使ってコンピュータでシミュレーションした模擬波形であるが，図の(a)は風波，(b)はうねりに相当すると考えられる。記号で示したように，波の山の部分はその高さに応じて点描，斜線，黒塗りで表され，波の谷の部分は白く残されている（図中の記号の η は平均水位からの水面上昇量である）。実際にステレオ写真を使って海面の等高線図を描いた結果も，これと非常に類似している。図2-1はまた，波の峰が短く途切れていることを示しており，この特徴から海の波，特に風波は「切れ波」と呼ばれることがある。

　波動現象の説明としては波の形を正弦波で表すことが多いけれども，こうした規則波は実験室の中でだけ見られるものである。自然にはこのような形の波は単独では存在しない。

写真2-1　光を乱反射している海面

写真2-2　風洞水槽内の風波
（港湾技術研究所水理研究室提供）

(a) $S_{max}=10$

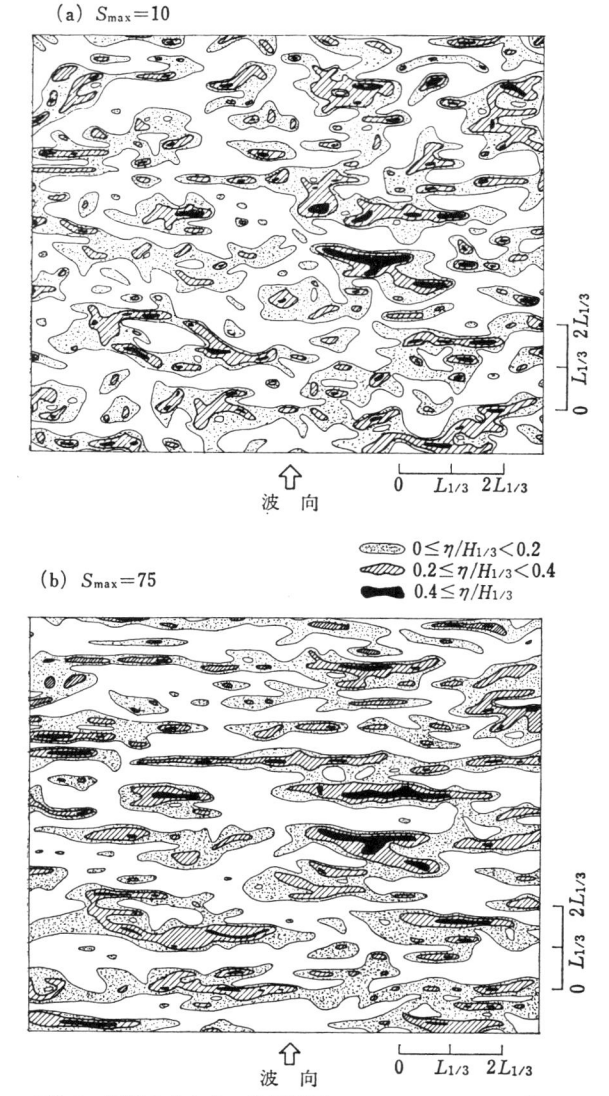

(b) $S_{max}=75$

$0 \leq \eta/H_{1/3} < 0.2$
$0.2 \leq \eta/H_{1/3} < 0.4$
$0.4 \leq \eta/H_{1/3}$

図2-1　風波とうねりの海面形状のシミュレーション結果[1]

(2) 代表波の定義

　写真2-2では4波分の波形の縦断面が見えているが、これをもっと長い距離にわたって観察すれば、不規則に上下する水面形が見いだされる。また、図2-1を縦方向に切断してその切り口を見たとすると、同様に不規則な波形が現れる。この場合の不規則波形は、距離を横軸にとったものである。

　一方、波高計で取得された水面波形の記録は、例えば図2-2のような波形である。この場合の横軸は時間である。このような不規則な波形について波の一つ一つをどのように定義するかは難しい問題であり、絶対的な定義の方法は存在しない。しかし現在は、次の**ゼロアップクロス法**が不規則な波の定義として一般に使われている。

　まず、水位のゼロ線を描く。そして、波形が波の谷から山へ向かって上昇しつつゼロ線を横切る点に印をつけ、一つの波の始まりとする。波形が不規則に振動しながらゼロ線の下に降り、次に上昇しながら再びゼロ線を横切ればそこにも印をつけ、その波の終わり（かつ次の波の始点）とする。座標軸が時間であれば二つの連続するゼロアップクロス点の

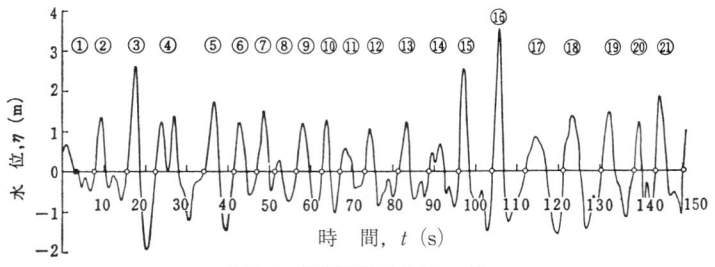

図2-2 波浪観測記録の一例

間隔が周期であり，座標軸が距離であればそれが見掛けの波長*となる。また，波の山で一番高い所と波の谷で一番低い所の高低差を波高とする。途中に小さな凹凸があっても，それがゼロ線を横切らないかぎり無視する。

このような定義を使うと，図2-2では21個の波が定義される。これらの波の波高と周期を最初から順に読み取った結果が表2-1である。表の中のmは波高の大きさの順位である。波浪観測では連続約100波の観測が一つの標準なので，実際の観測記録の読取・整理では第1～100波の読取表を作らなければならない。こうした記録からは，普通，次のような代表的な波が定義される。

(a) **最高波**：H_{max}，T_{max}　波群の中で最大の波高を示す波をいい，その波の波高をH_{max}，周期をT_{max}で表す。表2-1では⑯の波がこれに相当し，$H_{max}=4.89$ m，$T_{max}=8.0$ s である。

(b) **1/10 最大波**：$H_{1/10}$，$T_{1/10}$　波群の中で波高の大きい方から数えて 1/10 の数の

表2-1　波浪記録の読取例

波番号	波高 H (m)	周期 T (s)	波高順位 m
①	0.54	4.2	21
②	2.05	8.0	12
③	4.52	6.9	2
④	2.58	11.9	8
⑤	3.20	7.3	4
⑥	1.87	5.4	17
⑦	1.90	4.4	16
⑧	1.00	5.2	20
⑨	2.05	6.3	13
⑩	2.37	4.3	10
⑪	1.03	6.1	19
⑫	1.95	8.0	15
⑬	1.97	7.6	14
⑭	1.62	7.0	18
⑮	4.08	8.2	3
⑯	4.89	8.0	1
⑰	2.43	9.0	9
⑱	2.83	9.2	7
⑲	2.94	7.9	6
⑳	2.23	5.3	11
㉑	2.98	6.9	5

---

  * Pierson[2] によればこの波長は見掛けのものであって，水深と波長から計算される微小振幅波としての波長よりも短めであるという。ただし，図2-1では平均波長が微小振幅波の波長にほぼ等しい。

波について波高を平均してこれを $H_{1/10}$ で表し，同じ波について周期を平均してこれを $T_{1/10}$ で表す．表2-1では⑯と③の平均であり，$H_{1/10}=4.7$ m，$T_{1/10}=7.5$ s である．そして，この $H_{1/10}$ と $T_{1/10}$ を波高と周期に持つような波を考えて，これを1/10最大波と呼ぶ．

(c) **有義波（1/3最大波）**：$H_{1/3}$，$T_{1/3}$　波群の中で波高の大きい方から数えて1/3の数の波について波高を平均してこれを $H_{1/3}$ で表し，同じ波について周期を平均してこれを $T_{1/3}$ で表す．表2-1では⑯，③，⑮，⑤，㉑，⑲，⑱が対象となり，$H_{1/3}=3.6$ m，$T_{1/3}=7.8$ s である．そして，この $H_{1/3}$ と $T_{1/3}$ を波高と周期に持つような波を考えて，これを有義波または1/3最大波と呼ぶ．なお，$H_{1/3}$ は有義波高，$T_{1/3}$ は有義波周期と呼ばれる．

(d) **平均波**：$\bar{H}$，$\bar{T}$　波群中のすべての波について波高と周期を平均し，それぞれ $\bar{H}$，$\bar{T}$ で表す．表2-1では $\bar{H}=2.4$ m，$\bar{T}=7.0$ s である．そして，$\bar{H}$ と $\bar{T}$ を波高と周期に持つような波を考えて，これを平均波と呼ぶ．

以上の代表波の中で最もよく使われるのが有義波であり，波浪推算をはじめとして，海の波について単に波高・周期といえば $H_{1/3}$，$T_{1/3}$ を指す場合が大半である．

なお，波形が波の山から谷へ向かって下降しつつゼロ線を横切る点を一つの波の始まりとする方法もあり，**ゼロダウンクロス法**と呼ばれる．統計的にゼロアップクロス法とゼロダウンクロス法は同等であり，代表波の波高と周期も変わりない．両者をまとめて**ゼロクロス法**と総称されることがある．

2.2　波高と周期の分布

(1)　波高分布

不規則な波群中の波の統計的性質として，まず波高の分布を考える．いま，図2-2の波形を包含する連続97波の記録について波高の度数分布を調べると，図2-3のようになる．

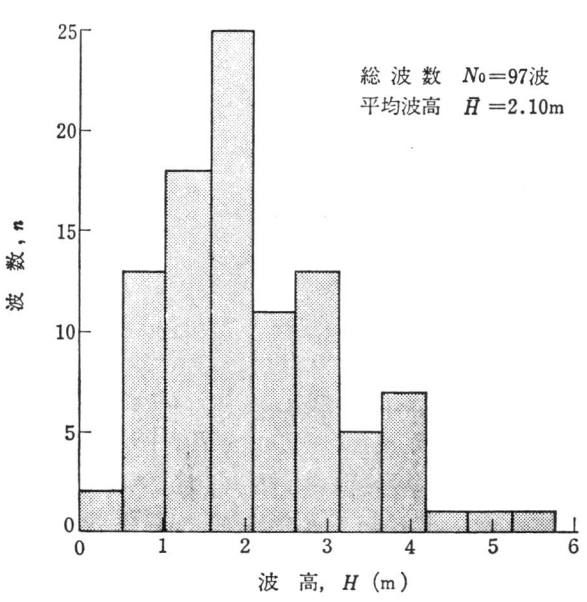

図2-3　波高の度数分布の例

この例では波高が 0.1 m から 5.5 m までの広い範囲に分布しており，$H=1.57 \sim 2.10$ m の区間の波が最も多い（区間幅は $\overline{H}/4=0.525$ m にとってある）。100 波程度の波数では記録によって出現度数に偏りが見られるので，多数の観測記録を集め，波高をそれぞれの平均波高 $\overline{H}$ で割って無次元化したものについて波高の相対度数分布を調べてみると，例えば図 2-4 の棒グラフのようになる[3]。この図の縦軸は相対度数 n/N_0 を波高比の区間幅 $\Delta(H/\overline{H})$ で割った値を示しており，相対度数分布の棒グラフの囲む面積が 1 になるように調整されている。ただし，N_0 は波数である。

図 2-4 の波高の相対度数分布は，何らかの理論曲線の存在を予想させる。実際に理論曲線として提唱されているものは，式 (2.1) のレーリー分布（図 2-4 の実曲線）である。

$$p(x)=\frac{\pi}{2}x\exp\left[-\frac{\pi}{4}x^2\right] \quad : x=H/\overline{H} \tag{2.1}$$

この式の $p(x)$ は確率密度関数と呼ばれているもので，波高比が $x \sim (x+dx)$ の間の値をとる確率が $p(x)dx$ で表される。近似的には図 2-4 の縦軸のように，$p(x) \fallingdotseq n/N_0 \cdot \Delta(x)$ として表示できる。また，$p(x)$ を $x=0$ から $x=\infty$ まで積分した値は x が $0 \sim \infty$ の間の値をとる確率を表し，これは確率の定義によって 1 であるので，そのように $p(x)$ の値が調整されている。

表 2-2 は $p(x)$ の値を計算した結果[4]である。表中の $P(x)$ はある設定値を上回る波高が出現する確率，すなわち超過確率であって次式で与えられる。

$$P(x)=\int_x^{\infty}p(\xi)d\xi=\exp\left[-\frac{\pi}{4}x^2\right] \tag{2.2}$$

このレーリー分布はもともと 19 世紀末に英国のレーリー卿が無数の音源からの合成音

表2-2　波高のレーリー分布の計算表[4]

$H/\overline{H}$	$p(H/\overline{H})$	$P(H/\overline{H})$	$H/\overline{H}$	$p(H/\overline{H})$	$P(H/\overline{H})$
0	0	1.0000	2.0	0.1358	0.0432
0.1	0.1559	0.9922	2.1	0.1033	0.0313
0.2	0.3044	0.9691	2.2	0.0772	0.0223
0.3	0.4391	0.9318	2.3	0.0567	0.0157
0.4	0.5541	0.8819	2.4	0.0409	0.0108
0.5	0.6454	0.8217	2.5	0.0290	0.00738
0.6	0.7104	0.7537	2.6	0.0202	0.00495
0.7	0.7483	0.6806	2.7	0.0138	0.00326
0.8	0.7602	0.6049	2.8	0.0093	0.00212
0.9	0.7483	0.5293	2.9	0.0062	0.00135
1.0	0.7162	0.4559	3.0	0.0040	0.00085
1.1	0.6680	0.3866	3.1	0.0026	0.00053
1.2	0.6083	0.3227	3.2	0.0016	0.00032
1.3	0.5415	0.2652	3.3	0.0010	0.00019
1.4	0.4717	0.2145	3.4	0.0006	0.00011
1.5	0.4025	0.1708	3.5	0.0004	0.000066
1.6	0.3365	0.1339	3.6	0.0002	0.000038
1.7	0.2759	0.1033	3.7	0.0001	0.000021
1.8	0.2219	0.0785	3.8	0.0001	0.000012
1.9	0.1752	0.0587	3.9	0.0000	0.0000065
2.0	0.1358	0.0432	4.0	0.0000	0.0000035

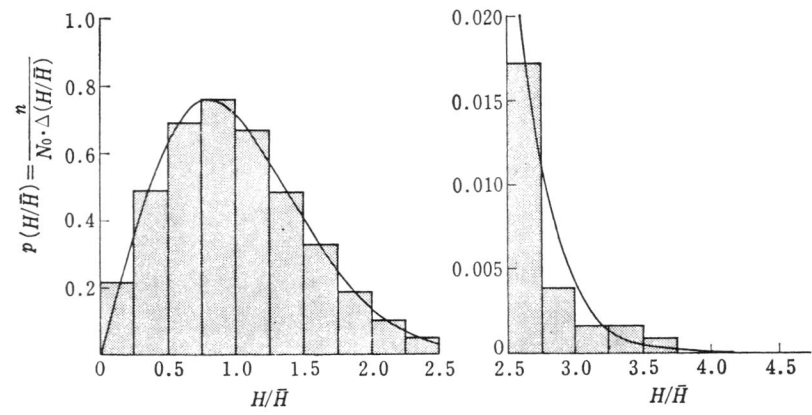

図2-4 沿岸波浪の波高の相対度数分布[3] [52ケース5111波 ($H_{1/3}/h=0\sim0.39$)]

の強さを表す式として導いたものであるが，1952年にロンゲット-ヒギンズ[5]が海の波についても適用できることを例証して以来，波高分布の一般式として広く使われている。もっとも，理論的に証明されているのは不規則な波の中でも周期の変動が非常に小さく，波高だけがビート状に変動しているような場合に対するものであって，実際の海の波のように周期もある幅で変動する場合の理論分布は見いだされていない。現地の波浪観測記録を子細に解析してみると，波のスペクトル形状の影響を受けて波高分布がレーリー分布から若干ずれる傾向が認められる（2.4節参照）。しかし，前節で述べたようなゼロアップクロス法で波を定義すると，結果としてレーリー分布が非常に良い近似式を与えることが多数の研究者によって報告されている[6]。これは，風波，うねり，あるいは両者の重畳した場合のいずれについてもいえることである。

(2) 代表波高間の関係

波高分布がレーリー分布で表されると，$H_{1/10}$ や $H_{1/3}$ と $\bar{H}$ の関係が確率計算によって次のように求められる（9.1.2項参照）。

$$H_{1/10}=1.27H_{1/3}=2.03\bar{H}, \qquad H_{1/3}=1.60\bar{H} \tag{2.3}$$

ただし，これは多数の記録についての平均的な関係であって，連続100波程度の記録ではこの平均値からかなりずれることがある。図2-5，2-6は波浪観測記録171例について波高比 $H_{1/10}/H_{1/3}$ および $H_{1/3}/\bar{H}$ の相対度数分布を調べた結果[3]を示すもので，$H_{1/10}/H_{1/3}$ は 1.15～1.45，$H_{1/3}/\bar{H}$ は 1.40～1.75 の範囲に分布している。しかし，全体の平均値は前者が 1.27，後者が 1.59 であって，式（2.3）の値にほとんど一致する。

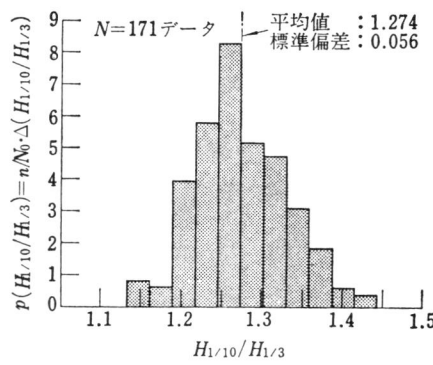

図2-5 波高比 $H_{1/10}/H_{1/3}$ の相対度数分布[3]

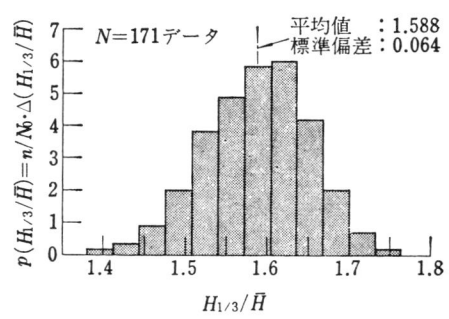

図2-6 波高比 $H_{1/3}/\bar{H}$ の相対度数分布[3]

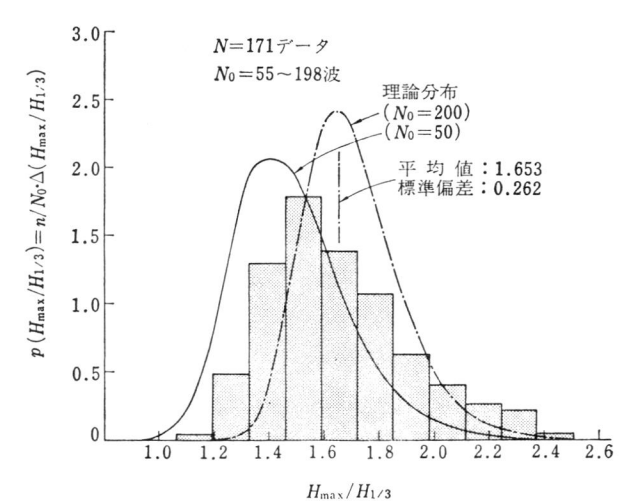

図2-7 波高比 $H_{max}/H_{1/3}$ の相対度数分布[3]

また，H_{max} と $H_{1/3}$ の関係もレーリー分布から計算することができる（9.1.3項参照）。ただし，H_{max} というのは波群中の波高最大の1波についての値なので，$H_{1/3}$ が同じであっても波形記録が違えば H_{max} の値も皆異なるという基本的性質を持っている。例えば，図2-7 は観測記録 171 例について $H_{max}/H_{1/3}$ の比の相対度数分布を調べたもので[3]，波高比は 1.1 から 2.4 までと非常に広い範囲に分布している。図中の実線および1点鎖線の曲線はレーリー分布から予測される波高比 $H_{max}/H_{1/3}$ の確率密度であり，それぞれ記録中の波数が 50 波および 200 波の場合を示している。観測記録は波数が $N_0=55 \sim 198$ 波であり，$H_{max}/H_{1/3}$ の相対度数分布は二つの理論曲線の間に挟まれた形になっている。

H_{max} についていえることは，こうした $H_{max}/H_{1/3}$ の度数分布がどのようになるかということであって，個々の波群について H_{max} の値を予測することは原理的に不可能である。度数分布のピークすなわち最多値については，波群中の波の数 N_0 をパラメータとして平均的に次式で与えられる。

$$(H_{max}/H_{1/3})_{mode} \fallingdotseq 0.706\sqrt{\ln N_0} \tag{2.4}$$

一方，$H_{max}/H_{1/3}$ の平均値は図 2-7 の分布形から明らかなように最多値よりも大きく，近似的に次のように与えられる。

$$(H_{max}/H_{1/3})_{mean} \fallingdotseq 0.706\{\sqrt{\ln N_0} + \gamma/(2\sqrt{\ln N_0})\} \tag{2.5}$$

ただし，γ はオイラーの定数で $0.5772\cdots\cdots$ の値をとる。

さらに，図2-7 のような理論曲線において超過確率が μ である最高波高 $(H_{max})_\mu$，すなわち確率密度曲線についてその波高よりも大きな範囲を積分した値が μ であるような波高は次式で与えられる。

$$\frac{(H_{max})_\mu}{H_{1/3}} \fallingdotseq 0.706\sqrt{\ln\left[\frac{N_0}{\ln 1/(1-\mu)}\right]} \tag{2.6}$$

【例題 2.1】

$H_{1/3}=6.0$ m の波が 500 波続くときの H_{max} の最多値，平均値，および $\mu=0.01$ に対する $(H_{max})_\mu$ を求めよ。

【解】

$\sqrt{\ln 500} = 2.493$ および $\sqrt{\ln[500/\ln 1/0.99]} = 3.289$ により，

$(H_{max}/H_{1/3})_{mode} \fallingdotseq 0.706 \times 2.493 \times 6.0 = 10.6$ m

$(H_{max}/H_{1/3})_{mean} \fallingdotseq 0.706 \times [2.493 + 0.5772/(2 \times 2.493)] \times 6.0 = 11.1$ m

$(H_{max})_{0.01} \fallingdotseq 0.706 \times 3.289 \times 6.0 = 13.9$ m

最高波高が確定されないことは，設計に際して非常に不便でありかつ不安なことである。しかし，これは海の波の本質上やむを得ない。設計の対象となる波の継続時間すなわち波数を考慮し，ある幅の誤差を受容しながら H_{max} を選択しなければならない。一般に用いられている関係は

$$H_{max} = (1.6 \sim 2.0) H_{1/3} \tag{2.7}$$

であり，設計波推定の信頼度，計算法の精度，構造物の重要性や破壊限界における挙動特性などを勘案しながら選択される。海洋鋼構造物の設計では $H_{max} = 2.0 H_{1/3}$ が用いられることが多い[7]。また，混成防波堤の設計に際しては $H_{max} = 1.8 H_{1/3}$ の関係を使うことを著者は提案している[8]。

(3) 周期分布

波群の中の1波ごとの波の周期は波高の場合よりもばらつきが少なく，平均周期の 0.5～2.0 倍の範囲にあるものが大半である。しかし，風波とうねりが重なっている場合には周期分布の広がりが大きくなり，極端な場合にはそれぞれの平均周期を中心として広がる二山型の周期分布が見られる。このため，周期については波高のレーリー分布に対応するような一般形が存在しない。

もっとも，$T_{1/3}$ や $\overline{T}$ などの代表波の周期については相互関係があり，現地観測データの解析例では次のような関係が報告されている[3]。

$$\left.\begin{array}{l} T_{max} = (0.6 \sim 1.3) T_{1/3} \\ T_{1/10} = (0.9 \sim 1.1) T_{1/3} \\ T_{1/3} = (0.9 \sim 1.4) \overline{T} \end{array}\right\} \tag{2.8}$$

これは変動の範囲を示したもので，多数の記録についての平均的な関係としては次式が成立する[9]。

$$T_{max} \fallingdotseq T_{1/10} \fallingdotseq T_{1/3} \fallingdotseq 1.2 \overline{T} \tag{2.9}$$

なお，$T_{1/3}$ と $\overline{T}$ の比率は次節に述べる周波数スペクトルの形によってある程度変化する（2.4節参照）。

式(2.8)，(2.9)の関係は波高と周期の相関特性に基づくものである。すなわち，波高がかなり小さい波は周期が短いものが多いのに対し，波高が平均波高程度よりも大きな波については波高と周期の相関が失われているためである（詳しくは9.3節参照）。

2.3 波のスペクトル

2.3.1 周波数スペクトル

スペクトルの概念はニュートンに始まる[10]もので，元来は太陽の光をプリズムで赤から紫までの七色に分解したものをいい，これによって光の強さが波長に応じて変わる状態

が観察できる。この基本となっているものは，太陽の白色光が無数の色（波長）の光の成分で構成されているという事実である。このように複雑な現象を無数の成分に分解して考えるやり方は光ばかりでなく，電磁波その他いろいろな物理現象に拡張して使われている。

海の波の場合には，一見して不規則な波の形も，無数の周波数，波向の成分波が重なり合って合成されていると考えて，成分波のエネルギーの分布を周波数および波向に対して表示したものをスペクトルと呼んでいる。方向別のエネルギーの分布を考えずに周波数に対する分布だけを求めたものを周波数スペクトルといい，方向と周波数の両者を考えたものを方向スペクトルと区別していうこともある。

図 2-8 は周期および波高が異なる 5 個の正弦波（成分波）を重ね合わせることによって不規則な波形が合成される例[11]である。これでは波形の不規則性が十分でないけれども，成分波の数を非常に多くすれば実際の波に近い波形が得られる。逆に，図 2-2 のように不規則な波形も多数の成分波に分解して考えることができる（具体的な計算方法は 10.2 節参照）。こうした成分波の分布状況は，各成分波のエネルギーすなわち振幅の 2 乗を周波数に対してプロットした形で表示される。図 2-8 の波形の場合は図 2-9 のように 5 本の棒グラフで表されるが，海の波の場合には無数の周波数成分が存在するために連続した変化曲線となる。図 2-2 の波形をその一部に含む観測記録について周波数スペクトルを求めた結果は図 2-10 のようになる。連続スペクトルの場合は周波数スペクトル密度関数 $S(f)$ として表され，$m^2 \cdot s$ などの単位を持つ。

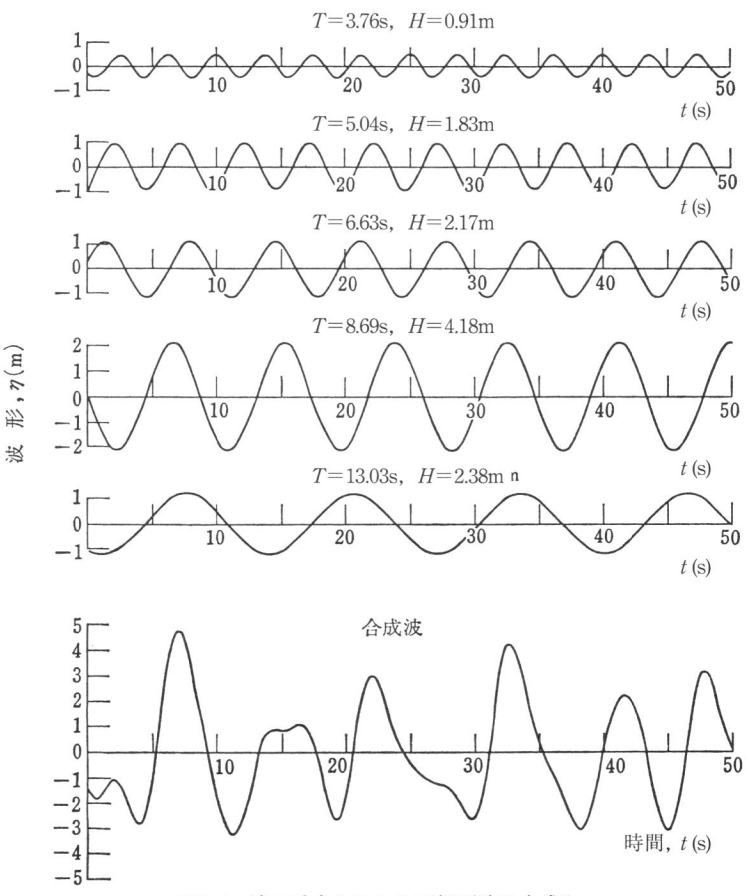

図2-8 波の重合せによる不規則波の合成[4]

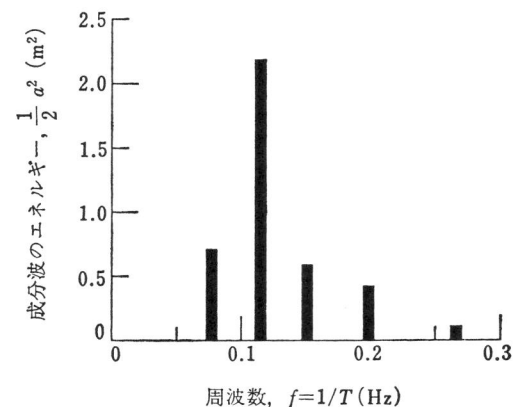

図2-9　合成波のスペクトル

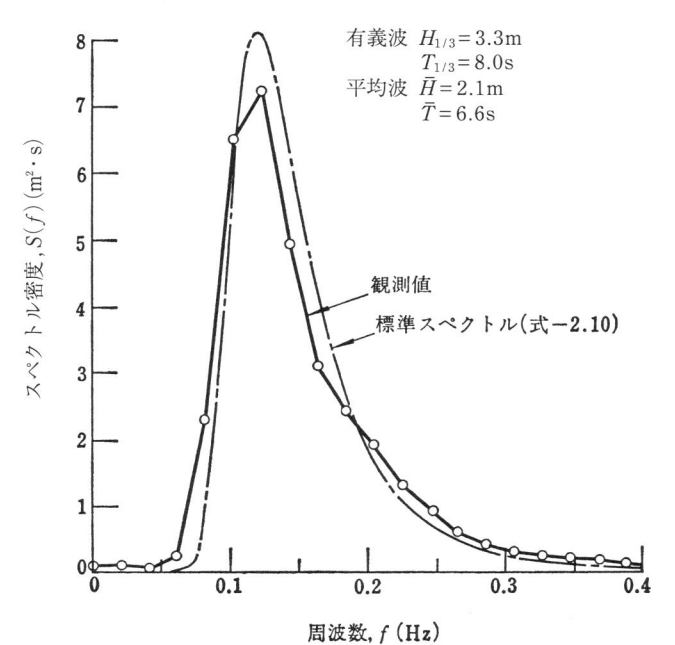

図2-10　スペクトル解析結果の例

図 2-10 のスペクトルは，有義波周期が 8.0 s であっても，波のエネルギーが $f \fallingdotseq 0.05\sim0.4$ Hz，すなわち $T\fallingdotseq 2.5\sim20$ s の範囲に広がっていることを示している。また，波のエネルギーが最も集中しているのは $f_p \fallingdotseq 0.12$ Hz の周波数であり，有義波周期に対応する $f=0.125$ Hz よりもやや低めの所である。

海の波の周波数スペクトルについては世界各地で非常に多くの波浪記録が解析されていて，その特性が比較的よく分かっている。例えば，風波のスペクトルは近似的に次のように表示できる。

$$S(f)=0.257H_{1/3}^2 T_{1/3}(T_{1/3}f)^{-5}\exp[-1.03(T_{1/3}f)^{-4}] \tag{2.10}$$

図 2-10 中の 1 点鎖線は，波形記録の有義波の諸元を使って式 (2.10) を当てはめたもので，この記録が水深約 11 m の浅海域で取得されたものであるために若干のずれが見られるが，それでも大略の形は表しているといえる。

式 (2.10) は，ブレットシュナイダーの提案式[12]を光易[13]が係数を修正して提示した

もので，ブレットシュナイダー・光易型スペクトルと呼ばれる。このほかにもピアソン・モスコビッツ式[14]をはじめとしていろいろな提案[15]~[19]がなされている。このうちピアソンとモスコビッツによるものは風速をパラメータとしていて，洋上の波浪推算式としての性格を持っている。ただし，周波数についての関数形は式（2.10）と同形である。光易によるブレットシュナイダー式の修正は，スペクトルがピークを示す周波数 f_p の逆数であるピーク周期 T_p と有義波周期 $T_{1/3}$ との間に $T_p ≒ 1.05\, T_{1/3}$ の関係があるという観測データに基づいて導いたものである。ただし，その後の観測資料では $T_p ≒ 1.1\, T_{1/3}$ の関係を示すものが多い。また，波の全エネルギーと有義波高の関係についても若干修正する必要があり，風波のスペクトルの標準形としては次式のほうが適当である[18]。これを修正ブレットシュナイダー・光易型スペクトルと呼んでおく。

$$S(f) = 0.205\, H_{1/3}^2\, T_{1/3}^{-4}\, f^{-5} \exp[-0.75(T_{1/3}f)^{-4}] \tag{2.11}$$

式（2.10）や（2.11）のスペクトル形は，十分に発達した風波に対するものであり，短い吹送距離で強風によって急に発達させられた風波の場合には，こうしたスペクトルよりも鋭く尖ったピークを持つことが多い。北海での波浪共同観測計画（JONSWAP）の成果に基づいて提案されたジョンスワップのスペクトル[16]はその典型である。これも原式は風速をパラメータとする波浪推算式であるが，波高と周期をパラメータにして表示すると近似的に次のようになる[18]。

$$S(f) = \beta_J H_{1/3}^2\, T_p^{-4}\, f^{-5} \exp[-1.25(T_pf)^{-4}] \times \gamma^{\exp[-(T_pf-1)^2/2\sigma^2]} \tag{2.12}$$

ここに，

$$\beta_J ≒ \frac{0.0624}{0.230 + 0.0336\gamma - 0.185(1.9+\gamma)^{-1}}[1.094 - 0.01915 \ln \gamma] \tag{2.13}$$

$$T_p ≒ T_{1/3}/[1 - 0.132(\gamma + 0.2)^{-0.559}] \tag{2.14}$$

$$\sigma ≒ \begin{cases} 0.07: f \leq f_p \\ 0.09: f > f_p \end{cases} \tag{2.15}$$
$$\gamma = 1 \sim 7 \ （平均 3.3）$$

このスペクトルは，ピークの鋭さを表すパラメータ，すなわちピーク増幅率 γ を導入しているのが特徴であって，$\gamma = 1$ のときは式（2.11）に一致し，γ 値が増大するにつれてスペクトルのピークが鋭くなる。

逆に，浅海域を進行する波浪はスペクトルの高周波数側の減衰が式（2.10）や（2.11）よりも緩やかなものが多い。このようなスペクトル形状の多様性を表示するためには，フアンほか[19]によって提案されたワロップス（Wallops）型スペクトルが便利である。これを波高と周期をパラメータとして書き換えたものが次式である[18]。

$$S(f) = \beta_W H_{1/3}^2\, T_p^{(1-m)}\, f^{-m} \exp\left[-\frac{m}{4}(T_pf)^{-4}\right] \tag{2.16}$$

ここに，

$$\beta_W ≒ \frac{0.0624\, m^{(m-1)/4}}{4^{(m-5)/4}\Gamma[(m-1)/4]}[1 + 0.7458(m+2)^{-1.057}] \tag{2.17}$$

$$T_p ≒ T_{1/3}/[1 - 0.283(m-1.5)^{-0.684}] \tag{2.18}$$

この式も $m=5$ のときに式 (2.11) と一致する。なお, $\Gamma[\cdot]$ はガンマ関数である。

欧米ではこのほかに TMA 型と呼ばれる周波数スペクトルを用いることがある。これは, ジョンスワップ型スペクトルに相対水深 $kh=2\pi h/L$ を変数とする次の関数を乗じたものである。

$$\phi(kh)=\frac{\tanh^2 kh}{1+2kh/\sinh 2kh} \tag{2.19}$$

この関数形はタッカー[20]が与えたもので, 水深が浅くなるにつれてその絶対値が次第に減少し, 砕波によって波のエネルギーが減衰する過程を間接的に表現している。

この TMA 型スペクトルは浅海域でのスペクトル形状をよく表すとして, 不規則波浪実験の目標スペクトルに採択する事例がある。しかし浅海域での波浪スペクトルには, 10.5 節に述べる波の非線形干渉の作用によって生成した成分が多く含まれている。スペクトルの概念は, それぞれ独立な成分波が線形に重畳していることを基本にしている。したがって, TMA 型スペクトルを波の変形や作用の入力として用いると, 波の非線形干渉が二重に加算されることになり, 適切な方法とは思われない。

うねりについては, その伝播過程を考えてみると分かるように, 速度分散の効果[21]によって風波のスペクトルのうちのある周波数帯の部分だけがうねりとして伝播し, このためにスペクトルとして鋭いピークを持つようになると考えられる。うねりのスペクトルの観測例はあまり多くないが, ニュージーランド沖から中米太平洋岸まで約 9,000 km を伝播した後でも有義波高が 3 m 以上であったうねりの観測結果では, ジョンスワップ型スペクトルを当てはめたときの γ 値が 8〜9 程度, ワロップス型スペクトルとして $m=7$〜11 程度と報告されている[22]。

以上に紹介したのは, いずれも単一ピークのスペクトルである。実際の海の波は, 二山型, 三山型のスペクトル形状を示すことが珍しくない。越智・ハッブル[17]は, 洋上での約 800 例の観測値を 11 のパターンに分類し, 二山型のスペクトルも表示できるようにしている。また, 風波とうねりの代表波高・周期がそれぞれ分かっている場合には, それぞれのスペクトルを標準形で与えておき, 両者の和としてスペクトルを計算してもよい。

2.3.2 方向スペクトル
(1) 一 般

波浪の特性は周波数スペクトルのみでは十分に記述することができない。図 2-1 の平面形状でいえば, 周波数スペクトルのみで表される波は波峰が一直線に横に連なり, 波長と波高だけが不規則に変動する形である。図 2-1 のような波峰形状を呈するためには, いろいろな方向からの成分波が重なり合うことが必要である。この各種の方向の成分波の重なり具合を表示するために, 方向スペクトルの概念が用いられる。これは波のエネルギーが周波数だけでなく方向についてもどのように分布しているかを表示するもので, 一般に次のように書き表される。

$$S(f,\theta)=S(f)G(f;\theta) \tag{2.20}$$

ここに, $S(f,\theta)$ は方向スペクトル密度関数あるいは単純に方向スペクトルと呼ばれ, $G(f;\theta)$ は方向分布関数または方向関数と呼ばれる。方向関数は方向別のエネルギー分布状態を表すが, その関数形は周波数ごとに異なるのが普通なので, 周波数をパラメータとして包含する。また, 方向関数は次元を持たず*, 次のように正規化されている。

$$\int_{-\pi}^{\pi} G(f;\theta)d\theta = 1 \tag{2.21}$$

すなわち，エネルギー密度の絶対値は $S(f)$ が受け持ち，$G(f;\theta)$ は方向別の相対的な分布を表す．

(2) 光易型方向関数

こうした海の波の方向別のエネルギー分布については，観測が困難なために不十分な情報しか得られていない．方向スペクトルの観測は 11.3 節で述べるように多大の労力を必要とするため，観測報告の事例も限られており，周波数スペクトルのような標準形を定めることが難しい．それでも，光易ほか[23]はクローバ・ブイ式波浪計を用いた綿密な観測結果に基づいて，方向関数として次式を提案している．

$$G(f;\theta) = G_0 \cos^{2S}\left(\frac{\theta-\theta_0}{2}\right) \tag{2.22}$$

ここに θ_0 は主波向であり，G_0 は式 (2.21) の条件を満たすための定数である．すなわち，

$$G_0 = \left[\int_{\theta_{\min}}^{\theta_{\max}} \cos^{2S}\left(\frac{\theta-\theta_0}{2}\right)d\theta\right]^{-1} \tag{2.23}$$

もし，$(\theta_{\min}-\theta_0)=-\pi$，$(\theta_{\max}-\theta_0)=\pi$ であれば，G_0 は次のように計算される．

$$G_0 = \frac{1}{\pi} 2^{2S-1} \frac{\Gamma^2(S+1)}{\Gamma(2S+1)} \tag{2.24}$$

ただし，$\Gamma[\cdot]$ はガンマ関数である．例えば $S=10$ とすると，$G_0 \fallingdotseq 0.9033$ であって，方向関数は図 2-11 の実線のようになる．図中には $G(f;\theta)$ を $\theta=-\pi$ から積分した累加値も 1 点鎖線で示されている．この累加曲線から，この方向関数の場合には $\pm 30°$ の範囲にエネルギーの約 85% が含まれていることが分かる．

光易ほかの提案は，方向関数の集中度を表すパラメータ S の取扱いに特徴があり，周波数スペクトルのピークの付近で S が最大で，それから外れるにつれて次第に S が減少する形になっている．すなわち，$S(f)$ のピークの付近ではエネルギーの方向分散が最小である．光易ほかの原式では風波を対象として S を風速 U に関係づけているが，それでは工学

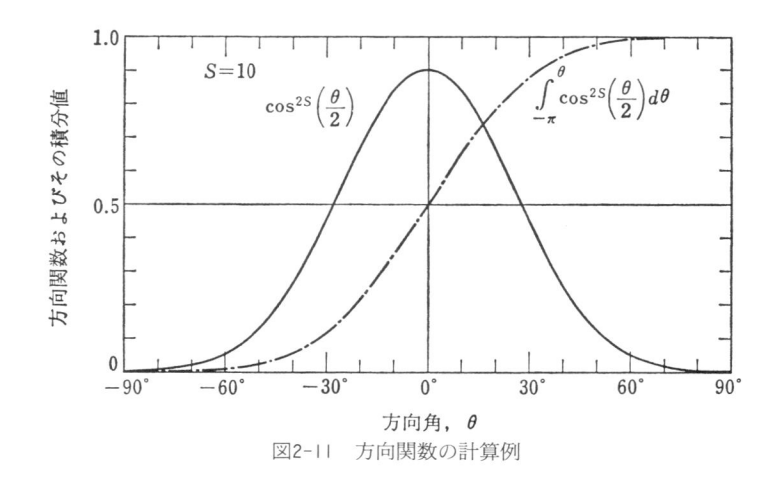

図2-11 方向関数の計算例

---

* ただし，式 (2.20) から明らかなように方向角 θ の単位の逆数，例えば rad^{-1} などの単位は持っている．

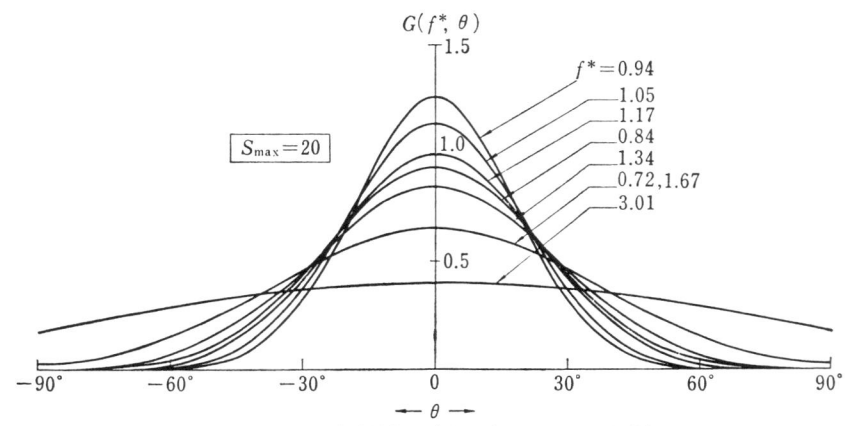

図2-12 光易型方向関数の例示（$S_{max}=20$ の場合）[24]

的に使いにくいので，著者と鈴木[24]は S の最大値 S_{max} を主パラメータとして原式を次のように書き換えた。

$$S = \begin{cases} S_{max} \cdot (f/f_p)^5 & : f \leq f_p \\ S_{max} \cdot (f/f_p)^{-2.5} & : f > f_p \end{cases} \tag{2.25}$$

ここに，f_p は周波数スペクトルのピークの周波数である。

例えば，$S_{max}=20$ として各周波数（$f^*=f/f_p$）ごとの方向関数を計算すると図2-12のようになる。ただし，波向の範囲は $-\pi/2 \leq \theta \leq \pi/2$ として，数値計算によって G_0 の値を求めてある。

(3) 方向集中度パラメータ S_{max} の推定

方向スペクトルの性質は第3章に述べる波の屈折や回折に大きな影響を及ぼすので，波の方向分布の最大集中度を表すパラメータ S_{max} の選定は慎重に行う必要がある。光易ほかの観測では，風波の発達状況を表すパラメータの一つである $2\pi f_p U/g$ の値が減少（波の発達に対応）するほど S_{max} が増大することが明らかにされている[23]。式で表せば

$$S_{max} = 11.5(2\pi f_p U/g)^{-2.5} \tag{2.26}$$

である。ただし，U は風速である。

一方，波浪推算の基本として現在用いられているウィルソンの風波の発達の関係式[25]によれば，$2\pi f_p U/g$ の減少は深海波の波形勾配 H_0/L_0 の減少と関係づけられる。そこで，ウィルソンの波浪推算式と式（2.26）を結びつけて S_{max} と H_0/L_0 の関係を計算した結果が図2-13である。ただし，$H_0/L_0 < 0.026$ の部分は波浪推算式が使えないので，それまでの曲線の勾配からの推測である。もっとも，図2-1に示したように S_{max} を75と大きな値に選ぶと波の峰が横に揃ってうねりに似た形になるので，うねりの領域での S_{max} と H_0/L_0 との逆相関の関係は定性的にも予期されるところである。

図2-13は S_{max} と H_0/L_0 の関係を推定したものであるが，実際の海の波ではこの推定曲線を挟んで上下に相当大きくばらつくものと予想される。これはウィルソンの波浪推算式自体が観測データの平均値を与えることによるものである。著者と鈴木[24]はこうしたデータのばらつきその他を勘案し，方向スペクトルの観測がいろいろ行われ，その性質が詳しく分かるようになるまでは，S_{max} として次のような値を用いることを推奨した。

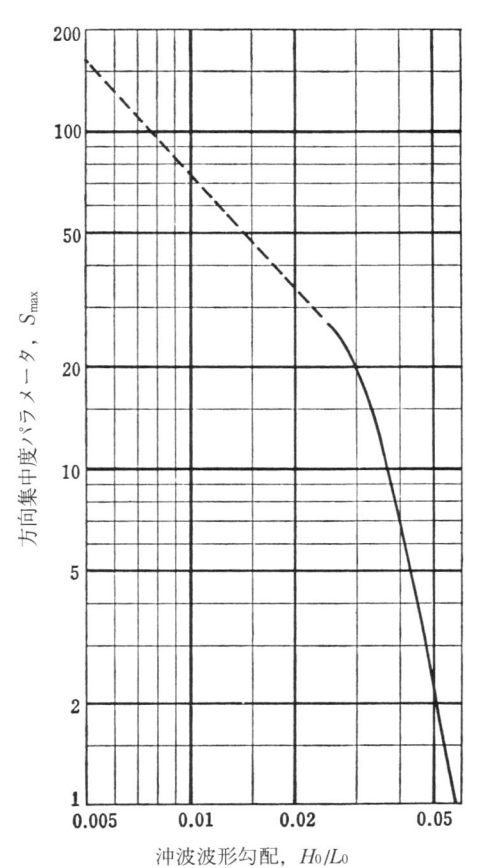

図2-13 方向集中度パラメータ S_{max} と沖波波形勾配 H_0/L_0 の関係[24]

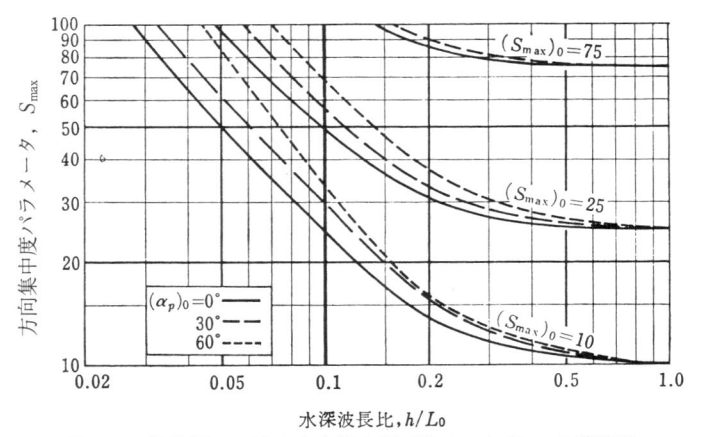

図2-14 浅海域における方向集中度パラメータ S_{max} の推定[24]

$$\left.\begin{array}{lll}\text{I)} & \text{風 波} & : S_{max}=10 \\ \text{II)} & \text{減衰距離の短いうねり（波形勾配が比較的大）} & : S_{max}=25 \\ \text{III)} & \text{減衰距離の長いうねり（波形勾配が小）} & : S_{max}=75\end{array}\right\} \quad (2.27)$$

式（2.27）あるいは図2-13の S_{max} の推定値は沖波に対するものである。構造物が設置される浅海域においては屈折の影響によって波の方向が揃い，波峰線が長く連なりやすく

なる。この変化は海底地形によってさまざまであり，それに応じて方向スペクトルの形状も変化する。海底地形が直線状平行等深線で表示される場合については，方向関数の変化を図2-14のような S_{max} の見掛け上の増大として表すことができる[24]。ただし，$(\alpha_p)_0$ は沖側の等深線に対する入射角である。また，横軸の分母の L_0 は有義波周期に対応する沖波の波長であり，[m·s] 単位では $L_0 = 1.56 T_{1/3}^2$ である。この計算結果では，沖波の入射角 $(\alpha_p)_0$ の影響が小さいところから，一般の海底地形に対しても図2-14を近似的に適用できるものと思われる。

【例題 2.2】
$H_{1/3} = 6$ m，$T_{1/3} = 10$ s の風波が水深 $h = 15$ m の地点に達したときの S_{max} を推定せよ。
【解】
有義波周期 $T_{1/3}$ に対応する沖波の波長は $L_0 = 156$ m であり，波形勾配は $H_0/L_0 \fallingdotseq 0.04$ とかなり大きいので沖波は $S_{max} = 10$ と推定する。対象地点では $h/L_0 \fallingdotseq 0.096$ なので，図2-14により $S_{max} = 25 \sim 35$ に変わると推定される。

(4) 波のエネルギーの累加曲線

方向スペクトルの特性は，波のエネルギーが全体として各方向に対してどのように分布しているかという点から表すこともできる。この目的で，次のようなエネルギー比の累加値 $P_E(\theta)$ を定義する。

$$P_E(\theta) = \frac{1}{m_0} \int_{-\pi/2}^{\theta} \int_0^{\infty} S(f, \theta) df\, d\theta \tag{2.28}$$

ここに m_0 は波の総エネルギーの代表値であって次式で与えられる。

$$m_0 = \int_0^{\infty} \int_{-\pi/2}^{\pi/2} S(f, \theta) d\theta\, df \tag{2.29}$$

なお，成分波の波向の範囲を $[-\pi/2, \pi/2]$ としたのは，設計計算においては主方向と逆向きの成分を無視するのが普通であることによる。

周波数スペクトル $S(f)$ として式 (2.10)，方向関数として式 (2.22)，方向集中度パラ

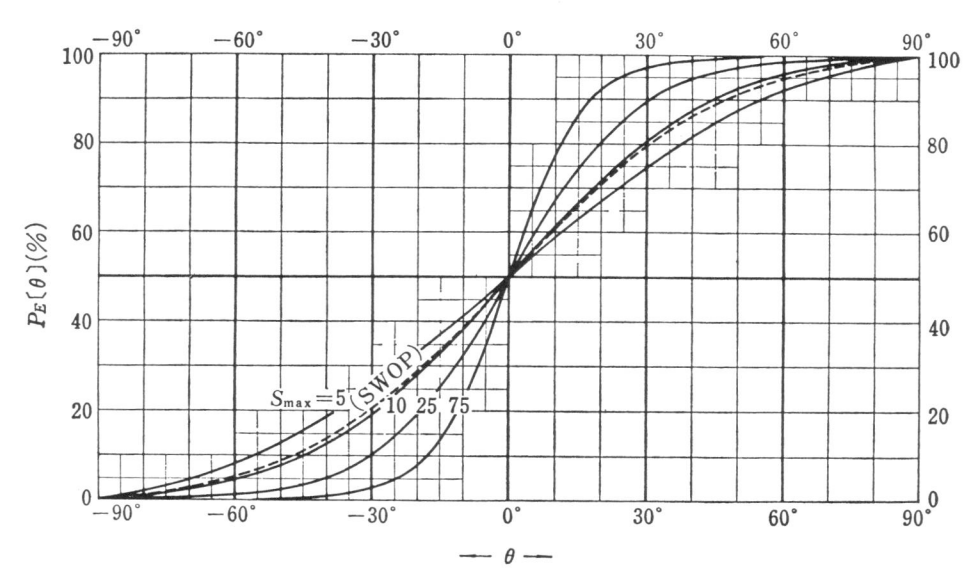

図2-15 波のエネルギーの累加曲線[23]

メータとして式 (2.25) を用いてエネルギーの比の累加値を計算した結果が図 2-15 である。この図では $S_{max}=5, 10, 25, 75$ および次項で述べる SWOP の方向関数の累加曲線が示されている。

【例題 2.3】
　$S_{max}=10$ の風波について主方向から $\pm 15°$ の範囲に含まれるエネルギーの割合を求めよ。
【解】
　図 2-15 で $S_{max}=10$ の累加曲線の $\theta=15°$, $\theta=-15°$ の値を読み取ることにより,
$$\Delta E = P_E(15°) - P_E(-15°) = 0.67 - 0.33 = 0.34$$
すなわち，全エネルギーの34%が $\pm 15°$ の範囲に含まれている。なお，この結果は図 2-11 の累加曲線と一見異なるけれども，これは $S_{max}=10$ はピーク値であって，全体としては S の平均値がかなり低くなるためである。

(5) その他の方向関数

ピアソン・ノイマン・ジェイムスが1955年に方向スペクトル概念に基づく波浪推算法，すなわちPNJ法[21]を提案したときには，方向関数としてアーサー[26]の示唆に基づく $\cos^2\theta$ 型の関数を採択した。ただし，観測で裏付けられたものではなかった。しかし，関数形が単純なこともあり，これを拡張した次の方向関数の一部として使用される場合がある。

$$G(f;\theta) \equiv G(\theta) = \begin{cases} \dfrac{2l!!}{\pi(2l-1)!!}\cos^{2l}(\theta-\theta_0) & : |\theta-\theta_0| \leq \dfrac{\pi}{2} \\ 0 & : |\theta-\theta_0| > \dfrac{\pi}{2} \end{cases} \quad (2.30)$$

ここに，$2l!! = 2l\cdot(2l-2)\cdots 4\cdot 2$, $(2l-1)!! = (2l-1)\cdot(2l-3)\cdots 3\cdot 1$ である。この関数は，光易型方向関数で表示されているような周波数による方向分布特性の違いを無視しており，波のエネルギーが全体として方向別にどのように分布しているかを表現する簡略表示である。

実際の波浪の方向スペクトルを観測しようとする試みは，1950年代後半に2台の航空機を飛ばして海面のステレオ写真を撮影した SWOP プロジェクト（「ステレオ波浪観測計画」の英文の頭文字を綴った名称）が最初である。ステレオ写真から得られた海面の等高線図から方向スペクトルが解析され，それによって周波数依存型の方向分布関数（高周波数側では方向分布が広くなる）が求められた。図 2-15 に破線で示したのはこの SWOP の方向関数に基づくエネルギーの累加曲線であり，光易型方向関数で $S_{max}=10$ の場合とほぼ同等なエネルギーの方向分布を与える。

また，最近の欧米における多方向不規則波浪実験では，次のような包み込み正規 (wrapped-normal) 方向分布[27]を用いることが少なくない。

$$G(f;\theta) = \frac{1}{2\pi} + \frac{1}{\pi}\sum_{n=1}^{N}\exp\left[-\frac{(n\sigma_\theta)^2}{2}\right]\cos n(\theta-\theta_0) \quad (2.31)$$

ここに，σ_θ は以下で定義される方向角の標準偏差値である。

$$\sigma_\theta^2(f) = \int_{\theta_{min}}^{\theta_{max}}(\theta-\theta_0)^2 G(f;\theta)d\theta \quad (2.32)$$

また，式 (2.30) の級数の項数 N は特に決められていないが，有限級数の収斂を確実にす

るためにかなり大きめにとるほうがよい。

　方向角の標準偏差値は周波数によって変えるべきであるけれども，水理模型実験などでは方向分布が広い波に対しでは $\sigma_\theta=30°$，方向分布の狭い波に対しては $\sigma_\theta=15°$ を使うなど[28]，全周波数に対して同じ標準偏差角を使うことが多い。しかし，エワンズ[29]は2001年に南インド洋から南氷洋を超えてニュージーランド北島西岸に到達するうねりを方向ブイで観測して解析した結果を報告しており，その際には周波数ごとの方向分布を式 (2.31) の包み込み正規分布で表現した。その結果では，方向角の標準偏差値はうねりのスペクトルピークの周波数において最も小さくて約 $10°$，それよりも低周波数側でも高周波数側でもピーク周波数から離れるにつれて方向角の標準偏差値が増大した。したがって，うねりにおいても光易型方向関数と類似の方向分布特性を持つといえる。

(6)　各種の方向関数の相互関係[30]

　式 (2.22)～(2.25) の光易型方向関数ならびに式 (2.30)，(2.31) の方向関数は関数形がそれぞれ異なるけれども，方向角の標準偏差値を算出してみれば，相互の比較が容易になる。式 (2.30) のコサイン $2l$ 乗型については，方向角の標準偏差値がおおよそ次のように与えられる。

$$\sigma_\theta \fallingdotseq \frac{180°}{\pi}\left(\frac{2}{2.2+4l}\right)^{1/2} \tag{2.33}$$

　また，式 (2.22) の半角コサイン $2S$ 乗型については方向角の標準偏差値が次のように計算される。

$$\sigma_\theta \fallingdotseq \frac{180°}{\pi}\left(\frac{2}{1+S}\right)^{1/2} \tag{2.34}$$

エワンズが報告したうねりのピーク周波数における $\sigma_\theta \fallingdotseq 10°$ の値は，式 (2.34) によって $S=S_{\max}\fallingdotseq 65$ に相当する。今のところこの一例であるけれども，式 (2.27) で設定した遠方からのうねりに対する $S_{\max}=75$ の提案は，ほぼ妥当であったといえよう。

　光易型方向関数の全体としての方向角の標準偏差値を求めるためには，まず方向角ごとに周波数スペクトルで積分した総合分布関数を次のように定義する。

$$\bar{G}(\theta)=\frac{G_0}{m_0}\int_0^\infty S(f)\cos^{2S}\left(\frac{\theta-\theta_0}{2}\right)df \tag{2.35}$$

先に式 (2.28) で定義したエネルギー比の累加値 $P_E(\theta)$ は，式 (2.35) の総合分布関数を方向角について積分したものである。周波数スペクトル $S(f)$ としてジョンスワップ型あるいはワロップス型を組み合わせたものを用いて $\bar{G}(\theta)$ を計算し，式 (2.32) によって方向角の標準偏差値を求めると図 2-16 の結果が得られる。

　なお，図に示される方向角の標準偏差値を $S_{\max}$ の関数として近似表示し，式 (2.34) と組み合わせて平均集中度パラメータに換算することによって次の結果が得られている[31]。

$$\bar{s}=\begin{cases}(S_{\max}+6.3)/4.1 & : \quad m=3 \\ (S_{\max}+4.0)/2.8 & : \quad \gamma=1.0 \text{ or } m=5 \\ (S_{\max}+1.0)/2.1 & : \quad \gamma=3.3 \\ (S_{\max}+0.2)/1.7 & : \quad \gamma=10\end{cases} \tag{2.36}$$

例えば，$S_{\max}=75$ でピーク尖鋭度パラメータ $\gamma=10$ を考えると，式 (2.36) によって $\bar{s}=44.2$ となり，これを式 (2.34) に代入すると方向角の標準偏差値として約 $12°$ に相当する。

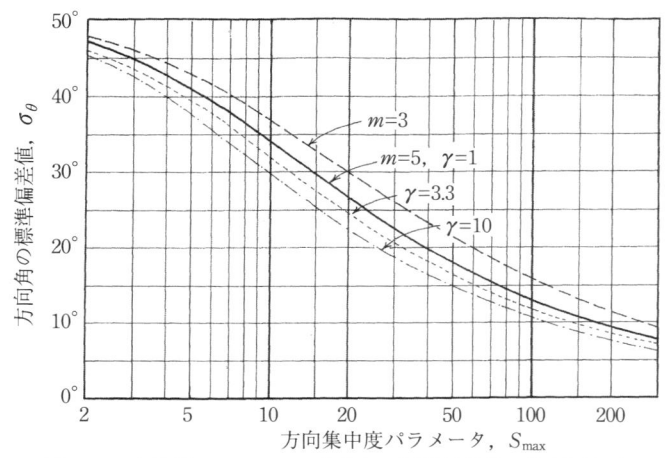

図2-16 光易型スペクトルの方向角の標準偏差値の推定図表[30]

2.4 スペクトルと代表波との関係

(1) 波高とスペクトルの関係

　代表波高・周期による波の表示とスペクトルによる表示は，同じ波浪を二つの観点（時間領域および周波数領域）から眺めたものである。波浪の実体は一つであるから，二つの表示法は相互に関係づけることができる。例えば，有義波の諸元をスペクトルに変換するには，式 (2.10)〜(2.12)，(2.16) などによって周波数スペクトル密度を計算し，式 (2.22) その他の方向関数と組み合わせればよい。

　一方，スペクトルから代表波の波高・周期を推定することもできる。方向スペクトルであれば，波の総エネルギーの代表値 m_0 を式 (2.29) によって計算する。周波数スペクトルであれば，スペクトル密度を全周波数にわたって積分すればよい。m_0 の値は m², cm² などの単位で表され，波のスペクトルの定義によって波形の分散に等しい。すなわち，

$$m_0 = \overline{\eta^2} = \lim_{t_0 \to \infty} \frac{1}{t_0} \int_0^{t_0} \eta^2 dt = \int_0^{\infty} S(f) df \tag{2.37}$$

これによって，波形の標準偏差 η_{rms} が次のように波の総エネルギー m_0 と関係づけられる。

$$\eta_{rms} = \sqrt{\overline{\eta^2}} = \sqrt{m_0} \tag{2.38}$$

この波形の標準偏差 η_{rms} およびエネルギーの代表値 m_0 を用いて，波高の代表値 H_{m0} を次のように定義する。

$$H_{m0} = 4.004 \eta_{rms} = 4.004 \sqrt{m_0} \tag{2.39}$$

　波のスペクトルが周波数帯の狭い範囲に集中していて波高が式 (2.1) のレーリー分布に従うときには，この波高 H_{m0} がゼロアップクロス法で定義される有義波高 $H_{1/3}$ に等しいことが証明されている。実際にはスペクトルが周波数帯の広い範囲に分布しているため，個別の波高はレーリー分布よりもわずかながら分布幅が狭い。洋上における個別波高の分布については，例えばフォリストール[31]が式 (2.2) に代わるものとして，波高の超過確率を次のような経験式で表している。

$$P(\xi)=\exp[-\xi^{2.126}/8.42] \quad : \quad \xi=H/\eta_{rms} \tag{2.40}$$

こうした分布幅が狭まることによって，波浪観測の結果では平均的に $H_{1/3}\fallingdotseq 0.95 H_{m0}$ の関係となっている。

　欧米では1960年代からブイ式波高計が普及し，往時にはテレメータの情報伝送量を節約するために，内蔵のプロセッサで計算したスペクトル密度の値のみを陸上局へ伝送していた。このため欧米では H_{m0} を有義波高と呼ぶことが多い。しかしここでは混乱を避けるため，H_{m0} をスペクトル有義波高と呼び，$H_{1/3}$ をゼロクロス有義波高と呼ぶことにする。本書で単に有義波高というときには $H_{1/3}$ を指す。

　有義波高を含む代表波高に及ぼす周波数スペクトルの形状の影響については，数値実験によって調べられ，表2-3の結果[18]が得られている。ここには，式（2.12）のジョンスワップ型および式（2.16）のワロップス型スペクトルについて計算した結果を示している。前者ではピーク増幅率 γ の値が大きくなるにつれ，後者では指数 m が大きくなるにつれてスペクトルのピークが鋭く尖るようになり，それとともに各波高比がレーリー分布の下での値に漸近する。指数 m あるいはピーク増幅率 γ の下に記してある κ はスペクトルの形状を表すパラメータ（$0<\kappa<1.0$）であり，この値が1に近いほどスペクトルが鋭く尖るような形になる。なお，$m=5$（すなわち $\gamma=1$）のときに波高比 $H_{1/3}/\eta_{rms}$ の値が約3.8となっているのは，現地波浪の実測結果とよく対応している。

　図2-17は，現地波浪について波高比 $H_{1/3}/\eta_{rms}$ の値がスペクトル形状によって影響される度合いを調べた結果[32]である。図の横軸は，次式で定義されるスペクトル形状パラメータである。

$$\kappa(\overline{T})^2=\left|\frac{1}{m_0}\int_0^\infty S(f)\cos 2\pi f\overline{T}df\right|^2+\left|\frac{1}{m_0}\int_0^\infty S(f)\sin 2\pi f\overline{T}df\right|^2 \tag{2.41}$$

ただし，図2-17では平均周期としてスペクトルから計算可能な $T_{01}=m_0/m_1$ を使っている。ここに，m_0 と m_1 は周波数スペクトルの0次と1次のモーメントである。このパラメータ κ の理論的根拠については，10.2節を参照されたい。

　図中の破線は数値計算で得られた平均的な関係であり，表2-3の結果も包括している。現地データは観測地点ごとに分類してあり，いずれも地点ごとの平均値と，その上下左右に個々の記録の標準偏差の2倍の範囲を表す水平・鉛直線で表示している。このように個別の記録のばらつきは大きいものの，平均的には数値シミュレーションで得られた関係に

表2-3　スペクトル形状による代表波高比の変化[18]

波高比	ワロップス型スペクトル				ジョンスワップ型スペクトル			レーリー分布
	$m=3$ $\kappa=0.32$	$m=5$ $\kappa=0.39$	$m=10$ $\kappa=0.56$	$m=20$ $\kappa=0.75$	$\gamma=3.3$ $\kappa=0.55$	$\gamma=10$ $\kappa=0.71$	$\gamma=20$ $\kappa=0.80$	
$[H_{max}/\eta_{rms}]^*$	0.89*	0.93*	0.96*	0.96*	0.93*	0.94*	0.93*	1.00*
$H_{1/10}/\eta_{rms}$	4.66	4.78	4.91	5.01	4.85	4.92	4.96	5.090
$H_{1/3}/\eta_{rms}$	3.74	3.83	3.90	3.95	3.87	3.91	3.93	4.004
$\overline{H}/\eta_{rms}$	2.36	2.45	2.49	2.50	2.46	2.48	2.50	2.507
$[H_{max}/H_{1/3}]^*$	0.96*	0.97*	0.98*	0.98*	0.97*	0.96*	0.95*	1.00*
$H_{1/10}/H_{1/3}$	1.247	1.248	1.263	1.268	1.253	1.259	1.261	1.271
$\overline{H}/H_{1/3}$	1.584	1.565	1.562	1.577	1.573	1.576	1.577	1.597

　注：1）本表は，周波数範囲が $(0.5\sim 6.0)f_p$ のスペクトルを用いた数値シミュレーションに基づいて算定したものである。
　　　2）記号 κ は，後述の式（10.57）で定義されるスペクトル形状パラメータである。
　　　3）*印は，レーリー分布に基づく理論値に対する比率である。

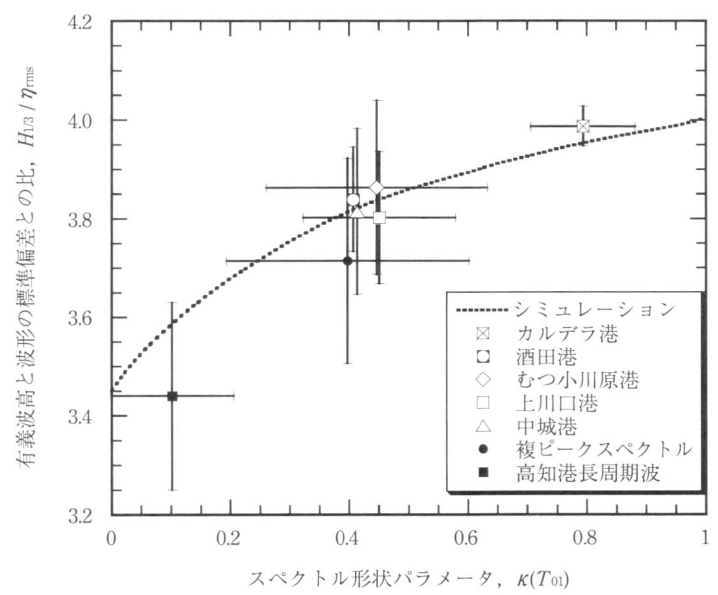

図2-17 スペクトル形状による有義波高と波形の標準偏差値の比率の変化[32]

ほぼ従っている。なお，破線で示される平均的な関係はほぼ次のように表される。

$$H_{1/3}/\eta_{rms} = 3.459 + 1.353\kappa - 1.385\kappa^2 + 0.5786\kappa^3 \tag{2.42}$$

なお高知港の記録は，港外の波浪観測記録から周期30 s以上の長周期波成分を抜き出して再現した長周期波の波形を対象としており，長周期部分のスペクトルは周波数によらずにほぼ一定の値を示す。スペクトル形状パラメータは0.1前後と小さく，長周期波の有義波高は $H_{1/3} \fallingdotseq (3.3 \sim 3.6)\eta_{rms}$ であってレーリー分布における $H_{1/3} = 4.004\eta_{rms}$ の関係よりも大幅に小さくなっている。

2.3.1節で紹介した周波数スペクトルのうち，式(2.10)のブレットシュナイダー・光易型スペクトルは $H_{1/3} = H_{m0}$ の前提の下に係数値が調整されたものである。これに対して，式(2.11)の修正ブレットシュナイダー・光易型スペクトル，式(2.12)のジョンスワップ型スペクトル，および式(2.16)のワロップス型スペクトルは，いずれも表2-3の $H_{1/3}/\eta_{rms}$ の数値に合わせて係数値が定められている。どのスペクトルも，その積分値 m_0 で算定されるスペクトル有義波高 H_{m0} とゼロクロス有義波高 $H_{1/3}$ との間に比例関係があることに基づいて，有義波高とスペクトルを結びつけたものである。

現地観測で波のスペクトル情報だけが得られたときには，式(2.29)あるいは式(2.37)で波の総エネルギー m_0 を計算し，式(2.39)でエネルギー有義波高 H_{m0} を算定する。波の屈折や回折などの波浪変形においても，変形後のスペクトルから H_{m0} を計算すればよい。表2-3から換算すると分るように，H_{m0} はゼロクロス有義波高 $H_{1/3}$ よりも若干大きいけれども，普通は特段の補正をせずに使っている。ただし，混乱を避けるために記号としては H_{m0} で表示し，スペクトル有義波高であることを明記することが望ましい。有義波高以外の代表波高は，式(2.3)～(2.6)によって換算すればよい。

(2) 周期とスペクトルの関係

不規則波の統計理論（10.3節参照）によると，ゼロアップクロス法で定義した波の平均周期は，周波数スペクトルの2次モーメントを使って次式で求められる。

表2-4 スペクトル形状による代表周期比の変化[18]

波高比	ワロップス型スペクトル				ジョンスワップ型スペクトル		
	$m=3$ $\kappa=0.32$	$m=5$ $\kappa=0.39$	$m=10$ $\kappa=0.56$	$m=20$ $\kappa=0.75$	$\gamma=3.3$ $\kappa=0.55$	$\gamma=10$ $\kappa=0.71$	$\gamma=20$ $\kappa=0.80$
$T_{1/10}/T_p$	0.82	0.89	0.93	0.96	0.93	0.96	0.97
$T_{1/3}/T_p$	0.78	0.88	0.93	0.96	0.93	0.97	0.98
$T_{m-1,0}/T_p$	0.77	0.86	0.93	0.97	0.90	0.94	0.96
$\overline{T}/T_p$	0.58	0.74	0.89	0.95	0.80	0.87	0.91
$T_{\max}/T_{1/3}$	1.07	0.99	0.99	0.99	0.99	0.99	0.99
$T_{1/10}/T_{1/3}$	1.06	1.00	0.99	1.00	1.00	1.00	1.00
$T_{1/3}/\overline{T}$	1.35	1.19	1.06	1.02	1.16	1.11	1.09

注:本表は,周波数範囲が $(0.5\sim6.0)f_p$ のスペクトルを用いた数値シミュレーションに基づいて算定したものである。

$$\overline{T} \fallingdotseq T_{02} = \sqrt{m_0/m_2} \quad : \quad \text{ただし,} \quad m_2 = \int_0^\infty f^2 S(f)df \tag{2.43}$$

この関係は,スペクトルから周期を求める際にしばしば利用される。ただし,沿岸での波浪観測で得られた表面波形を解析した結果では,スペクトルによる T_{02} が波形からゼロクロス法で求めた平均周期 $\overline{T}$ よりも小さく,平均で約83%であった。この差異は,観測された周波数スペクトルの高周波数側に含まれている非線形成分の影響によるもので,詳しくは10.5.2節を参照されたい。

近年はヨーロッパを中心に,次式で定義される代表周期を用いる事例が増えている。

$$T_{m-1,0} = m_{-1}/m_0 \quad : \quad \text{ただし,} \quad m_{-1} = \int_0^\infty f^{-1} S(f)df \tag{2.44}$$

この代表周期はスペクトルの高周波成分の影響を受けることが少なく,また表2-4に示すようにゼロクロス法で定義される有義波周期 $T_{1/3}$ にほぼ等しい値をとる。欧米ではスペクトルのピーク周波数に対応する周期 T_p を用いることが多いけれども,スペクトル密度が離散的な周波数について計算されるために T_p も離散的な値となり,高波の時間変化を見たときに T_p が不連続に変化しやすい。また,スペクトルが複数のピークを示す場合など,どのピークを使うかの問題が生じる。こうしたこともあって,$T_{m-1,0}$ の使用例が増えている。この $T_{m-1,0}$ を仮に名付けるならば,スペクトル有義周期とでもいえよう。

平均周期以外の代表周期については,理論的検討が困難である。表2-4は,数値実験によって各種のスペクトル形状における代表周期の間の関係を調べた結果[18]であり,波高に関する表2-3の計算と同時に行ったものである。スペクトルのピークが鋭くなるにつれて,各代表周期の差が縮まり,いずれもピーク周期 T_p に漸近する。屈折,回折などの波浪変形をスペクトル計算で解析するときには,あらかじめ入射波のスペクトルについて式 (2.43) で T_{02},または式 (2.44) で $T_{m-1,0}$ を計算して入力値としての $T_{1/3}$ との関係を調べておき,この関係を使って変形後の波の周期の計算結果を補正する操作が必要になる。

2.5 波浪に伴う長周期波

(1) 概 説

強風の下で発生・発達する波は,条件によっては有義波高が15 mを超え,有義波周期

が18 s以上となることもある。こうした非常に発達した風浪がうねりとなって伝播する過程では，有義波周期が20数秒になってボードサーフィンに絶好の場を提供する。しかし，風浪やうねりで周期が30 sを超えるような独立した長周期の波は存在しない。もっとも，波高計で観測された周波数スペクトルを吟味すると，ピーク周期の2倍以上の周期帯にもかなりのエネルギーを伴っていることが多い。

砂浜で波が砕けて打ち上がる高さを子細に観察すると，波が打ち上がる最高点が1～数分周期で不規則に上下することに気づかれるであろう。これは，汀線付近の平均水位がゆっくりと変動しているためであり，こうした水位変動はサーフビートと呼ばれる。この現象は1949年にムンク[33]によって報告され，1950年にはタッカー[34]と吉田[35]が確認している。しかし，静岡県の御前崎地方では古くから"やっぴき"という名前で知られていた[36]（こうした諸研究に関するやや詳しい紹介は合田[37]，p.72-73参照）。こうしたサーフビートも長周期波の一形態であるが，長周期波自体をサーフビートと呼ぶこともある。

長周期波というとき，周期帯としては30 sくらいから300 sあたりまでをいうのが普通である。600 sすなわち10分程度以上になると，湾や沿岸地形の固有周期に共振した副振動（潮位曲線の上に重なった潮汐よりは短い周期の振動）のことが多い。そうした副振動の場合には津波によって励起されたり，あるいは長崎湾の"あびき"のように気圧の微気圧振動が誘因[38]となる。

(2) 拘束長周期波と自由長周期波

長周期波は大局的には波浪に追随して発現し，消散する。不規則な波群では高波が連なっている部分の平均水位が押し下げられ，低い波が続く個所は水位が全体よりも高くなっている。この現象は，波の伝播に伴って波高の2乗に比例する運動量輸送が生じており，運動量輸送量のフラックスが場所的に変動することによって水面にラディエーション応力と称する力が作用することに起因する[39]。

この平均水位の場所的変化は長周期波動とみることができ，波群の伝播とともに波群全体に拘束された形で伝播する。これを拘束された長周期波と呼ぶ。伝播速度は波群全体の群速度であり，長周期波の周期に対応した速度ではない。この拘束長周期波の波高は，波浪の非線形理論によれば波群の代表波高，例えば有義波高の2乗に比例し，波群の方向分散性が大きいと長周期波の波高が相対的に小さくなる。

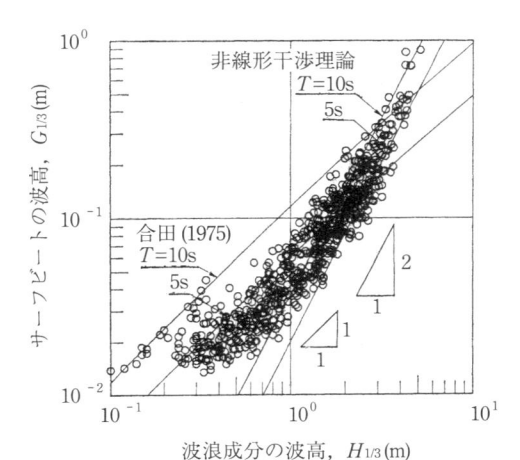

図2-18 長周期波の波高と入射波高の関係の観測事例（関本ほか：海岸工学論文集，第37巻(1990)，p.87，図-2(b)による）

関本ほか[40]は柏崎沖の水深15 mにおける波浪観測の記録を整理して，図2-18のような結果を得ている。このデータは，周波数スペクトルを周期20 sを境界として波浪成分と長周期成分に分離し，それぞれのエネルギーから波高を算出したものである。この図に見られるように，長周期波（サーフビート）の波高は有義波高が大きい領域では波浪成分の波高の2乗に比例するけれども，波高が小さい範囲では1乗に比例する傾向にある。なお，図中の「合田（1975）」の直線は3.6.2節の式（3.38），「非線形干渉理論」は10.5.3節によるものである。

波が伝播の途上で岬や防波堤による回折作用を受けると，遮蔽領域内では波高が減少するために拘束力が弱まり，長周期波は自由波となって独自に進行するようになる。また，砕波帯内では高い波から先に砕けるために波群構造が壊され，自由長周期波が発生する。ただしこれは定性的な説明であって，定量的な分析はいまだ不十分である。自由長周期波は，波形勾配が極めて小さいために自然海浜からでもほぼ全反射されて沖へ戻され，多くの場合に斜面上で岸沖方向の定常波（重複波）を形成する。

(3) 長周期波の大きさ

長周期波の詳しい発生機構や挙動については未解明な点が多い。実務的な面からは，長周期波の波高を通常の波浪の波高と周期に関係づける試みがいろいろ行われている。観測が行われた港ごとに経験的な予測式が提案されているが，拘束波と自由波の割合の違いや観測地点の特性などもあって統一的な形で表示することは難しい。

拘束長周期波に限定すれば，波浪の非線形干渉理論に基づく計算が可能である。バウワーズ[41]は多方向不規則波について数値計算を行い，そのうちの一方向波浪について次の近似式を提示した。

$$H_B = 0.074 H_{1/3}^2 T_p^2 / h^2 \tag{2.45}$$

また加藤・信岡[42]は拘束波の波高を数値計算し，アーセル数のべき乗に比例する経験式を導いた。これは方向集中度 $S_{\max}=10, 100$，および $1,000$ のケースについて作成したもので，この結果を仲井[43]は次のような簡略式にまとめている。

$$H_B = 0.014 H_{1/3}^2 T_{1/3}^2 S_{\max}^{0.26} / h^2 \tag{2.46}$$

ただし，原式のアーセル数を定義する波長を $L = T\sqrt{gh}$ で近似し，係数値をやや丸めて書き直したものである。ここで $S_{\max}=1,260$ とすると，式（2.46）の $0.014 S_{\max}^{0.26}$ の項が 0.074 となり，式（2.45）と同じ値になる（$T_p = 1.1 T_{1/3}$ として変換）。一方，$S_{\max}=10$ では $0.014 S_{\max}^{0.26}$ の値が 0.021 となって約 $1/3.5$ に減少する（周期を T_p とする場合）。

(4) 長周期波の観測とスペクトル特性

長周期波を観測するには，かなり長い記録時間，例えば1時間以上が必要である。記録時間が標準の20分であると，周期が長いために少数の長周期波しか記録されず，10.6節に述べる波浪の統計的変動性のために信頼できる結果が得られない。記録メモリーに余裕があれば24時間連続して0.5 sごとの記録を取り，1時間ごとのデータとする。そうした記録から直接にスペクトルを解析した結果はスペクトル密度の変動が大きいので，周波数の適切な幅にわたって平滑化するか，エネルギーの時間変動が大きくないことを確認したうえで，連続データのスペクトル値の平均化を行う。

長周期波のスペクトルはほとんど一様であり，特定のピークを示さないことが多い。ピークがあるように見えても，その記録に特有な統計的変動性によるものでないことを証明するのは難しい。また海域によっては，海岸線と海底の地形で発達する固有水面振動の影

響を受けていることもある。なお，平石[44]は長周期波のスペクトル密度を一様と仮定した標準スペクトルを提案している。

長周期波の波形を求めたいときには，元の記録をデジタルフィルターで処理し，時間間隔5s程度の記録に変換すればよい。あるいは，元の波形記録を高速フーリエ変換して全周波数帯のフーリエ係数を求め，そのうちの周波数 1/30 Hz 以下のフーリエ係数を使って高速フーリエ逆変換を行うと，長周期波の波形を得ることができる。長周期波の波形をゼロアップクロス法で解析して得られる有義波高は，長周期波のスペクトル密度の積分値と次のような関係にある。

$$H_{1/3,L} \fallingdotseq (3.3 \sim 3.6)\eta_{\mathrm{rms},L} = (0.82 \sim 0.90) H_{m0,L} \tag{2.47}$$

ここに，添字 L は長周期波にかかわる量であることを表す。長周期波の有義波高が通常の波浪に適用される $H_{1/3} \fallingdotseq 0.95 H_{m0}$ の関係から外れるのは，図 2-17 で例示したスペクトル形状の影響である。

なお，長周期波についてさらに詳しくは文献[45],[46]その他を参照されたい。

参考文献

1) 合田良実：不規則波浪に対する設計計算法の体系化について，土木学会論文報告集，第253号，1976年，pp. 59-68.
2) Pierson, W. J., Jr.: An interpretation of the observable properties of sea waves in terms of the energy spectrum of the Gaussian record, *Trans. American Geophys. Union*, Vol. 35, No. 5, 1954, pp. 747-757.
3) 合田良実・永井康平：波浪の統計的性質に関する調査・解析，港湾技術研究所報告，第13巻 第1号，1974年，pp. 3-37.
4) 佐藤昭二・合田良実：「海岸・港湾」，彰国社，1972年，p. 85.
5) Longuet-Higgins, M. S.: On the statistical distributions of the heights of sea waves, *J. Marine Res.*, Vol. IX, No. 3, 1952, pp. 245-266.
6) 例えば前出3）など．
7) 土木学会編：「海洋鋼構造物設計指針（案）解説」，1973年，p. 30.
8) 合田良実：防波堤の設計波圧に関する研究，港湾技術研究所報告，第12巻 第3号，1973年，pp. 31-69.
9) 山口正隆：重回帰分析に基づく波浪の統計的特性の検討，第33回海岸工学講演会論文集，1986年，pp. 139-143.
10) 例えば，平凡社：「国民百科事典」，第4巻，p. 292，1967年（第2版）．
11) 前出4）p. 88.
12) Bretschneider, C. L.: Significant waves and wave spectrum, *Ocean Industry*, Feb. 1968, pp. 40-46.
13) 光易 恒：風波のスペクトルの発達(2)—有限な吹送距離における風波のスペクトルの形について，第17回海岸工学講演論文集，1970年，pp. 1-7.
14) Pierson, W. J., Jr. and Moskowitz, L.: A proposed spectral form for fully developed wind seas based of the similarity theory of S. A. Kitaigorodskii, *J. Geophys. Res.*, Vol. 69, No. 24, 1964, pp. 5181-5190.
15) Mitsuyasu, H.: On the growth of the spectrum of wind-generated waves (1), *Rept. Res. Inst. Applied Mech., Kyushu Univ.*, Vol. XVI, No. 55, 1968, pp. 459-482.
16) Hasselmann, K. et al.: Measurements of wind-wave growth and swell decay during the Joint North Sea Wave Project (JONSWAP), *Deutsche Hydr. Zeit*, Reihe A (8°), No. 12, 1973.
17) Ochi, M. K. and Hubble, E. N.: On six-parameter wave spectra, *Proc. 15th Conf. Coastal Eng.*, Hawaii, 1976, pp. 301-328.
18) 合田良実：数値シミュレーションによる波浪の標準スペクトルと統計的性質，第34回海岸工学講演会論文集，1987年，pp. 131-135.
19) Huang, N. E. et al.: A unified two-parameter wave spectral model for a general sea state, *J. Fluid*

Mech., Vol. 112, 1981, pp. 203-224.
20) Tucker, M. J.: Nearshore waveheight during storms, *Coastal Engineering*, Vol. 24, 1995, pp. 111-136.
21) Pierson, W. J., Jr., Neumann, G., and James, R. W.: *Practical Methods for Observing and Forecasting Ocean Waves by Means of Wave Spectra and Statistics*, U. S. Navy Hydrographic Office, H. O. Pub. No. 603, 1955.
22) Goda, Y.: Analysis of wave grouping and spectra of long travelled swell, *Rept. Port and Harbour Res. Inst.*, Vol. 22, No. 1, 1983, pp. 3-41.
23) Mitsuyasu, H., Tasai, F., Sahara, T., Mizuno, S., Ohkusu, M., Honda, T., and Rikiishi, K.: Observation of the directional spectrum of ocean waves using a cloverleaf buoy, *J. Physical Oceanogr.*, Vol. 5, 1975, pp. 750-760.
24) 合田良実・鈴木康正：光易型方向スペクトルによる不規則波の屈折・回折計算，港湾技研資料，No. 230，1975年，p. 45.
25) 例えば，土木学会編：「水理公式集（昭和46年改訂版）」，1971年，p. 481.
26) Arthur, R. S.: Variability in direction of wave travel in ocean surface waves, *Ann. New York Acad. Sci.*, Vol. 51, No. 3, 1949, pp. 511-522.
27) Borgman, L. E.: Directional spectrum estimation for the S_{xy} gauges, *Tech. Rept., Coastal Eng. Res. Center, USAE Waterways Exper. Station*, Vicksburg, 1984, pp. 1-104.
28) Vincent, C. L. and Briggs, M. J.: Refraction-diffraction of irregular waves over a mound, *J. Waterway, Port, Coastal and Ocean Eng.*, Vol. 115, No. 2, 1989, pp. 269-284.
29) Ewans, K. C.: Directional spreading in ocean swell, *Proc. Int. Symp. WAVES 2001*, ASCE, pp. 517-529.
30) Goda, Y.: A comparative review on the functional forms of directional wave spectrum, *Coastal Engineering Journal*, Vol. 41, No. 4, 1999, pp. 1-20.
31) Forristall, G. Z.: On the statistical distribution of wave heights in a storm, *J. Geophys. Res.*, Vol. 38, No. C5, 1978, pp. 2353-2358.
32) Goda, Y. and Kudaka, M.: On the role of spectral width and shape parameters in control of individual wave height distribution, *Coastal Engineering Journal*, Vol. 49, No. 3, 2007, pp. 311-335.
33) Munk, W. H.: Surf beats, *Trans. Amer. Geophys. Union*, Vol. 30, No. 6, 1949, pp. 849-854.
34) Tucker, M. J.: Surf beats: sea waves of 1 to 5 minute period, *Proc. Roy. Soc., London*, Series A, Vol. 202, 1950, pp. 565-573.
35) Yoshida, K.: On the ocean wave spectrum, with special reference to the beat phenomenon and the "1-3 minute waves," 日本海洋学会誌，第6巻，第2号，1950年，pp. 49-56.
36) 宇野木早苗：港湾のセイシュと長周期波について，第6回海岸工学講演会講演集，1959年，pp. 1-17.
37) 合田良実：浅海域における波浪の砕波変形，港湾技術研究所報告，第14巻 第3巻，1975年，pp. 59-106.
38) Hibiya, T. and Kajiura, K.: Origin of the Abiki phenomena (a kind of seiche) in Nagasaki Bay, *J. Oceanogr. Soc. Japan*, Vol. 38, No. 3, 1981, pp. 172-182.
39) Longuet-Higgins, M. S. and Stewart, R. W.: Radiation stresses in water waves; a physical discussions, with applications, *Deep-Sea Res.*, Vol. 11, 1964, pp. 529-562.
40) 関本恒浩・清水琢三・窪　泰浩・今井澄雄：港湾内外のサーフビートの発生・伝播に関する現地調査，海岸工学論文集，第37巻，1990年，pp. 86-90.
41) Bowers, E. C.: Low frequency waves in intermediate water depths, *Coastal Engineering 1992 (Proc. 23rd Int. Conf.)*, Delft, ASCE, 1992, pp. 832-845.
42) 加藤　始・信岡尚道：非線形の波の数値シミュレーションにおける2次波の性質(2)，海岸工学論文集，第52巻，2005年，pp. 136-140.
43) 仲井圭二：観測データを用いた拘束長周期波高と長周期波高全体との関係解析，海洋開発論文集，第22巻，2006年，pp. 151-156.
44) 平石哲也：長周期波のエネルギーレベルとそれによる荷役稼働率の推定，港湾技研資料，No. 934，1999年，17 p.
45) 合田良実：不規則波浪に伴う長周期波の諸研究について，1995年度水工学に関する夏期研修会講義集，土木学会水理委員会，1995，pp. B-6-1～B-6-20.

46) （財）沿岸技術研究センター：沿岸技術ライブラリー No. 21「港内長周期波影響評価マニュアル」，2004 年，86 p.＋21 p.

3. 波の変形

3.1 波浪計算の諸パラメータ

(1) 波の変形・作用で必要とされる入力パラメータ

港湾構造物の耐波設計において不規則波浪の変形や作用を検討する際には，次の六つの諸量を主要入力パラメータとして使用する。

1) 波高 H： 有義波高 $H_{1/3}$，換算沖波波高 H_0'，最高波高 H_{max}，その他
2) 周期 T： 有義波周期 $T_{1/3}$，スペクトルピーク周期 T_p，スペクトル有義周期 $T_{m-1,0}$，その他
3) 水深 h
4) 波長 L または深海波長 L_0
5) 主波向 θ_0
6) 方向集中度パラメータ S_{max}

波高と周期については幾つもの代表値があるので，あらかじめ指定されたものを使用する。無指定であれば，有義波高 $H_{1/3}$ と有義波周期 $T_{1/3}$ を用いる。なお，欧米ではエネルギースペクトルに基づく有義波高 H_{m0} が一般的に使われるので，わが国で標準的なゼロクロス法で定義した有義波高 $H_{1/3}$ と若干異なることに注意する。また，欧米ではゼロクロス法による有義波周期 $T_{1/3}$ がほとんど使われていない。しかし 2.4 節で述べたように，$T_{1/3}$ はスペクトル有義周期 $T_{m-1,0}$ で代替可能である。なお，換算沖波波高については 3.4 節で説明する。

波長 L あるいは L_0 は，算定に用いる周期によって異なる値をとるので，使用されている周期に注意する必要がある。波長は周期と水深によって次のように与えられる。

$$\left. \begin{array}{l} L_0 = \dfrac{g}{2\pi} T^2 \fallingdotseq 1.56\, T^2 \\ L = \dfrac{g}{2\pi} T^2 \tanh \dfrac{2\pi}{L} h \end{array} \right\} \quad (3.1)$$

なお，g は重力加速度であり，$L_0 \fallingdotseq 1.56 T^2$ の略算式は m・s 単位系の場合である。また，所定の周期と水深における波長 L は巻末の付表から読み取るか，9.1 節の式 (9.10) の近似式を使って計算すればよい。

方向集中度パラメータ S_{max} は，方向スペクトルとして光易型方向分布関数を採択する場合であり，ほかの分布関数を用いるときにはそこで必要とされるパラメータを指定する (2.3.2 節参照)。

副次的な入力情報としては，周波数スペクトルと方向分布関数を必要とする場合がある。これらについては第 2 章を参照されたい。なお，風波とうねりなど複数の波浪を同時に考えることが必要な場合には，それぞれの波浪ごとに波高，周期，主波向，方向集中度パラ

メータを指定し，方向スペクトル関数の値を計算する。そして，周波数・方向角ごとにそれぞれの方向スペクトル密度を足し合わせ，計算の対象とする方向スペクトルを合成する。

(2) 波浪特性を表示するパラメータ

波浪の特性を表示する無次元パラメータとしては，次の三つがしばしば用いられる。
1) 沖波波形勾配 H_0/L_0 または波形勾配 H/L
2) 相対水深（水深波長比）h/L
3) 波高水深比 H/h または水深波高比 h/H_0

波形勾配は波高と波長との比であり，波の発達・減衰の過程を表す一つのパラメータである。また，深海域における波の非線形性の指標でもある。次項に述べるように，風波であれば波形勾配が 0.04 前後であり，うねりであれば伝播・減衰距離に応じて 0.01 あるいはそれ以下の小さな値を示す。

相対水深すなわち水深波長比は，波が浅海域へ伝播して水深の影響をどれだけ受けたかを表す指標であり，水粒子の運動特性その他の波の特性はこの相対水深を変数とする関数で記述される。

波高水深比 H/h は，浅海域での波の非線形性を表すパラメータであり，水深で規制される砕波限界にどれだけ近づいているかを表す。また，水深と沖波波高との比 h/H_0 は，砕波帯内での相対位置の指標であり，砕波による波高減衰や護岸の越波流量算定のパラメータとして使われている。

(3) 有義波高と有義波周期の関係

港湾・海岸構造物では，設計に用いる有義波高と有義波周期をあらかじめ設定する。この波高と周期は波浪推算などに基づいて定めるけれども，両者は波の発達・減衰の過程に応じてある種の関係を保っている。風によって発達した波については，ウィルソンの波浪推算式から数値計算で導かれる次の関係式がある[1]。

$$T_{1/3} \fallingdotseq 3.3(H_{1/3})^{0.63} \tag{3.2}$$

ここに，周期 $T_{1/3}$ の単位は s，波高 $H_{1/3}$ の単位は m である。ただし，これは平均的な関係であって，個別の推算結果はこの関係の上下にある程度の範囲で分散する。

一方，波が発生域を離れてうねりとして伝播するにつれて波高が減衰し，周期が次第に長くなる。ブレットシュナイダーは多くの観測値と物理的考察に基づいて，次のような経験式を提案している[2]。

$$\frac{(T_{1/3})_D}{(T_{1/3})_F} = \left[2 - \frac{(H_{1/3})_D}{(H_{1/3})_F}\right]^{1/2}, \quad \frac{(H_{1/3})_D}{(H_{1/3})_F} = \left[\frac{0.4 F_{\min}}{0.4 F_{\min} + D}\right]^{1/2} \tag{3.3}$$

ここに，添字 D と F はそれぞれうねりの到達地点および風波がうねりに転換した地点の値であり，$F_{\min}$ は最小吹送距離，D は減衰距離である。

この式 (3.2)，(3.3) に基づいて試算すると，波高と周期の関係を図 3-1 のような図に表すことができる。図の横軸は有義波周期，縦軸は有義波高であり，座標原点から右上に向かう幅広の曲線が式 (3.2) の関係を表している。幅広で描いたのは，平均的な関係であることを示唆するためである。この線の上の領域に入るような波高と周期の組合せは，物理的に存在しない。風波の波形勾配は発達初期には 0.04 強であり，波高が大きくなるにつれて波形勾配が少しずつ低下して 0.03 弱となる。なお，この波形勾配は有義波周期 $T_{1/3}$ で計算したものであり，スペクトルピーク周期 T_p に基づく波長を使うと波形勾配の値がこれよりも約 20％小さくなる。

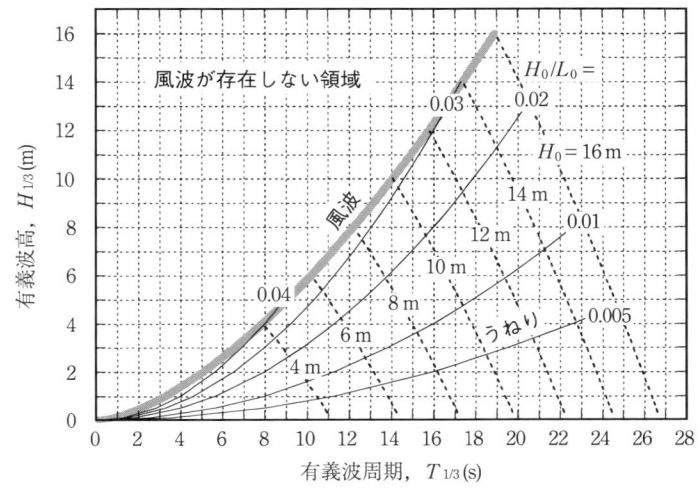

図3-1 風波・うねりの波高と周期の関係

　うねりは，波の発生域から離れるときの波高の大きさによって減衰状況も異なる。例えば，波高 10 m でうねりとなった波は，伝播開始時点の周期が 14.1 s，波形勾配が 0.032 であるけれども，伝播につれて波が減衰して波高 5 m になったときには，周期 17.2 s，波形勾配 0.011 となる。逆にこのグラフを使うと，うねりの波高と周期から元の風波の諸元もおおよそ推定できる。例えば，サーフィンに最適な波高 2 m，周期 20 s のうねりであれば，本来は波高 11 m，周期 15 s の高波であったであろうと推測される。

3.2　波の屈折

(1)　屈折現象と屈折係数

　水深が波長の 1/2 程度よりも大きな深海域では，波は海底地形に影響されることなく伝播する。しかし波がそれよりも浅い海域に進入すると，水深によって波速が変化するために波の進行方向が次第に変化し，波の峰が海底地形にならって屈曲するようになる。この現象は波の屈折と呼ばれており，光や音と同じように，波速が場所によって異なることによって生じる現象である。図 3-2 は，直線状の等深線が平行に連なり，海底勾配が 1/100 の海岸にうねりが来襲したときの波の峰のパターンを数値計算で模擬した結果[3]である。うねりは周期 8.01 s（深海波長 $L_0=100$ m），方向分布パラメータ $S_{max}=25$ で，沖合の入射角が 30°である。海岸に近づくにつれて波峰の間隔（波長）が狭まり，波の峰が長く連なるように見える。ただし詳しく調べると，波峰の平均的長さはほとんど変わらないことがわかる。

　波の屈折状況を詳しく解析するには，屈折図法が多用されてきた。これは，実際の波を規則波で置き換えて波の進行方向に沿った線（波向線）を描くもので，往時は手作業による図式解法が普通であり，やがてコンピュータに作図させるようになった。図 3-3 はそうした屈折図の一例で，仮想の海底地形に周期 12 s の波が SSE 方向から来襲した場合である。図中の屈曲した線は等深線で，沖から海岸へ向かう矢印の曲線が波向線である。海底地形に応じて波向線の間隔が変化，すなわち収束あるいは発散している。

　波向線の間隔の変化は，それに逆比例して波のエネルギーが変化することを意味している。波のエネルギーは波高の 2 乗に比例するので，屈折による波高の変化は次式で与えら

れることになる。

$$\frac{H}{H_0}=\sqrt{\frac{b_0}{b}}\equiv K_r \tag{3.4}$$

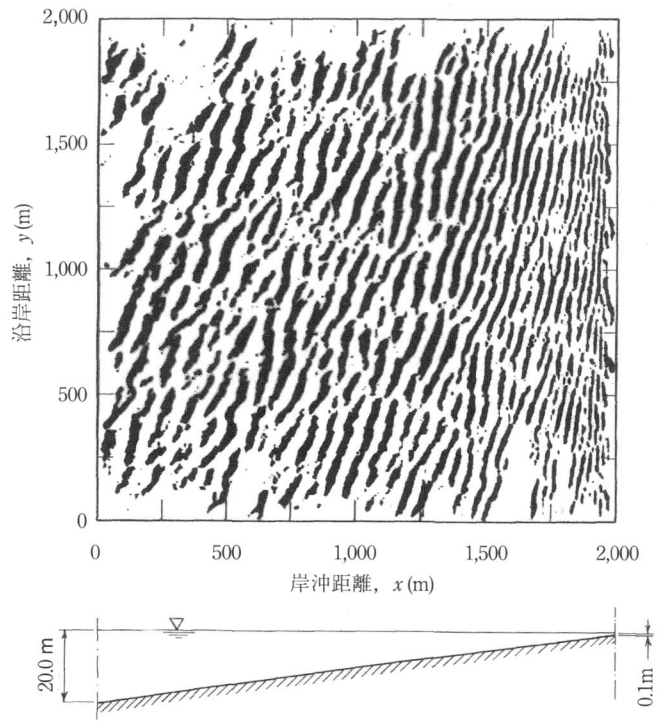

図3-2 比較的伝播距離の短いうねり（$S_{max}=25$, $T_p=8.01$ s）が直線状の海岸に進入したときの波峰のパターンのシミュレーション例[3]

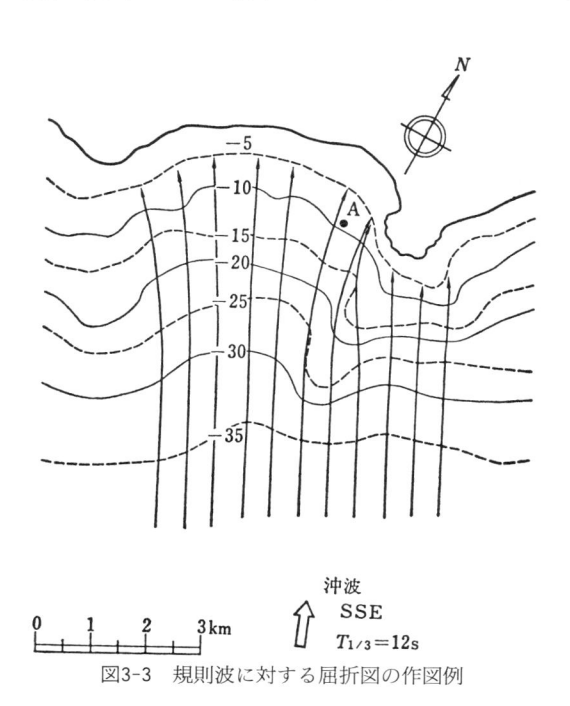

図3-3 規則波に対する屈折図の作図例

ここに，b は対象地点を挟む2本の波向線の間隔，b_0 はその2本の波向線の深海領域での間隔であり，波高比 K_r は屈折係数と呼ばれる。図3-3のA点では，$T=12$ s，波向SSEの沖波に対して屈折係数が $K_r=0.94$ と見積もられる。

(2) 不規則波の屈折係数の計算

上述の屈折係数は周期が一定で波向が一方向の規則的な波に対するものであり，実際の波浪の屈折による波高変化がこの値で代表されるわけではない。前章で述べたように，海の波は無数の周波数と波向の成分波が重ね合わさったものであり，こうした周波数と波向の広がりのために，屈折による波高変化は規則波に対する値とは異なるのが普通である。不規則波に対する屈折係数の計算の基本式は次のようなものである。

$$(K_r)_\text{eff} = \left[\frac{1}{m_{so}} \int_0^\infty \int_{\theta_\text{min}}^{\theta_\text{max}} S(f,\theta) \, K_s^2(f) \, K_r^2(f,\theta) \, d\theta \, df \right]^{1/2} \tag{3.5}$$

ここに，

$$m_{so} = \int_0^\infty \int_{\theta_\text{min}}^{\theta_\text{max}} S(f,\theta) \, K_s^2(f) \, d\theta \, df \tag{3.6}$$

上式中の $S(f,\theta)$ は方向スペクトル，$K_s(f)$ は3.5節で述べる浅水係数，$K_r(f,\theta)$ は周波数 f，波向 θ の成分波（規則波）の屈折係数である。実際の計算では，積分を級数和で置き換えて行う。

不規則波の屈折係数を比較的簡単に推定するには，浅水係数 $K_s(f)$ の影響があまり著しくないものとして省略した次式を使うのが便利である。

$$(K_r)_\text{eff} = \left[\sum_{i=1}^M \sum_{j=1}^N (\Delta E)_{ij} \, (K_r)_{ij}^2 \right]^{1/2} \tag{3.7}$$

上式中の $(\Delta E)_{ij}$ は，不規則波の成分波として周波数について $i=1\sim M$，波向について $j=1\sim N$ のものを考えたときの (i,j) 番目の成分波の持つエネルギーの割合である。すなわち，

$$(\Delta E)_{ij} = \frac{1}{m_0} \int_{f_i}^{f_i+\Delta f_i} \int_{\theta_j}^{\theta_j+\Delta \theta_j} S(f,\theta) d\theta \, df \tag{3.8}$$

ここに，

$$m_0 = \int_0^\infty \int_{\theta_\text{min}}^{\theta_\text{max}} S(f,\theta) d\theta \, df \tag{3.9}$$

計算に当たっては，まず周波数および波向の代表値を選定する。周波数については，2.3節で述べたブレットシュナイダー・光易型の標準形（式-2.10）を使うものとして，スペクトルの囲む面積を等分割し，各区間での代表周波数を用いると，その後の計算が簡単になる。代表周波数としては，屈折後の周期の変化も併せて計算できるように2.4節の式 (2.42) の平均周期とスペクトルの関係に基づいて，スペクトルの2次モーメントを代表する周波数を使うことが考えられる。これは次式のように与えられる[4]。

$$f_i = \frac{1}{0.9 T_{1/3}} \left\{ 2.912 M \left[\Phi\left(\sqrt{2\ln\frac{M}{i-1}}\right) - \Phi\left(\sqrt{2\ln\frac{M}{i}}\right) \right] \right\}^{1/2} \tag{3.10}$$

ここに，$\Phi(t)$ は次式で定義される誤差関数である。

$$\Phi(t)=\frac{1}{\sqrt{2\pi}}\int_0^t e^{-x^2/2}\,dx \tag{3.11}$$

式 (3.7) による代表周波数を周期に換算した結果が表 3-1 である。

なお，簡略計算用としては，スペクトルの各区間の面積を 2 等分する周波数として次式の値を用いてもよい。

$$f_i=\frac{1}{0.9\,T_{1/3}}\left\{\frac{0.675}{\ln[2M/(2i-1)]}\right\}^{1/4}=\frac{1.007}{T_{1/3}}\left\{\ln[2M/(2i-1)]\right\}^{-1/4} \tag{3.12}$$

周波数成分を上述のように選定する場合には，各成分波のエネルギーの割合を近似的に次のように表すことができる。

$$(\Delta E)_{ij}=\frac{1}{M}D_j \tag{3.13}$$

上式中の D_j は波向別のエネルギーの比率を表し，2.3 節の図 2-15 の波のエネルギーの累加曲線から読み取る。波向として 16 方位分割あるいは 8 方位分割を用いる場合の D_j の値は表 3-2 のようになる。表 3-1 以外の周期分割を使うときは，周波数スペクトルを積分して各周波数の受け持つエネルギーの比率を求めたうえで $(\Delta E)_{ij}$ を計算する。

なお，式 (3.13) の表示は波のエネルギーの方向分布が周波数によって異なるという方向スペクトルの性質を無視したものであり，式 (3.7) の加重平均を筆算で行うときに限って使用する。また，地形の関係で成分波の範囲が ±90° よりも狭い場合には，来襲波の全範囲に対して集計した値が 1 になるように表 3-2 の値を比例配分する。

計算例として，図 3-3 の A 点の屈折係数を不規則波として計算する。周波数として 3 成分を使うことにすると，$T_{1/3}=12$ s に対する成分波の周期が表 3-1 によって $T_1=14$ s，$T_2=11$ s，$T_3=6.5$ s と求められる。波向については主方向 SSE の両側 ±90° を考え，16 方位のうちの E〜SW の 7 方向を考えることにする。なお，波としては波形勾配が比較的大

表3-1　成分波の周期 T_i の選定表

成分波の数	$T_i/T_{1/3}$						
	$i=1$	$i=2$	$i=3$	$i=4$	$i=5$	$i=6$	$i=7$
3	1.16	0.90	0.54	—	—	—	—
4	1.20	0.98	0.81	0.50	—	—	—
5	1.23	1.04	0.90	0.76	0.47	—	—
7	1.28	1.11	1.00	0.90	0.81	0.69	0.43

表3-2　波向別の成分波のエネルギー比 D_j

成分波の波向	16 方 位 分 割			8 方 位 分 割		
	S_{max}			S_{max}		
	10	25	75	10	25	75
67.5°	0.05	0.02	0	—	—	—
45.0°	0.11	0.06	0.02	0.26	0.17	0.06
22.5°	0.21	0.23	0.18	—	—	—
0°	0.26	0.38	0.60	0.48	0.66	0.88
−22.5°	0.21	0.23	0.18	—	—	—
−45.0°	0.11	0.06	0.02	0.26	0.17	0.06
−67.5°	0.05	0.02	0	—	—	—
計	1.00	1.00	1.00	1.00	1.00	1.00

表3-3 不規則波に対する屈折係数の計算例

成分波の波向	K_r			$\sum K_r^2$	D_j	$\dfrac{D_j}{M}\sum K_r^2$
	14 s	11 s	6.5 s			
E	0.69	0.60	0.65	1.259	0.02	0.008
ESE	0.90	0.77	0.76	1.981	0.06	0.040
SE	1.07	1.11	0.95	3.280	0.23	0.251
SSE	1.11	0.86	0.95	2.874	0.38	0.364
S	0.64	0.78	0.99	1.998	0.23	0.153
SSW	0.84	0.95	1.02	2.649	0.06	0.053
SW	0.72	0.62	0.76	1.480	0.02	0.010

$\sum \dfrac{D_j}{M}\sum K_r^2 = 0.879$　　$(K_r)_{\text{eff}} = 0.938$

きいうねりで，$S_{\max}$ が 25 程度であると想定する。作業としては，まずこれらの成分波について図式解法で屈折図を描き，A点の屈折係数を求める。この結果が表3-3の第2～4欄である。そうすると，まず $\sum_{i=1}^{M} K_r^2$ を計算して第5欄に記入する。一方，表3-2から $S_{\max}=25$ の場合のエネルギー比 D_j を読み取って第6欄に移す。そして，第5欄と第6欄の積を $M=3$ で割った値を第7欄に記入し，これを全波向について集計してその平方根をとれば，所要の屈折係数が得られる。この結果は $(K_r)_{\text{eff}}=0.94$ である。さらに，沖波の主方向が SE あるいは S の場合については表3-3の D_j の欄を移し替えて同様の計算を行うことにより，前者は $(K_r)_{\text{eff}}=0.94$，後者は $(K_r)_{\text{eff}}=0.89$ の結果が得られる。

一方，従来の規則波としての計算では，波向 SSE の場合は $K_r=0.94$ であって不規則波に対する計算結果と同一であるが，波向 SE の場合は $K_r=1.10$，波向 S の場合には $K_r=0.70$ と波向による変化が著しい。実際現象として，波向が 22.5°異なるだけで対象地点の波浪状況が大きく変化するとは考えにくい。式（3.7）の加重平均操作は，波の方向スペクトルを考慮することによって波向ごとの計算値の変化を平滑化し，より現実的な屈折係数の推定値を与えるものである。

屈折後の卓越波向については，表3-3の第7列目の欄で最大値を示す方向の成分波の屈折角を用いるのが妥当である。表3-3の例では沖波の方向 SSE がこれに当たる。したがって，あらかじめ作成しておいた規則波の屈折図の作図結果を参照することによって，屈折波の主方向が N 165°と推定される。

(3) エネルギー平衡方程式による不規則波の屈折計算

不規則波の屈折の解析方法としては，上述の成分波の重合せによるもののほかに，方向スペクトルで表される波のエネルギーが水深および地形が変化する場所で輸送される状態を数値的に解く方法がある[5),6),7)]。この基本式は次のようなものである。

$$\frac{\partial}{\partial x}(S\,v_x) + \frac{\partial}{\partial y}(S\,v_y) + \frac{\partial}{\partial \theta}(S\,v_\theta) = 0 \tag{3.14}$$

ここに，S は方向スペクトル密度であり，v_x, v_y, v_θ は次式で与えられる。

$$\left.\begin{aligned}v_x &= C_G \cos\theta \\ v_y &= C_G \sin\theta \\ v_\theta &= \frac{C_G}{C}\left(\frac{\partial C}{\partial x}\sin\theta - \frac{\partial C}{\partial y}\cos\theta\right)\end{aligned}\right\} \tag{3.15}$$

また，C は波速，C_G は群速度であって，水深 h，周期 T，波長 L の波については次式で

図3-4 球面浅瀬の形状[8]

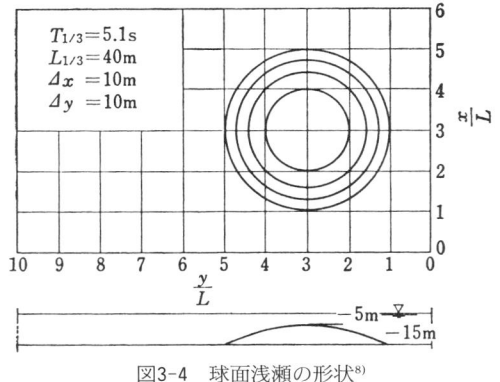

計算される。

$$C = \frac{L}{T} = \frac{g}{2\pi} T \tanh\frac{2\pi h}{L} \\ C_G = \frac{1}{2}\left[1 + \frac{4\pi h/L}{\sinh(4\pi h/L)}\right]C \quad \Biggr\} \quad (3.16)$$

この方法によって図3-4のような球面浅瀬上における波の屈折状況を求めた例が図3-5である。周囲の水深は15 m，浅瀬は直径が40 m，頂部水深が5 mで，ここに $T_{1/3}=5.1$ s の波が来襲した場合の結果である。方向スペクトルとしては2.3節の式（2.10）のブレットシュナイダー・光易型周波数スペクトルと式（2.16）の光易型方向関数の組合せを考え，S_{max} は75を想定している。図3-5の右半分は屈折による波高変化，左半分は周期の変化を表している。一般に，不規則波の変形の際にはスペクトル形状の変化のために代表周期が若干変化するが，この場合も例外ではない。

この地形および波浪条件について伊藤ほか[8]は，数値波動解析法を用いて規則波として

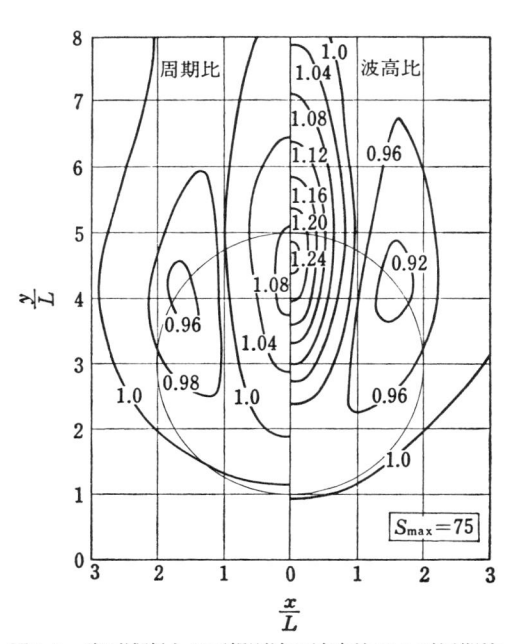

図3-5 球面浅瀬上の不規則波の波高比および周期比の分布 ($S_{max}=75$)[7]

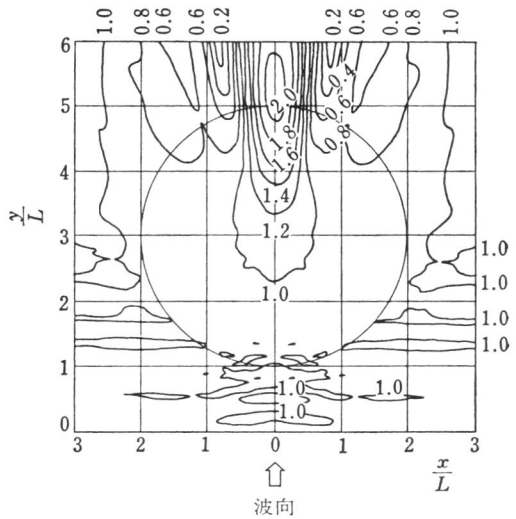

図3-6 球面浅瀬上の規則波の波高比分布
（伊藤ほか，港湾技研報告，第11巻 第3号，1972年，p. 99による）

の屈折変形を計算しており，波高分布の結果を転載したのが図3-6である。規則波の場合にはこのように波高の場所的変化が顕著に表れてしまい，現実的でない。

この球面浅瀬の地形は，規則波として解析すると波向線が交差する場所であり，屈折と同時に波の回折現象も起きる。こうした地形に式（3.14）を適用するのは厳密には適切でなく[9],[10]，波高分布が実際よりも平滑化されすぎる傾向がある。しかし，一般の海底地形における波の屈折は，式（3.14）を用いることによって適切な結果を効率的に得ることができる[9]。

(4) 直線状平行等深線海岸における波の屈折

海底の等深線がすべて平行な直線状の場合には，成分波の波向線の変化および屈折係数を解析的に求めることができる[11]。こうした地形については不規則波としての計算も比較的簡単であり，屈折係数および波の卓越方向の変化が図3-7，3-8のように求められている。これは式（3.5）に基づき，ブレットシュナイダー・光易型の周波数スペクトルと光易型方向関数の組合せについて $M=N=36$ の成分波の重合せとして計算した結果である。なお，横軸の分母の L_0 は有義波周期に対応する沖波の波長である。

屈折係数の場合には，方向スペクトルの集中度によって若干の差が見られるけれども，卓越波向の変化は S_{max} の値にほとんど影響されない。なお，卓越波向というのは屈折した波の方向スペクトルが最大のエネルギー密度を示す方向をいい，永井[4]が定義したものである。

また，図3-7で等深線に直角に波が入射する $(α_p)_0=0°$ の場合を見ると，h/L_0 が減少するにつれて $K_r<1$ となっている。これは波の主方向としては等深線に直角であっても，方向スペクトルとしては斜めの成分を含むために，この斜め成分波が屈折を起こすことによるもので，規則波と異なる点の一つである。

【例題 3.1】
周期12 s，波高2 mのうねりが沖の等深線に40°の入射角で伝播してきた場合に水深20 mおよび10 mにおける屈折状況を求めよ。

【解】
　波の条件から 2.3 節の式（2.27）を参照して $S_{max}=75$ を選定する。有義波周期 12 s に対応する沖波の波長は $L_0=225$ m である（巻末の付表-3 参照）ので，$h=20$ m では $h/L_0=0.089$ である。図 3-7 により屈折係数が $K_r=0.92$，図 3-8 により卓越波向が $\alpha_p=24°$ と読み取られる。水深 10 m では $h/L_0=0.044$ なので $K_r=0.90$，$\alpha_p=17°$ と推定される（図 3-9 参照）。

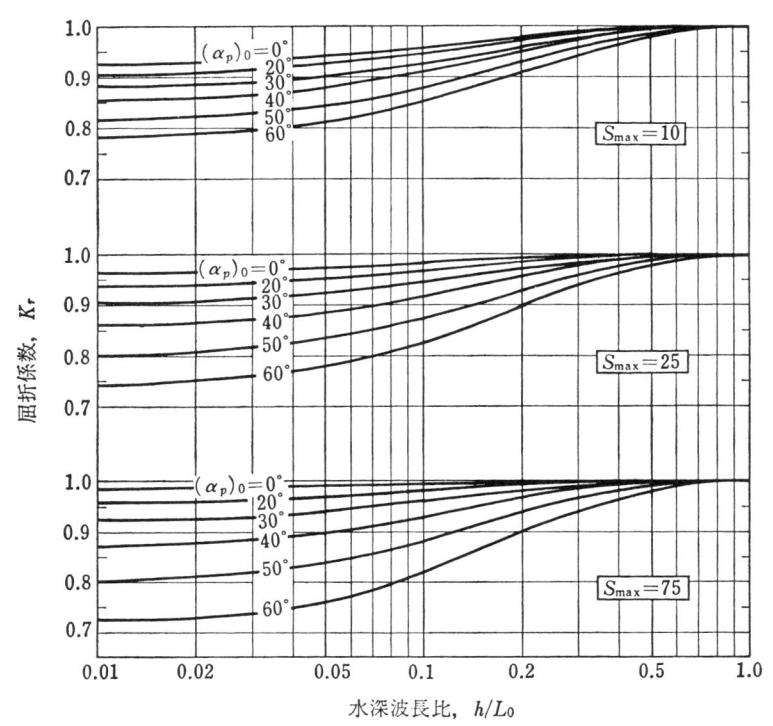

図3-7　直線状平行等深線海岸における不規則波の屈折係数[7]

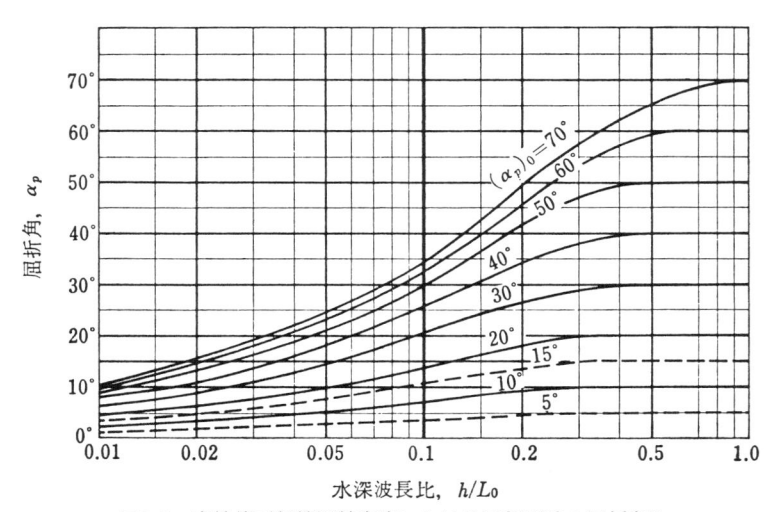

図3-8　直線状平行等深線海岸における不規則波の屈折角[7]

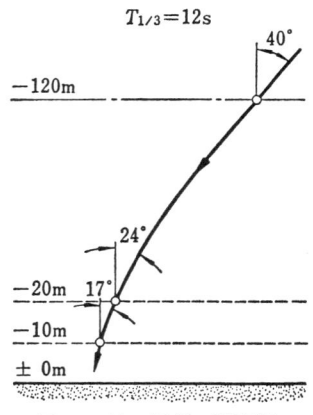

図3-9 波の屈折の説明例

3.3 波の回折

(1) 不規則波の回折図

波が防波堤や島，岬などの障害物にぶつかったとき，その背後へも回り込む現象は波の回折といわれており，光や電磁波，音などの波動一般に共通の現象である。回折による波高の変化は速度ポテンシャル理論によるゾンマーフェルトの解を用いて計算することができ，その計算結果は入射波に対する回折波の波高比の分布図，すなわち回折図として取りまとめられている。ただ，従来の回折図は周期および波向一定の規則波に対するものなので，実際の問題に直接適用すると誤差が大きくなる。

現実の波の回折波高は，波の方向スペクトルを導入して次のように計算される。

$$(K_d)_{\text{eff}} = \left[\frac{1}{m_0} \int_0^\infty \int_{\theta_{\min}}^{\theta_{\max}} S(f, \theta) \, K_d^2(f, \theta) \, d\theta \, df \right]^{1/2} \tag{3.17}$$

ここに，$(K_d)_{\text{eff}}$ は不規則波の回折係数（回折波と入射波の代表波高の比），$K_d(f, \theta)$ は周波数 f，波向 θ の成分波（規則波）の回折係数，m_0 は式（3.6）の方向スペクトルの積分値である。

式（3.17）による不規則波の回折計算の妥当性は，名古屋港高潮防波堤内外の波浪の同時観測によって検証されている[12]。このときは，図3-10の港外側A点および港内側B点に波高計が設置され，両地点で観測された周波数スペクトルを比較した一例が図3-11である。A点の波は防波堤による反射波が入射波に重畳されてエネルギーが2倍になっていると考えられる。このときの入射波の諸元は $H_{1/3} = 46\,\text{cm}$，$T_{1/3} = 2.8\,\text{s}$ と推定され，また風向から判断した波向はSWであった。この条件に対して式（3.14）で回折波のスペクトルを計算した結果は図の破線のように港内波の観測スペクトルと極めてよく一致した。この場合に規則波として計算すると，有義波周期に対応する波長が $L \fallingdotseq 12\,\text{m}$ なので $x/L \fallingdotseq 20$，$y/L \fallingdotseq 31$ となり，$K_d \fallingdotseq 0.07$ である。したがってスペクトル密度では港内波の観測値の約1/30にしかならず，観測結果を説明することができない。

図3-12～3-16は不規則波に対する回折図を式（3.17）に基づいて計算した結果である*。これは，方向スペクトルとして2.3節の式（2.10）のブレットシュナイダー・光易型周波

---

* 先に文献7）に発表したものには若干の誤差があることが判明したので，修正計算した結果を提示した。

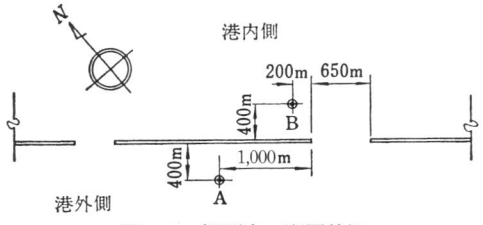

図3-10 観測点の配置状況

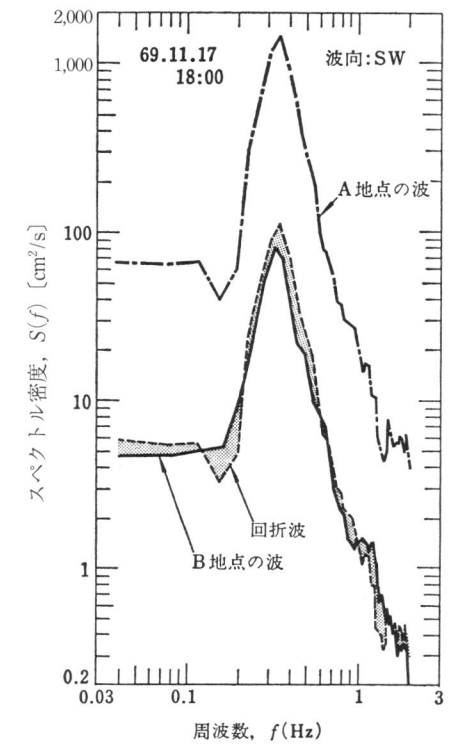

図3-11 回折波の周波数スペクトルの現地観測例[12]

数スペクトルと式（2.21）の光易型方向関数の組合せを用い，式（3.17）の積分を周波数10成分（式-3.10による）および波向20〜36成分（$\Delta\theta=9°\sim 5°$）の級数和に置き換えて計算したものである．図3-12は半無限長の直線状防波堤による回折係数，図3-13〜3-16は一直線上に並んだ2本の防波堤の開口部からの回折係数であって，開口幅が有義波周期に対応する波長の1，2，4，および8倍の場合である．各図とも，波の主方向は防波堤に垂直である．また，方向集中度パラメータは，$S_{max}=10$および75を対象とし，防波堤の近傍と遠方領域に分けているので，各図とも各4枚で構成されている．

これらの回折図には波高比だけでなく，回折による周期の変化比も示してある．図3-12では点線，図3-13〜3-16では各図の左半分がそうである．不規則波，特に方向関数が周波数によって異なる方向スペクトルを用いた回折計算では，波高だけでなく周期も変化するのが特徴的である．

なお，防波堤開口部に対する図3-13〜3-16の回折係数は，座標軸を波長Lではなくて開口幅Bで割って無次元化してあることに注意していただきたい．このようにした結果，開口比B/Lによる回折係数$(K_d)_{eff}$の差が小さく表示される．

(1) $S_{max}=10$

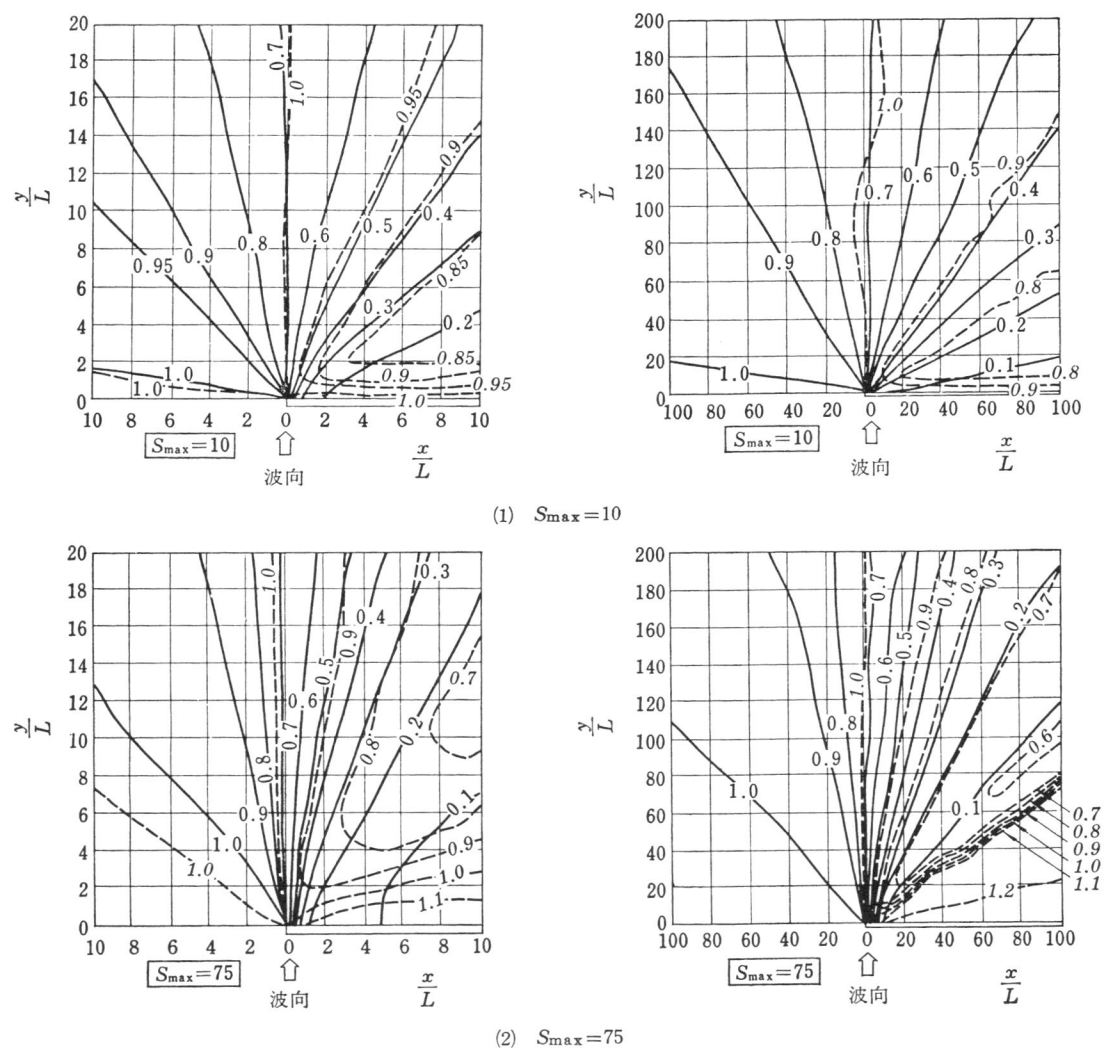

(2) $S_{max}=75$

図3-12 半無限長防波堤による不規則波の回折図（実線：波高比，点線：周期比）

　こうした不規則波の回折係数の値は規則波に対するものと大きく異なっている。例えば，半無限長防波堤の先端からの直進線上の回折係数は不規則波では約 0.7 であるのに対し，規則波では約 0.5 にしかならない。防波堤背後の遮蔽領域ではこの差が一層拡大し，規則波の回折計算では波高を過小に見積もることになる。また，開口防波堤の回折の場合には，波の不規則性を導入することによって回折係数の値が平均化される。すなわち，開口部からの直進領域では波高比が小さくなり，遮蔽領域では値が大きくなる。この結果，入射波の波向が若干異なっても港内の波高比はそれほど変化しない。

　このように，回折現象に関しては規則波と不規則波の計算値が非常に異なる。これは図3-11 でも示唆されるが，別の実測値で比較したのが図 3-17 である。データは旧運輸省第一港湾建設局[13]が秋田港で取得したもので，防波堤内外の波高の比率を半無限長防波堤の回折計算値と比較した結果[7]である。$S_{max}=15, 42$，および 100 と記した線が不規則波，一番下の連続した曲線が規則波の計算値である。観測データはばらつきが大きいものの不規則波としての回折計算値にほぼ合っているのに対し，規則波の計算値は過小であって実

(1) $S_{max}=10$

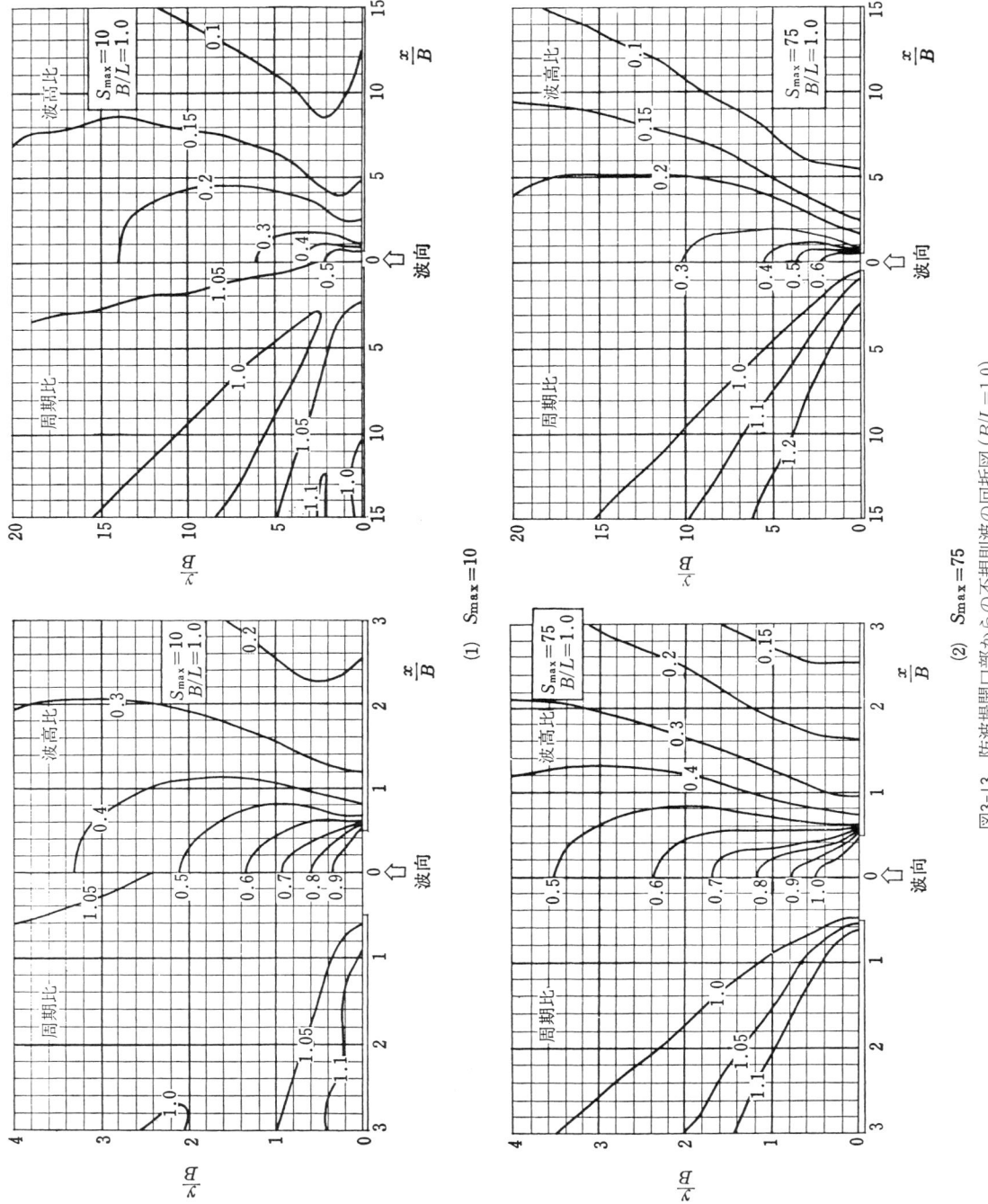

(2) $S_{max}=75$

図3-13 防波堤開口部からの不規則波の回折図 ($B/L=1.0$)

3. 波の変形　53

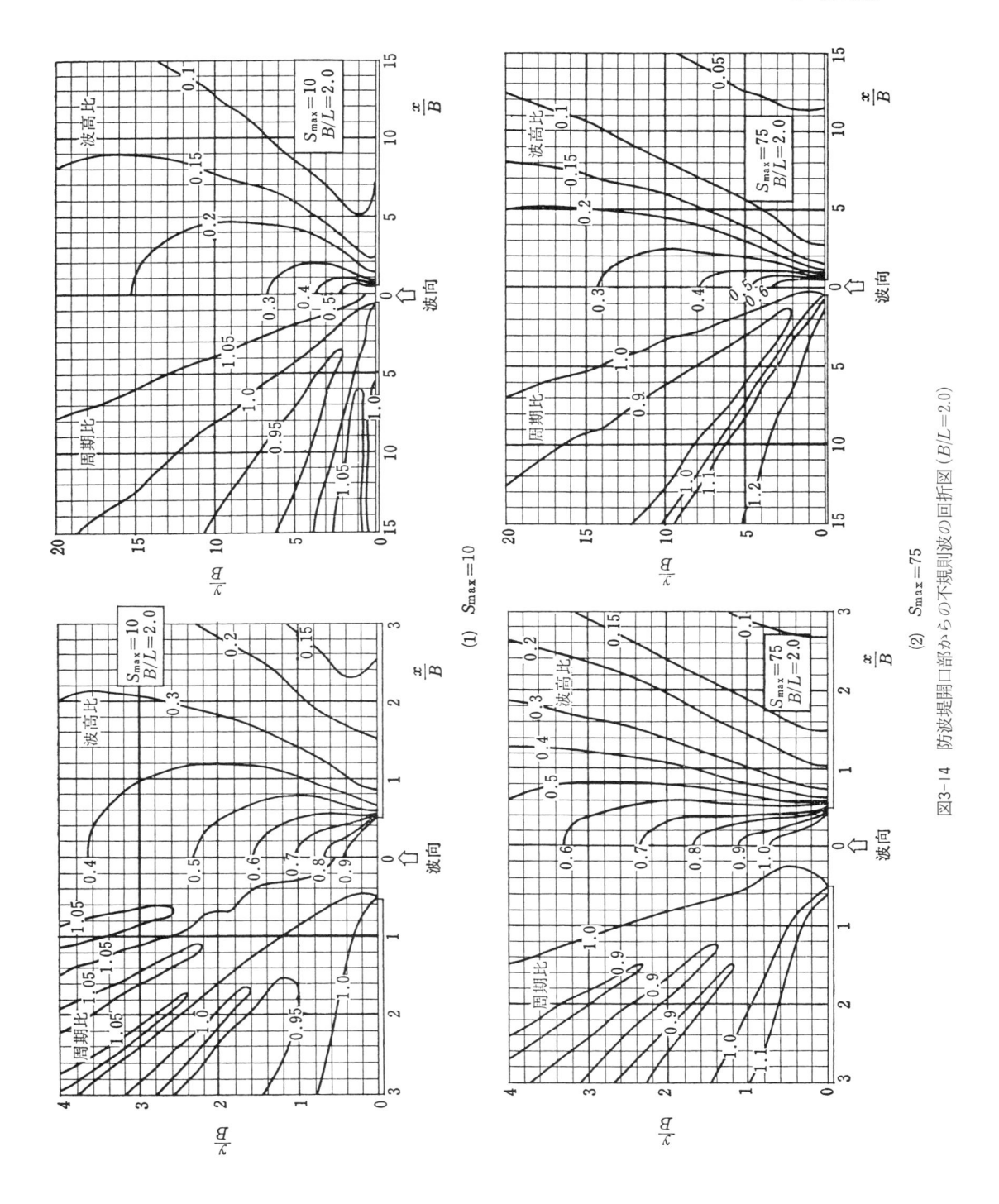

(1) $S_{max}=10$

(2) $S_{max}=75$

図3-14 防波堤開口部からの不規則波の回折図 ($B/L=2.0$)

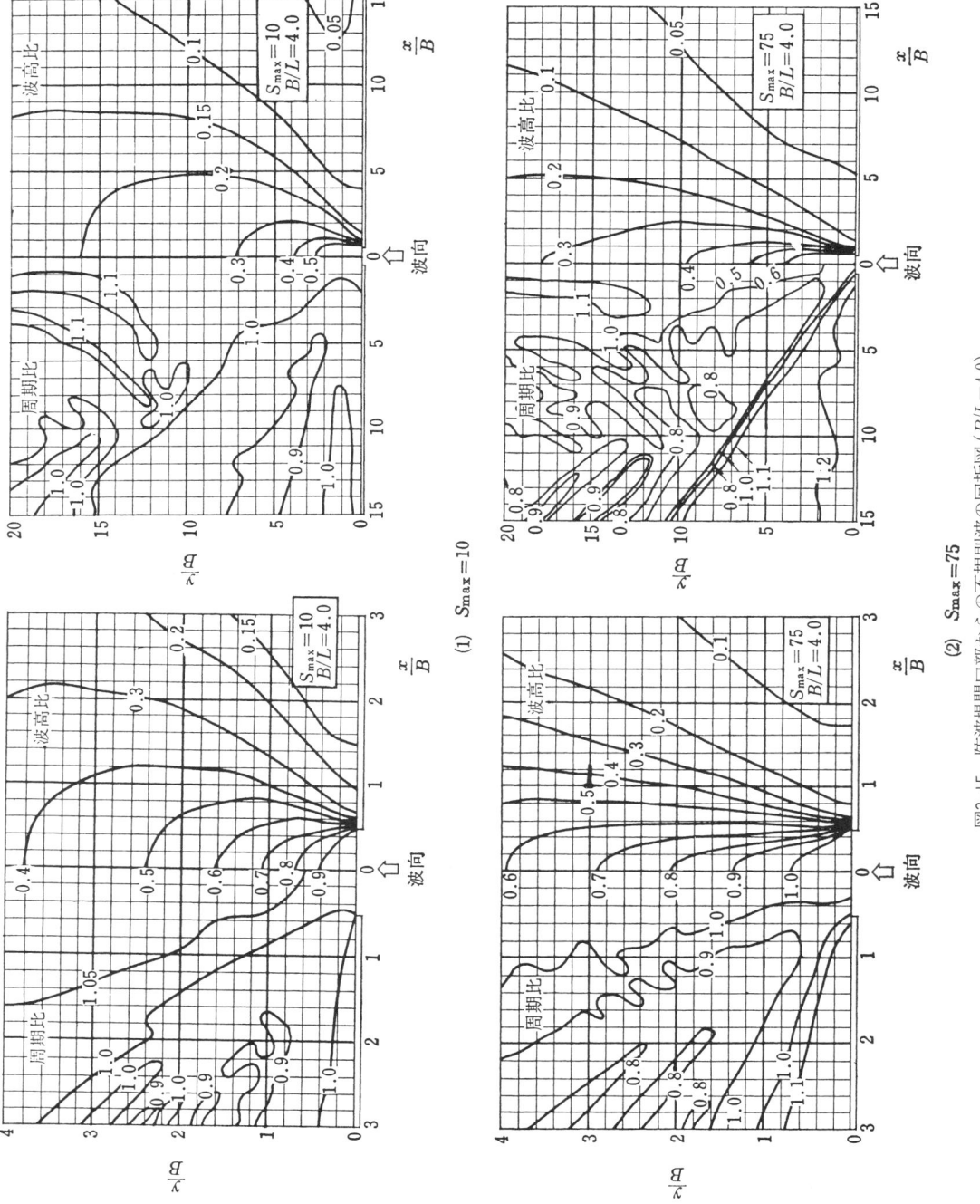

図3-15 防波堤開口部からの不規則波の回折図 ($B/L=4.0$)

(1) $S_{max}=10$

(2) $S_{max}=75$

3. 波の変形　55

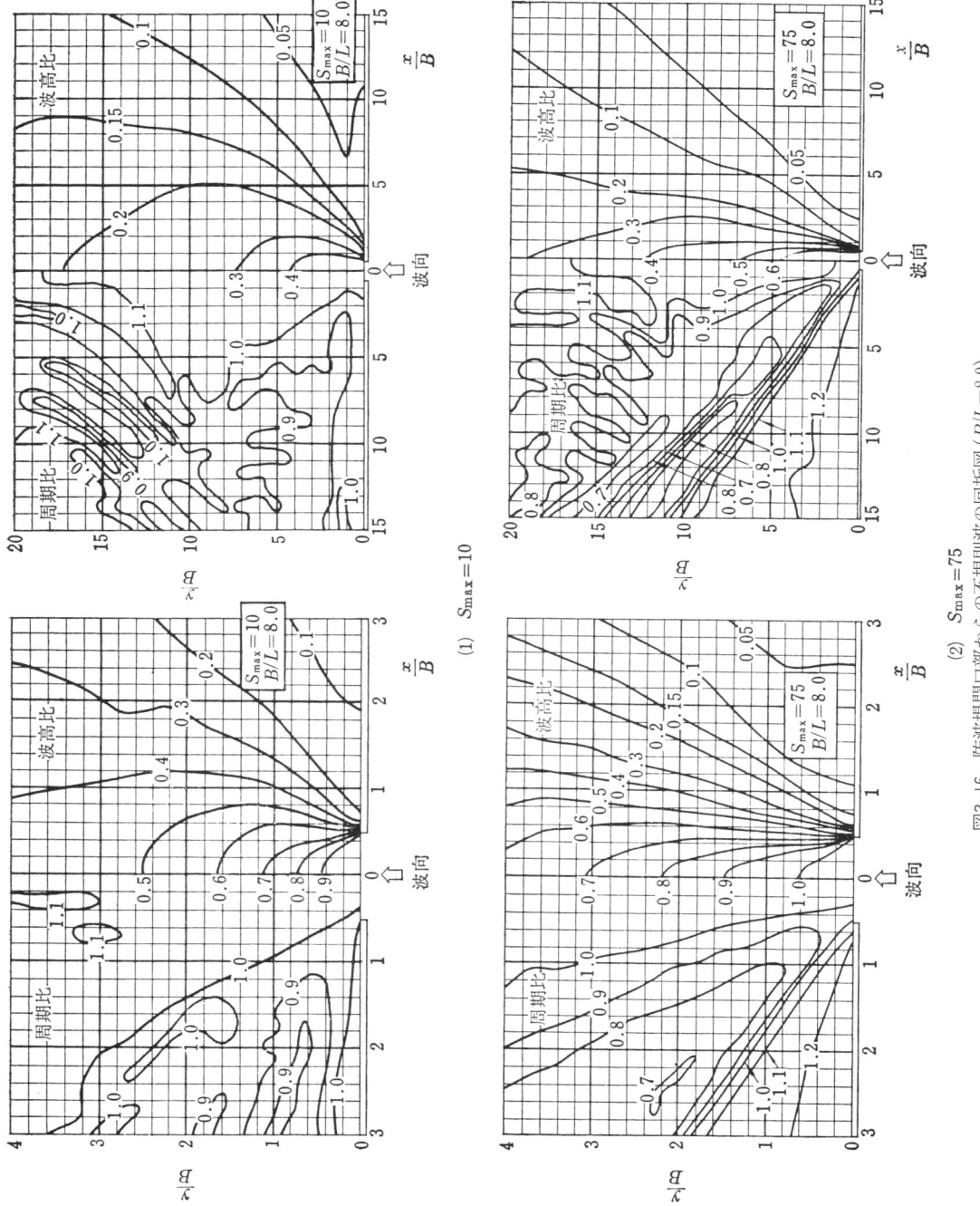

(1) $S_{max}=10$

(2) $S_{max}=75$

図3-16　防波堤開口部からの不規則波の回折図 ($B/L=8.0$)

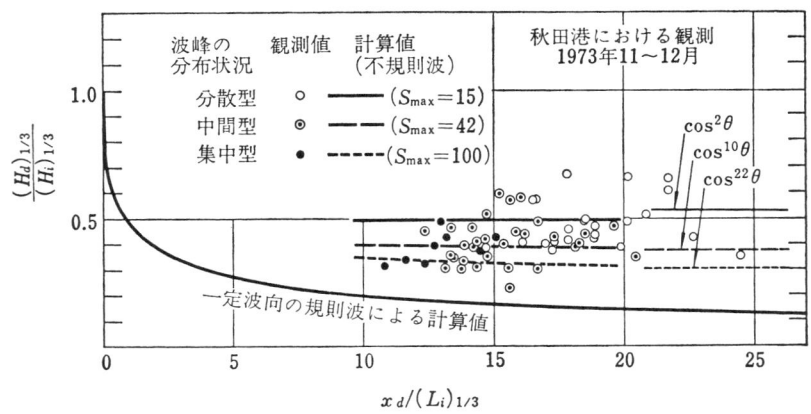

図3-17 防波堤による波の回折の観測値と計算値の比較[7]

測値に適合しないのが明瞭である。

　不規則波の回折図の使用に当たっては，まず波の屈折による S_{max} の変化を推定する。一般に，防波堤の設置水深は来襲波の波長に比べてかなり小さいので屈折の影響が無視できない。これは 2.3 節の図 2-15 を用いて S_{max} の増大として処理することができる。

　実際の防波堤の回折の問題では波が斜め方向から入射するのが普通である。半無限長防波堤の場合には，図 3-12 を波の主方向に合わせて回転することによって回折係数の概略値を推定できる。ただし，波の主方向と防波堤の垂線のなす角が ±45° を超えると誤差がやや大きくなる。一方，防波堤開口部からの回折波の場合には，図 3-18 の例のように回折係数の最大値を結ぶ主軸が防波堤の垂線方向に偏向する。この偏向角は入射時の波向と防波堤のなす角 Θ，開口比 B/L，および S_{max} の値によって異なり，表 3-4 のような値をとる*。コンピュータを用いて不規則波の回折係数を計算する場合には斜め入射も直角入射と同様に処理できるけれども，図 3-13〜3-16 の直角入射の回折図を利用する場合には斜め入射に対する修正が必要である。この方法としては，入射方向を表 3-4 の角度だけ偏向させ，その方向から見た見掛けの開口幅を用いるのがよい。

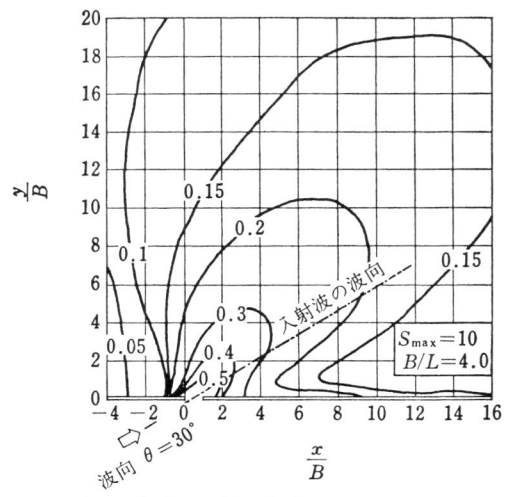

図3-18 斜め入射波の回折図 ($B/L=4.0$, $\theta=30°$, $S_{max}=10$)

---

* 先に文献14）で提示したものをその後の見直しによって若干修正してある。

表3-4 斜め入射波に対する防波堤開口部からの回折波の偏向角 $\Delta\Theta$

S_{max}	B/L	偏向角 $\Delta\Theta$			
		$\Theta=15°$	$\Theta=30°$	$\Theta=45°$	$\Theta=60°$
10	1.0	37°	28°	20°	11°
	2.0	31°	23°	17°	10°
	4.0	26°	19°	15°	10°
75	1.0	26°	15°	10°	6°
	2.0	21°	11°	7°	4°
	4.0	15°	6°	4°	2°

なお，防波堤の内側の水域に直立岸壁そのほかの波を反射する構造物がある場合には，港内における回折波の反射の影響を考慮する。

【例題 3.2】

図3-19の配置の防波堤に，その両端を結ぶ線と50°の角度をなす方向から $T_{1/3}=10$ s の風波が来襲するとき，A点の回折係数を求めよ。ただし，水深は $h=10$ m とする。

【解】

方向集中度パラメータは風波との条件により沖合で $S_{max}=10$ と想定する。しかし，防波堤の位置では S_{max} が増大し，図2-14によれば $h/L_0=0.064$ に対する値として $S_{max}=50$ に変わるものと推定される。開口部の水深10mにおいて有義波周期に対応する波長は巻末の付表-2により $L=92.3$ m である。したがって，開口比は $B/L=3.2$ となる。波の主方向と防波堤のなす角が $\Theta=50°$ であるので，表3-4により $S_{max}=10$ のときは $\Delta\Theta \fallingdotseq 14°$，$S_{max}=75$ のときは $\Delta\Theta \fallingdotseq 4°$ と内挿される。これから $S_{max}=50$ に対しては $\Delta\Theta \fallingdotseq 7°$ と推定される。

回折図を適用する場合の開口幅は，偏向後の卓越波向である $\overrightarrow{OQ}$ の方向から見た見掛け開口幅 $B' \fallingdotseq 250$ m である。すなわち，$B'/L=2.7$ である。$\overrightarrow{OR}$ を x 軸，$\overrightarrow{OQ}$ を y 軸としてA点の座標を読み取ると，$x=515$ m，$y=450$ m であり，$x/B'=2.1$，$y/B'=1.8$ となる。回折図として図3-12の $B/L=2.0$ のものを準用すると $S_{max}=10$ に対して $K_d=0.26$，$S_{max}=75$ に対して $K_d=0.17$ と読み取られる。したがって $S_{max}=50$ に対しては $K_d \fallingdotseq 0.20$ と推定される。なお，これを規則波の回折図で求めると $K_d \fallingdotseq 0.14$ と小さめの値を推定することになる。

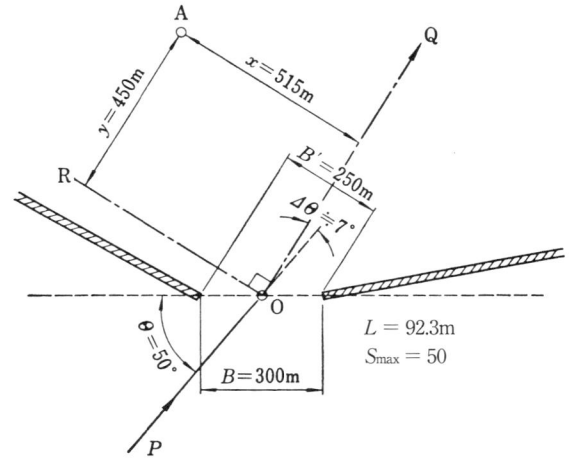

図3-19 見掛け開口幅による回折係数推定の例題

(2) 方向分散法による回折波高の略算

港湾構造物の設計対象地点の沖合に島があったり，岬が突き出ている場合，これらによる回折波の波高は不規則波に対する半無限長防波堤の回折図を利用して求められる。また，簡便法としては波のエネルギーの方向分布特性を用いて概算することもできる。

これは式（3.17）の基本式において障害物の幾何学的影となる部分は $K_d=0$，波の直進部分は $K_d=1$ として取り扱うもので，具体的には2.3節の図2-15を用いて対象地点に直接進入する成分波のエネルギーの比率を求め，その平方根をもって波高比とする。回折係数を1または0と設定することの誤差は，幾何学的影の境界の内外での回折係数の誤差が多数の方向からの成分波によって打ち消される形になるため，あまり大きくはならない。この方法は方向分散法あるいは単に分散法[15]と呼ばれる。現地に適用した例としては，本間ほか[16]が1966年に行った佐渡島の遮蔽効果の解析が挙げられる。

【例題 3.3】
図3-20に示すような岬P点に部分的に遮蔽されたO点の波高比を推定せよ。
【解】
障害物の見通線（$\overline{OP}$）と来襲波の主方向とのなす角 θ_1 を図上で読み取ると，$\theta_1 \fallingdotseq 17°$ である。来襲波のエネルギーのうち，$\theta=17°\sim90°$ の範囲からのエネルギーは岬に遮られて到達しないと考える。来襲波が風波であるとすると，$S_{\max}$ を10と想定して図2-15の $S_{\max}=10$ の曲線の $\theta=17°$ の点の縦軸の値を読むと，$P_E(17°) \fallingdotseq 0.685$ である。すなわち，O点には全エネルギーの68.5%が来襲し，波高比は

$$K_d \fallingdotseq \sqrt{0.685} \fallingdotseq 0.85$$

と推定される。もし来襲波がうねりであって $S_{\max}=75$ を仮定すると，$P_E(17°) \fallingdotseq 0.89$ であるから $K_d \fallingdotseq 0.94$ となる。

【例題 3.4】
図3-21に示すような島 $\overline{PQ}$ で遮蔽されたO点の波高比を推定せよ。
【解】
図示の場合には，$\theta_1=-27°$，$\theta_2=31°$ であるので，島に遮られる波のエネルギーの比率は風波の場合（$S_{\max}=10$ を想定）が

$$\Delta E = P_E(31°) - P_E(-27°)$$

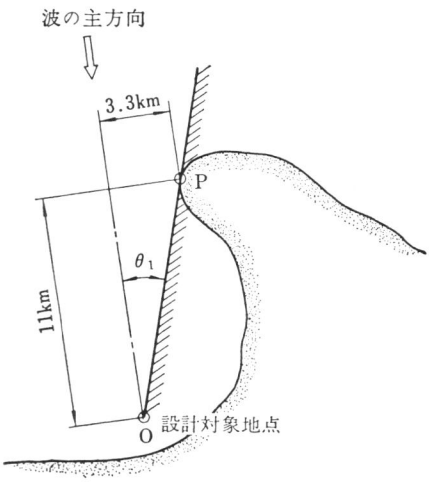

図3-20 岬による波の回折の例題

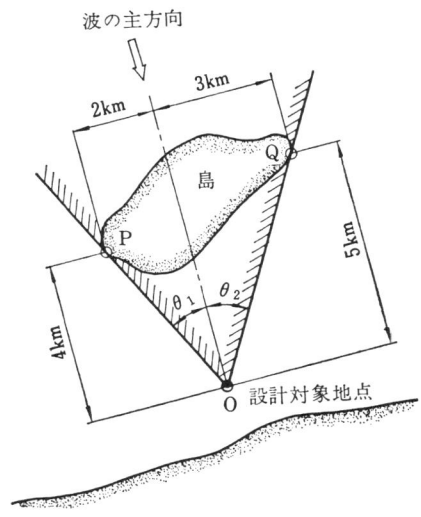

図3-21 島による波の回折の例題

$$=0.82-0.22=0.60$$

である。したがってO点に到達する波の波高比は次のように推定される。

$$K_d=\sqrt{1-\Delta E}=\sqrt{1-0.60}=0.63$$

ただし，波の状況としては島の左手側と右手側から方向の明らかに異なる二つの波（波群）が来襲する。沖波波高に対するそれぞれの波の波高比は，

　　左手側の波：$(K_d)_1=\sqrt{P_E(-27°)-P_E(-90°)}=\sqrt{0.22}=0.47$

　　右手側の波：$(K_d)_2=\sqrt{P_E(90°)-P_E(31°)}=\sqrt{1-0.82}=0.42$

設計対象地点に港口を計画する場合など波高だけでなく波向も重要な場合には，波高比 0.63 の単一の波ではなく，波高比が 0.47 および 0.42 の二つの波群が来襲すると考えるほうが妥当である。

なお，島や岬の先端では断崖となって落ち込んでいるような地形でないかぎり，海底地形の屈曲の影響で波が屈折する。このため，設計対象地点には障害物としての見通線の外側の方向からもある程度の波のエネルギーが回り込んでくる。したがって，図 3-20 の θ_1 はやや大きめに，図 3-21 の θ_1，θ_2 はやや小さめに見積もっておくほうが無難である。ただし，どの程度修正すべきかについての指針はなく，島や岬の先端付近での屈折図を描いてみて適宜判断する必要がある。また，前節に述べた不規則波としての屈折係数の計算を行うのも一つの方法である。

(3) 規則波の回折図の適用範囲

今までに述べたように，規則波に対する回折図は実際の海の波の回折波高とかなり異なる値を与える場合が多いので，現地波浪の回折計算に適用するのは一般には不適当である。その原因は波浪の方向成分の広がりである。逆にいえば，現地波浪であっても方向成分の広がりが相当に狭いときは規則波の回折図を近似的に適用することができる。具体的には，湾の奥に防波堤を備えた港があって湾口からうねりが進入する場合や，港口からの進入波が波除堤などで 2 次回折する場合などの解析がこれに相当する。また，汀線に近い位置の離岸堤にうねりが当たるときなども波の屈折効果が十分に効いて方向分散が非常に小さいと考えられるので，規則波の回折図を適用してもよい。

3.4　換算沖波

波の変形の計算では，1.3 節の図 1-1 の⑧項に当たる相当深水波，すなわち換算沖波を導入するのが便利である。この波は，屈折や回折などによる波高変化の影響を設計計算に取り入れやすくするための仮想的な波であって，波高および周期は次のように与えられる。

$$H_0'=K_d K_r (H_{1/3})_0, \qquad T_{1/3}=(T_{1/3})_0 \tag{3.18}$$

ここに，

　　　H_0'：換算沖波波高（有義波）

　　　$(H_{1/3})_0=H_0$：沖波波高（有義波）

　　　$(T_{1/3})_0$：沖波の有義波周期

であり，K_r，K_d は前出の屈折係数および回折係数である。

例えば，沖波の諸元が $(H_{1/3})_0=5$ m，$(T_{1/3})_0=12$ s であり，屈折，回折による波高変化が $K_r=0.92$，$K_d=0.83$ であるとすると，換算沖波の諸元は $H_0'=3.8$ m，$T_{1/3}=12$ s となり，以後の計算はこの値を用いて行うことになる。

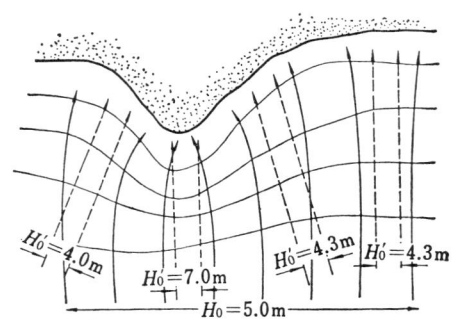

図3-22　波の屈折による換算沖波の変化の説明

　海底の勾配が非常に緩やかでしかも浅い水域が長距離にわたって続いているような場所では，海底摩擦や砂層への浸透，軟泥層の変形などによる波高減衰が無視できないことがある。こうした場合には海底摩擦その他による波高減少率 K_f を式（3.18）の右辺に乗じた値を換算沖波波高として用いる。K_f については文献[17],[18] などを参照されたい。また，換算沖波の周期は式（3.18）のように沖波周期に等しいと見なすのが一般的であるが，防波堤の遮蔽領域などでは有義波周期が変化することがあるので，注意する必要がある。

　換算沖波の概念は，砕波や波の打ち上げ，越波などの諸現象を沖波と関連づけるために導入されたものである。こうした諸現象は主として造波水路内の実験で調べられ，種々の資料が蓄積されている。実験は水路幅が一定の条件で行われるのが普通である。一方，現地では例えば図 3-22 のように，屈折現象のために波向線の幅が変化し，沖の波高が一定であっても岸近くでは場所ごとに波高が異なる。こうした屈折あるいは回折の現象を取り入れた模型実験を行って砕波や越波の現象を調べることは可能であるが，相当の費用と時間を要する。したがって，既往の造波水路での研究成果を活用する工夫が要請されるわけで，それが式（3.18）の換算沖波なのである。これは，図 3-22 のような屈折図で一様な沖波波高を考える代わりに，破線のような仮想の波向線を考え，それぞれ異なる沖波波高を適用することに相当する。

　なお，換算沖波の概念は波群の代表としての有義波に対してのみ適用し，ほかの代表波に対しては直接には用いていない。

3.5　波の浅水変形

　波が幅一定の水路内を伝播するとき，水深が緩やかに浅くなる場合には，波の伝播に伴って波長・波速が減少するほかに，波高もまた変化する。こうした水深減少に伴う波高の変化は wave shoaling，すなわち波の浅水変形と呼ばれている。

　浅水変形によって波高が変化する原因は，波のエネルギーが輸送される速度，すなわち群速度が水深によって異なることにある。周期が一定で波高が微小な規則波については，浅水変形による波高変化が次の式（3.19）で計算できる。

$$K_s = \frac{H}{H_0'} = \sqrt{\frac{(C_G)_0}{C_G}} = \frac{1}{\sqrt{\left(1+\frac{2kh}{\sinh 2kh}\right)\tanh kh}} = \frac{1}{\sqrt{\tanh kh + kh(1-\tanh^2 kh)}}$$

(3.19)

ここに，
 K_s：浅水係数
 C_G：群速度（式-3.16）
 $(C_G)_0$：深海波の群速度 $= \frac{1}{2}C_0 \fallingdotseq 0.78T\,(\mathrm{m/s})$
 k：波数 $(=2\pi/L)$, L：波長, h：水深

海の波の場合には，式（3.19）の値に若干の修正が必要である。その一つは周期が一定ではなくて周波数スペクトルで表されるような広がりを持っていることの影響，もう一つは実際の波高が微小とはいえないことの影響である。このうち，前者については屈折や回折と同様にスペクトルを周波数成分ごとに分割して重ね合わせ計算を行ってみると，式（3.19）の計算値がやや平滑化され，水深による浅水係数の変化が緩やかになることが分かる。例えば，K_s の最小値は一定周期の波では 0.913 であるのに対し，周波数スペクトルを考慮して計算すると 0.937 となる[19]。ただし，この差は 2%〜3%程度なので実務計算では無視してもよいと思われる。

二番目の波高が微小でないことの影響については，有限振幅の波の理論によっていろいろ計算されており，岩垣・酒井[20] は計算の結果を図表にまとめている。また首藤[21] は，ある程度浅い所の波についての波高変化を比較的簡単な式で表現している。これを浅水係数の形で表すと次のようになる。

$$\left.\begin{array}{ll} K_s = K_{si} & : h_{30} \leq h \\ K_s = (K_{si})_{30}\left(\dfrac{h_{30}}{h}\right)^{2/7} & : h_{50} \leq h < h_{30} \\ K_s(\sqrt{K_s}-B)-C=0 & : h < h_{50} \end{array}\right\} \quad (3.20)$$

ここに，K_{si} は式（3.19）で求められる浅水係数，h_{30} と $(K_{si})_{30}$ は次の式（3.21）を満足する水深および浅水係数，h_{50} は式（3.22）を満足する水深，B および C は式（3.23）で与えられる係数である。

$$\left(\frac{h_{30}}{L_0}\right)^2 = \frac{2\pi}{30}\,\frac{H_0'}{L_0}\,(K_{si})_{30} \tag{3.21}$$

$$\left(\frac{h_{50}}{L_0}\right)^2 = \frac{2\pi}{50}\,\frac{H_0'}{L_0}\,(K_s)_{50} \tag{3.22}$$

$$B = \frac{2\sqrt{3}}{\sqrt{2\pi H_0'/L_0}}\,\frac{h}{L_0}, \qquad C = \frac{C_{50}}{\sqrt{2\pi H_0'/L_0}}\left(\frac{L_0}{h}\right)^{3/2} \tag{3.23}$$

ただし，L_0 は深海波の波長，$(K_s)_{50}$ は $h=h_{50}$ における浅水係数であり，C_{50} は次式の係数である。

$$C_{50} = (K_s)_{50}\left(\frac{h_{50}}{L_0}\right)^{3/2}\left[\sqrt{2\pi\frac{H_0'}{L_0}(K_s)_{50}} - 2\sqrt{3}\frac{h_{50}}{L_0}\right] \tag{3.24}$$

実際の計算においてはまず式（3.21）と式（3.22）を満足する h_{30} と h_{50} を繰り返し計算によって求めて適用水深を判定し，$h<h_{50}$ のときは式（3.20）の第 3 式を近似解法で解く必要がある。

この首藤の解に基づいて波高の絶対値の影響を考慮に入れた浅水係数を計算した結果[19]が図 3-23 である。図中の右上の部分は水深波長 h/L_0 が 0.09 よりも大きい場所での浅水

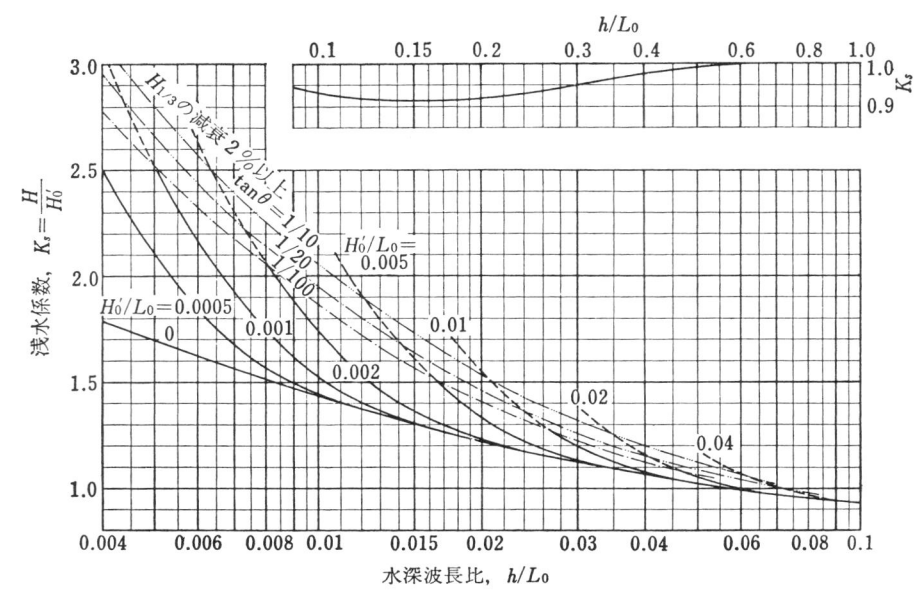

図3-23 浅水係数の算定図[19]

係数を表しており，この範囲では波高を微小と見なした式（3.19）と同一である。

なお，岩垣ほか[22] は首籐とは別の有限振幅波理論に基づいて浅水係数を計算し，その結果を近似計算式で与えた。權・合田[23] はその関数形を準用し，図 3-23 に対する次のような近似式を提案している。

$$K_s = K_{si} + 0.0015\left(\frac{h}{L_0}\right)^{-2.87}\left(\frac{H_0'}{L_0}\right)^{1.27} \tag{3.25}$$

【例題 3.5】
$H_0' = 4.5$ m，$T_{1/3} = 12$ s の換算沖波が海底勾配 1/10，水深 8 m の地点に達したときの波高を求めよ。

【解】
この波の深海波長は $L_0 = 225$ m（巻末の付表-3 参照）であるので，
$H_0'/L_0 = 4.5/225 = 0.0200$，$h/L_0 = 8/225 = 0.036$
したがって，図 3-23 のグラフの $H_0'/L_0 = 0.02$ の曲線を読み取って次の結果を得る。
$K_s = 1.24$，　　　　　∴ $H_{1/3} = K_s H_0' = 1.24 \times 4.5 = 5.6$ m

上記の例題でもし波高が非常に小さいとすると，図中の $H_0'/L_0 = 0$ の曲線に従って読み取り，微小振幅波理論による $K_{si} = 1.09$ を得ることになる。これに式（3.25）の近似式を適用すると，$K_s = 1.23$ の近似推定値が得られる。

波高の絶対値の影響によって浅水係数が大きくなる現象は，非線形浅水変形と呼ばれる。これは波高が大きくなるにつれて波の峰が高く尖り，波の谷が浅くて扁平になるというように波形が変わることに起因する。こうした非線形の波は，波高が同じ正弦波形の波に比べて位置エネルギーが小さくてすむ。逆に言えば，同一のエネルギーで見掛け上は大きな波高となる。このために非線形浅水係数は，微小振幅波理論よりも大きな値をとるのである。砕波帯の中では，砕波に伴うラディエーション応力が場所的に変化することによって平均水位が上昇したり，海浜流が発生したりする。このラディエーション応力は波エネルギーに比例する量である。一方，非線形浅水係数は波エネルギーの変化を過大に表現して

しまう。このためラディエーション応力などの計算では，微小振幅理論に基づく浅水係数を使わなければならない。

図 3-23 でもう一つ注意すべき点は，水深波長比 h/L_0 が小さくなって非線形な浅水変形が発達すると，ある水深よりも浅い個所では砕波の影響が強まって，波高が減少することである。図中に「$H_{1/3}$ の減衰 2% 以上」と記された 1 〜 3 点鎖線は，砕波の影響によって浅水変形だけを考えた場合よりも波高が 2% 以上減少する限界線を示している。この限界線は，一様傾斜海浜における不規則砕波変形の理論[19]に基づいて求められたものであり，海底勾配によって限界値がやや異なる。検討対象の地点がこの限界線の上に位置するときには，砕波減衰の影響を強く受けているので，次節の砕波変形を考慮して波高を推定する。

計算対象の波浪が風波であれば，図 3-1 に示したように波形勾配が 0.025 〜 0.04 の範囲にあるのが普通であり，非線形な浅水変形が強まる以前に砕波の影響によって減衰が始まることが多い。ただし，この際は減衰の影響範囲は波浪の代表波高としての $H_{1/3}$ に対するものであり，波群中の最高波など個別の波すべてに適用されるものではない。例えば，後出の図 3-34 〜 3-37 に示す水深による H_{max} の変化などを参照されたい。

3.6 砕波による変形

3.6.1 規則波の砕波指標

波が沖から岸へ伝播して浅い海域にやってくると，波峰が泡立ち，あるいは前方へ巻き込んで白波を立てるようになる。これが砕波の現象であり，その発生場所と波の高さを知ることが必要となる。流体力学的には，波峰の水粒子の水平軌道運動速度が波形の伝播速度，すなわち波速を超える事象として定義される。一定水深の水域を伝播する波については理論計算が行われているものの，工学的には傾斜した海浜における砕波の情報が求められる。このため，規則波を用いて数多くの水路実験が行われ，砕波の始まる水深やその地点の波高その他のデータが蓄積されてきた。特に，砕波限界の波高 H_b と砕波開始地点の水深 h_b の比は砕波指標と呼ばれている（砕波指標は，ほかにも換算沖波波高に対する比率などを含めて言うこともあるが，本書では H_b/h_b に限定して用いる）。

著者は 1970 年に多くの実験データを整理して，4 種類の海底勾配に対する砕波指標のグラフを作成した[24]。さらに，1973 年にグラフを次の関数で近似的に表示した[25]。

$$\frac{H_b}{h_b} = \frac{A}{h_b/L_0}\left\{1-\exp\left[-1.5\frac{\pi h_b}{L_0}(1+15\tan^{4/3}\theta)\right]\right\} \quad : \quad A=0.17 \quad (3.26)$$

ただし，θ は海底面が水平面となす角度で，$\tan\theta$ が海底勾配を表す。

しかし，この近似式は海底勾配が急な場所ではやや過大な砕波高を与える傾向があるため，$\tan\theta$ にかかわる定数 15 を 11 に低減し，次のように修正する[26]。

$$\frac{H_b}{h_b} = \frac{A}{h_b/L_0}\left\{1-\exp\left[-1.5\frac{\pi h_b}{L_0}(1+11\tan^{4/3}\theta)\right]\right\} \quad : \quad A=0.17 \quad (3.27)$$

この修正によって，海底勾配が 1/10 のときには砕波指標の値が最大で 11% 小さくなる。しかし，海底勾配 1/50 では 2% の低減にとどまる。

砕波指標はこのような関数式で表されるけれども，実際の砕波は規則波であっても 1 波ごとに少しずつ砕波高が異なる。図 3-24 は海底勾配が 1/20 のときの実験データの散らば

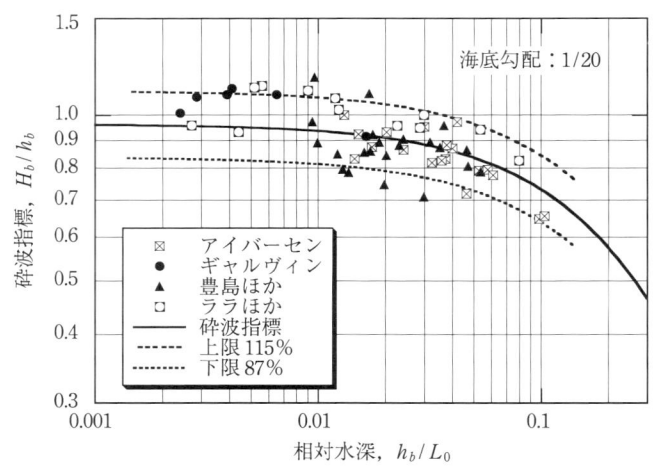

図3-24 海底勾配1/20における砕波指標の実験値と推定値の比較[26]

りの状況を示したものである。データは実験者ごとに異なる記号で表している。図中の実線は式（3.27）の推定値，上の破線は推定値の 1.15 倍，下の点線は推定値の 0.87 倍の上下限を示している。

　この図に示されるように，同じ実験であっても砕波指標の値はある範囲に広がり，砕波高は確率的変動量として扱うべきものである。この図のデータについて式（3.27）による推定値との比率を計算すると，平均的な差が 4%，標準偏差が 11% である。同様に海底勾配 1/10 のデータにおいては標準偏差が 14% と大きく，海底勾配 1/100 のデータでは標準偏差が 6% と小さくなる。砕波指標を利用する場合には，こうした確率的変動性に留意する必要がある。

3.6.2　砕波帯内の波浪現象
(1)　不規則波の砕波帯と砕波点

　一定波高・周期の規則的な波が水路内を伝播して斜面を遡上する状況を観察すると，波はほぼ 1 カ所で次々に砕ける。そこが砕波点であり，平面的には砕波線と呼ばれる。海岸で沿岸砂州が発達している場所では，砂州の頂部で多くの波が砕けるので，そこが砕波の開始点といってよい。しかし，岸に向かって次第に浅くなるような海浜では，大きな波は遠くで砕け，小さな波は岸近くで砕けるというように，砕波が広い範囲にわたって生じている。そのように砕波が生じている範囲全域を砕波帯と称する。

　規則波では浅水変形によって岸へ向かって波高が次第に増加し，砕波点で増加傾向が逆転して，そこからはほぼ直線的に波高が減少する。しかし不規則波で実験すると，砕波帯の外縁から岸へ向かうにつれて砕波する波の割合が漸増し，波高が漸減する。その意味でも，不規則波における砕波点を定義することは難しい。それでもカンフィス[27]は，一連の不規則波の砕波実験において波群中で若干数の波が砕けた状態を「初期砕波（incipient breaking）」と呼び，この状態は式（3.27）の定数を $A=0.12$ に設定した式でほぼ表されるとした。李ほか[28]も同じく $A=0.12$ を不規則波の砕波の開始条件としている。すなわち，

$$\frac{H_b}{L_0}=0.12\left\{1-\exp\left[-1.5\frac{\pi(h_b)_{\text{incipient}}}{L_0}(1+11\tan^{4/3}\theta)\right]\right\} \tag{3.28}$$

沖波波形勾配が与えられたときの初期砕波水深 $(h_b)_{\text{incipient}}$ は，式 (3.28) を書き換えた次式を用い，非線形浅水係数の式 (3.25) と組み合わせて計算を繰り返すことによって求められる。

$$\frac{(h_b)_{\text{incipient}}}{L_0} = -\frac{1}{1.5\pi(1+11\tan^{4/3}\theta)} \ln\left[1 - \frac{H_b/L_0}{0.12}\right] \tag{3.29}$$

一方，著者は 1975 年に一様勾配斜面における不規則波の砕波変形モデルを発表した。その際に，砕波帯の中で有義波高が最大となる地点を有義波としての初期砕波点と見なし，そこの水深と波高を推定するグラフを図 3-25, 3-26 のように作成した。なお，図中の記号 H_0' は換算沖波波高である。

砕波帯内の有義波高が最大となる水深 $(h_{1/3})_{\text{peak}}$ と換算沖波波高の関係をグラフから読み取り，近似式を当てはめると次のように表される。ただし，$0.002 \leq H_0'/L_0 \leq 0.05$ であって $0.01 \leq \tan\theta \leq 0.1$ の範囲にのみ適用する。

$$\left.\begin{array}{l}
(h_{1/3})_{\text{peak}}/H_0' = a_0 + a_1 x + a_2 x^2 + a_3 x^3 \quad : \quad x = \ln(H_0'/L_0) \\
a_0 = -4.773 - 5.156 y - 0.5463 y^2 \\
a_1 = -1.5504 - 1.9915 y - 0.2095 y^2 \quad : \quad y = \ln(\tan\theta) \\
a_2 = -0.0580 - 0.2534 y - 0.0252 y^2 \\
a_3 = 0.0105 - 0.0041 y - 0.0002 y^2
\end{array}\right\} \tag{3.30}$$

また，同じく有義波高の最大値 $(H_{1/3})_{\text{peak}}$ については次の近似式を当てはめることができる。適用範囲は上と同じである。

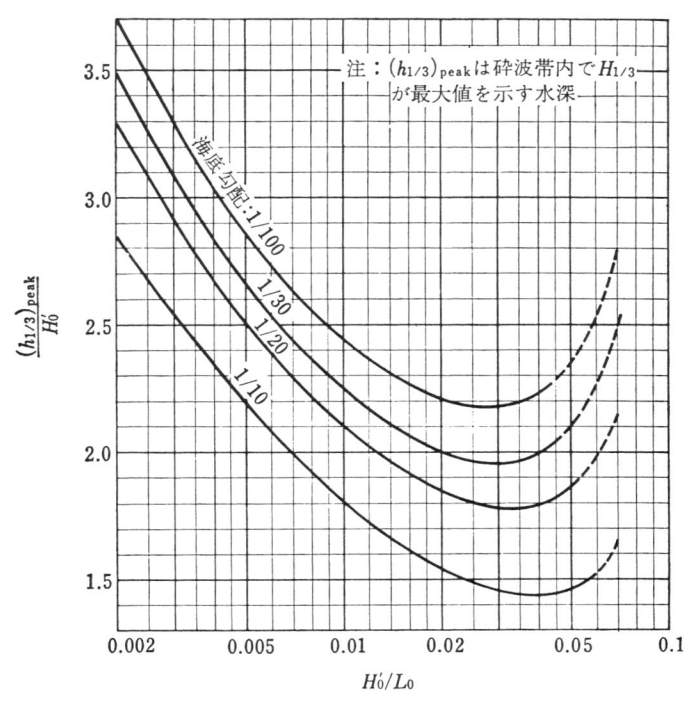

図3-25 有義波高の最大値の出現水深の算定図[19]

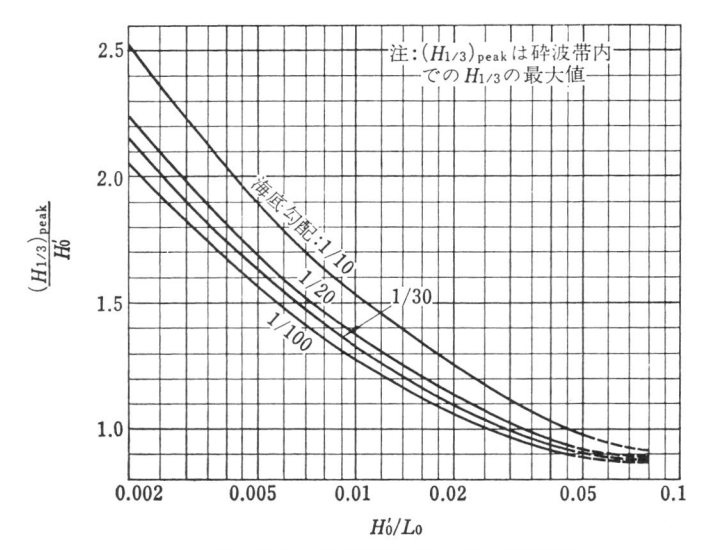

図3-26 砕波帯内の有義波高の最大値の算定図[19]

$$\left.\begin{array}{l}(H_{1/3})_{\text{peak}}/H_0' = b_0 + b_1 x + b_2 x^2 \quad : \quad x = \ln(H_0'/L_0) \\ b_0 = 0.8119 - 0.1470y - 0.0136y^2 \\ b_1 = 0.1509 - 0.0711y - 0.0070y^2 \quad : \quad y = \ln(\tan\theta) \\ b_2 = 0.1127 + 0.0186y + 0.00227y^2 \end{array}\right\} \quad (3.31)$$

この図 3-25 と図 3-26 の波高と周期を組み合わせると，有義波としての初期砕波点に関する砕波指標を図 3-27 のように作成することができる。

この初期砕波地点より岸側では砕波する波の割合が増加し，波高と水深の比率はこの図に示すよりも次第に大きくなる。また，図 3-27 の砕波指標を規則波に対する式 (3.27) に当てはめると，定数 A が $0.11 \sim 0.13$ の値となる。海底勾配が緩やかで波形勾配が大きい波では定数 A がやや小さく，海底勾配が急で波形勾配が小さい波では定数 A がやや大きい。しかし，式 (3.28) の定数 $A = 0.12$ とほぼ同一であり，不規則波が海岸に近づいて砕波が有意に始まる条件は，式 (3.28) でほぼ表されるといえる。

なお，波の浅水係数の図 3-23 ならびに後出の砕波帯内の波高算定用の図 3-34〜3-37 で示されている有義波高の減衰 2% の限界は，式 (3.27) の定数を $A = 0.11$ に設定した式でほぼ表される。すなわち有義波としての初期砕波点では，砕波によって数%の波高減衰が生じているといえる。

【例題 3.6】

$H_0' = 2$ m，$T_{1/3} = 14$ s の換算沖波が勾配 1/50 の一様傾斜海岸に来襲するときの有義波高の最大値とその出現水深，ならびに初期砕波水深を求めよ。

【解】

深海波長が $L_0 = 306$ m，波形勾配が $H_0'/L_0 = 2/306 = 0.0065$，海浜勾配が $\tan\theta = 0.02$ であるので，式 (3.28)，(3.29) の変数は $x = \ln(0.0065) = -5.036$，$y = \ln(0.02) = -3.912$ である。したがって，式 (3.28)，(3.29) を用いて

$a_0 = 7.036, a_1 = 3.034, a_2 = 0.5476, a_3 = 0.0235:$ $(h_{1/3})_{\text{peak}}/H_0' = 2.64$ ∴ $(h_{1/3})_{\text{peak}} = 5.3$ m
$b_0 = 1.179, b_1 = 0.322, b_2 = 0.0747:$ $(H_{1/3})_{\text{peak}}/H_0' = 1.45$ ∴ $(H_{1/3})_{\text{peak}} = 2.9$ m

初期砕波水深については，最初に $h = 10$ m を仮定して式 (3.25) の非線形浅水係数を使うと，

$K_s=1.106+0.047=1.153$, $H=2.31$ m を得る。この波高を式（3.31）に代入すると，$h_\text{incipient}=3.97$ m を得る。この操作を十数回繰り返すことによって，$H_b=3.08$ m，$h_\text{incipient}=5.36$ m の結果が得られる。式（3.28），（3.29）による結果とわずかに異なるけれども，これは与えられた条件に規則波の砕波指標式を適用すると定数Aが0.12よりもやや小さくなるためである。

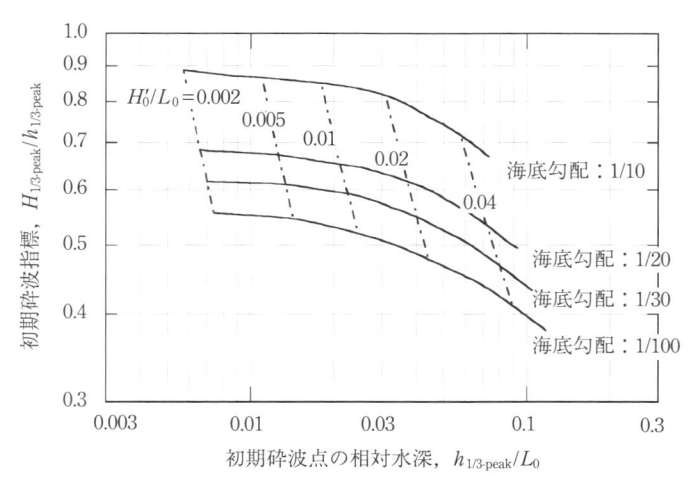

図3-27　有義波としての初期砕波点に関する砕波指標の算定図

　砕波帯内で有義波高が最大となる地点では，波群中の数%の波が砕け始めた状態とみられる。さらに岸に近づくにつれて砕ける波の割合が増えるとともに，岸近くでは砕波した後に残されたエネルギーに見合った波高の低い波が再生される。不規則波の砕波指標，すなわち砕波帯内の有義波高と水深との比は，初期砕波点から汀線に近づくにつれて次第に増大し，式（3.27）の比例係数として$A=0.12$から$A=0.15$程度に増加する。汀線近傍で平均水位の上昇が著しい場所を除けば，有義波高が水深の60%を超えることはまれである。

　なお，欧米では次式で定義される2乗平均波高 H_rms がしばしば用いられる。

$$H_\text{rms}=\sqrt{\frac{1}{N}\sum_{i=1}^{N}H_i^2}=\sqrt{8m_0}=\sqrt{8}\,\eta_\text{rms} \tag{3.32}$$

ここに，m_0 は周波数スペクトルの0次モーメント，η_rms は波形水位の2乗平均平方根値，すなわち標準偏差である。H_rms が愛用されるのは，この波高が不規則波のエネルギー密度を代表するためであり，また欧米では波形記録のゼロクロス解析によって有義波高その他を計算するのが特別な場合であって，普通は周波数スペクトルだけを求めてスペクトル有義波高 H_{m0} や H_rms を求めていることによる。これは波高計として普及しているブイ式波浪計が，テレメータの情報量を節約するためにブイ内で計算したスペクトル密度のみを伝送してきたことに関係している。

　砕波帯内の2乗平均波高 H_rms についてサリンジャー・ホールマンは，その上限値が水深の0.3～0.5倍前後であり，具体的には $\gamma_\text{rms}=H_\text{rms}/h=3.2\tan\theta+0.32$ で与えられ，海底勾配の影響が大きいとしている[29]。ただし波高データは，電磁流速計の観測値を線形理論を用いて表面波のスペクトルに換算して推定したものであり，表面波の波形データから直接に算定した波高よりも若干小さく算出されていたと推測される。

(2)　個別波高の分布

　すでに2.2節で述べたように，ゼロアップクロス法で定義された個別波高は，ほぼレー

リー分布に従う。しかし波が浅い水域に伝播するときは，波高の大きな波ほど非線形な浅水変形の影響を強く受けて，波高の増大率が相対的に大きくなる。このため，波高分布はレーリー分布よりも幅が広がり，裾が長く伸びる形になる。しかし，水域が浅くなるにつれて波高の大きな波がまず砕けてエネルギーを失い，これが次第に波高の小さな波に広がっていく。このため波高分布の幅が狭まり，裾の広がりが断ち切られるようになる。図3-28は，室内実験で不規則波が砕波する過程における波高分布の変化を調べた例である[19]。

この実験は，換算沖波 $H_0'=10.3$ cm, $(T_{1/3})_0=1.24$ s の不規則波が一様勾配 1/10 の斜面上で砕けている事例である。斜面の沖側は水深が $h=50$ cm で一定であり，図中にはこの

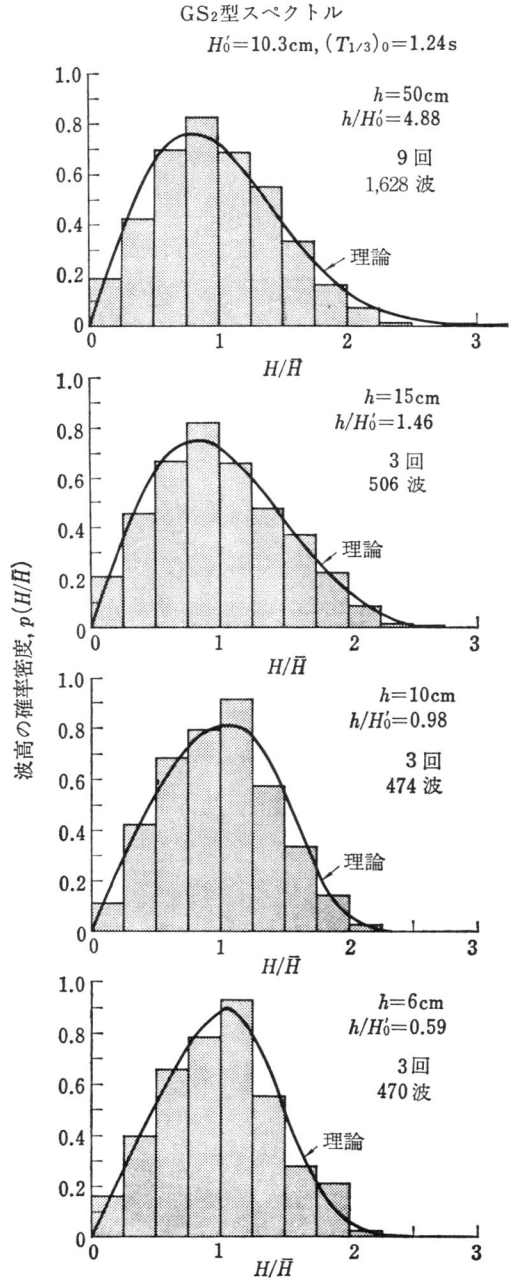

図3-28 模型不規則波の波高分布が砕波帯内で変化した例[19]

沖側地点ならびに水深が $h=15, 10, 6$ cm の3地点の波高分布をプロットしてある。波高はすべて測定地点の平均波高 $\bar{H}$ （沖から順に 6.1, 6.9, 6.8, 4.5 cm）で無次元化してある。また図中で理論と記された曲線は，著者の1975年の不規則砕波変形モデルで計算したものである。

実験では測定しなかったけれども，さらに水深の小さな地点では波の再生，平均水位の不規則変動その他の原因によって波高分布の幅が再び広がり，レーリー分布に戻っていく。ティンは，一様勾配 1/35 の斜面上で相対水深 $h/H_0=1.90〜0.48$ の6地点で波高分布を測定した結果を報告[30]しており，その例でもレーリー分布への復帰の傾向を見ることができる。

このように波高分布が砕波帯のすぐ外側でレーリー分布よりも広くなり，砕波帯の内部では分布幅が狭まり，汀線近くで再び広がるという変化は，代表波高間の関係にも影響を与える。図 3-29 は，現地でうねりの波形をメモモーションカメラで撮影し，解析された結果を著者が再整理したものである[26]。ここには，波高比 $H_{1/10}/H_{1/3}$ および $H_{rms}/H_{1/3}$ が相対水深 h/H_0 によって変化する状況を示している。波高がレーリー分布に従うときには，$H_{1/10}/H_{1/3}=1.27$，$H_{rms}/H_{1/3}=0.706$ の関係があるけれども，砕波帯の中では前者は 1.1 程度まで減少し，後者は 0.8 程度まで増大する。

現地観測は茨城県阿字ヶ浦海岸（堀田・水口[31],[32]）および米国ノースカロライナ州ダック（エバソール・ヒュウイ[33]）海岸で行われたもので，沖波波形勾配が 0.0017〜0.0081 と極めて小さいうねりである。図中には，ティンの実験[30]による $H_{rms}/H_{1/3}$ の波高比，ならびに著者の任意勾配斜面に対する段階的砕波変形（PEGBIS）モデルによる波高比変化の予測値もプロットしてある。現地観測値は，それぞれのデータに記録された波の数が 70〜100 程度であるため，統計的変動性に基づく変動係数が 5%前後あるものと考えられる（10.6 節参照）。すなわち，2シグマ限界を用いると，片側 10% が信頼区間となる。データのばらつきはこうした統計的変動性に起因するとともに，波高比 $H_{1/10}/H_{1/3}$ の場合には非線形浅水変形の影響によって，PEGBIS の予測値よりも平均的にやや大きい傾向がある。

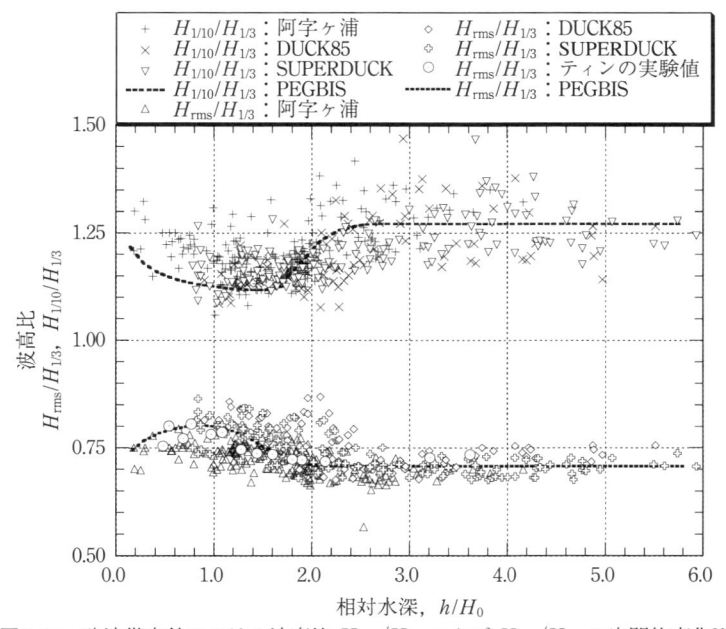

図 3-29 砕波帯内外における波高比 $H_{1/10}/H_{1/3}$ および $H_{rms}/H_{1/3}$ の空間的変化[26]

砕波帯内部における波高分布の変化の状況は，沖波波形勾配や海底勾配などに影響される。そうした変化をワイブル関数の組合せなどで表現しようとしても，良い結果を得ることは難しい。個別の事例について数値計算を行う必要があろう。

(3) 平均水位の空間的変化と不規則変動

砕波帯の中では平均水位が一様ではなく，中央部分でやや低く，それから汀線に向かって平均水位が次第にほぼ直線的に高まる。水面を波が伝わる際にはエネルギーの輸送を伴うけれども，それと同時に運動量も輸送しており，その波の運動量束に応じてラディエーション応力と称される力が水面に働く。この応力は波のエネルギー密度，すなわち波高の2乗に比例する量である。波高が空間的に不均一な場合には，ラディエーション応力の大きな場所で水面を押し下げ，小さい場所で水面を押し上げる結果となる。

砕波帯の外側では浅水変形によって波のエネルギー密度が高くなり，砕波帯内では波高が次第に小さくなってエネルギー密度が減衰する。このためラディエーション応力が岸沖方向に変化し，水面に勾配がついて平均水位が場所的に変化することになる[19]。平均水位の上昇量を $\bar{\eta}$ で表すと，これは次式を沖から岸へ向かって数値積分することによって求められる。

$$\frac{d\bar{\eta}}{dx} = -\frac{1}{(\bar{\eta}+h)} \frac{d}{dx}\left[\frac{1}{8}H_{\rm rms}^2\left(\frac{1}{2}+\frac{2kh}{\sinh 2kh}\right)\right] \tag{3.33}$$

ここに，x は汀線から沖向きに取った水平座標である。

具体的に平均水位の変化を計算するためには，式(3.32)で定義される2乗平均波高 $H_{\rm rms}$ の場所的変化を求めなければならない。すなわち不規則波の砕波変形モデルが必要である。3.6.3節に紹介するように，不規則砕波変形モデルは各種のものが提案されており，採択したモデルによって平均水位の計算結果にも差異が生じる。図3-30は，一様傾斜斜面における著者のモデル[19]を用いて平均水位の場所的変化を計算した例である。

この図は，一様勾配1/100の直線状の海岸に方向分散を伴わない単一周期の不規則波が汀線に直角に打ち寄せたケースであり，水深と平均水位の変化量は換算沖波波高 H_0' を基準として無次元表示している。相対水深が $h/H_0' \fallingdotseq 2 \sim 4$ の範囲では平均水位が低下しており，これはウェーブセットダウンと呼ばれている。ただし，波形勾配が $H_0'/L_0=0.04$ と 0.08 の場合には平均水位の低下がほとんど認められない。相対水深 $h/H_0'<2$ の範囲では，

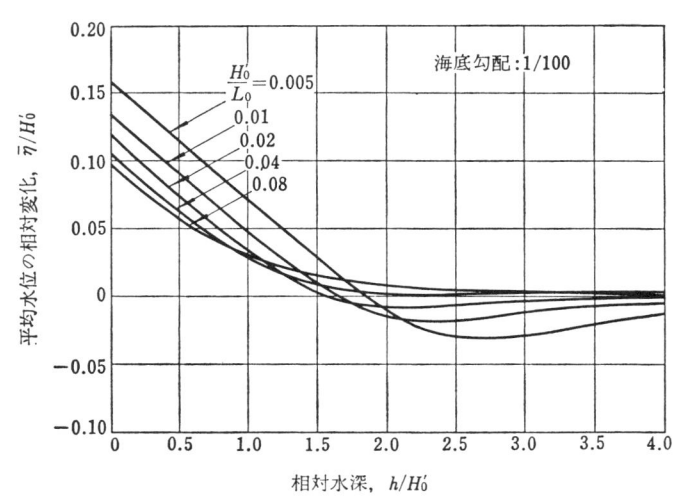

図3-30 不規則波の浅水・砕波変形による平均水位の変化の計算例[19]

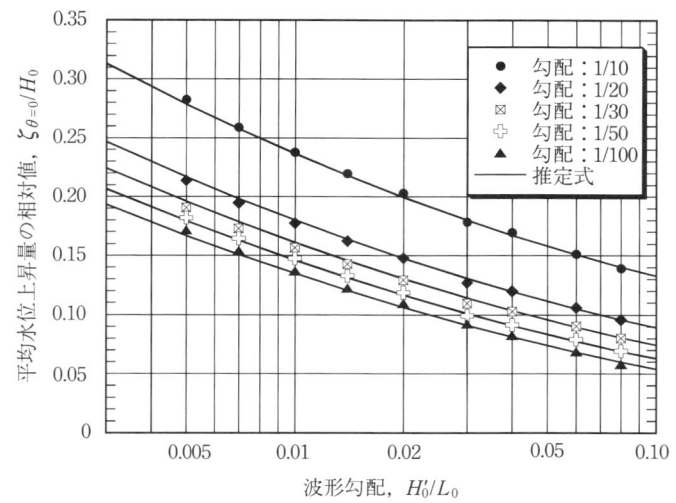

図3-31 汀線における平均水位上昇量の推定図表[35]

平均水位がほぼ直線的に上昇しており，この水位上昇はウェーブセットアップと呼ばれている。こうした砕波帯内の平均水位の変化を規則波の変形理論に基づいて計算すると，ウェーブセットダウン・セットアップの両者とも実際の海岸における現象よりも過大に評価されてしまう。

砕波による水位上昇は港の検潮記録にも現れており，旧運輸省第一港湾局では波浪記録との対比によって $0.1H_0'$ 程度の水位上昇が起きていたことを確認している[34]。また高潮の際にも，台風の経路によっては砕波による水位上昇が加算されて大きな潮位偏差が生じることがある。

実際の波浪は方向スペクトル特性を持っているため，著者の新しい計算手法（段階的砕波変形モデル）を用いて汀線における平均水位の上昇量を計算した結果[35]を図3-31に示す。図中の記号は数値計算の結果であり，曲線群は数値計算結果に当てはめた近似式である。汀線における平均水位の上昇量を ζ で表すと，その推定式は次の通りである。

$$\frac{\zeta_{\theta_0=0}}{H_0} = A_0 + A_1 \ln H_0/L_0 + A_2 (\ln H_0/L_0)^2 \tag{3.34}$$

$$\left.\begin{array}{l} A_0 = 0.0063 + 0.768 \tan\theta \\ A_1 = -0.0083 - 0.011 \tan\theta \\ A_2 = 0.00372 + 0.0148 \tan\theta \end{array}\right\} \tag{3.35}$$

さらに，波が斜めに入射することの影響は次式によって補正される。

$$\zeta = \zeta_{\theta_0=0} (\cos\theta_0)^{0.545 + 0.038 \ln H_0/L_0} \tag{3.36}$$

ここに，θ_0 は汀線に対する沖波の入射角である。

【例題 3.7】
$H_0' = 2.5$ m, $T_{1/3} = 12$ s の換算沖波が勾配 1/50 の一様傾斜海岸に沖波入射角 $\theta_0 = 35°$ で来襲するときの汀線における平均水位の上昇量を推定せよ。
【解】
深海波長が $L_0 = 225$ m，波形勾配が $H_0'/L_0 = 2.5/225 = 0.0111$，海浜勾配が $\tan\theta = 0.02$ である

ので，まず式（3.35）で係数値を求めたうえで式（3.34）を適用すると，直角入射時の平均水位上昇量が次のように求められる。

$A_0 = 0.02166$, $A_1 = -0.00852$, $A_2 = 0.004016$; $\zeta_{\theta_0=0}/H_0' = 0.141$ ∴ $\zeta_{\theta_0=0} = 0.353$ m

この値を式（3.36）で補正することにより，次の結果が得られる。

$\zeta = 0.353 \times (\cos 35°)^{0.374} = 0.328 \fallingdotseq 0.33$ m

実際の海岸における平均水位の上昇量については，加藤ほか[36]と柳嶋ほか[37]が茨城県波崎海岸（平均的海底勾配1/60）の観測桟橋沿いの水位観測から重回帰分析によって $\zeta/H_0 = 0.052(H_0/L_0)^{-0.2}$ という評価式を導いている。式（3.34）を用いると，波形勾配が小さい所ではこれよりも高め，波形勾配が大きな所ではこれよりも低めに平均水位上昇量を見積もるけれども，平均的には同等な値を与える。加藤ほかの調査の際には，波崎海岸に隣接する鹿島港港内の検潮記録でも波による水位上昇が検出された。ただし，汀線における上昇量の1/2程度の値であった。これは，水位上昇を支配するラディエーション応力の空間的変化が，港口から検潮所までの港内と沖に開かれた海浜とでは異なることによるものである。

なお，ここで議論している汀線は初期水深ゼロの地点を指している。砂浜への波の遡上に関しては波の打ち上げ帯（スォッシュゾーン）でも平均水位の上昇が続く。したがって，打ち上げ帯での最終的な平均水位の上昇量 ζ_s は汀線における値 ζ よりも大きい。ハンスロー・ニールセンはオーストラリアのニューサウスウェールズ州の海岸でいろいろ測定を行い，次のような推定式を提案している[38]。

$$\zeta_s = \begin{cases} 0.45(H_{0\mathrm{rms}}L_0)^{0.5}\tan\theta_F & : \tan\theta_F > 0.06 \\ 0.048(H_{0\mathrm{rms}}L_0)^{5.5} & : \tan\theta_F \leq 0.06 \end{cases} \quad (3.37)$$

ここに，$H_{0\mathrm{rms}}$ は沖波の2乗平均波高，θ_F は前浜の傾斜角である。

これまでに述べた砕波帯内の平均水位の場所的変化は，波の状態が変わらなければ定常的なものである。しかしこれとともに，各地点の平均水位は数十秒から数分周期で不規則に上下する。これはサーフビートと呼ばれる。この現象は，波浪が一定の強度で継続していても，時には高波が続いたり，時には低い波が多く現れるなど，波の状態が不規則に変動することに関係している。港内静穏度の問題で長周期波と呼ばれる現象と同一の起源のものである。汀線近くの水深の小さな個所では，サーフビートによる水位の変動が相対的に大きいため，砕波変形の問題ではこれを考慮することが望ましい。サーフビートが卓越するときの波形の例は11.5節の図II-8に見ることができる。サーフビートや長周期波についての研究は数多く行われているものの，その振幅を的確に予測できるまでには至っていない。サーフビートの水位が正規分布に従うとして，その標準偏差の目安として著者は先に次の実験式を提案した[19]。

$$\zeta_{\mathrm{rms}} = \frac{0.01 H_0'}{\sqrt{\dfrac{H_0'}{L_0}\left(1+\dfrac{h}{H_0'}\right)}} \quad (3.38)$$

この実験式は理論的な裏付けなしに，若干の現地データに当てはめて導いたものである。サーフビートの情報が必要な場合には，この実験式のみならず近年の観測成果などを参照していただきたい。

3.6.3 一様傾斜海浜における波高変化
(1) 合田の1975年モデル

著者は1975年に不規則波の砕波変形モデルを発表し，室内模型実験および酒田港の波浪観測データでその適用性を検証した[19]。このモデルを用いて沖から岸へ向かっての最高波高 H_{max} および有義波高 $H_{1/3}$ の変化の算定図表を作成したところ，同図表はわが国のみならず，海外の技術マニュアル等でも広く紹介されて利用されている。このモデルは次のような仮定の下に構築された。

① 個別の波高は沖合ではレーリー分布に従う。
② 浅海域では，各水深における砕波限界よりも大きな波高の波は砕波を起こし，波高の低い波に変わる。砕波限界は式（3.26）で算定し，その波高値の106%を超える波（$A=0.18$）はすべて砕波すると見なす。
③ 限界波高の71%よりも波高が小さな波（$A=0.12$）は砕波を起こさず，波高が限界値の71%〜106%の範囲の波は，0%〜100%で直線的に変化する確率で砕波すると見なす。
④ 砕波によってレーリー分布から除去された波は，非砕波の残存確率に比例した割合で砕波限界以下の範囲に再生されると見なす。
⑤ 砕波限界を算定するときの水深には，ラディエーション応力による平均水位の変化およびサーフビートによる水位変動を考慮する。
⑥ 砕波限界を算定するときの深海波長は，有義波周期に対する値を使用する。すなわち，単一周期の不規則波であり，周波数スペクトルならびにエネルギーの方向分散は考慮していない。

先に示した図3-28はこのモデルによる波高分布を実験結果と比べた例であり，図3-30は同じくこのモデルによる平均水位の計算結果である。式（3.26）の砕波指標は，海底勾配が急な斜面上で砕波高をやや高めに推定する傾向があったため，これを修正した式（3.27）が提案されたのである。しかし，不規則砕波変形モデルそのものは斜面勾配1/10の実験結果とよく一致していたので，砕波指標修正の有無にかかわらず，不規則砕波変形モデルを変更する必要はないと考えられる。

図3-32は，不規則波の砕波減衰を水路実験で測定して砕波モデルと比べた例である[19]。図中の記号は沖波のスペクトルの形や波形勾配を変えた実験データの種別を表している。データはいずれも3回の測定（各200波）の平均であり，全体として実験値と計算値の一致は良好である。

また，旧運輸省第一港湾建設局は1970年代に酒田港の水深−20，−14，および−10 mの3地点で波浪の同時観測を行った[13]。このデータについて沖側の観測値から換算沖波波高 H_0' を求め，岸側の観測波高と比較した結果が図3-33である。現地観測値の場合には，波の不規則性に起因する統計的変動性が大きいためにデータのばらつきが大きく現れる（10.6節参照）。全体としては計算値よりもやや減衰が強いようであるが，波高変化の傾向はほぼ計算値通りである。

このモデルを用いて，一様勾配が1/10, 1/20, 1/30 および 1/100 の斜面上の波高の変化を計算した結果が図3-34〜3-37である。ここには，換算沖波波高に対する最大波高と有義波高の比率，H_{max}/H_0' と $H_{1/3}/H_0'$ を相対水深 h/H_0' に対してプロットしており，それぞれ沖波波形勾配 H_0'/L_0 をパラメータとする曲線群として表示してある。最大波高 H_{max} は本来は波数をパラメータとする確率変量であるけれども，ここでは1/250最大波高で代替，すなわち $H_{max}=H_{1/250}$ と定義している。なお，レーリー分布においては $H_{1/250}=1.80H_{1/3}$

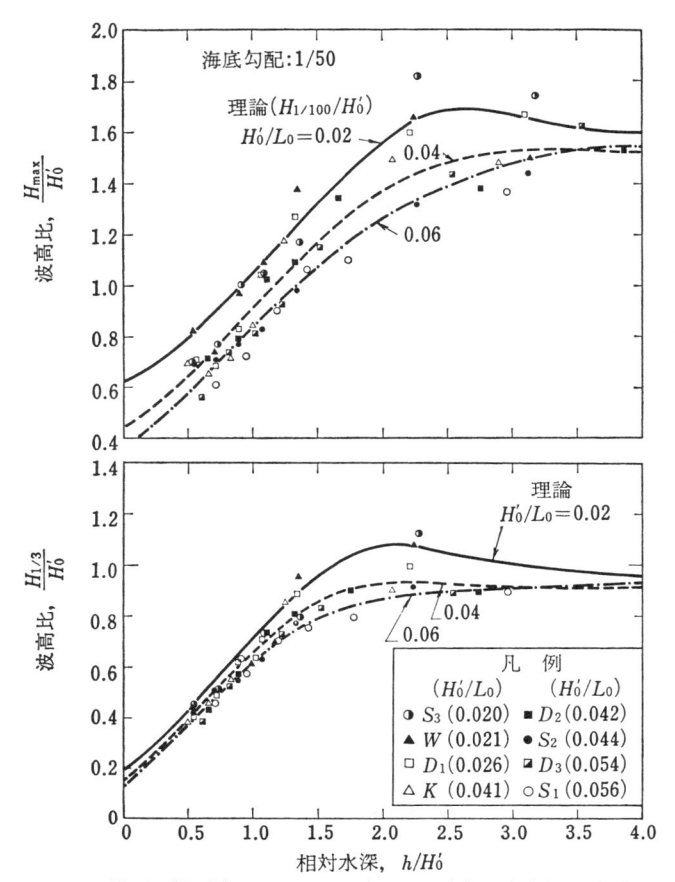

図3-32 模型不規則波の H_{max} および $H_{1/3}$ の変化（海底勾配1/50）[19]

の関係が成り立つ。

それぞれの図中には「減衰2%以下」と記した1点鎖線が描かれており，その右側の曲線は破線で示され，$H_{1/3} \fallingdotseq K_s H_0'$ と記入されている。この範囲では波は浅水変形の過程であり，砕波による波高減衰が2%以下である。

図3-34～3-37を使うと，沖合から汀線までの波高の変化を簡単に推定することができる。例えば，波高 $H_0'=4.5$ m，周期 $T_{1/3}=12$ s のうねりが海底勾配 1/10 あるいは 1/100 の一様傾斜海岸に正面から来襲する場合の波高の変化を推定すると，表3-5のようになる。ただし，実際の問題では水深ごとに屈折係数を算定し，換算沖波波高を修正して作業を進める必要がある。

この表の結果を見ると，例えば海底勾配1/100のときは $H_{1/3}$ が水深10mから8mの間で減衰が始まるのに対し，H_{max} は水深20mから10mの区間で減少しているなど，砕波の影響が H_{max} により早く表れることが分かる。表の数値を計算してみれば明らかなように，H_{max} と $H_{1/3}$ の比率は水深4m付近で約1.3にまで低下する。こうした波高比の変化は，すでに図3-29で $H_{1/10}/H_{1/3}$ および $H_{rms}/H_{1/3}$ について示したところである。なお，先に図3-25，3-26として示した砕波帯内で有義波高が最大となる水深および有義波高の最大値の算定図は，図3-34～3-37中の各曲線のピークを読み取って作成したものである。

(2) 砕波帯内の波高の略算式

一様傾斜海岸については，砕波帯内の波高変化を図3-34～3-37を使って実務上ほとんど支障なく推定できる。しかし，各種の計算を進めるうえで数式表示が必要な場合には次

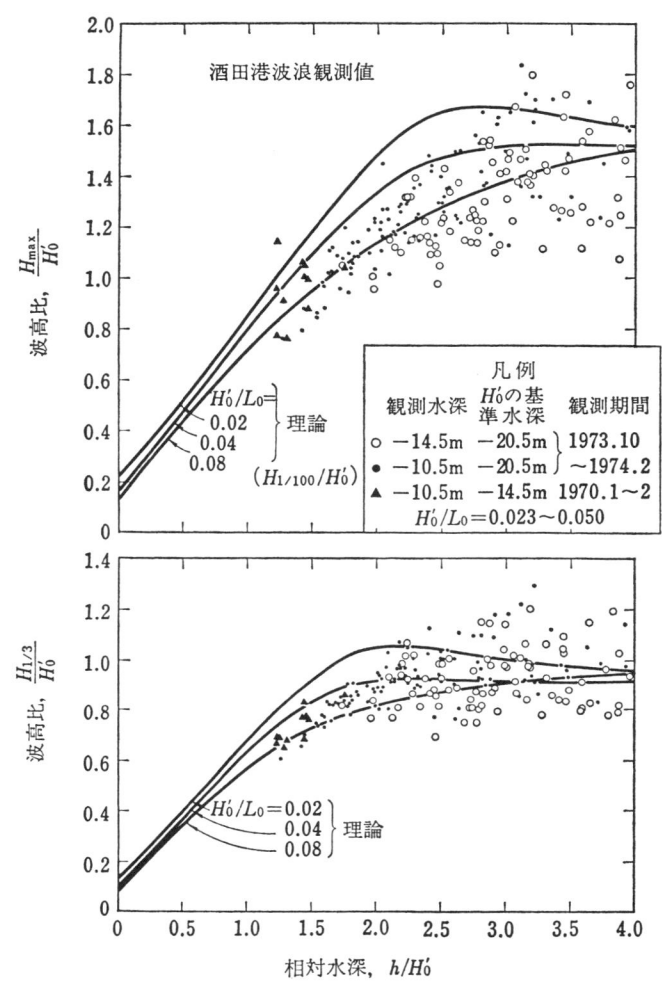

図3-33 酒田港波浪観測における H_{max} および $H_{1/3}$ の変化[19]

表3-5 浅水変形および砕波変形による波高変化
—$H_0'=4.5$ m, $T_{1/3}=12$ s—

水深 h(m)	海底勾配1/10		海底勾配1/100	
	H_{max}(m)	$H_{1/3}$(m)	H_{max}(m)	$H_{1/3}$(m)
100	7.9	4.4	7.9	4.4
50	7.5	4.1	7.5	4.1
20	7.6	4.2	7.6	4.2
10	8.9	5.0	7.4	4.8
8	9.0	5.6	6.3	4.5
6	7.5	5.5	5.0	3.7
4	5.6	4.3	3.6	2.7
2	3.8	2.7	2.3	1.6
0	2.2	1.3	1.2	0.7

の略算式を用いることができる。

$$H_{1/3} = \begin{cases} K_s H_0' & : h/L_0 \geq 0.2 \\ \min\{(\beta_0 H_0' + \beta_1 h),\ \beta_{max} H_0',\ K_s H_0'\} & : h/L_0 < 0.2 \end{cases} \quad (3.39)$$

$$H_{\max} \equiv H_{1/250} = \begin{cases} 1.8 K_s H_0' & : h/L_0 \geq 0.2 \\ \min\{(\beta_0^* H_0' + \beta_1^* h),\ \beta_{\max}^* H_0',\ 1.8 K_s H_0'\} & : h/L_0 < 0.2 \end{cases} \quad (3.40)$$

上式中の $\min\{a, b, c\}$ は，a, b, c のうちの最小値を表し，β_0 その他の係数は，表3-6のように数式表示されている。

【例題 3.8】
　式（3.39）を用いて $H_0' = 6.0$ m，$T_{1/3} = 16$ s の換算沖波が勾配1/50の一様傾斜海岸に打ち寄せ

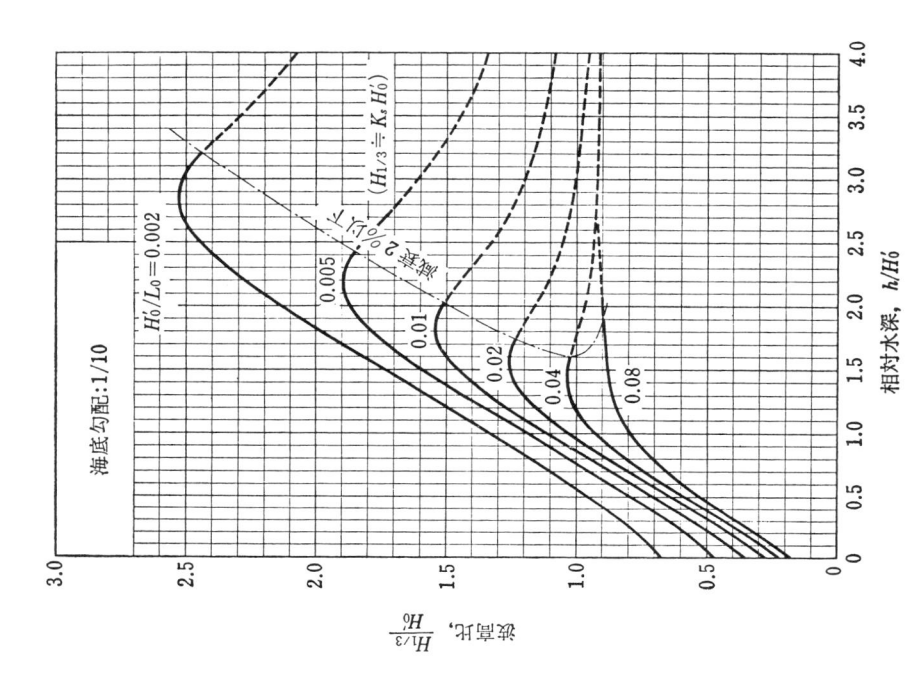

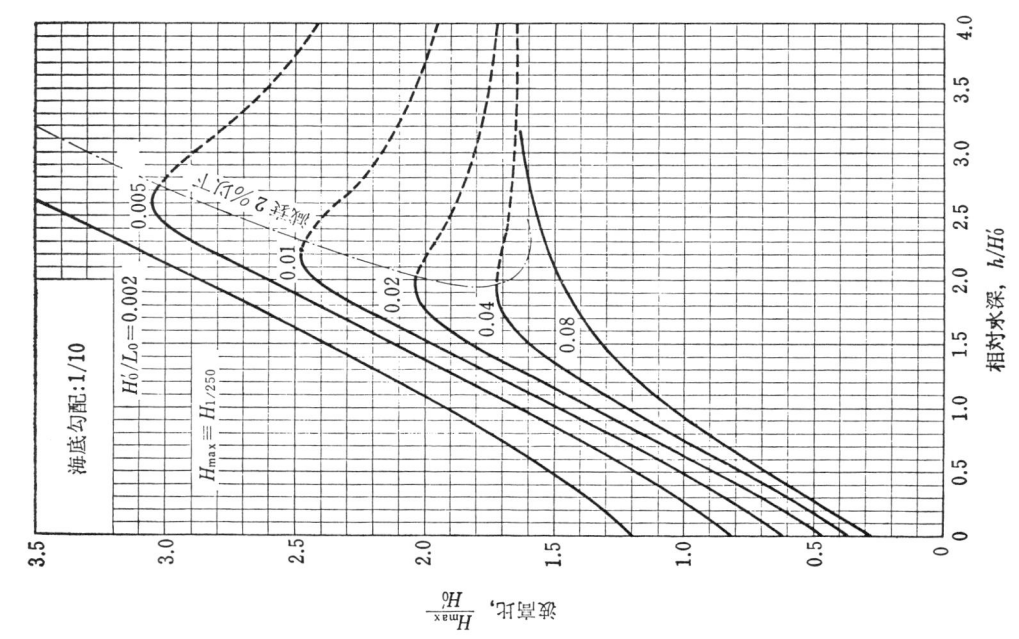

図3-34　砕波帯内の波高の算定図（海底勾配1/10）[19]

ているとき，水深 $h=8$ m における有義波高を推定せよ．

【解】

　深海波長が $L_0=351$ m，波形勾配が $H_0'/L_0=6.0/351=0.0171$ であるので，係数が次のように計算される．

$$\beta_0 = 0.028 \times (0.0171)^{-0.38} \times \exp[20 \times (0.02)^{1.5}] = 0.139$$
$$\beta_1 = 0.52 \times \exp[4.2 \times 0.02] = 0.566$$
$$\beta_{max} = \max\{0.92, 0.32 \times (0.0171)^{-0.29} \times \exp[2.4 \times 0.02]\} = \max\{0.92, 1.093\} = 1.093$$

また，浅水係数を図 3-21 で求めると，$h/L_0=0.023$，$H_0'/L_0=0.0171$ に対する点が1点鎖線の上方

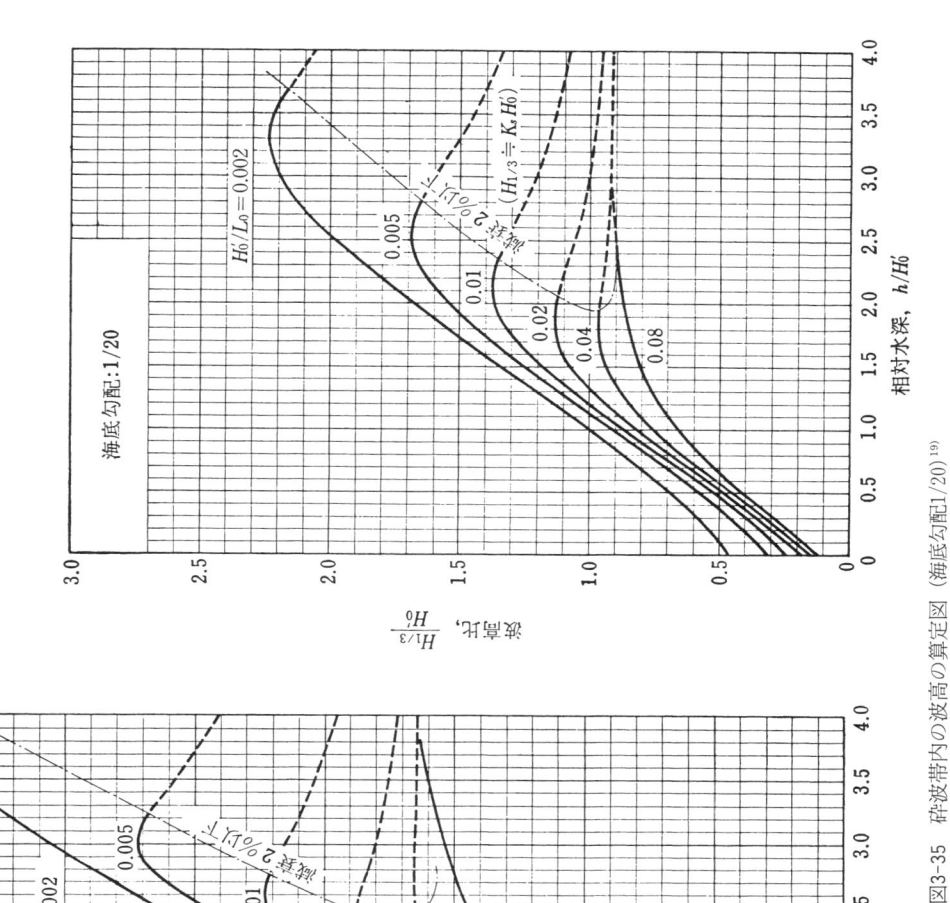

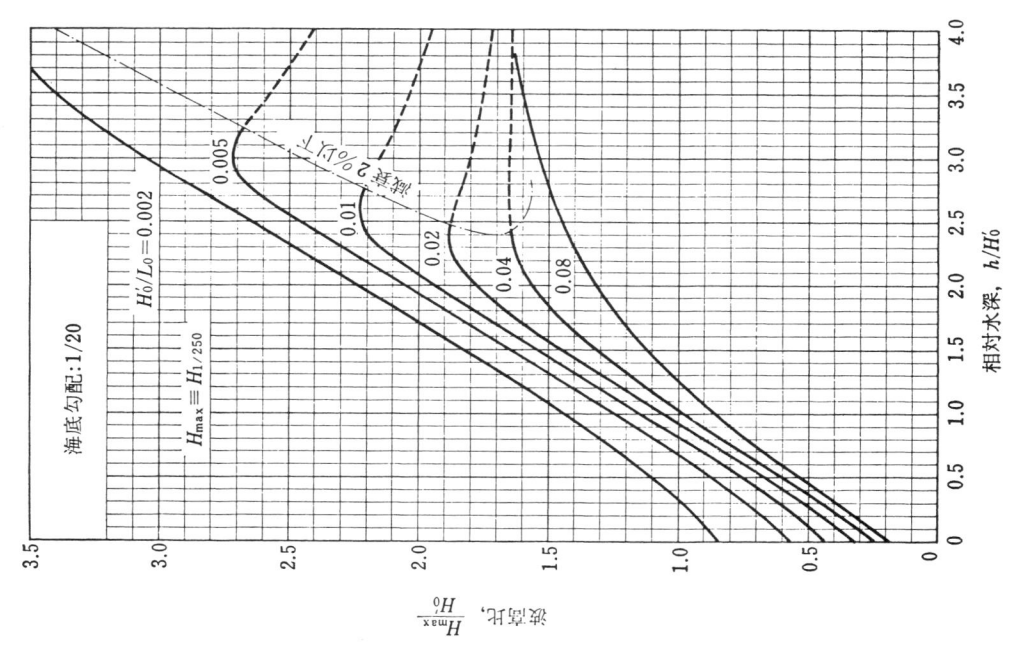

図3-35　砕波帯内の波高の算定図（海底勾配1/20）[19]

に位置していて，砕波による減衰域に入っている。しかし，曲線を外挿すると $K_s ≒ 1.7$ と推定できる。そうすると，有義波高が次のように推定できる。

$H_{1/3} = \min\{(0.139×6.0+0.566×8.0),\ 1.093×6.0,\ 1.7×6.0\}$
$= \min\{5.36,\ 6.56,\ 10.2\} ≒ 5.4$ m

式（3.39），（3.40）は著者が 1975 年に提示したもので，防波堤の設計波圧の計算その他に利用されてきた。いずれも略算式であるので，図表による値と数％程度食い違うことがある。特に，波形勾配が 0.04 以上の波の場合には，$H_{1/3} = \beta_0 H_0' + \beta_1 h$ で計算される値

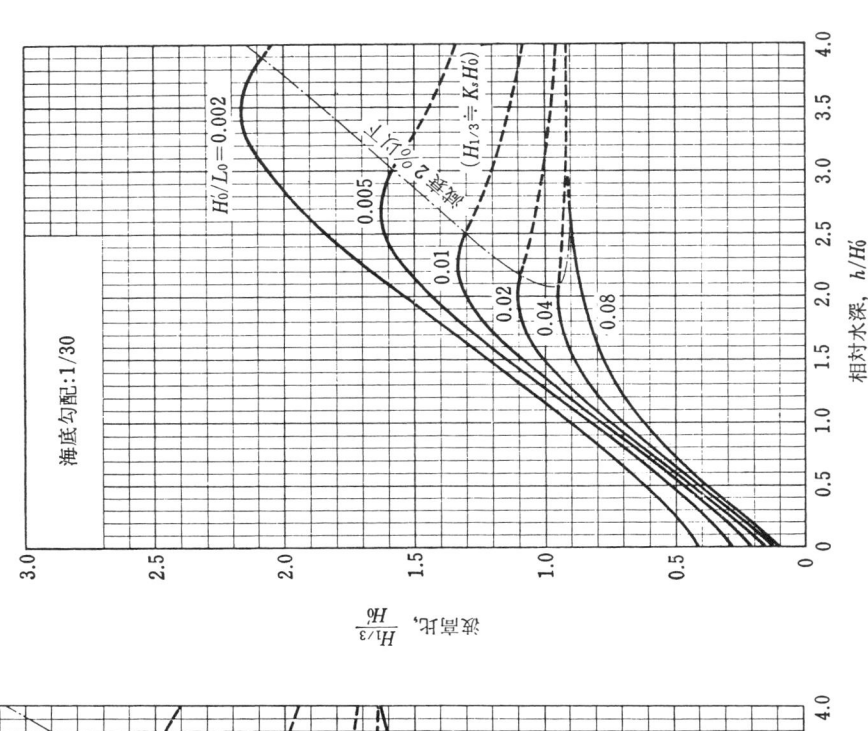

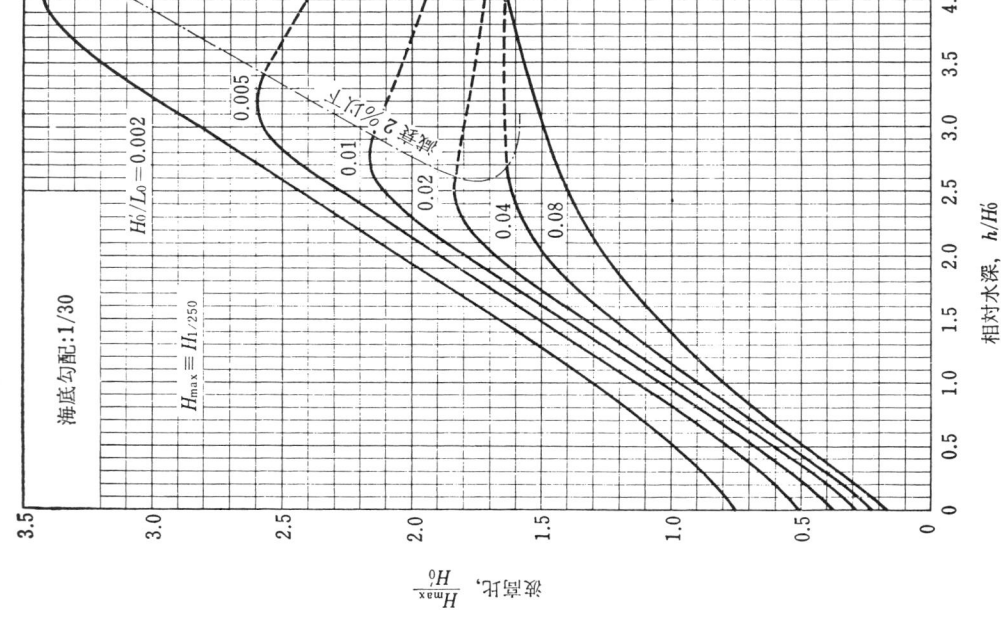

図3-36 砕波帯内の波高の算定図（海底勾配1/30）[19]

と，$H_{1/3}=\beta_{max}H_0'$ による値が一致する付近において，略算式が10%以上大きな値を与える。これは H_{max} についても同様である。また，式（3.40）を波形勾配の大きな波に適用すると，$h/L_0=0.2$ の境界において H_{max} の推定値が不連続になることがあるので注意を要する。

不規則波が砕波するときには，初期水深がゼロの汀線においても $H_{1/3}=\beta_0H_0'$ および $H_{max}=\beta_0^*H_0'$ で代表されるような波高が存在する。これはウェーブセットアップやサーフビートによって実水深が増大しているためである。ただし，実際現象としては普通の波ではなく，寄せ流れ，引き流れであり，上下の振幅は小さくても流勢はかなり強い。した

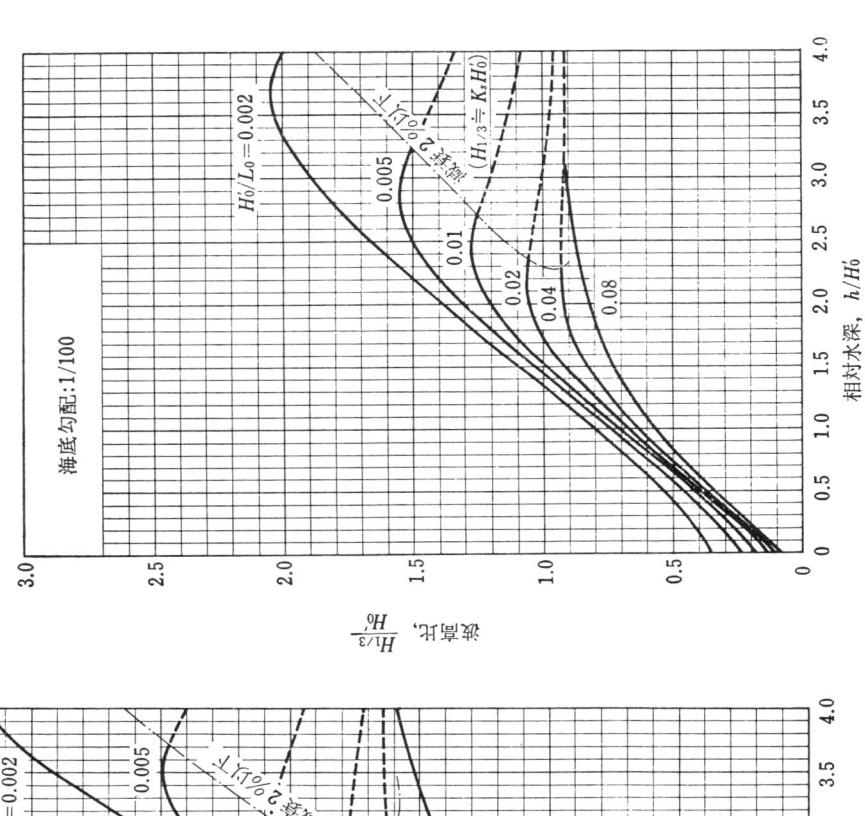

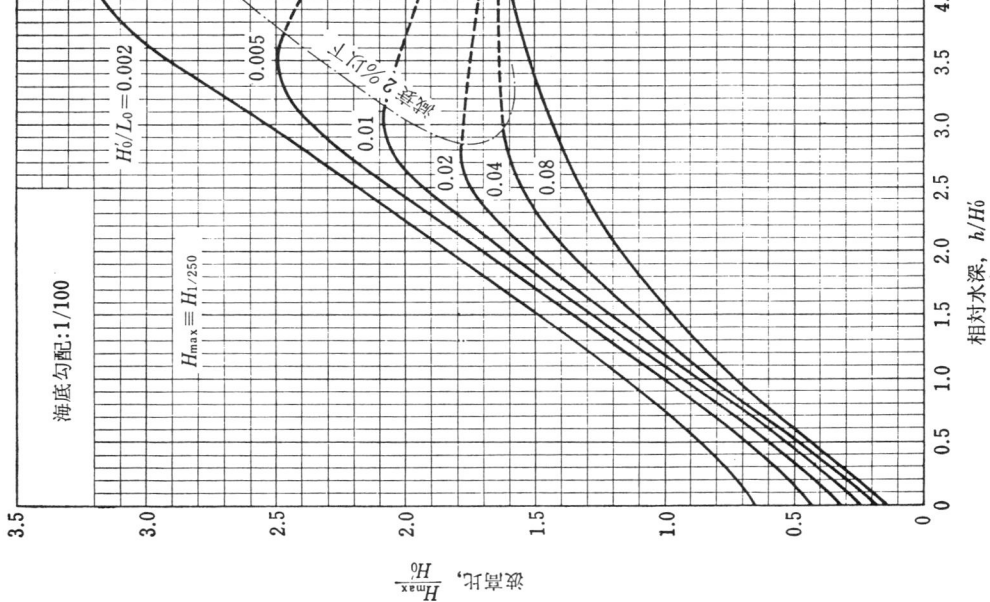

図3-37 砕波帯内の波高の算定図（海底勾配1/100）[19]

表3-6 砕波帯内の波高の略算係数

$H_{1/3}$ の略算係数	H_{max} の略算係数
$\beta_0=0.028(H_0'/L_0)^{-0.38}\exp[20\tan^{1.5}\theta]$	$\beta_0{}^*=0.052(H_0'/L_0)^{-0.38}\exp[20\tan^{1.5}\theta]$
$\beta_1=0.52\exp[4.2\tan\theta]$	$\beta_1{}^*=0.63\exp[4.2\tan\theta]$
$\beta_{max}=\max\{0.92, 0.32(H_0'/L_0)^{-0.29}\exp[2.4\tan\theta]\}$	$\beta_{max}{}^*=\max\{1.65, 0.53(H_0'/L_0)^{-0.29}\exp[2.4\tan\theta]\}$

注：$\max\{a, b\}$ は a または b のいずれか大の値。

がって，汀線付近の消波ブロックの所要質量を求める目的で $h=0$ における波高を算定公式に代入したりすると，本当に必要な質量よりもはるかに小さな値しか得られず，危険な設計をしてしまう。通常の波力の計算に当たってどの水深を用いるべきかについての定説はないけれども，例えば設計潮位において $h<0.5H_0'$ の場所であっても，$h=0.5H_0'$ の地点の波高を使うことなどが考えられよう。

3.6.4 複雑な海底地形における砕波変形の取扱い

前節に紹介した合田の1975年モデルは一様傾斜海岸を対象としており，沿岸砂州のある海岸のように，砂州の岸側で水深が大きくなるトラフの箇所では適用できない。また，海底の勾配が途中で漸変している場合には，勾配の設定に工夫が必要となる。そうした海岸については，ほかの砕波変形モデルを導入する必要がある。

不規則波の砕波変形モデルはこれまでに数多く提案されてきた。最も早く発表されたのが1970年のコリンズのモデルである[39]。これは波高の確率密度関数（probability density function: pdf）をレーリー分布で表し，浅海域で水深制限によって砕波が始まると，それより大きな波高はすべて砕波限界波高の箇所に集中するというモデルであった。その後，バッジェス[40]，郭・郭[41]，合田[19]などが波高の確率密度の関数形の変化で砕波変形を表現するモデルを開発した。こうした pdf の変形モデルでは，砕波によって波高の低い領域に波高分布が順次移行するため，結果として波エネルギーの減衰が算定される。

これに対してバッジェス・ヤンセン[42]は1978年に，砕波によるエネルギー減衰を跳水（ボアー）との類比で見積もる方式を提案した。このモデルは砕波する割合を計算するけれども，基本的には2乗平均波高 H_{rms} のみを求めるもので，H_{rms} は砕波指標で算定される限界波高 H_b で頭打ちになるという制限が設けられている。砕波指標としては相対水深と沖波波形勾配をパラメータとしている。また，ソーントン・グーザ[43]はボアーモデルで砕波指標を $(H_{rms})_b=0.42h$ とし，砕波帯内でも波高がレーリー分布に従うと仮定するモデルを開発して現地観測データで検証した。バッジェス・ヤンセンのモデルは，幾つかの波浪の2次元伝播計算の数値モデルに組み込まれて使用されている。その場合，砕波指標の比例係数は現地条件に合うように調整されることが多い。

砕波によるエネルギー減衰についてはさらに1985年にダリーほか[44]が，波が保有するエネルギーフラックスが水深で規定される上限値を上回る量に比例して，エネルギー密度が減衰するというモデルを提案した。このモデルはエネルギー輸送方程式に組み込まれるために使いやすく，利用者が多い。本来は規則波を対象としたけれども，例えばラールソン・クラウス[45]は不規則波の個別の波高にこのエネルギー減衰モデルを適用し，その結果を集計して H_{rms} を再計算し，沿岸流の誘起力として使用した。さらに著者も2003年に，ダリー型のエネルギー減衰機構を放物型方程式に組み込んだ段階的砕波変形モデル[46]を発表した。なお，このモデルについては12.2節で詳述する。

不規則波の砕波変形モデルには，ここに紹介した以外にも数多くのモデルが発表されている。しかしながら，各モデルによる砕波帯内の波高の予測値にはかなりの差異がある。

表3-7 幾つかの不規則砕波変形モデルの特徴

モデルの提案者	エネルギー減衰方式	砕波した波の確率密度	砕波限界の設定要因					波浪スペクトル
			水深	周期	勾配	変動幅	Setup	
バッジェス '72[40]	波高確率分布の変形	砕波点に集中	○	○	×	×	○	×
郭・郭 '72[41]	同　上	除去し、非砕波を嵩上げ	○	×	×	×	×	×
合田 '75[19]	同　上	同　上	○	○	○	○	○	×
バッジェス・ヤンセン '78[42]	ボアー型モデル	砕波点に集中	○	○	×	×	○	×
ソーントン・グーザ '83[43]	同　上	重み関数で指定	○	×	×	×	×	×
ラーソン・クラウス '91[45]	ダリー型モデル	砕波点に集中	○	×	×	×	○	×
合田 '03[46]	同　上	除去し、非砕波を嵩上げ	○	○	○	○	△	○

その最大の原因は砕波限界の設定がモデルによって異なるためである。表 3-7 は上で紹介したモデルの特徴をまとめたものである。エネルギー減衰をボアー型とダリー型機構で評価するモデルは複雑な海底地形に適用可能であるが、ここでは単純な一様傾斜海浜に適用して比較した事例を紹介する。図 3-38 は勾配 1/50 の直線状平行等深線の海浜に、$H_0 = 2.0$ m、$T = 8.0$ s の換算沖波が沖波入射角 30°で来襲した場合について、7 種のモデルで 2 乗平均波高 H_{rms} の変化を予測した結果[47]である。

この図で明らかなように、H_{rms} の予測値はモデルによって大きく異なり、特に水深 2.0 m 以浅では 2 倍以上異なるケースも見られる。したがって、複雑な海底地形において砕波を伴う波浪変形を計算する場合には、表 3-7 以外のモデルも含め、使用する数値モデルの特性、特に砕波指標の取り込み方についてよく調べておく必要がある。また、モデルの多くは H_{rms} など単一の波高のみを出力し、その他の代表波高はレーリー分布を仮定して推定するため、図 3-29 に例示したような砕波帯内の波高比の変化を無視する結果となる。本書の執筆時点では、位相平均型のモデルであって砕波帯内の波高分布を直接に算定可能なのは、著者の段階的砕波変形モデルのみである。さらに正確な情報を得るためには、ブシネスク方程式を時間ステップごとに解きながら砕波減衰を考慮するモデルで計算する必要があろう。

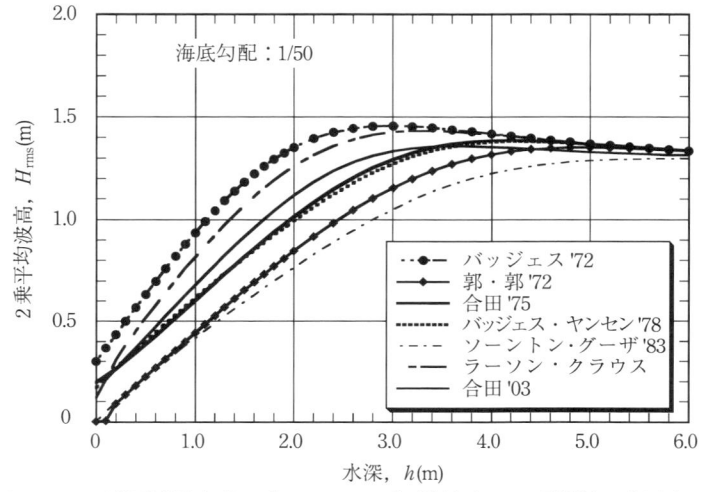

図 3-38 不規則砕波変形モデルによる 2 乗平均波高 H_{rms} 予測値の差異（$H_0 = 2.0$ m, $T = 8.0$ s, $\theta_0 = 30°$）[47]

3.6.5 リーフ上の水理現象

　岩礁や珊瑚礁の浅瀬（リーフ）や幅の広い潜堤の上などでは，普段でも波が砕けており，砕波を前提とした水理現象の取扱いが必要である。リーフは，沖側の急峻な海底地形と礁原と呼ばれるリーフ上の水深がほぼ一様な水域からなり，リーフの沖側端部（リーフエッジ）は盛り上がって浅くなっていることが多い。また，平面的には所々にクチと呼ばれる外海からの切り込み部分があり，この部分に戻り流れが集中する。満ち潮のときは，このクチから海水が流入する[48]。

　リーフの上では砕波による平均水位の上昇が顕著である。また，仲座ほかは湾状リーフでボアー状のサーフビートが発達，これが高波時の越波災害をもたらすことを1988年以降の一連の研究で解明してきた[49]。その一因は，リーフの上で長周期波の共振が起きることで，特に礁原の長さを1/4波長とする周期の成分が増幅される[50]。仲座ほか[49]はサーフビートの入射振幅として$0.008(H_0')^2$（単位はm）の経験式を与えている。ここに，H_0'は換算沖波波高である。

　リーフ上の波高については，高山ほか[51]が次のような実験式を与えている。

$$\frac{H_{1/3}}{H_0'} = B\exp\left[-A\frac{x}{H_0'}\right] + \alpha\frac{(h_0+\eta_\infty)}{H_0'} \tag{3.41}$$

ここに，xはリーフエッジから岸向きの距離，h_0は静水深，η_∞は$x=\infty$における平均水位上昇量である。定数は$A=0.05$，$\alpha=0.33$であって，Bおよびη_∞は近似的に次のように表される。

$$B = \frac{(H_{1/3})_{x=0}}{H_0'} - \alpha\frac{(h_0+\eta_\infty)}{H_0'} \tag{3.42}$$

$$\frac{h_0+\eta_\infty}{H_0'} = 0.989\sqrt{\left[\frac{h_0+\eta_0}{H_0'}\right]^2 + 0.21\left[\frac{(H_{1/3})_{x=0}}{H_0'}\right]^2} \tag{3.43}$$

ただし，$(H_{1/3})_{x=0}$とη_0は$x=0$における有義波高と平均水位上昇量であって，h_0が小さいことを前提として，それぞれ式（3.39）および式（3.34）で推定できる。

　この高山ほかの実験式に対し，津嘉山ほか[52]は多数の現地観測値を整理して，定数AとBの値を整理してグラフで提示した。グラフ上の数値を読み取って近似式で当てはめると次のように表示できる。

$$A = \exp[0.0136y^3 - 0.3172y^2 + 1.4568y - 4.2705] \quad : \quad y = \ln(H_0'/h') \tag{3.44}$$

$$B = 0.8(h'/H_0')^{0.70} \tag{3.45}$$

ここに，$h' = h_0 + \eta_0$である。

　なお池谷ほか[53]の実験によると，入射波が単一方向波浪で周波数スペクトルのピークが鋭いときには，仲座ほかが報告したようなサーフビートが再現されたけれども，多方向不規則波によるサーフビートの振幅はおおむね式（3.38）で表現できるとのことである。

3.7 波の反射と消波

3.7.1 反射率と消波構造物

　構造物によって波が反射されると，その前面では波の擾乱が著しくなり，また反射波が伝播していった先で水域の静穏度を悪化させたり，海浜の侵食を引き起こしたりするので，波の反射はできるだけ抑えることが望ましい。これは一つには消波構造の選択の問題であり，また一つには反射波の伝播状況を的確に推定する問題である。

　波の反射の度合いは，一般に反射波高 H_R と入射波高 H_I の比として定義される反射率 K_R を指標として表示する。波の反射は砕波その他によるエネルギー損失を伴うため，理論計算が難しい。これまでの知見によれば，反射率の概略値は表 3-8 の程度と見なされる。反射率をある範囲で示したのは与えられた条件によって変化するためで，傾斜堤や天然海浜の場合には波形勾配にほぼ逆比例し，長周期のうねりの場合が上限値に対応する。ただし，周期数十秒の長周期波は天然海浜でも反射率が1に近く，消波させることは困難である。直立壁の場合には，天端が低くて越波する状況に応じて反射率が1よりも小さくなる。

表3-8　反射率の概略値

構　造　様　式	反射率
直立壁（天端は静水面上）	0.7 〜 1.0
直立壁（天端は静水面下）	0.5 〜 0.7
捨石斜面（2〜3割勾配）	0.3 〜 0.6
異形消波ブロック斜面	0.3 〜 0.5
直立消波構造物	0.3 〜 0.8
天然海浜	0.05 〜 0.2

　傾斜堤の反射率については，近年いろいろな推定式が提案されている。例えば，ザヌッティグとファンデルメーア[54]によれば次式の通りである。

$$K_R = \tanh\left[a\left(\frac{\tan\alpha_s}{\sqrt{H_{m0}/L_{m-1,0}}}\right)^b\right] \tag{3.46}$$

ここに α_s は法面の傾斜角，H_{m0} はスペクトル有義波高，$L_{m-1,0}$ はスペクトル有義周期 $T_{m-1,0}$ に対応する深海波長であり，定数は滑面に対して $a=0.16, b=1.43$，捨石と消波ブロックに対して $a=0.12, b=0.87$ を最適値としている。

　わが国では，防波堤や岸壁からの反射を抑制するために1970年代から直立消波構造の開発が活発に進められてきた。一般に直立消波構造物は，前面が半透過壁でその後ろに遊水室があり，半透過壁に設けられたスリットや円形孔を通過する水平流の渦損失によって波エネルギーを消耗させ，反射率を低減させる。また，大きな渦流を発生させてエネルギー損失を大きくしたり，海水交換を促進する工夫も試みられている[55),56)]。構造物の形状や，遊水室の奥行きと来襲波の波長との比率その他によって反射率が変動するので，使用条件ごとに模型実験で確認する必要がある。図 3-39 は谷本ほか[57]が1977年に，円形孔あきケーソンの反射率を不規則波について実験した例である。相対遊水室幅が $B/L ≒ 0.15$ で $(K_R)_{min} ≒ 0.3$ となっているけれども，この条件から外れると反射率が70%以上にも増大する。したがって直立消波構造物では，消波対象の波の周期を慎重に選定する必要がある。

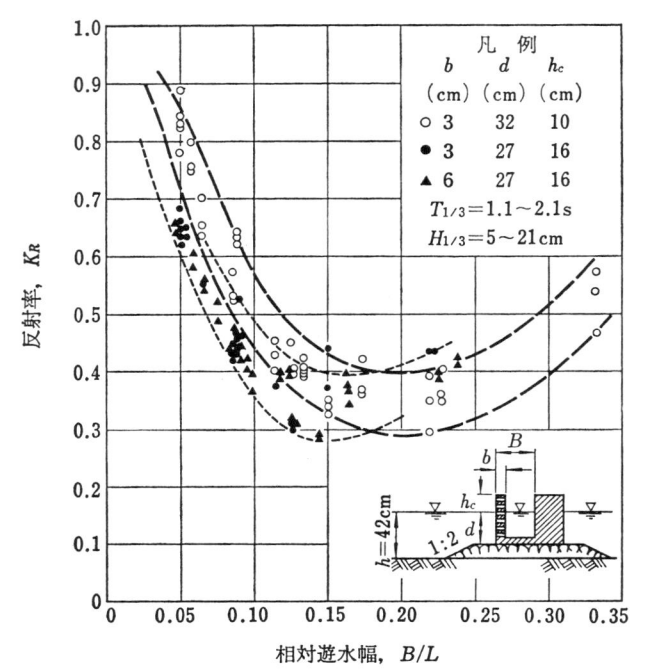

図3-39 不規則波に対する円形孔あきケーソンの反射率の実験結果
（谷本ほか，港湾技研資料　No.246，1976年，p.13による）

3.7.2　反射波の伝播と合成
(1)　反射波の伝播

　構造物などで反射された波は，不規則波を構成する成分波のそれぞれが光と同じように，入射角に等しい角度で反射されると考えられる（図3-40）。ただし，周期の長い波が水深の浅い領域に進入する場合，入射角が大きくて波が構造物に平行に近い角度で進むときには反射波が十分に形成されず，構造物沿いに波が盛り上がって走る現象が現れる。これはハワイ島の津波に際して観察されてマッハ反射と名付けられた[58]。また，構造物に沿って走る波をステム波と呼んでいる。日見田・酒井[59]はある一つの海底地形模型について実験し，単一方向不規則波および方向集中度が $S_{max}=75$ の波では入射角が $70°$（波向と構造物の延長方向のなす角度が $20°$）のときにステム波が発生し，構造物に沿って波高が次第に増加することを報告している。ただし，方向分散の大きな $S_{max}=25$ のときには発生しなかった。

　また，防波堤や岸壁などの構造物は延長が限られているので，反射波の発生範囲は有限である。このため，反射波は構造物から離れるにつれて回折に似た現象を起こして周囲に広がっていく。この現象は，島状防波堤による波の反射の解析[60],[61]，あるいは波の伝播を

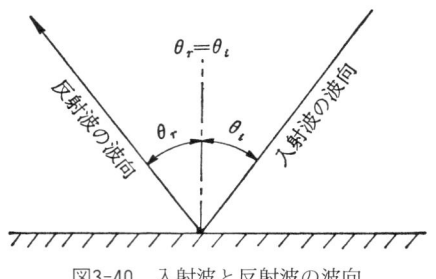

図3-40　入射波と反射波の波向

数値計算する方法[62]などによって解明することができる。

　なお，近似計算法としては防波堤開口部からの回折図を応用して反射波の波高分布を推定することができる。これは，図3-41のように波を反射する部分を仮想的な防波堤の開口部分と見なして回折図を適用する方法である。仮想入射波の方向は，反射面に対して入射波と鏡像の方向とする（ただし仮想回折波の方向は3.3節の表3-4による斜め入射波に対する偏向角の補正が必要である）。そして，対象地点の回折係数を読み取ってこれを反射波の波高減衰率と見なす。

　この方法では不規則波の回折図を使用することが肝要である。これは3.3節で詳述したように，波の平面的伝播に関する問題では波のスペクトルを無視してはならないことによる。同じように，解析解あるいは数値計算による場合でも，1周期・1方向に対する1回の計算で済ませたのは不十分であり，方向スペクトルを代表する幾つかの成分波について計算を行ってその結果を合成することが必要である。

　なお，反射部分の延長が大きくて開口防波堤の回折図の適用が困難な場合には，半無限堤の回折図を利用するか，あるいは波のエネルギーの方向分布特性を用いる方向分散法によればよい。

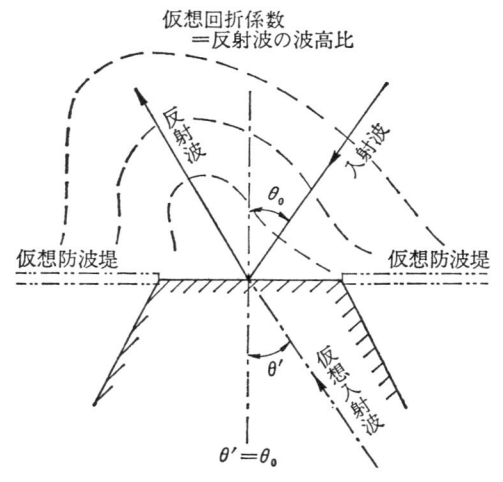

図3-41　仮想防波堤による反射波の伝播の推定

【例題 3.9】
　図3-42に示すような延長2.5 kmの直立壁$\overline{QR}$に入射角40°で風波が入射して反射される場合のP点の反射波高を推定せよ。

【解】
　まずPQ，PRの線を引く。そして，その延長線が仮想入射波となす角度θ_1およびθ_2を読み取る。図3-42では$\theta_1=12°$，$\theta_2=-49°$である。これらの角度は図示のようにQ点およびR点で反射された成分波がちょうどP点へ向かう角度に等しく，QRの間の任意の点で反射されてP点へ向かう成分波の方向はθ_2とθ_1の間に入ることになる。

　次にP点に到達する波のエネルギーは波向がθ_2からθ_1までの成分波の持つエネルギーに等しいので，その全エネルギーに対する割合は2.3節の図2-15に示した$P_E(\theta)$の曲線から読み取ることができる。今は風波を考えているので，$S_{max}=10$の曲線を使うと$\Delta E=P_E(\theta_1)-P_E(\theta_2)=0.63-0.08=0.55$となる。したがって，P点における反射波高と入射波高の比率はエネルギー比の平方根として$\sqrt{0.55}=0.74$と推定される。

　なお，波を反射する構造物の反射率が1よりも小さい場合には，以上の方法で推定した

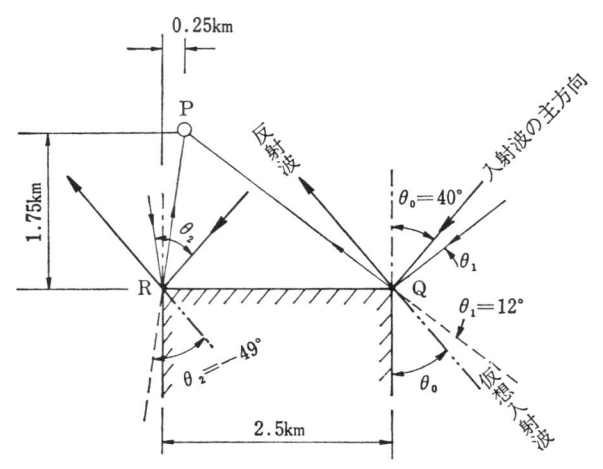

図3-42　方向分散法による反射波高の推定

反射波高に反射率を乗じて最終的な推定値とすればよい。また，風波の場合には反射波が風に逆らって進行する際に波頭が砕け，あるいは入射波との干渉のためにそのエネルギーの一部を失って次第に減衰する。ただし，逆風による減衰率についてはほとんど分かっていない。逆風による減衰は波形勾配と逆相関の関係にあり，うねり性の波では減衰が緩やかなので，港湾施設の計画・設計では安全性を考えて逆風による減衰を無視するのが無難である。もっとも，港内水域が広い大港湾でしかも風波が対象の場合は一つの目安として構造物の反射率を80％程度に減少させて考えてもよいであろう。

(2) 入射波と反射波の合成

反射波がその到達地点においてどのような影響を与えるかは波向の関係もあって単純でない。ただし，波向はあまり重要ではなくて波高だけが問題になるような場合には，次のように2乗和の平方根値を用いることができる。

$$H_S = \sqrt{H_I^2 + (H_R)_1^2 + (H_R)_2^2 + \cdots} \tag{3.47}$$

ここに，H_S は合成波の有義波高，$(H_R)_1$, $(H_R)_2$, ……は各反射部分からの反射波の有義波高である。構造物の直前では入射波と反射波の位相干渉のために式（3.47）が適用できないけれども，構造物から1波長程度以上離れてしまえば成分波の位相干渉が互いに打ち消し合う形となって，式（3.47）が妥当な結果を与える。

式（3.47）の妥当性は，例えば図3-43で例証[63]される。これは造波水路内で不規則な波列の入射波と反射波が重なり合っている状態で，合成波の有義波高の場所的変化を調べた結果である。白丸は完全反射，黒丸は反射率55％の場合の実験値である。また，実線および破線は実験波のスペクトルを構成する周波数成分ごとに各場所での重複波の振幅の計算を行って合成波のスペクトルを計算し，その結果から波高を推定したものである。図3-43においては反射面の近傍において重複波の腹と節に対応する変動が認められるが，反射面から十分離れると波高変動が小さくなってほぼ一定の値に落ち着く。式（3.47）が与える波高はこうした遠方での一定値である。

なお，式（3.47）は波のスペクトルの形状にかかわりなく有義波高が波のエネルギーの平方根に比例すること，すなわち2.4節の式（2.39）の関係に基づくものである。

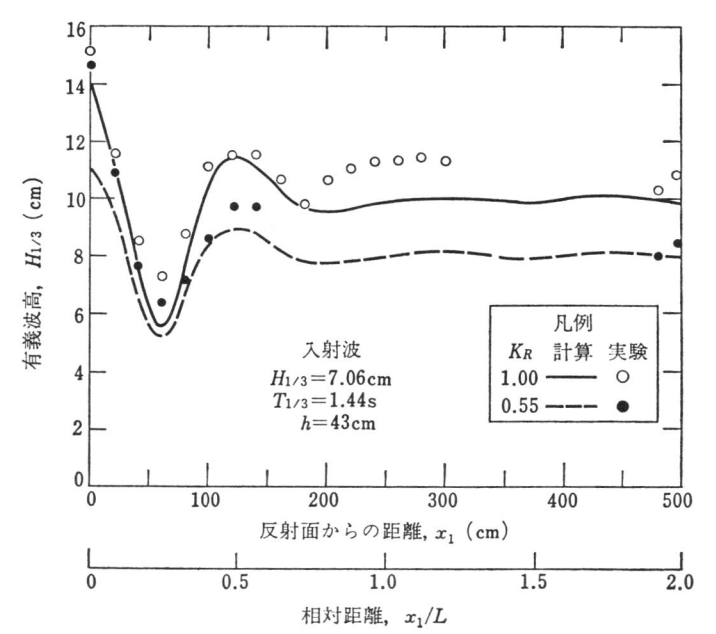

図3-43 不規則波の重複波高の場所的変化の例[63]

3.8 構造物沿いの波高分布

(1) 半無限長構造物の先端付近の波高分布

　反射性構造物の前面では重複波が形成され，完全反射のときは壁面において波高が入射波の2倍となる。しかし，実際の構造物では延長が有限であることや，平面形状が必ずしも直線状でないことのために，構造物沿いの波高が場所的に変動する。

　まず，構造物の先端付近では先端からの回折波の影響を受ける。図3-44はこの一例[64]で，完全反射の半無限長防波堤に垂直に規則波が入射しているときの防波堤前・後面の波高分布を示したものである。防波堤の前面では波の反射によって重複波が形成されているが，重複波の腹の位置（$y/L=0, 0.5, 1.0, \cdots$）で波高比が2以上の個所が現れ，重複波の節の位置（$y/L=0.25, 0.75, \cdots$）でも波高比は0とならずに有限の値を保持する。

　一般に，波が防波堤にΘの角度（波向と防波堤のなす角）で入射するとき，防波堤沿いの前面波高比は次式で与えられる[65]。

$$\frac{H_S}{H_I}=\sqrt{(C+S+1)^2+(C-S)^2} \tag{3.48}$$

ここに，CおよびSは次のフレネル積分である。

$$C=\int_0^u \cos\frac{\pi}{2}t^2\,dt, \qquad S=\int_0^u \sin\frac{\pi}{2}t^2\,dt \qquad :u=2\sqrt{\frac{2x}{L}}\sin\frac{\Theta}{2} \tag{3.49}$$

ただし，xは防波堤先端からの距離，Lは波長である。

　図3-45は周期10sの波が水深10mの地点の防波堤に垂直方向から作用したときの波高分布を式(3.48)で計算したもので，実線は$T=10$sの規則波，破線は$T_{1/3}=10$sの不規則波の場合を示している。不規則波は2.3節の式(2.10)の周波数スペクトルのみを

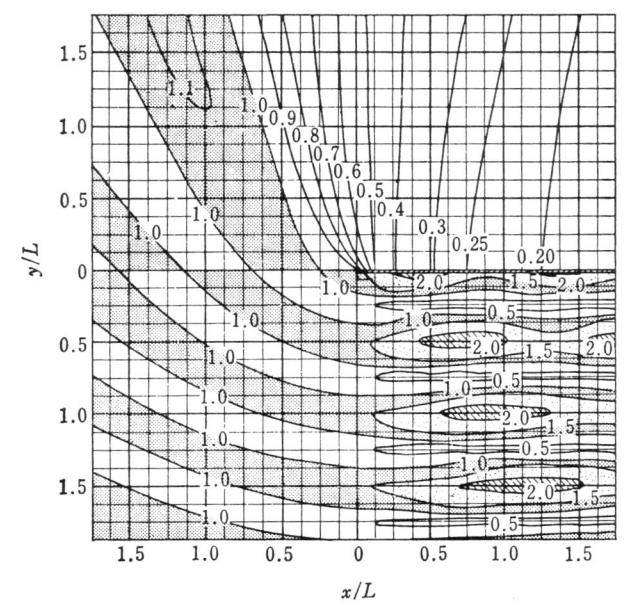

図3-44 半無限長防波堤周辺の規則波の波高分析
（森平・奥山，港湾技研資料，No.21，1965年，p.4による）

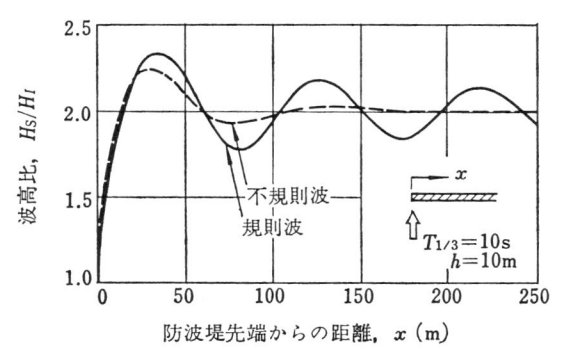

図3-45 半無限長防波堤の前面の波高分布

持ち，波向は全成分波が防波堤に垂直方向に揃ったものを対象とした。不規則波の波高比の計算方法は3.3節の式 (3.14) の K_d を H_S/H_I で置き換えたものである。波高比の計算結果は図示のように2.0の線を中心にして波を打ち，第1のピークは規則波の場合に2.34，不規則波の場合に2.25となる。また，規則波の場合には波打ちがかなり続くが，不規則波では第2波以降急速に減少し，方向分布特性を考慮するとさらに平滑化される。

防波堤沿いの波高変動は，防波堤に働く波力も変化させる。特に，防波堤の背後へ回り込む回折波は前面の波と位相がずれているため，波力は前面波高以上に大きく変動し，最初のピークでは20%強の波力増大となる。実際の防波堤が異常高波などの際に滑動した事例を調べると，滑動距離が防波堤沿いに波打つ場合が多い。伊藤・谷本[65]はこの現象が回折波の影響によるものであることを説明し，蛇行災害と名付けている。

なお，埋立地などの凸角部付近においても類似の現象が見られる。この場合の波高分布は三井の理論[66]によって計算できる。

(2) 凹隅角部の波高分布

防波堤が途中から沖へ向かって折れ曲がっている場合や，また先端にはね出し部分を設

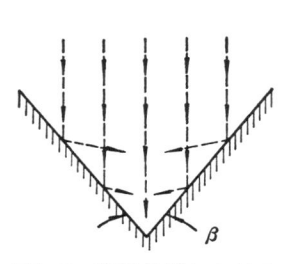

図3-46 凹隅角部における
　　　波の集中

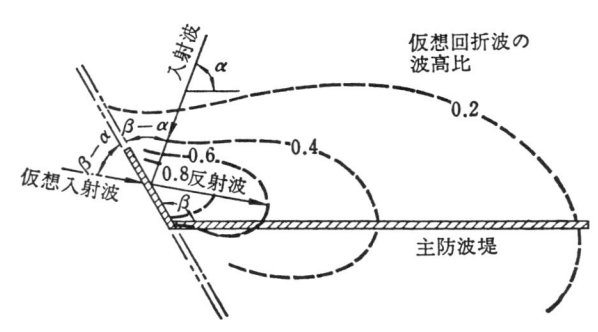

図3-47 反射波高の推定法

けた場合などのように凹んだ隅角部が形成されるときは，両方の防波堤からの反射波の集中のために隅角部では波高が著しく増大する。いま図3-46のように隅角部の開角を β （ラジアン）で表すと，入射波高に対する隅角点の波高比は両翼の防波堤が十分長い場合，次式のようになる[66]。

$$\frac{H_S}{H_I} = \frac{2\pi}{\beta} \tag{3.50}$$

この式は方向スペクトルを持つ不規則波の場合にも成立する。

　隅角点を挟む防波堤沿いの波高は，規則波の場合には入射波ならびに両翼の防波堤からの反射波の干渉のために非常に大きな変動を示し，波向によっては隅角点よりも波高が大きい場所が現れる。しかし，不規則波の場合には周波数成分および方向成分の広がりのためにこうした変動が平均化される。また，隅角点における，式（3.50）の値が防波堤沿いの波高の最大値を与える。小舟・大里[67]は2.3節の式（2.10）と式（2.22）の組合せによる方向スペクトルを持つ波を対象とし，$S_{max}=75$ の場合について隅角部付近の波高分布を計算した。そして計算結果を整理して，次のような波高略算法を提案している。

1) 隅角点の波高比を式（3.50）で求める。
2) 隅角部を形成する一辺からの反射波が他方へ到達するときの波高を3.7.2節の方法で推定し，そこでの波高を式（3.47）の方式で計算する（図3-47参照）。
3) 隅角点からの距離が次式で与えられる位置の波高比を2.0とする。

$$\frac{x_{\min}}{L} = 0.16 \exp\left[1.05 \tan\frac{\alpha}{2}\right] \tag{3.51}$$

ただし，α は $x_{\min}$ が適用される防波堤と波の入射方向とのなす角である。

4) 隅角点と式（3.51）の $x_{\min}$ の点の波高比を直線で結ぶ。

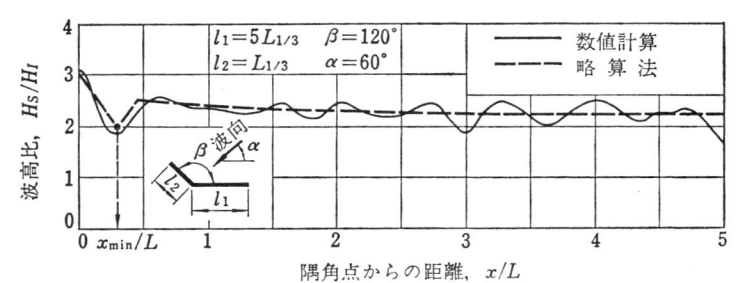

図3-48 隅角部を有する防波堤の主堤沿いの波高分布
（小舟・大里，港湾技研報告，第15巻 第2号，1976年，p.82による）

5) $x > x_{\min}$ の範囲については 4) で求めた直線を反対側に折り返し，この直線と 2) で求めた波高比の曲線のいずれか小さい値を採用する。

図 3-48 は長さ $5L_{1/3}$ の防波堤に $\beta = 120°$ の角度で長さ $L_{1/3}$ の副堤が接続されているとき，主堤に対して $\alpha = 60°$ の方向から不規則波が入射する場合について，以上の略算法による結果を方向スペクトルから直接に計算した結果と比較したものである。若干の差異は見られるものの，略算法が波高分布の傾向をよく表していることが認められる。

(3) 島状防波堤沿いの波高分布

沖合に孤立して築造される島状防波堤（以下では島堤と略称する）の長さが来襲波の波長の数倍以下であると，両端からの回折波の影響によって島堤沿いの波高分布が相当に変動する。図 3-49 は島堤前面および背面の堤沿いの波高分布を速度ポテンシャル理論に基づいて計算した結果[60]である。ただし，波は規則波であって波向と防波堤のなす角度が 30° の場合を破線，90° の場合を実線で示してある。斜め入射の場合は下手側へ向かって波高が次第に増大する。これは，反射波が十分に発達するまでにある程度の距離を必要とするためと考えられる。

こうした波高分布の変動は，半無限長防波堤先端付近の場合と同様に波力にも影響を与える。特に島堤の背後では波の位相が前面の波の位相と正反対の場所が生じるため，規則波を対象とすると無限長防波堤に働く重複波力の 1.8 倍もの波力が働く所も現れる[60]。もっとも，波のスペクトル特性を考慮すると波力の場所的変動がある程度平均化される。図 3-50 は波の方向分散を無視し，周波数スペクトルのみを考慮して不規則波の波力を計算

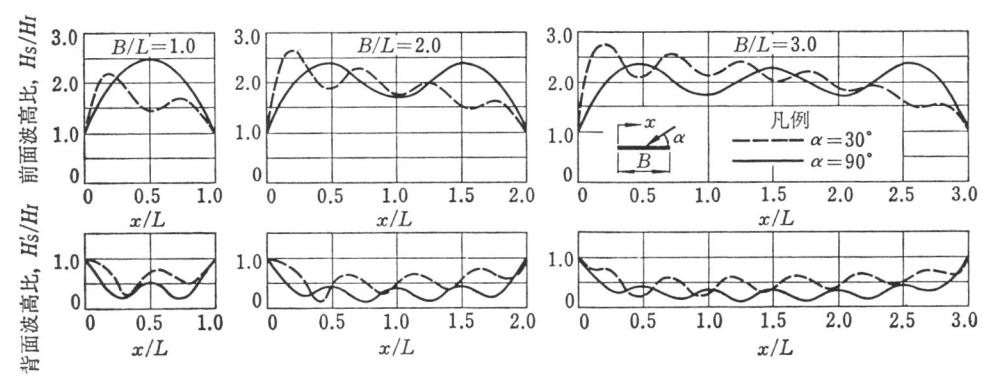

図 3-49 島堤の前・背面の波高分布[60]

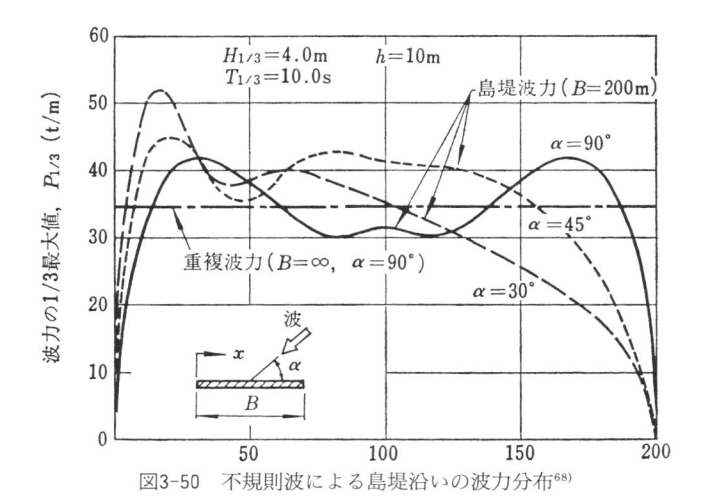

図 3-50 不規則波による島堤沿いの波力分布[68]

した一例である[68]。島堤は水深10 mの場所に設置された延長200 mの直立堤とし，$H_{1/3}$＝4 m，$T_{1/3}$＝10 sの波が来襲した場合を考えている。波力は微小振幅重複波理論を用いて周波数成分ごとに計算して波力スペクトルを求め，さらにその積分値を計算して2.4節の式（2.36）の関係によって波力の1/3最大値を推定したものである。ただし，波力は片振幅が対象なので比例係数を2.0としている。図中の太い1点鎖線で示される無限長防波堤の重複波力に比較し，島堤の場合には波向によっても異なるが，場所によって20%〜50%の波力増大が生じることが，この図で認められる。

3.9　防波堤・離岸堤の伝達波

3.9.1　直立・混成防波堤の波高伝達率

　防波堤の機能は，言うまでもなく堤内への波の進入を防止することである。そのため，防波堤を透過する波あるいは越波によって堤内へ打ち込まれる波を最小限に抑える必要がある。欧米では防波堤の内側を埋め立てて係船岸を築くことがあり，また石油バースからの輸送管を防波堤の上に設置したりする。また，傾斜防波堤では伝統的に天端を高くして裏法面が波で叩かれないように設計する。しかしわが国では，越波を完全に阻止するような防波堤では建設費が高くなるとして，ある程度の越波を許容してきた。また，海岸侵食対策施設として用いられる離岸堤や人工リーフは，海浜へ作用する波エネルギーを減殺するためのものであり，どれだけの伝達波を許容するかが計画のポイントである。

　防波堤や離岸堤などによる波の制御効果は，一般に波高伝達率K_Tで評価される。すなわち，

$$K_T = H_T/H_I \tag{3.52}$$

ここに，H_TとH_Iはそれぞれ伝達波，入射波の有義波高である。

　直立・混成防波堤の伝達波は，越波した水塊が背後の水面に落下して局所的に水面を盛り上げ，それが重力で元へ戻ろうとして水面振動が生じて伝播するもので，いわゆるコーシー・ポアソン波といわれる。倉田[69]はこうした現象を数値計算によって確認し，伝達波高を計算で求める可能性を示した。実務的には，系統的な水理模型実験によって波高伝達率の推定式あるいは算定図表が作成されている。図3-51は著者が規則波の実験結果を取りまとめて経験式を導き，それを設計図表としてまとめたものである[70]。ただし，波高伝達率K_Tの値で±0.1程度のデータのばらつきを含んでいる。なお，図中の記号説明に示すように，h_cが水面からの天端高である。相対天端高h_c/Hが2.0のときでも波高伝達率を0.03〜0.1としているのは，捨石マウンドからの透過波の影響を概略的に考慮したものである。こうした透過波については倉田ほか[71]が数値計算を行っている。

　この図3-51は規則波だけでなく不規則波にも適用可能である。若干の実験例では，図3-52のようにほぼ一致する結果[72]が得られている。なおこの図には反射率の実験結果も示してあり，天端が低くて越波が多いときには反射率が低下することが明らかである。

　また，アルベルティほか[73]は直立堤の伝達波について系統的な不規則波実験を行い，次のような波高伝達率の推定式を提示している。この結果は著者の経験式で$d/h=1.0$に対する値とほとんど一致しており，その意味でも図3-51が不規則波にも使えることを示唆している。

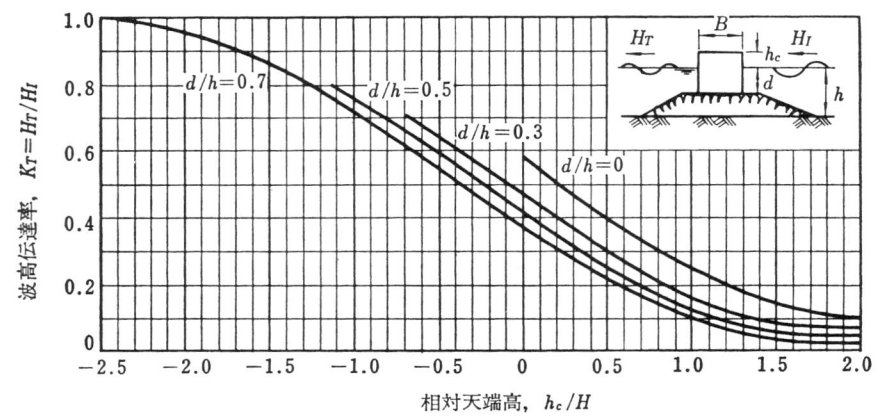

図3-51　混成防波堤の波高伝達率[70]

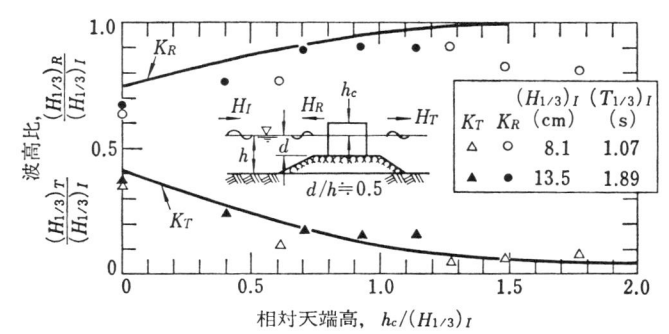

図3-52　不規則波による混成防波堤の波高伝達率と反射率の実験結果[72]

$$K_T = \exp\left[-\left(1.14 + 1.16\frac{h_c}{H_{si}}\right)\right] \quad : \quad \frac{h_c}{H_{si}} > -0.2 \tag{3.53}$$

ここに，H_{si} は入射波の有義波高である。

　防波堤の波高伝達率は堤体幅が増すにつれて若干小さくなるけれども，その影響はわずかである。一方，海底勾配が急で砕波が作用する場合には，波高伝達率が大きくなる傾向にある[74),75]。消波ブロック被覆堤の場合には，波の遡上高が低くなるために波高伝達率が小さくなる。近藤・佐藤[76]は消波ブロック被覆堤に対して次のような近似式を与えている。

$$K_T = 0.3\left(1.1 - \frac{h_c}{H_I}\right) \quad : \quad 0 \leq \frac{h_c}{H_I} \leq 0.75 \tag{3.54}$$

　この式も規則波の実験に基づくけれども，不規則波の有義波高に対しても適用可能と考えられる。一方，上部斜面ケーソン堤では通常型よりも波の打ち上げ高が大きくなるため，伝達波高も増大する。ただし，設計事例ごとに模型実験で検討しており，推定式はまとめられていない。

　越波によって港内へ伝達された波について周波数スペクトルを調べると，ピーク付近はエネルギーレベルが低下するものの，越波打ち込みによる擾乱波の発生によって高周波数成分が強く現れる[77]。このため，スペクトルピーク周期はほとんど変化しないのに対して，平均周期は最大で入射波の50%程度までに低下する[73]。有義波周期も短くなる傾向があり，アルベルティほか[73]は $(T_{1/3})_T/(T_{1/3})_I = 1.2K_T + 0.28$ の経験式を提示している。

3.9.2　離岸堤・人工リーフの波高伝達率

　海浜侵食対策として，汀線に平行な複数基の短めの防波堤（離岸堤と称する）を建設し，背後に舌状砂州（俗にいうトンボロ）を形成させる工法は，わが国で1960年代から積極的に採択されてきた。1969年までの離岸堤の施工事例については，豊島[78]が取りまとめている。しかし，離岸堤が並列していると海が見えなくなって景観を損ねるとして，離岸堤の天端を水面下に引き下げ，その代わりに天端幅を大きく広げた構造物が1980年代後半から採択されるようになった。わが国ではこれを人工リーフと呼んでいる。ただし，英訳名のArtificial Reefは人工漁礁を指すことが多いので，注意する必要がある。

　一方，ヨーロッパでは1990年代あたりから養浜工の保全施設として離岸堤や人工リーフを併設することが多く，これらは一括して低天端構造物（Low-crested structures）と呼ばれ，その水理機能や環境影響についての研究が活発に行われてきた[79],[80]。そうした研究の一環として伝達波に関する多数の実験が行われ，波高伝達率の実験式が数多く提案されている。しかしながら，いずれも一長一短があり，総合的な推定式はまとまっていない。ここではわが国の既往研究成果に基づき，一つの提案を行う。

　図3-53は，消波ブロック積み離岸堤の波高伝達率について服部・堺[81]が取りまとめたデータである。図中の現地観測データは富永・坂本[82]と片山ほか[83]によるものである。その後，沼田[84]は自らの実験データやほかのデータを加えて分析し，構造物内部を透過する波について次のような波高伝達率の推定式を導いた。

$$(K_T)_{\mathrm{thru}} = 1 \left/ \left[1 + K\left(\frac{H_I}{L}\right)^{0.5}\right]^2 \right. \quad : \quad K = 1.135\left(\frac{B_{\mathrm{SWL}}}{D}\right)^{0.65} \tag{3.55}$$

ここに，B_{SWL}は水面における堤体幅，Dはブロックの高さである。定数Kは$3 < B/D < 10$の範囲で求められたものであるけれども，各種の実験データと比較してみたところ，これを超える範囲でも適用可能である。

　一方，人工リーフを想定した広天端幅捨石堤について，田中[85]は水理模型実験に基づいて図3-54のような波高伝達率の算定図表を取りまとめている。これは2割勾配の砕石堤について規則波で実験した結果であり，透過波の影響も含まれている。この図表は各種の設計事例において参照されており，実務的な評価が高い。ただしグラフから読み取るの

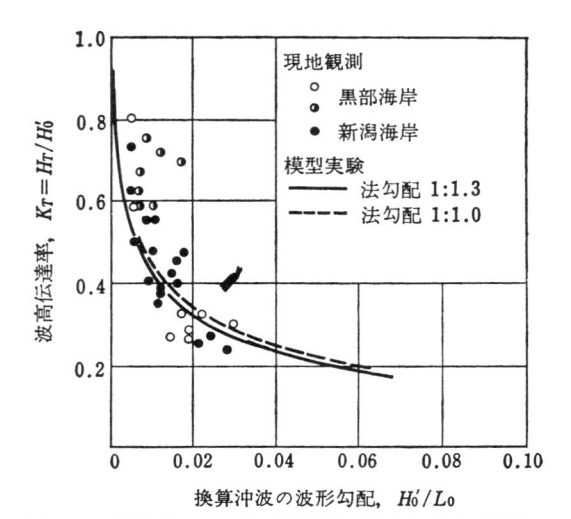

図3-53　消波ブロック積み防波堤の波高伝達率（服部・堺，第20回海岸工学論文集，1973年，p.59による）

は面倒であるため，これを近似式で表現する試みが幾つかなされている．著者はここで次のような当てはめを行った．

$$\left.\begin{array}{l}(K_T)_{\text{over}}=1-\exp\left[a\left(\dfrac{h_c}{H_I}-F_0\right)\right] \quad : \quad (K_T)_{\text{over}}=0 \text{ for } h_c/H_I>F_0 \\ a=0.248\exp[-0.384\ln(B_e/L_0)] \\ F_0=\max\{0.5,\min(1.0,H_I/D_{50})\}\end{array}\right\} \quad (3.56)$$

ここに，B_e は有効天端幅，L_0 は有義波周期に対する深海波長，D_{50} はブロック代表径あるいは捨石の中央粒径である．有効天端幅は，天端が水面以下のときは天端から堤体高さの1/5程度下がった面での堤体幅を用いる．天端が静水面に等しいときは堤体高さの1/10下がった面での堤体幅，天端が静水面より上のときには静水面における堤体幅を用いる．この式の適用範囲は潜堤あるいは波高 H_I が天端高 h_c 以上であって，明らかに越波による伝達波が生じている場合である．なお F_0 は無次元臨界天端高であって，不透過滑面では1.0とする．

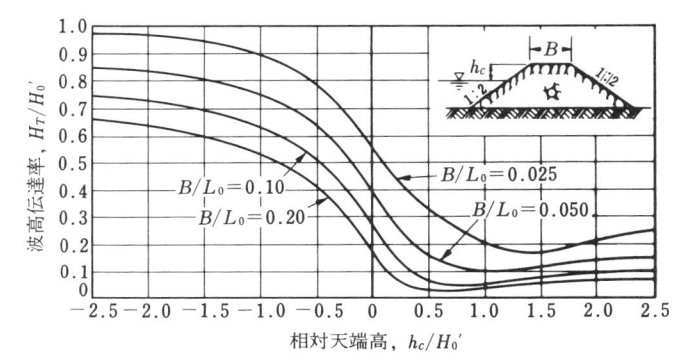

図3-54 広天端幅捨石堤の波高伝達率（田中則男，第23回海岸工学論文集，1976年，p.154による）

天端高が入射波高よりも高いときには，ブロックあるいは捨石の空隙を通過する波が存在する．また，越波が生じていてもやはり内部透過波があると考えられる．透過波については沼田による式（3.55）で評価し，次のようなエネルギー合成による波高伝達率を推定する．

$$(K_T)_{\text{all}}=\sqrt{(K_T)^2_{\text{over}}+C_h^2(K_T)^2_{\text{thru}}} \quad : \quad C_h=\min\{1.0, h_t/(h+H_I)\} \quad (3.57)$$

ここに，h_t は堤体の高さ，h は水深である．すなわち，波の打ち上げ限界を近似的に H_I で表し，透過波は水底から打ち上げ限界までの全水深に対する堤体高さの比率で波高が減少すると仮定する．そして伝達波のエネルギーは透過波と堤体の上を通過する波とのエネルギーの和で表されると見なして，波高伝達率を推定している．なお，捨石堤に対しては式（3.55）におけるブロックの高さ D の代わりに中央粒径 D_{50} を使えばよいと思われる．

【例題 3.10】
海浜勾配1/60の水深6.0mの地点において換算沖波波高 $H_0'=6.0$ m，有義波周期 $T_{1/3}=10.0$ s の設計波浪に対して，天端水深 $h_c=-1.0$ m，天端幅 $B=20$ m の人工リーフを高さ $D=3.0$ m の異形消波ブロックで構築する計画である．表・裏法勾配は1:1.5である．このときの波高伝達率を推定せよ．ただし，潮位は0mとする．

【解】
　まず，設計地点における有義波高を算定すると，式（3.39）の略算式を利用して $H_1=3.95$ m と求められる．式（3.56）の元となっている図 3-54 は一様水深における規則波の実験データであるので，不規則波に対する取扱いには不明な点があるけれども，ここでは砕波変形を考慮した有義波高を用いることにする．波長は $L_0=156$ m，$L=73.6$ m である．また，有効天端幅は $B_e=20.0+2\times 1.5\times 6.0/5=23.6$ m である．
　以上の条件により，最初に透過波の波高伝達率を求めると式（3.55）により，
$$K=1.135\times(23.6/3.0)^{0.65}=4.34$$
$$(K_T)_{\text{thru}}=1/[1+4.34\times(3.95/73.6)^{0.5}]^2=0.249$$
一方，越波による波高伝達率は式（3.56）によって次のように計算される．
$$F_0=\max\{0.5,\min[1.0, 3.95/3.0]\}=\max\{0.5,\min[1.0, 1.317]\}=1.0$$
$$a=0.248\times\exp[-0.384\times\ln(23.6/156)]=0.512$$
$$(K_T)_{\text{over}}=1-\exp[0.512\times(-1.0/3.95-1.0)]=1-\exp(-0.642)=0.474$$
総合の波高伝達率は式（3.57）を用いて次のように求められる．
$$C_h=\min\{1.0,(6.0-1.0)/(6.0+3.95)\}=0.502$$
$$(K_T)_{\text{all}}=\sqrt{0.474^2+0.502^2\times 0.249^2}=0.490$$
　この例題は，越波による伝達波が支配的な事例である．なお，天端幅を 40 m に拡幅すると，波高伝達率が $(K_T)_{\text{all}}=0.37$ に低下するものと推定される．

　式（3.57）の方式は，新潟西海岸離岸堤の伝達波の現地観測データや欧米における幾つかの不規則実験データベースに適用し，妥当な予測結果を示している[86]．
　ブロック積みあるいは捨石積みの低天端構造物の場合，内部を透過する波は短周期の波が強く減衰されるため，透過波の周期が入射波よりも長くなる．構造物の天端が水面上であって越波による伝達波が主体のときには平均周期が短くなるけれども，天端が水面以下のときには周期が長くなる傾向が見られる．一方，人工リーフが長周期の水位変動すなわちサーフビートを減少させるとの実験報告[87]がある．必要に応じて水理実験で確認する必要があろう．

3.9.3　構造物背後への伝達波の伝播

　防波堤などの構造物の背後で伝達波がどのように平面的に拡散し，伝播するかについてはよく分かっていない．消波ブロック積み堤や捨石堤のように内部の透過波が主体の場合には，波高だけが低くなった形で伝播を続けるものと思われる．一方，越波による伝達波の場合には来襲波が不規則で波の峰が不連続なため，防波堤に沿って越波が断続的に起こり，それぞれの場所から同心円上に伝達波が広がっていくことが多いであろう．また防波堤の配置形状によっては，特定の場所で越波しやすいこともあろう．しかし，こうした状況を的確に把握することは難しい．一応の目安としては，伝達波が一様に伝播するものと仮定せざるを得ない．ただし，越波部分の延長が限られているときは，高垣ほか[88]の平面実験で示されているように，防波堤開口部からの回折波の伝播の考え方を準用するのがよい．なお，阿部ほか[89]は常陸那珂港の建設途上の防波堤を越波して伝達する波を越流型モデルで取り扱い，回折波と同時に越波伝達波も考慮して港内波高分布を計算した事例を報告している．
　なお，混成防波堤に波が斜めから入射するときには，直角入射時に比べて波高伝達率が数％小さくなることが模型実験で報告されている[90]．また斜め入射時の伝達波の進行方向は，入射の波向よりも防波堤の垂線方向に若干偏向する．これは，越波による波の伝達の

際に短周期の波が発生するため，伝達波の波速が入射波よりも遅くなり，この結果，波の屈折に似た現象が生じるためと考えられる．

参考文献

1) Goda, Y.: Revisiting Wilson's formula for simplified wind-wave prediction, *J. Waterway, Port, Coastal, and Ocean Eng.*, ASCE, Vol. 129, No. 2, pp. 93-95.
2) 合田良実：「わかり易い土木講座17 二訂版 海岸・港湾」，彰国社，1998年，p. 76.
3) 合田良実・水沢達也：数値実験に基づく波峯長の統計的性質について—波峯の縦断形状と一様傾斜海岸における砕波特性—，海岸工学論文集，第39巻，1992年，pp. 106-110.
4) 永井康平：不規則な海の波の屈折および回折計算，港湾技術研究所報告，第11巻 第2号，1972年，pp. 47-119.
5) Karlsson, T.: Refraction of continuous ocean wave spectra, *Proc. ASCE*, Vol. 95, No. WW4, 1969, pp. 437-448.
6) 永井康平・堀口孝男・高井俊郎：方向スペクトルを持つ沖波の浅海域における伝播の計算について，第21回海岸工学講演会論文集，1974年，pp. 249-253.
7) 合田良実・鈴木康正：光易型方向スペクトルによる不規則波の屈折・回折計算，港湾技研資料，No. 230，1975年，45 p.
8) 伊藤喜行・谷本勝利・山本庄一：波向線交差領域における波高分布，港湾技術研究所報告，第11巻 第3号，1972年，pp. 87-109.
9) 丸山康樹・平口博丸・鹿島遼一：不規則波に対する屈折計算法の適用性，第31回海岸工学講演会論文集，1984年，pp. 148-152.
10) 泉宮尊司：屈折・回折による方向スペクトルの変形計算法，第32回海岸工学講演会論文集，1985年，pp. 169-173.
11) 例えば，前出2），p. 85.
12) 合田良実・永井康平・伊藤正彦：名古屋港における波浪観測 第3報，港湾技研資料，No. 120，1971年，24 p.
13) 大野正夫・入江 功・大堀晃一：現地観測による波の変形，第21回海岸工学講演会論文集，1974年，pp. 13-17.
14) 合田良実・鈴木康正・高山知司：不規則波に対する防波堤の回折図について，第23回海岸工学講演会論文集，1976年，pp. 401-405.
15) 永井康平・田村 勇・豊島照雄：防波堤による不規則波の回折に関する一考察，土木学会第30回年次学術講演集，1975年，Ⅱ-12.
16) 本間 仁・堀川清司・趙 栄耀：佐渡島の波に対するしゃへい作用，第13回海岸工学講演会講演集，1966年，pp. 42-49.
17) 土木学会編：「水理公式集〔平成11年版〕」，1999年，p. 475.
18) Shemdin, O. H. et al.: Mechanisms of wave transformation in finite-depth water, *J. Geophys. Res.*, Vol. 85, No. C9, 1980, pp. 5012-5018.
19) 合田良実：浅海域における波浪の砕波変形，港湾技術研究所報告，第14巻 第3号，1975年，pp. 59-106.
20) 岩垣雄一・酒井哲郎：有限振幅波の shoaling について(2)，第15回海岸工学講演会講演集，1968年，pp. 10-15.
21) 首藤伸夫：非線型長波の変形—水路幅，水深の変化する場合—，第21回海岸工学講演会論文集，1974年，pp. 57-63.
22) 岩垣雄一・塩田啓介・土居宏行：有限振幅波の浅水変形と屈折係数，第28回海岸工学講演会論文集，1981年，pp. 99-103.
23) 權赫珉・合田良実：バー型地形における不規則波の砕波変形について，海岸工学論文集，第42巻，1995年，pp. 101-105.
24) 合田良実：砕波指標の整理について，土木学会論文報告集，No. 180，1970年，pp. 39-49.
25) 合田良実：防波堤の設計波圧に関する研究，港湾技術研究所報告，第12巻 第3号，1973年，pp. 31-69.
26) 合田良実：工学的応用のための砕波統計量の再整理，海岸工学論文集 第54巻，2007年，pp. 81-

85.
27) Kamphuis, J. W.: Incipient wave breaking, *Coastal Engineering*, Vol. 15, 1991, pp. 185-203.
28) Li, Y. C., Yu, Y., Cui, L. F., and Dong, G. H.: Experimental study of wave breaking on gentle slope, *China Ocean Engineering*, Vol. 14, No. 1, 2000, pp. 59-67.
29) Sallenger, A. H. and Holman, R. A.: Wave energy saturation on a natural beach of variable slope, *J. Geophys. Res.*, Vol. 90, No. C6, 1985, pp. 11,939-11,944.
30) Ting, F. C. K.: Laboratory study of wave and turbulence velocities in a broad-band irregular wave surf zone, *Coastal Engineering*, Vol. 43, 2001, pp. 183-208.
31) Hotta, S. and Mizuguchi, M. (1980): A field study of waves in the surf zone, *Coastal Engineering in Japan*, JSCE, 1980, Vol. 23, pp. 59-79.
32) 堀田新太郎・水口　優：現地砕波帯における波の統計的性質，第33回海岸工学講演会論文集，1986年，pp. 154-158.
33) Ebersole, B. A. and Hughes, S. A.: DUCK85 photopole experiment, *US Army Corps of Engrs., WES, Misc. Paper*, CERC-87-18, 1987, pp. 1-165.
34) 運輸省第一港湾建設局新潟調査設計事務所：昭和45年度冬期異常波浪について，新調資45-6，1971年，pp. 93-107.
35) 合田良実：方向スペクトル波浪によるWave Setupと沿岸流速の設計図表，海洋開発論文集，Vol. 21，土木学会海洋開発委員会，2005年，pp. 301-306.
36) 加藤一正・柳嶋慎一・磯上友良・村上裕幸：波による汀線付近の水位上昇量―波崎海洋観測施設における現地観測―，港湾技術研究所報告，第28巻　第1号，1989年，pp. 3-41.
37) 柳嶋慎一・加藤一正・磯上友良・村上裕幸：波による汀線付近の水位上昇量に関する現地調査―水位上昇を生じる二次的要因―，海岸工学論文集，第36巻，1989年，pp. 80-84.
38) Hanslow, D. and Nielsen P.: Shoreline set-up on natural beaches, *J. Coastal Res.*, Special Issue No. 15, 1993, pp. 1-10.
39) Collins, J. I.: Probabilities of breaking wave characteristics, *Proc. 12th Int. Conf. Coastal Eng.*, Washington, D. C., ASCE, 1970, pp. 399-414.
40) Battjes, J. A.: Setup due to irregular wave, *Proc. 13th Int. Conf. Coastal Eng.*, Vancouver, ASCE, 1972, pp. 1993-2004.
41) 郭　金棟・郭　秀吉：風波による砕波の波高減衰と波高の確率分布，第19回海岸工学講演会論文集，1972年，pp. 137-142，および Kuo, C. T. and Kuo, S. T.: Effect of wave breaking on statistical distribution of wave heights, *Proc. Civil Eng. Ocean*, ASCE, 1974, pp. 1211-1231.
42) Battjes, J. A. and Janssen, J. P. F. M.: Energy loss and set-up due to breaking of random waves, *Proc. 16th Int. Conf. Coastal Eng.*, Hamburg, ASCE, 1978, pp. 1-19.
43) Thornton, E. B. and Guza, R. T.: Transformation of wave height distribution, *J. Geophys. Res.*, Vol. 88, No. C10, 1983, pp. 5925-5938.
44) Dally, W. R., Dean, R. G., and Darlymple, R. A.: Wave height variation across beaches of arbitrary profile, *J. Geophys. Res.*, Vol. 90, No. C6, 1985, pp. 11,917-11,927.
45) Larson, M. and Kraus, N. C.: Numerical model of longshore current for bar and trough beaches, *J. Waterway, Port, Coastal, and Ocean Eng.*, ASCE, Vol. 117, No. 4, 1991, pp. 326-347.
46) 合田良実：段階的砕波係数を用いた不規則波浪変形計算モデルの改良，海洋開発論文集，Vol. 19，土木学会海洋開発委員会，2003年，pp. 486-490，および Goda, Y.: A 2-D random wave transformation model with gradational breaker index, *Coastal Engineering Journal*, Vol. 46, No. 1, 2004, pp. 1-38.
47) 合田良実：不規則波による沿岸流速に及ぼす砕波モデル選択の影響，海洋開発論文集，Vol. 20，土木学会海洋開発委員会，2004年，pp. 785-790，および Goda, Y.: Examination of the influence of several factors on longshore current computation with random waves, *Coastal Engineering*, Vol. 53, Nos. 2-3, 2006, pp. 157-170.
48) 田村　仁・灘岡和夫・Enrico Paringit・三井　順・波利井佐紀・鈴木庸壱：リーフ地形効果に着目した石垣島東岸裾礁域の流動構造に関する研究，海岸工学論文集，第50巻，2003年，pp. 386-390.
49) 仲座栄三・津嘉山正光・玉城重則・川満康智・吉田　繁・田中　聡：湾状リーフ海岸における波・サーフビート，海岸工学論文集，第45巻，1998年，pp. 281-285.
50) Nakaza, E., Tsukayama, S., and Hino, M.: Bore-like surf beat on reef coast, *Proc. 22nd Int.*

Conf. Coastal Eng., Delft, ASCE, 1990, pp. 743-756.
51) 高山知司・神山　豊・菊池　治：リーフ上の波の変形に関する研究，港湾技研資料，No. 278，1977 年，32 p.
52) 津嘉山正光・河野二夫・仲座栄三・大城真一・福田孝晴：リーフ上の波の変形に関する研究，海岸工学論文集，第 42 巻，1995 年，pp. 176-180.
53) 池谷　毅・岩瀬浩二・漆山　仁・滝本邦彦・秋山義信：リーフ海岸における多方向不規則波の波浪変形実験，海岸工学論文集，第 46 巻，1999 年，pp. 201-205.
54) Zanuttigh, B. and van der Meer, J. W.: Wave reflection from coastal structures, *Coastal Engineering 2006* (*Proc. 30th Int. Conf.*, San Diego), 2006, pp. 4337-4349.
55) 中村孝幸・神野充輝・西川嘉明・小野塚　孝：渦流れの増大現象を利用した垂下板式の反射波低減工について，海岸工学論文集，第 46 巻，1999 年，pp. 796-800.
56) 中村孝幸・大村智宏・根本一徳・大井邦明：波による渦流れを利用する遊水室型海水交換防波堤の効果的断面について，海洋開発論文集，Vol. 21，2005 年，pp. 541-546.
57) 谷本勝利・原中祐人・高橋重雄・小松和彦・轟　正彦・大里睦男：各種ケーソン式混成堤の反射・越波および波力特性に関する模型実験，港湾技研資料，No. 246，1976 年，38 p.
58) Wiegel, R. L.: *Oceanographical Engineering*, Prentice-Hall, Inc., 1964, pp. 72-75 and p. 194.
59) 日見田　哲・酒井哲郎：構造物沿いのステム波の砕波特性，海岸工学論文集，第 47 巻，2000 年，pp. 786-790.
60) 合田良実・吉村知司・伊藤正彦：島堤による波の回折および反射に関する研究，港湾技術研究所報告，第 10 巻　第 2 号，1971 年，pp. 3-52.
61) 三井　宏・川村勇二：海岸構造物不連続部の波高分布について（第 6 報），第 22 回海岸工学講演会論文集，1975 年，pp. 103-107.
62) 谷本勝利・小舟浩治・小松和彦：数値波動解析法による港内波高分布の計算，港湾技術研究所報告，第 14 巻　第 3 号，1975 年，pp. 35-58.
63) 合田良実・鈴木康正・岸良安治・菊地　治：不規則波実験における入・反射波の分離推定法，港湾技研資料，No. 248，1976 年，24 p.
64) 森平倫生・奥山育英：海の波の回折計算法と回折図，港湾技研資料，No. 21，1965 年，160 p.
65) 伊藤喜行・谷本勝利：混成防波堤の蛇行災害，港湾技研資料，No. 112，1971 年，20 p.
66) 三井　宏・村上仁士：海岸構造物不連続部の波高分布について（第 2 報），第 14 回海岸工学講演会講演集，1967 年，pp. 53-59.
67) 小舟浩治・大里睦男：防波堤隅角部付近の波高分布に関する資料，港湾技術研究所報告，第 15 巻　第 2 号，1976 年，pp. 55-88.
68) 合田良実・吉村知司：海中に孤立した巨大構造物に働く波力の計算，港湾技術研究所報告，第 10 巻　第 4 号，1971 年，pp. 3-52.
69) 倉田克彦：越波による伝達波高，第 28 回海岸工学講演会論文集，1981 年，pp. 339-342.
70) Goda, Y.: Re-analysis of laboratory data on wave transmission over breakwaters, *Rept. Port and Harbour Res. Inst.*, Vol. 8, No. 3, 1969, pp. 3-18.
71) 倉田克彦・巻幡敏秋・桑原正博・川野成二：混成堤捨石マウンドからの透過現象に関する考察，第 27 回海岸工学講演会論文集，1980 年，pp. 401-405.
72) 合田良実・鈴木康正・岸良安治：不規則波浪実験とその特性について，第 21 回海岸工学講演会論文集，1974 年，pp. 237-242.
73) Alberti, P., Bruce, T., and Franco, L.: Wave transmission behind vertical walls due to overtopping, *Breakwaters, Coastal Structures and Coastlines* (*Proc. Int. Conf.* in 2001, London), Thomas Telford, 2002, pp. 269-280.
74) 篠田邦祐・山本正昭：越波による港内伝達波に関する実験的研究，第 27 回海岸工学講演会論文集，1980 年，pp. 406-409.
75) 森下敏夫・綿貫　啓：消波ブロック被覆堤の波高伝達率に関する実験的研究，第 28 回海岸工学講演会論文集，1981 年，pp. 348-351.
76) 近藤俶郎・佐藤　功：防波堤天端高に関する研究，北海道開発局土木試験所月報，第 117 号，1964 年，pp. 1-15.
77) Van der Meer, J. W. and de Waal, J. P.: Wave transmission: spectral changes and its effects on run-up and overtopping, *Coastal Engineering 2000* (*Proc. 26th Int. Conf.*, Sydney), 2001, ASCE,

pp. 2156-2168.
78) 豊島　修：「現場のための海岸工学（侵食編）」，森北出版，1972 年，320 p.
79) Lamberti, A., Archetti, R., Kramer, M., Paphitis, D., Mosso, C. and Di Risio, M.: European experience of low crested structures for coastal management, *Coastal Engineering*, Vol. 52, 2005, pp. 841-866.
80) DELOS Report, Elesvier, 2007.
81) 服部昌太郎・堺　和彦：ブロック積み防波堤の波高伝達率に関する実験的研究，第 20 回海岸工学講演会論文集，1973 年，pp. 55-61.
82) 富永正照・坂本忠彦：離岸堤による波浪減殺効果の現地観測，第 18 回海岸工学講演会論文集，1971 年，pp. 149-154.
83) 片山猛雄・入江　功・川上俊雄：新潟海岸の離岸堤の効果，第 20 回海岸工学講演会論文集，1973 年，pp. 519-524.
84) 沼田　淳：ブロック堤の消波効果に関する実験的研究，第 22 回海岸工学講演会論文集，1975 年，pp. 501-505.
85) 田中則男：天端幅の広い潜堤の波浪減殺および砂浜安定効果について，第 23 回海岸工学講演会論文集，1976 年，pp. 152-157.
86) 合田良実・吉田秀樹・蜂須賀和吉・黒木敬司：低天端構造物の波高伝達率の実用的推定法と現地への適用について，土木学会論文集 B，2008 年（投稿中）．
87) 高山知司・池田直太：広天端幅潜堤による波浪変形と護岸越波流量の低減効果，港湾技術研究所報告，第 27 巻 第 4 号，1988 年，pp. 3-92.
88) 髙垣泰雄・清水二六・河原　進：防波堤伝達波の平面分布特性，第 32 回海岸工学講演会論文集，1985 年，pp. 579-583.
89) 阿部光信・海沼憲男・興野俊也・定森良夫：現地観測に基づく越流型モデルを用いた伝達波計算法の検証，海岸工学論文集，第 45 巻，1998 年，pp. 686-690.
90) 運輸省第一港湾建設局新潟調査設計事務所：安全港湾対策に関する防波堤の諸問題について（Ⅲ），第 14 回管内工事報告会，1976 年，76 p.

4. 防波堤の設計

4.1 防波堤直立部の設計波圧

4.1.1 波圧算定式の沿革

　防波堤は規模の大きさならびに建設費の多額さから見て，岸壁とともに港湾構造物の双壁をなす。このため，防波堤を来襲波に対して安全かつ経済的に設計できるよう，これに作用する波圧を合理的に推定するための努力が多年にわたって続けられてきた[1]。わが国の防波堤は欧米の防波堤が捨石堤を主流とするのに対し，混成堤がその大半を占めることが特徴であり，波圧式も直立壁を対象として研究されてきた。

　伊藤[2]によれば，直立壁に働く波圧の算定式として最初に提案されたのは，砕波に対するゲーリャード（Gaillard）の動水圧公式（1905）のようである。しかし，波圧を波高に直接に結びつけた形で提示したのは，1919年に提案された広井式である。これは，直立壁の前面に次式の圧力強度を持つ波圧が一様に作用すると考えるものである。

$$p = 1.5 \rho_w g H \tag{4.1}$$

ここに，p は波圧強度（kN/m²），ρ_w は海水の密度（1,030 kg/m³），g は重力加速度，H は来襲波の波高（m）である。

　この広井式は東京帝国大学工学部紀要に英文で発表されたもので，翌年に土木学会誌に特に請われて訳載されている[2]。もっとも，これが港湾工事の実務に取り入れられるまでにはある程度の年数を要したもようである。当時，港湾工事を所掌していた内務省関係では比較的早かったのか，1930年に刊行の構造物設計例集[3]では広井式に基づくケーソン堤の設計例が記載されており，また鈴木雅次著『港工学』（1932）[4]では広井式を高く評価して，設計計算例を挙げて説明している。しかし，昭和初期の専門書の中でも，君島八郎著『海工』（1936年版）[5]では全く触れられていない。また，物部長穂著『水理学』（1933）[6]では理論に重点がおかれていたためか，重複波圧は詳しく述べられているけれども広井式については言及もされていない。

　このあたりの事情は現在では不明であるが，憶測するに，この時代の港湾は設計と施工が一体のものであって，技術者は各自の経験と判断で一つ一つ構造物を築造しており，波圧式が提案されても必ずしもそれに依存しない気風が強かったのではないかと思われる。また，設計波そのものもあまり明確ではなかったであろう。

　一方，重複波が作用するときの波圧については1928年にマルセイユ港の土木技師サンフルーがトロコイド波理論に基づく計算法を提案した[7]。サンフルー自身が示した簡略算定式は波圧分布として図 4-1 のような台形分布を考え，波圧強度 p_1, p_2 を次式で計算する。

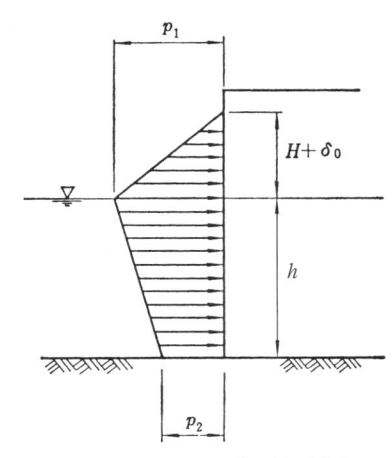

図4-1 サンフルー式の波圧分布

$$p_1 = (p_2 + \rho_w g h)\left(\frac{H+\delta_0}{h+H+\delta_0}\right) \\ p_2 = \frac{\rho_w g H}{\cosh(2\pi h/L)} \Biggr\} \quad (4.2)$$

ここに,

$$\delta_0 = \frac{\pi H^2}{L}\coth\frac{2\pi h}{L} \quad (4.3)$$

　サンフルー式はその当時としては画期的な理論式であって，国際航路会議にも直ちに取り上げられ，欧米では最近に至るまで直立防波堤設計の基本として用いられてきた。わが国へは君島がその著書『海工』上巻（1936）で紹介したのが最初と思われる。また1941年には松尾[8]が原論文を翻訳し，これによって一般の港湾技術者もその全容を知り得るようになった。

　防波堤の設計波圧式の体系として広井式とサンフルー式を並べて紹介するようになったのは，黒田静夫他著『河海構造物』（1938）[9]あたりからではないかと思われる。そして，両波圧式の組合せによる体系が形作られたのは1940年から作業の始まった港湾工事設計示方要覧[10]の編集の過程と思われる。防波堤に関する設計示方書は1942年に成案が得られ[11]，1944年に僅少部数が印刷配布され，第2次世界大戦後の混乱の収まった1950年に繋船岸や浚渫埋立関係とともに設計示方要覧として刊行された。

　この港湾工事設計示方要覧では，混成堤は一般に砕波に対して設計するものとされた。ただし，マウンド水深が波高の2倍以上および2倍以下であっても静水面から45°の角度で斜め下へ引いた直線の内側に捨石部が入る場合には，重複波に対して設計するものと規定された。防波堤も含め，港湾構造物の設計の基準が明示されたのはこれが初めてであり，以後の港湾の建設に大きな影響を及ぼした。その後，港湾工事設計要覧（1959）[12]，港湾構造物設計基準（1967〜68）[13]と改訂が行われたけれども，波圧計算法の大綱はそのままであった。

　もっとも港湾工事設計要覧ではサンフルー式そのままではなく，静水面付近±$H/2$の範囲に広井式を適用する部分砕波圧式（黒田式）として用いることが推奨された。この修正は，同要覧編集作業の過程での黒田静夫氏（当時，運輸省港湾局長）の提案によるもので，設計要覧では注として記載されている。この波圧式については，その後に発刊された

黒田・石綿著『防災工学』(1960)[14] の中で適用例とともに述べられている。この部分砕波圧式が防波堤設計の原則に格上げされたのは，港湾構造物設計基準の外郭施設編の検討の際に，サンフルー式に有義波高 $H_{1/3}$ を用いるのは危険であるとの指摘があったためである。すなわち，伊藤[15] は期待滑動量の概念による検討の結果，サンフルー式については $H_{1/10}$ を用いるべきであると提案したが，波高としては $H_{1/3}$ で統一したいという意見が強く，この差を埋めるものとして部分砕波圧式の採択が決まった経緯がある。

この間，欧米ではバグノルドの衝撃砕波圧の実験[16] に基づくミニキンの砕波圧式が 1950 年に発表[17] され，その後，欧米ではサンフルー式とミニキン式を組み合わせた体系が確立した。ただし，直立堤や混成堤の建設事例が欧米では少ないので，この波圧体系による設計例がどれだけあるかは疑問である。ミニキン式そのものは港湾工事設計要覧[12] にも紹介され，わが国でも広く知られている。波圧算定式はこのほかいろいろな提案がなされており，なかでも永井は一連の研究成果[18]〜[20] に基づいて独自の波圧計算法の体系を作っている。

以上の設計波圧式の体系は，いずれも波圧を重複波圧と砕波圧とに分けて考え，おのおのに別個の計算式を用いるのが特徴である。このため，例えば広井式とサンフルー式の適用範囲の境界において設計波圧の値が不連続になる。実際に長大な防波堤を岸から沖へ向かって建設していく場合など，防波堤がある水深まで延びると，適用する波圧式が広井式から部分砕波圧式に切り替わる。その途端に波圧合力の計算値が 30% 前後減少し，計算上はある地点から先のケーソン幅を急に縮減してもよいことになる。この問題は 20 年近くにわたって港湾技術者を悩ませてきた。

また，これまでの波圧算定式の体系では波高は単一の値として記述され，不規則波中のどの代表波を当てはめるかが明確でなかった。これは，それぞれの波圧式が提案された時点においては波の不規則性の概念が十分に認識されておらず，波高として目視観測による 10〜20 波中のほぼ最高波を考えていたであろうことに基づくものである。わが国においては，港湾工事設計要覧[12] を編集する際に，1950 年以降のわが国沿岸の波浪観測成果や SMB 法による波浪推算結果などを各港の既往の設計波高と比較することによって，広井式の波高としては有義波高を用いるのが適当と結論された。

しかし，波群中に有義波よりも大きな波が存在することは当然に認識されていたわけで，例えば港湾工事設計要覧[12] でも高潮対策施設については 1/10 最大波を用いることと規定されていた。防波堤の場合に有義波を用いてよいことに対する説明としては上記のほかにも，1〜2 波の異常な高波で堤体がたとえ微動したとしても防波堤の機能に影響を及ぼすことはないという説も試みられた。しかし，これも十分に説得力のあるものとはいえず，海底石油採掘用の海洋構造物の設計において H_{max} を対象としていることとの対比の点からも疑念が氷解せずに続いていた。

こうした問題点に対する解決策は 1966 年に伊藤ほか[15] によってまず与えられた。伊藤ほかは，防波堤の安定性は滑動や転倒に対する安全率のみではなく，異常外力下における挙動までも含めて検討すべきであるとの理念から，混成防波堤直立部について期待滑動量の概念を提唱した。そしてその中で，滑動限界を推定するための波圧計算式として，重複波領域と砕波領域の波圧を連続させた次式を提案した。

$$p = \begin{cases} 0.7 \rho_w g H & : H/d \leq 1 \\ \left[0.7 + 0.55 \left(\dfrac{H}{d} - 1 \right) \right] \rho_w g H & : H/d > 1 \end{cases} \tag{4.4}$$

ここに，d は混成堤マウンド上の水深（m）である。また，波圧強度は防波堤直立部の前面に一様に作用するものとし，波高としては最高波高 H_{max} を使うものとした。

この提案は，従来の波圧算定式の考え方を一変させるもので，設計の実務の面にも大きな影響を及ぼした。その後著者は，系統的な波圧実験データ[21]その他を参照して波圧分布および波圧強度の値を検討し，既設防波堤の耐波実績と照合のうえ，新しい波圧の計算法を 1973 年に発表した[22]。この計算法は，1979 年に発行された『港湾の施設の技術上の基準・同解説』において防波堤設計の標準的手法として採択され，それ以来，わが国の防波堤の設計実務に広く用いられている。また，欧米でも直立壁構造に対する波圧算定法として注目されている。

当初の発表時点では不規則波の砕波変形の知見が得られていなかったため，規則波としての砕波限界波高を設計に使う最高波高として推奨した。また波向の影響についても参考とすべきデータが利用できないまま，暫定案を示していた。しかしやがて間もなく，旧運輸省第一港湾建設局[23]で斜め入射波に対する防波堤の安定実験が行われて比較データが取得され，谷本ほか[24]が現行の形の波向補正を提案して現在に至っている。また，衝撃砕波圧についても高橋ほか[25]が模型堤体の滑動実験に基づいて衝撃波力係数を導入し，衝撃砕波圧の発生範囲をある程度予測できるようになっている。

4.1.2 設計波圧の算定
(1) 波圧の計算式

著者が 1973 年に提案し，その後に改良されて使用されている波圧の計算法は，波圧分布として図 4-2 の形を想定し，設計波，波圧強度などを次のように算定する。ただし，図中の記号は h が前面水深，d がマウンド（被覆ブロックなどがあればその天端面）上の水深，h' が直立部底面から静水面までの高さ，h_c が直立部の静水面上の天端高である。

1) 設計波：

最高波を用いる。その波高は，砕波帯の沖側にあっては $H_{max}=1.8H_{1/3}$，砕波帯内にあっては防波堤の前壁から沖側に $5H_{1/3}$ だけ離れた地点における H_{max} を用いるものとし，後者の値は 3.6.3 節に述べた方法によって推定する。この場合，$H_{1/3}$ を求める水深は防波堤の設置水深とする。

最高波の周期は 2.2 節の式（2.9）により，$T_{max}=T_{1/3}$ とする。

2) 波圧の作用高：

$$\eta^* = 0.75(1+\cos\beta)\lambda_1 H_{max} \tag{4.5}$$

ここに，β は防波堤の壁面に対する垂線と波の主方向とのなす角度である。ただし，

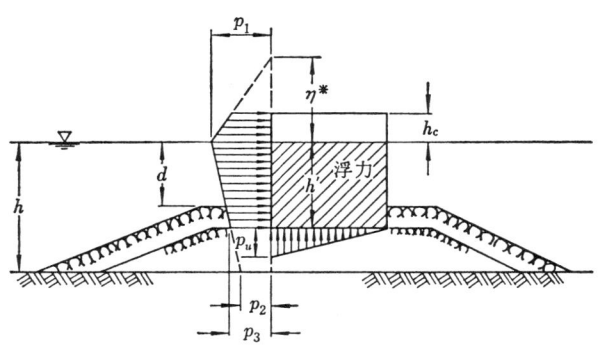

図4-2 設計計算に用いる波圧分布

設計に際しては波向設定の不確実性を考慮し，波の主方向としては危険側へ 15°だけ傾けた方向 ($\beta \geq 0°$) を用いる。なお，λ_1 は消波ブロック被覆堤などに対する補正係数で，標準型の防波堤では $\lambda_1 = 1.0$ である。

3) 前面波圧強度：

$$p_1 = \frac{1}{2}(1+\cos\beta)(\alpha_1\lambda_1 + \alpha_2\lambda_2\cos^2\beta)\rho_w g H_{\max} \tag{4.6}$$

$$p_2 = \frac{p_1}{\cosh(2\pi h/L)} \tag{4.7}$$

$$p_3 = \alpha_3 p_1 \tag{4.8}$$

ここに，α_1, α_2 および α_3 は式 (4.9)〜(4.11) で定義される係数であり，λ_2 は構造形式にかかわる補正係数で，標準型の防波堤では $\lambda_2 = 1.0$ である。

$$\alpha_1 = 0.6 + \frac{1}{2}\left[\frac{4\pi h/L}{\sinh(4\pi h/L)}\right]^2 \tag{4.9}$$

$$\alpha_2 = \min\left\{\frac{h_b - d}{3h_b}\left(\frac{H_{\max}}{d}\right)^2, \frac{2d}{H_{\max}}\right\} \tag{4.10}$$

$$\alpha_3 = 1 - \frac{h'}{h}\left[1 - \frac{1}{\cosh(2\pi h/L)}\right] \tag{4.11}$$

$\min\{a, b\}$：a または b のいずれか小の値。
h_b：防波堤の前壁から $5H_{1/3}$ だけ沖側の地点の水深。

なお，α_1 は図 4-3 で読み取ることができる。また，α_3 の算出に必要な $\cosh(2\pi h/L)$ の値は図 4-4 で求められる。ただし，図の横軸の分母の L_0 は有義波周期に対する深海波長である。

4) 浮力および揚圧力：

浮力は設計潮位における静水位中の排除体積に対するものを考慮し，揚圧力としては前趾において次式の圧力強度 p_u，後趾において 0 となる三角分布のものが越波の有無にかかわりなく直立部底面に働くと考える。

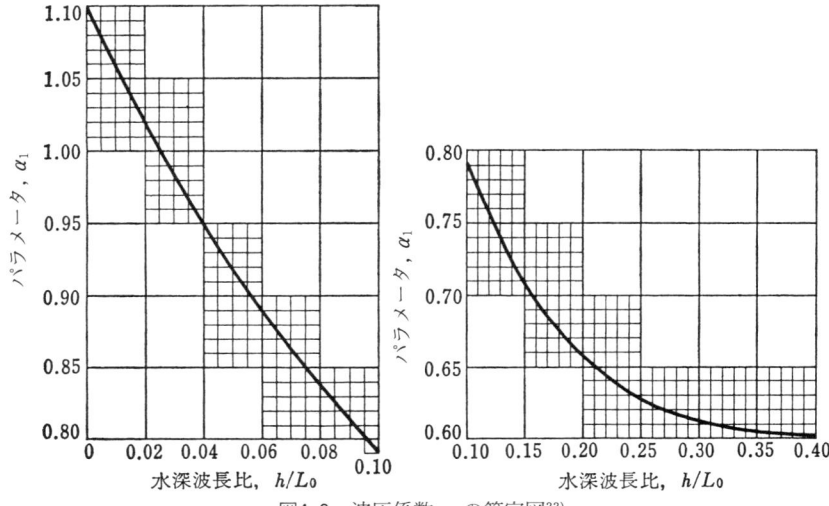

図 4-3 波圧係数 α_1 の算定図[22]

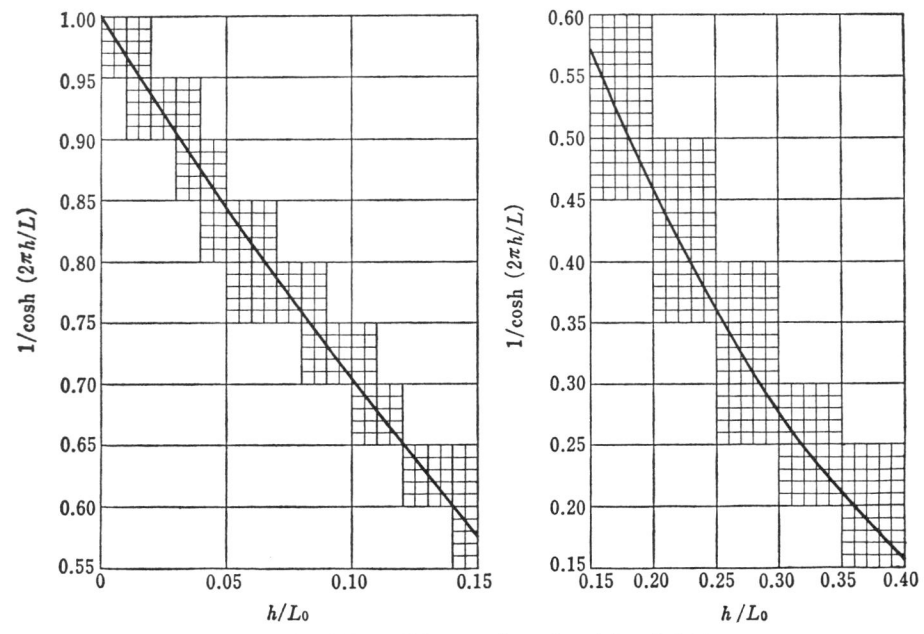

図4-4 波圧係数 α_3 計算用の $1/\cosh(2\pi h/L)$ の算定図[22]

$$p_u = \frac{1}{2}(1+\cos\beta)\alpha_1\alpha_3\lambda_3\rho_w g H_{max} \tag{4.12}$$

ここに，λ_3 は構造形式にかかわる補正係数で，標準型の防波堤では $\lambda_3=1.0$ である。

(2) 合田波圧式の考え方

著者が上に紹介した計算法を取りまとめた際には，下記のような諸点を考慮した。

① 設計波：

波圧を計算する際に設計波として H_{max} を用いたのは伊藤[15]の方法にならったもので，波群中で最大の波力を及ぼす1波に対して安全なように防波堤を設計するという考えに基づく。2.2節で述べたように，H_{max} は確率変量であって確定値として与えることができないけれども，設計計算の混乱を避けるため，既往の災害事例や波圧推定の精度などを勘案し，$H_{max}=1.8H_{1/3}$ を標準的に用いることとした。実際に設計波相当の高波が来襲した際に波高が $1.8H_{1/3}$ を上回る波が1，2波出現する危険性がゼロではない。しかし，それによって防波堤が滑動したとしてもその量は微小であろうと判断したのである。なお，高波による防波堤の滑動量の評価については，4.1.3節で紹介する。

② H_{max} の算定水深：

砕波帯内に位置する構造物にとっては，その地点でちょうど砕ける波よりも，少し沖側で砕けて走ってくる波のほうが強大な波力を発現する。直立壁のような2次元構造物だけでなく，直円柱のような3次元構造物[26]でも同じである。この距離は諸条件によって異なるけれども，波圧式の提案に際しては実験値その他を勘案し，実務計算の便宜も考えて $5H_{1/3}$ と設定した。

③ 波圧係数：

静水面における波圧強度 p_1 の計算式に含まれている係数 α_1 は，周期の長い波ほど直立壁に働く波圧が大きくなる特性を表すために導入したもので，水理模型実験の平均的な傾向を計算しやすいように関数表示したものである。理論的に意味のある関数ではない。係

数 $α_2$ は，捨石マウンドが高くなるにつれて波圧が増大する傾向を比較的に簡単な形で表示したものである。この捨石マウンドによる波圧の増大は砕波的な波の作用によると考えられるので，波向の影響として $0.5(1+\cos β)$ を全体に乗じることに加えて，$α_2$ に対して $\cos^2 β$ を乗じている。係数 $α_3$ は，前面の波圧強度が静水面における p_1 から水底における p_2 の間で直線的に変化すると仮定していることから導かれるものである。

④ 揚圧力：

揚圧力については，理論的に考えるならば前趾強度 p_u が前面下端の波圧強度 p_3 に一致すべきである。しかし，そのようにすると現地防波堤その他のデータと比較して揚圧力が過大に評価されると判断されたため，式（4.12）のように設定したものである。なお，揚圧力が越波の有無にあまり影響されないことは実験結果[21]で認められているが，防波堤の天端が静水面付近あるいはそれ以下で多量の越波が生じる場合などは，前面波圧と合わせて揚圧力もある程度減少すると思われる。

(3) 波圧合力の算定式

波圧分布が図4-2のように表されるときには，防波堤直立部に作用する波圧合力 P ならびに堤体下端回りの波力モーメント M_P を次式で計算することができる。

$$P = \frac{1}{2}(p_1 + p_3)h' + \frac{1}{2}(p_1 + p_4)h_c^* \tag{4.13}$$

$$M_P = \frac{1}{6}(2p_1 + p_3)h'^2 + \frac{1}{2}(p_1 + p_4)h'h_c^* + \frac{1}{6}(p_1 + 2p_4)h_c^{*2} \tag{4.14}$$

ここに，

$$p_4 = \begin{cases} p_1\left(1 - \dfrac{h_c}{η^*}\right) : & η^* > h_c \\ 0 & : η^* \leq h_c \end{cases} \tag{4.15}$$

$$h_c^* = \min\{η^*, h_c\} \tag{4.16}$$

揚圧力については，その合力を U，堤体後趾回りのモーメントを M_U として，それぞれ次式で算定される。

$$U = \frac{1}{2}p_u B \tag{4.17}$$

$$M_U = \frac{2}{3}UB = \frac{1}{6}p_u B^2 \tag{4.18}$$

ただし，B は直立部下端の幅である。

【例題 4.1】

図 4-5 に示す断面を有する防波堤に下記の波が作用するときの波圧とそのモーメントを求めよ。

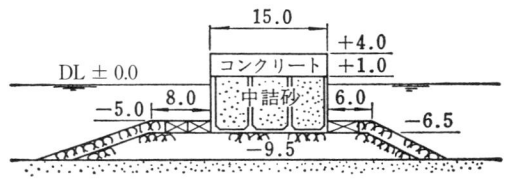

図4-5 波圧計算例の防波堤の断面図

波　浪：$H_0'=6.3$ m，$T_{1/3}=11.4$ s，$\beta=15°$
潮　位：WL＝+0.6 m
海底勾配：$\tan\theta=1/100$

【解】
(i) 水深および天端高：
$h=10.1$ m，$h'=7.1$ m，$d=5.6$ m，$h_c=3.4$ m

(ii) 波長および波高：
$L_0=202.7$ m（巻末の付表-3，または $L_0=1.56T^2$ で計算）
$H_0'/L_0=0.031$，$h/L_0=0.050$
$H_{1/3}=5.8$ m（$h=10.1$ m における 3.6.3 節の式 (3.39) による推定値）
$h_b=10.1+5\times 5.8\times\dfrac{1}{100}=10.4$ m
$H_{max}=8.0$ m（$h_b=10.4$ m における 3.6.3 節の式 (3.40) による推定値）

(iii) 波圧係数：
$L=107.4$ m（巻末の付表-3 を内挿して読み取るか，式 (9.10) の近似式を利用する）
$\alpha_1=0.6+\dfrac{1}{2}\left[\dfrac{4\times 3.1416\times 10.1/107.4}{\sinh(4\times 3.1416\times 10.1/107.4)}\right]^2=0.920$（または図 4-3 による）
$\alpha_2=\min\left\{\dfrac{10.4-5.6}{3\times 10.4}\times\left(\dfrac{8.0}{5.6}\right)^2, \dfrac{2\times 5.6}{8.0}\right\}=\min\{0.314, 1.40\}=0.314$
$1/\cosh(2\times\pi\times 10.1/107.4)=0.848$（または図 4-4 による）
$\alpha_3=1-\dfrac{7.1}{10.1}\times(1-0.848)=0.893$

(iv) 波圧の作用高：
$\cos 15°=0.966$，$0.5\times(1+0.966)=0.983$
$\eta^*=0.75\times(1+0.966)\times 8.0=11.8$ m

(v) 波圧強度：
$p_1=0.983\times[0.920+(0.966)^2\times 0.314]\times 1{,}030\times 9.8\times 8.0=96.3$ kPa
$p_3=0.893\times 96.3=86.0$ kPa
$p_4=96.3\times\left(1-\dfrac{3.4}{11.8}\right)=68.6$ kPa
$p_u=0.983\times 0.920\times 0.893\times 1{,}030\times 9.8\times 8.0=65.2$ kPa

(vi) 波圧合力：
$h_c^*=\min\{11.8, 3.4\}=3.4$ m
$P=\dfrac{1}{2}\times(96.3+86.0)\times 7.1+\dfrac{1}{2}\times(96.3+68.6)\times 3.4=927$ kN/m
$U=\dfrac{1}{2}\times 65.2\times 15.0=489$ kN/m

(vii) 波力モーメント：
水平力：$M_P=\dfrac{1}{6}\times(2\times 96.3+86.0)\times 7.1^2+\dfrac{1}{2}\times(96.3+68.6)\times 7.1\times 3.4$
$\qquad\qquad +\dfrac{1}{6}\times(96.3+2\times 68.6)\times 3.4^2=4{,}781$ kN·m/m
揚圧力：$M_U=\dfrac{2}{3}\times 489\times 15.0=4{,}890$ kN·m/m

(4) 防波堤直立部の安定性の予備解析

　　直立堤および混成堤直立部については，波力が作用したときの滑動および転倒ならびに基礎・地盤の支持力について，第 6 章に述べる方法を用いてその安定性を照査する．その予備解析としては，滑動および転倒に対する安全率を次式で計算し，おのおのが 1.2 以上

であることを確認する。

$$\text{滑動安全率：} S.F. = \frac{f(W-U)}{P} \tag{4.19}$$

$$\text{転倒安全率：} S.F. = \frac{W \times t - M_U}{M_P} \tag{4.20}$$

ここに，W は直立部の単位延長当りの静水中重量（kN/m），f は直立部と捨石基礎マウンドとの間の摩擦係数，t は直立部後趾から直立部重量の作用点までの距離である。なお，直立部（コンクリート）と捨石との間の摩擦係数は 0.6 にとられるのが普通である。

基礎・地盤の支持力については，偏心傾斜荷重に対する支持力としての安全性を照査する。その際には簡易ビショップ法が用いられる[27]。予備解析としては，直立部下面の地盤反力が最大となる後趾の反力（端趾圧と称する）の大きさで安定性を検討する。この方法は直立部下面の地盤反力を台形または三角分布と仮定するもので，後趾における反力の最大値 p_e は次式で算定される。

$$p_e = \begin{cases} \dfrac{2W_e}{3t_e} & : t_e \leq \dfrac{1}{3}B \\ \dfrac{2W_e}{B}\left(2 - 3\dfrac{t_e}{B}\right) & : t_e > \dfrac{1}{3}B \end{cases} \tag{4.21}$$

ここに，

$$t_e = \frac{M_e}{W_e}, \quad M_e = W \times t - M_U - M_P, \quad W_e = W - U \tag{4.22}$$

そして，p_e が許容値（400〜500 kPa）以下であれば支持力の安全性が保たれていると見なす。ただし，既往の大型防波堤の設計事例では 600 kPa でも安全と見なしたこともある。

【例題 4.2】

前出の例題 4.1 の防波堤直立部の空中重量が $W_a = 3,360$ kN/m であるとして，その安定性を予備的に検討せよ。

【解】

まず，滑動と転倒に対する安全率を計算する。

直立部の静水中重量：$W = 3,360 - 1.03 \times 9.8 \times 15.0 \times 7.1 = 2,285$ kN/m

滑動安全率：$S.F. = \dfrac{0.6 \times (2,285 - 489)}{927} = 1.16$

転倒安全率：$S.F. = \dfrac{2,285 \times 0.5 \times 15.0 - 4,890}{4,780} = 2.56$

すなわち，転倒に対しては十分な安全性を保持しているけれども，滑動に対しては安全性の余裕が少ない。一方，端趾圧については次のようになる。

$W_e = 2,285 - 489 = 1,796$ kN/m

$M_e = 2,285 \times 0.5 \times 15.0 - 4,890 - 4,781 = 7,467$ kN/m

$t_e = \dfrac{7,467}{1,796} = 4.16$ m $< \dfrac{1}{3} \times 15.0 = 5.0$ m

$p_e = \dfrac{2 \times 1,796}{3 \times 4.16} = 288$ kPa

したがって，支持力については安全性が保持されている。

(5) 合田波圧式の信頼度

波圧計算法の信頼度は，防波堤の安定性の推定精度によって判断される。このための基礎資料は，高波によって防波堤が被災した事例および無被害であった記録である。1973年に著者は設計波に近い，あるいはこれを上回ると思われる高波を受けて滑動した防波堤21例，そのような高波を受けても滑動しなかった防波堤13例を調査し，滑動に対する安全率を計算した[22]。その際，高波時の有義波高 $H_{1/3}$ として報告された値は防波堤位置での来襲波高（ただし砕波減衰が考慮されていない）と見なし，換算沖波波高を $H_0'=H_{1/3}/K_s$ として求め，さらに砕波変形を考慮して設計計算に使う波高を算出した。

しかし，1975年に発表した不規則波の砕波変形計算法によって計算地点の $H_{\max}$ の値が若干変化し，また斜め入射角度の影響の算定法の変更もあって，滑動ならびに無被害事例の滑動安全率を再計算した[28]。表4-1は，この再計算された滑動安全率について滑動事例と無被害事例の平均値と標準偏差を求めた結果である。

広井波圧式と部分砕波圧式の組合せによって防波堤の設計波圧を算定する方式は1970年代まで使われていたものである。この方式では無被害と被災事例の滑動安全率の平均値が0.05しか離れておらず，しかも標準偏差が約0.23と大きい。したがって，ここで検討した事例については被災と無被害を適切に判別することが不可能であり，波圧計算法としての信頼度が極めて乏しい。

これに対して合田波圧式では，滑動安全率の平均値が無被害事例では1.00，被災事例で0.79と明確に分離されており，しかも標準偏差が0.10〜0.17と小さい。この計算方式が1979年に港湾の施設の設計の標準的方法として採択された理由の一つは，防波堤の滑動安定性の推定精度の高さにあった。

しかしながら，合田式は波圧を大きめに推定する傾向がある。表4-1の結果でも，無被害であったにもかかわらず滑動安全率の平均値が1.0であり，1.0未満のケースが13例中で5例あった。またその後の諸研究でも波圧を過大に見積もる傾向が指摘されている。このため，第6章に紹介する確率論的設計ではこうした波圧算定の偏りを考慮して防波堤の設計が行われている。

表4-1 滑動・無被害防波堤の滑動安全率の平均値と標準偏差

防波堤	ケース数	広井波圧式＋部分砕波圧式	合田波圧式
無被害事例	13	1.149 (0.243)	0.998 (0.101)
滑動被災事例	21	1.096 (0.218)	0.786 (0.171)

注：括弧内は標準偏差である。

4.1.3 衝撃砕波力と直立部の滑動
(1) 衝撃砕波圧の発生とその影響

式（4.6）〜（4.11）を用いて計算される波圧は，条件によって異なるけれども，波高相当の静水圧 $1.0\rho g H_{\max}$ を超えることはまれである。しかし，現地あるいは模型防波堤の前面に圧力計を埋め込んで波圧を測定すると，砕波が衝突することによって波高相当の静水圧の数倍あるいは数十倍の圧力を記録することがある。こうした異常に高い圧力は衝撃砕波圧と呼ばれており，1930年代から英仏で研究が始まり，1950年代以降にはわが国でも盛んに研究されてきた。また，1990年代からはヨーロッパでこの問題への関心が高まり，超大型模型による実験や理論解析などが進められた。

衝撃砕波圧は，図4-6のように波が直立壁のやや前面あるいはマウンド上で砕け始め，

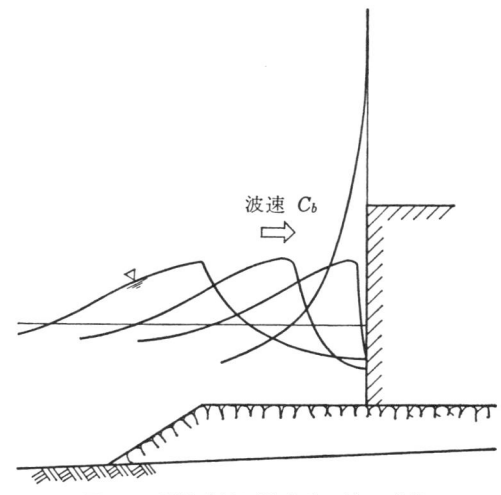

図4-6 衝撃砕波圧発生時の波の形状

波の前面が水の壁のように切り立って直立壁に衝突するときに発生する。波前面の水塊は衝突の直前まで岸向きの運動量を保持しているものの，衝突によって前進を阻止されるため，運動量は力積に変換させられる。波前面の水塊が持つ前進運動量を M_v，衝撃砕波圧の合力すなわち衝撃砕波力を P_I，その作用時間を τ とすると，運動量の法則によって次式が成立する。

$$\int_0^\tau P_I dt = M_v \tag{4.23}$$

運動量の目安として，砕波高 H_b を直径とする半円柱の水塊が波速 C_b で前進する状態を考えると，

$$M_v \fallingdotseq \frac{\pi}{8} \rho_w C_b H_b^2 \tag{4.24}$$

一方，衝撃砕波圧が衝突直後の $t=0$ から直線的に増加して $t=\tau$ で最大となり，$t>\tau$ では0となると想定する。そうすると衝撃砕波力の最大値が次式で求められる。

$$(P_I)_{\max} = \frac{\pi}{4} \frac{\rho_w C_b H_b^2}{\tau} \tag{4.25}$$

すなわち，衝撃砕波力の大きさはその作用時間に反比例する。作用時間は砕波が直立壁にぶつかるときの波面の形によって決まる。砕波の前面が直立した平板のようになって瞬間的に直立壁に衝突すれば，非常に大きな衝撃砕波力が発生することになる。しかし力積を規定する運動量は式（4.24）で与えられており，衝突する水塊の大きさや衝突速度が波ごとに変化しても，力積の値は2倍程度しか変わらないであろう。それに対して衝撃砕波力は容易に数十倍の範囲で変化する。

実際の防波堤は剛基礎上に載っているわけではなく，弾性的挙動を示す捨石基礎マウンドと海底地盤に支えられている。著者の個人的経験でも，新潟東港の西防波堤が波高3mくらいのうねりを受けているときに，二つのケーソンの上部コンクリート工が相互にずれて動き，水平方向約15 cm，鉛直方向約10 cmの楕円形の動きを示すのを防波堤の上で観察したことがある。

こうしたところから，混成式防波堤では強大な衝撃砕波力が作用したとしても，捨石基礎マウンドと海底地盤が弾性変形することによってその一部を吸収する。このため直立部の滑動に寄与する有効な水平波力（せん断力）としては，平均波圧換算で波高相当の静水圧の2～3倍程度と見積もられる[29),30),31)]。すなわち，防波堤の挙動は衝撃力のピーク値ではなく，力積の大きさに支配される。また，地盤の弾性ばねの強さを表す地盤係数の評価も重要であり，地盤係数が小さければ衝撃力の吸収効果が大きい。しかし，急峻な岩盤の海底上に防波堤が建設されて衝撃砕波力が作用するような場合には，大きなせん断力が働く危険性があろう。なお，近年のヨーロッパにおける研究の一例として，ジェノバ港のケーソン防波堤に人工的な衝撃を与え，ケーソンの動揺を記録して地盤係数を推定した事例がある[32)]。

衝撃砕波力の有効値が実験室で測定されるほど強大でないとしても，条件によっては防波堤ケーソンの滑動を引き起こす。実際に一冬の間，ケーソンがじりじりと滑動した事例[33)]もある。また，局所的な衝撃砕波力によってケーソンの前壁が破壊され，中詰砂が流出した事例も幾つか報告されている[34),35)]。

衝撃砕波力が発生する危険性が大きいのは，波が正面から来襲する場合，特に防波堤の壁面に対する垂線と波の来襲方向とのなす角度が20°以内のときであり，かつ次のいずれかの条件に当てはまる場合である。
　① 基礎マウンドの天端が高くて幅が広いとき（具体的には次項参照）
　② 海底勾配が急で，換算沖波の波形勾配が0.03程度よりも小さいとき

なお，消波ブロック被覆ケーソン堤の場合には，施工後にブロックが沈下したためにケーソンの上端付近に波が直接にぶつかるようになった個所とか，ブロックマウンドの端部でケーソンが十分に被覆されていない個所で衝撃砕波力が発生しやすく，ケーソン壁の破損等が生じている。さらに，上部工として天端の高いパラペットを設け，それをむき出して放置していると，そこへブロックマウンドを遡上した水塊がぶつかって衝撃力を及ぼし，上部工ひいては防波堤全体が破壊される危険性が大きい。

(2) 衝撃砕波力係数

混成防波堤では，基礎マウンドの天端幅と高さによっては衝撃砕波力を誘起することがある。谷本ほか[36)]は広範囲のマウンド形状と波浪条件について模型防波堤の滑動実験を行い，滑動限界の堤体重量から作用波力を推定する方法を用いて，衝撃砕波力の発生限界とその有効値を検討した。高橋ほか[25)]はこの谷本ほかの実験結果を再整理し，新たに衝撃砕波力係数 α_I を導入することを提案した。すなわち，静水面における波圧強度 p_1 に関する式（4.6）を次のように修正する。

$$p_1 = \frac{1}{2}(1+\cos\beta)(\alpha_1 + \alpha^* \cos^2\beta)\rho_w g H_{\max} \quad : \quad \alpha^* = \max\{\alpha_2, \alpha_I\} \tag{4.26}$$

ここに，衝撃砕波力係数 α_I は波高水深比にかかわるパラメータ $\alpha_{I,0}$ とマウンド形状にかかわるパラメータ $\alpha_{I,1}$ の積で表される。すなわち，

$$\alpha_I = \alpha_{I,0} \times \alpha_{I,1} \tag{4.27}$$

二つのパラメータは次の諸式で算定する。

$$\alpha_{I,0} = \min\{H_{\max}/d,\ 2.0\} \tag{4.28}$$

$$\alpha_{I,1} = \begin{cases} \cos\delta_2/\cosh\delta_1 & : \quad \delta_2 \leq 0 \\ 1/[\cosh\delta_1 \times \cosh^{0.5}\delta_2] & : \quad \delta_2 > 0 \end{cases} \tag{4.29}$$

$$\delta_1 = \begin{cases} 20\delta_{11} & : \quad \delta_{11} \leq 0 \\ 15\delta_{11} & : \quad \delta_{11} > 0 \end{cases} \tag{4.30}$$

$$\delta_2 = \begin{cases} 4.9\delta_{22} & : \quad \delta_{22} \leq 0 \\ 3.0\delta_{22} & : \quad \delta_{22} > 0 \end{cases} \tag{4.31}$$

$$\delta_{11} = 0.93\left(\frac{B_M}{L} - 0.12\right) + 0.36\left(0.4 - \frac{d}{h}\right) \tag{4.32}$$

$$\delta_{22} = -0.36\left(\frac{B_M}{L} - 0.12\right) + 0.93\left(0.4 - \frac{d}{h}\right) \tag{4.33}$$

ここに，B_M は基礎マウンドの天端の前肩幅である。

　この衝撃砕波力係数の元となった谷本ほかの滑動実験は，波高水深比 H_{max}/h が 0.6 以上の波高が大きな条件で行われていた。しかし，近年のように水深の大きな水域に防波堤が建設される事例に対して式 (4.32)，(4.33) をそのまま使用すると，結果として衝撃砕波力係数が過大に評価される場合が生じる。そこで下迫[37]は，水深が大きくて $h > 2H_{max}$ となるときには仮想水深として $h = 2H_{max}$ を用いることを推奨している。

【例題 4.3】
　例題 4.1 で検討した図 4-5 の断面の混成防波堤について，衝撃砕波力が作用する危険性について検討せよ。
【解】
　基礎マウンドの前肩幅は $B = 8.0$ m，天端水深は $d = 5.6$ m，設置水深は $h = 10.1$ m である。設計波高は $H_{max} = 8.0$ m，波長は $L = 107.5$ m であるので，衝撃砕波力係数 α_I の値を求め，α_2 と比較することで衝撃砕波力の危険性を考察する。式 (4.27) ～ (4.33) を用いて計算すると次のようになる。

$\delta_{11} = 0.93 \times (8.0/107.5 - 0.12) + 0.36 \times (0.4 - 5.6/10.1) = -0.0980$
$\delta_{22} = -0.36 \times (8.0/107.5 - 0.12) + 0.93 \times (0.4 - 5.6/10.1) = -0.127$
$\delta_1 = 20 \times (-0.0980) = -1.960$
$\delta_2 = 4.9 \times (-0.0127) = -0.622$
$\alpha_{I,0} = \min\{8.0/5.6, 2.0\} = \min\{1.43, 2.0\} = 1.43$
$\alpha_{I,1} = \cos(-0.622)/\cosh(-1.960) = 0.813/3.62 = 0.225$
$\alpha_I = 1.43 \times 0.225 = 0.320$

　この衝撃砕波力係数 $\alpha_I = 0.320$ の値は，例題 4.1 で計算した波圧係数 $\alpha_2 = 0.314$ よりもわずかに大きく，α^* としては 0.320 の値を採択することになる。しかし α_2 との差が僅少なので，衝撃砕波力が作用するとは考えられない。ただし，もし天端水深が $d = 4.6$ m であったとすると，$\alpha_I = 0.910$ と計算され，静水面における波圧強度が $p_1 = 140.4$ kPa となり，衝撃砕波力の作用下にあると見なされる。

(3) 単一の波による堤体の滑動量

　防波堤を計画し，設計する際には，設計波に対して安全であることを確認するだけでなく，万一にも設計波を超えるような高波が来襲したときに，どの程度の被害が生じるかを予測しておくことが要求される。例えば，堤体が滑動するのかどうか，滑動する可能性があるのならば滑動距離はどれくらいか，といった情報が必要である。その基礎となるデー

タが単一の波による堤体の滑動距離，すなわち滑動量である．

混成堤の滑動量の計算は伊藤ほか[15]が提案したのが最初であり，その後も研究が続けられて，まず下迫・高橋[38]が，作用時間が比較的に短い三角パルスで波力を近似して滑動量を計算する方法を提示した．しかし，三角パルス状の波力があまり大きくなく，引き続いて出現する重複波的波力が無視できない場合に対して，谷本ほか[39]は正弦波形で変化する波力を同時に考慮するモデルを提案した．現在は，谷本ほかのモデルを取り入れた下迫・高橋[40]の方法が標準的に使用される．この方法では波力の時間的変化を谷本ほかの提案に従い，図4-7のようにモデル化する．ここでは，水平波力を重複波力成分 $P_1(t)$ と衝撃波力成分 $P_2(t)$ とに分けて考え，いずれか大きい方をとる．すなわち，

$$P(t) = \max\{P_1(t), P_2(t)\} \tag{4.34}$$

二つの波力成分は次のように定義される．

$$P_1(t) = \gamma_P (P_1)_{\max} \sin \frac{2\pi t}{T} \tag{4.35}$$

$$P_2(t) = \begin{cases} \dfrac{2t}{\tau_0}(P_2)_{\max} & : \ 0 \leq t \leq \dfrac{\tau_0}{2} \\ 2\left(1 - \dfrac{t}{\tau_0}\right)(P_2)_{\max} & : \ \dfrac{\tau_0}{2} < t \leq \tau_0 \\ 0 & : \ \tau_0 < t \end{cases} \tag{4.36}$$

$$\gamma_P = 1 - \frac{\pi}{(P_1)_{\max} T} \int_{t_1}^{t_2} [P_2(t) - (P_1)_{\max} \sin(2\pi t/T)] dt$$
$$: \ P_2(t) - (P_1)_{\max} \sin(2\pi t/T) \geq 0 \tag{4.37}$$

ここに，$(P_1)_{\max}$ は式（4.26）において波圧係数 α_1 のみを考慮したときの水平波力，$(P_2)_{\max}$ は同じく波圧係数 α^* のみを考慮したときの水平波力，T は波の周期，τ_0 は衝撃波力成分の作用時間である．また，$t_1 = 0$ であり，t_2 は $P_2(t) < P_1(t)$ となる時刻である．

式（4.37）で定義される γ_P は，重複波力の大きさを衝撃波力成分の力積を考慮して低減するための定数である．衝撃波力成分の作用時間 τ_0 について下迫・高橋[37]は次のように与えている．

$$\tau_0 = k \tau_{0,F} \tag{4.38}$$

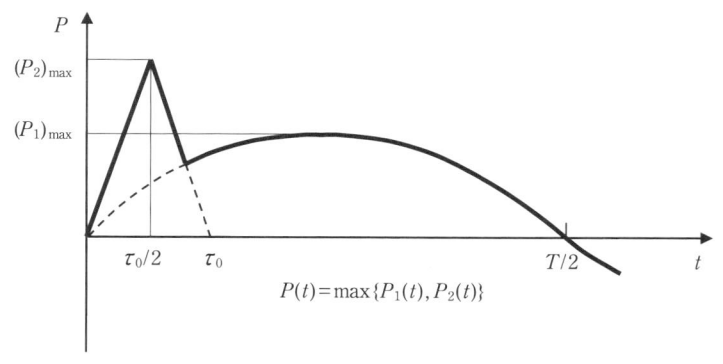

図4-7　水平波力の時間的変化モデル（谷本ほか，海岸工学論文集，第43巻，1996年による）

$$\tau_{0,F} = \begin{cases} \left(0.5 - \dfrac{H}{8h}\right)T & : \quad 0 < \dfrac{H}{h} \leq 0.8 \\ 0.4\,T & : \quad 0.8 < \dfrac{H}{h} \end{cases} \tag{4.39}$$

$$k = [(\alpha^*)^{0.3} + 1]^{-2} \tag{4.40}$$

こうした波力の作用を受ける防波堤直立部は，波力が摩擦抵抗力を上回る間は水平加速度を受けて滑動し，波力が摩擦抵抗力以下になれば滑動を停止する。図 4-7 の波力モデルは基礎・地盤の弾性変形を考慮した有効せん断力に基づくものなので，直立部の運動を論じるときには剛体の水平運動として扱うことができる。したがって，直立部重心の移動距離を x_G で表すと，直立部の運動方程式は次のように表される。

$$\left(\dfrac{W_a}{g} + M_a\right)\ddot{x}_G = P - F_R \quad : \quad M_a \fallingdotseq 1.086\rho_w h'^2, \quad F_R = \mu[(W_a - W_w) - U] \tag{4.41}$$

ここに，W_a は防波堤直立部の空中重量，M_a は直立部が水中で運動するときの付加質量，P は水平波力，F_R は摩擦抵抗力，ρ_w は海水の密度，μ は直立部と基礎マウンドとの間の摩擦係数，W_w は静水中で直立部が排除した水の重量（浮力に等しい），U は揚圧力である。

直立部の滑動距離は式（4.41）を 2 回数値積分することによって求められる。ただし，下迫・高橋[37] の最初の提案のように波力を三角形パルスで近似できる場合には，式（4.41）の 2 回積分を解析的に実行することが可能で，次のような滑動量の計算式が得られる[37]。

$$S = \dfrac{g\tau_0^2 (F_s - \mu W_e)^3 (F_s + \mu W_e)}{8\mu W_a W_e F_s^2} \quad : \quad F_s = P_{\max} + U, \quad W_e = W_a - W_w \tag{4.42}$$

ただし，この場合の波力 $P_{\max}$ は式（4.26）の波圧係数 α_1 と α^* を考慮した合田式による波圧合力の最大値である。

4.2　混成防波堤設計の諸問題

(1)　水理模型実験の必要性

防波堤などの構造物に及ぼす波力の大きさは，波浪条件，海底形状，構造物の形状，その他いろいろな要因に支配され，複雑に変化する。前節に述べた波圧の計算法は，こうした諸要因の影響をかなり取り込んでいるとはいえ，できるだけ汎用性を持たせるために，平均的傾向からのずれは切り捨てて公式化を行っている。したがって，個別の条件によっては±10%以上の誤差が生じることが十分に考えられる。設計の信頼度を高めるためには机上での計算のみに頼ることなく，個別の案件ごとに水理模型実験によって対象とする防波堤の安定性を確認することが望ましい。

特に，直立消波構造の防波堤あるいは新形式防波堤にあっては，最適断面を求めるためにまず水理模型実験を行うのが普通であり，そのうえで耐波安定性確認のための模型実験を行う。また海底勾配が急な場合その他，衝撃砕波力の作用が懸念される場合なども水理模型実験による確認が推奨される。

水理模型実験は標準断面を対象とする 2 次元模型だけではなく，防波堤の堤頭部あるいは隅角部など 3 次元影響がある場合には 3 次元模型による平面実験が必須である。また，

消波ブロック被覆堤でブロックマウンドの端部など，消波ブロックで被覆されない個所がある場合には，平面実験による安定性の確認が必要となる。

なお，水理模型実験の方法その他については，第8章を参照されたい。

(2) 波の谷における波圧

波が防波堤にぶつかって引いたとき（波の谷）には，水面が静水面よりも低くなるため，壁面沿いの水圧は静水圧分布よりも小さくなる。防波堤の背面（岸側）には静水圧が作用しているので，前面と背面との水圧の差として防波堤には沖向きの波圧が働くことになる。現行の設計法では簡便のために，静水面から波圧強度が直線的に増加して下方 $0.5H_{max}$ の高さで $p_n = 0.5\rho_w g H_{max}$ となり，それから水底までは一様となる波圧分布を仮定している。

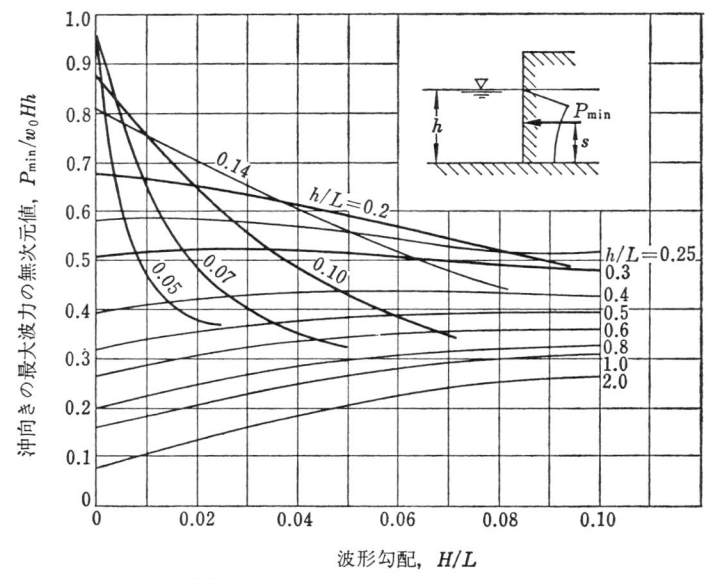

図4-8 重複波の谷における沖向き波圧合力の算定図[41]

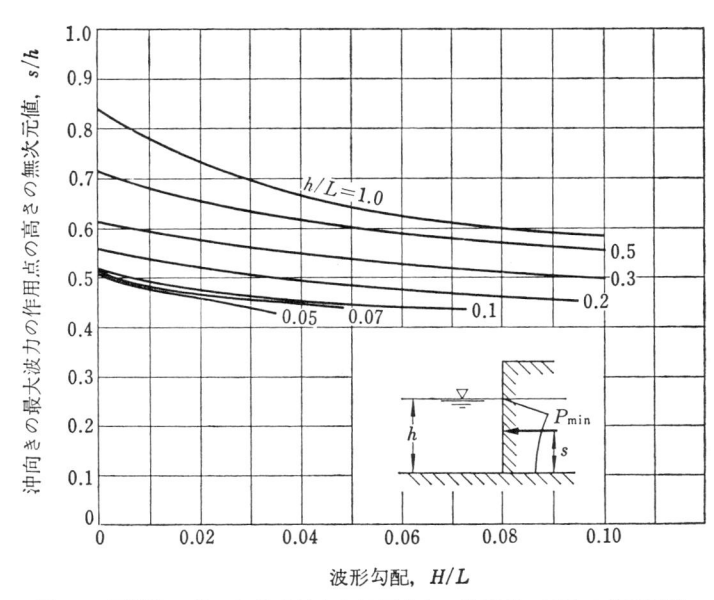

図4-9 重複波の谷における沖向き波圧合力の作用点の高さの算定図[41]

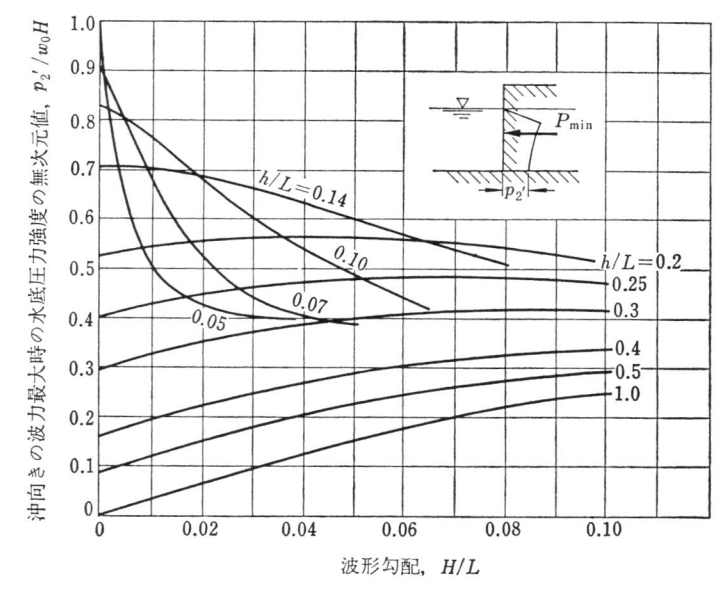

図4-10 重複波の谷における沖向き波圧合力最大時の水底波圧強度の算定図[41]

砕波が作用するときの波の谷における波圧については実験データが得られていないけれども，重複波が作用するときについては，著者が理論解析と模型実験の結果に基づいて図4-8～4-10のような算定図表を作成している[41]。図4-8は沖向きの波圧合力，図4-9はその作用点の高さ，図4-10は波圧合力が最大となるときの直立壁下端における波圧強度を示している。どの図表も無次元表示であり，横軸は波形勾配H/L，図中の曲線は相対水深h/Lごとの変化曲線である。なお，波力・波圧の無次元化表示における記号w_0は海水の単位体積重量（$=\rho_w g$）である。

図4-10によると波高の大きな波では，深海波に近い条件のときでも底面近くでかなり大きな波圧が沖向きに働くことが分かる。有限振幅の重複波では，周期が入射波の2倍および4倍の水圧変動成分が水面から水底まで一様に作用し，それらが入射波周期の成分と逆位相のためにこうした現象が生じるのである。

また，波の山のときの岸向きの全波力と谷のときの沖向きの全波力を比べてみると，水深波長比が0.25程度よりも大きいときには，後者の絶対値のほうが大きくなる。すなわち，堤体が沖向きに滑動する危険性がある。ここに示した算定図は直立壁に対するものであるが，谷本ほか[42]が釜石湾口津波防波堤（設置水深$h=60$ m，マウンド天端水深$d=25$ m）の模型実験を行ったときには，周期12 s相当の不規則波を作用させたときに，模型堤体が岸向きと沖向きの両方へほぼ同じ割合で滑動した。したがって，水深の大きな場所で防波堤を計画するときには，波の谷における波圧に対しても配慮する必要がある。

(3) 大型フーチングを有する防波堤の揚圧力

防波堤ケーソンは，端趾圧の軽減などの目的で下端にフーチングを張り出すことがある。普通は1.0～1.5 m程度張り出す程度であり，そうした場合にはフーチングの存在を無視して揚圧力を計算する。しかし，近年は鋼材とコンクリートを組み合わせたハイブリッド構造でケーソンを製作することが試みられており，そうしたハイブリッドケーソンではフーチングを大きく張り出すことが構造的に容易である。ただし，陸側のフーチング取付部は地盤反力による大きな曲げモーメントを受けるので，モーメント配分や部材応力について慎重に検討する必要がある。

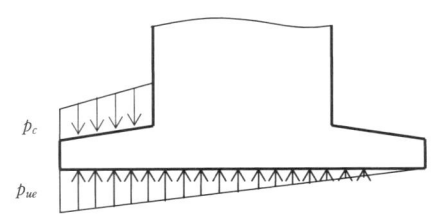

図4-11 大型フーチングに働く抑圧力と揚圧
力の分布形状

大型フーチングでは，図4-11のようにケーソンの前に突き出たフーチングの上面に下向きの波圧（抑圧力）が作用し，下面にはその全長にわたって三角分布の揚圧力が作用する。江崎ほか[43],[44]は一連の模型実験に基づいて，抑圧力 p_c と端趾揚圧力 p_{ue} について次のような推定式を提案している。

$$p_c = p_5 \times \min\{0.7, [0.7\exp(-20x/L)+0.3]\} \tag{4.43}$$

$$p_{ue} = p_u \times [0.7\exp(-11b/L)+0.3] \tag{4.44}$$

ここに，p_5 はフーチング取り付け個所における前壁の波圧強度，p_u は式（4.12）の揚圧力強度，x は前壁からの距離，b はフーチングの張出し長，L は波長である。

【例題 4.4】
設計潮位時の水深 $h=13.0$ m の地点に水面下のケーソン高 $h'=11.0$ m の防波堤を設計する。波浪条件は $H_{1/3}=3.5$ m, $H_{\max}=6.3$ m, $T_{1/3}=7.3$ s である。ケーソン下端にフーチングを $b=4.0$ m 張り出すときの抑圧力と揚圧力を計算せよ。ただし，フーチング取付部の厚さは $d_F=2.5$ m とする。

【解】
与えられた条件で波長が $L=68.8$ m と計算され，波圧係数が $\alpha_1=0.700$, $\alpha_2=0.019$, $\alpha_3=0.627$ と求められる。また，フーチング取付点は水面から $h_F=h'-d_F=11.0-2.5=9.5$ m の位置にある。前面波圧強度は $p_1=45.7$ kN/m², $p_3=28.7$ kN/m² であるので，取付点の波圧強度は比例配分によって $p_5=32.5$ kN/m² と算定される。抑圧力強度は式（4.43）によって，$x=0$ の取付点で $p_{c0}=22.3$ kN/m², $x=b=4.0$ m の先端部で $p_c=18.5$ kN/m² と計算される。

一方，合田式における揚圧力は $p_u=27.9$ kN/m² であるので，式（4.44）でフーチング先端の揚圧力を計算すると，$p_{ue}=19.9$ kN/m² の結果が得られる。

(4) 消波ブロック被覆堤や特殊形状の防波堤に働く波圧

わが国では，混成防波堤の直立部に作用する波力を低減させるため，あるいは越波や反射を減少させる目的で，その前面に大型消波ブロックをマウンド状に積み上げることが少なくない。これは消波ブロック被覆堤と呼ばれている。また，防波堤の建設費を節減するために上部工の前面を傾斜させた上部斜面ケーソン堤，反射波を軽減するための直立消波構造その他いろいろな形状の防波堤が計画され，建設されている。

こうした矩形断面以外の防波堤に作用する波圧は，式（4.5）の前面波圧強度と式（4.12）の揚圧力強度に含まれている補正係数 λ_1, λ_2, および λ_3 の値を実験データ等で調整して計算することが多い。消波ブロック被覆堤については，高橋ほか[45]が次のような補正係数を提案している。

$$\lambda_1 = \begin{cases} 1.0 & : H_{\max}/h \leq 0.3 \\ 1.2 - 2\dfrac{H_{\max}}{3h} & : 0.3 < H_{\max}/h \leq 0.6 \\ 0.8 & : 0.6 < H_{\max}/h \end{cases}$$

$$\lambda_2 = 0, \quad \lambda_3 = \lambda_1 \tag{4.45}$$

この補正係数の提案式の考え方は次の通りである。合田波圧式では，砕波的な波圧は主として波圧係数 α_2 の項が代表しており，消波ブロックマウンドによって衝撃砕波力を含む砕波的な圧力が著しく低減されるところから，この項に対する補正係数を $\lambda_2=0$ とする。一方，重複波的な波圧は波圧係数 α_1 の項で代表されており，この項に対するブロック被覆の効果は波高が大きいときに発揮される。そこで，波高水深比が 0.6 を超えるときには $\lambda_1=0.8$ とし，波高水深比が 0.3 以下では波圧低減を考えずに $\lambda_1=1.0$ とし，その中間は直線的に変化させたものである。揚圧力に対する補正係数 λ_3 は λ_1 と同一とする。

こうした消波ブロック被覆マウンドによる波圧低減効果は，消波工が十分な幅と天端高を保持しているときに限って有効であり，例えば被覆マウンドの天端高が設計潮位よりも低く，上部工が露出しているような場合には作用波力が逆に増大する危険性がある。施工直後には設計断面通りであっても，その後の前面洗掘や基礎マウンド下の砂の吸出しなどによって消波工が全体的に沈下したりすると，高波時に衝撃砕波力が発生し，ケーソンが破壊されることがある。

上部斜面ケーソン堤の考え方は次の通りである。波圧も水圧の一つであり，水圧は壁面の垂線方向に働くので，斜面部に作用する波力は水平成分と下向きの鉛直成分を持つ。この下向きの波力成分はケーソンを下へ押しつけることによって揚圧力を部分的に相殺し，直立部の安定性を向上させる。このため，通常の矩形断面の混成堤に比べて堤体幅を縮減できる。ただし，波が斜面を走り上がるために越波伝達波が増大する。施工事例では，通常の混成防波堤の天端高を設計潮位上 $0.6H_{1/3}$ にとるのが標準であるのに対し，上部斜面ケーソン堤では $1.0H_{1/3}$ とする例が多い。なお，上部斜面ケーソン堤や直立消波構造の防波堤の波圧計算法については文献[46]などを参照されたい。

(5) 混成防波堤の基礎マウンド被覆材の所要質量

混成防波堤の基礎捨石マウンドの前法肩および前法面の個所は，引き波時の戻り流れによって洗掘される危険性があり，このため十分な大きさの捨石，コンクリート方塊，あるいは異形コンクリートブロックなどで表面を被覆する。被覆材の所要質量は，波高，水深，マウンドの相対高さ，マウンドの幅，被覆材の形状などが複雑に影響するため，水理模型実験や現地の被災調査などに基づいていろいろな実験式や質量算定図表が提案されてきた。

近年の研究成果に基づく被覆材の所要質量算定法は文献[47]に詳述されており，以下にその概要を紹介する。まず，基礎マウンドや傾斜堤の被覆材の安定質量 M は一般に次式で記述される。

$$M = \frac{\rho_r H_D^3}{N_s^3 (S_r - 1)^3} \quad : \quad S_r = \rho_r / \rho_w \tag{4.46}$$

ここに，H_D は設計波高，N_s は安定数，S_r は被覆材の質量 ρ_r と海水の質量 ρ_w との比である。なお，被覆材の代表径を $D_n = (M/\rho_r)^{1/3}$ と定義すると，この代表径は設計波高と安定数を使って次のように求められる。

$$D_n = \frac{H_D}{N_s \Delta} \quad : \quad \Delta = S_r - 1 \tag{4.47}$$

被覆材の所要質量を求める問題は，適切な安定数を求めることに帰着する。基礎マウンド被覆材の安定数の基本となるのは，谷本ほか[48]が広範囲な条件について不規則波を用いた実験から導いたマウンド被覆石に対する経験式であり，高橋ほか[49]および木村ほか[50]による波向影響を含む形に拡張されて，次のように表示される。なお，設計波高 H_D は有義波高を用いる。

$$N_s = \max\left\{1.8,\ \left(1.3\frac{(1-\kappa)h'}{\kappa^{1/3}H_D} + 1.8\exp\left[-1.5\frac{(1-\kappa)^2 h'}{\kappa^{1/3}H_D}\right]\right)\right\} : B_M/L' < 0.25 \tag{4.48}$$

$$\left.\begin{array}{l} \kappa = \kappa_1 \times (\kappa_2)_B \\ \kappa_1 = \dfrac{4\pi h'/L'}{\sinh(4\pi h'/L')} \\ (\kappa_2)_B = \max\left\{a_S \sin^2\beta \cos^2\left(\dfrac{2\pi l \cos\beta}{L'}\right),\ \cos^2\beta \sin^2\left(\dfrac{2\pi l \cos\beta}{L'}\right)\right\} \end{array}\right\} \tag{4.49}$$

ここに，h' は被覆層を除いた基礎マウンドの天端の水深，L' は水深 h' における波長，β は入射角（防波堤への垂線と入射方向とのなす角），l はマウンドの前肩幅 B_M または根固め方塊の設置幅 B_M' のうちで $(\kappa_2)_B$ を大きくするほうの値，a_S はマウンド上面が水平な場合の補正係数で通常は 0.45 とする。また，$\max\{a, b\}$ は a または b のいずれか大の値を意味する。

パラメータ κ は無次元流速と名付けられており，式 (4.49) は堤幹部に対するものである。堤頭部では斜め波によって速い流れが起きるために，無次元流速を次式によって算定する。

$$\left.\begin{array}{l} \kappa = \kappa_1 \times (\kappa_2)_T \\ (\kappa_2)_T = \dfrac{a_S \tau^2}{4} \end{array}\right\} \tag{4.50}$$

無次元流速 κ_1 は式 (4.49) のままとし，定数 τ は堤頭部における流速の補正係数（$=1.4$）である。式 (4.50) は入射角が 45°程度までの場合で，入射角がさらに大きな $\beta=60°$ について木村ほか[51]は $\tau=2.0$ の値を示している。また a_S はマウンド勾配の補正係数で，勾配有りの条件で 1.0，水平条件で 0.45 を用いる。

【例題 4.5】
前出の例題 4.1 の防波堤について，基礎マウンド被覆石の所要質量を求めよ。ただし，波の入射角は $\beta=0°$ とする。
【解】
（i）設計波およびマウンド諸元
$H_D = H_{1/3} = 5.8$ m, $T_{1/3} = 11.4$ s
$h' = 6.5 + 0.6 = 7.1$ m, $L' = 91.6$ m, $B_M = 8.0$ m

（ii）パラメータ κ および安定数 N_s
$$\kappa_1 = \frac{4\pi \times 7.1/91.6}{\sinh(4\pi \times 7.1/91.6)} = \frac{0.974}{\sinh(0.974)} = 0.858$$
$(\kappa_2)_B = \sin^2(2\pi \times 8.0/91.6) = 0.272$, ∴ $\kappa = \kappa_1 \times (\kappa_2)_B = 0.858 \times 0.272 = 0.233$

$$N_s = \max\left\{1.8,\ \left(1.3 \times \frac{(1-0.233) \times 7.1}{0.233^{1/3} \times 5.8} + 1.8 \times \exp\left[-1.5\frac{(1-0.233)^2 \times 7.1}{0.233^{1/3} \times 5.8}\right]\right)\right\}$$
$= \max\{1.8, 2.29\} = 2.29$

(iii) 所要被覆石の代表径と質量（石の密度を $\rho_r=2{,}650\,\mathrm{kg/m^3}$，海水の密度を $\rho_w=1{,}030$ $\mathrm{kg/m^3}$ とする）

$\Delta = 2{,}650/1{,}030 - 1 = 1.57$
$D_n = 5.8/(1.57 \times 2.29) = 1.61\,\mathrm{m}$
$M = \rho_r D_n^3 = 2{,}650 \times 1.61^3 \fallingdotseq 11{,}000\,\mathrm{kg}$

この例題で例示された大きさの被覆石はわが国では入手困難である。防波堤の設計では基礎マウンドの被覆材として異形コンクリートブロックが使用されることが多い。しかし，被覆ブロックの安定性はブロックの形状や積み方に依存するため，一般化した算定式にまとめることが難しい。既往の設計事例を参考にし，不規則波実験によって安定性を確認すべきである。参考式としては，藤池ほか[52]が提示した安定数に関する次式がある。

$$N_s = N_{so} \times \min\left\{1.0,\ \left(0.525\frac{(1-\kappa)h'}{\kappa^{1/2}H_{1/3}} + \exp\left[-0.9\frac{(1-\kappa)^2 h'}{\kappa^{1/2}H_{1/3}}\right]\right)\right\} \quad (4.51)$$

ここに，N_{so} は基準安定数であって斜面被覆に使われるブロックであれば $N_{so}=(K_D\cot\theta)^{1/3}$ として，ブロックの K_D 値から換算できる。式（4.51）に使われている無次元流速 κ は以下による。

$$\left.\begin{aligned}
\kappa &= C_R \times \kappa_1 \times (\kappa_2)_B \\
\kappa_1 &= \frac{4\pi h'/L'}{\sinh(4\pi h'/L')} \\
\kappa_2 &= \begin{cases} \sin^2(2\pi B_M/L') & :\ B_M/L' < 0.15 \\ 1.309 - \sin^2(2\pi B_M/L') & :\ 0.15 \leq B_M/L' < 0.25 \\ 0.309 & :\ 0.25 \leq B_M/L' \end{cases}
\end{aligned}\right\} \quad (4.52)$$

ここに，C_R は堤体の形状による係数であって，通常の混成防波堤では $C_R=1.0$，消波ブロック被覆堤では $C_R=0.4$ が推奨されている。

なお，根固め方塊の安定性はその厚さ t によって支配される。これについて木村ほか[51]は次の簡便式を提案している。

$$t = AH_{1/3}\left(\frac{h'}{h}\right)^{-0.787} \quad (4.53)$$

ここに，A は定数で堤頭部 0.21，堤幹部 0.18 とする。

(6) 防波堤の平面形状の影響への対処

これまでに述べてきた波圧の計算法は，構造物が直線的に長く延びていて，延長方向に波高が変化しない場合を対象としている。しかし 3.8 節で述べたように，防波堤の先端付近や凹型隅角部の周辺，あるいは島堤沿いなどでは回折波や反射波の影響で波高が局所的に変化し，また防波堤背後に波の谷が回り込むことなどによって，波力が局所的に増大する現象が起きる。

こうした波力の局所的増大は，3.8 節に述べた方法で波高の場所的変化を計算し，その波高（重複波高）の 1/2 を波圧計算のための入射波高と見なして推定することができる。なお，防波堤の先端付近や島堤の場合には防波堤背後の波の位相も考慮し，背後からの波圧を加除する。また，波力の場所的変化は波向によって微妙に変化するので，設計に当たっては広い範囲の波向と波高の組合せについて検討する必要がある。

この方法は，水深に比べて波高が比較的小さく，重複波が形成される場合を対象とした

ものである。入射波がすでに砕波の影響を受けて波高が減衰している場合や，凹型隅角部において入反射波の合成波高 H_s から推定した相当入射波高 $H_I'=H_s/2$ が砕波限界を超えている場合には直接に適用することができない。もっとも，谷本[53]が紹介している旧運輸省第二港湾建設局が行った実験によると，砕波の状態でも上述の方法で予測される大きさの波力増大がある程度認められるとのことである。したがって，相当入射波高 H_I'（最高波高換算）が砕波限界波高 H_b を超えている場合でも，入射波高として H_I' を用いて波力を推定する。ただし，H_I' が H_b を大きく上回るときは，H_b の1.4倍程度を上限値とするのが適当のようである。

4.3　傾斜防波堤設計の諸問題

(1)　概論

　捨石をマウンド状に築いて建設する傾斜式防波堤は，明治時代には若松港，大阪港，四日市港などで建設されたけれども，波の荒い外海に面した港では大型の捨石が入手困難なところから，わが国では汀線から巻き出す突堤部分に用いられる程度である[54]。

　しかし欧米では防波堤の主流を占めていて，水深数十mの場所でも採択される。図4-12は，スペインのビルバオ港で1982年に完成した外防波堤の先端部分の標準断面であり，水深−31mの個所に $H_{1/3}=10.1$ m の波を受けてもほぼ無被害なように設計されている。なお，この防波堤は当初の設計断面が施工中の1976年に手戻り災害を受けたため，法面勾配を1.5割から2割と緩やかにし，法面被覆のコンクリート方塊の質量を80tから150tに増すなどの変更を行って完成させたものである。

　傾斜堤の設計における検討事項は次のようなものである。
1)　法面勾配
2)　天端幅と天端高
3)　天端コンクリート工の大きさ
4)　被覆材（捨石，コンクリート方塊，異形コンクリートブロック）の種類と大きさ
5)　地盤の支持力
6)　そのほか維持補修費など

　まず，法面勾配は1.5割程度のものが多く，異形コンクリートブロック被覆の場合には1.3割の例もある。これは石を捨て込むときの安息角に若干の余裕をみたものと思われる。ただし，被覆材として大型の捨石を使う場合や，大水深で設計波が大きい場合には，被覆

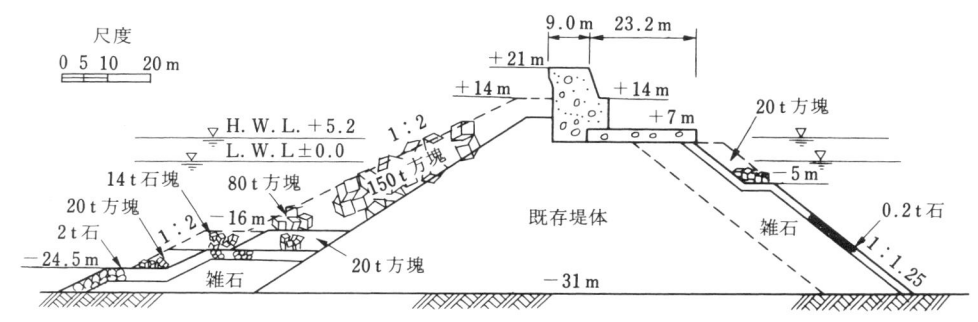

図4-12　ビルバオ港（スペイン）外防波堤先端部の標準断面
（スペイン公共事業省港湾施設図面集による）

材の安定性を増すために海側の水面近傍を2～3割と緩やかにする例が多い。なお，近年はバーム式防波堤と呼ばれる特殊な傾斜堤が施工される事例がある。これは，全断面を粒径が同じランクの捨石で構築し，波によって捨石が移動することを許容する。そうして，水面付近が緩やかでその上下斜面がやや急勾配のS字形に落ち着くことを期待する工法である。ノルウェーで最初に建設され，その後はアイスランドで施工事例が多い。建設地点の近くに質量10t級の大型の捨石が採取可能な石山があることが採択の前提である。なお，バーム式防波堤については文献55),56)を参照されたい。

天端幅は，波に対する安定性の面から，被覆石あるいは被覆ブロック3個並び以上が標準とされている。実際には施工時の材料運搬路としての所要幅および完成後の利用の便宜などを考慮して，かなり広い幅で決められることが多い。

欧米の傾斜堤は図4-12の例にもあるように，天端高がかなり高い。近年は不規則波の2%打ち上げ高 $R_{2\%}$ を目安としているようである。傾斜堤の天端を高く設定するのは，一つには港湾建設の伝統であり，また一つには傾斜堤の天端上に石油輸送管を設置したり，防波堤の背後に直接に係船施設を設置したりするため，越波を極力少なくするためである。

傾斜堤の天端面やすぐ背後を利用するときには，図4-12のようにクラウンウォールと呼ばれる天端コンクリート工を設ける。ただし，著者が見聞したブラジルの捨石式傾斜堤では天端コンクリート工は設けず，それに相当するものを大型の捨石で構築していた。クラウンウォールには水平力と揚圧力が作用するので，水理模型実験で安定性を確認している。なお，国際規格 ISO 21650「海岸構造物に対する波と流れの作用」にはデンマークのオールボア大学の実験的研究による波力算定法が紹介されている。

(2) 被覆捨石の所要質量

波に対して安定な被覆材の所要質量は式 (4.46) で計算される。各種の消波ブロックについてはハドソン式による K_D 値が求められており，安定数 N_S は K_D 値ならびに法面の傾斜角 α_s を用いて次のように換算される。

$$N_S = (K_D \cot \alpha_s)^{1/3} \tag{4.54}$$

しかしながら，被覆材の安定性は波の特性その他いろいろな要因に関係しているため，K_D 値のみの評価では不十分と考えられている。

捨石を被覆材として使用する場合に対しては，ファンデルメーア[57]が大型の不規則波実験に基づいて，次のような安定数を提案している。

$$N_S = \begin{cases} 6.2 C_H S^{0.2} P^{0.18} N^{-0.1} I_{r,m}^{-0.5} & : I_{r,m} < I_{r0} \\ 1.0 C_H S^{0.2} P^{-0.13} N^{-0.1} (\cot \alpha_s)^{0.5} I_{r,m}^{P} & : I_{r,m} \geq I_{r0} \end{cases} \tag{4.55}$$

ここに，C_H は砕波帯内で波高分布が狭まることを考慮した係数で $C_H = 1.4/[H_{1/20}/H_{1/3}]$，$S$ は被覆材の被害度の指数であって $S=2$ が初期被災，8程度以上が大きな被災である。P は被覆材の下の層の透水性パラメタで，通常の2層積み捨石法面（フィルター層あり）では0.4，N は対象とする高波が続く間の波の数で最大7,500波（それ以上は被害が拡大しない），α_s は法面が水平面となす角度（°），$I_{r,m}$ はイリバレン数であって臨界イリバレン数とともに次式で定義される。

$$\left.\begin{array}{l} I_{r,m} = \dfrac{\tan \alpha_s}{\sqrt{H_{m0}/L_{0,m}}} \\ I_{r0} = [6.2 P^{0.31} (\tan \alpha_s)^{0.5}]^{1/(P+0.5)} \end{array}\right\} \tag{4.56}$$

ここに，H_{m0} はスペクトル有義波高，$L_{0,m}$ は平均周期に対する深海波長である．式 (4.55) の上の式はイリバレン数が臨界値よりも小さくて巻き波砕波の場合，下の式は臨界値よりも大きい砕け寄せ波の場合である．

ファンデルメーアのもともとの提案は，波高として2%超過値 $H_{2\%}$ (≒$H_{1/20}$) を用いるものであったけれども，それよりも $H_{1/3}$ を使うほうが分かりやすいので，わが国の港湾の技術基準で $C_H = H_{1/20}/H_{1/3}$ の砕波効果係数の形で導入したものである．不規則波が砕波減衰を受ける前の沖側では $H_{1/20} = 1.40 H_{1/3}$ であるので，$C_H = 1.0$ である．砕波帯の中では波高分布幅が狭まって $H_{1/20}/H_{1/3}$ が 1.25 程度まで低下し，C_H が 1.12 程度まで増大する．

イリバレン数を求める式 (4.56) では，波長計算に際して平均周期を使うのが元の提案であるけれども，最近のスミスほかの研究[58]ではスペクトル有義周期 $T_{m-1,0}$ を使うべきであり，特に二山型スペクトルでは平均周期が不適切であると結論している．

被害度の指数である S は，波の作用を受けて被覆材が原位置から移動して法面が変形したときに，斜面の上部から下部までの全断面で侵食された面積 A を求め，その D_n^2 に対する比 ($S = A/D_n^2$) で表している．したがって，$S = 2$ というのは被覆材2個相当の穴が空いたことに相当する．$S = 8$ ともなれば，2層積みの被覆層に穴が空いてその下のコアが露出した状態である．

なお，国際規格 ISO 21650 によれば，式 (4.45) で推定される安定数の値は若干の変動幅があり，$I_r < I_{r0}$ のときに変動係数が 6.5%，$I_r \geq I_{r0}$ のときに 8% と推定される．すなわち，所要質量でいえば 20%～26% の標準偏差を持っている．

ファンデルメーアが導いた式 (4.55) の安定数は，水平床で $H_{1/3}/h = 0.12$ および 0.26 という相対的に水深の大きな条件で行われたものであり，実際の設計条件を適切に反映していないとの批判がある[59),60)]．ファンゲントほか[59)]は式 (4.55) に代わるものとして次式を提案している．これによると，イリバレン数を計算して式を使い分ける必要がない．

$$N_s = 1.75 S^{0.2} N^{-0.1} (\cot \alpha_s)^{0.5} (1 + D_{n-\mathrm{core}}/D_n) \tag{4.57}$$

ここに，$D_{n-\mathrm{core}}$ は傾斜堤コアの石の中央粒径 (D_{50}) である．この式を導いた実験では $D_{n-\mathrm{core}}/D_n = 0 \sim 0.3$ であった．

【例題 4.6】
　設計波として $H_{1/3} = 4.0$ m，$T_{1/3} = 8$ s の波が4時間継続する個所で，法面勾配 1.5 割の捨石傾斜堤を計画している．このときの法面被覆石の所要質量を求めよ．ただし，$S = 2$，$P = 0.4$，$C_H = 1.0$ とする．

【解】
式 (4.56) で臨界イリバレン数を計算すると，
$$I_{r0} = [6.2 \times 0.4^{0.31} \times (1/1.5)^{0.5}]^{1/(0.4+0.5)} = 4.42$$

いま平均周期を $\bar{T} \fallingdotseq T_{1/3}/1.2 = 6.67$ s とすると $L_{0m} = 69.4$ m であるので，設計条件におけるイリバレン数は，

$$I_{r,m} = \frac{1/1.5}{\sqrt{4.0/69.4}} = 2.78 < I_{r0}$$

となって巻き波砕波に相当する．また，高波が続く間の波の数は $N = 4 \times 3{,}600/6.67 = 2{,}159$ 波である．したがって，被覆材の安定数は式 (4.55) の上の式を用いて次のように計算される．

$$N_s = 6.2 \times 1.0 \times 0.4^{0.18} \times 2^{0.2} \times 2{,}159^{-0.1} \times 2.78^{-0.5} = 6.2 \times 1.0 \times 0.848 \times 1.15 \times 0.464 \times 0.600$$
$$= 1.68$$

この安定数を使うと被覆石の代表径と質量が式 (4.46)，(4.47) によって次のように算定される．

ただし，$\rho_r=2{,}650$ kg/m³，$\Delta=1.57$ と仮定する。
$$D_n=4.0/(1.68\times1.57)=1.52 \text{ m}$$
$$M=2{,}650\times1.52^3=9{,}300 \text{ kg}$$
なお，式 (4.57) を使うと $D_{n-core}/D_n=0.3$ として $N_s=1.49$ とやや小さい安定数が算定される。

(3) コンクリート被覆材の所要質量

被覆材として立方体のコンクリート方塊を2層積みにした場合についてファンデルメーア[61]は次式の安定数を示している。

$$N_s=(6.7N_{0d}^{0.4}N^{-0.3}+1.0)(H_{1/3}/L_{0m})^{-0.1} \tag{4.58}$$

ここに，N_{0d} は法面に沿って上下に幅 D_n の部分を切り出したときに，その中で移動したブロックの個数であり，N と $I_{r,m}$ は式 (4.55) と同じ定義である。式 (4.57) で推定される安定数の変動係数は約10%である。

2層積みテトラポッドについて同じくファンデルメーアは次の安定数を与えている。

$$N_s=(3.75N_{0d}^{0.5}N^{-0.25}+0.85)(H_{1/3}/L_{0m})^{-0.2} \tag{4.59}$$

この安定数の変動係数は約10%である。なお，砕波減衰の影響を受ける水域では，上記の安定数を砕波効果係数 C_H で割り増すことをダングレモンドほか[62]が推奨している。

わが国で数多く建設されている消波ブロック被覆堤では，マウンド全体を消波ブロックで構築する場合が大半であり，そうした場合には透水性が高いために傾斜堤の2層積みブロックよりも安定性が高くなる。これについて高橋ほか[63]は次のような安定数を与えている。

$$N_s=C_H(aN_{0d}^{0.2}N^{-0.1}+b) \tag{4.60}$$

ここに，a と b はブロックの形状や法面勾配などに依存する定数である。K_D 値が 8.3 の異形ブロック（テトラポッド）についての実験結果では，$\cot\alpha_s=4/3$ のときに $a=2.32$, $b=1.35$，また $\cot\alpha_s=1.5$ のときには $a=2.32$, $b=1.42$ の値が得られている。

【例題 4.7】
例題 4.6 の条件で被覆材としてのコンクリート立方体とテトラポッドの所要質量を式 (4.58) ～(4.60) を用いて算定せよ。ただし，$N_{0d}=0.4$，コンクリートの密度を $\rho_r=2{,}300$ kg/m³ とする。
【解】
コンクリート立方体：
$$N_s=(6.7\times0.4^{0.4}\times2{,}159^{-0.3}+1.0)\times(4.0/69.4)^{-0.1}=(6.7\times0.693\times0.100+1.0)\times1.330=1.948$$
$$D_n=4.0/(2{,}300/1{,}030-1)/1.948=1.67 \text{ m}, \quad M=2{,}300\times1.67^3=10{,}700 \text{ kg}$$
2層積みテトラポッド：
$$N_s=(3.75\times0.4^{0.5}\times2{,}159^{-0.25}+0.85)\times(4.0/69.4)^{-0.2}=(3.75\times0.693\times0.147+0.85)\times1.770=2.181$$
$$D_n=4.0/(2{,}300/1{,}030-1)/2.181=1.49 \text{ m}, \quad M=2{,}300\times1.49^3=7{,}600 \text{ kg}$$
全断面テトラポッド（$a=2.32$, $b=1.42$ を使用）
$$N_s=1.0\times(2.32\times0.4^{0.2}\times2{,}159^{-0.1}+1.42)=1.0\times(2.32\times0.833\times0.464+1.42)=2.32$$
$$D_n=4.0/(2{,}300/1{,}030-1)/2.32=1.40 \text{ m}, \quad M=2{,}300\times1.40^3=6{,}300 \text{ kg}$$

この計算例では，式 (4.59) による2層積みテトラポッドの所要質量がやや大きめに算定されるきらいがある。式 (4.54) の K_D 値からの換算結果も参照し，被災度指数 N_{0d} や波の数なども勘案して所要質量を判断する必要がある。

(4) 堤頭部の安定性

　傾斜堤の堤頭部は，海側法面と陸側法面を円錐台の斜面で接続して形作る。先端のマウンド部分はあらゆる方向から波が来襲し，被覆材が斜め背後へ押しやられる形になるため，被災しやすい。これは消波ブロック被覆堤の堤頭部についても該当する。このため，堤頭部の被覆材は堤幹部の被覆材の1.5～2.5倍の質量のものを使用するのが普通である。設計波が大きくて十分な大きさの被覆材を選べないときには，高比重コンクリートを用いて安定性を確保することも行われる。

　堤頭部の安定性については経験公式が利用できないので，3次元水理模型実験を行うことが推奨される。その際には多方向不規則波を用いることでより現実に近い結果を得ることができる。

(5) 波の作用時の地盤の安定性

　傾斜堤は自重を底面の広い範囲に分散して載荷し，また地盤沈下に対しても柔軟に対応できるので，軟弱地盤にも適用しやすい構造形式である。しかし，高波の作用時には波力が海側斜面に作用し，これが堤体の構成要素に次々に伝えられて，最終的には海底地盤に作用する。このため，地盤支持力については波力載荷を考慮して検討する必要がある。

　詳しく吟味するには，波による堤体内部および基礎地盤内の間隙水圧の変動を解析する。ただし，近似的には設計水位を基準としてそれから上に波の峰が盛り上がった部分の水塊の重量（波の引いたときには負値）を載荷重と見なす，あるいは法面に働く波圧分布が波浪荷重として作用すると見なすことができよう。

参考文献

1) 伊藤喜行：防波堤構造論史，港湾技研資料，No. 69，1969年，76 p.
2) 廣井　勇：波力の推定法に就て，土木学会誌，第6巻 第2号，1920年，pp. 435-449.
3) 中井愛次編：「本邦海工構造物設計大輯」，港湾協会，1930年，375 p.
4) 鈴木雅次：「港工学」，風間書房，1932年（1952年増補改訂）.
5) 君島八郎：「海工」（上巻），丸善，1936年改訂版，575 p.
6) 物部長穂：「水理学」，岩波書店，1933年，579 p.
7) Sainflou, G.: Essai sur les digues maritimes verticales, *Annales Ponts et Chaussées*, Vol. 98, No. 4, 1928.
8) 松尾春雄：サンフルー式及びその適用，港湾，第19巻 第1号（pp. 67-77）および同2号（pp. 50-61），1941年.
9) 黒田静夫他：「河海構造物」，アルス，1938年，254 p.
10) 日本港湾協会：「港湾工事設計示方要覧」，1950年.
11) 松尾春雄：港湾構造物示方書，特に防波堤設計の示方書に就て，港湾講演集，第7輯，1942年，pp. 333-359.
12) 日本港湾協会：「港湾工事設計要覧」，1959年，453 p.
13) 運輸省港湾局編：「港湾構造物設計基準」，日本港湾協会，1967-68年.
14) 黒田静夫・石綿知治：「防災工学」，山海堂，1960年，453 p.
15) 伊藤喜行・藤島　睦・北谷高雄：防波堤の安定性に関する研究，港湾技術研究所報告，第5巻 第14号，1966年，134 p.
16) Bagnold, R. A.: Interim report on wave-pressure research, *J. Inst. Civil Engrs.*, Vol. 12, 1939, pp. 202-226.
17) Minikin, R. R.: *Winds, Waves and Maritime Structures*, Griffin, London, 1950, pp. 38-39.
18) 永井荘七郎：防波堤に働く砕波の圧力に関する研究，土木学会論文集，第65号・別冊（3-3），1959年，38 p.
19) 永井荘七郎：浅海波および深海波の重複波の圧力式，第12回海岸工学講演会講演集，1965年，pp. 92-98.

20) 永井荘七郎・大坪崇彦：低基混成堤に働く波圧，第 15 回海岸工学講演会講演集，1968 年，pp. 109-114.
21) 合田良実・福森利夫：直立壁および混成堤直立部に働く波圧に関する実験的研究，港湾技術研究所報告，第 11 巻 第 2 号，1972 年，pp. 3-45.
22) 合田良実：防波堤の設計波圧に関する研究，港湾技術研究所報告，第 12 巻 第 3 号，1973 年，pp. 31-69.
23) 運輸省第一港湾建設局新潟調査設計事務所：安全港湾対策に関する防波堤の諸問題について（Ⅱ），第 13 回管内工事報告会，1975 年，186 p.
24) 谷本勝利・本　浩司・石塚修次・合田良実：防波堤の設計波力算定式についての検討，第 23 回海岸工学講演会論文集，1976 年，pp. 11-16.
25) 高橋重雄・谷本勝利・下迫健一郎・細山田得三：混成防波堤のマウンド形状による衝撃砕波力係数の提案，海岸工学論文集，第 39 巻，1992 年，pp. 676-680.
26) 合田良実・池田龍彦・笹田　正・岸良安治：岩礁上の円柱の設計波力に関する研究，港湾技術研究所報告，第 11 巻 第 4 号，1972 年，pp. 45-81.
27) 国土交通省港湾局監修：「港湾の施設に関する技術上の基準・同解説」，日本港湾協会，2007 年，第 4 編 3.1.4 (4) 項参照．
28) 合田良実：浅海域における波浪の砕波変形，港湾技術研究所報告，第 14 巻 第 3 号，1975 年，pp. 59-106.
29) 合田良実：衝撃砕波圧を受ける混成防波堤の挙動に関する考察，港湾技術研究所報告，第 12 巻 第 3 号，1973 年，pp. 3-29.
30) Goda, Y.: Dynamic response of upright breakwater to impulsive breaking wave forces, *Coastal Engineering*, Vol. 22, 1994, pp. 135-158.
31) 高橋重雄・下迫健一郎・上部達生：衝撃砕波力に対する防波堤ケーソンの動的挙動，港湾技術研究所報告，第 33 巻 第 2 号，1994 年，pp. 59-86.
32) Lamberti, A. and Martinelli, L.: Prototype measurements of the dynamic response of caisson breakwater, *Coastal Engineering 1998*（*Proc. 26th Int. Conf.*, Copenhagen），ASCE, 1998, pp. 1972-1985.
33) 谷本勝利・高橋重雄・北谷高雄：混成防波堤のマウンド形状による衝撃波力の発生と対策について，港湾技術研究所報告，第 20 巻 第 2 号，1981 年，pp. 3-29.
34) 高橋重雄・木村克俊・下迫健一郎・鈴木高二朗・五明美智男，ケーソン式防波堤の主要な被災パターンについて，海岸工学論文集，第 46 巻，1999 年，pp. 731-735.
35) 津田宗男・高山知司：衝撃波力を受けるケーソン壁の設計，海洋開発論文集，Vol. 22，2006 年，pp. 667-672.
36) 谷本勝利・高橋重雄・北谷高雄：混成防波堤のマウンド形状による衝撃砕波力の発生と対策について，港湾技術研究所報告，第 20 巻 第 2 号，1981 年，pp. 3-39.
37) 下迫健一郎・大嵜奈々子：各種混成堤における波力算定法の適用性に関する考察―衝撃砕波力係数など波力算定上の留意点―，港湾空港技術研究所資料，No. 1107，2005 年，pp. 1-14.
38) 下迫健一郎・高橋重雄：混成防波堤の期待滑動量の計算法，海岸工学論文集，第 41 巻，1994 年，pp. 756-760.
39) 谷本勝利・古川浩司・中村廣昭：混成堤直立部の滑動時の流体抵抗力と滑動量算定モデル，海岸工学論文集，第 43 巻，1996 年，pp. 846-850.
40) 下迫健一郎・高橋重雄：期待滑動量を用いた混成防波堤の信頼性設計法，港湾技術研究所報告，第 37 巻 第 3 号，1998 年，pp. 3-30.
41) 合田良実・柿崎秀作：有限重複波ならびにその波圧に関する研究，港湾技術研究所報告，第 5 巻 第 10 号，1966 年，57 p.
42) 谷本勝利・木村克彦・宮崎啓司：大水深混成堤の耐波安定性に関する研究（第 1 報）―台形型直立部に働く波力および滑動安定性―，港湾技術研究所報告，第 27 巻 第 1 号，1988 年，pp. 3-29.
43) 江崎慶治・高山知司・金　泰民・荒居祐基：ケーソンのフーチングに作用する抑圧力および揚圧力の検討，海洋開発論文集，Vol. 20，2004 年，pp. 73-78.
44) 江崎慶治・高山知司・安田誠宏：フーチングを有するケーソン式防波堤に作用する波圧の算定式の検証，海洋開発論文集，Vol. 22，2006 年，pp. 319-324.
45) 高橋重雄・谷本勝利・下迫健一郎：消波ブロック被覆堤直立部の滑動安定性に対する波力とブロック

荷重，港湾技術研究所報告，第 29 巻 第 1 号，1990 年，pp. 54-75.
46) 前出 27) 第 3 編，2.4.7.2 項を参照．
47) 前出 27) 第 4 編，2.3.3.2 項を参照．
48) 谷本勝利・柳生忠彦・村永　努・柴田剛三・合田良実：不規則波実験による混成堤マウンド被覆材の安定性に関する研究，港湾技術研究所報告，第 21 巻 第 3 号，1982 年，pp. 3-42.
49) 高橋重雄・木村克俊・谷本勝利：斜め入射波による混成堤マウンド被覆材の安定性に関する実験的研究，港湾技術研究所報告，第 29 巻 第 2 号，1990 年，pp. 3-36.
50) Kimura, K., Takahashi, S., and Tanimoto, K.: Stability of rubble mound foundations for composite breakwaters, *Coastal Engineering 1994* (*Proc. 24th Int. Conf.*, Kobe), ASCE, 1994, pp. 1227-1994.
51) 木村克俊・水野雄三・須藤賢哉・桑原伸司・林　倫史：混成堤堤頭部のマウンド被災特性と被覆材の安定重量算定法，海岸工学論文集，第 43 巻，1996 年，pp. 806-810.
52) 藤池貴史・木村克俊・林　忠志・土井善和：消波ブロック被覆堤の前面マウンド被覆材の耐波安定性，海岸工学論文集，第 46 巻，1999 年，pp. 881-885.
53) 谷本勝利：混成防波堤に作用する波力について，昭和 51 年度港湾技術研究所講演会講演集，1976 年，pp. 1-26.
54) 例えば，合田良実：防波堤の歴史と変遷，「港湾」，第 56 巻 第 6 号，1979 年，pp. 41-46.
55) Tørum, A., Kuhnen, F., and Menze, A.: On berm breakwaters. Stability, scour, overtopping, *Coastal Engineering*, Vol. 49, 2003, pp. 209-238.
56) PIANC MarCom Report of WG 40: State-of-the design and construction of berm breakwaters, PIANC, Brussels, 2003, 58p.
57) Van der Meer, J. W.: Rock slopes and gravel beaches under wave attack,. *PhD Thesis, Delft University of Technology*, 1988 (also *Delft Hydraulics Publication* No. 396) または Van der Meer, J. W.: Stability of breakwater armor layer — Design formulae, *Coastal Engineering*, Vol. 11, 1987, pp. 219-239.
58) Smith, G., Wallast, I., and van Gent, M. R. A.: Rock slope stability with shallow foreshore, *Coastal Engineering 2002* (*Proc. 28th Int. Conf.*, Cardiff, Wales), ASCE, 2002, pp. 1524-1536.
59) Van Gent, M. R. A., Smale, A. J., and Kuiper, C.: Stability of rock slopes with shallow foreshore, *Coastal Structures 2003* (*Proc. Conf.*, Portland, Oregon), ASCE, 2003, pp. 100-112.
60) Verhagen, H. J., Reedijk, B., and Muttray, M.: The effect of foreshore slope on breakwater stability, *Coastal Engineering 2006* (*Proc. 30th Int. Conf.*, San Diego), ASCE, 2006, pp. 4828-4840.
61) Van der Meer, J. W.: Stability of Cubes, Tetrapodes and Accropode. *Proc. Breakwaters '88 Conf.; Design of Breakwaters*, Inst. Civil Engrs., Thomas Telford, London, UK, 1988, pp. 71-80.
62) d'Angremond, K., van der Meer, J. W., and van Nes, C. P.: Stresses in tetrapod armour units induced by wave actions, *Coastal Engineering 1994* (*Proc. 24th Int. Conf.*, Kobe), ASCE, 1994, pp. 1713-1726.
63) 高橋重雄・半沢　稔・佐藤弘和・五明美智男・下迫健一郎・寺内　潔・高山知司・谷本勝利：期待被災度を考慮した消波ブロックの安定重量―消波ブロック被覆堤の設計法の再検討，第 1 報―，港湾技術研究所報告，第 37 巻 第 1 号，1998 年，pp. 3-28.

5. 護岸・海岸堤防の設計

5.1 不規則波の護岸・堤防への打ち上げ高

(1) 打ち上げ高の統計分布

構造物へ波が作用するとき，波が作用する最大の高さを打ち上げ高という。直立壁への波の打ち上げ高は，水深が十分に深くて重複波が形成されるときであれば重複波の峯高である。不規則重複波の峯高については特に調べられていないけれども，入射波の波高がレーリー分布に従うとして，個々の波高と峯高の関係から導くことが可能であろう。著者は以前に第4次近似の有限振幅重複波の峯高の算定図表[1]を作成したことがあり，今回この図中の曲線群に経験式を当てはめると，次のように表示できる。

$$\eta_{max}/H_I = 2 - \exp[-A(H_I/L_A)^b]$$
$$: A = -0.153 - 2.153\ln(h/L_A), \quad b = 1 - 0.06[\ln(h/L_A)]^2 \quad (5.1)$$

ここに，η_{max} は重複波の峯高，H_I は入射波高，L_A は微小振幅波の波長，h は水深である。この経験式は $h/L_A = 0.05 \sim 0.3$ に対する図表中の曲線の値を読み取って当てはめたもので，η_{max}/H_I の絶対値で平均として 0.006 だけ大きく，標準偏差 0.031 の当てはめ誤差を伴っている。特に，波形勾配が小さくて相対峯高が低いときに大きめに推定する傾向がある。図5-1は式（5.1）の近似式による重複波の相対峯高の算定図表である。重複波の峯高と波高の比は波形勾配が大きいほど増大する（非線形性効果）ので，峯高の統計分布は波高のレーリー分布よりも広くなると考えられる。特に水深波長比が小さい領域で打ち上げ高の分布幅が広くなるであろう。

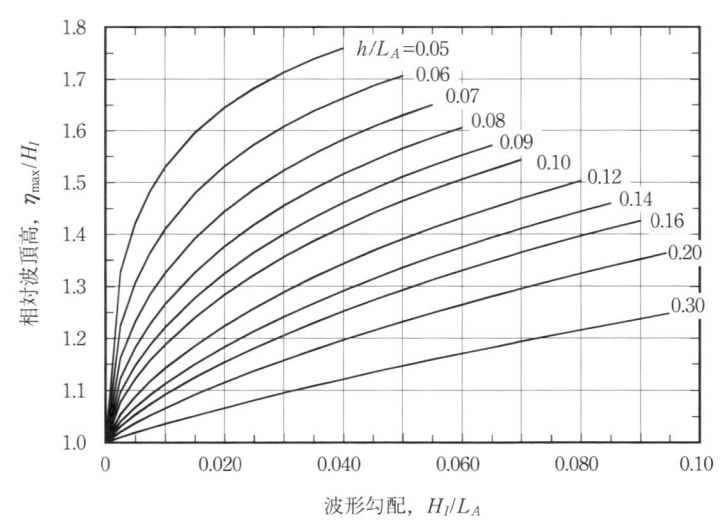

図5-1 重複波の相対峯高の算定図表

入射波高に対して水深が十分に大きくないときには砕波が作用する。そうしたときには水塊が直上に飛び出し、しぶきも高く跳ね上がる。砕波による打ち上げ高はいろいろな条件に左右されて一般化が難しい。それでも木村ほか[2]は実験条件が限られてはいるものの、直立護岸における水塊の打ち上げ高を1波ごとに読み取って解析し、打ち上げ高の1/3最大値が平均的に有義波高の5.1倍となる事例を報告している（$0 < h/H_0 < 1$）。

一様勾配の滑斜面への打ち上げ高については、間瀬の実験的研究[3]がある。実験は水深0.43～0.45 mの一様水深の所に勾配1/5～1/30の4種類の滑面の斜面を設置し、波が遡上する状況を連続的に記録して打ち上げ高を統計的に解析した。間瀬は沖波有義波高H_0に対する打ち上げ高Rの比を次のようにイリバレン数$I_{r,s}$の関数として取りまとめた。

$$\frac{R_x}{H_0} = a I_{r,s}^b \quad : \quad 1/30 \leq \tan\alpha_s \leq 1/5, \quad 0.007 \leq H_0/L_0 \quad (5.2)$$

ここに、イリバレン数は$I_{r,s} = \tan\alpha_s / \sqrt{H_0/L_0}$で定義され、波長$L_0$は有義波周期に対する深海波長である。式（5.2）中の定数a、bは実験データに対する最適値として表5-1のようにまとめられている。なお、$R_{2\%}$は打ち上げ高を大きさの順に並べたときに高いほうから2%に当たる値である。

表5-1 一様勾配斜面の打ち上げ高算定の定数値（Mase, H.: JWPCOE, 115(4), 1989, pp. 655-656による）

	$R_{\max}$	$R_{2\%}$	$R_{1/10}$	$R_{1/3}$	$\bar{R}$
a	2.32	1.86	1.70	1.38	0.88
b	0.77	0.71	0.71	0.70	0.69

【例題 5.1】
法面勾配8割の一様斜面に$H_0 = 4.5$ m，$T_{1/3} = 8.5$ sの波が正面から作用するときの、各種の代表打ち上げ高を求めよ。

【解】
深海波長が$L_0 = 112.7$ mであるので、イリバレン数が$I_{r,s} = (1/8)/\sqrt{4.5/112.7} = 0.626$となる。したがって、各種の代表打ち上げ高は次のように計算される。

$R_{\max} = 4.5 \times 2.32 \times 0.626^{0.77} = 7.28$ m $= 1.63 R_{1/3}$

$R_{2\%} = 4.5 \times 1.86 \times 0.626^{0.71} = 6.00$ m $= 1.34 R_{1/3}$

$R_{1/10} = 4.5 \times 1.70 \times 0.626^{0.71} = 5.49$ m $= 1.23 R_{1/3}$

$R_{1/3} = 4.5 \times 1.38 \times 0.626^{0.70} = 4.47$ m

$\bar{R} = 4.5 \times 0.88 \times 0.626^{0.69} = 2.87$ m $= 0.64 R_{1/3}$

この計算例では、一番右の欄に代表打ち上げ高の間の比を示したように、波のレーリー分布よりも打ち上げ高の分布幅がやや狭い結果になっている。これは、対象とした模型斜面が極めて緩勾配であり、その堤脚水深が深いことが影響していたと思われる。

堤脚水深が浅い場合については、間瀬ほか[4]および加藤ほか[5]が海底勾配1/20で実験を行っており、両研究とも法勾配0.5割と3割勾配斜面への打ち上げ高を測定している。いずれにおいても、打ち上げ高の分布はレーリー分布で表されるとの結論である。

(2) 海岸堤防の打ち上げ高

わが国では表法勾配が1割（1：1）未満の堤防を直立型、1割以上を傾斜型といい、傾斜型のうちで3割（1：3）以上のものを緩傾斜堤と呼んでいる[6]。しかし、ヨーロッパではさらに緩勾配の堤防が普通であり、海岸堤防（coastal dike）は表法勾配が4割程度

以上，裏法勾配が3割程度以上のものを指し，それよりも勾配が急なものは海岸護岸（seawall）と呼ばれている。

オランダその他のヨーロッパの海岸堤防は土で盛り立てた土構造物であり，表面の芝張りでさえも被覆工に位置づけられている。したがって，堤防は越波をほとんど許さないのが設計の原則であり，堤防への打ち上げ高は2%超過値，すなわち $R_{2\%}$ について数多くの研究が行われてきた。なお，堤防を $R_{2\%}$ を基準として設計するのは，オランダが1932年にゾイデル海を延長32 kmの大堤防で締め切り，広大な内海を淡水湖に変貌させたときに始まるといわれる[7]。オランダの氾濫防御技術委員会（Technical Advisory Committee on Flood Defense: TAW）では近年の成果を取りまとめて報告書を作成しており，その概要は文献[8]で知ることができる。

そうした諸研究の中では，ファンゲント[9]による次の推定式が有用と思われる。

$$\frac{R_{2\%}}{\gamma_f \gamma_\beta H_{1/3}} = \begin{cases} 1.35 I_{r,s,-1} & : I_{r,s,-1} \leq 1.74 \\ 4.7 - 4.09/I_{r,s,-1} & : I_{r,s,-1} > 1.74 \end{cases} \quad (5.3)$$

ここに，γ_f は粗度補正係数，γ_β は波向補正係数であり，イリバレン数は堤脚水深におけるゼロクロス有義波高 $H_{1/3}$ とスペクトル有義周期 $T_{m-1,0}$ に対応する深海波長 $L_{0,-1}$ を用いて $I_{r,s,-1} = \tan\alpha_s / \sqrt{H_{1/3}/L_{0,-1}}$ で定義される。堤脚水深における有義波高 $H_{1/3}$ は，不規則波の砕波減衰を適切に考慮して算定する。スペクトル有義周期は先に2.4節で述べたように，ゼロクロス法による有義波周期とほぼ同じである。なお，堤脚水深が小さいときには不規則砕波変形によってスペクトル有義周期が長くなるので，ヴァンゲントは数値計算などによって堤防前面での周期を確認することを推奨している。図5-2は式（5.3）を図で表示したものである。

粗度補正係数 γ_f は，コンクリート，アスファルト，芝張りなどでは1.0，捨石1層積みで0.70，捨石2層積みで0.55とされている。また，波向補正係数は次の通りである。

$$\gamma_\beta = 1 - 0.0022|\beta(°)| \quad : \quad 0° \leq |\beta| \leq 80° \quad (5.4)$$

式（5.3）の適用範囲は $1 < I_{r,s,-1} < 10$，$1/6 \leq \tan\alpha_s \leq 1/2.5$ である。また，この式による相対打ち上げ高は標準偏差0.37を持つ。

なお，ヨーロッパの海岸堤防は設計潮位付近にバームと称する水平面を設け，また下部と上部で勾配を変えることが少なくない。こうした場合の勾配の取り方については文献[8]その他に解説されている。

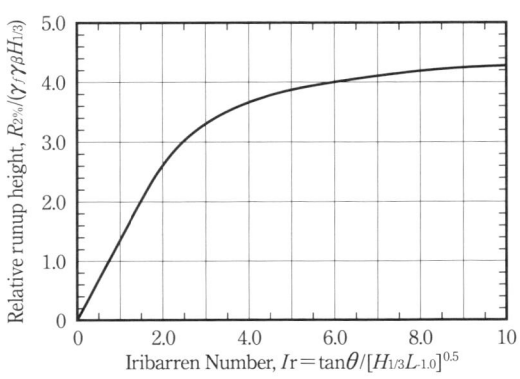

図5-2 斜面への不規則波の打ち上げ高 $R_{2\%}$ の算定図

(3) 傾斜護岸の打ち上げ高

わが国で多く建設されてきた傾斜護岸・堤防の打ち上げ高については，これまで規則波を用いた実験によって系統的な打ち上げ高算定図表が作成されている。しかしながら，勾配0.5～3割の堤防に関する不規則波を用いた実験は，前述の間瀬ほか[4]や加藤ほか[5]その他による報告があるのみである。これらの研究によると，規則波の打ち上げ高図表に有義波の諸元を代入して求められる打ち上げ高は，不規則波による1/3打ち上げ高と同等またはやや低めのようである。すなわち，傾斜護岸・堤防の天端高を規則波の打ち上げ高を基準にして設計すると，相当に多量の越波を生じるものと予想される。したがって，規則波の打ち上げ高図表の使用に当たっては慎重な対応が必要と思われる。

5.2 護岸の越波量

(1) 期待越波流量の概念について

埋立地の護岸や天然海岸の堤防は高波のときに陸地を波浪から防御するのが大切な機能であり，構造的に強固であると同時に越波による浸水を防ぐことができなければならない。越波の現象は来襲波の1波ごとの波高に支配されるところが大きく，時化（しけ）の際には波の高まりに応じて断続的に越波が起こる。こうした越波の程度は，堤内に流下する水量すなわち越波量Qで表され，一般には護岸延長1m当りの1波ごとの水量で表示される。また，単位時間当りの平均越波流量qでも表示される。

いま，ある波浪状態が十分に長く続いているときの平均越波流量qを考えると，これは1波ごとの越波量$Q(H_i, T_i)$と次のような関係にある。

$$q = \frac{1}{t_0}\sum_{i=1}^{N_0} Q(H_i, T_i) \tag{5.5}$$

ここに，

$$t_0 = \sum_{i=1}^{N_0} T_i : 波の継続時間 \tag{5.6}$$

N_0：波数

H_i, T_i：護岸にぶつかるi番目の波と波高の周期

こうした平均越波流量は，適切な施設による現地観測あるいは不規則波を用いた模型実験によって推定する。ただし，各波ごとの波高と周期に対する越波流量q_0が規則波を用いた実験で求められていれば，次のようにして不規則波が来襲したときの平均越波流量の概略値を推定できる。

$$q = \frac{1}{t_0}\sum_{i=1}^{N_0} T_i\, q_0(H_i, T_i) \tag{5.7}$$

これが概略値にとどまるのは，不規則波としての砕波変形や不規則波に特有な水位の動揺（サーフビート），あるいは連続する波の間の干渉などの影響があるためである。式 (5.7) の簡易式として，波高と周期の相関を無視して，代表周期例えば$T_{1/3}$についての越波流量を使うと次式が導かれる。

$$q \fallingdotseq q_{\text{EXP}} = \int_0^\infty q_0(H\,|\,T_{1/3})\,p(H)\,dH \tag{5.8}$$

ここに，

$q_0(H|T_{1/3})$：周期 $T_{1/3}$，波高 H の規則波による越波流量
$p(H)$：波高の確率密度関数

式 (5.8) による平均越波流量の推定値 q_{EXP} は期待越波流量[10]と呼ばれている。直立壁および消波護岸の模型についてこの方式で計算した結果を不規則波で直接に測定した結果と比較したところ，サーフビートの卓越する汀線近傍などを除けば式 (5.8) による値がほぼ良好な近似値を与えていた[11]。ただし，波高と周期の相関が高く，相関性が波高の大きな部分にまで広がっているような波の場合には，この式 (5.8) は小さめの推定値を与える。なお，$p(H)$ は波高として深海波換算のものを用いれば，2.2 節に述べたレーリー分布が適用できる。

越波の問題では波群中の波高と周期，特に波高の出現確率を考慮することが必要である。越波量の推定あるいは護岸の天端高の決定に当たって有義波相当の規則波の実験結果のみを参照したのでは，安全かつ適切な設計を行うことができない。

(2) 直立護岸および消波護岸の越波流量

護岸の基本形の一つは海底面から平滑な壁面を形成させた直立護岸であり，越波流量に関しても幾つかの実験資料が発表されている。図 5-3 および 5-4 は著者ら[11]が不規則波による模型実験および越波計算に基づいて作成した直立護岸の越波流量推定図表である。前者は海底勾配 1/10 用，後者は 1/30 用であり，H_0' は換算沖波波高，h は前面水深，h_c は天端高，g は重力の加速度（9.8 m/s²）である。また，図中の挿図のように，波返工や根固工が設けられていない単純な直立壁を対象としている。

図 5-3 および 5-4 の元となった実験は，相対水深 $h/H_0' \fallingdotseq 0.6 \sim 1.7$ の範囲を対象としたものである。それよりも沖側の $h/H_0' > 2$ の領域については，不規則波の浅水・砕波変形を考慮し，波の打ち上げ高を実験式を用いて算定し，期待越波流量の計算を行って推定したものである。ただし，最近の文献[7,8]に引用されているヨーロッパの越波流量推定式の元となっている諸実験データを調べると，$h/H_0' > 4$ の領域では相対水深にかかわりなく，無次元越波流量と相対天端高の関係がほぼ一定となっている。図 5-3，5-4 では相対水深が増すほど無次元越波流量の減少が強まるように表されているので，ヨーロッパの実験データを基準とすれば図 5-3，5-4 に基づく越波流量が大水深域では過小評価となる可能性がある。なお，これについては本節 (4) 項も参照されたい。

【例題 5.2】

海底勾配 1/30，水深 -5 m の地点に天端高 $+6.0$ m の直立護岸がある。潮位 $+1.5$ m で $H_0' = 4.5$ m，$T_{1/3} = 8.5$ s の換算沖波が来襲するときの越波流量を推定せよ。

【解】

沖波波長は $L_0 = 113$ m，波形勾配は $H_0'/L_0 = 0.040$ であるので，条件により，

$$h/H_0' = (5.0+1.5)/4.5 = 1.44, \quad h_c/H_0' = (6.0-1.5)/4.5 = 1.0$$

図 5-4 (c) を適用することにより，

$$q/\sqrt{2g(H_0')^3} = 2 \times 10^{-3} \qquad \therefore q \fallingdotseq 0.08 \text{ m}^3/\text{s/m}$$

波形勾配および海底勾配が図 5-3 および 5-4 のものと異なるときは，適宜内挿あるいは外挿を行って推定する。海底勾配が 1/30 よりも緩やかな場合，水深 h が $2H_0'$ 程度よりも小さい範囲では，越波流量の値が一般に図 5-4 の値よりも小さくなり，h_c/H_0' の値が大きいほど減少率が著しい[11]。

護岸の型式としては，直立壁の前面に異形消波ブロックのマウンドを設けた消波護岸も

多用されており，特に波の荒い場所では消波護岸が一般的である。消波護岸の越波流量は，来襲波の諸元と前面水深および天端高のみでなく，消波工の大きさや形状などによっても変化する。このため，一般的な推定図表を作成することは直立護岸の場合よりも一層困難である。それでも，著者ら[11]は捨石マウンドの表面に消波ブロック（テトラポッド）を2層に積み，天端部分は下層を2個並びとした条件において前述の直立護岸と同じように不規則波による越波流量の測定を行って，その結果を図5-5, 5-6のように取りまとめた。パラペットは消波工の天端高よりも $0.1H_0'$ 程度高くしてあるが波返工は設けていない。

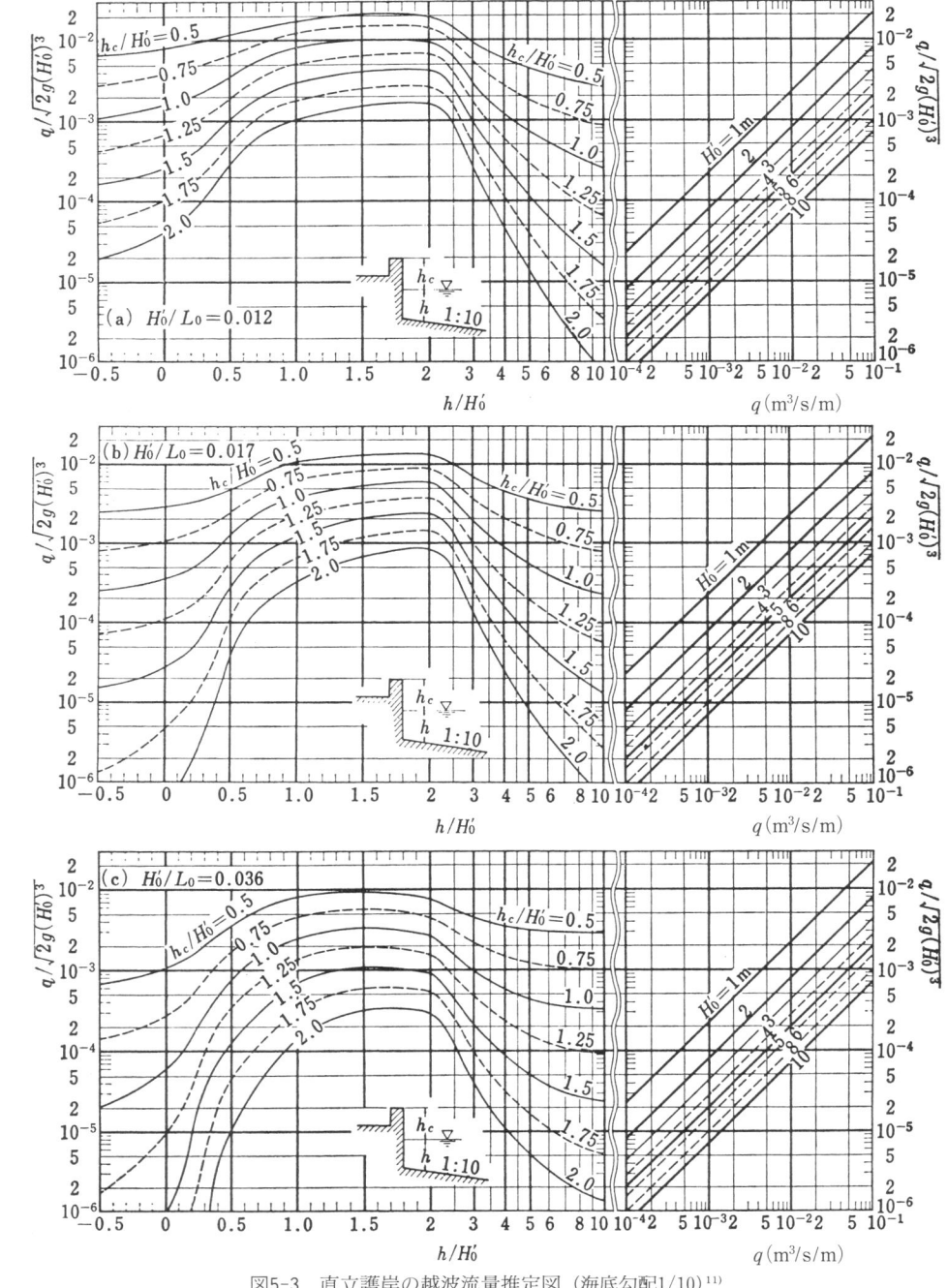

図5-3 直立護岸の越波流量推定図（海底勾配1/10）[11]

また根固工も設けていない。なお図中の天端高 h_c はパラペット頂部の高さである。

【例題 5.3】
前出の例題5.2の護岸が消波護岸であれば，越波流量はどの程度に減少するか。
【解】
図 5-6 (c) で $h/H_0'=1.44$, $h_c/H_0'=1.0$ の点を読むことにより，
$$q/\sqrt{2g(H_0')^3}=3\times10^{-4} \qquad \therefore q \fallingdotseq 0.013 \text{ m}^3/\text{s/m}$$

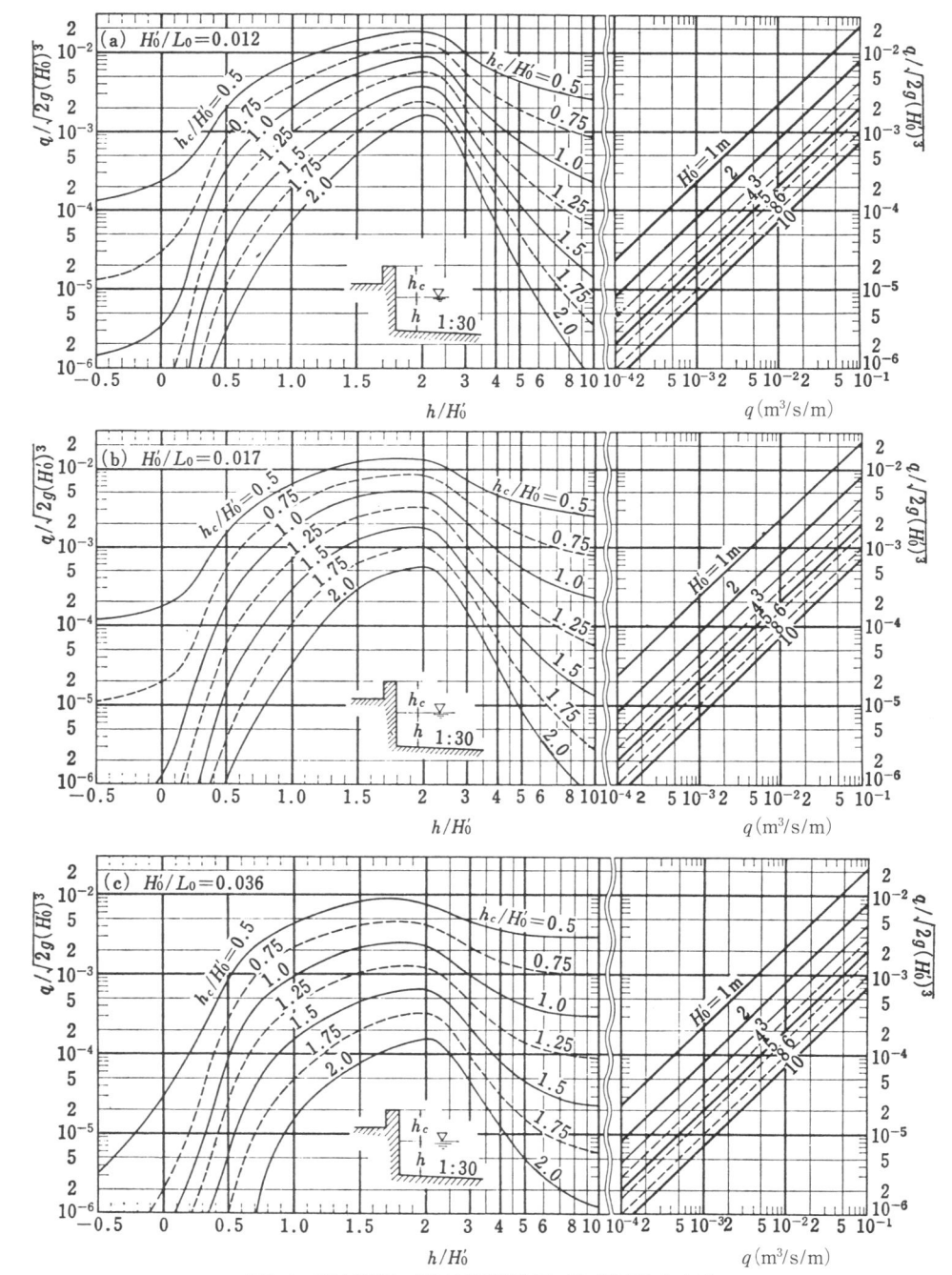

図5-4 直立護岸の越波流量推定図（海底勾配1/30）[11]

すなわち，約 1/6 に減少する。

越波流量の問題ではデータの変動が大きく，特に天端が高くて越波流量が少ない場合ほど変動が著しい。図 5-3〜5-6 の推定図表もデータの変動による誤差を避けることができ

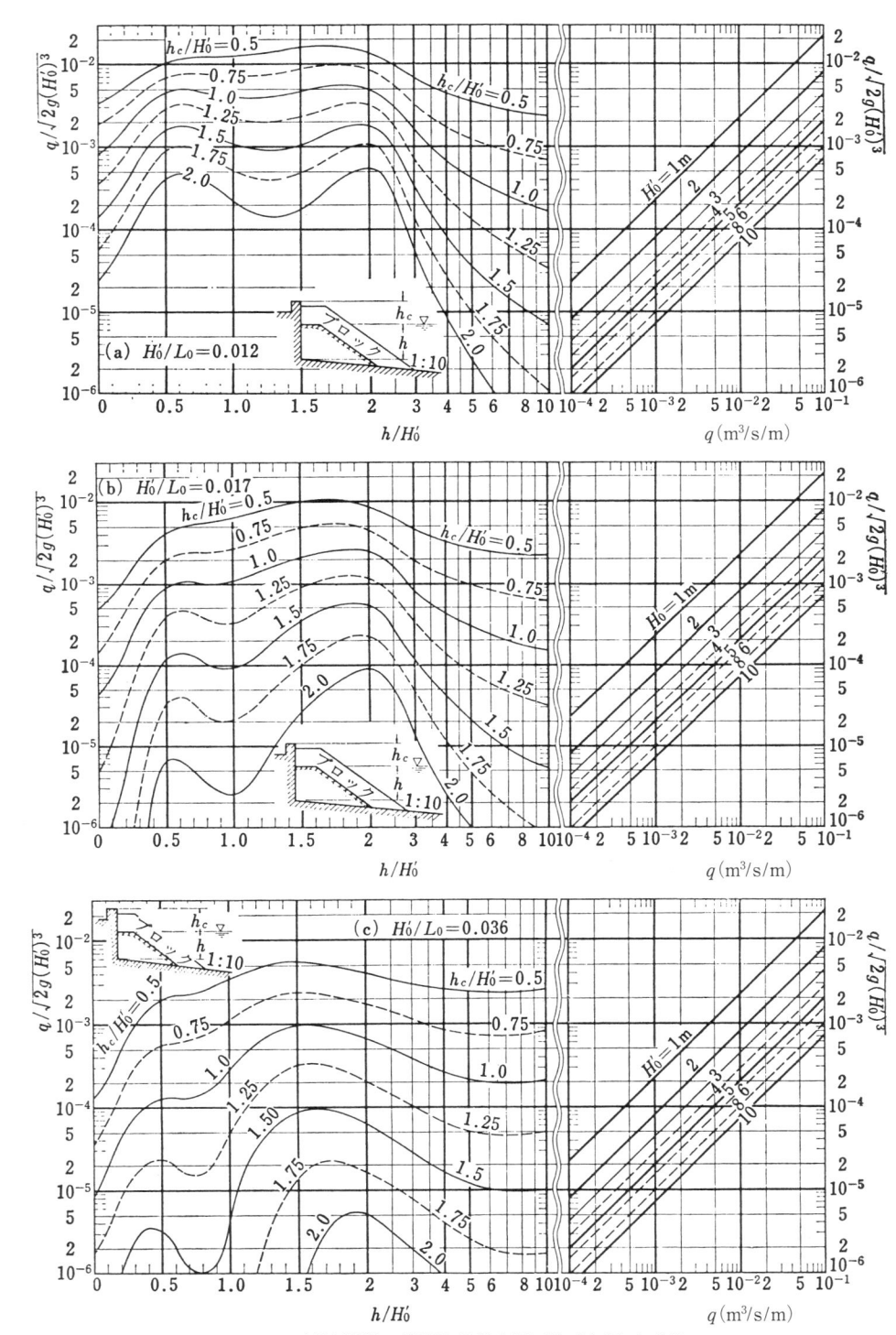

図5-5 消波護岸の越波流量推定図（海底勾配1/10）[11]

ない。図表作成の際の実験データのばらつきや，二，三の現地観測値との対比結果などを勘案すると，誤差としては表 5-2 のようなものではないかと思われる。推定誤差は消波護岸の方が大きい。表 5-2 は護岸の形状が与えられているときに越波流量の絶対値を推定す

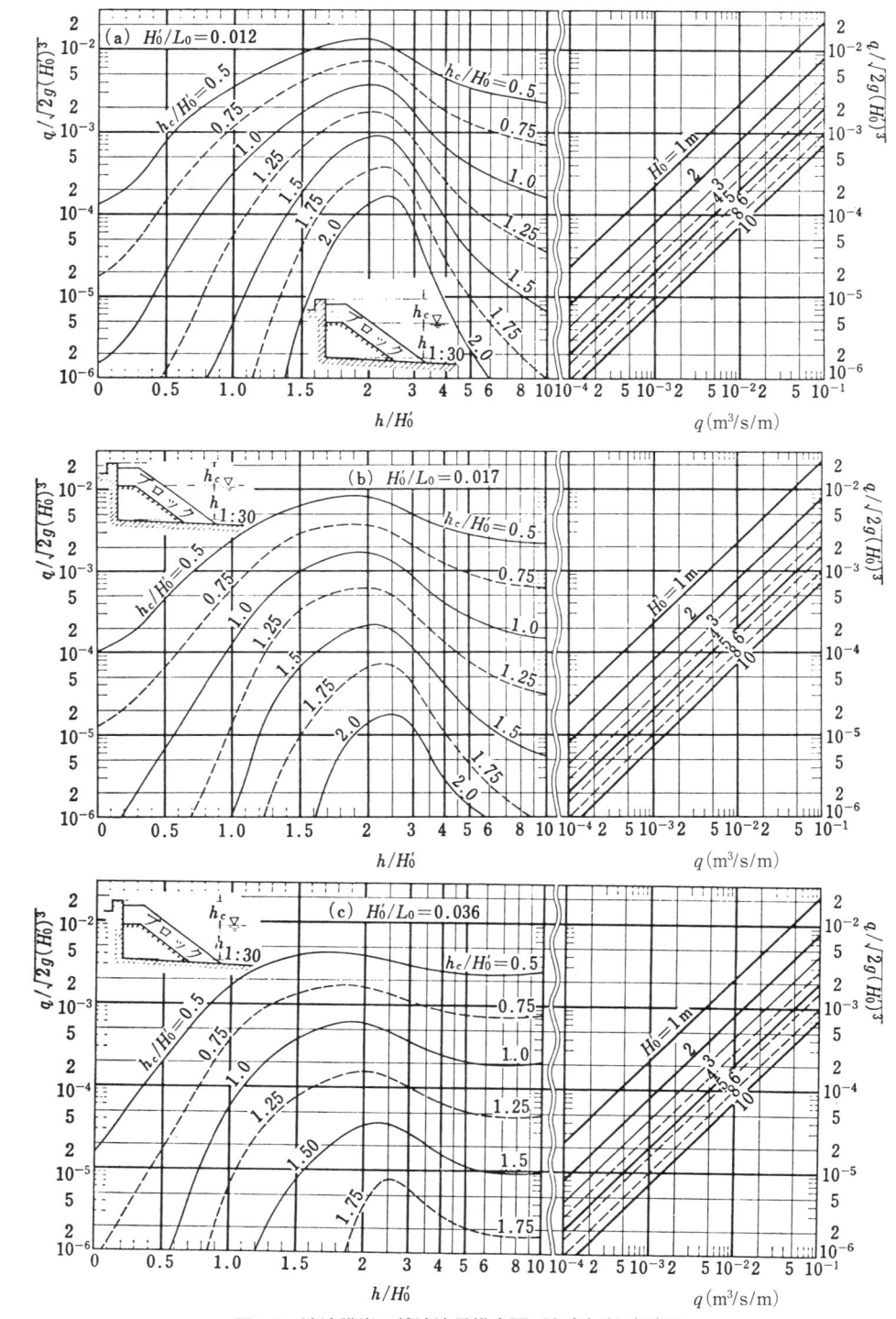

図5-6 消波護岸の越波流量推定図（海底勾配1/30）[11]

表5-2 越波流量の推定値に対する真値の想定範囲[11]

$q/\sqrt{2g(H_0')^3}$	直立護岸	消波護岸
10^{-2}	0.7〜1.5倍	0.5〜2倍
10^{-3}	0.4〜2倍	0.2〜3倍
10^{-4}	0.2〜3倍	0.1〜5倍
10^{-5}	0.1〜5倍	0.05〜10倍

るときの誤差であるが，逆にある所定の越波流量を生じさせるような天端高を推定する場合の誤差は比較的小さく，±20%程度以下である。これは図5-3〜5-6において無次元越波流量の小さい範囲で等天端高比の曲線の勾配が大きいためである。

なお，図5-3，5-4はグラフ表示であるために，使用のつど，曲線群の値を内挿して該当する値を読み取る作業が必要である。この不便を解消するため高山ほか[12]は直立護岸に対する曲線群を数組の近似式で表示する工夫をしており，その概要は文献[13]に紹介されている。消波護岸についてはそうした作業は行っておらず，所要天端高の低減率について定式化を行っている。なお，現地海岸では海底勾配が漸変していることが多いので，その近似式を使うときには，護岸の設置地点からある程度沖合の地点，例えば$5H_{1/3}$程度離れた地点との間の平均勾配を用いるのがよい。

(3) 緩傾斜護岸の越波流量

近年は海岸堤防あるいは護岸として勾配3割以上の緩傾斜の構造物が建設されている。こうした緩傾斜護岸の越波流量について，玉田ほか[14]は一連の不規則波実験を行って越波流量算定図表を作成している。図5-7〜5-9はそれらを再録したものである。ただし，原著者のご厚意でデータファイルを借用して再プロットしたものであり，データの補間曲線が原図表と若干異なる個所がある。

算定図表は3割勾配，5割勾配，および7割勾配の3組からなり，それぞれ海底勾配が1/10と1/30，沖波波形勾配が0.017と0.036の4通りの組合せからなっている。緩傾斜護岸の設置場所が比較的浅い水深であることを考慮し，相対水深が$h/H_0'=0.71$よりも浅い領域が対象である。越波流量算定図表は図5-3〜5-6と同様に，越波流量を$q/\sqrt{2g(H_0')^3}$の無次元量で表示し，それを相対天端高h_c/H_0'をパラメータとして相対水深h/H_0'に対してプロットしてある。

緩傾斜護岸の越波流量は，直立護岸と同様に天端高が高まるにつれて減少し，また図表の範囲内では水深が浅くなるにつれて越波流量が減少する。直立護岸の越波流量図表を参照すると，海底勾配1/10では相対水深h/H_0'が0.71を超えても越波流量はそれほど増加しないであろう。しかし，海底勾配1/30では相対水深の増大につれて越波流量がさらに増加すると推測される。

3割勾配護岸の越波流量は直立護岸よりも多い傾向があり，斜面であることによって越波を促進しやすくなっている。それでも，勾配が1/10の海浜の陸上部に設置するときは直立護岸よりも越波流量が少なくなる。5割勾配護岸では，波形勾配0.036の風波に対して直立護岸よりも越波流量が少なくなるけれども，波形勾配0.017のうねり性の波の場合には陸上部を除き，越波流量が直立護岸よりも大きめである。7割勾配護岸ではすべての場合において直立護岸よりも越波流量が少ない。斜面勾配が緩やかになるにつれて越波流量が減少するのは，打ち上げ高が勾配に比例するためである。これは，式(5.3)の打ち上げ高推定式で打ち上げ高がイリバレン数とともに増加し，イリバレン数は斜面勾配tan

a_s に比例するところからも明らかであろう。

護岸の法勾配が 0.5～2 割の傾斜護岸については実験データが得られていないけれども，斜面への波の打ち上げ高の特性や玉田ほかによる図 5-7～5-9 の傾向から類推して，直立護岸よりも越波流量が多くなると考えられる（後出の図 5-15 参照）。

(4) ヨーロッパにおける越波流量の推定方式について

ヨーロッパでは 1990 年代から，斜面への波の打ち上げ高に続けて越波流量に関する研究が活発に行われてきた。また，波の打ち上げ・越波に関するマニュアルが各国で作成されてきたが，2007 年に英・蘭・独の 3 国共同で越波量評価マニュアル[7]が発行され，越波流量推定方式が一覧できるようになった。

傾斜した海岸堤防に対する越波流量の推定式は次の通りである。越波流量の無次元化は図 5-3～5-9 と同型式であるが，分母の平方根内の定数 2 が省かれているので注意されたい。

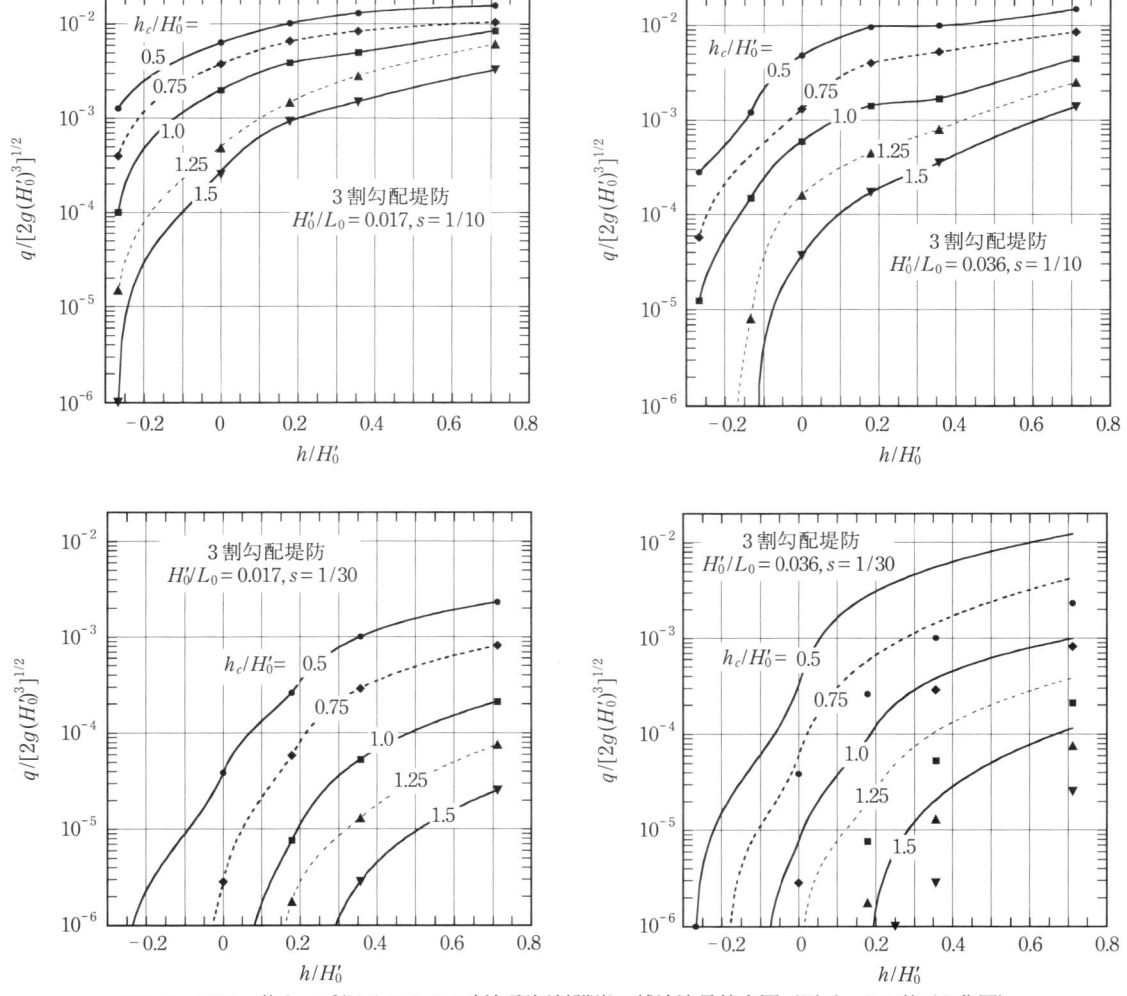

図5-7 玉田・井上・手塚[14] による 3 割勾配傾斜護岸の越波流量算定図（原データに基づき作図）

$$\frac{q}{\sqrt{g(H_{m0})_{\text{toe}}^3}} = \min\left\{\begin{array}{l}\dfrac{0.067}{\sqrt{\tan\alpha_s}}\gamma_b I_{r,m,-1}\exp\left[-4.75\dfrac{h_c}{I_{r,m,-1}(H_{m0})_{\text{toe}}\gamma_b\gamma_f\gamma_\beta\gamma_\nu}\right], \\ 0.2\exp\left[-2.6\dfrac{h_c}{(H_{m0})_{\text{toe}}\gamma_f\gamma_\beta}\right]\end{array}\right\} \quad (5.9)$$

ここに，$(H_{m0})_{\text{toe}}$ は堤脚水深におけるスペクトル有義波高，$I_{r,m,-1}$ はスペクトル有義波高 $(H_{m0})_{\text{toe}}$ とスペクトル有義周期 $T_{m-1,0}$ を用いて定義されるイリバレン数 $I_{r,m,-1}=\tan\alpha_s/\sqrt{(H_{m0})_{\text{toe}}/L_{0,-1}}$，$\gamma_b$ はバーム補正係数，γ_f は粗度補正係数，γ_β は波向補正係数，γ_v は堤防頂部にパラペットなどを設ける場合の補正係数である．なお，越波流量に対する波向補正係数は式（5.4）とはやや異なり，次式で求める．

$$\gamma_\beta = 1 - 0.0033|\beta(°)| \quad : \quad 0° \leq |\beta| \leq 80° \quad (5.10)$$

また，被覆材の種類による粗度補正係数の値についてはブルースほか[15]が詳しく論じている．

式（5.9）の適用範囲については明記されていないが，勾配が大きい場合には大括弧内の第2項の値によって上限が定まると思われる．また指数関数内の減衰定数 4.75 と 2.6

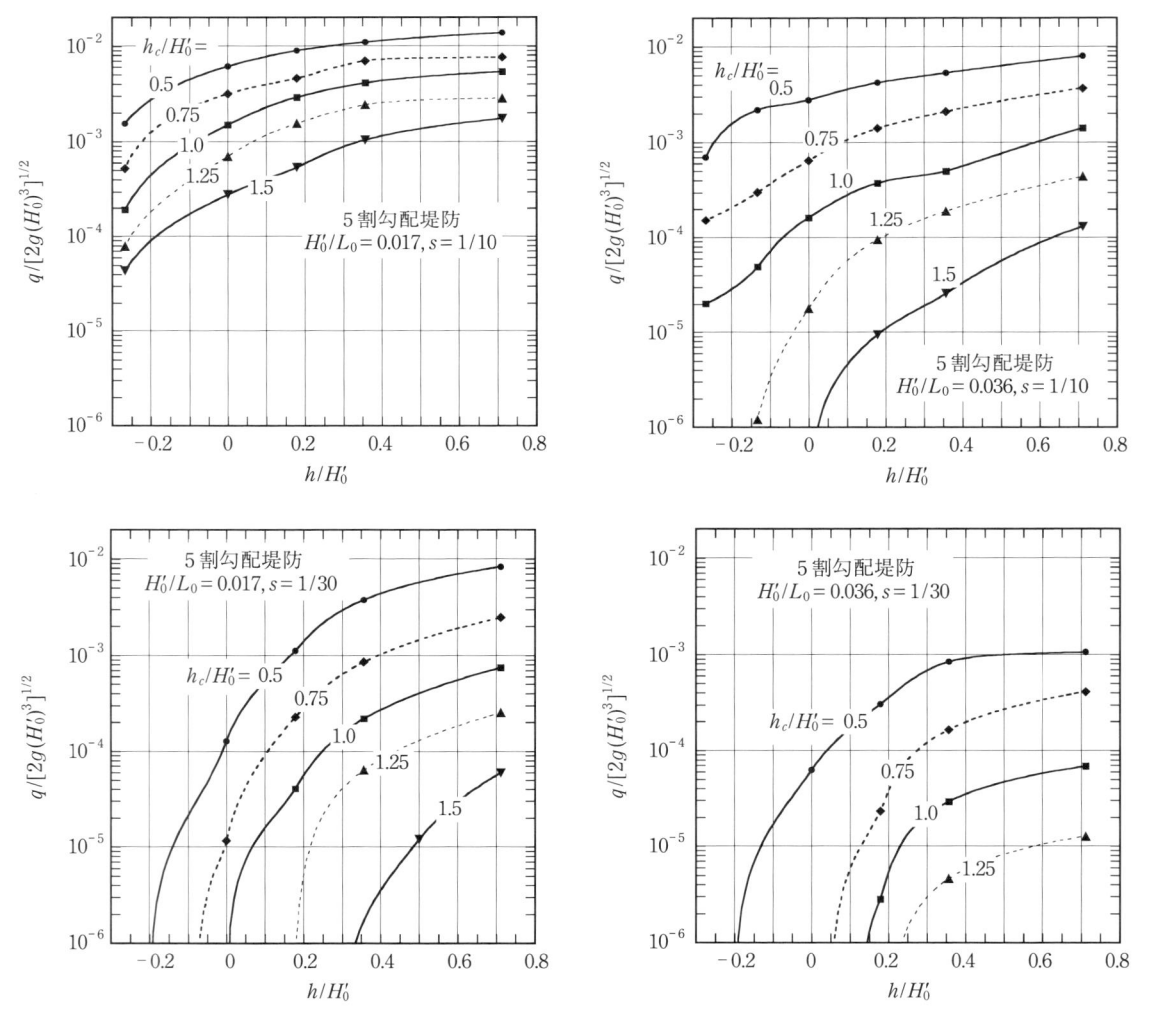

図5-8　玉田・井上・手塚[14]による5割勾配傾斜護岸の越波流量算定図（原データに基づき作図）

は，この式を確率論的に使用する場合の値で，それぞれ標準偏差として 0.5 と 0.35 の値を持つ。式（5.9）を確定論的に使うときにはデータのばらつきを考えて，これらの定数をそれぞれ 4.3 および 2.3 に低減することとしている。

式（5.9）の元となっているのは，越波量評価マニュアル[7]に引用されている CLASH プロジェクトの越波量データベース（世界各国の越波量実験データを集成したもの）である。このうち，滑面の一様勾配斜面の実験値である約 1,600 データはすべて相対水深が $h/H_0 = 1.0$ よりも大きなものである。したがって，相対水深がこれよりも小さい範囲については図 5-7～5-9 を参照するのがよい。また，これらのデータに対して式（5.9）を用いて越波流量を推定してみると，推定値は平均的には実験値と合致するもののばらつきが大きく，推定値が実験値の 1/4～4 倍の範囲に収まるのが全体の 2/3 未満である。

【例題 5.4】

水深 8 m の個所に法勾配 3 割，計画潮位上の天端高 10 m の滑面傾斜堤を計画している。設計波は換算沖波で $H_0' = 6$ m，$T_{1/3} = 15$ s であり，海底勾配は 1/50 である。このときの越波流量を推定せよ。ただし，波は正面から来襲するものとする。

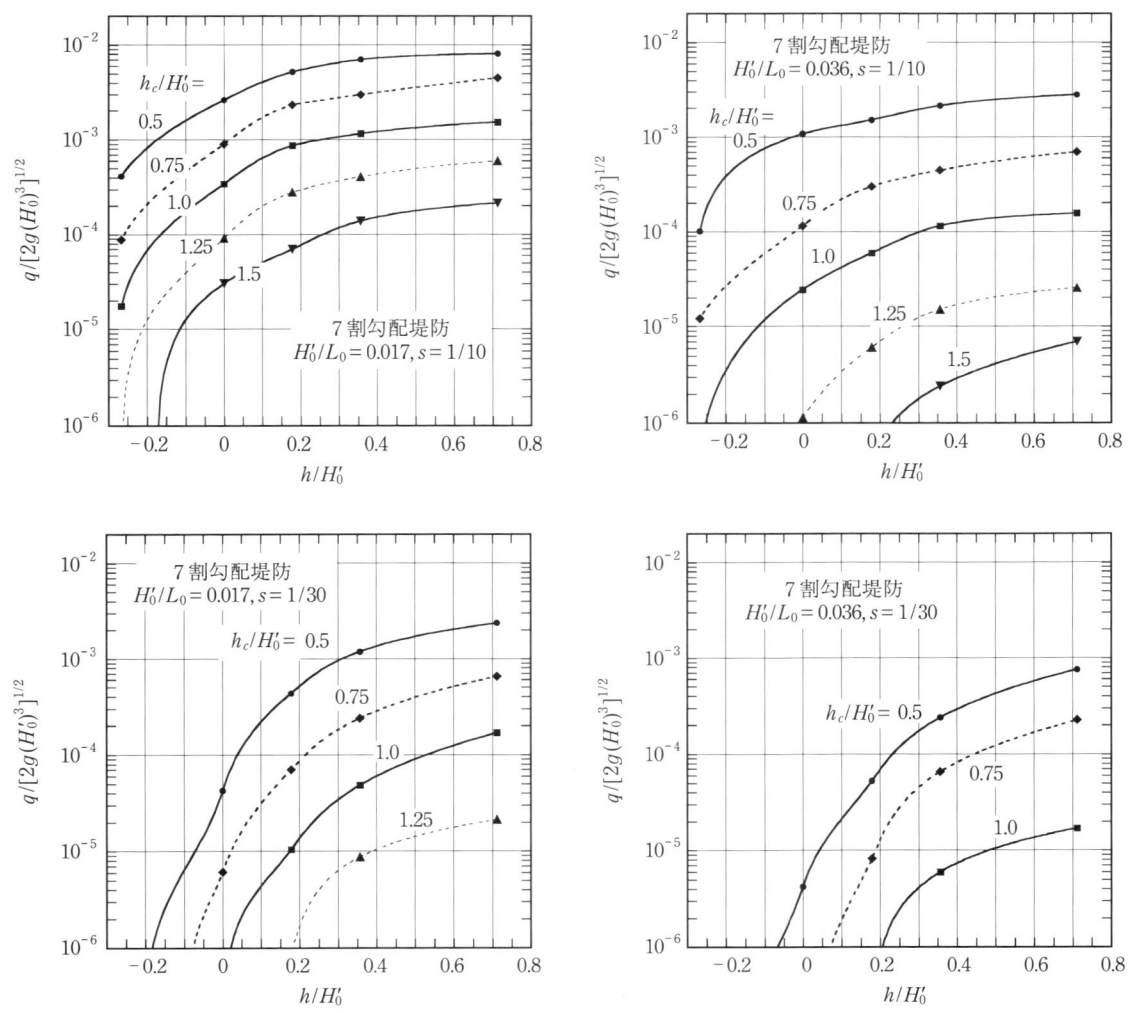

図 5-9 玉田・井上・手塚[14] による 7 割勾配傾斜護岸の越波流量算定図（原データに基づき作図）

【解】
　傾斜堤設置位置における有義波高については，例題3.8において $H_{1/3}=5.4$ m と求められている。$(H_{m0})_{toe}≒H_{1/3}=5.4$ m，$T_{m-1,0}≒T_{1/3}=15$ s と見なすと，$L_{0,-1}=351$ m であり，イリバレン数が $I_{r,m,-1}=(1/3)/\sqrt{5.4/351}=2.69$ となる。補正係数はすべて1.0 と見なされる。これによって無次元越波流量が次のように算定される。

$$\frac{q}{\sqrt{g(H_{m0})^3}}=\min\left\{\frac{0.067}{\sqrt{1/3}}\times 2.69\times\exp\left[-4.75\times\frac{10.0}{2.69\times 5.4}\right], 0.2\times\exp\left[-2.6\times\frac{10.0}{5.4}\right]\right\}$$
$$=\min\{0.0119, 0.00162\}=0.00162$$

したがって，越波流量が次のように推定される。

$$q=0.00162\times\sqrt{9.81\times 5.4^3}=0.064 \text{ m}^3/\text{s/m}$$

なお，式 (5.9) では海底勾配の影響が考慮されていない。

　直立護岸の越波流量に関しては，衝撃的な波作用の有無によって3通りの異なる算定式が提示されている。しかし，これらの算定式を CLASH プロジェクトの越波量データベースのうちの直立護岸の実験値約715データに適用してみると，推定値が実験値の1/3〜3倍の範囲に収まるのが全体の約2/3にとどまるなど，算定式の信頼度があまり高くない。また，堤脚水深0のケースには適用できない。そのため，著者はデータベースの実験値を再解析して，以下のような実験式を提案している[16]。

$$\frac{q}{\sqrt{g(H_{1/3})_{toe}^3}}=\exp\left\{-\left[\left(A+B\frac{h_c}{(H_{1/3})_{toe}}\right)\right]\right\} \tag{5.11}$$

ここに，

$$\left.\begin{array}{l}A=3.4\tanh\{(0.956+4.44\tan\theta)[h/(H_{1/3})_{toe}+1.242-2.032\tan^{0.25}\theta]\}\\B=2.3\tanh\{(0.822-2.22\tan\theta)[h/(H_{1/3})_{toe}+0.578+2.22\tan\theta]\}\end{array}\right\}:0\leq\frac{h}{(H_{1/3})_{toe}}\leq 6 \tag{5.12}$$

ここに，$\tan\theta$ は海底勾配である。また，$(H_{1/3})_{toe}$ は直立護岸前面の水深における有義波高であり，式 (3.39) で算定するものとする。

　式 (5.11) による推定精度は越波量評価マニュアル[7]に記載されている直立護岸の越波量算定式とほぼ同じである。しかし，図 5-3 の元データである文献[11]の実験データについては，推定値の約2/3が実験値の1/2.5〜2.5倍の範囲に収まっている。なお，水理実験で $H_{1/3}=0.60〜1.45$ m という大型模型を使ったグリュンほか[17]の実験データ（底面勾配1/13.3）では，式 (5.11) の定数を $A=4.3$，$B=1.65$ に設定したものでほぼ表される。相対天端高は $h_c/(H_{m0})_{toe}=1.1〜3.4$ である。この実験における堤脚の相対水深は $h/H_{1/3}=0.9〜2.5$ であり，式 (5.12) で算定すると $[A=3.36, B=1.82]〜[A=3.40, B=2.24]$ となり，グリュンほかの実験データを上下に挟むような推定値を与える。

　なおグリュンほかの実験研究では，直立壁を27°傾けると越波流量が増大し，そのデータは定数を $A=4.2$，$B=0.95$ に変更したものに適合すると報じている。また，上述の越波流量評価マニュアル[18]でも1分勾配 ($\tan\alpha_s=10$) で越波流量が約1.3倍，5分勾配 ($\tan\alpha_s=5$) で約1.9倍になるとしている。

【例題 5.5】
　式 (5.11) と (5.12) を使い，前述の例題5.4の条件で直立護岸の場合の越波流量を推定せよ。
【解】

まず，式 (5.12) を用いて定数 A, B を計算する。

$A = 3.4 \times \tanh\{(0.956 + 4.44/50) \times (8/5.4 + 1.242 - 2.032/50^{0.25})\}$
  $= 3.4 \times \tanh\{1.045 \times (1.48 + 0.478)\} = 3.4 \times \tanh(2.05) = 3.29$

$B = 2.3 \times \tanh\{(0.822 - 2.22/50) \times (8/5.4 + 0.578 + 2.22/50)\}$
  $= 2.3 \times \tanh\{0.778 \times (1.48 + 0.622)\} = 2.3 \times \tanh(1.63) = 2.13$

これによって無次元越波流量が次のように算定される。

$$\frac{q}{\sqrt{g(H_{1/3})_{\text{toe}}^3}} = \exp\left\{-\left[\left(3.29 + 2.13 \times \frac{10}{5.4}\right)\right]\right\} = \exp[-7.23] = 0.00073$$

したがって，越波流量が次のように推定される。

$$q = 0.00070 \times \sqrt{9.81 \times 5.4^3} = 0.027 \text{ m}^3/\text{s/m}$$

この事例の場合では，例題 5.4 の 3 割勾配斜面の約 45 % の越波流量となる。なお，海底勾配 1/30 に対する図 5-4 を使用すると，$q = 0.039 \text{ m}^3/\text{s/m}$ とやや大きな推定値が得られる。

(5) 波の入射方向の影響

上述のように，ヨーロッパでは波の打ち上げ，越波に関する波向補正を式 (5.4)，(5.10) のような波高に対する修正係数の形式で行っている。わが国における水理模型実験の結果[19),20),21),22)] でも，斜め入射によって越波量が減少することが確認されている。高山ほか[19)] は，波が護岸に斜めに入射するときの越波流量を測定し，越波流量を所定値以下に抑えるための所要天端高の観点からデータを整理した。その結果では，入射角度が $0°$ から $30°$ に増すにつれて所要天端高が直角入射の場合の 70 % にまで低下した。平石ほか[20)] は，相対水深 $h/H_0' = 3.5 \sim 4.6$，無次元越波量が 10^{-3} オーダーの条件で単一方向不規則波を用いた実験を行い，式 (5.10) に代わる補正係数として次式を提案している。

$$\gamma_\beta = \max\{0.75, [1 - \sin^2\beta]\} \tag{5.13}$$

式中の第 2 項は $0° \leq \beta \leq 30°$ の範囲で適用され，$30°$ を超えた範囲では波向にかかわらず第 1 項の 0.75 の値を使う。この提案は高山ほか[19)] の結果とほぼ同じである。さらに多方向性不規則波では直角入射では越波流量が約 70 % に減少する。しかし，斜め入射波では多方向性の影響が小さくなり，入射角度 $30°$ では単一方向入射波の越波流量とほぼ同一になる。

富田ほか[21)] は，水深約 8 m の地点の消波護岸について多方向不規則波で越波流量を計測した。この実験でも，斜め入射による越波流量の減少が明瞭ではなく，また隅角部などでは斜め入射のときのほうが越波流量がやや増大するケースもあった。また，大野ほか[22)] は大水深直立護岸を対象とした実験を行っており，上と同様に波の多方向性によって斜め入射の影響が小さくなる事例を示している。

このように波の入射方向の影響はあまり大きなものではない。大きなプロジェクトについては多方向不規則波を用いた模型実験を行い，越波量ならびに排水施設の処理能力などのデータを取得すべきである。しかし予備検討などの段階では，表 5-2 に示した越波流量の算定誤差などを勘案し，斜め入射の影響を無視するのが無難であろう。

(6) 越波量に及ぼす風の影響

海岸の強風によって越波量が増える可能性については早くから議論されてきた。護岸にぶつかって越波した水が風に乗って陸側へ運ばれる状況を定量的に観測したのは，福田ほか[23)] が世界で最初である。風の影響は越波流量の少ないときに顕著に表れる。山城ほか[24)] はこのときのデータを再整理し，風洞水槽の実験も追加して風速影響の回帰式を作成している。なお山城ほかは，風の影響を風洞造波水路で再現するときには現地風速の 1/3 程度にするのが適当であるとしている。

一方，プーリンほか[25]はドーバー海峡のトンネル工事発生土処分地で越波水塊の飛散距離について現地観測を行い，次のような経験式を当てはめている。

$$q(x) = q_{\text{all}}(k/L_0)\exp[-kx/L_0] \quad : \quad k = 29\exp[-0.03V_w] \quad (5.14)$$

ここに，$q(x)$ は護岸からの距離 x における越波流量，q_{all} は護岸を越える越波の総流量，L_0 は越波を生じさせている波浪の沖波波長，V_w は風速（m/s）である。この式によれば，越波流量が総流量の10%以下となるのが無風時では護岸から $0.08L_0$ の距離であり，風速30 m/s では $0.19L_0$ と推定される。この経験式によると，周期12 s では $L_0 = 225$ m であるので，無風状態での越波流量10%の距離が18 m 程度となる。しかし，わが国での埋立地の越波排水路の実験などを参照すると，越波水塊は護岸から20 m 以上も飛ぶことがあり，式 (5.14) は越波量が少ないときに対するものと思われる。

さらに，風による越波量の増大は越波流量の絶対値が 0.01 m³/s/m 未満のときにのみ生じるとして，次の経験式を与えている（最大で4倍増）。

$$q_{\text{wind}} = q_{\text{no-wind}} \times \min\left\{4.0, \left[1.0 + 3.0\left(\frac{-\log q - 2}{3}\right)^2\right]\right\} \quad : \quad q < 10^{-2} \text{ m}^3/\text{s/m} \quad (5.15)$$

式 (5.14)，(5.15) のいずれも限られた観測データによるものであって，その適用性に疑問はあるけれども，一つの目安として参考になろう。

(7) 越波量に対するその他の要因の影響

越波の現象は関係する要素が多く，護岸の形状のわずかな差で越波量が相当に変化する。例えば，パラペットの頂部を曲面の波返工とすると，設置条件および護岸の前面形状が好適であれば，無風時の越波量を0 とすることが可能である。例えば，村上ほか[26],[27]は深い円弧断面を持つ構造をフレア型護岸と名付けて研究を進めている。越波防止に大きな効果があることが認められるものの強大な波圧が作用するので，護岸全体としての安定性に十分に配慮する必要がある。また，伊勢湾内の波浪を対象として，傾斜護岸の頂部に曲率半径 1.5〜2.0 m の波返工を取り付けることで越波流量を減少できるという実験報告[28]も発表されている。

図 5-5，5-6 に示した消波護岸の越波流量は，マウンド本体が捨石で表面が消波ブロック2層積みの護岸を対象としている。マウンド全体を消波ブロックで構築する場合には越波流量がこの図表よりも少なくなる。また，天端部分は下層をブロック2個並びとして模型を作製したけれども，上層2個並びでは越波量が増大し，逆に天端幅を広げると越波量が減少する（後出の図 5-14 参照）。さらに，根固工の形状も重要である。緩傾斜護岸であれば，斜面上の粗度も大きく影響する。

このように，護岸の越波流量はその形状に影響されるところが大きいので，護岸の新設計画においてはそのつど水理模型実験を行って越波防止機能を確認することが望ましい。図 5-3〜5-9 は計画に当たっての一つの目安として使用するのが適切である。模型実験は不規則波を用いて行う。ただし，実験の精度を高めるうえでは波高と周期を広範囲に変えた規則波を用いて測定を行い，得られたデータから式 (5.5) を用いて期待越波流量を求めることも考えられる。例えばデームリッヒほか[29]はこうした実験を行い，無次元越波流量が相対天端高の増加につれてヨーロッパの越波量評価マニュアルに記載されている推定式の指数関数的表示よりも速く減衰することなどを提示している。

越波流量が少ない条件では，縮尺効果によって実際よりも過小に評価する傾向が認められる。榊山・鹿島[30]は福井港の埋立地の消波護岸で越波量の現地観測を行い，有義波高

2.1～6.1 m のときに平均流量 10^{-5}～10^{-3} m³/s/m の越波を計測した。この消波護岸を海底地形も含めた縮尺模型で実験したところ，波高 5 m 以上では現地観測と同程度かやや大きめの越波量であったけれども，波高 2.8 m では平均流量が現地よりも 2 桁近く少なかった。榊山・鹿島は，縮尺効果を発現させないため目安として，ブロックの代表径 $D_n=(M/\rho_r)^{1/3}$ と代表速度 $U=(gH_{1/3})^{1/2}$ を使ったレイノルズ数 $R_e=D_nU/\nu$ の臨界値 $(R_e)_{\mathrm{crit}}=10^5$ を提案している。また，コルテンハウスほか[31]は，ベルギーのゼールブルージュ港の傾斜防波堤での越波量現地観測値[32]と比べて，1/30 縮尺を使った水理模型実験の越波量が少なめであり，特に現地では $h_c/H_{m0}>2$ の条件でも越波が生じているのに対し，模型実験では越波量が 0 となるなど，縮尺効果が疑われると述べている。また，ドロークほか[33]も傾斜防波堤の越波量の縮尺効果を論じている。傾斜防波堤や消波護岸で縮尺効果が生じる原因の一つは水の粘性に関連する粗度抵抗であり，もう一つは水の表面張力と考えられる。直立壁その他の滑面構造物における縮尺影響については未検討であるが，いずれにしても越波流量の絶対値が小さいときには模型実験が越波流量を過小に評価する可能性があることに注意する必要がある。

5.3 許容越波流量と護岸の天端高

(1) 天端高決定の考え方

護岸の計画においては幾つかの構造様式を選び，各様式ごとに天端高を定めるのが普通である。天端高は，設計高潮位を基準とし，設計波に対して十分な高さに定める。設計高潮位ならびに設計波の決定はそれ自体難しい問題であり，選定手法も十分に確立されているとはいえないので，ここでは立ち入らないことにする。

護岸の天端高の決定方法に関しては以前から二つの考え方がある。一つは波の打ち上げ高を基準にし，天端高をこれよりも高くして越波を阻止しようとするものである。もう一つは越波流量を基準とし，これをある許容値以下に抑え得る天端高を選定しようとするものである。前者における問題点は波の不規則性の取扱いであり，越波を完全に阻止するためには波群中の最高波またはこれに近い波による最高打ち上げ高を対象とする必要がある。護岸が設計高潮位時の汀線近傍あるいは陸上部に設置されるときは最高打ち上げ高以上に天端高を設定することも実現可能であるが，水深がやや深くなったり，あるいは海底勾配が急であったりすると，天端高を波の打ち上げ高以上にすることが著しく困難になる。例えば，1966 年の台風 6626 号の際に駿河湾一帯は多大な被害を出し，特に吉原海岸では天端高 TP＋13 m の堤防を乗り越えた波によって 13 人の犠牲者を出している。このときの被災状況を水理模型実験で再現した結果によると，来襲波は $H_{1/3}=11$ m，$H_{\max}\fallingdotseq 20$ m，$T_{1/3}\fallingdotseq 20$ s と推定されている[34]。この最高波の打ち上げ高については検討されていないが，TP＋20 m 以上になるものと思われる。

また，越波を阻止できるとの考え方で護岸が計画されて建設されると，越波に対する排水施設などの対策がおろそかになり，また，護岸のすぐ背後の土地までが利用される危険性がある。しかし，高潮・高波の自然現象の規模は予測困難であり，設計条件を上回る異常海象状態が発生する確率は常に存在する。このため，設計条件に対して越波を阻止できるとの考え方は，異常海象時に大きな災害を招くおそれがある。

一方，越波流量を許容値以下に抑える考え方の場合には，どれだけの越波を許容できるかという点が問題である。しかし，もともと越波を考慮に入れているので，異常海象状態

が発生したとしても甚大な災害を被るおそれは小さいであろう。以前は不規則波に対する越波流量の推定方法が確立されておらず，また設計データも不十分であったため，越波流量を基準とした天端高決定方法が必ずしも定着していなかった。しかし，港湾海岸では1980年代から許容越波流量に基づく天端高の決定方法が定着しており，今後は港湾以外の分野でもこうした方式が広まるものと思われる。

(2) 許容越波流量

越波流量の許容値は，護岸の構造強度の観点と背後地の利用の観点とによってその値が異なる。入念に施工された護岸であっても，激しい越波が長時間続けば中詰土砂の流失，天端あるいは法面被覆工の破壊等が生じるのは避け難い。波浪特性や構造様式ごとに耐久限界の越波流量が存在する。著者は以前に，台風による内湾の海岸堤防，護岸の被災例について調査し，当時の越波流量を推定して海岸堤防・護岸の被災限界越波流量の推定を試みた[10]。越波流量の許容値についてはその後に多くの研究が発表されており，現在は表5-3のような数値が提案されている。なお，この許容越波流量は数十分間の平均流量であり，短時間の越波流量はこれよりもかなり多い（5.4(1)項参照）。

ここに示したように，許容越波流量は提案者による違いが大きく，また対象，例えば構造物の設計用と道路交通規制では許容越波流量が大幅に異なる。したがって，越波流量の許容値を一律に定めることは難しく，状況に応じて適切に選択せざるを得ない。

なお，自動車や建築物に対する許容越波流量は 10^{-5} m³/s/m と非常に低い数値である。これらは現地での測定値ではなく，被害発生後に水理模型実験を行って推定した値あるいは越波流量推定図表などに基づく値である。その際には5.2(5)項で述べた模型縮尺の影響を受けていた可能性があり，現地ではさらに大きな越波流量であったことも考えられる。

表5-3 海岸堤防・護岸の許容越波流量に関する提案値

種別	被覆工その他	越波流量(台風時) (m³/s/m)	越波流量(冬期風浪) (m³/s/m)	備考	提案者
護岸	・天端被覆工あり ・天端被覆工なし	0.2 0.05	—	主に台風5313号，5915号被災事例による	合田[10]
海岸堤防	・三面コンクリート被覆	0.05	0.002〜0.01	台風時は同上	合田[10]
	・天端被覆工あり，裏法面被覆工なし	0.02	—	冬期風浪は日本海沿岸の事例	福田ほか[23]
	・天端・裏法面とも被覆工なし	0.005以下	—		
直立系護岸	・天端の低い消波護岸を含む	0.01以下	0.01	1991〜1993年の被災事例ヒアリングによる	鈴木ほか[35]
ブロック積系護岸	・消波工天端高が護岸天端高の0.5倍以上	0.01	0.01以上	同上	同上
護岸舗装	・インターロッキング舗装	0.01		北海道A漁港	遠藤ほか[36]
自動車	・停車あるいは低速走行 ・平常走行，車両被害	0.01〜0.05 1.1×10^{-5}		観測地点不明 北海道某地の臨海道路	Allsopほか[37] 木村ほか[38]
歩行者	・越波に注意している者 ・無警戒の者	10^{-4} 3×10^{-5}			Allsopほか[37]
マリーナ	・護岸から5〜10mの小型ボート沈没	0.01			Allsopほか[37]
建築物	・構造的被害 ・建具類への被害 ・無被害	3×10^{-5} 10^{-6}〜3×10^{-5} 10^{-6}			Allsopほか[37]

(3) 天端高の試算例

　護岸の天端高は前述のように越波流量を許容値以下に抑え得るように定めるべきものと考えられる。いま仮に，許容越波流量が $q=0.01\,\mathrm{m^3/s/m}$ であるとして，風波（$H_0'/L_0 \fallingdotseq 0.036$）を対象とするときの所要天端高を図 5-3〜5-6 を用いて試算してみると，直立護岸については図 5-10，消波護岸については図 5-11 の結果が得られる。天端高は換算沖波波高に対する比率で表示してあり，海底勾配 1/10 の場合を破線，1/30 を実線で示してある。これらの図から，越波流量 q を一定とするためには波高の大きな波に対して相対天端高 h_c/H_0' を高める必要があることが分かる。また，風波を対象とした場合の護岸の所要天端高は水深が換算沖波波高の 1.5〜2.0 倍の付近で最大となり，海底勾配の影響は水深の小さい所で顕著に表れることなども明らかである。なお，許容越波流量が $0.01\,\mathrm{m^3/s/m}$ 以外の場合，あるいはうねりを対象とする場合については，図 5-3〜5-6 から同様にして読み取ればよい。

　図 5-11 を図 5-10 と比べてみると，消波護岸の所要天端高が直立護岸の場合の 60〜70% 程度であることが導かれる。この所要天端高の比率をうねりの場合も含めて試算した結果が図 5-12，5-13 である。越波流量としては $q/\sqrt{2g(H_0')^3} = 5\times10^{-5} \sim 2\times10^{-3}$ の範囲を対象としているが，所要天端高の比率はあまり変わらない。ここで注目すべき点は，海底勾配が 1/10 の海岸で波形勾配の小さなうねりを対象とするような場合には，消波工を設けたほうが高い天端高を必要とすることがある点である。これは実験を行った模型護岸が消波工の内部に砕石マウンドの中詰めを入れていたためもあって，消波工の上へ波が乗り上げる形になったものと推測される。前述のように越波量の問題は護岸の形状の影響が大き

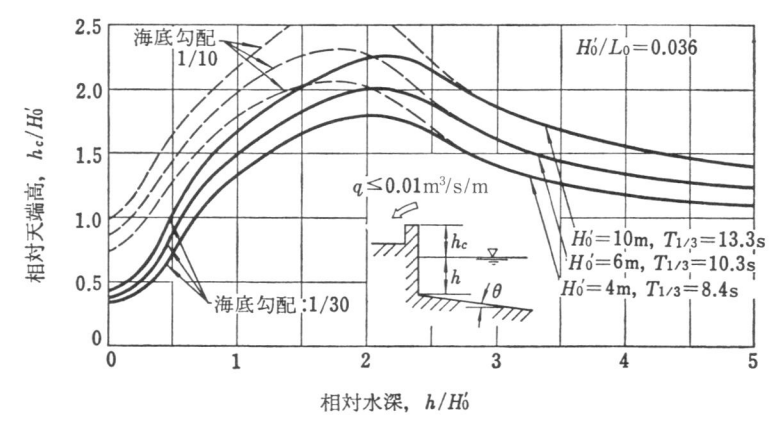

図5-10　許容越波流量 $0.01\,\mathrm{m^3/s/m}$ の場合の直立護岸の所要天端高[11]

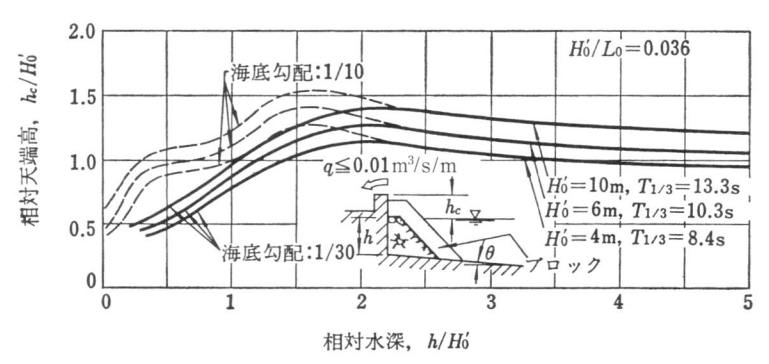

図5-11　許容越波流量 $0.01\,\mathrm{m^3/s/m}$ の場合の消波護岸の所要天端高[11]

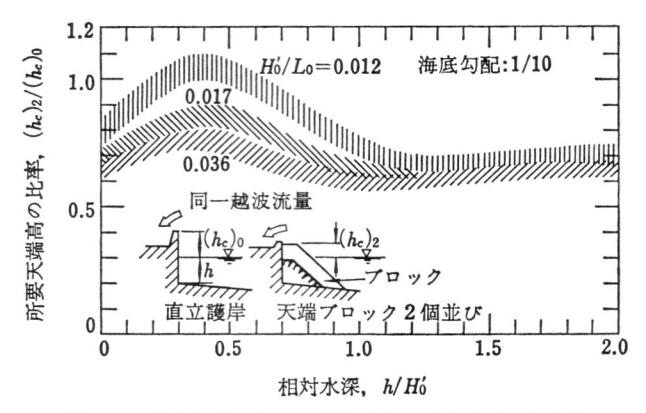

図5-12 直立護岸に対する消波護岸の所要天端高の比率
（海底勾配1/10）[39]

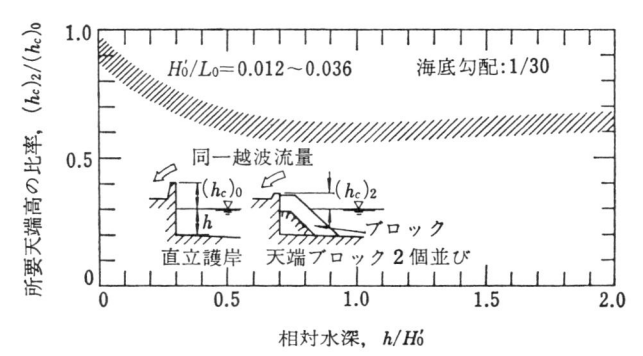

図5-13 直立護岸に対する消波護岸の所要天端高の比率
（海底勾配1/30）[39]

いため，これをもって一般的な結論とすることはできないけれども，海底が急勾配であってしかも水深が換算沖波波高の0.4倍前後の場合には，護岸の計画に当たってまず越波模型実験を行い，その結果によって所要断面を検討することが必要であろう。

なお，消波護岸について消波工の天端幅の効果を実験で検討した一例が図5-14である[39]。これは海底勾配が1/30で水深が $h/H_0'=0.98$，および海底勾配が1/10で $h/H_0'=0.37$ と 1.00 の3ケースについて調べたもので，消波工の天端部分を2層積みの下層ブロック数で1，2，3，および4個並びにしたときの比較である。図の上半分は所要天端高を直立護岸の場合と比較した結果，下半分は下層ブロック2個並びの消波護岸の場合と比べた結果である。ただし，越波流量は $q/\sqrt{2g(H_0')^3}=2\times10^{-4}\sim2\times10^{-3}$ を対象としている。図示の通り，所要天端高は天端の拡幅につれて低減する。

以上のように，消波工設置によって護岸の所要天端高を引き下げることが可能である。高山ほか[12]は，直立護岸に対する所要天端高の比率を換算天端高係数と名付け，各種の消波護岸構造についてこの係数を実験式の形で提示している。

また，図5-15は汀線近傍（$h'/H_0=0.1$）の傾斜護岸（表法勾配2割）について，所要天端高を直立護岸と比較した例である[39]。すでに図5-7に示したように，3割勾配護岸では直立護岸よりも越波流量が多く，勾配が2割ではさらに多くなると推測されたけれども，図5-15では所要天端高として直立護岸の1.4〜1.7倍の高さが必要になることが示されている。ただし，波高約5mに対して法面を階段状に変え，各段の高さを30cm程度に大きくすることによって，所要天端高の上昇を1〜2割程度に抑え得るようである。

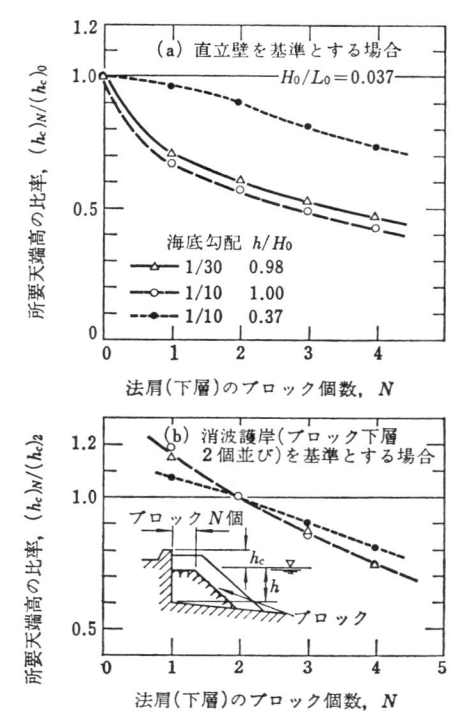

図5-14 所要天端高に及ぼす消波工天端幅の影響[39]

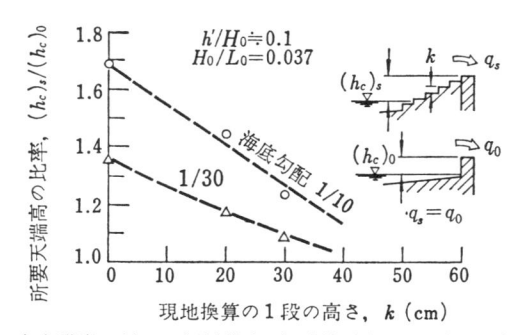

図5-15 直立護岸に対する傾斜護岸（2割勾配）の所要天端高の比率[39]

なお実際の堤防・護岸の計画においては，将来の地盤沈下が予測されるのであれば沈下量を加算し，さらに所要天端高に若干の余裕を見込んで区切りの良い数値の天端高とするのが普通である。

5.4 護岸設計の諸問題

(1) 越波量の時間変動特性

不規則な波群によって越波が発生するときには，1波ごとの越波量は大きく変動する。井上ほか[40]は勾配1/10斜面上の直立護岸について不規則波の1波ごとに越波量を測定した。その結果では，最大越波量が平均越波量の5～10倍程度，状況によっては20倍に達することがあると報告されている。関本ほか[41]も，大水深護岸の短時間越波特性につい

て実験を行っており，井上ほかのデータを裏付ける結果を得ている。なお，無次元越波流量が 10^{-3} 以上では実験結果が図 5-3，5-5 の推定図表の値と合致したけれども，それ以下の越波流量が少ない領域では実験結果が 10 倍以上大きいケースが多かった[41]。

一方，泉宮ほか[42]は，親不知海岸高架橋下の消波護岸の天端コンクリート面（7%勾配）を遡上する越波水流を，非接触型の電波流速計と空中発射型の超音波波高計を用いて，2003〜2004 年の冬に観測した。護岸の天端高は TP+3.1 m，堤脚水深約 4.9 m，観測期間中の有義波高は 1.0〜3.5 m であった。この観測結果では，越波流量 0 を除外した 1 波ごとの越波流量が $q_{indiv.}=0〜0.1$ m³/s/m の範囲でほぼ指数分布で表され，越波流量の 2%超過値は平均流量の約 5 倍，1%超過値は平均流量の約 6 倍の結果が得られている。

さらに，越波流量の時間変動は高波が何波くらい連なって来襲するかによっても異なる。こうした高波の連なりとの関連については，木村ほか[43,44]が理論的に検討している。

越波量の時間的変動性，特に個別の波による最大越波量は堤防・護岸背後の構造物の安全性に大きく関係し，また次項の越波排水施設の設計に関連するものであり，海岸保全施設の計画に際して留意すべきである。

(2) 越波水の排水処理

5.3 節（3）項では越波流量の許容値を仮に 0.01 m³/s/m と設定したけれども，これは護岸の延長 1,000 m ごとに毎秒 10 トンの排水施設を必要とする水量である。人工島に空港や発電所その他の施設を計画するときには，護岸延長が大きいところから排水路の設計も重要になる。殿最ほか[45]は，現地換算水深 20 m の地点に換算延長 800 m の直立護岸を天端高 $h_c=11.0$ m で設置し，背後に幅 30 m の排水路を水路勾配片側 1/500 で設けたケースで実験を行った。入射波 $H_{1/3}=9.0$ m，$T_{1/3}=15.0$ s の条件で，越波流量の時空間分布と排水路内の水深を測定するとともに，1 次元不定流による数値計算と比較した。単一方向不規則波を護岸に直角に当てたとき（入射角度 0°）には越波流量が場所によって 0.05〜0.2 m³/s/m で変化し，排水路内の流下水深は最大で約 4 m であった。入射角度 30°では越波流量が 0.02〜0.13 m³/s/m，流下水深が約 3 m であった。多方向不規則波では最大流下水深が約 50%に減少した。

この事例は，水深の大きな個所に人工島を設けるときには越波排水対策が必須となる例証である。水深が 10 m 以浅の堤防・護岸であっても，平均越波流量が 10^{-2} m³/s/m のオーダーであれば十分な幅と強度の水叩きを設け，それを排水路として活用する。背後地の地盤高が低い地区や排水路を十分に取れない場所では，越波流量の許容値を 10^{-3} m³/s/m 以下とする，あるいは十分な容量の排水機場を設ける必要が生じよう。

(3) パラペットの耐波設計

わが国の海岸堤防・護岸では天端に高さ 1〜2 m の胸壁すなわちパラペットを設けるのが普通である。堤防・護岸の天端高はこうしたパラペットの頂部の高さを指す。しかしながら，パラペット部分が波力を受ける構造部材として設計されている事例はあまり多くない。これまでの設計事例集の断面図を参考とし，幅 0.5〜1.0 m の細い台形断面とし，基部とはつなぎ鉄筋で連結している程度のものが多い。このため，近年の波浪災害ではパラペットが波力で破壊されて背後地区に災害を及ぼした事例があり，また多くの高潮災害ではパラペットが数多く倒壊している。

実際の海岸で設計条件の高波が来襲して激しい越波を受ける状況では，パラペットに $1.0\rho_w g H_{max}$ 前後の波圧が作用するはずである。今後の海岸堤防・護岸の設計ではパラペットに作用する波圧を算定し，適切な応力計算を行って鉄筋を配列することが必要である。

(4) 中詰土砂の吸出し防止と洗掘対策

　海岸堤防・護岸の耐波性の点から特に注意を要するのは，前面の洗掘と中詰土砂の吸出し・空洞化の2点である。洗掘および吸出しが進行すると，堤防・護岸の強度が著しく低下する。ライフサイクルマネージメントの観点からも，随時点検を行って維持補修に努める必要がある。また，設計の時点ではこの2点に留意し，これを最小にとどめ得るように工夫することが必要である。

　埋立護岸をケーソン，L型ブロック等で構築する場合には，ケーソン同士の隙間やケーソンと基礎マウンドとの接触面の隙間から出入する水流によって，護岸背後の裏込め土砂が流失しやすい。近時は流失防止のためにプラスチック製の遮水板や遮水シートを取り付ける設計が多いけれども，こうした機材は取付部分の水圧変動によって破損して空隙を生じ，土砂の流失を招くおそれがある。吸出し防止のためには長年にわたって先輩技術者が培ってきた方法，すなわち粒径を次第に変えた数層の捨石・砕石フィルターをケーソン等の背後に設け，これによって土砂の流失を防止する方法を採択すべきであると著者は考える。

参考文献

1) 合田良実・柿崎秀作：有限重複波ならびにその波圧に関する研究，港湾技術研究所報告，第5巻 第10号，1966年，57 p.（付図A. 4）
2) 木村克俊・安田佳之子・山本泰司・梅沢信敏・清水敏晶・佐藤　隆：道路護岸における越波による通行障害とその対策について，海岸工学論文集，第48巻，2001年，pp. 756-760.
3) Mase, H.: Random wave runup height on gentle slope, *J. Waterway, Port, Coastal, and Ocean Eng.*, Vol. 115, No. 5, 1989, pp. 649-661.
4) 間瀬　肇・宮平　彰・桜井秀忠・井上雅夫：汀線近傍の護岸への不規則波の打ち上げに関する研究―算定打ち上げ高と不規則波の代表打ち上げ高の関係―，土木学会論文集，No. 726/II-62，2003年，pp. 99-107.
5) 加藤悠司・高橋敏彦・新井信一：傾斜護岸への相対水深を考慮した波の打ち上げ高さの一推定法，海岸工学論文集，第53巻，2006年，pp. 721-725.
6) 海岸保全施設技術研究会編：「海岸保全施設の技術上の基準・同解説」，2004年，p. 3-20.
7) EA (UK)・ENW (NL)・KFKI (DE): *EurOtop Wave Overtopping of Sea Defenses and Related Structures — Assessment Manual*, June 2007, Section 5.2.1.
8) CIRIA・CUR・CETMEF: *The Rock Manual. The use of rock in hydraulic engineering* (2nd edition), C683, CIRIA, London, 2007, Sec. 5.1.1.
9) Van Gent, M. R. A.: Wave runup on dikes with shallow foreshores, *J. Waterway, Port, Coastal, and Ocean Eng.*, Vol. 127, No. 5, 1989, pp. 254-262.
10) 合田良実：防波護岸の越波流量に関する研究，港湾技術研究所報告，第9巻 第4号，1970年，pp. 3-41.
11) 合田良実・岸良安治・神山　豊：不規則波による防波護岸の越波流量に関する実験的研究，港湾技術研究所報告，第14巻 第4号，1975年，pp. 3-44.
12) 高山知司・永井紀彦・西田一彦：各種消波工による越波流量の減少効果，港湾技術研究所報告，第21巻 第2号，1982年，pp. 151-205.
13) 土木学会海岸工学委員会海岸施設設計便覧小委員会：「海岸施設設計便覧［2000年版］」，土木学会，2.9.2節.
14) 玉田　崇・井上雅夫・手塚崇雄：緩傾斜護岸の越波流量算定図とその越波低減効果に関する実験的研究，海岸工学論文集，第49巻，2002年，pp. 641-645.
15) Bruce, T., van der Meer, J., Franco, L., and Pearson, J. M.: A comparison of overtopping performance of different rubble mound breakwater armour, *Coastal Engineering 2006* (*Proc. 30th Int. Conf.*, San Diego), ASCE, 2006, pp. 4567-4579.
16) 合田良実：CLASHデータベースに基づく統一的越波流量推定式の提案，海洋開発論文集，Vol. 24, 2008年，（投稿中）.

17) Grüne, J., Wang, Z., Bullock, G., and Obharai, C.: Violent wave overtopping on vertical and inclined walls: Large scale model tests, *Coastal Engineering 2004* (*Proc. 29th Int. Conf.*, Lisbon), ASCE, 2004, pp. 4456-4468.
18) 前出 7)：7.3.2 節.
19) 高山知司・永井紀彦・西田一彦・関口忠志：斜め入射不規則波を用いた護岸の越波特性実験，第 31 回海岸工学講演会論文集，1984 年，pp. 542-546.
20) 平石哲也・望月徳雄・佐藤一央・丸山晴広・金澤　鋼・桝本達也：護岸越波量における波の多方向性の影響，港湾技術研究所報告，第 35 巻 第 1 号，1996 年，pp. 39-64.
21) 富田孝史・河合尚男・平石哲也：斜め一方向不規則波および多方向不規則波による隅角部を有した消波ブロック被覆堤の越波特性，港湾技研資料，No. 968，2000 年，pp. 1-22.
22) 大野賢一・松見吉晴・竹田　星・塚本倫也・木村　晃：多方向不規則波浪場における護岸越波量の空間分布特性，海岸工学論文集，第 51 巻，2004 年，pp. 631-635.
23) 福田伸男・宇野俊泰・入江　功：防波護岸の越波に関する現地観測（第 2 報），第 20 回海岸工学講演会論文集，1973 年，pp. 113-118.
24) 山城　賢・吉田明徳・橋本裕樹・久留島暢之・入江　功：越波実験における風洞水槽内風速の現地風速への換算，海洋開発論文集，Vol. 20，2004 年，pp. 653-658.（海岸工学論文集，第 51 巻の同一著者グループによる論文も参照）
25) Pullen, T., Allsop, W., and Bruce, T.: Wave overtopping at vertical sewwalls: Field and laboratory measurements of spatial distributions, *Coastal Engineering 2006* (*Proc. 30th Int. Conf.*, San Diego), ASCE, 2006, pp. 4702-4713.
26) 村上啓介・入江　功・上久保裕志：非越波型防波護岸の護岸天端高と作用波圧について，海岸工学論文集，第 43 巻，1996 年，pp. 776-780.
27) 村上啓介・清水健太・上久保裕志・片岡保人：マウンドを有するフレア型護岸の越波流量と波圧について，海岸工学論文集，第 52 巻，2005 年，pp. 661-665.
28) 宮島正悟・小椋　進・大橋幸彦・森川高徳・奥田純生：波返し付き傾斜護岸の越波流量特性に関する実験的研究，海岸工学論文集，第 51 巻，2004 年，pp. 636-640.
29) Daemrich, K.-F., Meyering, J., Ohle, N., and Zimmermann, C.: Irregular wave overtopping at vertical walls – learning from regular wave tests, *Coastal Engineering 2006* (*Proc. 30th Int. Conf.*, San Diego), ASCE, 2006, pp. 4740-4752.
30) 榊山　勉・鹿島遼一：消波護岸の越波に関する現地観測と水理実験の比較，海岸工学論文集，第 44 巻，1997 年，pp. 736-740.
31) Kortenhaus, A., Oumeraci, H., Geeraerts, J., de Rouck, H., Medina, J. R., and González-Escrivá, J. A.: Laboratory effects and further uncertainties associated with wave overtopping measurements, *Coastal Engineering 2004* (*Proc. 29th Int. Conf.*, Lisbon), ASCE, 2004, pp. 4456-4468.
32) Troch, P., Geeraerts, J., van de Walle, B., de Rouck, J., van Damme, L., Allsop, W., and Franco, L.: Full-scale wave overtopping measurements on the Zeerbrugge rubble mound breakwater, *Coastal Engineering*, Vol. 51, 2004, pp. 609-628.
33) De Rouck, J., Geeraerts, J., Troch, P., Kortenhasu, L. A., Pullen, T., and Franco, L.: New results on scale effects for wave overtopping at coastal structures, *Coastlines, Structures and Breakwaters 2005* (*Proc. Int. Conf.*), Inst. Civil Engrs., 2005, Thomas Telford, pp. 29-43.
34) 富永康照・橋本　宏・中村　隆：台風 26 号による吉原海岸の災害について，第 14 回海岸工学講演会講演集，1967 年，pp. 206-213.
35) 鈴木康正・平石哲也・望月徳雄・森川高徳：ヒアリングによる護岸の越波被災調査，海岸工学論文集，第 41 巻，1994 年，pp. 681-685.
36) 遠藤仁彦・木村克俊・菊池聡一・須藤賢哉：親水性護岸背後舗装の耐波特性と許容越波流量，海岸工学論文集，第 42 巻，1995 年，pp. 1276-1280.
37) Allsop, N. W. H., Franco, L., Belloti, G., Bruce, T., and Geeraerts, J.: Hazards to people and property from wave overtopping at coastal structures, *Coastlines, Structures, and Breakwaters*, (*Proc. Int. Conf.*) Inst. Civil. Engrs., 2005, Thomas Telford, pp. 153-165.
38) 木村克俊・浜口正志・岡田真衣子・清水敏晶：消波護岸における越波飛沫の飛散特性と背後道路への影響，海岸工学論文集，第 50 巻，2003 年，pp. 796-800.
39) 合田良実・岸良安治：不規則波による低天端型護岸の越波特性実験，港湾技研資料，No. 242，1976

年，28 p.
40) 井上雅夫・島田広昭・殿最浩司：不規則波における越波量の出現特性，海岸工学論文集，第36巻，1989年，pp. 618-622.
41) 関本恒浩・国栖広志・清水琢三・京谷　修・鹿島遼一：人工島防波護岸の短時間越波特性について，海岸工学論文集，第39巻，1992年，pp. 581-585.
42) 泉宮尊司・濱田良平・石橋邦彦：消波護岸の越波流量の確率分布特性に関する研究，海岸工学論文集，第53巻，2006年，pp. 716-720.
43) 木村　晃・瀬山　明・山田敏彦：不規則波の短時間越波流量の確率特性，第28回海岸工学講演会論文集，1981年，pp. 335-338.
44) 木村　晃・瀬山　明：越波の排水能力と浸水被害の発生確率について，第29回海岸工学講演会論文集，1982年，pp. 375-379.
45) 殿最浩司・井上雅夫・日見田　哲・玉田　崇：越波排水路の排水能力の評価法について，海岸工学論文集，第49巻，2002年，pp. 651-660.

6. 港湾の施設の確率論的設計

6.1 設計因子の不確定性

(1) 概論

　これまでの設計法においては，外力，耐力など計算で得られた数値は確定されたものと考え，それらを使って構造物全体の安定性や部材強度を吟味してきた．4.1.2節 (4) 項で述べた防波堤直立部の安定性の予備解析はその一例である．しかしながら不規則波における最高波高は，たとえ波群の継続時間が同じであってもその値が波群ごとに異なり，確定値ではない．われわれはそうした最高波高の確率分布を記述できるのみである．設計有義波高にしても，想定した気象条件の妥当性，波浪推算の信頼度，あるいは極値統計分布の当てはめ誤差その他，多くの不確定な要素を含んでいる．

　設計で扱う諸変数は，そのほとんどが何らかの不確定性を内在している．これまでの設計法ではそれらを全体の安全率あるいは許容応力度の概念を導入して処理してきた．すなわち，防波堤直立部の滑動安定性の問題であれば，滑動抵抗力が作用波力の1.2倍以上であれば，これまでの経験にかんがみて安全であると見なしてきた．部材の許容応力度にしても，破壊試験で得られる最終強度ではなく，統計的変動性や経験則によって何割か引き下げた値を設定してきた．

　こうした方法は確定論的設計と呼ばれる．これに対して，設計因子の不確定性やその影響をできるだけ明確な形で設計に取り入れようとするのが確率論的設計である．取り組む方式によって信頼性設計あるいは性能設計と呼ばれたりする．そうした確率論的設計の第一歩は，設計因子の不確定性の定量的把握である．港湾の施設の設計にかかわる不確定性のうち，水理的基本変数にかかわるものを列挙すると次のようになろう．

　　A. 自然現象としての基本変数の不確定性
　　　A-1　個別の波高・周期の変動性（波高は近似的にはレーリー分布に従う）
　　　A-2　有義波高・周期・波向の時間的変動性（特定地点では波候統計で表示）
　　　A-3　時化ごとの波高・周期の極値の変動性（波については極値統計解析で分析）
　　　A-4　不定時刻における潮位
　　B. 基本変数の測定，推算等に付随する誤差および統計的変動性
　　　B-1　波浪観測に付随する観測・解析誤差，特に目視観測の信頼度
　　　B-2　波浪観測が限られた記録時間（標準20分間）で行われることによる統計的変動性（有義波高では約6%の標準偏差）
　　C. 基本変数への分布関数の当てはめの不確定性
　　　C-1　高波の極値統計期間が短いことによる分布関数パラメータ推定の誤差
　　　C-2　極値分布関数に基づく設計波高推定値の統計的変動性（信頼区間）
　　　C-3　真の母集団が不明なことによって分布関数を誤って選択することの影響
　　D. 高潮・波浪推算等の数値モデルの信頼度

D-1　対象とする気象事象の気圧・風場推定の信頼度
   D-2　波浪推算モデルの信頼度
   D-3　高潮推算モデルの信頼度
  E. 波浪変形の計算モデルの正確度
   E-1　浅海域における浅水変形，屈折，回折，砕波減衰等の変形予測モデルの正確度
   E-2　波と流れ共存場における相互干渉の予測モデルの正確度
  F. 波・流れの作用と構造物の応答予測モデルの正確度
   F-1　作用と応答に関する理論・経験モデル（波力推定，被覆材の所要質量，越波流量その他）の正確度と信頼区間
   F-2　水理模型実験の信頼度（多数回の繰り返し実験による変動性の把握など）
   F-3　構造物の歪み・破壊試験の信頼度
  G. 構造物の耐力推定の信頼度
   G-1　構造パラメータ（質量，材料強度その他）の数値の変動性
   G-2　摩擦係数の変動性
   G-3　波の打ち上げ，越波にかかわる粗度係数の信頼度

 ここに示したのは，本書で扱っている事項に関連するものに限定されており，地盤の支持力その他の問題では，別の設計因子にかかわる不確定性を吟味する必要がある。

(2) 設計因子の変動係数の例示

 設計因子の不確定性は，真値（あるいは特性値*）からの平均値の偏り（bias）と変動係数を用いて定量的に表示しなければならない。変動係数 V は，平均値 μ に対する標準偏差 σ の比，すなわち $V=\sigma/\mu$ である。上の（1）項で挙げた諸変数のうちの幾つかについては真値 X （と推定されるものあるいは特性値）からの偏りと変動係数の値が提案されており，これを表6-1に例示する。なお偏りは，本来は平均値が真値からずれている度合いをいうけれども，ここでは平均値と真値の比である相対比率 μ/X で偏りの度合いを示すことにする。相対比率が1未満ということは，平均値が真値よりも小さいことを意味する。

 こうした設計因子の変動性は，原著者がある時点で調査したデータの頻度分布から求めたもの，あるいは経験的に設定したものである。また，原論文の多くにおいてデータの数値が明記されていないため，設定の根拠を追跡調査することが難しい。設計因子の確率特性は確率論的設計の基本データであるので，今後はさらに調査研究を進め，データベースを整備して適切な期間ごとに改訂することが望まれる。なお，ケーソン式混成堤の波力について高山・池田[1]が調査した結果では実験値と波力式との比率の平均が0.91，標準偏差が0.19と報告されており，変動係数が $0.19/0.91=0.21$ となる。ただし，これまでの信頼性解析では表6-1のように $V=0.19$ として扱う例が多い。

 なお，（1）項に挙げた諸項目のうち表6-1で扱われているのは主としてE～G項とC項の一部にすぎず，A～D項は直接には取り上げられていない。こうした不確定性をどのように確率論的設計に反映させるかが今後の課題といえよう。

(3) 沖波有義波高の変動係数について

 この表6-1のうちで，沖波有義波高の変動係数については高山・池田[1]が0.10の値を

---

* 後出の文献8）の第2編1.2.1節によれば，特性値は「性能照査に用いられる作用あるいは材料特性を表す数値であって，仮定された統計的分布の下で，その値を超えるか，若しくは下回る確率がある一定の値以下となるように適切に設定された値，又は公称値」と定義されている。

表6-1 耐波設計にかかわる設計因子の相対比率と変動係数の提案事例

設計変数	相対比率 μ/X	変動係数 V	出典	備考
沖波有義波高	1.00	0.10	高山・池田[1]	正確には確率波高の標準偏差計算に基づいて設定，または波浪推算精度を考慮
波高変化				
エネルギー平衡方程式	0.92	0.04	高山・池田[1]	
水深変化緩[a]	0.97	0.04	長尾[2],[3]	
水深変化急[b]	1.06	0.08	同上	
砕波変形	0.87	0.10	同上	
全般的変化	1.00	0.10	下迫・高橋[4]	根拠は明示されておらず，主観的判断か
周期変動				
有義波周期	1.00	0.10	下迫・高橋[4]	根拠は明示されておらず，主観的判断か
個別周期	1.00	0.10	同上	同上
波力推定				
ケーソン式混成堤	0.91	0.19	高山・池田[1]	模型実験による結果と算定式との比較
消波ブロック被覆堤	0.84	0.12	長尾[2],[3]	高山・池田[1]は変動係数を0.06とする。
斜面被覆材の安定数				
捨石ファンデルメーア式	1.00	0.065〜0.08	ISO 21650	
コンクリート立方体	1.00	0.10	同上	
潮位[c]				
$r_{wl}=1.5$	1.00	0.20	長尾[2],[3]	
$r_{wl}=2.0, 2.5$	1.00	0.40	同上	
摩擦係数	1.06	0.15	高山・池田[1]	特性値を0.60に設定した場合。
単位体積重量				
鉄筋コンクリート	0.98	0.02	長尾[2],[3]	特性値は24.0 kN/m³
無筋コンクリート	1.02	0.02	同上	特性値は22.6 kN/m³
中詰砂	1.02	0.04	同上	飽和状態の特性値は18.0〜20.0 kN/m³

注：a）海底勾配1/30未満，b）海底勾配1/30以上，c）r_{wl}は既往最高潮位と朔望平均高潮位との比．

例示し，この値がその後の研究でも踏襲されている。しかし，この値は確率論的設計の手法に応じて修正して使うべき数値である。沖波有義波高が不確定な理由は三つある。

一つは，確率波高の極値分布関数がほぼ確定していても，供用年数の期間内にどのような極値が実現するか不確定なことである。この不確定性は，13.4.3節に記述するL年最大波高の標準偏差を用いて評価可能である。これによる変動係数は極値分布関数によって異なるので，設計地点の極値分布関数に基づいて検討する。ただし，後出の6.3.2節の期待滑動量方式の数値シミュレーションを行う場合には，この変動性はシミュレーションに組み込まれており，これを特に考慮する必要はない。

二つ目は，極値分布関数を当てはめるときの標本の統計的変動性の問題である。すなわち，年数の限られた期間の極値波高データしか使えないために分布関数の母数値がある幅で変動する。この変動幅は，極値波高の標本のデータ数の平方根に反比例し（13.3節参照），変動係数としては数%から10%を超える値となる。期待滑動量方式の数値シミュレーションであれば，使用する極値分布関数の母数を確率変量として取り扱うことが望ましい。信頼性設計のレベル2の計算を行うのであれば，第1と第2の変動性の分散和を用いる。

三つ目は，極値統計解析のデータとして波浪追算資料を使う場合などデータそのものに内在する誤差である。波浪推算では，気象データから算定される風場の信頼度が必ずしも十分ではないため，波高の精度として±10%以内を望むことは難しい。計器観測のデータであっても数%程度の誤差は免れない。

こうした点を勘案すると，沖波波高の変動係数0.1の値はレベル2の信頼性指標の計算

では過小と思われる。一方，期待滑動量方式の数値シミュレーションではやや過大な場合があるかもしれない。いずれにしても，担当者が基礎データの質を吟味して検討すべき事項である。

6.2 防波堤の信頼性設計

6.2.1 信頼性設計法の分類

　これまでの安全率に基づく設計法は，構造物の破壊を直接に取り扱わず，安全率が所定の値以上であれば構造物の安全性が確保されていると見なす方式である。許容応力度法も同様である。これに対して信頼性設計では構造物の破壊モードを特定し，破壊が生じる確率がどれだけあるかを定量的に評価して，破壊確率をある設定値以下に抑えようとする。信頼性設計法については，例えば星谷・石井[5]が詳しく解説している。

　信頼性設計法の手法としては，破壊確率の評価レベルによって3通りに分かれる。最も高度なものがレベル3，やや単純化したものがレベル2，最も簡単なものがレベル1である。レベル3では構造物の破壊にかかわる設計因子の不確定性を吟味し，それぞれの確率分布を明らかにしたうえで，破壊モードの生起確率を多重積分などの方法で計算する。理論的には望ましい方法であるけれども，各設計因子の確率分布を特定することが難しい。それでも，波高の極値分布関数その他を導入し，数値シミュレーションによってケーソン防波堤の期待滑動量を計算する方法が実務で用いられており，これはレベル3設計法の一つと見ることができる。

　レベル2の方法は，設計因子の確率分布を平均値と標準偏差で表示できる正規分布で近似する。また，破壊確率も正規分布で表現できるとして，確率に1対1で対応する信頼性指標（安全性指標ともいう）の値を求めることによって，構造物の安全性を評価する。具体的には，破壊の事象にかかわる性能関数を定義してそのテーラー展開の第1次の項を利用するので，FORM (First-Order Reliability Method) と呼ばれる。

　レベル1では個別に破壊確率を求めようとはせず，設計因子のそれぞれにあらかじめ設定した部分係数（部分安全係数ともいう）を乗じて全体の安全性を判定する方法である。部分係数は，一般には数多くの既設構造物にレベル2を適用し，その結果に基づいて設定する。

6.2.2 レベル2による安全性の評価
(1) 性能関数および信頼性指標の算定式

　信頼性設計では，最初に性能関数Zを定義する。これは，破壊の様態（モード）ごとにそれに関係する設計因子を拾い上げ，各因子が破壊に寄与する様相を数式の形で表し，$Z>0$であれば破壊の事象が生起せず，$Z \leq 0$であれば破壊の様態が生起すると見なせるように表現する。性能関数は構造物の破壊モードごとに異なるので，本書では防波堤直立部の滑動モードに限定して論述する。

　防波堤の滑動は，波力が滑動抵抗力を超えたときに起きるので，4.1.2節(4)項に述べたように性能関数は式 (4.19) を書き換えて次のように記述される。

$$Z = f(W - U) - P \tag{6.1}$$

ここに，fは摩擦係数，Wは直立部の静水中重量，Uは全揚圧力，Pは前面波圧の合力す

なわち水平波力である。これらの設計因子は例えば表6-1に示したような不確定性を持っている。すなわち，摩擦係数が0.6よりも小さいかもしれないし，水平波力は計算値よりも大きくなるかもしれない。例題4.2では滑動安全率が1.16であったけれども，こうした設計因子の変動性を考えると，図4-5に示した混成堤が滑動する危険性がないとはいえない。それを確率として算定するのが信頼性設計の目的である。

レベル2の信頼性設計法では，性能関数Zが平均値μ_Zの周りに標準偏差σ_Zで正規分布すると仮定する。そうすると，構造物の破壊すなわち$Z \leq 0$となる確率は標準正規分布確率を用いて次のように与えられる。

$$P_f = \mathrm{P}_r(Z \leq 0) = 1 - \Phi(\mu_Z/\sigma_Z) \quad : \quad \Phi(x) = \frac{1}{\sqrt{2\pi}} \int_{-\infty}^{x} e^{-t^2/2} dt \tag{6.2}$$

信頼性設計法では平均値と標準偏差の比μ_Z/σ_Zを信頼性指標βと呼び，信頼性指標の値が定まれば破壊確率が正規分布から直ちに算定される。例えば，$\beta=1.0, 2.0$，および3.0の値に応じて破壊確率が$P_f=0.159, 0.0228$，および0.0013となる。

いま，性能関数を一般化してn個の設計因子$X_1, X_2, \cdots, X_n$を含むとする。すなわち，

$$Z = g(X_1, X_2, \cdots, X_n) \tag{6.3}$$

そして，この関数をある任意の点$x^* = (x_1^*, x_2^*, \cdots, x_n^*)$の周りにテーラー展開し，その1次の項まで採択すると，次のような近似式が得られる。

$$Z \fallingdotseq g(x_1^*, x_2^*, \cdots, x_n^*) + \sum_{i=1}^{n}(X_i - x_i^*)\frac{\partial g}{\partial X_i}\bigg|_{x^*} \tag{6.4}$$

いま，各設計因子が互いに独立であるとすると，性能関数を各設計因子の平均値$\mu_Z = (\mu_{X1}, \mu_{X2}, \cdots, \mu_{Xn})$の周りにテーラー展開したときの分散が次式で計算できる[6]。

$$\sigma_Z^2 = \sum_{i=1}^{n}\left(\sigma_{X_i}\frac{\partial g}{\partial X_i}\bigg|_{\mu_X}\right)^2 \tag{6.5}$$

したがって，性能関数の偏微分係数$\partial g/\partial X_i$をそれぞれ$X_i = \mu_{X_i}$の点で計算することによって，性能関数の標準偏差が求められ，ひいては信頼性指標βが算定できる。

しかしながら，各設計因子の平均値の点では破壊に至っていない。破壊確率をより正確に求めるためには，性能関数を展開する点x^*を$Z=0$の曲面上に取る必要がある。この点x^*は破壊点あるいは安全照査点と呼ばれる[7]。この破壊点は次の条件を満たすことが要件であり，設計事例ごとに数値を代入した繰り返し計算によって求める。

$$\left.\begin{array}{l} g(x_1^*, x_2^*, \cdots, x_n^*) = 0 \\ x_i^* = \mu_{X_i} - \alpha_i \dfrac{\mu_Z}{\sigma_Z}\sigma_{X_i} \quad : \quad i=1, 2, \cdots, n \\ \alpha_i = \dfrac{\sigma_{X_i}\dfrac{\partial g}{\partial X_i}\big|_{x^*}}{\sqrt{\sum_{i=1}^{n}\left(\sigma_{X_i}\dfrac{\partial g}{\partial X_i}\big|_{x^*}\right)^2}} \quad : \quad i=1, 2, \cdots, n \end{array}\right\} \tag{6.6}$$

なお，上式中のパラメータα_iは感度係数と呼ばれており，各設計因子が信頼性指標に影響する度合いを表す。繰り返し計算では，まず平均値周りの信頼性指標の計算で得られる標準偏差σ_Zを使って式(6.6)の第3式で感度係数α_iを求める。そうすると第2式で破壊点x_i^*の最初の推定値が得られるので，これを使って感度係数の修正値を求め，この操

作を繰り返して収束値を得るのである。

性能関数の平均値と標準偏差は次式によって求める。

$$\mu_Z = \sum_{i=1}^{n}(\mu_{X_i} - x_i^*)\frac{\partial g}{\partial X_i}\bigg|_{x^*} \tag{6.7}$$

$$\sigma_Z = \left[\sum_{i=1}^{n}\left(\sigma_{X_i}\frac{\partial g}{\partial X_i}\bigg|_{\mu_X}\right)^2\right]^{1/2} = \sum_{i=1}^{n}\alpha_i\sigma_{X_i}\frac{\partial g}{\partial X_i}\bigg|_{x^*} \tag{6.8}$$

以上によって，信頼性指標 β の計算式は次のように与えられる。

$$\beta = \frac{\mu_Z}{\sigma_Z} = \frac{\sum_{i=1}^{n}(\mu_{X_i} - x_i^*)\frac{\partial g}{\partial X_i}\big|_{x^*}}{\sum_{i=1}^{n}\alpha_i\sigma_{X_i}\frac{\partial g}{\partial X_i}\big|_{x^*}} \tag{6.9}$$

(2) 防波堤直立部の滑動に対する信頼性指標の試算―その1―

滑動に関する性能関数である式 (6.1) に基づいて信頼性指標の評価を行う。設計因子としては，摩擦係数 f，静水中重量 W，揚圧力 U，および水平波力 P である。設計計算で得られた値は例題4.1，4.2 に記載した通りであるが，信頼性指標の評価においては相対比率 μ/X と変動係数を与えなければならない。揚圧力と水平波力はいずれも波高に比例する量であるので，その相対比率は表6-1の設計因子で関連する項目の相対比率の乗積とし，変動係数は関連項目の変動係数の分散和の平方根を用いる。すなわち，$X_3 = U, X_4 = P$ については，沖波波高，水深変化が緩やかなときの波高変化，砕波による波高変化，および波力推定の変動性を考慮することによって次の数値が得られる（水深変化緩の場合）。

$$\left.\begin{array}{l}\mu_3/X_3 = \mu_4/X_4 = 1.00 \times 0.97 \times 0.87 \times 0.91 = 0.768 \\ V_3 = V_4 = \sqrt{0.10^2 + 0.04^2 + 0.10^2 + 0.19^2} = 0.240\end{array}\right\} \tag{6.10}$$

したがって，設計因子の平均値と標準偏差は表6-2のようにまとめられる。

表6-2 例題4.1の防波堤の滑動に対する信頼性指標計算のための設計因子一覧表
　　　―その1―

No.	設計因子	記号	平均値 μ_X	標準偏差 σ_X	相対比率 μ/X	変動係数 V	備考
X_1	摩擦係数	f	0.636	0.095	1.06	0.15	表6-1を適用した値
X_2	直立部重量(kN/m)	W	2,331	45.7	1.02	0.02	同 上
X_3	揚圧力 (kN/m)	U	377	90.5	0.77	0.24	式 (6.10) を適用した値
X_4	水平波力 (kN/m)	P	714	171.4	0.77	0.24	同 上

信頼性指標を求めるために，まず式 (6.1) の性能関数の偏微分係数を設計因子ごとに計算すると次のようになる。

$$\frac{\partial g}{\partial X_1} = X_2 - X_3, \quad \frac{\partial g}{\partial X_2} = X_1, \quad \frac{\partial g}{\partial X_3} = -X_1, \quad \frac{\partial g}{\partial X_4} = -1 \tag{6.11}$$

最初に，平均値周りの信頼性指標を式 (6.5) で算定される標準偏差 σ_Z を用いて計算する。偏微分係数はそれぞれ次の値である。

$$\frac{\partial g}{\partial X_1} = 1,954, \quad \frac{\partial g}{\partial X_2} = 0.636, \quad \frac{\partial g}{\partial X_3} = -0.636, \quad \frac{\partial g}{\partial X_4} = -1 \tag{6.12}$$

この数値ならびに表6-2の平均値と標準偏差 σ_x を使うと，式（6.5）によって全体の標準偏差 σ_z が求められ，性能関数の値 μ_z は表6-2の平均値を式（6.1）に代入して得られるので，信頼性指標 β が以下のように算定される。

$$\mu_z = 528.7 \text{ kN/m}, \quad \sigma_z = 260.8 \text{ kN/m}, \quad \beta = \mu_z/\sigma_z = 2.028 \tag{6.13}$$

信頼性指標の値が2.028であるので，正規分布確率表を参照すると破壊確率が0.0213と判定される。例題4.2で滑動に対する安全率が1.16と計算されたように，安全性の余裕がやや少ないことに対応している。

しかしながら，信頼性指標の正しい値を求めるには平均値周りではなく，破壊点 x^* について計算しなければならない。そこで，式（6.12）の偏微分係数および式（6.13）の平均値と表6-2の標準偏差を使って感度係数と破壊点を式（6.6）で計算し，性能関数の値を式（6.4），標準偏差を式（6.5）で算定して信頼性指標を求める。この操作を3回ほど繰り返すことによって，次のような収束値が得られる。

$$\left.\begin{array}{l} X_1 = f = 0.497, \ X_2 = W = 2{,}322.6 \text{ kN/m}, \ X_3 = U = 409.8 \text{ kN/m}, \ X_4 = P = 950.6 \text{ kN/m}, \\ \alpha_1 = 0.7131, \ \alpha_2 = 0.0891, \ \alpha_3 = -0.1765, \ \alpha_4 = -0.6726, \\ \beta = 2.052, \ P_f = 0.0201 \end{array}\right\} \tag{6.14}$$

この試算例の場合には，破壊点周りのほうが破壊確率がやや小さくなる。また，感度係数は摩擦係数が一番大きく，次にそれと同程度で水平波力が大きく，この両者が滑動安全性を支配している。

(3) 防波堤直立部の滑動に対する信頼性指標の試算―その2―

防波堤直立部の滑動に関する性能関数である式（6.1）において，摩擦係数 f と重量 W は変動係数が独立に与えられるけれども，波力 P と揚圧力 U の中に複数の設計因子が含まれている。そうした設計因子の影響を吟味するためには性能関数を書き直す必要がある。また，式（6.10）の相対比率と変動係数の計算においては沖波，波浪変形，砕波変形の変動性をそれぞれ独立と見なし，相対比率はその乗積，変動係数は分散和で見積もった。しかしながらこの三者は独立ではなく，最終的には砕波変形のプロセスによって設計波高が定まり，水深がかなり大きな水域でなければ沖波の推定誤差は防波堤の安全性に寄与しない。さらに，混成堤の設計では周期の影響も大きいにもかかわらず，この影響が考慮されていない。

そこで，直立部の滑動に関する性能関数を次のように書き換える。

$$Z = fW - fC_U A_U H_D - C_P A_P H_D \tag{6.15}$$

ここに，C_U と C_P は揚圧力および水平波力算定式の信頼度を表す係数，A_U と A_P は揚圧力と水平波力を波高 H_D に比例する量として表したときの係数である。例えば，$A_U = (1/4)(1+\cos\beta)\alpha_1^* \alpha_3^* \rho_w g B$ である。また，水平波力は静水面の波圧強度に比例するので A_P は波圧係数 α_1^* に比例する量である。波圧係数 α_1^* は波長の関数であり，波長は周期に関係するので，A_U と A_P は周期 T を設計因子として含む。さらに砕波帯内の最高波高の推定に際しても，表3-6に示されるように周期は換算沖波波形勾配 H_0'/L_0 を通じて影響を与える。この影響は，本来は波高 H_D の変動係数に反映すべきであるけれども，周期の影響は単一設計因子にまとめるほうが分かりやすいので A_U と A_P に加算して考える。

いま，例題4.1，4.2の数値を使って設計因子の平均値と標準偏差をまとめると表6-3のようになる。このうち，水平波力の算定式の信頼度 C_P の相対比率は表6-1の提案値

表6-3 例題4.1の防波堤の滑動に対する信頼性指標計算のための設計因子一覧表—その2—

No.	設計因子	記号	平均値 μ_X	標準偏差 σ_X	相対比率 μ/X	変動係数 V	備 考
X_1	摩擦係数	f	0.636	0.095	1.06	0.15	表6-1を適用した値
X_2	直立部重量 (kN/m)	W	2,331	45.7	1.02	0.02	同 上
X_3	揚圧力算定式	C_U	0.95	0.095	0.95	0.10	表6-1を修正して適用
X_4	水平波力算定式	C_P	0.91	0.137	0.91	0.15	同 上
X_5	揚圧力算定係数 (kN/m²)	A_U	61.1	3.7	1.00	0.06	周期変動影響を含む
X_6	水平波力算定係数 (kN/m²)	A_P	115.9	4.6	1.00	0.04	同 上
X_7	波高 (m)	H	7.2	1.01	0.90	0.14	表6-1を修正して適用
X_8	周期 (s)	T	11.4	1.14	1.00	0.10	表6-1を適用した値

0.91 を用い，揚圧力の算定式の信頼度 C_U の相対比率は恣意的ではあるが 0.95 と 1 に近づけた値を与えた．また，両者の算定係数 A_U と A_P の平均値は，例題 4.1 で得られた揚圧力と水平波力の値を設計計算波高 8.0 m で除して求めたものである．揚圧力と水平波力に対して周期の変動性が及ぼす影響については，周期を上下に標準偏差の 1 倍（1 シグマ）だけ変化させたときの波圧係数等の変化を計算し，その結果から変動係数を算定した．波高については，平均値の偏りが主として砕波変形の算定誤差によると見なして相対比率を 0.90 に設定し，変動係数は沖波と砕波変形の分散の和として算定した．沖波から砕波までの波浪変形については，推定誤差があったとしても例題 4.1 の条件では砕波変形の変動範囲の中に包含されると考え，これを無視した．

信頼性指標を求めるために，まず式 (6.15) の性能関数の偏微分係数を設計因子ごとに計算すると，次のようになる．

$$\left.\begin{array}{l}\dfrac{\partial g}{\partial X_1}=X_2-X_3X_5X_7, \quad \dfrac{\partial g}{\partial X_2}=X_1, \quad \dfrac{\partial g}{\partial X_3}=-X_1X_5X_7, \quad \dfrac{\partial g}{\partial X_4}=-X_6X_7, \\ \dfrac{\partial g}{\partial X_5}=-X_1X_3X_7, \quad \dfrac{\partial g}{\partial X_6}=-X_4X_7, \quad \dfrac{\partial g}{\partial X_7}=-X_1X_3X_5-X_4X_6 \end{array}\right\} \quad (6.16)$$

最初に平均値周りの信頼性指標を式 (6.5) で算定される標準偏差 σ_Z を用いて計算する．偏微分係数はそれぞれ次の値である．

$$\left.\begin{array}{l}\dfrac{\partial g}{\partial X_1}=1,913.1, \quad \dfrac{\partial g}{\partial X_2}=0.636, \quad \dfrac{\partial g}{\partial X_3}=-279.8, \quad \dfrac{\partial g}{\partial X_4}=-834.5, \\ \dfrac{\partial g}{\partial X_5}=-4.350, \quad \dfrac{\partial g}{\partial X_6}=-6.552, \quad \dfrac{\partial g}{\partial X_7}=-142.4 \end{array}\right\} \quad (6.17)$$

性能関数の値 μ_Z は表 6-3 の平均値を式 (6.15) に代入して求められ，全体の標準偏差 σ_Z は式 (6.17) の値と表 6-3 の標準偏差 σ_X を式 (6.5) に代入して算定されるので，信頼性指標 β が次のように求められる．

$$\mu_Z=457.3 \text{ kN/m}, \quad \sigma_Z=263.6 \text{ kN/m}, \quad \beta=\mu_Z/\sigma_Z=1.735 \quad (6.18)$$

信頼性指標の値が 1.735 であるので，正規分布確率表を参照すると破壊確率が 0.0413 と判定される．性能関数として式 (6.1) を用いたときの信頼性指標の $\beta=2.028$ よりも小さな値であり，安全性の評価が使用する性能関数に依存することを示している．

信頼性指標の正しい値を求めるには，破壊点 x^* について計算しなければならない．そこで，式 (6.17)，(6.18) の数値を使って感度係数と破壊点を式 (6.6) で計算し，性能関数の値を式 (6.4)，標準偏差は式 (6.8) で算定して信頼性指標を求める．この操作を

6. 港湾の施設の確率論的設計　163

表6-4　防波堤直立部の滑動に関する感度係数と信頼性指標の計算表

安全照査点，感度係数，信頼性指標	波高変動係数 $V=0.14$			波高変動係数 $V=0.10$	波高変動係数 $V=0.20$
	周期影響あり		周期影響なし		
	初回値	収束値	収束値	収束値	収束値
破壊点 x_i^*					
摩擦係数	0.5224	0.5316	0.5286	0.5099	0.5585
直立部重量（kN/m）	2,322.3	2,324.0	2,323.9	2,323.0	2,325.5
揚圧力算定式	0.9666	0.9652	0.9654	0.9666	0.9627
水平波力算定式	1.0131	1.0228	1.0252	1.0387	1.0000
揚圧力算定係数（kN/m²）	61.49	61.46	61.10	61.49	61.40
水平波力算定係数（kN/m²）	116.81	117.01	115.90	117.19	116.77
波高（m）	8.156	8.170	8.189	7.792	8.671
感度係数 α_i					
摩擦係数	0.6894	0.6425	0.6533	0.7124	0.5480
直立部重量（kN/m）	0.1103	0.0893	0.0902	0.0940	0.0812
揚圧力算定式	-0.1008	-0.0932	-0.0939	-0.0936	-0.0899
水平波力算定式	-0.4337	-0.4816	-0.4858	-0.5044	-0.4414
揚圧力算定係数（kN/m²）	-0.0611	-0.0570	0	-0.0573	-0.0549
水平波力算定係数（kN/m²）	-0.1143	-0.1413	0	-0.1501	-0.1269
波高（m）	-0.5455	-0.5616	-0.5660	-0.4413	-0.6863
信頼性指標 β	1.735	1.710	1.731	1.863	1.488
破壊確率 P_f	0.0413	0.0436	0.0417	0.0312	0.0683

繰り返すことによって，表6-4のように計算値が収束する。ここには表6-3で設定した設計因子の変動係数を使用した場合だけでなく，A_U と A_P に及ぼす周期影響を無視した場合，ならびに波高の変動係数が基準値0.14よりも低い0.10とそれよりも高い0.20に設定した場合の収束計算の結果も示してある。

この信頼性指標の試算例から次のようなことが明らかになる。

1) 性能関数を式（6.1）から式（6.15）に変更し，波力の偏り（相対比率）の見積もりを変えることによって信頼性指標の値が低下し，破壊確率が増加した。すなわち，安全性の評価は使用する性能関数の定義および設計因子の偏りの設定値に依存する。
2) この試算例その2では，平均値周りよりも破壊点周りの信頼性指標がやや低い。
3) 破壊点は，各因子の変動範囲の中で破壊確率を最大とするような値を示している。
4) 信頼性指標すなわち破壊確率に強く影響する因子を感度係数の大きさから見ていくと，最も影響が大きいのは摩擦係数であり，次に波高，3番目が水平波力算定式の信頼度である。
5) 波周期の変動性を考慮すると，信頼性指標の値が0.02低下し，破壊確率が4.2%から4.4%に増加する。
6) 波高の変動係数の設定法によって滑動安定性が大きく影響される。変動係数が0.10であれば破壊確率が3.1%であるが，変動係数を0.20に設定すると破壊確率が6.8%に増大する。

このレベル2の信頼性設計法を使う際には，まず性能関数を定義する。そして目標とする破壊確率あるいはそれに対応する信頼性指標を設定する。それから構造物の設計断面について信頼性指標の値を計算し，それが目標値に合致するように設計断面を修正していく。信頼性指標の目標値は関係機関の間で合意されていることが望ましいけれども，港湾の施設に関しては議論が進んでいない。このため，レベル2の方法による防波堤の設計は今後

の課題と思われる。

6.2.3 部分係数法による防波堤の設計

　前節で説明したレベル2の信頼性設計法は考え方としては論理的であるけれども，各設計因子の偏りや変動係数の見積もり方に主観の入る余地があり，さらには目標とする信頼性指標の値が未確定であるために，一般に利用されるまでに至っていない。このため，「港湾の施設の技術上の基準・同解説」（「港湾技術基準」と略称）[8]では，標準としてレベル1に相当する部分係数法を導入している。部分係数というのは，性能関数の各設計因子にあらかじめ乗じる係数のことで，防波堤直立部の滑動の問題であれば式（6.1）の性能関数を次のように修正する。

$$Z = \gamma_f f(\gamma_W W - \gamma_U U) - \gamma_P P \tag{6.19}$$

ここに，γ_f，γ_W，γ_U，γ_Pはそれぞれ摩擦係数，静水中自重，揚圧力，水平波力に乗じる部分係数である。この具体的数値は，「港湾技術基準」第4編第3章の表-3.1.1（混成堤），表-3.4.1（消波ブロック被覆堤），表-3.5.1（直立消波ブロック堤），表-3.6.1（消波型ケーソン堤），表-3.7.1（斜面型ケーソン堤）に提示されている。

　この部分係数の標準的な値は，長尾ほか[3),4),9)]，鷲尾ほか[10)]，吉岡ほか[11)]によるものであり，次のような方法論で導かれた。

1) 既設の各種形式の防波堤の設計資料を収集し，信頼性指標を計算してその頻度分布を調査。
2) 信頼性指標計算に際しては，設計因子として摩擦係数，揚圧力・水平波力，潮位，ケーソンの単位体積重量を取り上げ，各設計因子の偏りと変動係数として表6-1の値を使用。
3) 沖波波高の変動性，波浪変形の推定値の変動性，波力算定式の信頼度の揺らぎは揚圧力・水平波力の算定値の変動性に包含されるとして，平均値と特性値との比は各因子の比の乗積，変動係数は各因子の値の2乗和の平方根として算定。
4) 破壊モードとしては滑動，転倒，基礎の支持力について検討。
5) 滑動に関する性能関数には式（6.1）を採用。
6) 既設防波堤の信頼性指標の計算結果から，安全性水準として検討事例の平均値である$\beta = 2.38 (P_f = 8.7 \times 10^{-3})$を採択。
7) 上記の安全性水準は滑動，転倒，基礎の支持力に共通して適用。

　部分係数は，設計因子の平均値と真値（あるいは特性値）の比，設計因子の変動係数，感度係数，および目標信頼性指標に基づいて，次式で計算される。

$$\gamma_X = (1 - \alpha_X \beta_T V_X)\frac{\mu_X}{X_k} \tag{6.20}$$

ここに，添字Xは設計因子Xにかかわる量であることを示し，αは感度係数，β_Tは目標信頼性指標，Vは設計因子の変動係数，μは平均値，X_kは真値（あるいは特性値）である。「港湾技術基準」の表-2.2.1.1その他には，設計因子ごとにこれらの代表値も記載されている。例えば，混成堤に対する波圧合力と揚圧力に関しては次の値が示されている。

　水深変化が緩（勾配1/30未満）：$\gamma_P = \gamma_U = 1.04$，　$\alpha = -0.704$，　$\mu/X_k = 0.740$，$V = 0.239$
　水深変化が急（勾配1/30以上）：$\gamma_P = \gamma_U = 1.17$，　$\alpha = -0.704$，　$\mu/X_k = 0.825$，$V = 0.251$

(6.21)

この相対比率 μ/X_k と V の値は前述の式 (6.10) の値とほぼ同じであり，そこで説明した考えで設定されたと推測される．このことは，式 (6.14) に示した波力の感度係数が -0.680 であることにも対応している．なお「港湾技術基準」の表-2.2.1.1 その他の部分係数の値は，信頼性指標として $\beta=2.40$ の値を使って計算されている．これは，防波堤を滑動安定性の条件で設定しても転倒破壊などほかの破壊モードも生起する危険性を無視できないため，防波堤の設計断面で $\beta=2.38$ を達成させるために，安全側でやや高めの値を設定したと考えられる．

この表に記載されている部分係数の値に納得できない場合には，表-2.2.1.1 その他に記載の代表値を適宜修正し，式 (6.20) を用いて別の部分係数を設定することが可能である．仮設構造物などで安全性を緩めてよい場合などは，例えば破壊確率を $P_f=0.05$ に対応する $\beta=1.64$ とすることによって，波力に対する部分係数が $\gamma_P=0.94$ に変更される．現行の設計法では再現期間の設定を調整して仮設構造物の設計に対応しているけれども，信頼性設計法では施設の安全性を直接に考慮することが可能である．

6.3 防波堤の性能設計

6.3.1 性能設計法の概要

前節の信頼性設計法というのは，構造物の破壊確率をある設定値以下に抑えて構造物の信頼性を保持するための方法であり，破壊確率あるいは安全性の評価の方法によってレベル1からレベル3までの段階に分かれている．

これに対して性能設計法というのは，構造物が供用されたときに保有すべき性能を明示し，それが保持されるように構造物を設計する方法である．「港湾技術基準」[8] では要求性能として下記の4性能を定義している．

- イ　使用性：使用上の不都合を生じずに使用できる性能をいう．想定される作用に対する施設の構造的な応答としては，損傷が生じないか，又は損傷の程度がわずかな修復により速やかに所要の機能が発揮できる範囲に留まること．
- ロ　修復性：技術的に可能で経済的に妥当な範囲の修繕で継続的に使用できる性能をいう．想定される作用に対する施設の構造的な応答としては，損傷の程度が，軽微な修復により短期間のうちに所要の機能が発揮できる範囲に留まること．
- ハ　安全性：人命の安全等を確保できる性能をいう．想定される作用に対する施設の構造的な応答としては，ある程度の損傷が発生するものの，損傷の程度が施設として致命的とならず，人命の安全確保に重大な影響が生じない範囲に留まること．
- ニ　供用性：施設の供用及び利便性の観点から施設が保有すべき性能をいう．施設が適切に配置され，施設の構造的な諸元（施設の長さ，施設の幅，施設の水深，施設の天端高，施設の築造限界等）及び静穏度等が所要の値を満足し，必要に応じて附帯施設を有すること．

このうちの供用性は，施設の計画あるいは基本断面の設定の段階にかかわることである．それ以外の使用性，修復性，安全性は，施設の完成後に高波その他の外力が作用したときの応答あるいは損傷の程度を記述しており，この順番で許容される損傷の程度が大きくなる．これを限界状態の用語で言い換えれば，使用限界状態 (serviceability limit state)，修復限界状態 (repairability limit state)，終局限界状態 (ultimate limit state) に対応する．

こうした要求性能への適合度を判断するためには，外力の作用あるいは環境作用に起因する腐食などによって，施設がどれだけ変形するかを定量的に把握することが不可欠である。設計外力を受けて施設が破壊されるか否かではなく，どれだけ変形するかを予測することが要求される。こうした変形量の予測が性能設計の基本である。変形量の予測方法は，施設や作用する外力の種類によって異なるので，具体的な手法はさまざまである。例えば海岸堤防・護岸であれば，高波時の越波流量が施設の性能を示す指標であり，これに応じて背後地の冠水その他を評価することができる。もちろん，パラペットを含めた堤防・護岸本体が損壊しないことが前提条件である。

傾斜防波堤の場合には，4.3節で紹介したファンデルメーア公式その他が被覆材の被害度を設計パラメータとして取り込んでいるので，修復性や安全性の評価が容易である。

直立・混成防波堤の場合には，ケーソン等の本体部の損壊は別として，直立部の滑動量と傾斜・沈下量が変形量として重要である。直立部の滑動量については下迫・高橋[12]が期待滑動量方式を開発しており，これがすでに実務計算にも取り入れられている。近年は，この期待滑動量概念に基づく多くの研究論文が発表されている。また，基礎地盤の円形滑りによって生じる直立部の傾斜・沈下量を評価する方法も開発されており[13],[14]，沈下量を考慮した性能設計が可能になっている。本章では，期待滑動量方式による性能設計について解説する。

6.3.2 期待滑動量方式による性能設計
(1) 期待滑動量計算のフロー

防波堤の直立部が波によって滑動するとき，1波の作用を受けて滑動する距離は4.1.3節 (3) 項に述べた方法で計算することができる。期待滑動量というのは，防波堤の設計供用期間例えば50年間に来襲する高波を対象として，その高波のうちの個別の波による滑動量を計算し，それらを加算してその高波による累積滑動量を求める。そして，この作業を設計供用期間中のすべての高波について行って得られる滑動量の総和を総滑動量と称する。もちろん将来の高波を予想することは不可能であるから，高波の確率分布に従うような有義波高の値をコンピュータ上で発生させ，設計供用期間ごとのプロセスを数千回繰り返して総滑動量の平均値を求める。統計学でいうところの期待値であり，その意味で期待滑動量と呼ばれる。このようにある確率分布に従って変数を発生させて数値計算を行う方法は，一般にモンテカルロ法と呼ばれる（カジノで著名な都市名に由来）。

期待滑動量の計算手順をフローで示すと図6-1のようになる[12]。

下迫・高橋の期待滑動量計算では，高波としては年最大の有義波高を極値分布から乱数を使って発生させ，高波の継続時間は2時間に限定して，その間の波の数を平均周期から求めている。1波の滑動量の計算に当たって，当初は三角パルス型の波力波形による式 (4.42) を用いていたが，その後は図4-7の重複波力成分も考慮した波力を使用している。なお，繰り返し試行計算は期待滑動量のばらつきを小さくするため，5,000回としている。なお継続2時間の制限は，わが国の波浪観測が2時間観測であり，高波の極値が2時間に対応すると見なしたと推測される。もっともこれは一つの前提条件であり，継続時間を長くとれば期待滑動量はそれに比例して増大する。なお，阿部ほか[15]は一つの時化の間の波高変化をモデル化して期待滑動量を算定することを提案している。

(2) 設計因子の選択と確率特性の与え方

期待滑動量に基づいて性能設計を行うには，確率変数として与える設計因子を選択し，その確率特性を与えなければならない。これまでに混成防波堤の期待滑動量について計算

```
確率分布に従う沖波有義波高の発生
         ↓ 潮位，波浪変形の考慮
    設計地点の $H_{1/3}, T_{1/3}, \beta$
         ↓ レーリー分布，砕波変形
      1波ごとの $H, T$
         ↓
     水平力 $P$ と揚圧力 $U$
         ↓
      1波の滑動量 $S$
         ↓
   1回の高波による累積滑動量
         ↓
   設計供用期間中での総滑動量
         ↓ 数千回の繰り返し試行計算
   総平均値としての期待滑動量
```

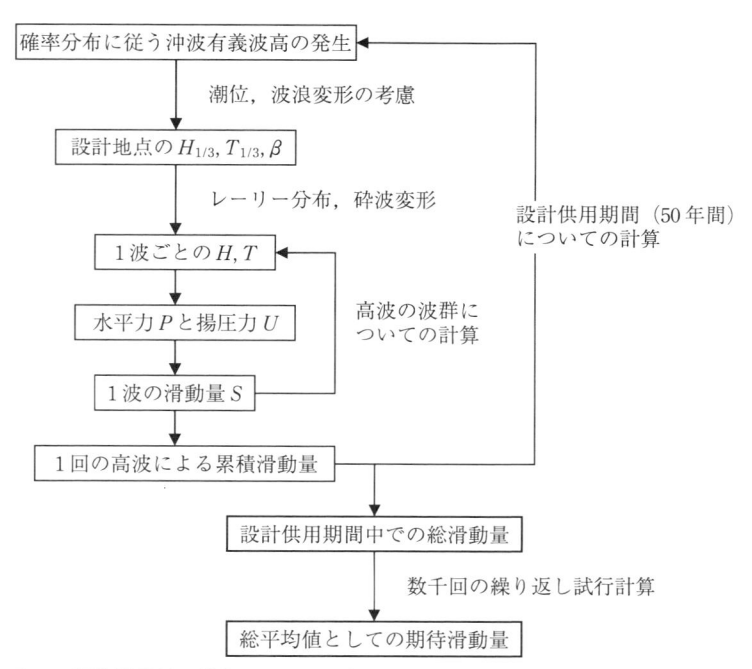

図6-1 期待滑動量の計算フロー（下迫・高橋：港研報告37巻3号（1998）に加筆）

を行った二つの報告事例について，設計因子とその確率特性を一覧表として示したのが**表6-5**である．なお，ここでの偏りは平均値と真値（特性値）の比から1を差し引いた値である．

潮位変動について下迫・高橋は，河合ほか[17]が行ったわが国沿岸における主要4分潮に基づく潮位確率計算を参照し，朔望満干潮位の間を三角分布で近似し，これに高潮偏差も確率変数として付加している．また，合田・高木の場合には潮汐振幅 A_T を入力パラメータとして与え，設計潮位から下方 $-A_T$ の水位を中心とする三角分布を仮定している．

有義波周期について合田・高木は沖波波形勾配が 0.039 となるように設定したけれども，その後の合田の計算[18]では，3.1節に紹介した有義波高と有義波周期の関係である式（3.2）を用いて高波ごとの有義波周期を設定している．

なお，防波堤直立部の自重も確率変量であるけれども変動係数が小さく，6.2.2節の信頼性指標の計算においても感度係数として小さな値しか得られていない．そのこともあっ

表6-5 期待滑動量計算に用いられた設計因子とその確率特性の事例

設計因子	下迫・高橋[12]			合田・高木[16]			備考
	偏り	変動係数	分布関数	偏り	変動係数	分布関数	
沖波 $(H_{1/3})_0$	0	0.10	正規	0	0.10	正規	中央値は極値分布
有義波周期	0	0.10	正規	—	—	波高に連動	
主波向	0	[±11.25°]	一様分布				
潮位	—	—	天文潮位変動	−1.0	[潮汐振幅]	三角	設計潮位を上限
高潮	0	0.10	正規				
波浪変形	0	0.10	正規	−0.13	0.10	正規	
個別波高	—	—	レーリー	—	—	レーリー	
個別周期	0	0.10	正規				
波力	0	0.10	正規	−0.09	0.10	正規	
摩擦係数	0	0.10	正規	+0.10	0.10	正規	特性値は0.60

て，上記の2研究ではケーソン自重を確定値として扱っている。

設計因子の確率分布特性については正規分布で代表させる場合が多いけれども，摩擦係数や波力推定値の実験データでは頻度分布がある上限値と下限値の中に収まっており，正規分布の理論値で予測されるような裾の広がりを示さない。例えば，摩擦係数では平均が0.636に対して最小値は0.45，最大値は0.91であった。Kim・Takayama[19]は正規分布の両裾に上下限値を設けた分布関数を導入し，期待滑動量の計算値の信頼度を高めることを提案している。そして，台風0423号によって和歌山県周参見（すさみ）漁港の消波ブロック被覆防波堤が滑動した事例を解析し，波力と摩擦係数を修正正規分布[20]で表示した滑動量が被災実態と合致することを例示している。

表6-5の例に見るように，確率変量としてどのような設計因子を取り入れるか，またその確率特性をどのように設定するかは研究者によって異なる。この二つの例では特定の設計ではなく，一般的な議論をしているために設計因子の選択の余地が多かったといえる。実際の設計に期待滑動量方式を利用する際には，その地点の海象条件等を勘案して設計因子の確率特性を与える必要がある。その意味で，表6-1に提示した設計因子の確率特性についての調査研究がさらに進展することが期待される。

期待滑動量の計算において特に注意すべき要因は，高波の極値分布関数である。極値分布として波高の大きなほうへ長く伸びているような関数を選択すると，ごくまれではあっても非常に大きな波高が出現し，期待滑動量が大きくなる。逆に極値分布の裾が短い場合には，期待滑動量が小さく計算される。設計地点の波浪状況が十分に明らかで極値分布関数がほぼ確定している場合には，その関数を使用する。極値分布関数が未定のときや，そこで使われている分布関数に疑問のある場合には，周辺海域の極値分布関数を参照し，分布の関数形ならびに尺度母数や位置母数の値を適切に選定する。この際には，13.1.5節の裾長度パラメータに注意し，母数の値を恣意的に設定してはならない。

(3) 期待滑動量の計算と結果の利用法

期待滑動量の計算はすべてコンピュータによる数値計算である。ただし，計算量はあまり大きなものではなく，普通のパソコンで処理可能である。最終結果は，例えば設計供用期間中の期待滑動量0.18mなどと出力される。混成堤の設計として許容可能な期待滑動量の値については議論が固まっていないが，高橋ほか[21]は構造物の重要度に応じて表6-6のような累積滑動量の許容値を提案している。これは特定の波浪条件，例えば50年確率波を対象とし，沖波以外の変動要因をすべて考慮して計算した高波1事象に対する累積滑動量の期待値である。ただし，多数回の繰り返し試行計算を行って平均値として求めることは期待滑動量と同じである。

一方，下迫・多田[22]は設計供用期間内の総滑動量が確率変数として分布することを考慮し，計算で得られた総滑動量の頻度分布に基づいて所定の値を超過する割合が表6-7の

表6-6 構造物の重要度を考慮した累積滑動量の提案値
（高橋ほか：海洋開発論文集 Vol.1 (2000), pp.415-420による）

設計対象波浪	許容滑動量			
	0.03m（使用限界）	0.10m（修復限界）	0.30m（終局限界）	1.00m（崩壊限界）
5年確率波	B	C		
50年確率波		B	C	
500年確率波	A		B	C
5000年確率波		A		

注：記号A，B，Cは構造物の重要度に対応し，順に重要度が高い，普通，重要度が低いことを表す。

表6-7 構造物の重要度を考慮した総滑動量の超過確率の許容値の提案（下迫・多田：海岸工学論文集 第50巻（2003），pp. 766-770による）

構造物の重要度	総滑動量		
	0.1 m	0.3 m	1.0 m
低い	50%以下	20%以下	10%以下
普通	30%以下	10%以下	5%以下
高い	15%以下	5%以下	2.5%以下

値を満足するように設計することを提案している。

なお，二通りの提案はどちらも防波堤の滑動被害事例を概念的に参照したもので，具体的事例について検討されたものではない。将来的には，既往防波堤の多数の被災・無被害事例について総滑動量の計算を行い，より明確な許容基準が設定されることを期待したい。

(4) 期待滑動量に基づく最適設計

前項に示した許容滑動量あるいは総滑動量の許容超過確率を用いれば，特定地点の防波堤を設計することができる。なお本書ではケーソン防波堤のみを記述しているが，消波ブロック被覆堤についても波圧公式を適切に選ぶことによって期待滑動量方式に基づく設計が可能であり，下迫ほか[23]はそうした検討例を紹介している。

一般に最適設計といっても，どのような視点で最適化を図るかによって解答が異なる。設計供用期間中の被害とその復旧費用を考慮した期待総費用最小化はその一つであり，ライフサイクルマネージメントにも通じる。合田・高木[16]は「期待滑動量が許容値以下であって，かつ期待総費用が最小のものを最適設計」と定義して，モデル防波堤について設計計算波高すなわち再現期間を広範囲に変えた計算を行い，最適断面が得られた再現期間を合理的再現期間と称した。合理的再現期間と設計供用期間の比率は，当初の設計波高に比べて設計地点の水深がどれだけ深いかによって決まる。試算例では，水深が設計有義波高の1.5倍程度以下であれば設計供用期間よりも再現期間を短くとって良いけれども，水深が波高の3倍以上では再現期間を設計供用期間の2～8倍にとらなければならない。

期待総費用については三鼓ほか[24]も検討事例を発表しており，また吉岡・長尾[25]もライフサイクルコスト最小化の観点から検討を行っている。なお，信頼性設計の初期の研究として高山ほか[26]も期待総費用最小化に基づく検討を行っている。

一方，著者[18]は最適化ではないけれども，設計供用期間中の総滑動量が0.3 mを超える確率が10%以下となる条件を満たすものを最適断面と称し，ケーソンの最適幅の試算を行った。図6-2はそうした試算結果の一例である。図の横軸は相対水深，縦軸は相対ケーソン幅で，どちらも名目的設計波高すなわち当初に設定した50年確率有義波高$(H_{1/3})_{0D}$で無次元化してある。図中の曲線は設計供用期間を5～100年に設定したものであり，太い1点鎖線はこれまでの確定論的方法で設計したケーソン幅である。

確定論的方法による結果において横軸の相対水深$h/(H_{1/3})_{0D}=0.85$付近でケーソン幅が急増しているのは，設定したモデルケーソンの基礎マウンドの影響で衝撃砕波力を受けているためである。これまでの設計法が$h/(H_{1/3})_{0D}=2.2$付近で第2のピークとなるのは，不規則波の砕波変形の略算式において最高波高H_{max}が水深に比例する領域から$\beta_{max}^{*}H_0'$の一定値に切り替わる地点に相当している。さらに$h/(H_{1/3})_{0D}=3.3$付近から沖側でケーソン幅が増加するのは，ここではケーソンの所要幅が転倒安全率で規定されるためである。

これに対して期待滑動量に基づく最適ケーソン幅が$h/(H_{1/3})_{0D}=2.2$付近を超えても増加しており，設計供用期間25年以上ではこれまでの設計法によるケーソン幅を上回ってい

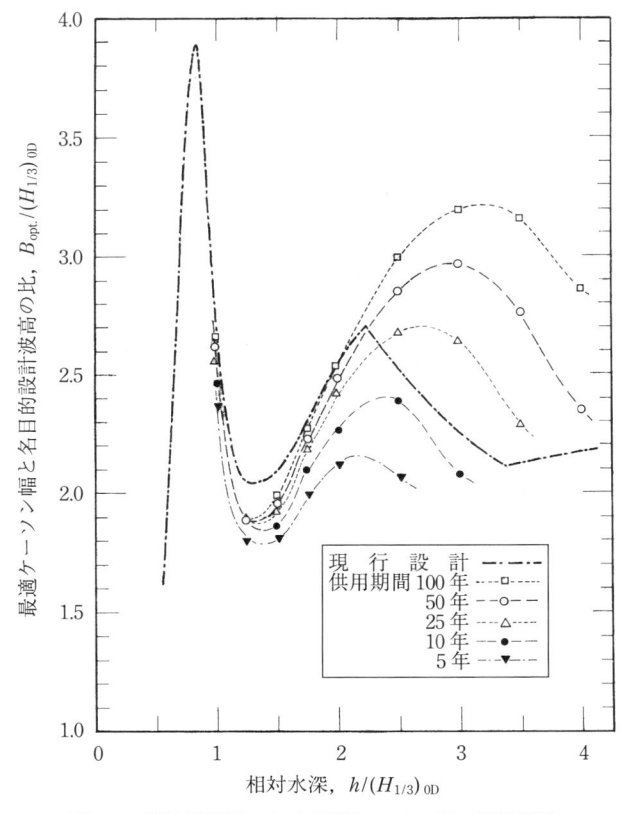

図6-2 期待滑動量による最適ケーソン幅の試算例[18]

る。すなわち，滑動安全率1.2を満足させた防波堤であっても，設計相当の高波が来襲したときにはかなり大きく滑動する可能性があることを示唆している。

6.3.3 修正レベル1法による混成堤の設計

これからの港湾の施設に要求される使用性，修復性，安全性の要求性能を満たすためには，期待滑動量の計算を行って設計波浪あるいはそれを上回る異常な高波が来襲したときの性能を点検しておくことが不可欠である。レベル1の部分係数法は所定の安全性を満たすことになっているけれども，「港湾技術基準」の指針では部分係数をすべてのケースに対して一律に規定しているため，設置水深の違いや極値分布特性その他に対するきめ細かな対応ができていない。

この問題の解決策として，吉岡ほか[27]はケーソン堤33ケースについて期待滑動量の計算を行い，総滑動量が0.30 mを超える確率を求めた。この確率の平均は2.6%であったので，これを目標信頼性指標とする試設計を行い，得られた断面についてレベル2の解析を行って信頼性指標を計算した。得られた指標値の平均が滑動量を考慮した目標信頼性指標であるので，これを目的変数とし，説明変数には波圧係数，波高の極値分布関数の裾長度ならびに相対水深を採択して線形重回帰分析を行った。これによって次のような目標信頼性指標 β の推定式を案出した。

$$\beta_{\text{SLT}} = 2.40 \times \max\{0.60, (2.7 + 0.2\alpha_1 - \alpha_2 \cos^2\beta_{\text{dir}} - 1.6\varkappa)\} \tag{6.22}$$

ここに，α_1，α_2 は4.1.2節の式 (4.9)，(4.10) の波圧係数，β_{dir} は波の入射角，$\varkappa$ は次

に定義するパラメータである。

$$\chi = \begin{cases} \gamma_{50} & : \gamma_{50} \leq 1.2 \\ 1.2 & : \gamma_{50} > 1.2, \quad h/(H_{1/3})_{0D} \leq 3.0 \\ \max\{1.0, (2.4-\gamma_{50})\} & : \gamma_{50} > 1.2, \quad h/(H_{1/3})_{0D} > 3.0 \end{cases} \quad (6.23)$$

ここに γ_{50} は 13.1.5 節に述べる裾長度パラメータで，波高の極値分布関数の裾の広がりを表す．また $(H_{1/3})_{0D}$ は当初に設定した 50 年確率有義波高である．なお，衝撃砕波圧の作用が考えられる場合には α_2 を式（4.26）の α^* で置き換える．式（6.23）では裾長度パラメータに依存するパラメータ χ の上限値が 1.2 で抑えられ，そのときに目標信頼性指標 β_{SLT} が最小となる．しかし著者の数値計算[19]によれば，γ_{50} の増加とともに最適断面が増加するはずであるので，式（6.23）についてはさらに検討が必要と思われる．

しかしながらこの修正式の使用によって，破壊確率の評価結果のばらつきが大幅に減少した．そして，吉岡ほか[24]はこの方法を修正レベル 1 設計法と名付けている．信頼性指標の値が変われば式（6.20）を用いて部分係数の値が変更される．ただし吉岡ほかは，感度係数 α などは「港湾技術基準」第 4 編第 4 章の表-2.2.1.1 の数値のまま用いてもよいとしている．

なお，吉岡ほか[28]は消波ブロック被覆堤についても期待滑動量の計算結果に基づく信頼性指標の修正式を提案している．ただし，説明変数として設置水深や設計波高などの次元量も採択しており，さらに改良の余地があるように思われる．

【例題 6.1】
高波の極値分布関数が裾長度 $\gamma_{50}=1.17$ を持つような地点で 50 年確率有義波高が $(H_{1/3})_{0D}=7.5$ m と与えられた．沖波の有義波周期は $T_{1/3}=12$ s である．水深 $h=18$ m の地点でケーソン式防波堤を設計するための部分係数を設定せよ．ただし，この地点の入射角度は $\beta_{dir}=15°$ であり，海底勾配は 1/20 とする．

【解】
波圧係数を計算すると，$\alpha_1=0.838, \alpha_2\cos^2\beta_{dir}=0.118$ となるので，目標信頼性指標が次のように算定される．

$$\begin{aligned}\beta_{SLT} &= 2.40 \times \max\{0.60, (2.7+0.2\times 0.838 - 0.118 - 1.6\times 1.17)\} \\ &= 2.40 \times \max\{0.60, 0.878\} = 2.11\end{aligned} \quad (6.24)$$

部分係数は式（6.20）で算定されるので，「港湾技術基準」表-2.2.1.1 の数値を使って計算すると表 6-8 の結果が得られる．

この結果では摩擦係数を大きめ，波力は小さめに見積もってよいことになり，標準的な部分係数を用いる場合よりも堤体幅を縮減できることになる．

表6-8 修正レベル 1 法による部分係数の修正値

設計因子		感度係数 α	相対比率 μ/X	変動係数 V	部分係数 γ	
					現行	修正値
摩擦係数：	f	0.689	1.060	0.150	0.79	0.83
波力，揚圧力：	P, U	-0.704	0.740	0.239	1.04	1.00
単位体積重量（例）：	γ_w	0.030	0.980	0.020	0.98	0.98

目標信頼性指標の値を変更するというのは，性能関数の値が正規分布すると仮定した場

合の目標破壊確率が設計断面ごとに変わることを意味する。それでも，混成堤の期待滑動量の超過確率の観点からみれば，同一水準の安全性が保たれることになる。設計としては，修正レベル1法でまず混成堤の標準断面を求め，さらに期待滑動量の詳しい情報を求める場合にはモンテカルロ法の数値計算を行うことになるであろう。今後は，さらに多くのケースについての検討を進めて式（6.22）の妥当性を吟味し，さらに信頼度の高い推定式を導くこと，それとともに修正レベル1設計法を普及させることが課題と思われる。

参考文献

1) Takayama, T. and Ikeda, N.: Estimation of sliding failure probability of present breakwaters for probabilistic design, *Rept. Port and Harbour Res. Inst.*, Vol. 31, No. 5, 1992, pp. 3-32.
2) 長尾　毅：ケーソン式防波堤の外的安定に関する信頼性設計法の適用，土木学会論文集，No. 689/I-57，2001年，pp. 173-182.
3) 長尾　毅：ケーソン式防波堤の外的安定に関する信頼性設計手法の提案，国土技術政策総合研究所報告，第4号，2002年，26 p.
4) 下迫健一郎・高橋重雄：期待滑動量を用いた混成防波堤の信頼性設計法，港湾技術研究所報告，第37巻　第3号，1998年，pp. 3-30.
5) 星谷　勝・石井　清：「構造物の信頼性設計法」，鹿島出版会，1986年，208 p.
6) 前出5)の4.1節.
7) 前出5)の4.3節.
8) 国土交通省港湾局監修：「港湾の施設に関する技術上の基準・同解説」，日本港湾協会，2007年.
9) 長尾　毅・大久保　昇・川崎　進・林　由木夫：信頼性設計法による防波堤の全体系安全性（第3報）—レベル1，2の設計法の適用性総括—，港湾技術研究所報告，第37巻　第2号，1998年，pp. 131-176.
10) 鷲尾朝昭・森屋陽一・長尾　毅：ケーソン式防波堤の滑動破壊における信頼性設計の制御対象に関する研究，海岸工学論文集，第50巻，2003年，pp. 906-910.
11) 吉岡　健・長尾　毅：重力式防波堤の外的安定に関するレベル1信頼性設計法の提案，国土技術政策総合研究所報告，第20号，2005年，38 p.
12) 下迫健一郎・高橋重雄：期待滑動量を用いた混成防波堤直立部の信頼性設計，港湾技術研究所報告，第37巻　第3号，1998年，pp. 3-30.
13) 湯　怡新・土田　孝：波圧作用時における防波堤基礎の支持力不足に伴う沈下量の計算法，土木学会論文集，No. 645/III-50，2000年，pp. 3-23.
14) 渡部要一・下迫健一郎・浅沼丈夫・稲垣正芳・諫山太郎：大規模水理模型実験結果に基づく防波堤マウンド期待変形量の計算法と適用例，海岸工学論文集，第53巻，2006年，pp. 821-825.
15) 阿部光信・興野俊也・長舩　徹・貝沼憲男：防波堤の信頼性設計法における時化のモデル化について，海岸工学論文集，第46巻，1999年，pp. 916-920.
16) 合田良実・高木泰士：信頼性設計法におけるケーソン防波堤設計波高の再現期間の選定，海岸工学論文集，第46巻，1999年，pp. 921-925.
17) 河合弘泰・高山知司・鈴木康正・平石哲也：潮位変化を考慮した防波堤堤体の被災遭遇確率，港湾技術研究所報告，第36巻　第4号，1997年，pp. 3-41.
18) Goda, Y.: Performance-based design method of caisson breakwaters with new approach to extreme wave statistics, *Coastal Engineering Journal*, Vol. 43, No. 4, 2001, pp. 289-316，または，海洋開発論文集，Vol. 17，2001年，pp. 1-6.
19) Kim, Tae-Min and Takayama, T.: Computational improvement for expected sliding distance of a caisson-type breakwater by introduction of a doubly-truncated normal distribution, *Coastal Engineering Journal*, Vol. 45, No. 3, 2003, pp. 387-419.
20) Kim, Tae-Min, Yasuda, T., Mase, H., and Takayama, T.: Computational analysis of caisson sliding distance due to Typhoon Tokage, *Proc. 3rd Int. Conf. Asian and Pacific Coasts (APAC 2005)*, Jeju, Korea, 2005, pp. 565-576 (in CD-ROM).
21) 高橋重雄・下迫健一郎・半沢　稔・杉浦　淳：防波堤の安定性能照査と性能設計―海域施設の新しい耐波設計―，海洋開発論文集，Vol. 16，2000年，pp. 415-420.

22) 下迫健一郎・多田清富：混成堤の性能照査型設計法における滑動量の許容値設定に関する検討，海岸工学論文集，第50巻，2003年，pp. 766-770.
23) 下迫健一郎・冨本　正・中川恵美子・大嵜菜々子・中野史丈：消波ブロック被覆堤の滑動量予測を用いた性能照査型設計法の現地への適用，海岸工学論文集，第53巻，2006年，pp. 896-900，または港湾空港技術研究所報告　第45巻　第3号，pp. 3-23.
24) 三鼓　晃・勝田栄作・榊原　弘・殿最浩司・佐藤広章：沖波特性や各種不確定要因の推定精度が異なる地点での期待滑動量と期待総費用について，海岸工学論文集，第47巻，2000年，pp. 826-830.
25) 吉岡　健・長尾　毅：ケーソン式防波堤のライフサイクルコスト最小化法に関する一考察，海岸工学論文集，第51巻，2004年，pp. 871-875.
26) 高山知司・鈴木康正・河合弘泰・藤咲秀可：防波堤の信頼性設計に向けて，港湾技研資料，No.785, 1994年，35 p.
27) 吉岡　健・長尾　毅・森屋陽一：ケーソン式混成堤における部分係数の滑動量を考慮した設定方法に関する研究，海岸工学論文集，第52巻，2005年，pp. 811-815.
28) 吉岡　健・佐貫哲朗・長尾　毅・森屋陽一：波浪の極値分布を考慮した消波ブロック被覆堤の滑動量に基づくレベル1信頼性設計法，海洋開発論文集，Vol.21, 2005年，pp. 761-766.

7. 港内静穏度と船舶係留

7.1 港内静穏度の考え方

　港にとって最も重要な機能は，貨客を迅速かつ安全に輸送すること，および船舶に安全な避泊地を提供することである。静穏な泊地を確保することは，安全な避泊地として何よりも必要であるとともに，貨客の輸送効率の面からも重要である。この静穏度という問題は，最終的には荒天時における係留船舶の動揺量あるいは係留力の問題に帰せられる。英国を中心とするヨーロッパの水理研究所では，すでに1970年代初めから，いわゆる港内の遮蔽実験において対象とするバースに模型船を係留し，その動揺の度合いを指標として港湾計画の適否を判定してきた[1]。

　一方わが国においては，港内の静穏度の良否を港内の代表地点における波高の絶対値あるいは沖波に対する波高比で判断するのを通例としてきた。例えば，1999年発行の「港湾の施設の技術上の基準・同解説」[2]の第6編水域施設4.4節では，泊地は年間を通じて97.5％以上の停泊または係留日数を可能とする静穏度を確保するものと定めており，その解説では荷役限界波高として，小型船であれば有義波高で0.3m，中・大型船であれば0.5mの数値を挙げていた。

　しかしながら，たとえ波高が同じであっても周期4秒の風波と周期12秒のうねりとでは船舶に及ぼす影響が異なるし，また同一の波浪条件であっても，船舶の大きさその他の要因によって一方は静穏と見なし，他方は危険を訴える場合がある。例えば上田ほか[3]は係留船舶の動揺シミュレーション計算を行って船舶の種類と大きさごとに荷役許容限界波高を詳細に提案している。例えば，5,000重量トンの一般貨物船であれば周期4秒の風波では有義波高0.5mまで許容できるけれども，周期10秒の波が斜め60°から作用するときの限界波高は0.20mに低下する。また，外洋に面した港湾では周期30秒以上の長周期波の影響も大きい（長周期波の概要については2.5節を参照されたい）。

　こうしたこともあって，2007年発行の「港湾の施設の技術上の基準・同解説」[4]の第4編施設編第3章水域施設の3節"泊地"では，泊地の要求性能として年間を通じた97.5％以上の荷役を可能とする静穏度の確保を規定するとともに，[3]静穏度の項では荷役限界波高の設定に当たって，船舶の種類，大きさ，荷役特性，ならびに波浪の波向および周期等を考慮するように述べている。また，その際には「港内長周期波影響評価マニュアル」[5]を参考にすることができるとしている。

　このように複雑かつ多様な港内静穏度の問題を検討するに当たっては，以下に述べる諸要因について調査・解析することが必要である。

1. 港外波浪・風の把握
    a． 波浪の出現率
    b． 波浪のスペクトル特性
    c． 長周期波の特性と出現率

d．風向別の風速の出現率
2．港内波浪・風の現況把握
a．既存資料による港内波浪の出現率の推定
b．長周期波を含めた港内波浪の観測
c．数値計算・水理模型実験による港内波浪の推定
3．係留船舶の挙動解明
a．荒天時の係留船舶の動揺観測
b．係留船舶の動揺シミュレーション
4．港湾施設の変更による静穏度の改善
a．防波堤の配置や天端高の見直し
b．港内消波施設の再配置
c．船舶係留システムの改善
d．長周期波に対する消波構造の開発と設置
e．ウインドスクリーンの適正な設置
5．波浪予測による荒天時の対応
a．過去のデータによる通常波浪とうねり，長周期波の相関性の分析
b．波浪予報の実施と併せたうねり，長周期波の予測

　上記のうちでウインドスクリーンというのは，例えば冬期に特定の方向からの強風によって船舶係留に困難を来すような港において，風上側に設置する風を弱めるような防風施設をいう。旧運輸省第一港湾建設局において新潟港などを対象として調査研究されたことがあるが，実施は見送られている。

7.2　港内波浪出現率の推定法

(1)　推定の手順

　泊地の静穏度は前節に述べたように，まず荷役限界波高を設定し，それを超えない波高の出現率を97.5％以上とすることが求められる。ここでは，そうした港内の波高出現日数を推定する手順について説明する。作業としては以下のような手順になる。
1)　港外における波浪出現率表の作成
2)　港内波浪の推定地点の選定
3)　入射波に対する港内の波高比の推定
4)　入射波高の階級別の港内波高の計算
5)　港内波高の超過出現率の計算

　なお，以下では説明を簡単にするために周期については階級別の整理をしていない。文献[5]の付録Bでは周期帯別の整理法を示しているので，参照されたい。

(2)　港外における波浪出現率

　港外における波浪の出現率は，実測値または推算値に基づき，年間の波向別波高超過出現率表として整理する。出現率は静穏日数も含めた全度数に対する百分率として表しておく。こうした波浪出現率のデータは5年間以上の資料に基づくのが標準であるが，資料が不足の場合は3年間程度でもやむを得ない。ただし，連続する3年間よりも，隣接港の波浪記録あるいは強風の統計などを参照して，波の荒かった年，平均的な年，および波の穏やかであった年を組み合わせることが望ましい。実測記録がない場合には，波浪推算作業

表7-1　波向別波高超過出現率の例[6] ——秋田港（1974年）——

波　向	比　率 (%)	有　義　波　高　$H_{1/3}$						
		0 m以上	1.0 m以上	2.0 m以上	3.0 m以上	4.0 m以上	5.0 m以上	6.0 m以上
SW	1.4	1.4	0.4	0.1	0	0	0	0
WSW	29.0	29.0	9.2	2.5	1.2	0.5	0.3	0.1
W	68.2	68.2	21.6	6.2	2.8	1.2	0.7	0.2
WNW	1.4	1.4	0.4	0.1	0	0	0	0
計	100.0	100.0	31.6	8.9	4.0	1.7	1.0	0.3
卓越周期 $T_{1/3}$		7.0 s			9.0 s		11.0 s	

を1日数回の波浪状況を対象として当該期間の毎日について行う。

波向としては，16方位の各方向ごとに整理するのが標準である。ただし，波浪資料が不十分なときは8方位分割を用いるのもやむを得ない。波高・周期のデータに比べて波向の観測資料は著しく不足しており，観測資料に基づいて波向別波高出現率表を作成することができる港は少数例に属する。したがって，一般には強風の資料およびうねりの来襲特性を勘案し，担当者が適宜判断して出現率表を作成することになろう。

計算例として，旧運輸省第一港湾建設局が秋田港で1974年1～12月の期間に波浪観測を継続して作成した波向別波高超過出現率を表7-1に示す[6]。この例は後述のように港内実測データとの対比の関係で1年間だけの出現率を示したもので，観測そのものは長期間にわたって実施されている。なお，波向はミリ波レーダーによる観測結果から推定したものである。

この例では波高の区間幅を1.0 mとしているが，内湾など比較的静穏な海域にあっては0.5 mまたはそれ以下を用いるのがよい。また，波高の超過出現率はさらに周期別に2～3区間に細分するのが望ましいけれども，周期の分割数に比例して作業量が増大するので，波向の推定精度その他を考え，その兼ね合いで判断することになる。周期を分割しない場合には，波向ごとあるいは波高の2～3階級ごとに卓越周期を定め，港内波高比を推定するときのデータとする。

なお，港内発生波も静穏度の要因として問題になるような港では，港内発生波の大きさについて検討し，風資料その他を参照して港外波浪の大きさとの関係を把握しておく。もちろん，こうした関係は明確に定義できるものではないが，概略でも関係づけておくことが必要である。港外波浪の波向と，港内発生波が問題になるときの風向が大きくずれるような港では，港内発生波だけの波浪出現率表（静穏日を含めた全日数に対する百分率）を作成しておくことも必要である。

(3) 港内波浪の推定地点の選定

港内における波浪の推定は，その港の利用状況を代表する地点について行う。港内静穏度を水理模型実験で検討する場合には港内を幾つかのブロックに分け，各ブロックごとに数点～十数点を選ぶ。港内波浪の出現率を計算するときはブロックごとの平均値を使えばよい。次項に述べる数値計算によって港内波高比を求める場合には，多数の計算点で波高比が打ち出されるので，これも適当なブロックに分けて平均値を算出して使用する。こうした推定地点は，岸壁の直前や隅角部など反射波の干渉や集中の著しい場所を避け，泊地等の中央部などを選ぶのがよい。

(4) 港口からの進入波の波高比の推定

港内波浪の主体は港口からの進入波であり，その波高は水理模型実験や数値計算によって推定する。港内波高の数値計算法は1960年代後半から規則波を対象としたいろいろな

手法が開発されてきた。しかし，1981年に高山[7]が多方向不規則波の港内波高分布計算法を開発したことによって，これが標準的な手法として港湾計画の実務に広く使われてきた。この方法は方向スペクトル波浪を対象とし，港内での多重反射や2次回折などを考慮したものである。しかしながら，一様水深の場を対象とするため，港内で水深が変化する状況に対応できない難点があった。これを解消したのがブシネスク方程式を用いた波浪変形計算モデルで，（独法）港湾空港技術研究所で開発されたものである[8],[9]。このモデルは計算に多大な演算時間を要するものの，計算精度は高いと考えられる。長周期波の計算にも十分に利用可能であり，短周期波の場合よりも格子間隔を大きくとれるので，演算時間は相対的に短くて済む。なお，このモデルはNOWT-PARI Ver. 4.6c5a（2007年現在）として公開されている。

水理模型実験で多方向不規則波が使用可能な場合には，実験結果をそのまま用いればよい。単一方向不規則波を用いて実験する場合には，数方向の波向について実験し，その結果を次式で合成するのがよい。

$$K_{\mathrm{eff}} = \left[\frac{\sum K_j^2 D_j}{\sum D_j}\right]^{1/2} \tag{7.1}$$

ここに，K_j は j 番目の波向の入射波に対する港内の特定地点あるいは特定ブロックの波高比，D_j は3.2節の表3-2に示した波向別のエネルギー比，K_{eff} は波浪の方向分布特性を考慮した波高比である。この式は，各波向ごとの波高比を波向別のエネルギー比を重みとして2乗平均したものである。

表7-1に示した秋田港の例では，南防波堤（法線はほぼNW方向）の先端から防波堤沿いに約800 m入り，それから直角に約620 m離れた泊地の1地点で港内波浪を観測していた[*]ので，その地点の波高比を不規則波に対する半無限堤の回折計算で推定した。この結果が表7-2に示されている。なおこの例では，周期による回折係数の変化が比較的小さく，入射波の卓越周期の影響はあまり著しくないといえる。

表7-2 港内対象地点における不規則波の回折係数[6]

波向	回折係数		
	$T=7$ s	$T=9$ s	$T=11$ s
SW	0.101	0.116	0.130
WSW	0.277	0.290	0.303
W	0.508	0.587	0.595
WNW	0.849	0.852	0.855

(5) 防波堤の越波による伝達波の推定

防波堤を越波して港内に伝達される波浪については，まず波高伝達率を3.9節の図3-51その他を用いて推定し，入射波高の種々の値に対する伝達波高の値を求める。秋田港の例では天端高が $h_c = 5.0$ m，水深が $d = 8.5$ m，$h = 12.0$ m なので，伝達波高と入射波高の関係が表7-3のように求められた。

表7-3 伝達波高の推定値[6]

入射波高 H_I(m)	1.0	2.0	3.0	4.0	5.0	6.0
伝達波高 H_T(m)		0.03	0.06	0.09	0.24	0.45	0.81

---

[*] この観測成果の一部は，不規則波の回折計算の検証データとして図3-17に例示してある。

伝達波は伝達率としてではなく，伝達波高の絶対値として求めておく。

伝達波の伝播については3.9.3節に述べたようにほとんど分かっていないのが現状である。しかし，実務計算としては何らかの推定をしなければならない。一つの方法は，港内の対象地点に対してある範囲の波向については伝達波がその波高のまま伝播し，それ以外の波向については伝達波が到達しないと見なすものである。伝達波の港内での波高変化を伝播係数と呼ぶことにすれば，前者は1.0，後者は0の値を与えたことになる。もう一つの方法は，越波部分を仮想防波堤の開口部と見なし，回折波の伝播の考え方を準用するものである。対象とする港の形状などから適宜判断して伝播係数の値を設定する。

(6) 港内の波高超過出現率の推定

まず，港内波高を港外の波浪出現率の波高階級ごとに各波向について計算する。この際，港口からの進入波は(4)項で推定した波高比を用いて港内波高の絶対値として計算し，(5)項の越波伝達波高との2乗和の平方根値として合成波高を求める。これは，3.7節で述べた式（3.47）のエネルギー合成の考え方に基づいている。秋田港の例についてこの計算を行った結果が表7-4である。なお，港内発生波も問題となる場合には，港外波浪の階級ごとの港内発生波高を考え，これをエネルギー的に加え合わせる。

表7-4 回折波および伝達波の合成結果[6]

波向		H_I(m)					
		1.0	2.0	3.0	4.0	5.0	6.0
SW	H_d	0.10	0.20	0.35	0.46	0.65	0.78
	H_T	0.03	0.06	0.09	0.24	0.45	0.81
	H_S	0.10	0.21	0.36	0.52	0.80	1.12
WSW	H_d	0.28	0.55	0.87	1.16	1.52	1.82
	H_T	0.03	0.06	0.09	0.24	0.45	0.81
	H_S	0.28	0.55	0.87	1.18	1.59	1.99
W	H_d	0.51	1.02	1.76	2.35	2.98	3.57
	H_T	0.03	0.06	0.09	0.24	0.45	0.81
	H_S	0.51	1.02	1.76	2.36	3.01	3.66
WNW	H_d	0.85	1.70	2.56	3.41	4.28	5.13
	H_T	0	0	0	0	0	0
	H_S	0.85	1.70	2.56	3.41	4.28	5.13

注：越波伝達波の伝播係数はSW〜Wまでは1.0，WNWについては0とした。

港内波高の計算結果は，各波向ごとの波高超過出現率と組み合わせて，それぞれの波向の入射波による港内波高の超過出現率曲線を描く。これは，図7-1のようにまず港外の超過出現率曲線を描き，各点の波高値を表7-4の関係に従って左側へ水平移動することによって求められる。この曲線は，移動した後の各点を滑らかに結んで描くのがよい。

次に，この曲線からあらかじめ設定した波高ごと，例えば0.25m，0.5m，1.0mなどについて超過出現率を読み取り，表7-5のような様式で記入する。各波向についてこの作業を行ってその結果を集計すれば，表7-5の最下段のように港内における波高の超過出現率が求められる。図7-2はこの結果を図示したもので，黒丸が港内波浪の計算値，白丸が港外波浪の実測値である。図中の×印は港内の同一地点において実際に1年間観測した結果（測得率84％）である。港内の実測値に比べて計算値は波高1.5m以上の出現率をやや高めに推定しているけれども，推定作業の精度を考えれば良好な一致を示しているといえよう。

表7-5 港内波高超過出現率（％）の推定結果[6]

沖波の波向	港内波高 H_s (m)					
	0 m以上	0.5 m以上	1.0 m以上	1.5 m以上	2.0 m以上	2.5 m以上
SW	1.4	0	0	0	0	0
WSW	29.0	3.0	0.8	0.4	0.1	0
W	68.2	21.5	6.5	3.0	2.0	1.2
WNW	1.4	0.4	0.1	0	0	0
計(全方向)	100.0	24.9	7.4	3.4	2.1	1.2

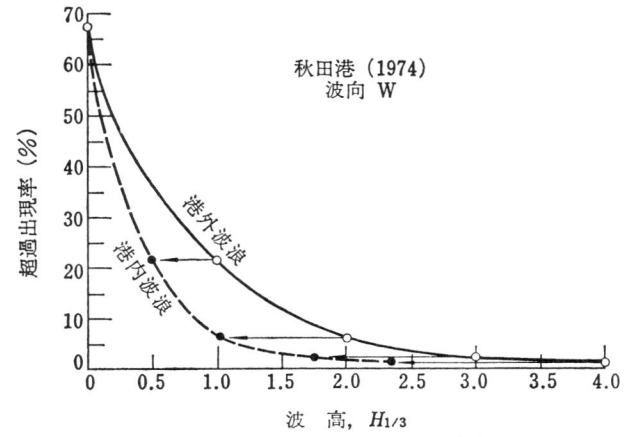

図7-1 港内波高の超過出現率曲線の作成方法

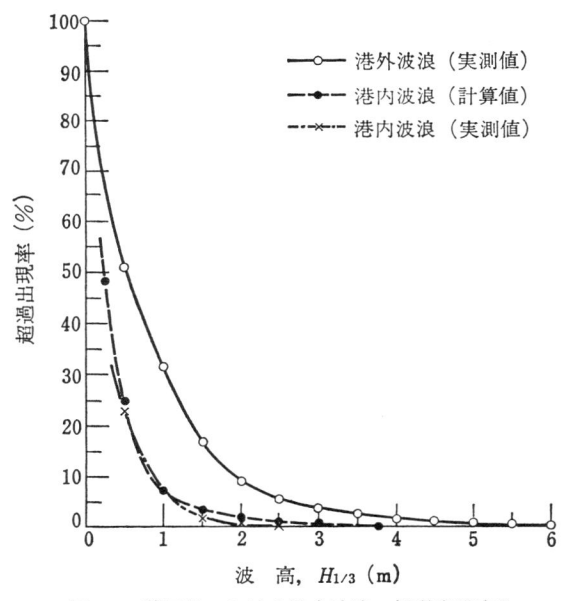

図7-2 秋田港における港内波浪の超過出現率[6]

　以上のような手順を踏めば，港内の波浪出現率が定量的に把握できることになる。その結果を百分率×365日として出現日数に換算すれば一層分かりやすくなる。こうした推定作業の結果をどのように利用するかは今後の課題である。港内の泊地や岸壁前面などの波高をどの程度に抑えるべきか，例えば波高0.5m以上の波の出現日数を年間何日以下にすべきかは，経済的，社会的要因との関連もあって一概には言えない。しかし，表7-5 あ

るいは図 7-2 のようなデータを蓄積することによって，港湾の利用効率を定量的に評価する基盤が整備され，共通の認識が高まるものと期待される．それと同時に，こうした推算だけでなく，港内波浪の実測を行って波浪出現率を把握するとともに，係船，荷役等の作業限界を定量的にとらえる努力を続けることが望まれる．

(7) 港内の最大波浪に対する検討

前項まではどちらかといえば港湾の利用効率から見た静穏度のアプローチであり，中程度以下の波浪が主な対象である．しかし，荒天時に船舶の安全な避泊地を確保し，港湾施設を防御するという防波堤の機能の面からは，数年に1度，あるいは数十年に1度というような高波の際に港内がどのような波浪状況になるかを把握しておく必要がある．前項までの波浪統計資料が長期間のデータで裏付けられている場合には，波高の上限値付近の波に対する推定結果を用いて，こうした高波に対する検討を行うことが可能である．しかし，一般にはこうしたデータが不足しているので，設計波相当の波に対する港内波浪の推定作業を別途行う必要があろう．

荒天時における港内波浪の許容値についても，基準となるものはいまだ確立されていない．理想的には，設計波の来襲時であっても港内の主要水域が有義波高 1 m 以下に抑えられていることが望ましい．いずれにしても，港内の静穏度の基礎データとして，出現率を併示した波高の絶対値で港内の波浪状況を表示する方式をまず定着させ，そうしたデータを各港について蓄積することが必要と考えられる．

7.3 港内静穏度の向上のための港湾計画

本章の最初に述べたように，港内静穏度は波高だけで決まる問題ではないけれども，静穏度を向上させるにはまず第一に港内波高を低減させなければならない．これは港湾計画における重点項目であって，港湾技術者が最も苦心する点であり，鈴木雅次著『港工学』[10] をはじめ幾多の成書に例を挙げて説明されている．したがって，いまさら論ずることもないようであるが，港湾計画の実施例を見聞すると諸先輩の経験が十分に生かされていないような面もあるので，以下に思いつく事項を列挙する．

1) 港の形は懐を広く取る

地形の関係や，港を逐次拡張してきた経緯などから港内が狭い港が時折見られるけれども，これでは港口からの進入波がなかなか減衰せず，反射を繰り返しやすい．港の計画に当たっては将来のことも考えて，港内の水面積をできるだけ広く取るようにすべきである．

2) 港内で港口を通して外海が見通せる部分は砂浜あるいは消波構造とする

港内の波高を低減させる最大の要点は，港口から波を入れないこと，波が入ったならば最初の到達地点でまず波を抑えてしまうことである．いわば，玄関口でまず波を抑え込んでしまうわけである．港口から波が真っすぐに入ってくる所に直立の護岸，岸壁などを設けたりすると，進入波が反射されて港内を荒らすことになるので，これは絶対に避けなければならない．図 7-3 は尾崎[11] が示した S 港の例であり，物揚場 AB は，埠頭 DC からの反射波のために静穏度が維持できず，対策に苦慮したとのことである．

港口からの進入波の到達地点は波向によって異なるので，標記のように港内に立って港口を通して外海が見えるような個所はすべて波の直接進入領域と考え，砂浜あるいは消波構造とするのが無難である．図 7-4 はこれを模式的に示したもので，(A)～(C) の例のいずれも港内から外海を見通せる境界を 1 点鎖線，および 2 点鎖線で示してある．図中の×

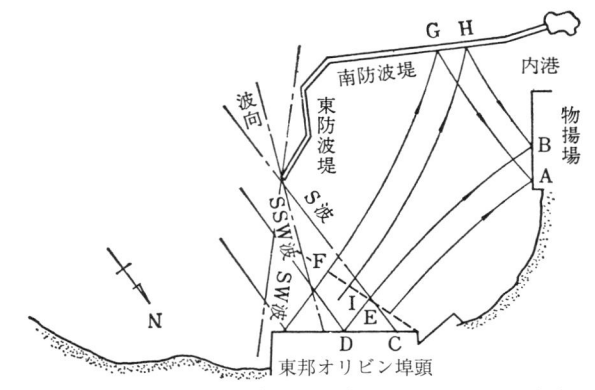

図7-3 反射波による港内擾乱の事例（尾崎晃，土木学会水工学シリーズ65-17，1965年，p.6による）

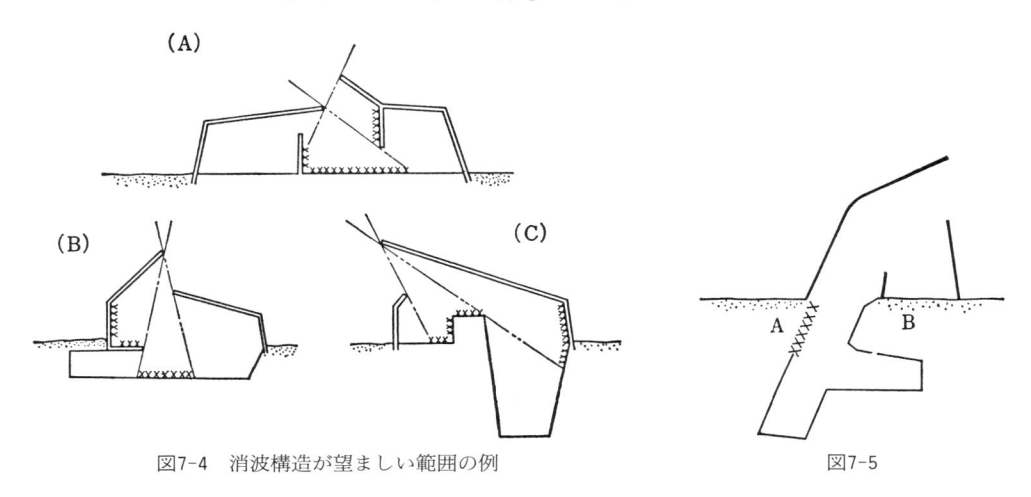

図7-4 消波構造が望ましい範囲の例

図7-5

印を連ねた部分が消波構造が望ましい範囲である。

3) 小型船用の港や船だまりは海側から懐を見透かされないようにする

　小型船舶はわずかの波でも動揺するので，波高は極力小さく抑える必要がある。このため，小型船用の港や船だまりの入口には波除堤などを設けて波の進入を防止するようにし，特に外防波堤と波除堤を重ね合わせて外海から波が直進して入ってくることがないようにする。これはマリーナなどでは特に重要な点である。さらに，波除堤を回折して内部へ進入する波が最初にぶつかる個所は消波構造あるいは斜路とし，回折波が反射されることのないようにすることが大事である。

4) 港内は全周を直立構造とせず，一部分を消波構造として残しておく

　もし港内の水際線がすべて直立構造になっていると，港内に進入した波は水際線の各所で反射を繰り返し，港内に多重反射波が形成される。これは，静穏度にとって最も悪い条件である。港内の荷扱能力を上げようとして，在来の砂浜や岩礁部分を岸壁や物揚場に改造することがしばしば行われる。しかし，不注意にこれを行うと反射波のために静穏度が悪化して港全体の利用効率が低下したりするので，港の改良工事は慎重に計画する必要がある。

　例えば，図7-5のような港では消波護岸Aおよび砂浜Bはこのまま残すべきであり，これらを岸壁等に改造することは望ましくない。事実，Bの砂浜を埋め立てて直立護岸を設けたために港内の静穏度が悪化した港の例がある。

5) 防波堤の裏側での波の反射にも注意する

　港の形によっては，港口からの回折波や港内で一度反射された波が防波堤の裏側にぶつかることがある。捨石あるいはブロックの傾斜堤であれば波がぶつかってもあまり反射波を生じないけれども，混成堤の場合には裏側も直立な壁なので，波をほとんどそのまま反射する。前述の図7-3は，防波堤の裏側での波の反射が静穏度を悪化させている例である。また，図7-6は尾崎[11]が示したR港の例で，引用された時点では南防波堤の延長が不十分なために，既設導流堤による反射波が内港入り口付近を荒らすことがあった。

　防波堤の計画の際には外からの波の進入防止の機能についてのみ考えがちであるけれども，それだけでは検討不足であり，防波堤そのものが港内での反射源となって港内水域を荒らすことがないか十分に注意し，必要な場合には防波堤の裏側を消波構造とすることを検討すべきである。

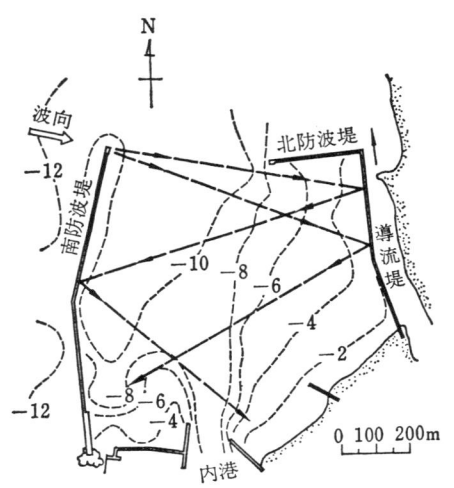

図7-6　防波堤による反射の事例（尾崎晃，土木学会
水工学シリーズ65-17，1965年，p.7による）

6) その他

　なお，静穏度の向上策の一つとして，直立消波構造の岸壁，護岸の採択が挙げられる。これはスリットケーソンや孔あきケーソン，あるいは特殊な形状の消波ブロックを積み上げて内部に遊水部を設けた構造である。これらは，波の上下に応じて内側の遊水部に通じるスリット，孔，空隙などを水が噴流状態となって出入し，その際のエネルギー損失が主になって波を消すものと考えられる。

　波の条件（主に周期または波長）に応じて適切な規模のものを選定すれば，3.7節の図3-39の例のように，反射率を30％程度にまで低下させることができる。しかし，条件が合わないと反射率が1に近いままのこともあるので，水理模型実験等で性能を確認することが望ましい。また，設計潮位において床版下面との間に十分なクリアランスを取り，内部の水の動きを妨げないようにすることが必要である。なお，岸壁の場合は船舶が係留されていると波が船によって反射されてしまい，全体としての反射率が高くなるので，こうした点にも注意する必要がある。

7.4 係留船舶の動揺

(1) 浮体の運動モードと基本方程式

　港内の静穏度を最終的に評価するものは，7.1節に述べたように港湾の安全性であり，その際には港に係留された船舶の動揺量が重要な判断資料となる。しかし，防波堤や護岸のように1個所に固定された構造物と異なり，水面に浮かんでいる船舶は運動の自由度があるだけに，画一的な計算手順で動揺量や係留力を推定することができない。例えば，船舶が波で動かされないようにしようとすれば係留索鎖を非常に強固なものにしなければならず，係留力も強大なものとなる。しかし，船舶が漂流しない程度に緩やかに係留しておけば，動揺量が大きくなるけれども係留力は小さくてすむ。すなわち，動揺量は使用する係留装置によって変化するので，動揺量の解析結果を見たうえで係留装置の仕様を変更し，動揺解析を繰り返すことが少なくない。

　こうした船体動揺と係留の問題を理解するためには，まず浮体の運動特性を知る必要がある。浮体は一般に，3方向の並進運動と3軸回りの回転運動をすることができる。すなわち，6個の運動の自由度を持つ。この6種類の運動モードは次のように呼ばれている。

① サージング（surging，前後揺れ）……浮体の長手方向の並進運動
② スウェイング（swaying，左右揺れ）…浮体の横方向の並進運動
③ ヒービング（heaving，上下揺れ）……浮体の全体としての上下運動
④ ローリング（rolling，横揺れ）………浮体の横方向の回転運動
⑤ ピッチング（pitching，縦揺れ）………浮体の縦方向の回転運動
⑥ ヨーイング（yawing，船首揺れ）……重心を通る鉛直軸回りの水平回転運動

　図7-7は，この6種類の運動モードを表す。なお，原語の"ing"を省略してサージ，ヒーブなどと呼ばれることもある。

　この6種類の運動はそれぞれ独立に起きるのではなく，2～3種類の運動が相互に連携して起きる。すなわち，運動が連成するという。例えば，ローリングはスウェイングと同時に発生し，さらにヨーイングと連成することが多い。また，ヒービングが起きるとピッチングも起き，どちらか一方を止めることは難しい。サージングだけは，船のように細長くて左右対称な形の浮体であれば，ほかの運動とは連成せずに独立である。

　波や風を受けたときの浮体の運動は，①～⑥の運動モードごとに運動方程式を立てて解くのであるが，運動が連成しているために，6次元の連立2階微分方程式となる。すなわち，

$$\sum_{j=1}^{6}\{(M_{kj}+m_{kj})\ddot{x}_j+N_{kj}\dot{x}_j+C_{kj}\dot{x}_j|\dot{x}_j|+B_{kj}x_j+R_{kj}(x_j)\}=X_k(t) : k=1\sim 6$$

(7.2)

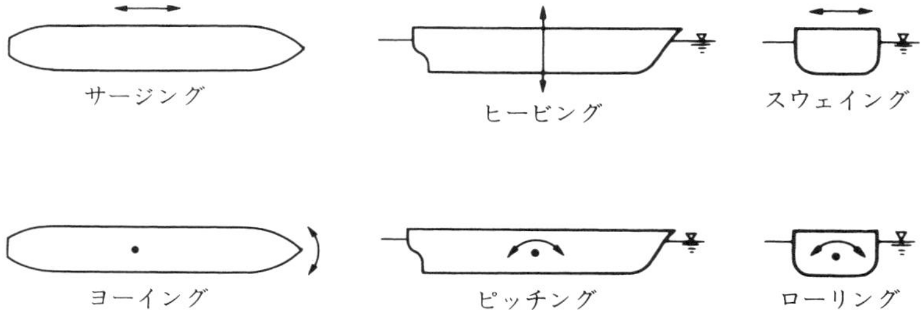

図7-7　船体の6自由度の運動モード

ここに，k は上述の①〜⑥の運動モードにそれぞれ対応し，j はこれに連成する運動モードを表していて x_j が連成運動の変位あるいは回転角である。M_{kj} は浮体の慣性力マトリックスといい，浮体が j 方向に運動することによって k 方向へも慣性力が働くときの質量あるいは慣性モーメントを表す。m_{kj} は付加質量係数といい，浮体が水中で j 方向に運動して波を造ることによって k 方向の流体抵抗（以下，回転運動のときはモーメントについて言う）を受けるとき，その加速度に比例する成分の係数である。この流体抵抗のうち，速度に比例する成分の係数が造波減衰係数であって N_{kj} で表されている。C_{kj} は抗力で表されるような非線形な減衰力の係数である。次の B_{kj} は浮体の変位に比例して働く静的復元力の係数であり，R_{kj} は係留装置からの拘束力である。この係留力は一般に非線形であるので，$R_{kj}(x_j)$ のような関数表示が用いられる。右辺の $X_k(t)$ は，浮体に作用する波，風，流れなどの k 方向の外力を表し，いずれも浮体が固定された状態のときに働く力として算定して与える。

式 (7.2) の左辺は，このように浮体の運動によって生じる慣性力や抵抗力を表し，これが右辺の外力と釣り合って浮体の運動が規定される。水面に自由に浮かんでいる浮体であれば係留力がゼロであるので，外力 $X_k(t)$ に応じて浮体の運動 x_j が決まる。浮体を完全に拘束して $x_j=0$ とすると，外力がそのまま係留力となる。ただし，通常の係留装置では，浮体の固定状態に作用する外力を受け止めるだけの耐力は持っておらず，浮体の運動をゼロにすることは不可能である。

外力 $X_k(t)$ の中で浮体に特有なものに波浪漂流力と呼ばれるものがある。これは，波が浮体をゆっくりと波の進行方向に押しやる力を指す。比較的に細長い形の浮体が横方向から波を受ける場合については，次式のように与えられる[12),13)]。

$$F_D = \frac{1}{16}\rho_w g H_I^2 B(1+K_R^2-K_T^2)\left(1+\frac{4\pi h/L}{\sinh 4\pi h/L}\right) \qquad (7.3)$$

ここに，ρ_w は海水の密度，H_I は入射波高，B は浮体の投影幅，K_R と K_T は浮体の反射率と透過率，h は水深，L は波長である。浮体が縦方向から波を受ける場合や3次元形状の場合には波浪漂流力の計算がやや複雑になるけれども，波高の2乗に比例する性質は変わらない。この波浪漂流力は，沖合で船を多点ブイに係留するときや浮防波堤などの係留力の最小値を規定する。また，不規則波中の高波の連なり（10.2節参照）に伴って漂流力も緩やかに変動し，これが係留船舶の長周期動揺の一つの原因となる。

なお，こうした浮体の係留問題の解説および各種の流体力や波浪外力の詳細については文献[14)〜17)]等を参照されたい。

(2) 船舶の係留と係留系の固有周期

船舶の係留方法は，係留される場所によって異なる。荒天時に沖合で錨泊しているときは，自船の錨鎖と機関推力だけが頼りである。1点係留ブイではブイに備え付けの専用係留索が用いられるが，船だけでなくブイの運動も同時に考慮しなければならない。シーバースや一般の係船岸では，係留索と防舷材が係留装置を構成する。

係留索はワイヤロープまたは繊維ロープであり，船舶がそのトン数に応じて備え付けている規格・本数のものが使用される。船舶の保有する係留索は，通常の状態で荷役を円滑に行えるように船を係船岸に固定することを目的としているので，それほど強固なものではなく，強風・高波浪時には係留索が破断されることがある。港によっては荒天対策として専用の係留索を備える場合もある。ただし，船の甲板上のビットの強度の問題があり，使用できる強度には限界がある。係船岸に船を係留したときには，係留索の位置によって

表7-6 浮体係留時の復元力

運動モード	浮体固有	係留索鎖	防舷材
サージング	×	○	×
スウェイング	×	○	○
ヒービング	○	×	×
ローリング	○	△	×
ピッチング	○	×	×
ヨーイング	×	○	△

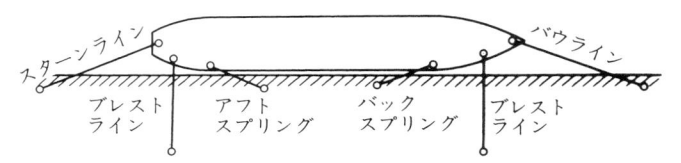

図7-8 船舶の係留索の名称

図7-8に示すような名称が付けられている。このうち，バウ（船首）ラインとスターン（船尾）ラインは主としてサージング防止，ブレストラインはスウェイングとヨーイング防止のためのものである。スプリングラインは主として通常時に船体を固定する目的で使用し，荒天時には放すほうがよいとされている。

係留索のうちで，ワイヤロープは引っ張り荷重と伸びの関係がほぼ線形であって，伸びも比較的小さい。これに対して繊維ロープ（マニラ，ナイロンなど）は伸びも大きくしかも引っ張り荷重との関係が非線形である。このため，係留船舶の水理模型実験では，係留索の荷重・変位曲線を模型で再現するのに苦心する。なお，係留用のロープ類については文献[18]が詳しい。

防舷材は，本来は船舶の接岸時の衝撃力を吸収し，船舶外板および係船岸に損傷を与えないようにすることを目的として設置されている。ただし，荒天時の係留に際しては船舶の動揺を抑制する要素として重要になる。防舷材は圧縮に対してのみ機能し，しかも荷重と変位との関係が非線形である。

係留船舶の運動の固有周期は，船舶の質量（慣性モーメント）と復元力によって定まる。運動のモードごとに復元力として働く要素を表7-6に示す。ヒービングとピッチングに対しては係留装置は無力であり，浮体としての静的復元力のみが有効である。したがって，固有周期は自由浮体としての数秒～十数秒である。ローリングは，係留索や防舷材の取り付け位置によってはある程度抑えることができるけれども，その効果は小さく，自由浮体としての固有周期とほぼ変わりない。これに対してサージング，スウェイング，およびヨーイングは浮体自体に復元力が無く，主として係留索の弱い拘束力が復元力となる。このため，固有周期が数十秒～数分と長いものになる。これによって，係留船舶は風の息や波高の長周期変動に同調して，ゆっくりとかつ大きく動揺することが起きる。これを抑えるには，係留索を強く張って固有周期を短くすることが有効である。ただし，同時に張力が大きくなって破断の危険性が増大するので，係留索の張力調整を頻繁に行う必要がある。

(3) 係留船舶の動揺解析

浮体の運動を解析するには，前出の式（7.2）を解かなければならない。波浪中を航走する船舶の場合には係留力が存在しないので，非線形減衰力係数 C_{kj} の項を無視あるいは近似的に線形化することによって運動方程式が線形方程式となる。したがって，不規則波浪中の船舶の運動などは，波浪外力をスペクトル周波数成分ごとに分割して運動方程式を

解き，その結果を重ね合わせることによって求めることが可能である．しかしながら，係留船舶の場合には非線形な係留力が重要な復元力であり，また波高の2乗に比例する波浪漂流力も船体動揺を規定するために，線形重合せの手法が使えない．このため係留船舶の動揺解析では，外力 $X_k(t)$ の時間的変化を入力として与えて式（7.2）を数値的に解く時系列解析が基本である．外力としては，変動風および波浪のスペクトルに基づいて，$k=1~6$ の運動モードごとに船体に働く風力および波力とそのモーメントの時系列をあらかじめ計算する．不規則波中の波浪漂流力については，1波ごとの漂流力を規則波の値で近似して与える方法[19] その他が用いられる．

係留船舶の数値解析についてはいろいろな方法が開発されており，例えば上田[20] は自らの方法を用いてわが国の港湾における多数の事例について解析し，現地観測や模型実験の結果と比較して数値解析結果の妥当性を検証している．

1990年代後半から，大型の石炭運搬船の港内動揺観測がしばしば行われ，供用限界を明らかにするとともに，数値計算法の向上が図られてきた．例えば，白石ほか[21],[22] は船体動揺の時系列シミュレーションにおいて遅延関数法と呼ばれる方法を導入して長周期波の影響を取り扱い，また係留索の経年変化によって変位復元力特性が硬いバネ系に変わることを考慮して，実船の長周期動揺を再現している．また，藤畑ほか[23] は現地観測と数値シミュレーション結果と比較して，サージングとスウェイングにかかわる粘性減衰係数を従来用いられてきた値よりも小さめにとることを推奨した．さらに，安田ほか[24] は常陸那珂港での観測から，長周期波の波高 0.08~0.10 m を石炭バース運用の管理基準として検討していることを報告している．

(4) 船舶係留の動揺特性と留意事項

船舶係留の安全性の問題は，数値シミュレーションあるいは適切な水理模型実験によらなければ正しい答えを得ることができない．ただし，そうした検討を行う際にも，係留船舶の動揺特性などをある程度理解しておくことが必要である．以下，港内静穏度の観点から留意すべき事項を列挙しておく．

1) 周期の長い波浪は動揺量が大きい

従来の港内静穏度の考え方では，波高のみを指標として静穏日数等を検討してきた．静穏度に波高が直接的に影響することは当然であるけれども，これからは波高と同時に周期についても配慮することが必要である．周期の影響は船の大きさや係船方法などによって変化するが，一般的には周期が長いほど動揺量が大きくなる．したがって，うねりの影響を受けやすい港ではほかの港よりも港内波高を低く抑えることが必要になる．

なお，周期が数分以上の長周期波による港内水面の共振現象は，1960~1970年代にいろいろ研究されたけれども，特定の港湾以外は係留船舶の安全性を脅かすことはないようである．現在では，通常の波浪の中で見られる高波の連なりの現象（10.2 節参照）によって周期 1~数分の船舶動揺が発生し，これが係留索鎖との組合せによる係留船舶の固有周期に同調して増幅されると考えられている．

2) 船は横からの波・風に弱い

波・風の外力は，当然のことながら船体の作用面積に比例する．したがって，横波，横風を受けるような場所に係船岸を設けることはできるだけ避けなければならない．港湾計画上から横波を避けられないときは，ほかの係船岸よりも前面波高が低くなるように配慮する．なお，船舶動揺の数値計算の際には，波向として 10°~15°の幅を持たせることを上田・白石[25] が推奨している．

3) 陸側からの強い季節風を避ける

季節風など強風の吹く方向が限られている港では，船がその強風を陸側から受けるような位置に係船岸を計画するべきではない。陸風に対しては，船は係留索，それも主としてブレストラインで引き留めなければならないが，係留索の耐力はあまり大きなものではない。陸風を受ける位置に係船岸をやむなく設ける場合には，高さが十分にある上屋など風を遮ることのできる構造物の設置を検討する必要がある。

4) 風は周波数スペクトルを持つ変動風として考える

一般の構造物の設計では風荷重を定常外力として扱うけれども，浮体の問題では風速変動のスペクトルを考慮に入れないと動揺量や係留力を大幅に過小評価しかねない。風速スペクトルとしては，ダベンポート[26]によるものが多く使われる。予備的検討の際には，変動風のガスト率を乗じた最大瞬間風速を用いて係留力等を推定することもあるが，最終的には式（7.2）の数値シミュレーションによらなければならない。

5) 船は空載状態のときが最も動揺量が大きい

風に対しては，満載よりも空載状態のほうが暴露面積が大きいので，動揺量が大きくなるのは当然であるが，波に対しても空載状態のほうが動揺量が大きい。これは，空載時には式（7.2）の右辺の外力が小さくなるけれども，それ以上に船体の付加質量係数や造波減衰係数などが減少するためである。

6) 船舶動揺量は無係留の状態を基本に考える

これまでにも述べたように，通常の係留装置では荒天時の船舶動揺を抑える力が弱い。係留索鎖や防舷材を工夫しても，動揺量を自由浮体としての値以下にすることはかなり難しい。条件によっては，係留によって自由浮体のときよりも動揺量が若干増大することもある。なお，上田・小熊[27]は防舷材の選定に関して，最大瞬間風速（ガスト率を1.3として算定）に対する定常風荷重による防舷材の変位量と，無係留時の波浪による動揺量をそれぞれ推定し，両者の和が防舷材の許容変位以下になるように選定することを推奨している。

いずれにしても，船舶係留の問題は一般の固定構造物の概念で解くことができない。また，関連する要因の数が多いために設計公式等を導くことが難しい。いろいろ類似の事例を調査し，試行錯誤的に数値シミュレーションなどで最適な解を求める努力が必要である。

7.5 係留船舶の許容動揺量と係留障害の防止策

(1) 係留船舶の許容動揺量

係船岸やブイに係留された船舶は，風や波浪のために常に動揺しており，動揺量をゼロにすることは不可能である。動揺量の許容値は，究極的には係留ラインの耐力で決まるけれども，通常の状態では荷役作業に支障を来さない限界値として設定される。こうした係留船舶の許容動揺量は，船舶の種類と大きさ，荷役作業の形態，船舶の運動モードなどによって異なり，荷役作業の実態調査に基づいて定める。これについては1980年にブルン[28]が最初に提案し，その後1988年に上田・白石[29]がやや異なる値を提案した。上田・白石の提案値は，荷役作業を中断した約110例についてそのときの船舶動揺量を数値計算で推定し，その結果から演繹した許容動揺量の値を荷役関係者に照会して若干の修正を行ったものである。また，国際航路会議（PIANC）の第24作業グループ[30]は1995年に既往の研究成果を取りまとめており，さらに2003年には佐藤ほか[31]がコンテナ船とフェリ

表7-7 荷役作業から見た係留船舶の許容最大動揺量の総括表（文献25)~27) による）

船　種	運動のモード						出典
	サージ (m)	スウェイ (m)	ヒーブ (m)	ロール (度)	ピッチ (度)	ヨウ (度)	
タンカー（ブイ係留）	±2.3	+1.0	±0.5	±4.0	—	±3.0	ブルン
鉱石運搬船	±1.0	+1.0	±0.5	±3.0	±1.0	±1.0	上田・白石
穀物運搬船	±1.0	+0.5	±0.5	±1.0	±1.0	±1.0	同　上
バラ積み船（エレベータ／バケット）	±0.5	+0.5	±0.5	±1.0	±1.0	±1.0	PIANC
一般貨物船	±1.0	+0.75	±0.5	±2.5	±1.0	±1.5	上田・白石
コンテナ船（50%効率）	±1.0	+1.0	±0.6	±3.0	±1.0	±1.0	佐藤ほか
（100%効率）	±0.5	+0.5	±0.4	±1.5	±0.5	±0.5	
フェリー（国内中短・長距離）	±0.4	+0.5	±0.4	±1.0	±0.5	±0.5	佐藤ほか
（サイドランプ）	±0.3	+0.6	±0.3	±1.0	±0.5	±0.5	PIANC
沿岸定期船（船舶クレーン）	±0.5	+1.2	±0.3	±1.0	—	±0.5	PIANC
石油タンカー（内航）	±1.0	+0.75	±0.5	±4.0	±2.0	±2.0	上田・白石
（外航）	±1.5	+0.75	±0.5	±3.0	±1.5	±1.5	同　上
（ローディングアーム）	±1.5	+3.0	—	—	—	—	PIANC
ガス運搬船（ローディングアーム）	±1.0	+2.0	—	±1.0	±1.0	±1.0	PIANC
LNG	±0.1	+0.1	微小	微小	—	微小	ブルン

ーに関する許容動揺量を提案している。

　これらの許容動揺量の提案値をまとめて表7-7に示す。提案者によって異なる場合には，上田・白石の提案値を優先した。また，コンテナ船は佐藤ほかの提案値である。国内のフェリーについて佐藤ほかは中短距離と長距離フェリーを分けていたけれども，許容動揺量の値は同一であるのでまとめて掲載した。なお，許容動揺量は片振幅（正負号）の値であるが，スウェイの運動は非対称であり，係船岸から離れる方向の動きが大きいので正の値で表示している。

　この表でコンテナ船の50%効率というのは，荷役が全く障害なしに行われるときのコンテナ取扱量を100%として，単位時間当りの取扱量が1/2に低下することを容認する場合の動揺量である。なお，ガス運搬船に関するPIANCの提案値に比べてLNGに関するブルンの提案は極めて厳しい。これは，ブルンがこの数値を取りまとめた1970年代末の状況を反映している可能性があり，近年のLNGバースの稼働状況などを調査して再検討する必要があろう。

　巨大原油タンカーの場合には沖合の1点係留ブイに係留されることが多く，荷役限界として例えば波高1.5 m，風速15 m/sなどが設定される。また，波高と風速が3.0 mと25 m/sを超えると予測される場合には離標が勧告される。1点係留ブイの設計等については，例えば鈴木[32)]を参照されたい。

(2) 小型船舶の係留障害対策

　中・小の漁船やレジャーボートなどは荒天時に港に避難し，時化が収まるのを待つだけである。港口を防波堤で十分に遮蔽し，防波堤の天端を高くして越波水塊の落下による被害を防がなければならない。ヨーロッパでは，マリーナに対する許容越波流量として$0.01 \text{ m}^3/\text{s/m}$を参考値に挙げている（5.3節の表5-3参照）。また，わが国の小型船舶対象の港で港内が狭い場合には，越波を極力抑えるために防波堤の天端高を朔望平均満潮面上$1.25 H_{1/3}$とするのが通例である[33)]。

なお，北海道の 24 漁港におけるアンケート調査によれば長周期波による係留障害も発生しており，荷役限界動揺量は平均でサージング±0.5 m，スウェイング 0.5 m，ヒービング±0.5 m との報告がある[34]。

こうした小型の船を対象にした港において港内の水際線の全周を係船岸として利用したりすると，高波時に船体動揺が激しくなり，係留障害が発生する。特に，港口に直面する個所に反射性の岸壁を築くのは禁物である。7.3 節に述べたように，戦略的な位置に十分な消波機能を持つ施設を設置することが肝要である。直立岸壁を消波構造に改築するのが効果的であるけれども，外海に面していてうねり性の波が係留障害の原因であるときには，通常の孔あきケーソンでは波長に比べて遊水室の幅が十分ではなく，消波機能を発揮できないことが多い。水理模型実験によって適切な港湾施設の再配置を検討すべきである。

(3) うねり性の波による船舶係留障害の対策

通常の中・大型船舶に対しては，台風などの荒天時には港長が港外避泊を命令する。これは波浪に対しては防波堤によって十分に遮蔽されていても，強風によって大きな力を受け，係留ラインが破断して岸壁その他に衝突する危険性があるためである。

荒天でないにもかかわらず，岸壁等に係留した船舶が大きく動揺し，係留ラインの破断その他の事故が発生することがある。例えば，南アフリカのケープタウン港は第 2 次世界大戦中にスエズ運河の利用停止によって大いににぎわったが，周期 1 分前後の水面変動による船舶動揺によって，しばしば船舶に被害が発生した。また，北米太平洋岸のロングビーチ港でも船舶動揺による被害が報告された。1950 年代から 1960 年代にかけては，これが港内水域の共振現象であるとの見方から世界各国で多くの研究が行われ，著者も研究を発表したことがある[35]。しかしながら，泊地の水面の共振周期は数分から 10 分以上のことが多く，船舶係留障害の実態に適合しない。このため近年は，外海から港内へ侵入するうねり，あるいは長周期波によって船舶係留系の振動が励起され，船体動揺が大きくなるとの解釈が一般的になっている。わが国の船舶係留被害の事例としては長周期波も含め，細島港[36]，志布志港[37]，能代港[37]，苫小牧東港[38]，その他の調査事例がある。

波による船体動揺は上田ほか[3]が計算したように，波の周期とともに大きくなる（「港内長周期波影響評価マニュアル[5]付録A」参照）。このため，内湾の港では係留船舶の動揺障害が起きることが少ないけれども，太平洋や日本海に面した港湾では時として荷役中断や係留ラインの切断などの事故が発生する。これは，港湾計画で整備予定の外郭施設が未完成の段階で係船岸の供用を開始した場合に起きやすい。

現地調査や船舶動揺の数値計算によってうねりが主原因であると判明した場合には，防波堤の延長・増設などによって港内へ侵入するうねりの波高を減殺する。また，港内の消波施設を増強する。なお周辺の地形によっては，隣接する崖や急勾配の海浜で反射されたうねりが港内へ伝播する可能性もある。そうした点への配慮も必要である。

施設の改良による港内波高の減殺効果については，水理模型実験あるいは数値計算によって確認することができる。

(4) 長周期波による船舶係留障害の対策

現地調査によって係留船舶の動揺の主原因が長周期波であると判明した場合には，防止対策がなかなか難しい。これは周期が 30 秒～数分と長いために有効な消波が困難であり，港内で長周期波が多重反射を繰り返すためである。また，長周期波は特定の周期帯にエネルギーが集中しているわけではなく，周期の広い範囲にほぼ一様に分布していることが多い。長周期波を対象とした消波構造の研究[39],[40]も行われているが，構造物の幅として現地換算で 30～60 m 程度が必要といわれる。

長周期波の場合であっても，基本は港内へ侵入するエネルギーを最小に抑えることにあり，防波堤の整備が欠かせない。ただし，通常の波浪に対する遮蔽効果と比べると効率はあまり良くない。水理模型実験や港内波高分布の数値計算によって十分に検討しなければならない。

　船舶の動揺量は，船体と係留系のシステムとしての共振特性に依存する。係留ラインが緩く張られているときには共振周期が長く，強く張られると共振周期が短くなる。船体動揺が大きいときには，係留索の張力を高めることでサージやスウェイなどの水平運動を抑えることができる[41]。ただし，その分だけ破断の危険が高まるので，その加減が難しい。船舶の係留に支障が起きやすい港では，破断強度の大きなストームラインと称する係留索を係船岸のほうで用意することが多い。また，係船岸上のウインチをコンピュータ制御して，常に最適な張力を保持することも試みられている[42]。

　なお，港湾管理の立場からは長周期波の活発化をいち早く予測し，対応策を準備することが有効であり，幾つかの港では長周期波予報が実施されている。

参考文献

1) Russel, R. C. H.: Modern techniques for protecting the movement of ships inside harbours, *Analytical Treatment of Problems in the Berthing and Mooring of Ships*, NATO & HRS, 1973, pp. 267-275.
2) 運輸省港湾局監修：「港湾の施設の技術上の基準・同解説」，日本港湾協会，1999 年.
3) 上田　茂・白石　悟・大島弘之・浅野恒平：係岸船舶の動揺に基づく荷役許容波高および稼働率，港湾技研資料，1994 年，64 p.
4) 国土交通省港湾局監修：「港湾の施設に関する技術上の基準・同解説」，日本港湾協会，2007 年.
5) （財）沿岸技術研究センター：沿岸技術ライブラリー No. 21「港内長周期波影響評価マニュアル」，2004 年，本文 86 p., 付録 21 p.
6) 運輸省港湾局研究協議会：「防波堤の設計法に関するワーキング・グループ報告書」（部内資料），1976 年，87 p.
7) 髙山知司：波の回折と港内波高分布に関する研究，港湾技研資料，No. 367, 1981 年，140 p.
8) 平山克也：非線形不規則波浪を用いた数値計算の港湾設計への活用に関する研究，港湾空港技術研究所資料，No. 1036, 2002 年，162 p.
9) 平山克也：NOWT-PARI における多方向波の計算精度の検証と効率的な計算手法の開発，港湾空港技術研究所資料，No. 1046, 2003 年，162 p.
10) 鈴木雅次：「港工学」，風間書房，1952 年（増補改訂版）.
11) 尾崎　晃：消波構造論，土木学会水理委員会水工学シリーズ 65-17, 1965 年，26 p.
12) Maruo, H.: The drift of a body floating on waves, *J. Ship Res.*, Vol. 4, No. 3, 1960, pp. 1-10.
13) 野尻信弘・村山敬一：規則波中の 2 次元浮体に働く漂流力に関する研究，西部造船会会報，第 51 号，1976 年，pp. 131-152.
14) 小林正典ほか：船舶の耐航性に関する理論計算プログラム（その 1．理論計算式），三井造船技報，第 82 号，1973 年，34 p.
15) 元良誠三（監修）：船体と海洋構造物の運動学，成山堂，1982 年，362 p.
16) 大楠　丹：浮遊構造物に作用する流体力とその運動について―田才福造教授の講義ノート（その 1 ～ 5）―，日本造船学会誌，第 641 号（pp. 19-26），647 号（pp. 11-23），649 号（pp. 2-13），650 号（pp. 15-24），第 651 号（pp. 12-25），1982 年 11 月～1983 年 9 月.
17) 合田良実：浮体係留の諸問題，土木学会水理委員会水工学シリーズ 84-B-6, 1984 年 7 月，pp. B-6-1～B-6-18.
18) 東京タンカー㈱海務部編：ロープ類の知識，成山堂，1989 年，306 p.
19) Hsu, F. H. and K. A. Blenkarn: Analysis of peak mooring force caused by slow vessel drift oscillation in random seas, *Prepr. 2nd Offshore Tech. Conf.*, 1970, OTC 1159.
20) 上田　茂：係岸船舶の動揺解析手法とその応用に関する研究，港湾技研資料，No. 504, 1984 年，372 p.

21) 白石　悟・久保雅義・榊原繁樹・笹　健児：長周期船体動揺の数値計算による再現性に関する研究，海岸工学論文集，第46巻，1999年，pp. 861-865.
22) 白石　悟・米山治男・佐藤平和・笹　健児：数値シミュレーションによる係留船舶の長周期動揺の評価に関する研究，海洋開発論文集，Vol. 18，2002年，pp. 137-142.
23) 藤畑定生・秦　禎勝・中山晋一・森屋陽一・関本恒浩・池野正明・笹　健児：船体動揺計算における港内副振動の考慮方法と粘性減衰係数の評価，海岸工学論文集，第46巻，1999年，pp. 856-860.
24) 安田勝則・興野俊也・長舩　徹・阿部光信：大規模港湾における長周期波観測とGPSを用いた船体動揺観測に基づく係留船舶の動揺特性，海岸工学論文集，第52巻，2005年，pp. 766-770.
25) 上田　茂・白石　悟：係岸船舶の動揺に及ぼす波向と係留索の影響について，第31回海岸工学講演会論文集，1984年，pp. 451-455.
26) Davenport, A. G.: Gust loading factors, *Proc. ASCE*, Vol. 93, No. ST3, 1967, pp. 11-34.
27) 上田　茂・小熊康文：荒天時の係岸避泊の限界条件と係船付帯設備の設計手順について，第31回海岸工学講演会論文集，1984年，pp. 456-460.
28) Bruun, P.: Breakwater or mooring system? *The Dock & Harbour Authority*, Dec. 1980, pp. 260-262.
29) Ueda, S. and Shiraishi, S.: The allowable ship motions for cargo handling at wharves, *Rept. Port and Harbour Res. Inst.*, Vol. 27, No. 4, 1988, pp. 3-61.
30) PIANC: Criteria for movements of moored ships in harbours, *Rept. Working Group 24 of the Permanent Technical Committee II*, 1995.
31) 佐藤平和・白石　悟・米山治男：コンテナ船およびフェリーの荷役許容動揺量の検討，港湾空港技術研究所資料，No. 1055，2003年，43 p.
32) 鈴木康正：一点係留ブイの設計法に関する研究，港湾技研資料，No. 829，1996年，148 p.
33) 前出4) の第4編 4.2.1.4.2節(2)項.
34) 佐藤典之・佐伯　浩：北海道の漁港における係留船舶の動揺の実態について，海洋開発論文集，Vol. 19，2003年，pp. 637-642.
35) 合田良実：長方形及び扇形の港の副振動について，第10回海岸工学講演会講演集，1963年，pp. 31-36.
36) 伊藤喜行・木原　力・久保正則・山本庄一：横波を受ける船舶の繋船岸への衝突力に関する実験，港湾技術研究所報告，第11巻 第2号，1972年，pp. 121-135.
37) 平石哲也・田所篤博・藤咲秀可：港湾で観測された長周期波の特性，港湾技術研究所報告，第36巻 第3号，1996年，pp. 3-36.
38) 平石哲也・白石　悟・永井紀彦・横田　弘・松渕　知・藤咲秀可・清水勝義：長周期波による港湾施設の被害特性とその対策工法に関する調査，港湾技研資料，No. 873，1997年，39 p.
39) 平石哲也・永瀬恭一：長周期波対策護岸の最適構造に関する研究，海岸工学論文集，第51巻，2004年，pp. 721-725.
40) 池野勝哉・熊谷隆宏・森屋陽一・大島香織・関本恒浩：長周期波を対象とした直立消波構造物の開発，海岸工学論文集，第51巻，2004年，pp. 731-735.
41) 白石　悟・久保雅義・上田　茂・榊原繁樹：係留システムに着目した長周期波に対する船舶の動揺制御対策，海岸工学論文集，第42巻，1995年，pp. 941-945.
42) 米山治男・佐藤平和・白石　悟：係留索による長周期動揺低減システムの開発―模型実験および試設計―，港湾空港技術研究所資料，No. 1056，2003年，29 p.

8. 不規則波による水理模型実験

8.1 相似率および模型縮尺

(1) フルード相似則による模型縮尺

前章までに述べてきたように，港湾構造物の計画や設計においては，水理模型実験に基づいて結論を得る事項が少なくない。近年は不規則造波装置を備えた実験施設が各所に整備され，不規則波実験が普通に行われている。本章ではこうした実験に当たっての基本的事項や留意点について述べる。

模型実験の基本は相似率であり，模型が形状，運動，および作用力の3点で実物と相似であることが要求される。波浪に関する問題では，通常は水の表面張力や固体面との間の摩擦抵抗などの影響が小さいので，フルード相似則に従うことで相似性を満足させることができる。この相似則は，流体に働く慣性力と重力作用の二つについて相似性が成立するように定めるもので，時間と速度の縮尺を長さの縮尺の平方根に設定する。表8-1は，波浪に関する諸量についてフルード相似則に基づく縮尺を例示したものである。

波浪に関する模型実験では，水平縮尺と鉛直縮尺を同一にするのが原則であり，こうした模型は歪みなし模型といわれる。一方，潮汐・潮流実験では対象水域が広大なこともあって，水平縮尺を鉛直縮尺よりも小さく取るのが普通であり，こうした模型は歪み模型といわれる。往時には，大水域の港湾の静穏度実験で例外的に歪み模型が使われたこともあったけれども，今は数値計算手法の発達によって歪み模型が使われることはない。

模型はできるだけ大きな寸法のもの（大縮尺模型）を使うほうが精度の良い実験結果が得られる。しかし，模型が大きいと実験費用がかさみ，また実験日数も長くなる。模型縮尺は，実験対象の構造物あるいは水域の大きさと使用可能な実験施設の大きさとの兼ね合いで決められ，絶対的なものはない。これまでの実施例では，静穏度実験が縮尺1/50〜1/150，防波堤の安定性や護岸の越波実験などが縮尺1/10〜1/50のものが多い。

しかし，できるだけ原型に近い大きさで実験したいとの要請から，超大型の実験施設が

表8-1 模型縮尺（フルード相似則）

項 目	縮 尺	例	現地諸元	模型諸元
平面寸法および波長	l_r	1/25	50 m	2.0 m
水 深	$h_r = l_r$	1/25	15 m	0.60 m
波 高	$H_r = l_r$	1/25	6 m	0.24 m
周期および時間	$T_r = l_r^{1/2}$	1/5	10 s	2.0 s
圧力	$p_r = l_r$	1/25	90 kPa	3.6 kPa
単位幅当り波力	$P_r = l_r^2$	1/625	1,500 kN/m	2.40 kN/m
単位幅当り重量（同一比重）	$W_r = l_r^2$	1/625	2,800 kN/m	4.48 kN/m
1個当り質量（同一比重）	$M_r = l_r^3$	1/15,625	30,000 kg	1.92 kg
1波当り単位幅の越波量	$Q_r = l_r^3$	1/625	0.2 m³/m	3.2×10⁻⁴ m³/m
単位幅当りの越波流量	$q_r = l_r^{3/2}$	1/125	0.02 m²/s/m	1.6×10⁻⁴ m³/s/m

米国，オランダ，ドイツなどで建設されている。わが国でも（独法）港湾空港技術研究所に「大規模波動地盤総合水路」という波高3.5mの世界最大の波を再現できる施設がある。

(2) 模型の縮尺効果

波浪に関する模型実験はフルード相似則に従うといっても，あまり小さな縮尺模型を使うと水の粘性や表面張力の影響が表れて実際現象との相似性を保持できなくなる。これを模型の縮尺効果という。縮尺効果が問題となるのは次のような現象である。

1) 表面張力などによる波の伝播過程での減衰
2) 浅水域での砕波減衰
3) 粗面上の波の打ち上げ
4) 越波限界に近いときの越波量
5) 打ち上げ・越波に及ぼす風の影響
6) 消波ブロックの安定性
7) 桟橋下面の揚圧力や波力発電ケーソンの特性
8) その他

第1の模型水槽内で波が伝播途中で減衰する現象は，周期が0.5s未満のときにしばしば起きる[1]。これは水面のほこりその他の汚濁膜の張力によって波の水面運動が阻害されるためと考えられる。不規則波の平面実験であれば有義波周期1s以上でないと，スペクトルの高周波数側に模型特有の減衰が起きて相似性が失われる。

第2の浅水域での砕波については，波があまり小さいと表面張力の影響できれいな巻き波となって砕けず，ぐずぐずと崩れるような形になる。著者と森信[2]が水平ステップ上での砕波について縮尺を変えて実験したように，模型の波高で7cm以上であればほぼ相似性が保たれる。したがって，不規則波としては$H_{1/3} \geq 10$ cmとすることが望ましい。なお，表面張力の影響は一般にウェーバー数$W_e = \sqrt{V^2 D/(T/\rho)}$で判断される。ここに，$V$は代表速度，$D$は代表径，$T$は表面張力，$\rho$は水の密度である。水の表面張力は常温で$(71～75) \times 10^{-3}$ N/mであり，水の密度は約1,000 kg/m³であるので，$T/\rho = (7.1～7.5) \times 10^{-5}$ m³/s²である。この表面張力の制約のために水滴の直径は7mm程度を超えることができない。最小径は制限がないけれども，模型では相対的に水滴が大きく，映画の特撮シーンにおける水しぶきはセットの大きさを推測させる一つの手がかりとなる。

第3の問題は，模型が小さいときには水の粘性と表面張力の影響が強まって粗度抵抗が大きくなり，波の打ち上げ高が相対的に低くとどまる現象である。本書の執筆時点では定量的な評価が固まっていないが，予備的な実験の報告がなされている[3]。なお，防波堤に砕波がぶつかったときの跳波は，現地では飛沫として目視される範囲で100m以上に達することがある。波高の10～20倍の高さである。こうした飛沫の跳ね上がり高を模型で再現することはかなり難しい。

第4は第3の問題とも関連しており，現地換算の越波流量が10^{-4} m³/s/m程度あるいはそれ以下のときに模型実験による越波流量が現地よりも小さくなる傾向が報告されている（5.2節(5)項参照）。この傾向が見られるのは傾斜堤あるいは消波護岸の場合であり，直立護岸については未確認である。榊山・鹿島[4]は，模型縮尺効果を発現させないための目安として，ブロックの代表径$D_n = (M/\rho_r)^{1/3}$と代表速度$U = (gH_{1/3})^{1/2}$を使ったレイノルズ数$R_e = D_n U/\nu$の臨界値$(R_e)_{\text{crit}} = 10^5$を提案している。この臨界値を超えるためには，例えば$D_n = 0.08$ m，$H_{1/3} = 0.15$ m級の模型を必要とする。

第5の風の影響はまだよく分かっていない問題の一つである。5.2節(6)項で紹介し

たように，越波量が少ないときには風によって越波量が増加する傾向にあり，それを定量的に評価する提案がなされているものの，確立されたものではない。模型の直立護岸の上で風車を回して強制的に風を吹き付け，無風時の飛沫による越波量を比べた実験[5]も行われているが，定性的な結果にとどまっている。

第6の消波ブロックの安定性に関しては，榊山ほか[6]がトムセンほか[7]と島田ほか[8]を引用し，臨界レイノルズ数として$(3〜5)\times 10^5$の値を挙げている。

第7の問題は空気の圧縮性が影響する。横桟橋の床板下面に働く揚圧力，直立消波ケーソンで波の峰の上昇時に遊水室内に空気が閉じ込められたときの内部圧力[9]，波力発電ケーソンの内部空気圧[10]などはすべて空気の弾性圧縮力である。現地と模型とで空気の特性は同じなので，模型では相対的に硬い空気を使うことになり，空気圧力が実際よりも過大に測定される。フルード則によって現地換算した値そのままではなく，適切な理論モデルに従って空気の弾性圧縮性に対する補正操作を行う必要がある。

8.2 不規則波による水理模型実験の必要性

近年はコンピュータの高性能化ならびに数値計算手法の発展によって，数多くの問題が数値計算で解かれるようになっている。高潮や津波のように数値計算でなければ答えを求められないものもあり，一方では水理模型実験と競合するような問題もある。とはいっても，水理模型実験によらなければ適切な答えが得られないものも数多い。そうした課題を列挙すると以下のようになろう。

A． 波の変形に関する課題（平面実験）
　　A-1　港内の波高分布（静穏度実験）
　　A-2　複雑な地形での砕波を伴う波高の変化
　　A-3　流れを伴う場での波の変形
　　A-4　リーフ上での水理現象の解明
　　A-5　離岸堤等による海浜流と水位上昇
B． 構造物の最適形状の選定
　　B-1　直立消波防波堤その他の特殊防波堤の最適形状の選定（断面実験）
　　B-2　海岸堤防・護岸の最適形状の選定（断面実験）
　　B-3　離岸堤・人工リーフの最適配置の選定（平面実験）
C． 構造物の安定性の確認（断面実験）
　　C-1　混成堤の滑動量と作用波力
　　C-2　消波ブロックの安定性
　　C-3　直立消波防波堤その他の特殊防波堤の安定性と作用波力
　　C-4　防波堤基礎マウンドの根固ブロック，被覆ブロックの安定性
D． 構造物の機能・安定性の確認（平面実験）
　　D-1　防波堤堤頭部における本体および基礎被覆ブロック等の安定性
　　D-2　消波ブロック被覆堤におけるブロックマウンド端部の安定性
　　D-3　大規模立護岸における越波の空間分布および排水施設の機能確認
E． 浮体式構造物の性能・安定性の確認
　　E-1　浮き防波堤の防波機能と係留ラインの作用力
　　E-2　浮き桟橋の波浪中の安定性と係留力

　　　　　E-3　ブイ係留の船舶の動揺と係留ラインの作用力
　　　　　E-4　係船岸係留の船舶の動揺と係留ラインの作用力
　以上のうちで，A-1 の静穏度実験は水理模型実験の主要項目であったが，近年は数値計算手法の発達によって実験の要請が以前ほど多くはない。しかし，うねりや長周期波によって船舶係留に問題を生じている港などでは，港内に配置する消波施設の反射防止機能が重要である。十分な大きさの断面模型実験で反射率を測定し，それを平面模型で再現できるように工夫したうえで，静穏度実験を行う。砕波の現象は現在の数値計算が不得意とするところであり，特に平面波浪場では水理模型実験によらざるを得ない。
　Bの構造物の最適形状に関しては，近年に開発された数値波動水路[11]がいろいろ活用されている。現状では，複数の検討断面について波力，越波その他を比較し，水理模型実験の対象とする候補案を絞り込むために主として使われている。数値波動水路は，本書の執筆時点では 3 次元地形への拡張を研究中とのことである。しかし，実際問題に標準的手法として利用されるには，まだしばらくの時間が必要と思われる。
　CとDの構造物の安定性や機能の問題についても，水理模型実験が数値計算よりも確実に信頼度の高い結果を得ることができる。特に，堤頭部付近の問題は水理模型実験によらなければ解答が得られない。また，平面場での砕波がかかわる問題では，3 次元の地形や構造物の形状が影響するため，水理模型実験の独壇場といえる。
　Eの浮体に関する諸問題も模型実験によるところが大きい。特に浮き防波堤の形状については，模型実験で最適なものを選ぶのが普通である。係留の問題は係留索やチェーンの伸びと張力の関係が非線形であり，これを模型に再現する方法を工夫しなければならない。
　なお，A-5 に挙げた離岸堤周辺の流れや水位上昇は，離岸堤の設置目的である海浜の防護を検討する際の基礎資料として不可欠なものであり，底質の移動による地形変化を数値計算するときには，入力データあるいは検証データとして活用される。漂砂の問題は直接に模型実験を行うことが難しいが，波，流れ，水位のデータを平面実験で測定することによって，地形変化の予測の精度を向上させることができる。

8.3　水槽内の不規則波の発生方法

8.3.1　造波装置と造波信号
(1) 造波装置
　不規則波を使って実験できるようになったのは，わが国では 1970 年代以降であり，不規則波実験が普及したのは 1980～1990 年代といってよい。それまでは図 8-1 (a) に示すような規則波造波装置が用いられた。原動機は三相交流モーターであり，出力軸の回転数を無段変速機によって所要の回転数に調整し，さらに歯車機構によって所定の周期に対応する回転数に減速した。歯車機構の出力側の回転は等速運動のクランク機構に伝達され，往復運動に変換されて造波板を駆動した。波高を調整するにはクランク機構の偏心距離を手動で変えなければならなかった。
　これに対して図 8-1 (b) は，不規則波造波装置の原理を示しており，サーボ機構による任意波形駆動装置である。原動機には低慣性の直流モーターや，油圧ポンプあるいは油圧パルスモーターなどが使われる。この出力はボールねじ，油圧シリンダーなどによって往復運動に変換され，造波板を駆動する。それと同時に，造波板の運動状態がセンサーで検出されて造波入力信号と比較され，両者の差に応じた制御信号によって造波板の運動が

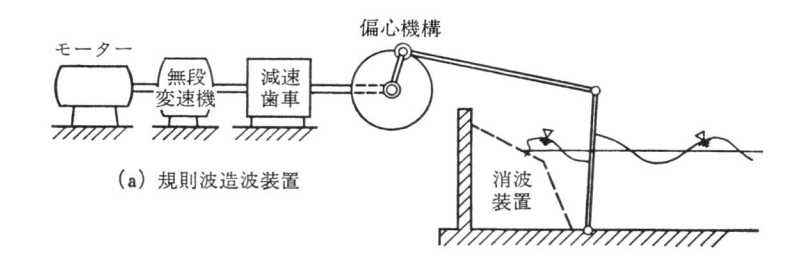

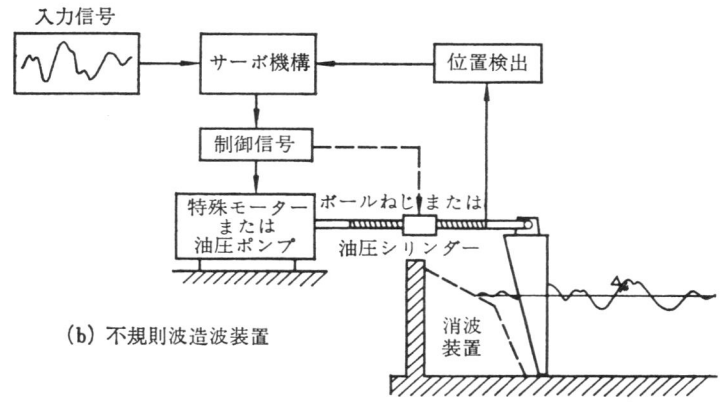

図8-1 造波装置の構成

補正される。

　こうした不規則波造波装置が普及した背景には，1960年代のミサイル，ロケット等の部品の過酷な振動耐久試験を行う装置の急速な進歩や，産業界における数値制御工作機械の発展があった。図8-1 (b) は1台の造波装置を示しているが，こうした装置を平面水槽内に多数並べて同時に制御することによって多方向不規則波を水槽内に再現することができる。最初の多方向不規則波造波装置はエディンバラ大学のソルター[12]が1970年代後半に開発したもので，1980年代後半には各国の主要な水理研究所で多方向不規則波造波装置が整備・活用[13]されるようになった。1993年の調査では，船舶試験水槽を含めて世界18カ国で43の多方向不規則波水槽が設置されていると報告[14]されている。

(2) 不規則波造波装置の造波信号の作成

　水路内に不規則波を発生させるには，まず目標とする有義波高と有義波周期に対応した周波数スペクトルを選択する。その際には，ジョンスワップ型であればピーク増幅率 γ，ワロップス型であれば指数 m の値によってスペクトルの形状が決まる。風波とうねりが重なった状態が対象であれば，それぞれの波高と周期に対応する二つのスペクトルのスペクトル密度を加算して目標スペクトルとする。

　次に，波浪スペクトルを造波板の駆動信号スペクトルに変換する。この際には，造波板の駆動形式であるピストン型あるいはフラップ型に応じて次のような造波特性関数[15]を用いる。なお，図8-1 (a) に示したのは造波板の下端がヒンジとなったフラップ型であり，ピストン型というのは造波板の運動振幅が上から下まで一様なものである。

$$\text{ピストン型}: \quad F_1(f, h) = \frac{H}{2e} = \frac{4\sinh^2 kh}{2kh + \sinh 2kh} \quad : \quad kh = 2\pi h/L \qquad (8.1)$$

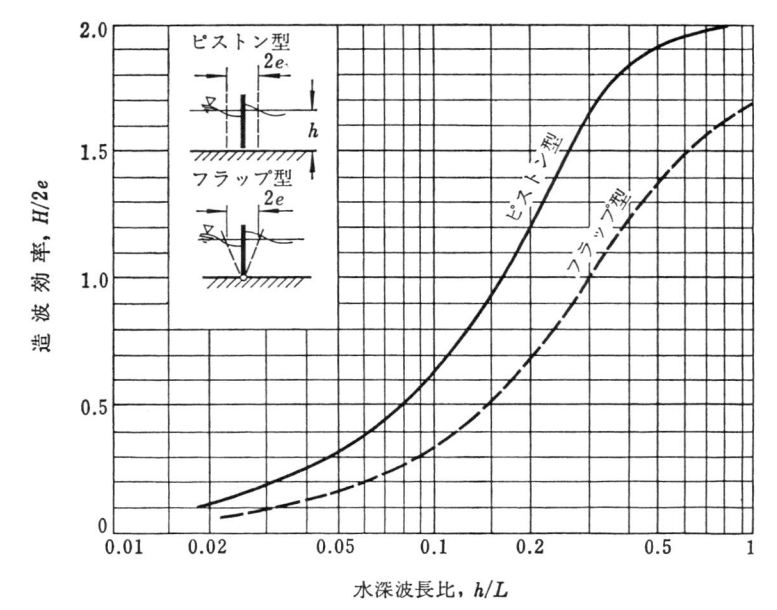

図8-2 ピストン型およびフラップ型造波方式の造波特性関数

$$\text{フラップ型：} \quad F_2(f,h) = \frac{H}{2e} = \frac{4\sinh kh}{kh} \times \frac{1-\cosh kh + kh\sinh kh}{2kh+\sinh 2kh} \tag{8.2}$$

ここに，H は発生波高，e は静水面における造波板の片振幅，f は周波数で，式 (8.1)，(8.2) の波長 L の中に間接的に含まれている。この式 (8.1)，(8.2) による造波特性関数の値を水深波長比 h/L に対して表示したのが図 8-2 である。図から分かるように，短周期（高周波数）で波長の短い波は造波効率が良く，長周期（低周波数）で波長の長い波は造波効率が悪い。

造波板の駆動信号の周波数スペクトル $S_G(f)$ は，目標の波浪スペクトル $S_W(f)$ を造波特性関数で除して設定する。すなわち，

$$S_G(f) = S_W(f)/F_j^2(f,h) \quad : \quad j=1 \text{ または } 2 \tag{8.3}$$

これによって，$S_G(f)$ は $S_W(f)$ の低周波数側を増幅し，高周波数側を減衰させた形になる。

設定されたスペクトルに従う時間波形を作成するには，11.5 節に述べる不規則波の数値シミュレーションの方法が用いられる。これには，周波数を非等差間隔（例えば等比級数）で設定した級数和方式と，等差間隔の周波数について高速フーリエ逆変換を行う方法の 2 方式がある。級数和方式では時間波形の長さに制限はない。しかし高速フーリエ逆変換法の場合には，発生させる時間に応じてフーリエ係数の総数をあらかじめ設定するので，当初の時間が経過すると同じ波形が繰り返される。信号作成のプログラムを研究者が自ら作成する場合と，造波装置のメーカーが一括ソフトとして納入する場合とがある。どちらにしても，スペクトルを時間波形に変換するには乱数の初期値を与える。この初期値を変えることによって，目標スペクトルは同一であっても，異なる波形の波群が発生される。乱数初期値を保存しておけば，同じ波形の波群を何度も発生させることができる。

造波板の駆動波形の信号が作成されたならば，水路内に波を起こして検定を行う。すなわち記録された波形からゼロアップクロス法で有義波高，有義波周期その他を計算し，周

波数スペクトルを解析して目標値とあまりずれていないことを確認する。不規則波では，波高・周期の統計量ならびにスペクトル密度の値が発生させた波群ごとに異なる値が得られる。これは統計的変動性によるもので，統計量については 10.6 節，スペクトル密度の信頼区間については 11.2.2 節で述べる。検定で得られた結果が予測される信頼区間の中に入っていれば合格であるが，外れる場合には異なる波形の波群について検定を繰り返す。目標とする波浪スペクトルおよび波高・周期とのずれが無視できないときには，目標スペクトルを修正して発生波を調整する作業が必要になる。

なお，周波数スペクトルが目標ではなく，水路内の特定地点で所与の波形記録を再現したい場合には次のようにすればよい。まず，与えられた波形記録から高速フーリエ変換によってフーリエ係数を求める。これを造波特性関数で除して造波信号のフーリエ係数に変換する。そして周波数ごとに造波板から特定地点までの波エネルギー伝播時間を計算し，全成分波が特定地点に同時に到着するように，高周波数成分から順に造波板を起動するのである。

(3) 多方向不規則波発生装置の造波信号の作成

多方向不規則波発生装置では，幅の狭い造波板（幅 0.3～0.8 m 程度）数十枚を一直線に並べ，それぞれを独立に駆動させる。いま，これらの造波板に同一の振幅・周期を与え，しかも位相を少しずつずらして往復運動させると，造波板列の軸線とある角度を持って斜め方向へ伝播する規則波が発生する。

多方向不規則波というのはいろいろな方向へ伝播する成分波を合成したものなので，それぞれの成分波の造波信号を合成したものを造波板の 1 枚ずつに与えることによって，水槽内に多方向不規則波を発生することができる。こうした造波システムについては平口ほか[16]による設計事例の報告があり，また高山[17]が解説している。

造波信号を作成するには，まず目標とする方向スペクトルを設定する。そのうちの周波数スペクトルについては，周波数ごとに波のスペクトル密度を式 (8.1) あるいは式 (8.2) の造波特性関数 $F_s(f, h)$ で除して，造波板の運動スペクトル密度に変換する。方向関数に関しては，方向成分ごとに各造波板の相対位置に応じた位相差をそれぞれの周波数に対して与える。この位相差を与件として運動スペクトルを時間波形に変換することによって，各造波板に対する造波信号が作成される。

当初は，比較的に少数の周波数成分（数十～100 個）ごとに方向分布関数を計算して位相差を与える二重級数方式が使用された[13]。しかしこの方式では，方向ごとの成分波の間で位相干渉が発生して方向スペクトルの再現性が劣ることが指摘された[18]。現在は，数百個以上の周波数成分を使い，それぞれに方向分布関数を代表する波向をアトランダムに割り当てるという，シングルサンメーション方式が多く使われる（11.5 節参照）。なお，多方向不規則波の発生とその応用については平石[19]が詳しく述べている。

(4) 反射波吸収型造波装置の扱い

近年の不規則波造波装置は，多方向型も含めてその大半は反射波吸収機能を備えている。これは，模型構造物からの反射波が造波板に戻ってきたとき，何も手を打たなければ反射波が造波板で再反射されて模型に向かって進行し，水路内に多重反射が起きて波浪条件が大きく変わってしまうためである。しかし，反射波を検知してそれを打ち消すように造波板を操作すれば，再反射を防止することができる。こうした機能があれば，実験を終えた後に波が速やかに消え，実験の待ち時間が少なくてすむ。

反射波吸収型の造波装置を最初にテストしたのはミルグラム[20]であり，反射波を検出するために造波板の前に容量式波高計を設置した。しかしソルター[12]は，造波板に働く

流体力を検出して反射波を制御する方式を多方向不規則波造波装置に組み込んだ。反射波検出の波高計方式と流体力方式は、造波装置のメーカーの選択に任されているようで、わが国では波高計方式が主流と思われる。

造波水路における反射波吸収システムは、その多くが造波板前面に波高計を装備して反射波を検出する方式を用いている。また、造波板からやや離れた所に2台の波高計あるいは2成分流速計を置き、デジタルフィルターによってリアルタイムの入・反射波分離を行って造波板を制御する方式を用いている施設もある[21]。なお、波高計を用いて反射を制御する方式については木村・谷口[22]がシステムの設計について解説しており、既設の造波装置を改良するときの情報として有益である。

多方向不規則波水槽における反射波吸収法については、平口ほか[23]が吸収性能についての実験結果を報告しており、伊藤ほか[24]も反射波吸収の理論と実験結果を述べている。このほかにも多方向波浪実験水槽における反射波吸収方式については10編以上の研究が発表されており、シェーファー・クロップマン[25]がこれらを取りまとめた概説を論述している。

反射波吸収装置には、その機能を作動させるためのスイッチが付いている。普通はこの機能を作動させることで実験を順調に行うことができるが、時によっては不具合な作動をすることがある。そうした際には、反射波吸収の機能を停止して実験を再開し、測定結果を吟味するのがよい。

8.3.2 波の発生に関するその他の事項

(1) 波浪成分の位相調整による一発砕波の発生

船舶試験水槽では、水槽内の特定の地点に波を集中させ、そこで単独の砕波を起こして海洋構造物などの応答を調べる手法が用いられる。波エネルギーが伝播する群速度は周波数に逆比例するので、造波水路であれば高周波数の成分波から順に起動し、所定の地点に全成分波が同時に到着するように、時間差をつけて造波信号を作成する。平面水槽であれば、シングルサンメーション方式において波向を考慮した周波数ごとの時間差を計算して信号を作成する。

著者はこうした一発砕波を造った経験がないので確言できないけれども、テストによって若干のプログラム修正をすることで目標とする砕波を起こさせることが可能であろう。

(2) 大波高の規則波における二次波峰の問題

水路内に規則波を発生させるのであれば、その周期に対応する周波数の正弦波形の信号を入力する。発生波高は信号の振幅に比例するので、最初に検定を行って目標とする波高が起きるように調整する。

なお、水深が浅くて周期が長い条件で大波高の波を発生させると、二次波峰といわれる現象が生じることがある。これは波の峰と峰との間に小さなこぶのような峰が現れ、この二次波峰が主峰からやや遅い速度で進行し、主峰に追い越されてまた出現する現象である。こうした波の条件では波形や水粒子運動の非線形性が強く、かなりの大きさの2倍、3倍周波数成分が基本波に付随している。造波板が線形（正弦波形）な往復運動をするとこうした高調波成分が欠落しているため、波としてはこの差を補償する負の高調波成分を生み出すことで造波板位置での境界条件を満たす。しかし、この負の高調波成分は自由波としての速度で伝播する。これに対して非線形波を構成する高調波は基本波と同一の速度で伝播する。さらに、自由な高調波成分は基本波と非線形干渉を起こして基本周波数と3倍周波数の非線形拘束波を生み出すなど、複雑な変化を起こす[26],[27]。

二次波峰現象の主原因は，造波板が非線形な波浪運動に合致した適切な運動を行わないことにあるので，造波板の入力信号としてストークス波あるいはクノイド波の水平水粒子速度にできるだけ合致した動きを与えれば二次波峰現象を解消できよう．

(3) 水路内の長周期波の制御

水路内で不規則波を発生させると，その波群に拘束された長周期波が随伴する．これは 10.5.3 節に述べるスペクトル成分波間の非線形干渉に起因する現象である．しかしながら，造波板に線形な不規則波群を造波する信号を与えただけでは，造波板位置で拘束長周期波を打ち消すような自由長周期波が自動的に発生してしまう．後者は波群とは無関係に伝播するので，水槽内には拘束波と自由波の二つの長周期波が存在し，模型地点には本来と異なる長周期波成分が到達することになる．

このため，実験で直接あるいは間接に長周期波の問題を扱う際には，本来の波群拘束の長周期波のみを発生させ，自由長周期波を制御するような 2 次オーダーの造波信号を付加する必要がある．これについてはデンマークのオッテセンハンセン[28]とサンド[29]，英国のバウワーズ[30]，カナダのバルテル[31]ほかなどが 1980 年代前半に検討を加えている．長周期波を制御するためには，かなり大きな造波板の駆動行程（ストローク）を必要とする．これは図 8-2 の造波特性関数が示すように，水深波長比が小さくなるにつれて造波効率が低下する．ピストン型では，造波効率が次式のように周期に逆比例する．

$$\frac{H}{2e} \fallingdotseq kh = \frac{2\pi\sqrt{h/g}}{T} \tag{8.4}$$

なお長周期波の制御問題は，1980 年代後半以降は研究論文としてあまり発表されていない．

(4) 津波の発生法

不規則波造波装置は前述のように任意波形駆動装置であり，与えられた造波信号に応じて造波板が運動する．例えば正弦波の 1 波だけを駆動すると，水路内に孤立波が発生する．孤立波は水深が一定であれば波形を崩すことなく伝播するが，緩勾配の斜面の上を伝播すると条件によってはソリトン分裂を起こし，波状段波となって砕波を繰り返す．この現象は 1983 年の日本海中部地震津波の際に秋田海岸で観察され，これを鶴谷ほか[32]が長さ 163 m の長水路で再現し，その特性を報告している．このときは押し波から始まる正弦波の連続波形を与え，模型周期 40 s で波高 5 cm 級のソリトンを発生させた．造波板のストロークは約 40 cm であった．

近年の津波再現実験では，造波板を一番引き下げた位置から最先端位置まで 1 回で押し出す方式が用いられる．ただし，式 (8.4) から明らかなように周期が長くて波高があまり小さくない津波を発生させるには，造波板のストロークがかなり大きいことが要件となる．

8.4 不規則波実験の実施と留意点

(1) 波の作用時間と繰り返し回数

不規則波の実験では，造波するたびに少しずつ波形の違った波群が生成され，波高や周期として異なる値が得られる．こうした変動は，測定期間中の波数の平方根に比例して減少するので，できるだけ長時間にわたって波を作用させ，波形を変えて数回繰り返す．水

路・水槽内の波が安定してから少なくとも 200 波の波群を 3 組以上作用させる。修正ブレットシュナイダー・光易型スペクトルであれば，200 波の記録から得られる有義波高は約 4%の標準偏差を伴うので，3 回の測定のうち 1 回は目標値から 4%以上外れる可能性がある。

ただし，消波ブロックの安定試験などでは 4.3 節の式（4.55）のファンデルメーア式その他，作用波数がパラメータであるので，高波として考慮する現地波浪の作用時間，例えば 3～6 時間を対象として波群の長さを設定する。

なお，越波量が少ないケースでは波群による差異が大きくなるので，できれば 5 回以上の繰り返し実験が望ましい。

(2) 実験波の検定

造波水路における実験では，最初に水深一様な区間での沖波相当の波と，模型の設置予定地点で通過波としての波を測定しておく。構造物の試験では，設計波を上回る高波時の性能についても情報が求められるので，波高レベルを順次上げていった数種類の波を用意する。その際には，波高レベルに応じて周期も長くするのが現実的である。なお，模型設置地点があまり深くないときには，波高レベルによっては砕波後の波となることもある。そうした場合には，模型での沖地点と模型との中間に波の検定地点を設けるとよいであろう。

こうした各レベルの検定波は，上述の 3 組以上の波群のすべてについて測定しておく。その際には造波信号の初期乱数値を各組ごとに固定することによって，波高レベルが変わってもほぼ同じ波形の波群を発生できる。

模型を設置した本実験においては入・反射波を分離測定し，入射波が検定時とあまり変化していないことを確認する。

多方向不規則波の実験では，目標とする方向分布関数が再現されていることを確認しなければならない。このため，波高計 4 本の星形配置，あるいは波高計と 2 方向流速計の組合せを使い，方向スペクトル計算を行う。この計算方法については 11.3 節で述べる。波高・周期の再現性の検定は造波水路の場合と同じである。

(3) 造波水路内での入・反射波の分離測定

水路内に模型を設置すると，模型によって波が反射され，入射波に重畳される。8.3.1 節（4）項に述べたように多くの不規則波造波装置には反射波吸収機能が設置されているので，反射波によって実験が影響されることは少ない。しかし，上述のように入射波が所期の波高を保持していることを確認し，また模型構造物の反射率を知るためにも，入・反射波の分離測定を行うのが普通である。具体的には，造波板と模型の中間に 2 本の波高計を設置し，同時波形記録のフーリエ解析によって分離計算を行う。計算方法については 11.4 節を参照されたい。

注意点は 2 本の波高計間の距離である。いまこの距離を Δl とすると，この波高計の一組によって分離可能なものは，波長が $(2.2\sim20)\Delta l$ の成分波である。また，この方式で分離できるのは線形成分波であって，10.5.3 節で扱うような 2 次非線形成分は対象外である。したがって，実験対象の不規則波のスペクトルピーク周波数の 0.5～1.8 倍の周波数成分が入・反射分離の有効範囲に入るように，波高計間の距離を選定しなければならない。すなわち，実験波の周期に応じて波高計間距離を調整する必要がある。

(4) 静穏度実験の留意事項

港内静穏度に関する実験の目的は，一つは防波堤や消波施設の最適配置を求めることであり，もう一つは泊地としての要求性能である荷役可能日数 97.5%が満たされることを確

認することである。前者については港内の代表地点を選んで波を測定し，その点での沖波に対する港内波高の比率あるいは港内波高の絶対値を用いて複数配置案の優劣を判定すればよい。

しかし，荷役可能日数の確認を求められた場合には，模型実験で得られた波高のデータだけでなく，これに 7.1 節に述べた種々の情報を組み合わせて分析することが求められる。調査依頼者と十分に打ち合わせ，その要望に応えるよう努める。

(5) 防波堤の安定試験におけるブロック被害率の統計的信頼度

消波ブロック被覆堤の平面安定実験あるいは基礎マウンド被覆ブロックの実験などでは，消波ブロックや被覆ブロックの移動個数に基づいて被害率を算定する。いま，検査区域内に n 個のブロックがあり，このうち r 個が移動したとすると，$p=r/n$ が被害率である。この被害率の数値は確定値と受け取られやすいが，これは典型的な数理統計の問題であり，真の被害率は不明であって，測定値からある幅の信頼区間の中に入っているとしか言えないのである。信頼区間の幅の指標は被害率の標準偏差であり，これは次のように算定される[33]。

$$\sigma_p = \sqrt{\frac{p(1-p)}{n}} \tag{8.5}$$

いま，検査区域内に 200 個のブロックがあり，3 種類の波群を作用させたところ，それぞれ 7 個，5 個，および 9 個のブロックが移動したとする。移動したブロックの平均個数は 7 個であり，被害率は 3.5% である。このとき $n=3\times200=600$ のブロックが対象と考えると，被害率の標準偏差は

$$\sigma_p = \sqrt{0.035\times(1-0.035)/600} = 0.0075$$

と計算される。いま信頼係数 90% の信頼区間を求めると，これは測定値の上下に標準偏差の 1.64 倍をとった区間である。すなわち，真値は 2.3%〜4.7% の範囲のどこかにあるとしか言えない。この信頼区間が広すぎるのであれば，検査範囲を広げて対象とするブロックの数を増し，さらに作用させる波群を増やして検査対象のブロック個数 n を大幅に増すことが必要である。

なお，複数のブロックについて安定性の優劣を比較するときには，単純に被害率の差のみではなく，それぞれの信頼区間も考慮に入れなければならない。被害率の信頼区間についてはこれまであまり議論されていないので，ここに記して注意を喚起する次第である。

参考文献

1) 合田良実：造波水路における波浪実験の二，三の問題点について，第 15 回海岸工学講演会講演集，1968 年，pp. 50-57.
2) 合田良実・森信耕信：水平ステップ上の砕波限界に関する実験的研究，海岸工学論文集，第 43 巻，1997 年，pp. 66-70.
3) Burcharth, H. F. and Lykke Andersen, T.: Scale effects related to small scale physical modelling of overtopping of rubble mound breakwaters, *Book of Abstracts for Coastal Structures 2007* (*Int. Conf.*, Venice), 2007, No. 10C-218.
4) 榊山 勉・鹿島遼一：消波護岸の越波に関する現地観測と水理実験の比較，海岸工学論文集，第 44 巻，1997 年，pp. 736-740.
5) De Waal, J. P., Tönjes, P., and van der Meer, J. W.: Wave overtopping of vertical structures including wind effect, *Coastal Engineering 1996* (*Proc. 25th Int. Conf.*, Orland, Florida), ASCE, 1996, pp. 2216-2229.
6) 榊山 勉・鹿島遼一・窪 康浩：人工島式立地発電所への越波量評価に関する実験的研究，海岸工学

論文集，第 41 巻，1994 年，pp. 661-665.

7) Thomsen, A. L., Wohlt, P. E., and Harrison A. S.: Rip-rap stability on earth embankment tested in large and small scale wave tank, *CERC Technical Memorandum*, No. 37.

8) 島田真行・藤本稔美・斉藤昭三・榊山　勉・鹿島遼一・平口博丸：消波ブロックの安定性に関する模型縮尺効果について，第 33 回海岸工学講演会論文集，1986 年，pp. 442-445.

9) 谷本勝利・高橋重雄・村永　努：直立消波ケーソンの上床版に働く揚圧力―空気圧縮モデルによる検討―，港湾技術研究所報告，第 19 巻 第 2 号，1980 年，pp. 3-31.

10) 小島朗史・合田良実・鈴村諭司：波力発電ケーソンの空気出力効率の解析―波エネルギーに関する研究　第 1 報―，港湾技術研究所報告，第 22 巻 第 3 号，1983 年，pp. 125-158.

11) 沿岸開発技術研究センター：沿岸開発技術ライブラリー No. 12「数値波動水路の研究・開発」（CADMAS-SURF），2001 年，本文 296 p.，付録 4 編.

12) Salter, S. H.: Absorbing wave-makers and wide tanks, *Proc. Conf. on Directional Wave Spectra Applications*, Univ. California, Berkeley, ASCE, 1981, pp. 185-202.

13) 高山知司・永井紀彦・合田良実：サーペント型造波装置の制御方式と発生波の特性，第 32 回海岸工学講演会論文集，1985 年，pp. 16-20.

14) Mansard, E. P. D., Manoha, B., and Funke, E. R.: A survey of multidirectional wave facilities, *Proc. IAHR Seminar: Multidirectional Waves and Their Interaction with Structures*, XXVII IAHR Congress, San Francisco, 1997, pp. 195-229.

15) Biésel, F. and Suquet, F.: Les apparails générateurs de houle en laboratoire, *La Houill Blanche*, Vol. 6, Nos. 2, 4, et 5, 1951. (translated by St. Anthony Falls Hyd. Lab., Univ. Minnesota, Rept. No. 39).

16) 平口博丸・清水隆夫・池野正明・田中寛好：多方向波造波システムの効率化とその造波特性，海岸工学論文集，第 37 巻，1990 年，pp. 140-144.

17) 高山知司：多方向不規則波の造波水槽と実験例，1992 年度水工学に関する夏期研修会講義集，土木学会水理委員会，1992 年，pp. B-1-1～B-6-28.

18) 高山知司・平石哲也・立石義博：多方向不規則波の造波信号発生法に関する検討，海岸工学論文集，第 36 巻，1989 年，pp. 153-157.

19) 平石哲也：多方向不規則波の発生とその応用に関する研究，港湾技研資料，No. 723，1992 年，pp. 1-176.

20) Milgram, J. H.: Active water-wave absorbers, *J. Fluid Mech.*, Vol. 43, Part 4, 1970, pp. 845-859.

21) 松本　朗・田安正茂・松田節男：時間領域における入射波と反射波の分離精度向上に関する計算，海洋開発論文集，Vol. 18，2002 年，pp. 209-213.

22) 木村　晃・谷口　丞：外づけ型反射波吸収システムの機能向上とコンパクト化，海岸工学論文集，第 42 巻，1995 年，pp. 126-130.

23) 平口博丸・鹿島遼一・田中寛好・石井敏雄：多方向不規則波造波機の反射波吸収性能に関する実験的研究，海岸工学論文集，第 38 巻，1991 年，pp. 121-125.

24) Ito, K., Katsui, H., Mochizuki, M., and Isobe, M.: Non-reflected multi directional wave maker theory and experiments of verification, *Coastal Engineering 1996* (*Proc. 25th Int. Conf.*, Orlando, Florida), ASCE, 1996, pp. 443-456.

25) Schäffer, H. A. and Klopman, G.: Review of multidirectional active wave absorption method, *J. Waterway, Port, Coastal and Ocean Eng.*, ASCE, Vol. 126, No. 2, 2000, pp. 88-97.

26) 合田良実・賀川真有：造波水路内の波峯分裂のメカニズムについて，海岸工学論文集，第 44 巻，1997 年，pp. 6-10.

27) Goda, Y.: Recurring evolution of water waves through nonlinear interactions, *Proc. 3rd Int. Symp. Ocean Measurement and Analysis* (*WAVES '97*), ASCE, 1997, pp. 1-23.

28) Ottesen Hansen, N. E. et al.: Correct reproduction of group-induced long waves, *Proc. 17th Int. Conf. Coastal Eng.*, Sydney, ASCE, 1980, pp. 784-800.

29) Sand, S. S.: Long wave problems in laboratory models, *J. Waterway, Port, Coastal, and Ocean Eng. Div.*, ASCE, Vol. 108, No. WW4, 1982, pp. 492-503.

30) Bowers, E. C.: Long period disturbances due to wave group, *Proc. 17th Int. Conf. Coastal Eng.*, Sydney, ASCE, 1980, pp. 610-623.

31) Barthel, V., Mansard, E. P. D., Sand, S. E., and Vis, F. C.: Group bounded long waves in physical

models, *Ocean Engng.*, Vol. 10, No. 4, 1983, pp. 261-294.
32) 鶴谷広一・中野　晋・一戸秀久：浅海における津波の変形と遡上に関する実験的研究―1983年日本海中部地震津波の検討―, 第31回海岸工学講演会論文集, 1984年, pp. 237-241.
33) 宮川公男：「基本統計学　[新版]」, 有斐閣, 1991年, 7.2節.

Ⅱ　調査研究編

9. 不規則波の記述

9.1 進行波の波形および分散関係式

　前章までの第Ⅰ編においては，不規則波浪理論を港湾構造物の設計に応用するための実際的方法について述べてきた。本章から第12章までの第Ⅱ編においてはそうした設計実務への応用面を離れ，不規則波浪理論ならびに不規則波浪データの解析方法について述べることにする。

　2.3節に述べたように，不規則な海の波は無数の周波数および波向の成分波が重なり合ったものとして取り扱われているが，個々の成分波の波形は次のように表示される。

$$\eta = a\cos(kx\cos\theta + ky\sin\theta - 2\pi ft + \varepsilon) \tag{9.1}$$

ここに，η は平均水位からの水面上昇量，a は波の振幅，k は波数（$=2\pi/L$），θ は波の進行方向と x 軸のなす角，f は周波数，ε は位相角である。

　この成分波は，速度ポテンシャル理論から導かれる微小振幅波の性質を保有し，各成分波はほかからの干渉なしに自由に進行するものと考える。この成分波が伝播する際は，水面の単位面積当りに次のエネルギーが付加される。

$$E = \frac{1}{2}\rho_w g a^2 \tag{9.2}$$

すなわち，これが成分波の持つエネルギーである。ただし，ρ_w は水の密度である。また，波数 k と周波数 f の間には次の関係が保持される。

$$\sigma^2 = 4\pi^2 f^2 = gk\tanh kh \tag{9.3}$$

ここに，σ は角周波数（$=2\pi f$），g は重力の加速度，h は水深である。

　式（9.3）は分散関係式（dispersion relation）と呼ばれており，水面の境界条件から必然的に導かれるものである。この式を通常の波長 L と周期 T の関係に書き改めると

$$L = \frac{g}{2\pi}T^2\tanh\frac{2\pi h}{L} \tag{9.4}$$

となる。この式は超越方程式であり，h と T を与えたときの L の値は数値的にしか求められず，一般に繰り返し計算によって求める。海の波の問題を具体的に計算する場合は，式（9.3）または式（9.4）を解くことが必要なので，その計算法を述べておく。

　まず，式（9.3）を次のように書き換える。

$$x\tanh x = D \tag{9.5}$$

ここに，$D = \sigma^2 h/g = 2\pi h/L_0, \quad L_0 = 2\pi g/\sigma^2 = gT^2/2\pi$
$x = kh = 2\pi h/L$ \hfill (9.6)

　式 (9.5) はニュートンの逐次近似法で解けばよいが，このままでは変曲点が生じるので，これを避けるために次のように書き換える。

$$y(x) = x - D \coth x \tag{9.7}$$

こうすると，第1次近似値 x_1 を与えたときの第2近似値 x_2 が次式で求められる。

$$x_2 = x_1 - \frac{y(x_1)}{y'(x_1)} = x_1 - \frac{x_1 - D \coth x_1}{1 + D(\coth^2 x_1 - 1)} \tag{9.8}$$

第1次近似値は次のように与えればよい。

$$x_1 = \begin{cases} D & : D \geq 1 \\ D^{1/2} & : D < 1 \end{cases} \tag{9.9}$$

　式 (9.9) の逐次近似は回を追うごとに収束が早くなる。相対誤差 $|1 - x_2/x_1|$ を 0.05%未満にするためには，最悪の場合でも x_4 の計算で終了する[1]。なお，この方法で波長を計算するプログラムの例を図9-1に示す。また，このプログラムを応用して水深―周期―波長―波速の表を作成した結果が巻末の付表である。

```
      PI2=2.*3.141592654
      D=PI2*DEPTH/(9.8*T**2/PI2)
      WAVEL=PI2*DEPTH/WAVE(D)

      FUNCTION WAVE(D)
      IF(D-10.0)2,2,1
    1 XX=D
      GO TO 6
    2 IF(D-1.0)3,4,4
    3 X=SQRT(D)
      GO TO 5
    4 X=D
    5 COTHX=1./TANH(X)
      XX=X-(X-D*COTHX)/
     +    (1.+D*(COTHX**2-1.))
      E=1.-XX/X
      X=XX
      IF(ABS(E)-0.0005)6,5,5
    6 WAVE=XX
      RETURN
      END

      水深：DEPTH (m)
      周期：T (sec)
      波長：WAVEL (m)
```

図9-1　波長を求めるFORTRANプログラム

　このような逐次近似法ではなく，Hunt[2] は式 (9.5) の Taylor 展開を使ってその逆関数を求め，x の値を直接計算する方法を提示している。計算精度 0.1%の場合の計算式を若干書き換えて示すと次のようになる。

$$x^2 = D*(D+1/(1+D*(0.6522+D*(0.4622+D^2*(0.0864+0.0675*D))))) \quad (9.10)$$

ただし，x，D の定義は式（9.6）による。なお，Hunt は計算精度 0.01％ に対する計算式も示している。また，Venezian[3] は Hunt に対する討議の中で，$0 \leq D < 1$ の範囲ではさらに高精度（0.04％）でかつ簡便な次式が利用できることを述べている。

$$x = \sqrt{D}/(1-D/6) \qquad : 0 \leq D < 1 \ (h/L_0 \lesssim 0.16) \quad (9.11)$$

9.2 スペクトルによる不規則波形の表示

不規則波形の表示方法には複素ベクトルを用いるものなどいろいろなものがあるが，これらは数学的演算の便宜上のための差異であって，一般には次の無限級数表示が分かりやすいと思われる。

$$\eta = \eta(x, y, t) = \sum_{n=1}^{\infty} a_n \cos(k_n x \cos\theta_n + k_n y \sin\theta_n - 2\pi f_n t + \varepsilon_n) \quad (9.12)$$

これは，Longuet-Higgins[4] が最初に用いたもので，周波数と波向の組合せに一つずつ順番をつけ，これを無限個加え合わせたものである。

こうした自由な進行波としての成分波の重ね合わせによって不規則な海の波を解釈することは，いわば一つの仮説である。この考え方の妥当性はそれ自身では証明することはできず，このモデルから演繹される波浪の諸性質が現実の海の波とどの程度一致するかによって検証される。現在のところ，式（9.12）の表示は波の非線形性に関する若干の性質を除けば海の波の諸特性を十分に説明することができ，その意味で妥当とされている。

式（9.12）は四つの条件を前提としている。第 1 は，周波数 f_n が 0 から無限大までの間に十分密に分布しており，微小間隔 df をどこにとってもその中には無限個の f_n が含まれているということである。第 2 は，方向角 θ_n が $-\pi$ から π までの間に十分密に分布しており，微小角 $d\theta$ をどこにとってもその中には無限個の θ_n が含まれていることである。第 3 は，位相角 ε_n が 0 と 2π の間に一様な確率でランダムに分布していることである。第 4 は，各成分波の振幅 a_n はそれぞれ無限小の値であるけれども，周波数が f と $f + df$，方向角が θ と $\theta + d\theta$ の範囲についてその 2 乗和を求めると有限でかつ確定した値をとることである。この確定値を $S(f, \theta)$ で表すと

$$\sum_{f}^{f+df} \sum_{\theta}^{\theta+d\theta} \frac{1}{2} a_n^2 = S(f, \theta) df\, d\theta \quad (9.13)$$

この式（9.13）で定義される関数 $S(f, \theta)$ が方向スペクトル密度関数，または略して方向スペクトルと呼ばれるもので，成分波のエネルギー* が周波数 f および方向角 θ に関してどのように分布しているかを表す。

方向スペクトルはまた，波数 k と方向角 θ の関数として表示することもできる。すなわち，不規則波形を表示する式（9.12）において波数が k と $k + dk$，方向角が θ と $\theta + d\theta$ の範囲の成分波のエネルギーを考えることにより，

---

* 前節の式（9.2）で示したように成分波のエネルギーは $\frac{1}{2}\rho_w g a^2$ で与えられるが，スペクトルの議論では $\rho_w g$ を省略した形が一般に用いられる。

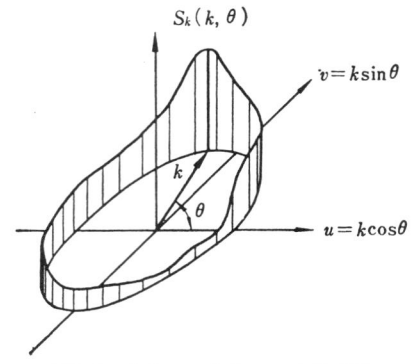

図9-2 方向スペクトルの立体表示

$$\sum_{k}^{k+dk}\sum_{\theta}^{\theta+d\theta}\frac{1}{2}a_n^2 = S_k(k,\theta)dk\,d\theta \tag{9.14}$$

と波数表示の方向スペクトル密度関数 $S_k(k,\theta)$ が定義される。図9-2 はこの $S_k(k,\theta)$ を模式的に示したものである。図ではある特定の k についての表示であるが，これを $0<k<\infty$ の範囲にわたって表示すれば，方向スペクトルが一つの包絡曲面として表されることになる。また，立体表示の代わりに $S_k(k,\theta)$ の絶対値の等高線図として表示することも多い。なお，図9-2 の中の (u,v) は極座標系の (k,θ) を直交座標系に変換したときの変数である。

周波数表示の方向スペクトル $S(f,\theta)$ と波数表示の方向スペクトル $S_k(k,\theta)$ とは，式 (9.3) の分散関係式を媒介として相互に変換可能である。この変換は正比例ではないが，1対1の対応である。もっとも，後出の10.5節で述べる波浪の非線形成分を含めて考えると1対1の対応が崩れる。また，風波の場合には吹送流の存在のために対応関係が複雑になる。

式 (9.12) は不規則な波形が場所的，時間的に変化する状態を表示するものである。これに対して，波高計の記録のように1地点で観測された不規則波形は次のように表示することができる。

$$\eta = \eta(t) = \sum_{n=1}^{\infty} a_n \cos(2\pi f_n t + \varepsilon_n) \tag{9.15}$$

この場合の振幅 a_n および位相角 ε_n は式 (9.12) のものと表す意味がやや異なる。式 (9.12) の場合にはそれぞれ自由に進行する独立な成分波の振幅および位相角を表しているが，式 (9.15) の場合には特定の周波数ごとにさまざまな方向に進む成分波を合成し，その結果を三角関数で表示したときの振幅および位相角というものを表している。もっとも，海面を伝播する物理的機構は考えずに，2.1節の図2-2 のような不規則な変動波形が与えられたとしてそれを数学的に表示したのが式 (9.15) であると考えることも可能である。いずれにしても，式 (9.15) の表示においては周波数が f から $f+df$ までの範囲について拡幅の2乗和を求めた結果が有限であってかつ確定値をとることを前提としており，その確定値を $S(f)$ で表すと，

$$\sum_{f}^{f+df}\frac{1}{2}a_n^2 = S(f)df \tag{9.16}$$

この関数 $S(f)$ はパワースペクトル密度関数あるいは単に周波数スペクトルと呼ばれる。

9.3 確率過程とスペクトル

前節の式 (9.12) および式 (9.15) の表示は，海の波の波形 η が定常性，エルゴード性，ならびにガウス過程の三つの性質を満足する確率過程（stochastic process）として表し得ることを前提としている。ここに確率過程というのは，ある量が時間の推移につれて不規則（ランダム）に変化し，各時刻における値を確定することはできないけれども，それぞれの値はある確率法則に従って出現するときに，この変量の集合を呼ぶ語である。なお，独立変数は時間でなくて空間座標であってもよい。

いま，波浪状況例えば有義波の諸元が同一であるけれども波形そのものは異なる記録 $\eta_1(t), \eta_2(t), \cdots\cdots$ が無数に取得できたと仮定すると*，確率過程としての波形は次のように表される。

$$\eta(t)=\{\eta_1(t),\ \eta_2(t),\ \cdots\cdots,\ \eta_j(t),\ \cdots\cdots\} \tag{9.17}$$

ここに，大括弧 { } は集合または母集団（ensemble）を意味し，その母集団から抽出された標本（sample）が $\eta_1(t), \eta_2(t), \cdots\cdots$ などであることを表示している。また，波形 η の出現確率は一つの標本 $\eta_j(t)$ についてではなく，ある時刻 t における集合全体について与えられていると考える。

まず，定常性（stationarity）は η に関する集合平均としての統計量のすべてが時間に対して不変であることをいう。統計量として例えば算術平均および自己相関関数（autocorrelation function）を考えると，次のような条件として表される。

$$E[\eta(t)]=E[\eta(0)]\equiv \overline{m} \qquad : -\infty<t<\infty \tag{9.18}$$

$$E[\eta(t+\tau)\eta(t)]=E[\eta(\tau)\eta(0)]\equiv \Psi(\tau) \qquad : -\infty<t<\infty \tag{9.19}$$

ここに，

$$E[\eta(t)]=\lim_{N\to\infty}\frac{1}{N}\sum_{j=1}^{N}\eta_j(t) \tag{9.20}$$

$$E[\eta(t+\tau)\eta(t)]=\lim_{N\to\infty}\frac{1}{N}\sum_{j=1}^{N}\eta_j(t+\tau)\eta_j(t) \tag{9.21}$$

η に関する統計量はこのほかいろいろなものがあるが，式 (9.18)，(9.19) の条件のみを満足し，かつ分散 $\mathrm{Var}[\eta(t)]=E[(\eta-E[\eta])^2]$ が有限な場合を弱定常確率過程（weakly stationary stochastic process）という[5]。もっとも，η の出現確率が正規分布で表されるときは，式 (9.18)，(9.19) の条件を満足しさえすればその他の統計量もすべて定常となり，厳密な意味での定常確率過程となる。なお，確率過程が空間的に定常であることを等質（homogeneous）であるということもある。

第 2 の条件のエルゴード性（ergodicity）は，波形のある標本 $\eta_j(t)$ に関する統計量を時間平均として求めたとき，この値が集合平均と一致することを指して言うものである。すなわち，

---

* これは現実の海では不可能であるが，風洞水槽で風波を発生させる場合には同一条件で測定を何回も繰り返せばよい。この場合の時間の起点は，一定風速の風を吹かせ始めてから十分に長い時間が経過した一定時刻とする。

$$E[\eta(t)] = \overline{\eta_j(t)} = \lim_{t_0 \to \infty} \frac{1}{t_0} \int_0^{t_0} \eta_j(t) dt \tag{9.22}$$

$$E[\eta(t+\tau)\eta(t)] = \overline{\eta_j(t+\tau)\eta_j(t)} = \lim_{t_0 \to \infty} \frac{1}{t_0} \int_0^{t_0} \eta_j(t+\tau)\eta_j(t) dt \tag{9.23}$$

エルゴード性を有する確率過程は必然的に定常過程であるが，その逆は必ずしも成り立たない。しかし，波形の出現確率が正規分布で表され，かつ確率過程が一定周波数の周期関数を含まなければ，定常過程はエルゴード性を有する[6]。このようなとき，波形の統計量は一つの標本，すなわちある波形記録についての平均値を計算する操作によって求められる。第11章に述べるように，われわれが波形記録から波のスペクトルを計算するのも，エルゴード性の仮定に基づくものである。

第3のガウス過程は，波形 η がある時刻において η と $\eta+d\eta$ の間の値をとる確率がガウス分布（＝正規分布）すなわち次の関数で与えられるものをいう。

$$p(\eta)d\eta = \frac{1}{(2\pi m_0)^{1/2}} \exp\left[-\frac{(\eta - E[\eta])^2}{2m_0}\right] d\eta \tag{9.24}$$

ここに，

$$m_0 = E[(\eta - E[\eta])^2] = E[\eta^2] - E[\eta]^2 = \eta_{\mathrm{rms}}^2 \tag{9.25}$$

式（9.25）で定義される m_0 は波形の分散値であり，エルゴード性が満足されるときは時間平均値として求めてよい。

以上の三つの性質は，海の波についてはいずれも厳密には証明されていない。まず第一に，波の発生，発達，減衰の過程を考えれば分かるように，波浪状況は時間的，場所的に異なるので，一定の波浪状況に対する波形の集合（ensemble）を作ることが不可能である。したがって，海の波に関する定常性およびエルゴード性は証明不能である。また，一つの波形記録（標本）についても長時間にわたって調べてみると，振幅その他の統計量が時間の経過につれて変化するので，確率過程としての集合がもし作れたとしても，定常性は期待できない。しかしながら，数分～数十分の比較的短い時間を考えると，その間では波浪状況が一定と見なすことができるであろうから，近似的には定常性を仮定してよい。また，エルゴード性については特別の反証がないところからこれが成立するものと仮定し，定常確率過程の統計理論を海の波にも援用している。

一方，波形の正規分布については10.5節に述べるように若干のずれが認められ，特に砕波帯内の波の場合には正規分布からのずれが著しい。正規分布の仮定は，不規則波形を微小な成分波の線形重合せとして取り扱うために必要なもので，この仮定を設けることにより種々の理論解析が容易になる。もっとも，定常確率過程の理論はガウス過程以外の確率過程に対しても適用可能である[7]。

エルゴード性を有する定常確率過程の解析においては，平均値 $E[\eta(t)]$ を0と設定することが多い。この設定は，元の確率過程から算術平均値を差し引くことによって容易に実現されるので，以下においては

$$E[\eta(t)] = \overline{\eta(t)} \equiv 0 \tag{9.26}$$

の場合のみを取り扱う。なお，潮差の大きな海域での波浪現象のように短時間の平均水位が次第に変化する場合には，こうした時間的に変化する平均値を差し引いた残りの波形を考えることによって式（9.26）が満足されることになる。

平均値が 0 の場合の自己相関関数（式-9.19）は特に自己共分散関数（autocovariance function）と呼ばれるが，間違うおそれのないときは自己相関関数の語が使われることが多い。定常確率過程においては，式（9.19）で定義される自己相関関数 $\Psi(\tau)$ に対して，次式を満足するような関数 $S(f)$ が存在する。

$$\Psi(\tau) = \int_0^\infty S(f) \cos 2\pi f\tau \, df \tag{9.27}$$

フーリエ変換の理論によれば，$|\Psi(\tau)|^2$ を τ の全範囲にわたって積分した値が有限であることを条件として，関数 $S(f)$ は次のように表すことができる。

$$S(f) = 4\int_0^\infty \Psi(\tau) \cos 2\pi f\tau \, d\tau \tag{9.28}$$

式（9.27）と式（9.28）は，両者合わせて Wiener–Khintchine の関係式と呼ばれている。もっとも，この一般形は τ および f を $(-\infty, \infty)$ の範囲で定義した次式であって，互いに対称な形をとる。

$$\left. \begin{array}{l} \Psi(\tau) = \int_{-\infty}^\infty S_0(f) e^{i2\pi f\tau} df \\ S_0(f) = \int_{-\infty}^\infty \Psi(\tau) e^{-i2\pi f\tau} d\tau \end{array} \right\} \tag{9.29}$$

ただし，$S_0(f)$ は周波数 f を $(-\infty, \infty)$ で定義したときの周波数スペクトルである。式（9.29）を τ および f の正の範囲 $[0, \infty)$ で定義し，さらに実数表示としてフーリエ余弦変換を用いると式（9.27），（9.28）が導かれる。

いま，式（9.15）の波形について自己相関関数を計算してみると，

$$\begin{aligned}
\Psi(\tau) &= \lim_{t_0 \to \infty} \frac{1}{t_0} \int_0^{t_0} \sum_{n=1}^\infty \sum_{m=1}^\infty a_n a_m \cos[2\pi f_n(t+\tau) + \varepsilon_n] \cos[2\pi f_m t + \varepsilon_m] dt \\
&= \lim_{t_0 \to \infty} \frac{1}{t_0} \int_0^{t_0} \sum_{n=1}^\infty \sum_{m=1}^\infty a_n a_m [\cos(2\pi f_n t + \varepsilon_n) \cos(2\pi f_m t + \varepsilon_m) \cos 2\pi f_n \tau \\
&\qquad\qquad - \sin(2\pi f_n t + \varepsilon_n) \cos(2\pi f_m t + \varepsilon_m) \sin 2\pi f_n \tau] dt \\
&= \frac{1}{2} \sum_{n=1}^\infty a_n^2 \cos 2\pi f_n \tau
\end{aligned} \tag{9.30}$$

この計算においては，$n \neq m$ の場合に余弦関数の積の積分が $t_0 \to \infty$ のときに 0 となり，正弦関数と余弦関数の積の積分が $n = m$ の場合も含めて 0 に収束することを利用している。式（9.30）の結果を式（9.28）に代入すると

$$\begin{aligned}
S(f) &= 2\int_0^\infty \sum_{n=1}^\infty a_n^2 \cos 2\pi f_n \tau \cos 2\pi f\tau \, d\tau \\
&= \sum_{n=1}^\infty a_n^2 \int_0^\infty [\cos 2\pi(f_n + f)\tau + \cos 2\pi(f_n - f)\tau] d\tau
\end{aligned} \tag{9.31}$$

この演算において f は一定値として扱われている。上記の積分は $f_n = -f$ および $f_n = f$ において Dirac のデルタ関数に収束する[8]が，ここでは $0 \le f < \infty$ の範囲を考えているので，$f_n = f$ におけるデルタ関数のみをとる。また，デルタ関数の定義は $(-\infty, \infty)$ の範囲での積分であるので上式についてはその 1/2 の値となり，結局

$$S(f) = \sum_{n=1}^\infty \frac{1}{2} a_n^2 \delta(f_n - f) = \frac{1}{df} \sum_f^{f+df} \frac{1}{2} a_n^2 \tag{9.32}$$

となって，周波数スペクトルの定義である式 (9.14) に一致する。すなわち，自己相関関数を用いて式 (9.28) で定義される関数 $S(f)$ は，パワースペクトル密度関数と同一であることが分かる。この関係は，不規則波形の記録からパワースペクトルを求める際に利用されており，自己相関関数によるスペクトル推定法[9]として知られている。

なお，式 (9.27) で $\tau=0$ とおくと，これは自己相関関数の定義によって波形の分散 m_0 であり，m_0 とスペクトルとの関係が次のように導かれる。

$$m_0 = \overline{\eta^2} = \Psi(0) = \int_0^\infty S(f) df \tag{9.33}$$

もっとも，この関係は式 (9.15) (9.16) から導くこともできる。

参考文献

1) 合田良実：海の波の波長計算プログラム，土木学会論文報告集，第179号，1970年，pp. 97-98.
2) Hunt, J. N.: Direct solution of wave dispersion equation, *Proc. ASCE*, Vol. 105, No. WW4, 1979, pp. 457-459.
3) Venezian, G.: Discussion to the Paper by J. N. Hunt in 2), *Proc. ASCE*, Vol. 106, No. WW4, 1980, pp. 501-502.
4) Longuet-Higgins, M. S.: The statistical analysis of a random, moving surface, *Phil. Trans. Roy. Soc. London, Ser. A* (966), Vol. 249, 1957, pp. 321-387.
5) Koopmans, L. H.: *The Spectral Analysis of Time Series*, Academic Press, 1974, p. 38.
6) 同上 p. 54.
7) 同上 p. 258.
8) 森口繁一・宇田川銈久・一松　信：「数学公式Ⅱ」，岩波全書，1957年，p. 163.
9) Blackman, R. B. and Tukey, J. W.: *The Measurement of Power Spectra*, Dover Pub., Inc., 1958, p. 190.

10. 不規則波の統計理論

10.1 波高分布の理論

10.1.1 不規則波の包絡波形

本章においては1地点で観測された不規則波形を対象とし，9.2節の式（9.15）を基本として考えていく。波形の統計量としてまず考えられるのは振幅あるいは波高であり，その基礎理論はRice[1]によって見いだされた。いま，スペクトルとしてエネルギーが周波数のある狭い範囲に集中している場合を考える。これは狭帯域スペクトル（narrow band spectrum）と呼ばれている。この場合の波形は図10-1のように，個々の波の周期がほぼ同一であって振幅が緩やかに変化する形となる。この波形を表示するため，式（9.15）を次のように書き改める。

$$\eta(t)=\sum_{n=1}^{\infty}a_n\cos(2\pi f_n t+\varepsilon_n)=Y_c(t)\cos 2\pi \bar{f}t - Y_s(t)\sin 2\pi \bar{f}t \tag{10.1}$$

ここに，

$$\left.\begin{array}{l}Y_c(t)=\sum_{n=1}^{\infty}a_n\cos(2\pi f_n t-2\pi \bar{f}t+\varepsilon_n)\\ Y_s(t)=\sum_{n=1}^{\infty}a_n\sin(2\pi f_n t-2\pi \bar{f}t+\varepsilon_n)\end{array}\right\} \tag{10.2}$$

周波数 $\bar{f}$ はエネルギーの集中している周波数帯の代表値でありさえすればどのようなものでもよい。例えば，周波数スペクトルの1次の積率を使って定義される次の平均周波数もその一つである。

$$\bar{f}=m_1/m_0 \tag{10.3}$$

ここに，

$$m_n=\int_0^{\infty}f^n S(f)df \tag{10.4}$$

さらに，式（10.2）の Y_c と Y_s とから，次のような振幅 R および位相角 ϕ を定義する。

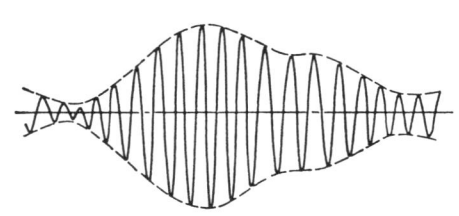

図10-1 不規則波の包絡波形

$$R = R(t) = \sqrt{Y_c^2(t) + Y_s^2(t)} \tag{10.5}$$

$$\phi = \phi(t) = \tan^{-1}[Y_s(t)/Y_c(t)] \tag{10.6}$$

または，

$$Y_c(t) = R \cos \phi, \qquad Y_s(t) = R \sin \phi \tag{10.7}$$

そうすると，この R と ϕ を用いて η が次のような形で書き表される。

$$\eta = R(t) \cos[2\pi \bar{f} t + \phi(t)] \tag{10.8}$$

この式は周波数 $\bar{f}$ の振動の振幅 R および位相角 ϕ が時間とともに変化することを表している。狭帯域スペクトルの場合にはこの変化が緩やかであり，$R=R(t)$ は図10-1の破線で示されるような包絡波形（wave envelope）の振幅を与えることになる。

包絡波形振幅 R の確率分布を考えるため，まず Y_c と Y_s の性質を調べると，式（10.2）の定義から両者とも正規分布に従う定常確率過程であり*，しかもその分散が

$$E[Y_c^2] = E[Y_s^2] = E[\eta^2] = m_0 \tag{10.9}$$

である。また，$E[Y_c Y_s] = 0$ であって両者は独立である。したがって，Y_c と Y_s が $[Y_c, Y_c + dY_c]$ および $[Y_s, Y_s + dY_s]$ の値を同時に取る確率は二つの正規分布の積として与えられる。すなわち，

$$p(Y_c, Y_s) dY_c dY_s = \frac{1}{2\pi m_0} \exp\left[-\frac{Y_c^2 + Y_s^2}{2m_0}\right] dY_c \, dY_s \tag{10.10}$$

ここで，式（10.7）を用いて変数を R と ϕ に変換すると，$dY_c dY_s = R \, dR \, d\phi$ の関係により，

$$p(R, \phi) dR \, d\phi = \frac{R}{2\pi m_0} \exp\left[-\frac{R^2}{2m_0}\right] dR \, d\phi \tag{10.11}$$

しかし，R と ϕ は独立であるから，$p(R, \phi)$ は $p(R)$ と $p(\phi)$ の積として表すことができる。さらに，式（10.11）は ϕ を含まないので $p(\phi) =$ const. すなわち，ϕ は 0 から 2π の間に等確率で分布していると考えられる。したがって，R の確率密度関数は次のように求められる。

$$p(R) dR = \frac{R}{m_0} \exp\left[-\frac{R^2}{2m_0}\right] dR \tag{10.12}$$

10.1.2 波高のレーリー分布
(1) 狭帯域スペクトルの理論

上述の式（10.12）は，レーリー卿が無数の音源からの合成音の強さの分布を表す式として導いたもので，レーリー分布と呼ばれている。この不規則波形の包絡波形の振幅の理論から，波高の確率密度関数が直ちに導かれる。すなわち，狭帯域スペクトルを前提とすると，後出の10.4節で述べるように波の山と山の間に別の極大値が出現する確率が非常に小さいので，$R=R(t)$ が個々の波の振幅を表すと見なすことができる。また，理論は

---

* 中心極限定理による。

波形の線形性を仮定しているので，波の山と谷の確率分布は対称である．したがって，波高Hは振幅Rの2倍と見なしてよい．この結果

$$p(H)dH = \frac{H}{4m_0}\exp\left[-\frac{H^2}{8m_0}\right]dH \tag{10.13}$$

の確率密度関数が求められる．この密度関数を出発点として，Longuet-Higgins[2)] は各種の代表波高の相互の関係を求めた．

まず，平均波高および2乗平均波高は次のようにして求められる．

$$\bar{H} = \int_0^\infty H p(H) dH = (2\pi m_0)^{1/2} \tag{10.14}$$

$$H_{\rm rms}^2 = \overline{H^2} = \int_0^\infty H^2 p(H) dH = 8m_0 \tag{10.15}$$

この結果を使い，式（10.13）を一般化して表すと次のようになる．

$$p(x)dx = 2a^2 x \exp[-a^2 x^2] dx \tag{10.16}$$

ここに，

$$x = H/H_* \quad : H_* \text{は任意の基準波高}$$

$$a = \frac{H_*}{(8m_0)^{1/2}} = \begin{cases} 1/2\sqrt{2} & : H_* = m_0^{1/2} = \eta_{\rm rms} \\ \sqrt{\pi}/2 & : H_* = \bar{H} \\ 1 & : H_* = H_{\rm rms} \\ 1.416 & : H_* = H_{1/3} \end{cases} \tag{10.17}$$

2.2節の式（2.1）は，基準波高として$H_* = \bar{H}$を用いたときの表現である．

次に，$1/N$最大波高を計算するため，超過確率が$1/N$である波高を求めておく．計算を一般化するため式（10.16）を用いると，波高比xの超過確率が，

$$P(x) = P[\xi > x] = \int_x^\infty p(\xi) d\xi = \exp[-a^2 x^2] \tag{10.18}$$

と求められる[*]ので，$P(x_N) = 1/N$となる波高比x_Nは

$$\exp[-a^2 x_N^2] = 1/N, \quad \text{または} \quad x_N = \frac{1}{a}(\ln N)^{1/2} \tag{10.19}$$

である．$1/N$最大波高を$x_{1/N}$で表示すると，これは次のように計算される[**]．

$$x_{1/N} = \frac{\int_{x_N}^\infty x p(x) dx}{\int_{x_N}^\infty p(x) dx} = \frac{1}{1/N}\int_{x_N}^\infty x p(x) dx$$

$$= N\{x_N \exp[-a^2 x_N^2] + \int_{x_N}^\infty \exp[-a^2 x^2] dx\} \tag{10.20}$$

この結果，$x_{1/N}$が次のように求められる．

---

[*] $P(x)$は確率理論でいうところの分布関数の値を1から差し引いたものである．
[**] 積分計算については，例えば文献[3)] p.154参照．

表10-1　レーリー分布による代表波高の値

N	$H_{1/N}/(m_0)^{1/2}$	$H_{1/N}/\overline{H}$	$H_{1/N}/H_{\mathrm{rms}}$	備　　　考
100	6.673	2.662	2.359	―
50	6.241	2.490	2.207	―
20	5.616	2.241	1.986	―
10	5.090	2.031	1.800	1/10最大波高
5	4.501	1.796	1.591	―
3	4.004	1.597	1.416	有義波高
2	3.553	1.417	1.256	―
1	2.507	1	0.886	平均波高

$$x_{1/N} = x_N + \frac{N}{a}\mathrm{Erfc}[ax_N] \tag{10.21}$$

ここに，

$$\mathrm{Erfc}[x] = \int_x^\infty e^{-t^2}dt \tag{10.22}$$

式 (10.21) を用いて各種の代表波高を計算した結果が表10-1である。この表により，例えばレーリー分布の一般式 (10.16) の基準波高 H_* として $H_{1/3}$ を用いた場合の定数は $a=1.416$ となることが分かる。また，2.2節の式 (2.3) の波高比および2.4節の式 (2.38) の関係は，こうした数値計算の結果として求められたものである。

なお，式 (10.22) の関数 $\mathrm{Erfc}[x]$ は次のような漸近展開が可能である*。

$$\mathrm{Erfc}[x] \sim \exp[-x^2]\sum_{n=0}^\infty (-1)^n \frac{(2n-1)!!}{2^{n+1}x^{2n+1}} \quad : x \to \infty \tag{10.23}$$

この第2項までを用い，さらに式 (10.19) の関係を使うと，式 (10.21) は次のように近似できる。

$$x_{1/N} \fallingdotseq x_N + \frac{1}{2a(\ln N)^{1/2}}\left\{1 - \frac{1}{4\ln N}\right\} \tag{10.24}$$

$N=10$ の場合，この近似式は約 0.6% だけ大きめの値を与える。

(2) スペクトル帯域幅の影響

以上に述べた波高のレーリー分布は，スペクトルの帯域幅が狭い場合の理論である。Longuet-Higgins[2] が1952年にレーリー分布に基づいて代表波高間の関係を示したときには帯域幅の狭さを具体的に定義しなかったけれども，1956年にはCartwrightとの連名で次のパラメータ ε をスペクトルの帯域幅の指標として提示した[5]。

$$\varepsilon = [1 - m_2^2/(m_0 m_4)]^{1/2} \quad : 0 < \varepsilon < 1 \tag{10.25}$$

そして，$\varepsilon \fallingdotseq 0$ をもって狭帯域，$\varepsilon \gg 0$ を広帯域と定義した。

しかしながら，海の波は2.3節の式 (2.10)，(2.12) などで標準形を示したように，高周波側は f^{-5} に比例する場合がほとんどである。このため，スペクトルの4次モーメント m_4 が極めて大きな値となり，スペクトル幅パラメータ ε は1にかなり近い値を示す。具体的には，m_4 を計算する積分の上限値 $f_{\max}$ が波形記録の読み取り間隔 Δt によって $f_{\max} = 1/2\Delta t$ として定まるため，海の波に関しては ε が相対読み取り間隔 $\Delta t/\overline{T}$ の関数となり，

---

* 文献[4] p.167による。

スペクトル形状の指標としては役立たない。図10-2は各地の波浪観測記録について，スペクトルから計算されるεと$\Delta t/\overline{T}$の関係を示したものである[6]。このように，スペクトル幅パラメータの値は大きなものであり，Longuet-Higginsが想定したような狭帯域スペクトルの前提は成立しない。それにもかかわらず2.2節で紹介したように，波をゼロクロス法で定義するかぎり，個々の波高の分布はレーリー分布にほぼ従う。これは，ゼロクロス法の操作がスペクトルを実質的に狭帯域化するためといわれている。

スペクトルの帯域幅が波高分布に及ぼす影響については，Tayfun[7]やNaess[8]が理論的に検討している。いずれも，波の山とそれに引き続く谷の振幅が必ずしも等しくはなく，このために波高Hが包絡波形の振幅Rの2倍よりも小さくなることを考慮している。実際の海では2.4節の式（2.39）で紹介したように，波高分布がレーリー分布よりもやや狭い傾向があり，この傾向は理論解析でも裏付けられている。周波数スペクトルのピークが鋭い場合についてはTayfunの理論が適用でき，これについてはForristall[9]が現地データで検証している。ただし，風波のようにスペクトルの帯域幅が広い場合には適用困難である。

波高に対するレーリー分布を一般化してワイブル分布で表現すると，次のようになる。

$$P(x)=\int_x^\infty p(x)dx=\exp[-(x/\alpha)^\kappa] \tag{10.26}$$

$$p(x)=\frac{\kappa}{\alpha}(x/\alpha)^{\kappa-1}\exp[-(x/\alpha)^\kappa] \tag{10.27}$$

レーリー分布であれば，$x=H/\eta_{\mathrm{rms}}$として$\kappa=2$，$\alpha=2\sqrt{2}=2.828$である。Forristall[10]が提案した2.4節の式（2.39）では，$\kappa=2.126$，$\alpha=2.724$となる。また，Myrhaug・Kyeldsen[11]は$x=H/H_{\mathrm{rms}}$として，現地データに対して$\kappa=2.39$，$\alpha=1.05$の数値を与えている。

このようなワイブル分布における超過確率$1/N$の波高x_Nは式（10.26）から次のように求められる。

$$x_N=\alpha(\ln N)^{1/\kappa} \tag{10.28}$$

したがって，$1/N$最大波高は次式の積分を数値的に求めることによって計算できる。

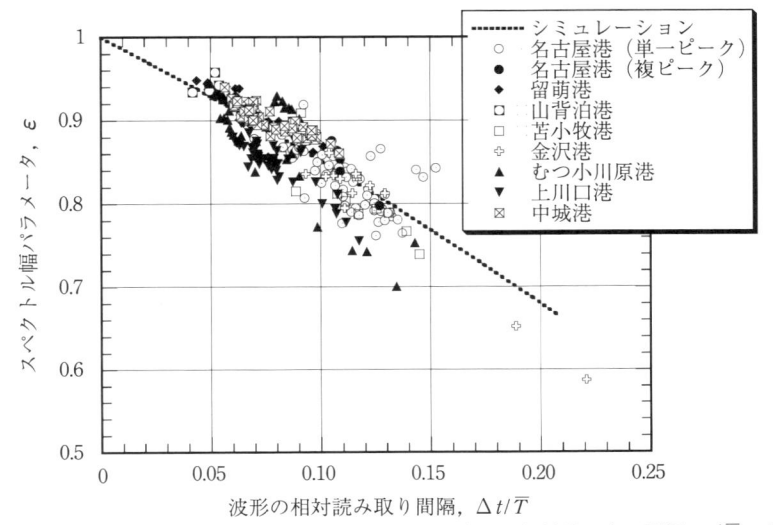

図10-2 現地観測によるスペクトル幅パラメータεと波形の相対読み取り間隔$\Delta t/\overline{T}$の関係[6]

$$x_{1/N} = x_N + \int_{x_N}^{\infty} \exp[-(x/\alpha)^\kappa] dx \tag{10.29}$$

Forristall[10] はこの式を用いて，$\kappa=2.126$，$\alpha=2.724$ の場合について $H_{1/10}=4.733\eta_{rms}$，$H_{1/3}=3.774\eta_{rms}$，$\bar{H}=2.413\eta_{rms}$ の結果を得ている．これらの数値は，表 2-3 における Wallops 型スペクトルの $m\fallingdotseq 4$ の場合にほぼ相当する．

なお先に 2.4 節 (1) 項に述べたように，周波数スペクトルと波高分布の関係は式 (2.40) で定義されるスペクトル形状パラメータ $\kappa(\bar{T})$ によってほぼ決まるといってよい．

(3) 波の非線形性の影響

個別の波高の分布は，さらに波の非線形性によって影響される．深海域で波の非線形性が著しく強い場合には，レーリー分布から確率的に予想される大きさ以上の最高波が発生することがあり，これはフリーク波といわれる．また，波が沿岸に近づくにつれて波の山が尖り，谷が平たくなる傾向を見せると，3.5 節に述べた波の非線形浅水変形のために波高の大きな波ほど波高の増大率が大きくなり，波高の分布はレーリー分布よりも広くなる．2.2 節の図 2-4 において現地観測を総合した波高分布がレーリー分布に極めてよく一致したのは，観測データの一部が非線形浅水変形を受けていたためである．波の非線形性とその影響については 10.5 節で詳述する．

しかし，波がさらに海岸に近づいて波高の大きな波から順に砕けるようになると，波高分布の裾が断ち切られるようになり，レーリー分布よりも分布幅が大幅に狭くなる．これについては 3.6.2 節で記述したところである．

10.1.3 最高波高の確率分布

レーリー分布はその表現式から明らかなように上限値が存在せず，波高が大きくなるにつれてその出現確率が指数関数的に減少するのみである．したがって，最高波高 H_{max} は波高の母集団から何波か任意に抽出した各標本*における最高値という統計量としてしか意味を持たない．こうした統計量は標本ごとに異なるのが当然であり，その統計量についての確率分布を議論することが必要になる．H_{max} の確率分布の誘導は Longuet–Higgins[2] が綿密に行っており，また Davenport[12] はやや簡略化した誘導法を示している．

いま，波高の母集団から N_0 個の波高を抽出し，その中の最高値（無次元量）が x_{max} であったとする．x_{max} の確率密度関数を $p^*(x_{max})$ で表すと，x の最高値が $[x_{max}, x_{max}+dx_{max}]$ の範囲の値を取る確率は定義により $p^*(x_{max})dx_{max}$ である．一方この確率は，N_0 波中のただ 1 波が x_{max} と $x_{max}+dx_{max}$ の間の値を取り，残りの (N_0-1) 波が x_{max} 未満の値を取る確率である．したがって，

$$\begin{aligned} p^*(x_{max})dx_{max} &= N_0[1-P(x_{max})]^{N_0-1} p(x_{max})dx_{max} \\ &= d[1-P(x_{max})]^{N_0} \end{aligned} \tag{10.30}$$

ここに，$P(x)$ は式 (10.18)，$p(x)$ は式 (10.16) で与えられる．

いま，N_0 が非常に大きいものとすると，式 (10.30) の右辺の関数は次のように近似することができる．

---

* Longuet–Higgins[2] が述べているように，通常の連続した波形記録では隣り合う波高の間に若干の相関が存在するので，上述のような意味での標本ではない．ただし，この相関は弱いのが普通なので，連続した波高の分布に対してもレーリー分布の理論を適用している．

$$\lim_{N_0\to\infty}[1-P(x_{\max})]^{N_0}=\lim_{N_0\to\infty}\left[1-\frac{\xi}{N_0}\right]^{N_0}=e^{-\xi} \tag{10.31}$$

ここに，

$$\xi=N_0P(x_{\max})=N_0\exp[-a^2x_{\max}^2] \tag{10.32}$$

式（10.31）を式（10.30）に代入して演算を実行すると，

$$p^*(x_{\max})dx_{\max}=-e^{-\xi}d\xi=2a^2x_{\max}\xi e^{-\xi}dx_{\max} \tag{10.33}$$

と $x_{\max}$ の確率密度関数 $p^*(x_{\max})$ が求められる．2.2節の図2-7の理論曲線は，波高の基準値として $H_*=H_{1/3}$ を用い，$a=1.416$ として式（10.33）で計算したものである．

確率密度関数が求められれば，最頻値，平均値，分散などを計算することができる．まず，最頻値 $(x_{\max})_{\text{mode}}$ については $dp^*/dx_{\max}=0$ の条件により，

$$(x_{\max})_{\text{mode}}\fallingdotseq\frac{1}{a}(\ln N_0)^{1/2}\left\{1+\frac{1}{4(\ln N_0)^2}+\cdots\right\} \tag{10.34}$$

$H_{\max}$ の最頻値として示した2.2節の式（2.4）は，上式右辺の第2項を微小として省略し，基準波高として $H_{1/3}$ を用いる場合の $a=1.416$ を代入した結果である．なお，式（10.31）の漸近近似を使わない場合の $x_{\max}$ の最多値の計算式は Longuet-Higgins[2] が提示している．

次に，$x_{\max}$ の期待値（算術平均値）および2乗平均値を求める式は

$$E[x_{\max}]=\int_0^\infty x_{\max}p^*(x_{\max})dx_{\max}=\int_0^{N_0}x_{\max}e^{-\xi}d\xi \tag{10.35}$$

$$E[x_{\max}^2]=\int_0^\infty x_{\max}^2 p^*(x_{\max})dx_{\max}=\int_0^{N_0}x_{\max}^2 e^{-\xi}d\xi \tag{10.36}$$

ここで，式（10.32）の定義式を書き換えると，

$$x_{\max}=\frac{1}{a}(\ln N_0-\ln\xi)^{1/2}\fallingdotseq\frac{1}{a}(\ln N_0)^{1/2}-\frac{\ln\xi}{2a(\ln N_0)^{1/2}}-\frac{(\ln\xi)^2}{8a(\ln N_0)^{3/2}}+\cdots \tag{10.37}$$

となるので，これを式（10.35）に代入し，また式（10.36）には式（10.32）の定義式を代入して積分を実行すると，

$$E[x_{\max}]=(x_{\max})_{\text{mean}}\fallingdotseq\frac{1}{a}(\ln N_0)^{1/2}+\frac{\gamma}{2a(\ln N_0)^{1/2}}-\frac{\pi^2+6\gamma^2}{48a(\ln N_0)^{3/2}}+\cdots \tag{10.38}$$

$$E[x_{\max}^2]\fallingdotseq\frac{1}{a^2}\ln N_0+\frac{1}{a^2}\gamma \tag{10.39}$$

ここに，

$$\gamma=-\int_0^\infty(\ln\xi)e^{-\xi}d\xi=0.5772\cdots\cdots \qquad (\text{Euler の定数})$$

の結果が得られる*．したがって，$x_{\max}$ の標準偏差は次のように計算される．

---

* この演算においては次の公式[13] を利用している．
$$\int_0^\infty(\ln\xi)^2 e^{-\xi}d\xi=\frac{\pi^2}{6}+\gamma^2$$

$$\sigma(x_{\max}) = \{E[x_{\max}^2] - E[x_{\max}]^2\}^{1/2} \fallingdotseq \frac{\pi}{2\sqrt{6}\,a(\ln N_0)^{1/2}} \tag{10.40}$$

また，$H_{\max}$ がある与えられた値を超過する確率を μ とすると，これは式（10.30）によって次のように計算される。

$$\mu = 1 - \int_0^{x_{\max}} p^*(\zeta)d\zeta = 1 - [1 - P(x_{\max})]^{N_0} \fallingdotseq 1 - \exp[-N_0 P(x_{\max})] \tag{10.41}$$

これから逆に，超過発生の危険率が μ であるような最高波高 $(x_{\max})_\mu$ は上式を解くことにより，

$$(x_{\max})_\mu \fallingdotseq \frac{1}{a}\left\{\ln\left[\frac{N_0}{\ln 1/(1-\mu)}\right]\right\}^{1/2} \tag{10.42}$$

と求められる。2.2節の式（2.6）はこの結果に基づくものである。

なお，式（10.34）および式（10.38）の結果を式（10.19）および式（10.24）と比較すると明らかなように，N_0 が十分大きいときはこれらの間には次のような大小関係が存在する。

$$x_{N_0} \fallingdotseq (x_{\max})_{\mathrm{mode}} < (x_{\max})_{\mathrm{mean}} < x_{1/N_0} \tag{10.43}$$

概略値としては，次のような関係にある。

$$(x_{\max})_{\mathrm{mean}} \fallingdotseq x_{1.8N_0}, \qquad \text{および} \quad x_{1/N_0} \fallingdotseq x_{2.6N_0} \tag{10.44}$$

波高分布がレーリー型よりも狭い場合については，Forristall[10] が式（10.27）のワイブル分布に基づいて最高波高の期待値を次のように導いている。

$$E[x_{\max}] \fallingdotseq \alpha(\ln N_0)^{1/\kappa}\left[1 + \frac{\gamma}{\kappa \ln N_0}\right] \tag{10.45}$$

また，Myrhaug と Kjeldsen[11] も類似の計算式を導いている。

10.2 波の連なりの理論

(1) 波の連なりの現象と連長の定義

海の波は一見不規則であるが，注意して見ていると高い波が1波ずつばらばらに現れるのではなく，数波連なって現れることが多い。こうした高波の連なり（wave grouping）は，特にうねりの場合に顕著である。図10-3は，ニュージーランド東方海域から約7,000 km を伝播して中米のコスタリカ国の太平洋沿岸カルデラ港まで到達したうねりの波形記録の一例[14] であり，高波の連なりが明瞭である。

波の連なりの現象は，ⅰ）係留船舶等に不規則波が作用したときに波の周期よりもはるかに長い周期で船が大きく前後に揺れ動く長周期動揺，ⅱ）海岸の汀線近傍の平均水位が不規則に上下するサーフビート，ⅲ）波による構造物の共振の問題における有効継続波数，ⅳ）斜面防波堤の被覆捨石・ブロックの不規則波に対する安定性，ⅴ）越波に対する護岸背後の排水処理，などの諸問題に影響を及ぼすと考えられる。

高波の連なりの長さは，あらかじめ設定した波高値 H_c を超える波が連続して出現する

カルデラ港(コスタリカ) 1981年5月21日 18時03分〜18時33分

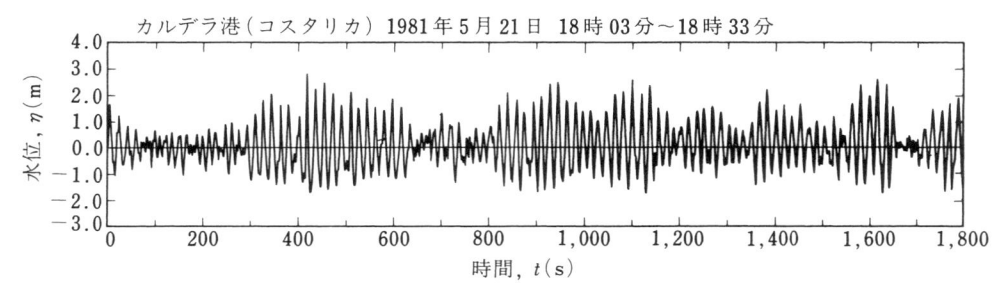

図10-3 遠距離を伝播したうねりにおける高波の連なりの例[14]

波数 j_1 で表示することができる（図10-4）。また，一つの波の連なりの波高が H_c を超えてから次の波の連なりが H_c を超えるまで，という高波の繰り返しの長さを考えて，その波数 j_2 を取り扱うこともできる。実際の海の波の表面波形記録171例について波高の連の長さの度数分布を調べた例が表10-2である。ここでは，波高の設定値として $H_c=H_{1/3}$ および $H_c=H_{med.}$（中央値≒$0.94\bar{H}$）を採用したときの $H>H_c$ の連長 j_1 を示してある。この表から分かるように，一般の波高の連の場合には1波しか続かない場合が最も多く，連長が長いものは出現度数が次第に減少する。なお，表10-2には171例の各波高記録についてそれぞれの最高波高を包含する波の連なり各1連を取り出し，その連長の度数分布を調べた結果も載せてあるが，こうした連は数波続くことが多い。すなわち，H_{max} は単独

表10-2 波高の連の長さの度数分布の観測例[16]

連の長さ j_1	一般の波高の連		H_{max}を含む波高の連	
	$H>H_{1/3}$	$H>H_{med.}$	$H>H_{1/3}$	$H>H_{med.}$
1	1,327	1,560	43	5
2	374	944	62	17
3	122	590	39	30
4	37	327	19	35
5	9	220	5	24
6	2	112	2	25
7	1	90	1	13
8		46		5
9		30		5
10		16		3
11		13		3
12以上		12		6
合計	1,872	3,960	171	171
平均	1.42	2.54	2.36	5.12
標準偏差	0.77	1.99	1.18	3.08

注：波形記録171例，総波数20,051波。

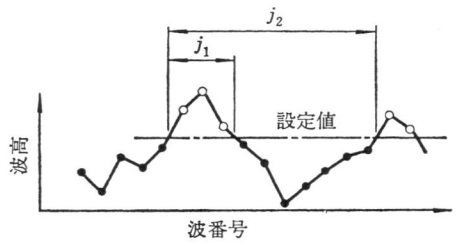

図10-4 波高の時系列における波の連なりの長さの例

で出現することは少ない。

波の連なりの定量的記述としては，連長のほかに包絡波形の近似表示としてのSIWEH（Smoothed Instantaneous Wave Energy History）と呼ばれるものを使う方法がある。これは，FunkeとMansard[15]によるもので，η^2を三角フィルターを使って平滑化する。こうして得られたSIWEHの波形について平均値を横切る平均周期を求めると，これは大略的には高波の繰り返しの連長に近い。また，SIWEH波形の変動係数をGF（Groupiness Factor）と称して，波の連なりの一つの性質として解析することもある。

(2) 波高が無相関の場合の連長の確率分布

波高の連の長さの確率分布は，もし隣り合う波高の間に全く相関がないものであれば，単純な確率計算で求めることができる。いま，$H>H_c$の波高の出現確率をp，その補数$(1-p)$をqで表す。波高の連の長さがj_1であるということは，第1波の波高がH_cを超えた後に続けて(j_1-1)波がH_cを超え，(j_1+1)波目になってH_c未満となることを示している。したがって，波高の連の中で長さj_1の連が出現する確率は

$$P(j_1) = p^{j_1-1} q \tag{10.46}$$

で表される。確率の定義により$p<1$であるから，$j_1=1$の連の出現確率が最大である。波高の連の長さの平均値および標準偏差は次のように計算される。

$$\bar{j}_1 = \sum_{j_1=1}^{\infty} j_1 P(j_1) = \frac{q}{p} \sum_{j_1=1}^{\infty} j_1 p^{j_1} = \frac{1}{q} \tag{10.47}$$

$$\sigma(j_1) = \left[\sum_{j_1=1}^{\infty} j_1^2 P(j_1) - \bar{j}_1^2\right]^{1/2} = \frac{\sqrt{p}}{q} \tag{10.48}$$

また，高波の繰り返しの連の長さの出現確率は，次式のように表されることが数学的帰納法によって証明できる。

$$P(j_2) = \frac{pq}{p-q}(p^{j_2-1} - q^{j_2-1}) \tag{10.49}$$

この連の長さの平均値および標準偏差は次のようになる。

$$\bar{j}_2 = \frac{1}{p} + \frac{1}{q} \tag{10.50}$$

$$\sigma(j_2) = \sqrt{\frac{p}{q^2} + \frac{q}{p^2}} \tag{10.51}$$

設定波高が中央値$H_{\mathrm{med.}}$の場合には，その定義により$p=q=1/2$である。また$H_c=H_{1/3}$の場合には式（10.18）に$x=H_c/m_0^{1/2}=4.004$，$a=1/\sqrt{8}$を代入することによって$p=0.1348$，$q=0.8652$と計算される。これらの数値を式（10.46）に代入して計算すると，波高の連の長さは表10-2のものより一般に短くなる。これは，海の波では隣り合う波高の間に弱いながらも相関があるためで，例えばRye[17]は平均で+0.24の相関係数の値を示している。

(3) 隣り合う波高間の相関係数

波高の連の長さを理論的に計算するためには，隣り合う波高の間の相関係数を考慮に入れた理論を導く必要がある。こうした理論はまず木村[18]によって与えられ，さらにBattjes・Vledder[19]およびLonguet-Higgins[20]は，木村が用いた相関係数と周波数スペクト

ルの関係をより明確な形で提示した。これらの理論は，図 10-1 に示す包絡波形の振幅の計算に基づいており，その基本的取扱いは不規則信号理論の古典である Rice[1] の論文の中にすでに現れている。

まず，不規則波形を式（10.8）のように包絡振幅 R を用いて表示したときの時刻 t における振幅を R_1 とし，時刻 $t+\tau$ における振幅を R_2 として両者の関係を調べる。このため二つの時刻における波形を式（10.1）の形式で次のように表示する。

$$\left.\begin{array}{l}\eta(t)=Y_{c1}\cos 2\pi \bar{f} t - Y_{s1}\sin 2\pi \bar{f} t \\ \eta(t+\tau)=Y_{c2}\cos 2\pi \bar{f}(t+\tau) - Y_{s2}\sin 2\pi \bar{f}(t+\tau)\end{array}\right\} \quad (10.52)$$

ここに，

$$\left.\begin{array}{l}Y_{c1}=\sum_{n=1}^{\infty} a_n \cos[2\pi(f_n-\bar{f})t+\varepsilon_n] \\ Y_{s1}=\sum_{n=1}^{\infty} a_n \sin[2\pi(f_n-\bar{f})t+\varepsilon_n] \\ Y_{c2}=\sum_{n=1}^{\infty} a_n \cos[2\pi(f_n-\bar{f})(t+\tau)+\varepsilon_n] \\ Y_{s2}=\sum_{n=1}^{\infty} a_n \sin[2\pi(f_n-\bar{f})(t+\tau)+\varepsilon_n]\end{array}\right\} \quad (10.53)$$

ここで定義された Y_{c1}, Y_{s1}, Y_{c2}, および Y_{s2} はいずれも正規分布に従う定常確率過程であり，それらの間の共分散は次のように計算される。

$$\left.\begin{array}{l}E[Y_{c1}^2]=E[Y_{s1}^2]=E[Y_{c2}^2]=E[Y_{s2}^2]=m_0 \\ E[Y_{c1}Y_{s1}]=E[Y_{s1}Y_{c1}]=E[Y_{c2}Y_{s2}]=E[Y_{s2}Y_{c2}]=0 \\ E[Y_{c1}Y_{c2}]=\int_0^\infty S(f)\cos 2\pi(f-\bar{f})\tau df=\mu_{13} \\ E[Y_{s1}Y_{s2}]=E[Y_{s2}Y_{s1}]=E[Y_{c2}Y_{c1}]=\mu_{13} \\ E[Y_{c1}Y_{s2}]=\int_0^\infty S(f)\sin 2\pi(f-\bar{f})\tau df=\mu_{14} \\ E[Y_{s1}Y_{c2}]=E[Y_{c2}Y_{s1}]=-E[Y_{s2}Y_{c1}]=-\mu_{14}\end{array}\right\} \quad (10.54)$$

この4個の定常確率過程を Y_{c1}, Y_{s1}, Y_{c2}, Y_{s2} の順に番号 1～4 を付け，共分散行列を作ると，

$$M=\begin{pmatrix} m_0 & 0 & \mu_{13} & \mu_{14} \\ 0 & m_0 & -\mu_{14} & \mu_{13} \\ \mu_{13} & -\mu_{14} & m_0 & 0 \\ \mu_{14} & \mu_{13} & 0 & m_0 \end{pmatrix} \quad (10.55)$$

これに対する行列式の値は次のように計算される。

$$|M|=(m_0^2-\mu_{13}^2-\mu_{14}^2)^2=m_0^4(1-\kappa^2)^2 \quad (10.56)$$

ここに，

$$\begin{aligned}\kappa^2 &= \frac{1}{m_0^2}(\mu_{13}^2+\mu_{14}^2) \\ &= \left|\frac{1}{m_0}\int_0^\infty S(f)\cos 2\pi(f-\bar{f})\tau\, df\right|^2 + \left|\frac{1}{m_0}\int_0^\infty S(f)\sin 2\pi(f-\bar{f})\tau\, df\right|^2\end{aligned}$$

$$= \left|\frac{1}{m_0}\int_0^\infty S(f)\cos 2\pi f\tau\, df\right|^2 + \left|\frac{1}{m_0}\int_0^\infty S(f)\sin 2\pi f\tau\, df\right|^2 \tag{10.57}$$

先に 2.4 節 (1) 項の式 (2.41) で定義したスペクトル形状パラメータは，上式の位相遅れ τ を平均周期 $\bar{T}$ にとったものである。

式 (10.55) の共分散行列を持つ正規分布確率変数の結合確率密度関数は，行列式 $|M|$ の余因子を用いて次のように書き表される。

$$p(Y_{c1},\ Y_{s1},\ Y_{c2},\ Y_{s2}) = \frac{1}{4\pi^2 m_0^2(1-\kappa^2)}\exp\left\{-\frac{1}{2m_0^2(1-\kappa^2)}\right.$$
$$\left.\times [m_0(Y_{c1}^2+Y_{s1}^2+Y_{c2}^2+Y_{s2}^2)-\mu_{13}(Y_{c1}Y_{c2}+Y_{s1}Y_{s2})-\mu_{14}(Y_{c1}Y_{s2}+Y_{s1}Y_{c2})]\right\} \tag{10.58}$$

さらに，

$$\left.\begin{array}{ll} Y_{c1}=R_1\cos\phi_1, & Y_{s1}=R_1\sin\phi_1 \\ Y_{c2}=R_2\cos\phi_2, & Y_{s2}=R_2\sin\phi_2 \end{array}\right\} \tag{10.59}$$

と変換して結合確率密度関数を書き直すと

$$p(R_1,\ R_2,\ \phi_1,\ \phi_2) = \frac{R_1 R_2}{4\pi^2 m_0^2(1-\kappa^2)}\exp\left\{-\frac{1}{2m_0^2(1-\kappa^2)}\right.$$
$$\left.\times[m_0(R_1^2+R_2^2)-2\mu_{13}R_1R_2\cos(\phi_2-\phi_1)-2\mu_{14}R_1R_2\sin(\phi_2-\phi_1)]\right\} \tag{10.60}$$

位相角 $\phi_1,\ \phi_2$ は包絡振幅 $R_1,\ R_2$ と独立であるので，式 (10.60) を $\phi_1,\ \phi_2$ についてそれぞれ $0\sim 2\pi$ の範囲で積分する。この際，式中の指数関数が ϕ_2 の周期関数であることを利用し，$\alpha=\phi_2-\phi_1-\tan^{-1}(\mu_{13}/\mu_{14})$ の変数を導入する[21]。すなわち，

$$\frac{1}{4\pi^2}\int_0^{2\pi}d\phi_1\int_0^{2\pi}\exp\left\{\frac{R_1R_2}{m_0^2(1-\kappa^2)}[\mu_{13}\cos(\phi_2-\phi_1)+\mu_{14}\sin(\phi_2-\phi_1)]\right\}d\phi_2$$
$$=\frac{1}{4\pi^2}\int_0^{2\pi}d\phi_1\int_0^{2\pi}\exp\left\{\frac{R_1R_2}{m_0^2(1-\kappa^2)}(\mu_{13}^2+\mu_{14}^2)^{1/2}\cos\alpha\right\}d\alpha$$
$$=I_0\left[\frac{\kappa R_1 R_2}{(1-\kappa^2)m_0}\right] \tag{10.61}$$

この結果，R_1 と R_2 の結合確率密度関数が次のように求められる。

$$p(R_1,\ R_2) = \frac{R_1 R_2}{m_0^2(1-\kappa^2)}\exp\left[-\frac{(R_1^2+R_2^2)}{2m_0(1-\kappa^2)}\right]I_0\left[\frac{\kappa R_1 R_2}{(1-\kappa^2)m_0}\right] \tag{10.62}$$

ここに，I_0 は第 1 種の変形 Bessel 関数である。

このようにして包絡振幅 $R_1,\ R_2$ の結合確率密度関数が求められれば，両者の相関係数は次式で定義される。

$$r(R_1,\ R_2) = M_{11}/(M_{20}M_{02})^{1/2} \tag{10.63}$$

ここに，

$$M_{mn} = \int_0^\infty\int_0^\infty (R_1-\bar{R}_1)^m(R_2-\bar{R}_2)^n\, p(R_1,\ R_2)\, dR_1 dR_2 \tag{10.64}$$

式（10.63）の計算を実行すると，次の結果が得られる。

$$r(R_1, R_2) = \frac{1}{1-\pi/4}\left[E(\kappa) - \frac{1}{2}(1-\kappa^2)K(\kappa) - \frac{\pi}{4}\right] \quad (10.65)$$

ここに，E，Kは第1種および第2種の完全楕円積分である。

　波の周波数スペクトルの帯域幅がある程度狭く，波高Hが包絡振幅Rの2倍と見なすことができると仮定すると，式（10.65）はそのまま隣り合う波高間H_1，H_2の相関係数を与えることになる。また，H_1とH_2の結合確率密度関数は式（10.60）を書き換えることにより，次式で表される。

$$p(H_1, H_2) = \frac{4H_1H_2}{(1-\kappa^2)H_{\mathrm{rms}}^4}\exp\left[-\frac{(H_1^2+H_2^2)}{(1-\kappa^2)H_{\mathrm{rms}}^2}\right]I_0\left[\frac{2\kappa H_1 H_2}{(1-\kappa^2)H_{\mathrm{rms}}^2}\right] \quad (10.66)$$

　以上の包絡振幅の理論によると，式（10.57）を用い，適切な時間差τについてパラメータκを波のスペクトルから計算することによって，隣り合う波高間の相関係数が式（10.65）で算定できることになる。図10-5は，現地波浪（図10-3の例を含むうねり51ケース，および冬期風浪68ケース）の波形記録，ならびにスペクトルの形状を広範囲に変えて行った数値シミュレーション波形15種類について，波高間の相関係数r_{HH}とパラメータκの関係を調べた例[22]である。時間差τは，波形から求めたゼロアップクロスによる平均周期$\bar{T}$を用いている。現地データに対する十文字の線分は，それぞれ標準偏差の大きさを表している。なお，式（10.57）によってκを計算する場合，スペクトルの高周波数部分には10.5節に述べる非線形干渉成分が含まれていることが多いので，ここでは現地波浪のスペクトルのうちピーク周波数の1.8倍以上の部分を除去したものを使用している。

　図10-5の結果によると，波形記録から求めた波高間の相関係数は周波数スペクトルから理論的に予測される値よりもわずかながら大きい傾向にある。この差は，波高を包絡振幅の2倍と仮定したためと考えられる。すなわち，波の山とこれに続く谷との間には平均的に$\bar{T}/2$の時間差があるために，波高は包絡振幅の2倍よりもやや小さい。逆にいうと，

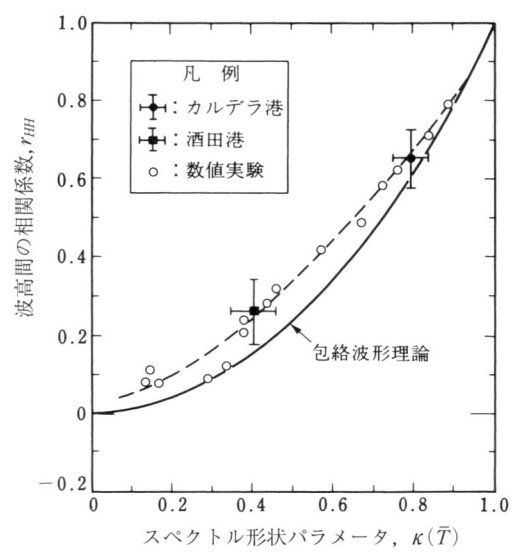

図10-5　隣り合う波高間の相関係数とスペクトル形状パラメータとの関係[22]

隣り合う波高間は $\overline{T}$ だけ離れた包絡振幅同士よりも緩やかに変化し，この結果，波高間の相関係数が包絡振幅間の値よりもやや大きくなると思われる．しかしながら，相関係数の実測値と理論値の差異は小さく，ここに紹介した包絡振幅の理論は実際の波浪にかなりよく適用できるといえる．

(4) 波高間の相関を考慮した連長の理論

いま，木村[18]の定義に従い，波群中の任意の波高 H_1 が設定値 H_c をすでに超えているときに，これに続く波高 H_2 もやはり H_c を超える確率を p_{22} で表す．2番目の波高 H_2 が H_c を超えない確率は，確率の定義により $1-p_{22}$ である．また，H_1 が H_c を超えていないという前提の下で H_2 もやはり H_c を超えない確率を p_{11} とする．

このようにすると，$H > H_c$ の波高が j_1 だけ続く確率は本節(2)項と同じように考えて，次のように表される．

$$P(j_1) = p_{22}^{j_1-1}(1-p_{22}) \tag{10.67}$$

したがって，波高の連の平均長および標準偏差は次のように計算される．

$$\overline{j}_1 = 1/(1-p_{22}) \tag{10.68}$$

$$\sigma(j_1) = \sqrt{p_{22}}/(1-p_{22}) \tag{10.69}$$

一方，高波の繰り返しの連の長さを j_2 とし，この連のうちの最初の i 波が $H > H_c$ であり，第 $(i+1)$ 波から第 j_2 波が $H \leq H_c$ であったとすると，この事象の確率は

$$P_i(j_2) = p_{22}^{i-1}(1-p_{22})p_{11}^{j_2-i-1}(1-p_{11}) \tag{10.70}$$

波数 i としては $i = 1 \sim (j_2-1)$ の範囲の値を取り得るので，その和を計算することによって連長が j_2 の繰り返しの連の発生確率が次のように求められる．

$$P(j_2) = \frac{(1-p_{22})(1-p_{11})}{p_{22}-p_{11}}(p_{22}^{j_2-1} - p_{11}^{j_2-1}) \tag{10.71}$$

この結果，繰り返しの連の平均長および標準偏差が次のように計算される．

$$\overline{j}_2 = \frac{1}{1-p_{22}} + \frac{1}{1-p_{11}} \tag{10.72}$$

$$\sigma(j_2) = \left[\frac{p_{22}}{(1-p_{22})^2} + \frac{p_{11}}{(1-p_{11})^2}\right]^{1/2} \tag{10.73}$$

以上の連の長さを規定する連続する2波の波高の確率 p_{22}, p_{11} は，隣り合う波高間の結合確率密度関数を使って次のように計算される．

$$p_{22} = \int_{H_c}^{\infty}\int_{H_c}^{\infty} p(H_1, H_2) dH_1 dH_2 \bigg/ \int_{H_c}^{\infty} p(H_1) dH_1 \tag{10.74}$$

$$p_{11} = \int_{0}^{H_c}\int_{0}^{H_c} p(H_1, H_2) dH_1 dH_2 \bigg/ \int_{0}^{H_c} p(H_1) dH_1 \tag{10.75}$$

ただし，$p(H_1)$ は波高1個の確率密度関数であり，レーリー分布の前提の下では式(10.13)で与えられる．

木村[18]はこの理論を用いて波高の連長を解析する場合，包絡波形の相関パラメータ κ を周波数スペクトルで計算せずに，実測の波高間の相関係数を用いて式(10.65)を満足

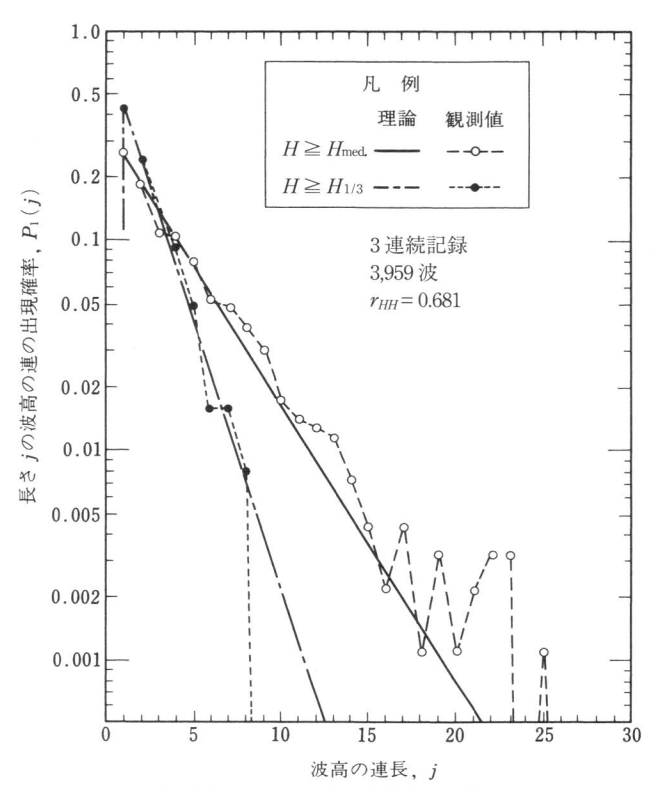

図10-6 波高の連長の出現確率の観測値と理論値との比較[14]

するκの値を逆算して使用している。この方法によって前述のカルデラ港の波浪記録のうち，連続する734波，947波，および2,278波の記録を用いてH_cを$H_{med.}$および$H_{1/3}$と設定したときの連長の出現確率を求めた結果を図10-6に示す。

また，図10-5で用いたデータについて，$H_{med.}$を超える波高の連の平均長を求めた結果は図10-7，同じく$H_{1/3}$を超える波高の繰り返しの平均長は図10-8に示す通りである。以上に見られるように，若干の差は残るものの，包絡波形に基づく波高の連長の理論は実際の波形記録で解析される波高の連の特性をかなりよく説明する。したがって，式(10.57)で定義されるスペクトル形状パラメータκが波高の連長を支配するということができる。なお，著者[23]は先に周波数スペクトルのピークの尖鋭度を表す指標として次のようなパラメータを定義した。

$$Q_p = \frac{1}{m_0^2}\int_0^\infty f S^2(f) df \tag{10.76}$$

波高の連長はこのパラメータによってもかなりよく記述できるけれども，このパラメータはスペクトルの分解能によってその値がかなり変化する[14]。パラメータのκもある程度スペクトルの分解能の影響を受ける[22]ものの，Q_pほどではない。この意味でも，κのほうが波高の連長の記述パラメータとして優れている。

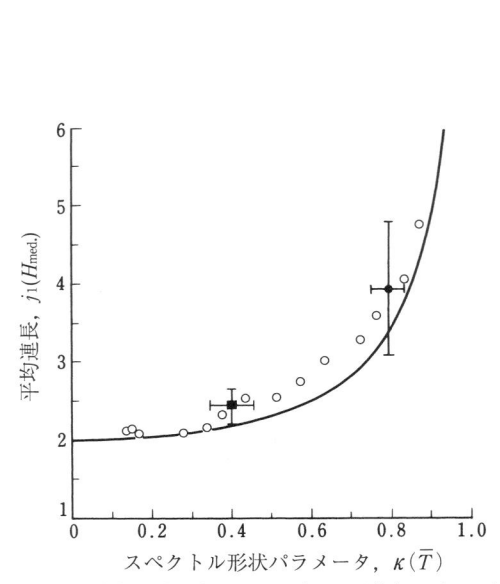

図10-7 波高の中央値 $H_{med.}$ を超える波高の連の平均長の観測値と理論値の比較[22]

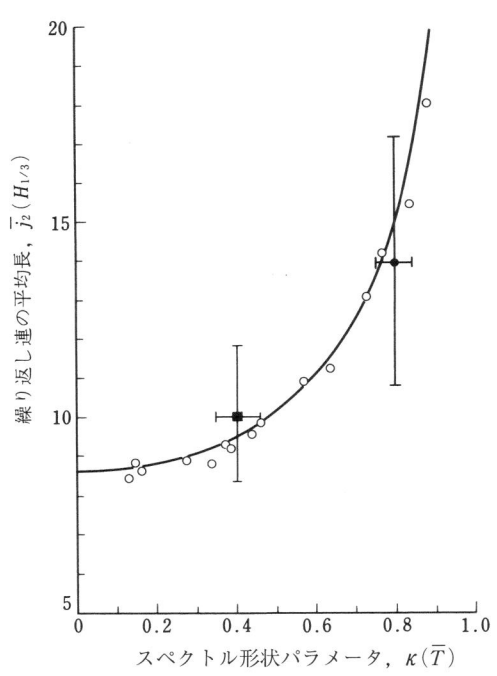

図10-8 有義波高 $H_{1/3}$ を超える高波の繰り返しの連の平均長の観測値と理論値の比較[22]

10.3 周期分布の理論

10.3.1 ゼロアップクロス周期の平均値

不規則な波形が単位時間内にゼロ線を横切る回数の問題は Rice[1] によって吟味され，これがゼロアップクロス法における平均周期の理論式（2.4節の式-2.42）となっている。

いま不規則波の波形として式（9.15）を考えると，波形の時間的変化（勾配）は次のようになる。

$$\dot{\eta}(t) = -\sum_{n=1}^{\infty} 2\pi f_n a_n \sin(2\pi f_n t + \varepsilon_n) \tag{10.77}$$

単位時間内に波形 $\eta(t)$ が上昇しながらゼロ線を横切る回数を N_0^* で表すと，これは次のように考えることによって計算できる。いま，$t = t_0 \sim (t_0 + dt)$ の間に波形が勾配 $\dot{\eta} \sim (\dot{\eta} + d\dot{\eta})$ のある値を取って $\eta = 0$ を上向きに横切ったとする。$t = t_0$ における値を η_0 として，この事象が起こり得るための η_0 の範囲を考えると，まず $\eta_0 < 0$ が必要である。また，dt が十分小さければこの間の波形は直線で近似できるので，$t = t_0 + dt$ における値は $\eta = \eta_0 + \dot{\eta} dt$ となり，これは設定条件により正の値である。すなわち，η_0 は $-\dot{\eta} dt < \eta_0 < 0$ でなければならない。したがって，ゼロ線を上向きに横切る事象が起きる確率は，η と $\dot{\eta}$ の結合確率密度関数を $p(\eta, \dot{\eta})$ として

$$\int_{-\dot{\eta} dt}^{0} [p(\eta, \dot{\eta}) d\dot{\eta}] d\eta = p(0, \dot{\eta}) \dot{\eta} dt d\eta \tag{10.78}$$

で与えられる。$\dot{\eta}$ は 0 から ∞ までの任意の値を取り得るので，t_0 からの dt 時間の間にゼ

ロ線を上向きに横切る確率は式（10.78）を $\dot{\eta}$ について積分することにより

$$dP = dt \int_0^\infty \dot{\eta} p(0, \dot{\eta}) d\dot{\eta} \tag{10.79}$$

と求められる。単位時間内にこの事象が起きる平均回数 N_0^* は，式（10.79）を t について単位時間だけ積分することによって次のように与えられる。

$$N_0^* = \int_0^\infty \dot{\eta} p(0, \dot{\eta}) d\dot{\eta} \tag{10.80}$$

波形 η およびその勾配 $\dot{\eta}$ は式（9.15）および式（10.77）の形から明らかなように，その集合平均が 0 であり，また中心極限定理によりいずれも正規分布に従い，分散が次の値を取る。

$$E[\eta^2] = m_0, \qquad E[\dot{\eta}^2] = (2\pi)^2 m_2 \tag{10.81}$$

さらに，共分散 $E[\eta, \dot{\eta}]$ は 0 となるので η と $\dot{\eta}$ は統計的に独立であり，$p(\eta, \dot{\eta})$ は二つの正規分布の積として次のように求められる。

$$p(\eta, \dot{\eta}) = \frac{1}{4\pi^2(m_0 m_2)^{1/2}} \exp\left[-\frac{1}{2}\left(\frac{\eta^2}{m_0} + \frac{\dot{\eta}^2}{4\pi^2 m_2}\right)\right] \tag{10.82}$$

これを式（10.80）に代入して積分を実行すると，

$$N_0^* = (m_2/m_0)^{1/2} \tag{10.83}$$

が得られる。ゼロアップクロス周期の平均値はこの逆数であり，これを T_{02} で表示すると，

$$T_{02} = 1/N_0^* = (m_0/m_2)^{1/2} \tag{10.84}$$

と 2.4 節に示した式（2.43）の関係式が得られる。

10.3.2　周期分布および波高との結合分布
(1)　包絡波形振幅とその位相角に関する結合確率密度関数

ゼロアップクロス法で定義された周期の平均値は以上のように求められたが，次の問題は個々の周期の確率分布である。Rice[1] は平均周期だけでなく周期分布の近似式も導いており，また Longuet-Higgins[24] は狭帯域スペクトルを持つ波について周期と波高の結合分布式を示し，さらにそうした理論式の海の波への適用性についても論じている[25]。

理論の出発点は，式（10.8）の包絡波形振幅 R とその位相角 ϕ による不規則波形の表示式，あるいはこれをさらに書き換えた

$$\eta = R\cos\chi, \qquad \chi = 2\pi \bar{f} t + \phi = \bar{\sigma} t + \phi \tag{10.85}$$

である。ここに，χ は総合位相角とでも名付けられるべきものである。この振幅 R と位相角 ϕ の関連性を分析するため，ここで R, ϕ, およびそれらの時間微分の間の結合確率密度関数を誘導する。

まず，次のような変数 $\xi_1 \sim \xi_4$ を導入する。

$$\left.\begin{aligned}\xi_1 &= R\cos\phi = \sum_{n=1}^{\infty} a_n \cos(2\pi f_n t - 2\pi \bar{f} t + \varepsilon_n) \\ \xi_2 &= R\sin\phi = \sum_{n=1}^{\infty} a_n \sin(2\pi f_n t - 2\pi \bar{f} t + \varepsilon_n) \\ \xi_3 &= \dot{\xi}_1 = -\sum_{n=1}^{\infty} 2\pi a_n (f_n - \bar{f})\sin(2\pi f_n t - 2\pi \bar{f} t + \varepsilon_n) \\ \xi_4 &= \dot{\xi}_2 = \sum_{n=1}^{\infty} 2\pi a_n (f_n - \bar{f})\cos(2\pi f_n t - 2\pi \bar{f} t + \varepsilon_n)\end{aligned}\right\} \quad (10.86)$$

このうち,ξ_1, ξ_2 は式(10.2)の Y_c, Y_s と同一である。$\xi_1 \sim \xi_4$ はいずれもその集合平均が 0 であり,かつ中心極限定理によりそれぞれ正規分布に従う。その分散は式(9.16)の関係を利用することにより次のように求められる。

$$\left.\begin{aligned}E[\xi_1^2] &= E[\xi_2^2] = \sum_{n=1}^{\infty} \frac{1}{2} a_n^2 = m_0 \\ E[\xi_3^2] &= E[\xi_4^2] = \sum_{n=1}^{\infty} \frac{1}{2} (2\pi a_n)^2 (f_n - \bar{f})^2 = \hat{\mu}_2\end{aligned}\right\} \quad (10.87)$$

ここに,

$$\hat{\mu}_2 = (2\pi)^2 \mu_2, \quad \mu_2 = \int_0^{\infty} (f - \bar{f})^2 S(f) df = m_2 - m_1^2/m_0 \quad (10.88)$$

ただし,m_n は式(10.4)で定義したものである。また,共分散 $E[\xi_i \xi_j]$ は平均周波数 $\bar{f}$ を式(10.3)で定義するかぎり,$i \neq j$ のすべてについて 0 となり,$\xi_1 \sim \xi_4$ は互いに独立である。したがって,$(\xi_1, \xi_2, \xi_3, \xi_4)$ の結合確率密度関数はそれぞれの正規分布の積として次のように表される。

$$p(\xi_1, \xi_2, \xi_3, \xi_4) = \frac{1}{4\pi^2 m_0 \hat{\mu}_2} \exp\left[-\frac{\xi_1^2 + \xi_2^2}{2m_0}\right]\exp\left[-\frac{\xi_3^2 + \xi_4^2}{2\hat{\mu}_2}\right] \quad (10.89)$$

ところで,ξ_3 と ξ_4 は次のようにも書き表される。

$$\left.\begin{aligned}\xi_3 &= \dot{R}\cos\phi - R\dot{\phi}\sin\phi \\ \xi_4 &= \dot{R}\sin\phi + R\dot{\phi}\cos\phi\end{aligned}\right\} \quad (10.90)$$

ヤコビアン行列を計算すると,

$$|J| = \frac{\partial(\xi_1, \xi_2, \xi_3, \xi_4)}{\partial(R, \phi, \dot{R}, \dot{\phi})} = R^2 \quad (10.91)$$

であるので,確率変数の変換公式[26])によって次の結合確率密度関数が導かれる。

$$p(R, \phi, \dot{R}, \dot{\phi}) = \frac{R^2}{4\pi^2 m_0 \hat{\mu}_2} \exp\left[-\frac{R^2}{2m_0}\right]\exp\left[-\frac{\dot{R}^2 + R^2 \dot{\phi}^2}{2\hat{\mu}_2}\right] \quad (10.92)$$

(2) 周期の確率密度関数

以上によって R, ϕ, $\dot{R}$, $\dot{\phi}$ の結合確率密度関数が求められたので,これを R について 0 から ∞ まで,$\dot{R}$ について $-\infty$ から ∞ まで積分すると,ϕ と $\dot{\phi}$ の結合確率密度関数が次のように計算される。

$$p(\phi, \dot{\phi}) = \frac{(m_0/\hat{\mu}_2)^{1/2}}{4\pi[1 + (m_0/\hat{\mu}_2)\dot{\phi}^2]^{3/2}} \quad (10.93)$$

この結果を $\chi, \dot{\chi}$ の表示に書き改めると，$\partial(\chi, \dot{\chi})/\partial(\phi, \dot{\phi})=1$ であることにより，

$$p(\chi, \dot{\chi}) = \frac{(m_0/\hat{\mu}_2)^{1/2}}{4\pi[1+(m_0/\hat{\mu}_2)(\dot{\chi}-\overline{\sigma})^2]^{3/2}} \tag{10.94}$$

この式は右辺に χ を含まないので χ の分布は一様であり，したがって $\dot{\chi}$ の周辺分布（marginal distribution）が次のように求められる。

$$p(\dot{\chi}) = \frac{(m_0/\hat{\mu}_2)^{1/2}}{2[1+(m_0/\hat{\mu}_2)(\dot{\chi}-\overline{\sigma})^2]^{3/2}} \tag{10.95}$$

$\dot{\chi}$ は理論的には $-\infty$ から ∞ までの値を取るが，そのうちで負の値を取る確率を考えてみると，式 (10.95) の積分により

$$\begin{aligned}\int_{-\infty}^0 p(\dot{\chi})d\dot{\chi} &= \frac{1}{2}\left\{1 - \frac{(m_0/\hat{\mu}_2)^{1/2}\overline{\sigma}}{[1+(m_0/\hat{\mu}_2)\overline{\sigma}^2]^{1/2}}\right\} \\ &\doteqdot \frac{1}{4}\frac{\hat{\mu}_2}{m_0\overline{\sigma}^2} - \frac{3}{16}\left(\frac{\hat{\mu}_2}{m_0\overline{\sigma}^2}\right)^2 + \cdots\cdots\end{aligned} \tag{10.96}$$

したがって，次式で定義されるパラメータ ν の値が十分に小さければ，$\dot{\chi}$ はほとんど常に正の値を取る，すなわち総合位相角 χ はほとんど常に増加すると見なしてよい。

$$\nu = \frac{1}{\overline{\sigma}}\left(\frac{\hat{\mu}_2}{m_0}\right)^{1/2} = \left[\frac{m_0 m_2}{m_1^2} - 1\right]^{1/2} \tag{10.97}$$

このパラメータ ν もスペクトルの帯域幅の広がりを表す指標の一つであり，スペクトル幅パラメータと呼ばれる。ν の値が十分に小さいときは式 (10.25) のスペクトル幅パラメータ ε の $1/2$ にほぼ等しくなる[25]。

ここで式 (10.85) に戻り，$\eta=\eta(t)$ がゼロ線を上向きに横切る事象を考えてみると，これは位相角 χ が増加しながら $(2n-1/2)\pi$ となるとき，あるいは χ が減少しながら $(2n+1/2)\pi$ となるときである。したがって，時刻 $[t, t+dt]$ の間に $\eta(t)$ がゼロアップクロスする事象が起きる確率は式 (10.79) の誘導と同じようにして，次のように表示される。

$$\begin{aligned}H(\chi)dt &= dt\int_0^\infty \dot{\chi}[p(\chi,\dot{\chi})]_{\chi=(2n-1/2)\pi}d\dot{\chi} \\ &\quad + dt\int_{-\infty}^0 \dot{\chi}[p(\chi,\dot{\chi})]_{\chi=(2n+1/2)\pi}d\dot{\chi}\end{aligned} \tag{10.98}$$

上式に式 (10.94) を代入し，式 (10.3)，(10.88) の関係を使うと，

$$\left.\begin{aligned}\int_0^\infty \dot{\chi}p(\chi,\dot{\chi})d\dot{\chi} &= \frac{1}{2}\left(\frac{m_2}{m_0}\right)^{1/2}\left[1+\frac{m_1}{(m_0 m_2)^{1/2}}\right] \\ \int_{-\infty}^0 \dot{\chi}p(\chi,\dot{\chi})d\dot{\chi} &= \frac{1}{2}\left(\frac{m_2}{m_0}\right)^{1/2}\left[1-\frac{m_1}{(m_0 m_2)^{1/2}}\right]\end{aligned}\right\} \tag{10.99}$$

と計算されるので，$H(\chi)$ が次のように求められる。

$$H(\chi)dt = (m_2/m_0)^{1/2}dt \tag{10.100}$$

この確率を単位時間にわたって積分すると，$\eta=\eta(t)$ が単位時間内にゼロ線を上向きに横切る回数となり，先に式 (10.83) で求めたものと同じ結果が得られる。

なお，式 (10.99) の右辺の大括弧内は次のように変形できる。

$$\left.\begin{array}{l}1+\dfrac{m_1}{(m_0 m_2)^{1/2}}=1+(1+\nu^2)^{-1/2}\fallingdotseq 2-\dfrac{1}{2}\nu^2+\cdots\cdots \\ 1-\dfrac{m_1}{(m_0 m_2)^{1/2}}=1-(1+\nu^2)^{-1/2}\fallingdotseq \dfrac{1}{2}\nu^2+\cdots\cdots\end{array}\right\} \quad (10.101)$$

したがって，$\nu\ll 1$ のときは χ が減少しながら $(2n+1/2)\pi$ となる確率が微小である。これは，$\dot{\chi}$ が負となる確率が微小であることを $\chi=(2n+1/2)\pi$ の特定値について確認したことになる。

ゼロアップクロス周期は $\nu\ll 1$ を条件として，$\chi=[2(n+1)-1/2]\pi$ となる時刻と $\chi=(2n-1/2)\pi$ の時刻の差として定義できる。いま $\ddot{\chi}$ が十分に小さいものと仮定*すると，この間の χ の変化を直線で近似することにより，ゼロアップクロス周期が次のように表される。

$$T\fallingdotseq \dfrac{2\pi}{\dot{\chi}}\fallingdotseq T_{01}\left(1-\dfrac{\dot{\phi}}{\bar{\sigma}}\right) \quad (10.102)$$

ここに，T_{01} は次式で定義される一種の平均周期である。

$$T_{01}=\dfrac{1}{\bar{f}}=\dfrac{2\pi}{\bar{\sigma}}=\dfrac{m_0}{m_1} \quad (10.103)$$

周期 T の確率密度関数を求めるには，χ が $(2n-1/2)\pi$ となるときの $\dot{\phi}$ の条件付密度関数を知る必要がある。これは，波形 $\eta=\eta(t)$ が $[t, t+dt]$ の間に $\eta=0$ となるときの $\dot{\eta}$ の確率密度が式（10.77）で表されることを導いたのと同一の論法によって次のように表示できる。

$$p(\dot{\phi}|\chi)=p(\dot{\chi}|\chi)=\dfrac{p(\chi, \dot{\chi})|\dot{\chi}|}{H(\chi)} \quad (10.104)$$

ただし，$\dot{\phi}$ と $\dot{\chi}$ は式（10.85）によって線形変換の関係にあることを用いている。また，上式右辺の分子の $|\dot{\chi}|$ の項は

$$\dot{\chi}=\bar{\sigma}[1+0(\nu)] \quad (10.105)$$

と近似できるので，その第 1 項のみを用いると，式（10.104）は式（10.95）および式（10.84）の関係を用いて次のように計算される。

$$p(\dot{\phi}|\chi)\fallingdotseq \dfrac{T_{02}\nu^2}{4\pi[\nu^2+(1-T/T_{01})^2]^{3/2}} \quad (10.106)$$

周期 T の確率密度関数は式（10.106）の結果を用いて次のように求められる。

$$p(T)=\left|\dfrac{d\dot{\phi}}{dT}\right|p(\dot{\phi}|\chi)=\dfrac{\bar{\sigma}T_{02}}{2\pi T_{01}}\dfrac{\nu^2}{2[\nu^2+(1-T/T_{01})^2]^{3/2}} \quad (10.107)$$

以上の計算はすべて $\nu\ll 1$ を前提としており，このときは $T_{02}\fallingdotseq T_{01}$ と見なせるのでこれを $\bar{T}\fallingdotseq 2\pi/\bar{\sigma}$ とおくと，周期比の確率密度関数が次のように表示される。

$$p(\tau)=\dfrac{\nu^2}{2[\nu^2+(\tau-1)^2]^{3/2}} \qquad : \tau=T/\bar{T} \quad (10.108)$$

---

* Longuet-Higgins[24] は $\ddot{\chi}$ が ν^2 のオーダーの量であると述べている。

(3) 周期と波高の結合確率密度関数

次に，周期と波高の結合分布を求めるため，式（10.92）の $R, \phi, \dot{R}, \dot{\phi}$ の結合確率密度関数を ϕ について $0\sim2\pi$，$\dot{R}$ について $-\infty\sim\infty$ の範囲で積分すると，次の R と $\dot{\phi}$ の結合確率密度関数が得られる。

$$p(R, \dot{\phi}) = \frac{R^2}{m_0(2\pi\hat{\mu}_2)^{1/2}} \exp\left[-\frac{R^2}{2m_0}\left(1+\frac{m_0}{\hat{\mu}_2}\dot{\phi}^2\right)\right] \tag{10.109}$$

ここで，式（10.102）の関係により，

$$\tau = T/\overline{T} \fallingdotseq 1 - \dot{\phi}/\overline{\sigma} \tag{10.110}$$

の変換を行う。また，波高 H は包絡波形振幅 R の2倍と見なせるところから，式（10.17）の定数 a を導入して式（10.109）を波高比 $x = H/H_*$ および周期比 τ に対する形に書き改めると，

$$p(x, \tau) = \frac{dR}{dx}\left|\frac{d\dot{\phi}}{d\tau}\right| p(R, \dot{\phi}) = \frac{2a^3 x^2}{\sqrt{\pi}\,\nu} \exp\left\{-a^2 x^2\left[1+\frac{(\tau-1)^2}{\nu^2}\right]\right\} \tag{10.111}$$

この結合分布は $\tau=1$ を中心として左右対称であり，x と τ の相関係数が0であることが一つの特徴である。なお，式（10.111）を $x=0\sim\infty$ で積分すれば式（10.108）の周期比 τ の確率密度関数が得られ，$\tau=-\infty\sim\infty$ で積分すれば式（10.16）の波高比 x の確率密度関数が得られる。

最後に，波高比がある一定値の近傍にある波の周期比の分布は，条件付き確率密度関数の公式によって次のように求められる。

$$p(\tau|x) = \frac{p(x, \tau)}{p(x)} = \frac{ax}{\sqrt{\pi}\,\nu} \exp\left[-\frac{a^2 x^2}{\nu^2}(\tau-1)^2\right] \tag{10.112}$$

これは，平均が $\overline{\tau}=1$ の正規分布の確率密度関数であり，その標準偏差は式の形から直ちに書き下されて，

$$\sigma\left(\frac{T}{\overline{T}}\right)_x = \frac{\nu}{\sqrt{2}\,ax} = \left(\frac{2}{\pi}\right)^{1/2} \frac{\overline{H}}{H}\nu \tag{10.113}$$

すなわち，波高階級別の周期の分布幅は波高に逆比例し，波高の小さい波ほど周期が広い範囲に分布することになる。また，式（10.97）で定義したスペクトル幅パラメータ ν が小さいものほど周期の分布幅が狭くなる。なお，式（10.113）は $H\to0$ では発散し，このため式（10.108）の周期比分布の全体としての標準偏差も発散する。

(4) 観測データにおける周期と波高の結合分布

以上の周期分布の理論は，周波数スペクトルから計算したパラメータ ν が十分小さい場合には観測値によく適合することが，不規則波形のシミュレーション結果などで確認されている[27]。海の波の場合には ν の値がかなり大きく，式（2.10）の標準スペクトルで $\nu=0.425$，実測の波形記録から求めたスペクトルで計算すると $\nu=0.3\sim0.8$ 程度の値を取る。理論式の誘導過程から明らかなように，こうした ν の値に対しては理論の適用が難しく，そのままでは観測値に適合しない。しかし，周期分布の実測値に当てはめて ν の値を調整すれば観測結果を説明することができ，Longuet-Higgins[25] も Bretschneider[28] の示した H と T の散布図について $\nu=0.234$ を当てはめている。図10-9は表面波形の観測記録の中で H と T の相関係数が $-0.25\sim0.19$ の範囲にある13例（総波数1,686波）について周期

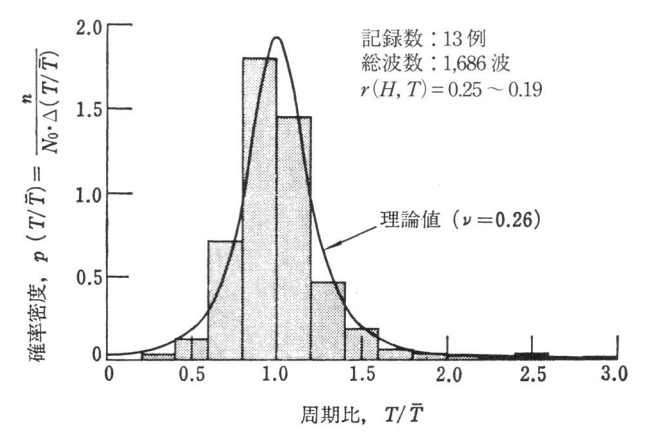

図10-9 表面波形のゼロアップクロス周期の分布[27]

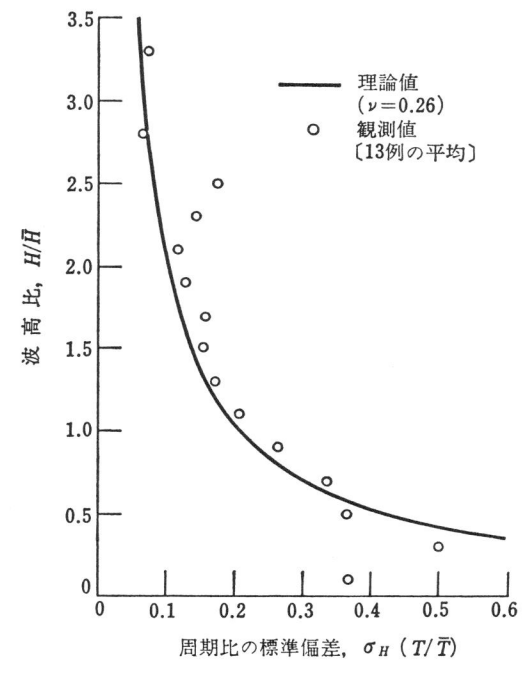

図10-10 波高階級別の周期比の標準偏差[27]

分布を累計した結果である。横軸は各記録ごとにその平均周期を用いて求めた周期比，縦軸は各区間の累積度数を確率密度の形に変換したものである。この13例の記録の各スペクトルから求めたνの値は平均で0.51であるが，これを$\nu=0.26$とすることによって式 (10.108) の理論分布が観測値にほぼ一致する。また，図10-10は同じデータについて波高階級別の周期比の分布幅の指標としてその標準偏差を求めた結果であり，式 (10.113) の理論値とほぼ合っている。

この比較例はHとTの相関係数$r(H, T)$の値が小さい場合のものである。$r(H, T)$の値が大きくなると，波高の小さい波は周期も短くなる傾向が強まり波高・周期結合分布が式 (10.111) で表される対称な形から歪んでくる。図10-11は表面波形の観測記録のうち $r(H, T)=0.40\sim0.59$ のもの23例 (総波数2,593波) について波高と周期の相関図を求めた結果であり，波高比および周期比の区間幅は $\Delta H/\overline{H}=\Delta T/\overline{T}=0.2$ である。この例では，

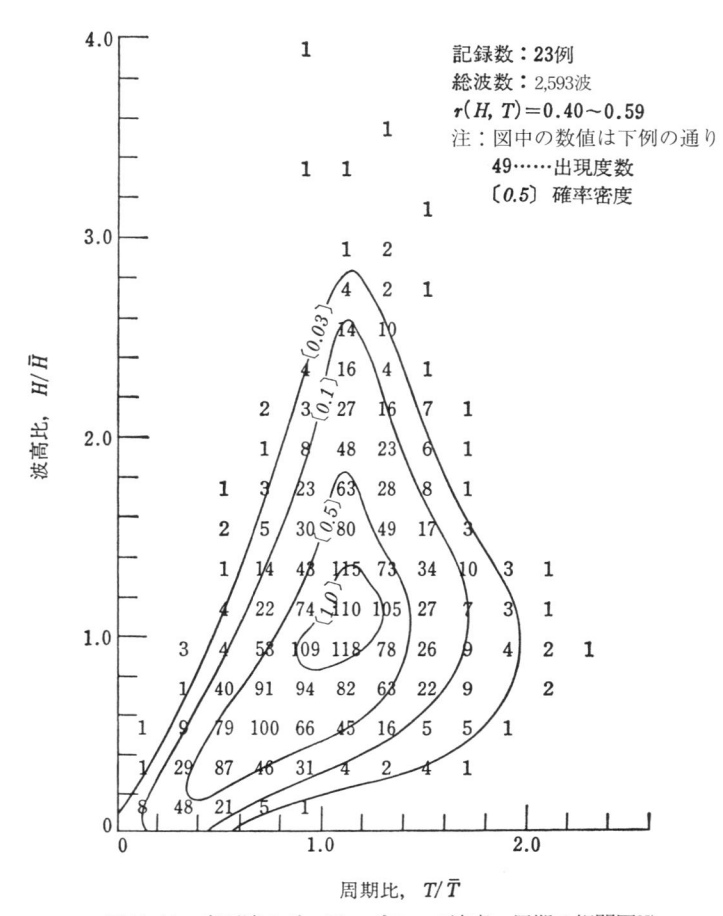

図10-11 表面波のゼロアップクロス波高・周期の相関図[27]

$H/\bar{H}$ が1程度よりも低い範囲の結合分布が左下へ流れた形をしており，この傾向は $r(H, T)$ の増大とともに著しくなる。また，これとともに波高比の大きな波の周期比の出現範囲が次第に右へ移動し，この結果 $T_{1/3}/\bar{T}$ などの周期比が $r(H, T)$ とともに増大する。また，全体としての周期比の分布（周辺分布）もピークが右へ寄り，確率分布としては負の歪み度（後出の式-10.136参照）を示すようになる。

なお，波高比の大きな波については周期比の分布がほぼ左右対称であって，波高比と無相関である。例えば，有義波の算出対象範囲（$H/\bar{H} \gtrsim 1.2$）の波について波高と周期の相関係数を計算すると，図10-11の原データ23例については 0.01 ± 0.16（平均値±標準偏差）である。波形記録中の全部の波についての波高と周期の相関係数がさらに大きくなっても，波高の大きな波の間での波高と周期の相関は低いままのことが多い。波高と周期の結合分布は，海岸堤防への不規則波の打ち上げ現象を1波ずつの規則波の打ち上げの集合と見なして解析する場合[29]～[31]などに利用されるが，その際は上述のような相関特性に配慮することが必要である。

本節に紹介した Longuet-Higgins[24],[25] の理論は，スペクトル幅パラメータがかなり小さいことを前提にしているため，実際の波浪の波高・周期分布特性を十分に説明することが難しい。この理論に代わるものとして Cavanié ほか[32] は，次節の波形の極大値の理論を援用し，スペクトル幅パラメータ ε を導入した理論を提案した。これによって波高と周期の結合分布の非対称性がある程度表現できるけれども，ε の値を観測データに合わせて

設定する必要がある。また，波高と周期の相関性が波高の大きな部分にまで広がってしまうなどの難点がある。一方，Longuet-Higgins[33]も理論を実際のデータの傾向に近づけるため，式（10.102）の周期の定義を $T ≒ T_{01}/(1-\dot{\phi}/\bar{\sigma})$ と変更した。これによって，短周期の波の波高が小さい傾向が表現できるけれども，周期分布が非常に幅の広いものとなって平均周期の計算が発散する。また，波高の大きな部分で周期が短めとなっており，全体としての波高・周期の相関係数がわずかながら負値を取るなどの難点を伴っている。

なお，1980年代後半には波高と周期の結合分布の問題だけでなく，多方向不規則波の水平2成分水粒子速度も考慮に入れた，波高も含めた結合分布の解析が磯部[34]によって取り上げられ，関連する研究がいろいろ発表されている[35]~[37]。

10.4 波形の極大値の理論

ここで2.1節の図2-2の波形をもう一度眺めてみると，平均水位の線（ゼロ線）を横切らない小さな凹凸が幾つか認められる。こうした凹凸の山も含めた波形の極大点の統計的分布も一つの興味ある問題である。これについてはRice[1]が不規則雑音の特性の一つとして理論解を与えた。その後Cartwright・Longuet-Higgins[5]が種々の検討を加えたうえでこの理論解が海の波の極大値の分布にも適用できることを例証し，その際に式（10.25）で定義されたようなスペクトル幅パラメータ ε を導入した。

波形 $\eta = \eta(t)$ の極大値は，$\dot{\eta}=0$，$\ddot{\eta}<0$ を満足する点として定義される。不規則波形として式（9.15）を用いると，その時間微分は次のように表される。

$$\left.\begin{array}{l}\eta = \sum_{n=1}^{\infty} a_n \cos(2\pi f_n t + \varepsilon_n) \\ \dot{\eta} = -\sum_{n=1}^{\infty} 2\pi f_n a_n \sin(2\pi f_n t + \varepsilon_n) \\ \ddot{\eta} = -\sum_{n=1}^{\infty} (2\pi f_n)^2 a_n \cos(2\pi f_n t + \varepsilon_n)\end{array}\right\} \quad (10.114)$$

いま，波形 η が $t=t_0 \sim t_0+dt$ の間で一つの極大点を持ち，その値が $\eta_0 \sim \eta_0+d\eta_0$ の範囲にあったとする。この事象の起こる確率は，式（10.79）の誘導過程を $\eta \to \dot{\eta}$，$\dot{\eta} \to \ddot{\eta}$ と置き換えて考えることにより，

$$dt \int_{-\infty}^{0} [p(\eta_0, 0, \ddot{\eta}) d\eta_0 |\ddot{\eta}|] d\ddot{\eta} \quad (10.115)$$

で与えられることが分かる。ただし，$p(\eta, \dot{\eta}, \ddot{\eta})$ は $\eta, \dot{\eta}, \ddot{\eta}$ の結合確率密度関数である。η の極大値が $\eta_0 \sim \eta_0+d\eta_0$ の間の値を取る事象が単位時間内に起こる平均回数を $F(\eta_0)d\eta_0$ で表すと，これは

$$F(\eta_0)d\eta_0 = \int_{-\infty}^{0} [p(\eta_0, 0, \ddot{\eta})|\ddot{\eta}|d\eta_0]d\ddot{\eta} \quad (10.116)$$

である。一方，単位時間当りに η の極大値が現れる平均回数は

$$N_1^* = \int_{-\infty}^{\infty} \left\{ \int_{-\infty}^{0} [p(\eta_0, 0, \ddot{\eta})|\ddot{\eta}|d\eta_0]d\ddot{\eta} \right\} \quad (10.117)$$

であるので，波形の極大値の確率密度関数は次式で求められることになる。

$$p(\eta_{\max})d\eta_{\max}=F(\eta_{\max})d\eta_{\max}/N_1^* \tag{10.118}$$

実際に計算を進めるためには $p(\eta, \dot{\eta}, \ddot{\eta})$ の関数形を定めなければならない。ところで，式（10.114）の定義によって $\eta, \dot{\eta}, \ddot{\eta}$ はいずれも平均値が 0 の正規分布に従い，次のような共分散行列を持つ。

$$M=\begin{pmatrix} \hat{m}_0 & 0 & -\hat{m}_2 \\ 0 & \hat{m}_2 & 0 \\ -\hat{m}_2 & 0 & \hat{m}_4 \end{pmatrix} \tag{10.119}$$

ここに，

$$\hat{m}_n=(2\pi)^n\int_0^\infty f^n S(f)df = (2\pi)^n m_n \tag{10.120}$$

この結果，$p(\eta, \dot{\eta}, \ddot{\eta})$ は多変量正規分布の公式[38]によって次のように与えられる。

$$p(\eta, \dot{\eta}, \ddot{\eta})=\frac{1}{(2\pi)^{3/2}(\hat{m}_2\Delta)^{1/2}}\exp\left\{-\frac{1}{2}\left[\frac{\dot{\eta}^2}{\hat{m}_2}+\frac{1}{\Delta}(\hat{m}_4\eta^2+2\hat{m}_2\eta\ddot{\eta}+\hat{m}_0\ddot{\eta}^2)\right]\right\} \tag{10.121}$$

ここに，

$$\Delta=|M|/\hat{m}_2=\hat{m}_0\hat{m}_4-\hat{m}_2^2 \tag{10.122}$$

式（10.121）を式（10.116）に代入して積分を実行すると

$$F(\eta_0)=\frac{\Delta^{1/2}}{m_0(2\pi)^{3/2}(\hat{m}_2)^{1/2}}\exp\left[-\frac{x_0^2}{2}\right]\left\{\exp\left[-\frac{x_0^2}{2\delta^2}\right]+\frac{x_0}{\delta}\int_{-x_0/\delta}^\infty \exp\left[-\frac{x^2}{2}\right]dx\right\} \tag{10.123}$$

ここに，

$$x_0=\eta_0/m_0^{1/2}, \qquad \delta=\Delta^{1/2}/\hat{m}_2 \tag{10.124}$$

また，式（10.117）を計算すると

$$N_1^*=\frac{1}{2\pi}\left(\frac{\hat{m}_4}{\hat{m}_2}\right)^{1/2}=\left(\frac{m_4}{m_2}\right)^{1/2} \tag{10.125}$$

の結果が得られる。なお，この結果はゼロアップクロス周期の平均値の計算過程を $\eta\to\dot{\eta}$，$\dot{\eta}\to\ddot{\eta}$ と置き換えると，$m_0\to m_2$，$m_2\to m_4$ となることを利用することによって式（10.83）から直接に導くこともできる。

波形の極大値の確率密度関数は式（10.123）および式（10.125）を式（10.118）に代入して求められるが，変数 $\eta_{\max}$ を無次元量に変換した形で示すと次のように表される。

$$p(x_*)=\frac{1}{(2\pi)^{1/2}}\left\{\varepsilon\exp\left[-\frac{x_*^2}{2\varepsilon^2}\right]+(1-\varepsilon^2)^{1/2}x_*\exp\left[-\frac{x_*^2}{2}\right]\int_{-\infty}^{x_*\sqrt{1-\varepsilon^2}/\varepsilon}\exp\left[-\frac{x_2}{2}\right]dx\right\}$$
$$: x_*=\eta_{\max}/m_0^{1/2} \tag{10.126}$$

ここに，

$$\varepsilon^2=\frac{\delta^2}{1+\delta^2}=\frac{\Delta/\hat{m}_2^2}{1+\Delta/\hat{m}_2^2}=\frac{\Delta}{m_0\hat{m}_4}=\frac{m_0 m_4-m_2^2}{m_0 m_4} \tag{10.127}$$

であって，ε は先に式（10.25）として示したものである。

波形の極大値の確率密度関数は $\varepsilon \neq 0$ であれば $x_* < 0$ の領域にも広がっており，波形の極大値が波の谷の部分にも現れることを説明する。なお，$\varepsilon \to 0$ の極限を考えると，式（10.126）は 10.1.1 項で導いた波形の包絡振幅の確率密度関数の式（10.12）となる。このときは図 10-1 のような波形であって波の山の頂点以外には極大点が存在しないので，この結論は当然である。ε の他方の極限値は $\delta \to \infty$ の場合の $\varepsilon \to 1$ である。この極限では，式（10.126）は $(1/\sqrt{2\pi})\exp[-x_*^2/2]$ の正規分布に収束する。具体的には，うねりの上に非常に周期の短いさざなみが乗ったような場合を考えればよい。すなわち，さざなみの山の一つ一つが全体としての波形の極大点となり，その高さの分布はうねりの波形の確率分布すなわち正規分布で近似されるという状況である。

波形の極大値のうちで $\eta_{\max} < 0$ であるものの割合は式（10.126）を $-\infty$ から 0 まで積分して求めるのが常道であるが，次のように考えれば簡単に求められる[5]。まず，極大値の個数 N_1^* のうち $\eta_{\max} > 0$ の個数を N_1^+，$\eta_{\max} < 0$ の個数を N_1^- で表す。一方，単位時間当りの極小値の個数を N_2^* とし，そのうち $\eta_{\min} \gtreqless 0$ の個数をそれぞれ N_2^+，N_2^- とする。すなわち，

$$\left.\begin{array}{l}\text{極大値の個数：} N_1^* = N_1^+ + N_1^- \\ \text{極小値の個数：} N_2^* = N_2^+ + N_2^-\end{array}\right\} \quad (10.128)$$

いま考えている不規則波形は成分波の線形重ね合わせで表示されていてゼロ線に対して統計的に対称であるところから，極小値の個数 N_2^* は極大値の個数 N_1^* と全く同じく式（10.125）で与えられる。また，N_2^+，N_2^- も同様に，

$$\left.\begin{array}{l}N_2^+ = N_1^- = rN_1^* \\ N_2^- = N_1^+ = (1-r)N_1^*\end{array}\right\} \quad (10.129)$$

ただし，r は $\eta_{\max} < 0$ である極大点の割合である。ここで，ゼロアップクロス点の個数と極大・極小点の個数の関係を考えてみると，波形がゼロ線を上向きに横切ってから次に下向きに横切るまでの間（$\eta > 0$）では極大点の個数が極小値の個数よりも必ず 1 個だけ多い。したがって次の関係が成立する。

$$N_0^* = N_1^+ - N_2^+ = (1-r)N_1^* - rN_1^* = (1-2r)N_1^* \quad (10.130)$$

これを書き直すと，

$$r = \frac{1}{2}\left(1 - \frac{N_0^*}{N_1^*}\right) \quad (10.131)$$

あるいは，この式に式（10.83），（10.125）を代入し，さらに式（10.127）の関係を導入すると，

$$r = \frac{1}{2}[1-(1-\varepsilon^2)^{1/2}], \quad \text{または} \quad \varepsilon = [1-(1-2r)^2]^{1/2} \quad (10.132)$$

とスペクトル幅パラメータ ε と一義的な関係があることが導かれる。逆に，ε はスペクトルを求めなくとも波形の極大点のうち $\eta_{\max} < 0$ のものの割合を数えることによって式（10.132）で推定できることになる。もっとも，実務上は N_0^* と N_1^* の比を用いた次の推定式が使われることが多い。

$$\varepsilon = [1 - (N_0^*/N_1^*)^2]^{1/2} \tag{10.133}$$

海の波の表面波形記録について，スペクトルから式（10.127）で求めた ε の値と，ゼロアップクロス点と極大点の個数とから式（10.133）で求めた ε の値とを比べてみると，後者のほうがやや小さい場合が普通である。これは，観測スペクトルの高周波側がノイズや波の非線形性などのために見掛け上やや大きく現れることによるものと推測される。

波形の極大値の中の最高値の問題は Cartwright・Longuet-Higgins[5] が検討しており，その結果によると波形記録中に N_1 個の極大値が見いだされるとき，その中の最高値の期待値は次式で推定できる。

$$E[(x_*)_{\max}] \fallingdotseq [2\ln N_1 \sqrt{1-\varepsilon^2}]^{1/2} + \gamma [2\ln N_1\sqrt{1-\varepsilon^2}]^{-1/2} \tag{10.134}$$

ただし，

$$\gamma = 0.5772\cdots\cdots \text{（オイラーの定数）}$$

もっとも，式（10.133）によって $N_0 = N_1\sqrt{1-\varepsilon^2}$ の関係が存在するので，ゼロアップクロス波数 N_0 に換算すると，上式は次のように書き改められる。

$$E[(x_*)_{\max}] \fallingdotseq (2\ln N_0)^{1/2} + \gamma(2\ln N_0)^{-1/2} \tag{10.135}$$

これは最高波高の期待値を与える式（10.38）と同形であり，しかも $H_{\max} = 2\eta_{\max}$ とおけば両者は一致する。

10.5　波浪の非線形性とその影響

10.5.1　水面波形の非線形性
(1)　最高波頂高

今までに述べてきた波の統計理論は，無数の成分波が線形に重なり合って不規則波を形作っているという前提に基づいている。成分波はすべて三角関数で表示される。したがって，波の山と谷とは統計的に対称となり，波形水位は正規分布に従うはずである。しかし，実際の海の波では波の峯が高まり，波の谷が扁平になる傾向が観察される。波浪観測で得られた表面波形について，記録ごとに波の峯の最大高さ $(\eta_c)_{\max}$ とその記録中の最高波高 $H_{\max}$ との比（同じ波とは限らない）を求めて統計整理したところ，図 10-12 のような結果が得られている[39]。この解析では 171 例の波形記録を波高水深比 $H_{1/3}/h$ の級ごとにまとめ，最高波頂高比 $(\eta_c)_{\max}/H_{\max}$ の平均値と標準偏差を計算している。最高波頂高は水深が十分に大きい場合には最高波高の約 60% であり，有義波高が水深の 0.6 倍を超えると最高波高の 70% を超えるようになる。

(2)　波形の歪み度と尖鋭度

波形の非線形性を定量的に解析するには，波形の歪み度 $\sqrt{\beta_1}$ と尖鋭度 β_2 という二つの統計パラメータが用いられる。これらは波形の頻度分布から次式で定義される。

$$\text{歪み度（skewness）}: \sqrt{\beta_1} = \frac{1}{\eta_{\text{rms}}^3} \cdot \frac{1}{N}\sum_{i=1}^{N}(\eta_i - \overline{\eta})^3 \tag{10.136}$$

$$\text{尖鋭度（kurtosis）}: \beta_2 = \frac{1}{\eta_{\text{rms}}^4} \cdot \frac{1}{N}\sum_{i=1}^{N}(\eta_i - \overline{\eta})^4 \tag{10.137}$$

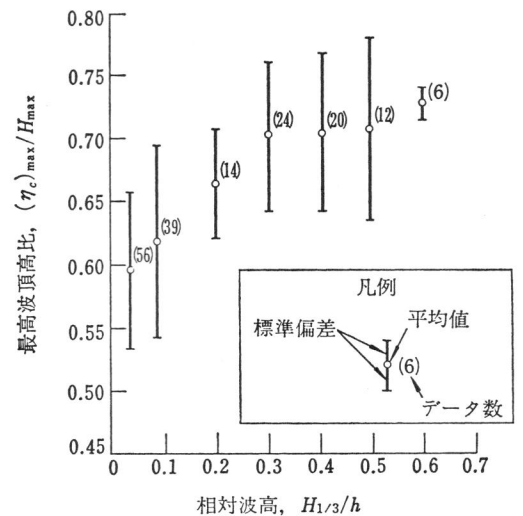

図10-12 最高波頂高比の観測例[39]

図10-13は，水深11.5mで観測された有義波高3.35mの波形記録について求めた水位の頻度分布である．太い曲線で示す正規分布よりも全体として左へずれるとともに，図の右側では分布の裾が広がる半面，左側では分布の幅が狭くなっている．この分布について歪み度と尖鋭度を計算すると，$\sqrt{\beta_1}=0.656$，$\beta_2=4.09$の値が得られる．

正規分布では，式（9.24）の確率密度関数について計算すると明らかなように，$\sqrt{\beta_1}=0$，$\beta_2=3.0$の値を取る．歪み度$\sqrt{\beta_1}$は頻度分布の左右の非対称性を表すパラメータであり，図10-13のように頻度分布が左側へ偏っているときには正の値，右側へ偏っているときには負の値となる．海の波ではほとんどの場合に歪み度が正の値となる．一方，尖鋭度は頻度分布のピークの尖り具合を示すもので，正規分布のピークよりも高ければ$\beta_2>3.0$，低ければ$\beta_2<3.0$となる．海の波ではほとんどの場合に$\beta_2>3.0$である．

歪み度や尖鋭度は，波浪現象の非線形性の度合いに応じてその値が変化する．物理現象としての波浪の非線形性の指標としては，深海波では波形勾配，浅海波ではアーセル数が

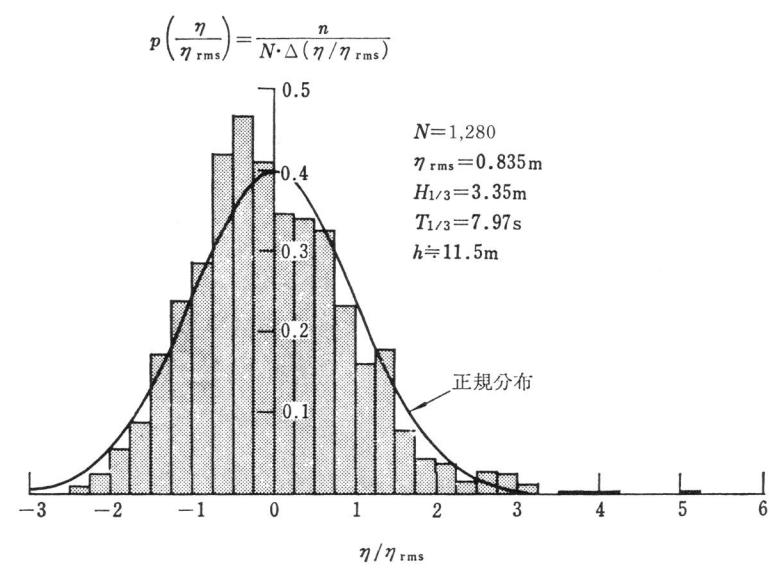

$$p\left(\frac{\eta}{\eta_{rms}}\right)=\frac{n}{N\cdot\Delta(\eta/\eta_{rms})}$$

$N=1{,}280$
$\eta_{rms}=0.835\,\mathrm{m}$
$H_{1/3}=3.35\,\mathrm{m}$
$T_{1/3}=7.97\,\mathrm{s}$
$h\fallingdotseq 11.5\,\mathrm{m}$

正規分布

図10-13 表面波形の頻度分布の観測例（浅海波）[39]

しばしば用いられる．著者はこの両者を統合した次式で定義される非線形性パラメータを提案している[40]．

$$\Pi_{1/3} = \frac{H_{1/3}}{L_A} \cdot \frac{1}{\tanh^3 k_A h} \tag{10.138}$$

ここに，L_A は有義波周期に対する微小振幅波としての波長，k_A はその波数，h は水深である．深海域では $\tanh k_A h = 1$ であるので，$\Pi_{1/3} = H_{1/3}/L_A$ となって波形勾配に等しい．一方，長波領域では $\tanh k_A h \fallingdotseq 2\pi h/L_A$ であるので，$\Pi_{1/3} \fallingdotseq 0.0040 H_{1/3} L_A^2/h^3$ となってアーセル数の一つとなる．

これまでに報告されている現地波浪の歪み度と尖鋭度について非線形性パラメータとの関係を示すと図10-14 と 10-15 のようになる[41]．両図とも左側の図は，観測水深が沖波有義波高の 2.5 倍以上であって砕波帯の外と見なせるケースであり，非線形性パラメータに対する変化を示している．右側の図は，水深が沖波有義波高の 2.5 倍未満であって砕波帯

図10-14 砕波帯内外の波形水位の歪み度の変化[41]

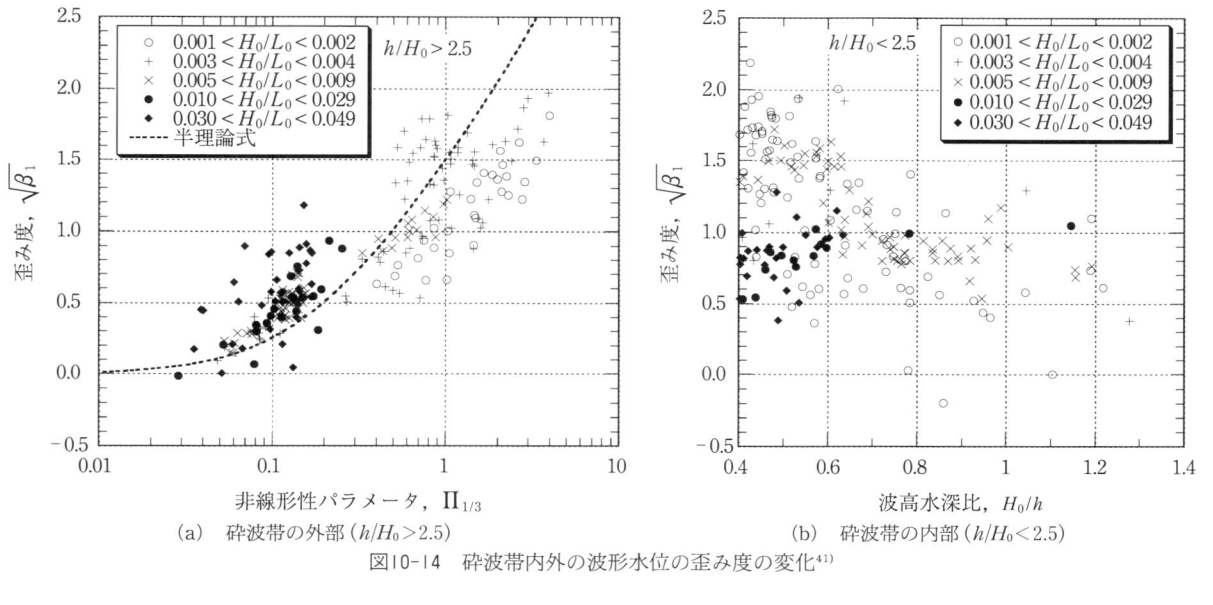

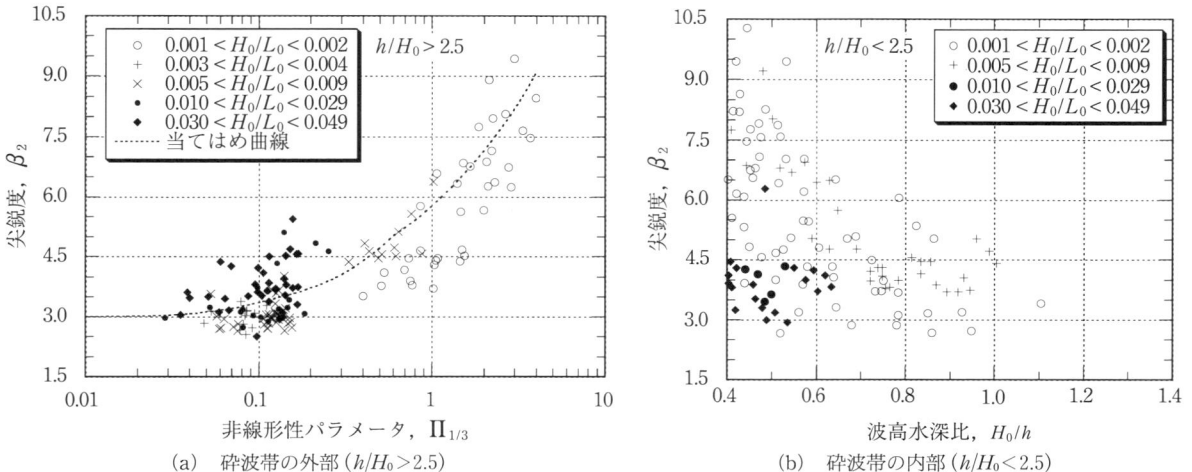

(a) 砕波帯の外部 ($h/H_0 > 2.5$)　　(b) 砕波帯の内部 ($h/H_0 < 2.5$)

図10-15 砕波帯内外の波形水位の尖鋭度の変化

(a) 砕波帯の外部 ($h/H_0 > 2.5$)　　(b) 砕波帯の内部 ($h/H_0 < 2.5$)

の内側と見なせるケースであり，これらは波高水深比 H_0/h に対して表示してある．図中の波形勾配の小さなうねりのデータは，堀田・水口が茨城県阿字ヶ浦海岸で 16 mm メモモーションカメラの画像を解析した成果[42),43)]ならびに堀田の方式を用いて米国ノースカロライナ州 Duck 海岸で観測を行った Ebersole・Hughes の成果[44)]によるものである．観測水深は 0.1～3.7 m である．ほかは各地の水深 10 m 程度以深の定常波浪観測記録によるものである．

　砕波の影響を受けない場所では非線形性パラメータの増加とともに歪み度も尖鋭度も単調に増大する．沖波波形勾配が 0.01 程度以上の波であれば，歪み度は最大 1.2 程度，尖鋭度は最大 5.5 程度まで増大する．一方，波形勾配が 0.002 以下のうねりでは歪み度が最大 2.0 程度，尖鋭度が最大 10 程度まで大きくなる．しかし，水深の小さな領域まで波が進行すると砕波によって水面波形の非線形性が急速に失われ，水深が浅くなるにつれて歪み度も尖鋭度も正規分布の値である $\sqrt{\beta_1}=0$，$\beta_2=3.0$ の値へ漸近する様子がうかがわれる．

　なお，図 10-14 の砕波帯の外に対する左側の図に描いてある破線は，有限振幅の規則波について数値計算した歪み度と非線形性パラメータの関係を基にして，これをレーリー分布による波高の出現確率を重みとして加重平均したものである．尖鋭度については全体の傾向を示すために描いたもので，理論的裏付けはない．砕波帯の外で歪み度と尖鋭度が非線形パラメータと強い相関を示すことは，角野ほか[45)]が明確に示している．観測は，水深約 7 m の地点に建設されたトラス構造物の上から空中発射型超音波波高計で水面波形を測定したものである．この観測データでは波形の歪み度と尖鋭度の間にも明瞭な相関が認められた．

(3) 波形の前後の非対称性

　前項に述べた波形の歪み度は，平均水位を基準とする波形の上下の非対称性を表示するパラメータである．一方，海の波では前後の非対称性，すなわち波の前面と背面の勾配の差も問題になる．岸に近づくにつれて波の前面が急勾配となって波頂が前方へ移動し，やがては巻き波形砕波となって砕ける．砕波が海洋構造物などにぶつかったときの波力の大きさは，こうした波形の前傾の度合いに影響される．こうした波形の前後方向の非対称性の指標として，Myrhaug と Kjeldsen[11),46)] は波のゼロアップクロス時刻から波頂通過時までの時間とそこからゼロダウンクロスまでの時間との比率を用いることを提案している．

　1 波ごとではなくて波群全体の波形の前後非対称性を表す指標として，著者は次のような前傾度パラメータを提案している[22),47)]．

$$\beta_3 = \frac{1}{N-1}\sum_{n=1}^{N-1}(\dot{\eta}_n-\overline{\dot{\eta}})^3 \Big/ \left[\frac{1}{N-1}\sum_{n=1}^{N-1}(\dot{\eta}_n-\overline{\dot{\eta}})^2\right]^{3/2} \tag{10.139}$$

この前傾度パラメータ (atiltness) が正の値のときには波群の波形全体が前傾し，負の値のときには後傾したような波形であることを表す．強い風を受けて発達途上にある風波は β_3 がわずかながら正の値を示すようであるが，うねりや通常の波浪では平均的に $\beta_3\fallingdotseq 0$ であり，歪み度 $\sqrt{\beta_1}$ とは無相関である．しかし，海岸近くになって砕波帯に近づくと急増し，砕波帯の中では 1.0 を超える値を示す．

　なお，砕波帯内のように前傾度パラメータが大きな値を示すときには，個々の波を定義するゼロアップクロス法とゼロダウンクロス法とによって周期の代表値に若干の差が生じ，前者のほうがやや大きめになる[22),47)]．しかし，波高の代表値についてはほとんど差異が認められない．β_3 が大きな波形の波群では，ゼロアップクロス法で定義したときに波高の大きな波の周期がやや長く出る傾向があり，このためにゼロダウンクロス法よりも代表周

期がやや大きくなるのである。したがって，砕波帯内およびその近傍では，ゼロダウンクロス法で波を定義するほうが無難である。もっとも，$\beta_3≒0$ の一般の波形記録の場合には，どちらの定義法を用いても波高・周期の代表値は統計的に差異のない結果が得られるので，ゼロアップクロス法を用いても差し支えない。

10.5.2 波高と周期に対する波の非線形性の影響
(1) 波高に対する影響

不規則波の波高分布に対する非線形性の影響については，Longuet-Higgins[48]とTayfun[49]が理論的に検討している。Tayfunは，不規則波の2次干渉成分を計算して波頂高や波高を吟味し，2次のオーダーでは波頂高は高まるけれども，波高は影響を受けないことを明らかにしている。もっともこの結論は，規則波の有限振幅波理論から予期されるところである。一方，Longuet-Higginsはまず深海域における3次近似のストークス波理論を用いて規則波の波高と位置エネルギーの関係を求めた。そして，不規則波中の個々の波高がレーリー分布に従うとの前提で各波の位置エネルギーから波群全体のエネルギーを算定し，代表波高比 H_{rms}/η_{rms} の値を計算した。この結果，波形勾配の増加につれて H_{rms}/η_{rms} の値が数％増大することを例示している。

こうした波の非線形性は，浅海域ではさらに明瞭になる。図10-16と10-17は，砕波帯の外と内とにおける波高比 $H_{1/3}/H_{m0}$ と H_{rms}/H_{m0} の変化を示しており，データは波形の歪み度と尖鋭度を示した図10-14, 10-15と共通である。H_{m0} は2.4節の式（2.38）で定義したスペクトル有義波高であり，$4.004\eta_{rms}$ に等しい。

図10-16は有義波高に対する非線形性の影響を示している。個別の波高がレーリー分布に従うならば $H_{1/3}/H_{m0}=1.0$ であるけれども，実際にはスペクトルの帯域幅が広がっている影響のために，波の非線形性の弱い範囲で $H_{1/3}/H_{m0}≒0.95$ の関係がある。しかし，非線形性パラメータが0.2程度を超えて増大すると波高比 $H_{1/3}/H_{m0}$ は急増し，波形勾配が非常に小さなうねりでは1.5を超える場合も現れる。波形勾配が0.01程度以上の波浪では $H_{1/3}/H_{m0}≒1.1$ が限界である。砕波帯の外に対する左図の中の破線は，Longuet-Higginsの方法を援用して作成したもので，有限振幅波としては3次近似のストークス波と

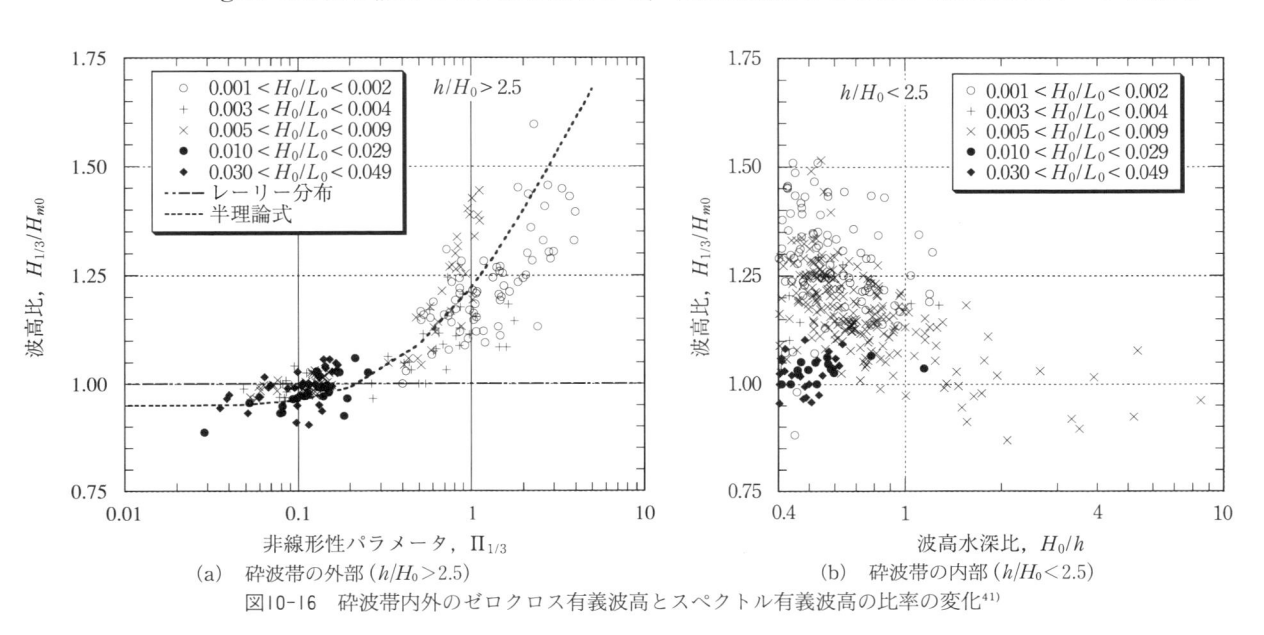

(a) 砕波帯の外部（$h/H_0>2.5$）　　　(b) 砕波帯の内部（$h/H_0<2.5$）

図10-16　砕波帯内外のゼロクロス有義波高とスペクトル有義波高の比率の変化[41]

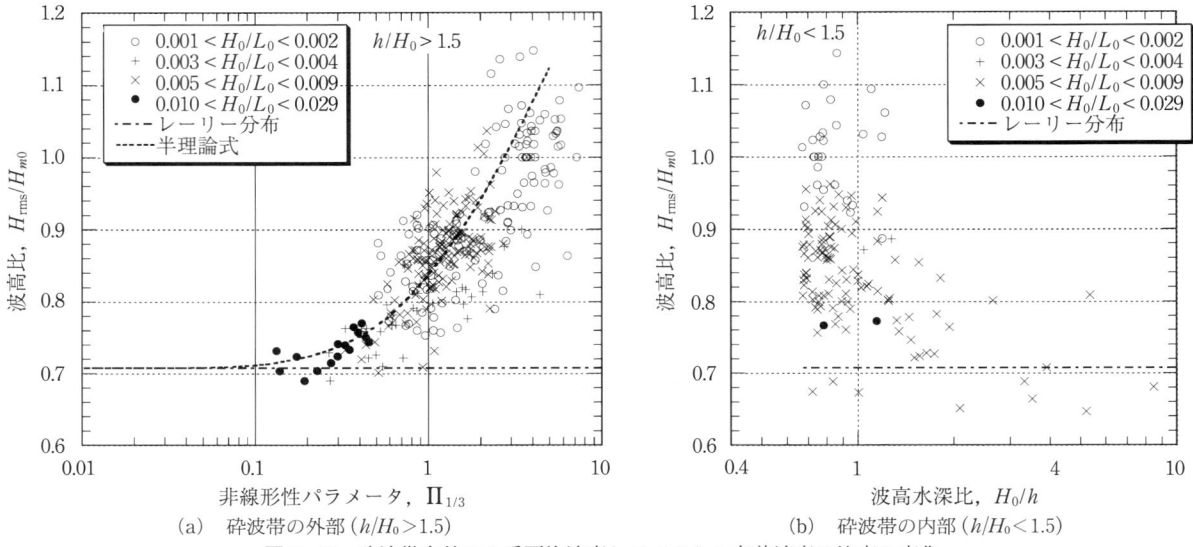

(a) 砕波帯の外部 ($h/H_0 > 1.5$)　　(b) 砕波帯の内部 ($h/H_0 < 1.5$)

図10-17　砕波帯内外の2乗平均波高とスペクトル有義波高の比率の変化

2次近似のクノイド波理論を使っている。ばらつきは大きいものの，全体としてデータは半理論曲線の周りに分布しており，波の非線形性の影響でゼロクロス有義波高がスペクトル有義波高よりもかなり大きくなることが分かる。なお，データのばらつきが大きいのは，それぞれの波形記録に含まれる波の数が100波程度であるために，統計的変動性の影響を受けることによる。しかし，波が砕波帯内へ進行すると，右側の図に示されるように砕波によって波高が減衰し，非線形性が失われて波高比 $H_{1/3}/H_{m0}$ は平均値としての約0.95へ向かって減少する。

図10-17は2乗平均波高 H_{rms} とスペクトル有義波高 H_{m0} の比率の変化を示している。レーリー分布によれば $H_{rms}/H_{m0} = 0.706$ であり，この関係は水平1点鎖線で表されている。2乗平均波高 H_{rms} の場合には，砕波の影響が現れる水深がゼロクロス有義波高よりも浅いため，砕波帯を区分する相対水深を $h/H_0 = 1.5$ としている。わが国の定常波浪観測データでは H_{rms} を計算しないのが一般的であるため，データ数は有義波高に比べて少なくなっている。図10-17に示されるように，波の非線形性が強く現れる場合には2乗平均波高 H_{rms} がスペクトル有義波高の1.1倍を超えることもある。

図10-16, 10-17に例示されるように，波浪記録から波をゼロクロス法で求めた代表波高は，波の非線形性が強いときにはレーリー分布を仮定した値から大きくずれる結果となる。自らの研究発表を含め，研究論文を参照するときには波高の定義方法について十分に注意する必要がある。

なお，ゼロクロス法で定義した代表波高が非線形性パラメータに強く影響されることは，角野ほか[45]もよくまとまったデータとして提示している。

非線形性の増加に伴って代表波高が増大するのは，3.5節の図3-23に示した非線形浅水効果によるものである。有義波高が砕波によって非線形性を失い始める水深，すなわち初期砕波水深は，3.6節の図3-27から読み取ることができる。これから分るように，波形勾配の小さな波ほど浅い地点まで砕けないで進行する。また，砕波開始地点におけるゼロクロス有義波高は式 (3.31) で推定可能であり，沖波波形勾配の減少によって波高増大率が大きくなる様子を算定することができる。

(2) 周期に対する影響

ゼロクロス法で定義された個々の波の周期に関しては，非線形性の影響は特に見られない。しかし，周波数スペクトルからその積率 m_0 と m_2 を用いて算定される平均周期 T_{02} は，波形記録から解析される平均周期 $\overline{T}$ よりもかなり短くなる。これは，次節に述べるスペクトル成分間の非線形干渉によって生成される 2 次の非線形成分の寄与によって m_2 が過大に評価されるためである。この平均周期の見掛けの減少は非線形性パラメータが大きいほど著しく，$\Pi_{1/3}>0.3$ で T_{02} が $\overline{T}$ の 70% 以下となる事例が報告されている[40),45)]。

10.5.3 スペクトル成分波の非線形干渉と拘束波
(1) 概　説

波浪の表面波形において水位の頻度分布が正規分布からややずれることは，波浪スペクトル理論の前提，すなわち無数の微小振幅成分波の線形重ね合わせの考え方が厳密には正しくないことを意味する。しかし，このずれは波浪中の各成分波が相互に干渉し合って非線形な波浪成分を形成していると考えることで説明できる。

波浪の現象では水面における境界条件が本質的に非線形であり，規則波でもストークス波理論で代表されるように，基本周波数の 2 倍，3 倍の高調波成分が付加されることによって，水面の境界条件が所要の精度で満足される。こうした高調波成分波は自由に進行する波ではなく，基本波に付随して同一位相を保ったまま伝播する拘束波であり，式（9.3）の分散関係は保持されない。また，周波数の異なる二つの波が重畳されるときは，それぞれの波が随伴する高調波成分のみでは境界条件が満足されず，さらに二つの周波数の和と差の周波数を持つ 2 次干渉波の発生が必要になる。波の振幅が大きいときには，さらに 3 次干渉波も無視できなくなる。

いま，二つの波だけでなくて無数の波が重ね合わさった場合を考えると，それらの成分波の 2 個ずつの組合せごとに 2 次干渉波が発生し，3 個ずつの組合せで 3 次干渉波が出現する。これらが波浪の非線形干渉成分波と呼ばれるものである。こうした不規則波中の非線形波については，1963 年に Tick[50)] が任意水深における周波数スペクトル成分間の 2 次干渉の計算を発表し，浜田[51)] がこれを若干訂正した。また，1962〜1963 年に Hasselmann[52)] は風波の発生における 3 次干渉による成分波間のエネルギー移行問題を解明し，増田ほか[53)] は深海域における 3 次干渉波を計算した。この Hasselmann によるエネルギー移行は，風波の発達過程の数値計算の不可欠な要素として波浪推算プログラムに取り込まれている。

このような非線形成分波の存在は，波浪のスペクトル解析で得られる周波数成分のうちのある部分が独立な自由波でないことを意味する。光易ほか[54)] は 1979 年に，風洞水路内の風波の周波数スペクトルを解析してその高周波数成分が式（9.3）の分散関係を満足しないことを実証しており，増田ほか[53)] はこの現象を理論計算で説明している。

方向スペクトル波浪における 2 次非線形成分については，海洋構造物に及ぼす波力の解明のために Sharma・Dean[55)] が 1979 年に 2 次波を含めた波形の計算法を提示し，Tuah・Hudspeth[56)] は有限水深の効果を吟味した成果を 1985 年に発表した。また，橋本ほか[57)] は 1993 年に波浪観測における水圧波形から表面波形への変換を的確に行うために非線形効果を取り入れた計算を行った。最近では，加藤ほか[58),59)] が 2 次非線形波を含めた数値シミュレーションを行っている。

波浪スペクトルの 2 次干渉波は，一般に周波数の和の成分である高周波数側と，周波数の差の成分である低周波数側とに分かれて存在する。低周波数側に着目すると，これは波

群に拘束された長周期波であり，1982年にSand[60]が2次干渉によって生成される非線形長周期波を論じた。また，木村[61]は長周期波に関する2次干渉波全体の計算法を提示した。近年の長周期波の研究では，こうした計算法に基づく拘束波の解明が活発に行われている。

(2) 周波数スペクトルにおける非線形成分の分離

波浪の非線形干渉は方向スペクトルの成分波について吟味することが必要であるが，ここでは方向分散性の小さいうねりを対象として周波数スペクトルのみを考慮した計算例を紹介する。浅海域における周波数スペクトルの非線形成分は，Tickおよび浜田の計算によると，2次干渉のオーダーにおいて次のように与えられる。

$$S^{(2)}(f_1) = \int_{-\infty}^{\infty} K(\sigma, \sigma_1) S^{(1)}(f_1 - f) S^{(1)}(f) df \tag{10.140}$$

ここに，$S^{(2)}(f_1)$ は2次干渉による非線形スペクトル，$S^{(1)}(f)$ は自由波である線形スペクトルであり，$K(\sigma, \sigma_1)$ は積分の核であって次式で与えられる。

$$K(\sigma, \sigma_1) = \frac{1}{4} \left\{ \frac{\dfrac{gkk'}{\sigma(\sigma_1-\sigma)} + \dfrac{\sigma(\sigma_1-\sigma)}{g} - \dfrac{\sigma_1^2}{g}}{+ \dfrac{\sigma_1^2 \left[\dfrac{g(\sigma_1-\sigma)k^2 + g\sigma k'^2}{\sigma(\sigma_1-\sigma)\sigma_1} + \dfrac{2gkk'}{\sigma(\sigma_1-\sigma)} + \dfrac{\sigma(\sigma_1-\sigma)}{g} - \dfrac{\sigma_1^2}{g} \right]}{g|k+k'|\tanh|k+k'|h - \sigma_1^2}} \right\}^2 \tag{10.141}$$

また，角周波数 σ, σ_1 および波数 k, k' は次の分散関係式を満足するものである。

$$\sigma^2 = gk\tanh kh, \quad (\sigma_1 - \sigma)^2 = gk'\tanh k'h \tag{10.142}$$

図10-18は，コスタリカ国の太平洋沿岸で観測された伝播距離約6,800kmのうねりについてスペクトルの線形成分と非線形成分を分離した例である[14]。周波数スペクトルは30分ずつ6回の記録について計算し，その平均値を用いた。観測されたスペクトルは線形・非線形成分の和であるので，増田ほか[53]の方法を参照し，式（10.140）を用いた繰り返し計算によって両者を分離した。うねりの観測地点は水深約17mで，波高と周期は $H_{1/3} ≒ 3.1$ m，$T_{1/3} = 17$ s であった。

図から明らかなように，周波数 $0.04 \sim 0.09$ Hz のスペクトルの主要部分は線形成分であり，それを外れた低周波数と高周波数の部分はすべて2次干渉による非線形成分である。線形スペクトル成分が限られた周波数帯にしか存在しないのは，このうねりが7,000km近い長距離を伝播してきたことから考えて当然といえる。周波数が0.02Hz以下で非線形成分の計算値が観測値を上回った理由としては，狭いながらも方向分布が広がっていたことの影響ならびに3次以上の高次の非線形干渉が考えられる。

高周波数側の非線形成分は，線形成分のピークのほぼ2倍の周波数に集中しており，非線形干渉の和の成分であることを表している。水深が浅くて波高が大きな波のスペクトルには，ピーク周波数の2倍だけでなく，3倍，4倍の周波数の所にも小さなピークが現れることがある。これらは3次以上の高次の非線形干渉による結果であり，見掛けのエネルギーを表すものである。

周波数スペクトルの高周波数帯に非線形成分が含まれていると，スペクトルの積率 m_n が過大に評価される。前節で述べた T_{02} が $\overline{T}$ よりも小さく算定される事例は，こうした非線形スペクトル成分に起因する。このため，波のスペクトルから波浪統計量を推定した

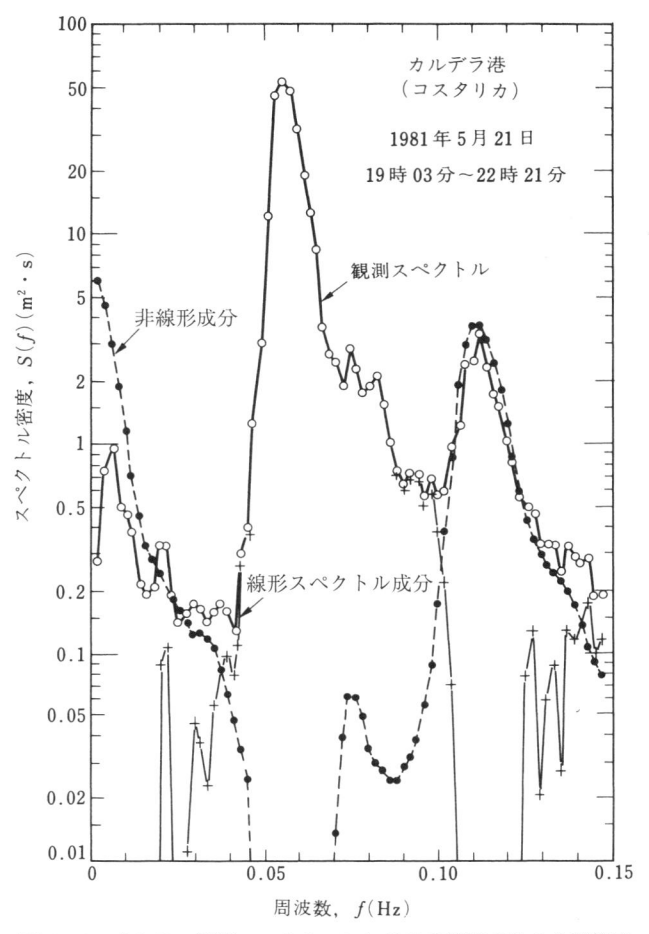

図10-18 うねりの観測スペクトルにおける非線形成分の分離例[14]

り，観測値を理論値と比較するときには，非線形成分の影響を避けるためにピーク周波数の約0.5倍から約1.8倍の周波数範囲のスペクトル密度のみを使用し，それを外れる低周波ならびに高周波部分を切り捨てる方法がしばしば採択される。

(3) 非線形波浪のシミュレーション計算式

方向スペクトルが与えられたときに2次干渉波を含めた表面波形を計算するには，次のような計算式を使用する。これは Tuah ほか[56]と橋本ほか[57]を参照して，加藤ほか[58]が使用したものである。

$$\eta(\vec{x}, t) = \eta^{(1)}(\vec{x}, t) + \eta^{(2)}(\vec{x}, t) = \int_k \int_\sigma \{dA^{(1)} + dA^{(2)}\} \exp[i(\vec{k} \cdot \vec{x} - \sigma t)] \tag{10.143}$$

ここに，$\vec{x}$ と $\vec{k}$ はそれぞれ位置ベクトルと波数ベクトル，σ は角周波数である。また，$dA^{(1)}$ と $dA^{(2)}$ は1次と2次の Fourier-Stieltjes 成分の複素振幅であって，それぞれ式(10.144)，(10.145) で計算される。

$$dA^{(1)} = \sqrt{S^{(1)}(\sigma, \theta) d\theta d\sigma} \tag{10.144}$$

$$dA^{(2)}(\vec{k}, \sigma) = \int_{k_1}\int_{\sigma_1} H(\vec{k}_1, \vec{k}_2, \sigma_1, \sigma_2) dA^{(1)}(\vec{k}_1, \sigma_1) dA^{(1)}(\vec{k}_2, \sigma_2) \tag{10.145}$$

ここに，$S^{(1)}(\sigma, \theta)$ は 1 次の方向スペクトルである。また，式（10.145）の $H(\vec{k}_1, \vec{k}_2, \sigma_1, \sigma_2)$ は表面波の 2 次非線形核関数であり，次式で表される。

$$H(\vec{k}_1, \vec{k}_2, \sigma_1, \sigma_2) = \frac{1}{2g}\left[2(\sigma_1+\sigma_2)D(\vec{k}_1, \vec{k}_2, \sigma_1, \sigma_2) - \frac{g^2\vec{k}_1\vec{k}_2}{\sigma_1\sigma_2} + \sigma_1\sigma_2 + \sigma_1^2 + \sigma_2^2\right] \tag{10.146}$$

ここに，

$$\begin{aligned}&D(\vec{k}_1, \vec{k}_2, \sigma_1, \sigma_2)\\&= \frac{2(\sigma_1+\sigma_2)[g^2\vec{k}_1\cdot\vec{k}_2 - (\sigma_1\sigma_2)^2] - \sigma_1\sigma_2(\sigma_1^3+\sigma_2^3) + g^2(k_1^2\sigma_2+k_2^2\sigma_1)}{2\sigma_1\sigma_2\{(\sigma_1+\sigma_2)^2 - g|\vec{k}_1+\vec{k}_2|\tanh(|\vec{k}_1+\vec{k}_2|h)\}}\end{aligned} \tag{10.147}$$

また g は重力加速度であり，線形成分波の波数ベクトル $\vec{k}_i$ と各周波数 σ_i（$i=1$ または 2）は式（10.148）の分散関係式を満たし，かつ式（10.149）の関係を持つものとする。

$$\sigma_i^2 = g|\vec{k}_i|\tanh(|\vec{k}_i|h) \tag{10.148}$$

$$\vec{k}_i(-\sigma_i) = -\vec{k}_i(\sigma_i) \tag{10.149}$$

なお，式（10.143）の表面波形のうちの 2 次波形成分は周波数の和の成分と差の成分で表され，加藤ほか[58]は波形の数値計算においてこれらを分けた例を示している。

前項の周波数スペクトルに対する式（10.141）の核関数 $K(\sigma, \sigma_1)$ と式（10.146），（10.147）の関数形がやや異なるのは，前者が方向角を考慮しておらず，また角周波数の設定が異なることによるものである。

10.6　波浪の統計量の変動性

海の波の波形が不規則であることは，波形記録から求めた平均波高や平均周期その他の統計量が確定値ではなく，統計的なランダム変動量として扱う必要性があることを示唆している。統計量が変動を示す例として，例えば一様乱数表から数字を抜き出して次のような乱数列を作り，5 個ずつの平均値を求める。その結果は括弧内の数値のように 2 次的なランダム量となる。

　　　　……09025　07210　47765　77192　81842　62204　30413　47793……
　　　　……(3.2)　(2.0)　(5.8)　(5.2)　(4.6)　(2.8)　(2.2)　(6.0)……

こうした統計量の変動性は，対象とする現象が確率過程である場合には不可避の性質である。われわれが観察した一連の波形は一つのサンプルであって，次の時刻あるいは隣の場所ではまた異なる波形が観察されるに違いなく，したがって統計量もまた異なってくるはずである。海の波の解析において波形記録から各種の統計量やスペクトルを求めるのは，それによって観測時に起こっていた波浪状況を推定する手がかりを得るためである。統計学的にいえば，入手された標本の値から母集団の特性を推定しようとしているのであって，標本（観測波形）そのものが最終の目標なのではない。もし，波浪状況が定常であることが保証されれば，多数の観測を繰り返してその結果を平均することによって，その波浪状況に対する推定値の精度を高めることができる。しかし，こうした保証は不可能であり，

われわれは入手できた1個の観測値を手がかりに波浪状況の真の値を推定しようとするのである。

統計的な標本から推定した母集団の値は，当然のことながら確定値ではなく，ある範囲の誤差の確率を伴う。例えば，あるときの有義波高の観測値が6.24 mであり，その観測条件における標準偏差が6%であるとすると，そのときの波浪状況の真の有義波高は5.99～6.49 mの範囲にある確率が50%，5.62～6.86 mの範囲にある確率が90%という推定しかできない。推定値の誤差範囲を知るためには標本値の確率分布特性が必要である。波浪の統計量は，それを算出した波形記録があまり短いものでないかぎり，η_{max}, H_{max}, およびT_{max}を除いてほぼ正規分布に従うと見なせるので，統計量の標準偏差が分かれば推定値の誤差範囲を設定できる。

いま，ある確率変数x_iについてn個のランダムなサンプリングを行い，その標本について算術平均値$\bar{x}$，RMS (root mean square) x_{rms}，歪み度$\sqrt{\beta_1}$，尖鋭度β_2などを求めたとすると，これらの統計量は次のような分散を持つ[62]。

$$\text{平均値}: \text{Var}[\bar{x}] = \mu_2/n = \sigma^2/n \tag{10.150}$$

$$\text{RMS}: \text{Var}[x_{rms}] = (\mu_4 - \mu_2^2)/4\mu_2 n \tag{10.151}$$

$$\text{歪み度}: \text{Var}[\sqrt{\beta_1}] = 6/n \tag{10.152}$$

$$\text{尖鋭度}: \text{Var}[\beta_2] = 24/n \tag{10.153}$$

ここに，

$$\text{Var}[X] = E[(X - E[X])^2] = E[X^2] - E[X]^2 \tag{10.154}$$

$$\mu_n = \int_{-\infty}^{\infty} (x - \bar{x})^n p(x) dx \tag{10.155}$$

なお，$p(x)$はxの確率密度関数，σ^2はxの母集団についての分散である。

式（10.150）～（10.153）のうち最初の2式は母集団の確率分布がどのようなものでも適用できるが，歪み度と尖鋭度に関するものは正規分布からのサンプリング値にのみ適用できる。また，二つの確率変数について相関係数を求めた場合には，サンプリングした組数をn，母集団についての相関係数をρとして，次のような分散を持つ[63]。

$$\text{Var}[\rho] = (1 - \rho^2)^2/n \tag{10.156}$$

すなわち，相関が高くなるにつれて分散が小さくなる。以上の統計量の標準偏差は，これらの諸式で求められる分散の平方根として計算される。

海の波の波形記録の場合には，一定間隔で読み取られた水位の間に相関があるためランダムサンプリングではなく，式（10.150）～（10.153）の一般式が使えない。水位データ間の相関性は周波数スペクトルに依存するので，波浪統計量の変動性はスペクトルの形状によって変化する。例えば，Tucker[64]およびCavanié[65]は波形の分散値$\eta_{rms}^2 = m_0$の変動係数の理論値を与えており，これは次のように書き直すことができる[22]。

$$CV[m_0] = \frac{\sigma[m_0]}{E[m_0]} = \frac{1}{\sqrt{N_0}} \cdot \frac{1}{m_0} \left[\int_0^\infty \bar{f} S^2(f) df \right]^{1/2} \tag{10.157}$$

ここに，$CV[x]$は任意の統計量xの変動係数，$\sigma[x]$は標準偏差，$E[x]$は期待値であり，

N_0 は波形記録中の波数，$\bar{f}$ は平均周波数である。波形の標準偏差 $\eta_{\rm rms}$ の変動係数は，その絶対値があまり大きくなければ $\eta_{\rm rms}{}^2$ の変動係数，すなわち式（10.157）の値の 1/2 と見積もられる。

また，スペクトルから推定される平均周期 T_{02} に関しては Cavanié[65] がその変動係数の理論式を示しており，これは波数表示で次のように書き直される[22]。

$$CV[T_{02}] = \frac{1}{2\sqrt{N_0}} \left\{ \bar{f} \int_0^\infty S^2(f) \left[\frac{f^4}{m_2{}^2} - \frac{2f^2}{m_0 m_2} + \frac{1}{m_0{}^2} \right]^{1/2} df \right\} \tag{10.158}$$

この二つの統計量以外については理論式が知られていないので，数値シミュレーション手法によって各種のスペクトルに対する不規則波形の標本を多数作成し，その統計解析によって各種統計量の標準偏差あるいは変動係数を算定した。その結果は表10-3，10-4に示す通りである[66]。なお，この数値実験は 2.4 節の表2-3，2-4 と共通であり，1標本当り 4,096 点の波形データ（1ピーク周期当り 12 点）を逆 FFT 法を用いて作成し，スペクトル形状ごとに 2,000 組の標本を得たものである。式（10.157），（10.158）で示されるように，波浪統計量の変動性はそのほとんどが記録中の波数 N_0 の $-1/2$ 乗に比例する。したがって，標準偏差あるいは変動係数は次のように表示して，その比例係数のみを表10-3，10-4 に記載してある。

$$\sigma[x] = \frac{\alpha}{\sqrt{N_0}}, \qquad CV[x] = \frac{\alpha}{\sqrt{N_0}} \tag{10.159}$$

この数値実験結果では，スペクトルのピークが鋭くなるにつれて波形の歪み度 $\sqrt{\beta_1}$ および前傾度 β_3 の変動性が減少し，逆に尖鋭度 β_2 は増大する。なお，尖鋭度 β_2 に関しては

表10-3　スペクトル形状ごとの水位データの統計量の標準偏差の比例係数 α [66]
$\sigma[\beta_i] = \alpha/\sqrt{N_0}$

統　計　量	Wallops 型スペクトル				JONSWAP 型スペクトル		
	$m=3$	$m=5$	$m=10$	$m=20$	$\gamma=3.3$	$\gamma=10$	$\gamma=20$
歪み度 $\sqrt{\beta_1}$	0.93	0.72	0.32	0.08	0.62	0.47	0.38
尖鋭度 β_2	2.29	2.57	3.05	3.49	2.77	3.27	3.68
前傾度 β_3	0.88	0.77	0.40	0.09	0.75	0.68	0.60

注：本表は，周波数範囲が $(0.5\sim6.0)f_p$ のスペクトルを用いた数値シミュレーションに基づいて算定したものである。

表10-4　スペクトル形状ごとの波高・周期の代表値の変動係数の比例係数 α [66]
$CV[x] = \alpha/\sqrt{N_0}$

統　計　量	Wallops 型スペクトル				JONSWAP 型スペクトル		
	$m=3$	$m=5$	$m=10$	$m=20$	$\gamma=3.3$	$\gamma=10$	$\gamma=20$
$H_{1/10}$	0.64	0.70	0.81	0.94	0.83	1.03	1.17
$H_{1/3}$	0.57	0.60	0.69	0.80	0.72	0.91	1.04
$\bar{H}$	0.61	0.64	0.70	0.81	0.77	0.96	1.08
$\sigma(H)$	0.74	0.79	0.93	1.09	0.92	1.13	1.31
$T_{1/10}$	0.64	0.48	0.31	0.22	0.35	0.24	0.19
$T_{1/3}$	0.49	0.35	0.24	0.17	0.26	0.17	0.14
$\bar{T}$	0.51	0.40	0.28	0.22	0.40	0.37	0.32
$\sigma(T)$	0.66	0.66	0.74	0.88	0.66	0.97	1.32

注：本表は，周波数範囲が $(0.5\sim6.0)f_p$ のスペクトルを用いた数値シミュレーションに基づいて算定したものである。

N_0 の $-1/2$ 乗則にやや問題があり，スペクトルのべき指数 m あるいはピーク増幅率 γ が大きいときは $-1/3$ 乗に比例する傾向が見られる。

波高の代表値についてはスペクトルのピークが鋭くなるにつれていずれも変動性が大きくなる。これは Tucker[64] の理論で予測されるところであり，η_{rms} の変動係数の数値実験結果も式（10.157）による計算とほぼ合致する。なお，最高波高 H_{max} についてはその標準偏差が 10.1.3 節の式（10.40）で与えられている。今回の数値実験では，スペクトルの幅が広いときに理論値よりも 10%程度小さい傾向があり，これは波高分布がレーリー分布よりも狭いことに関係していると思われる。周期の代表値に関しては波高とは逆に，スペクトルのピークが鋭くなるほど変動性が減少する。なお，有義波と平均波を比べると，有義波のほうが波高・周期とも変動性がやや小さい。風波の代表である $m=5$ の場合を見ると，波数を $N_0=100$ として $H_{1/3}$ で 6.0%の変動係数に対して $\bar{H}$ は 6.4%，$T_{1/3}$ の 3.5%に対して $\bar{T}$ は 4.0%である。このように平均波よりも有義波のほうが統計的に安定しているのは，波形記録中の波高の小さな波の現れ方の変動が大きいためではないかと思われる。

なお北野ほか[67]は，波別解析法に自由度の概念を導入した理論を用いて $1/N$ 最大波高の変動性を分析している。これによると，表 10-4 の数値シミュレーションにおいて示された周波数スペクトルの形状に応じた代表波高の変動性の変化は，理論的にも裏付けられるとのことである。

波高や周期がこのような変動を示すことは，$H_{1/3}/\bar{H}$ などの波高比あるいは $T_{1/3}/\bar{T}$ などの周期比も変動することを意味している。2.2 節で述べた表面波の観測記録における波高比および周期比の変動は，こうした波浪の統計量の変動性に起因するものである。実際の海の波の統計的変動性は直接に観測することはできないけれども，波高比や周期比の分布，あるいは酒田港において 1973〜74 年に実施された波浪の 3 点観測（3.6.3 節参照）などから推測すると，上述の数値シミュレーションの結果よりもさらに大きいようである。

波浪の統計量の変動性は波浪観測の計画，観測値の利用，あるいは不規則波を用いた模型実験などに際して考慮することが必要である。例えば，海底地形が一様な場所で数百 m 離れた 2 地点で波を観測したときに有義波高の差が 10%あったとしても，1 例だけではその差が有意なものか，あるいは統計的変動による偶発的なものかを判定することができない。一般に，正規分布に従う確率変数の線形和で定義される新しい確率変数の分散は，それぞれの確率変数の分散の線形和となる[68]ので，2 地点間の波高，周期の差は単一地点の $\sqrt{2}$ 倍の標準偏差を持つことになる。また，異常波浪時の観測値を推算値と比較する際には，観測値の統計的変動幅を考慮する必要がある。

参考文献

1) Rice, S. O.: Mathematical analysis of random noise, 1944, reprinted in *Selected Papers on Noise and Stochastic Processes*, Dover Pub., Inc., 1954, pp. 133-294.
2) Longuet-Higgins, M. S.: On the statistical distributions of sea waves, *J. Marine Res.*, Vol. XI, No. 3, 1952, pp. 245-265.
3) 森口繁一・宇田川銈久・一松　信：「数学公式 I」，岩波全書，1956 年.
4) 森口繁一・宇田川銈久・一松　信：「数学公式 II」，岩波全書，1957 年.
5) Cartwright, D. E. and Longuet-Higgins, M. S.: The statistical distribution of the maxima of a random function, *Proc. Roy. Soc. London, Ser. A*, Vol. 237, 1956, pp. 212-232.
6) Goda, Y. and Kudaka, M.: On the role of spectral width and shape parameters in control of individual wave height distribution, *Coastal Engineering Journal*, Vol. 49, No. 3, 2007, pp. 311-335.
7) Tayfun, M. A.: Effects of spectrum band width on the distribution of wave heights and periods, *Ocean Engng.*, Vol. 10, No. 2, 1983, pp. 107-118.

8) Naess, A.: On the distribution of crest to trough wave heights, *Ocean Engng.*, Vol. 12, No. 3, 1985, pp. 221-234.
9) Forristall, G. Z.: The distribution of measured and simulated wave heights as a function of spectral shape, *J. Geophys. Res.*, Vol. 89, No. C6, 1984, pp. 10,574-10,552.
10) Forristall, G. Z.: On the statistical distributions of wave heights in a storm, *J. Geophys. Res.*, Vol. 83, No. C5, 1978, pp. 2353-2358.
11) Myrhaug, D. and Kjeldsen, S. P.: Steepness and asymmetry of extreme waves and the highest waves in deep water, *Ocean Engng.*, Vol. 13, No. 6, 1986, pp. 549-568.
12) Davenport, A. G.: Note on the distribution of the largest value of a random function with application to gust loading, *Proc. Inst. Civil Engrs.*, Vol. 28, 1964, pp. 187-224.
13) Cramer, H.: *Mathematical Methods of Statistics*, Princeton Univ. Press, 1946, p. 376（文献12）による）
14) Goda, Y.: Analysis of wave grouping and spectra of long-travelled swell, *Rept. Port and Harbour Res. Inst.*, Vol. 22, No. 1, 1983, pp. 3-41.
15) Funke, E. R. and Mansard, E. P. D.: On the synthesis of realistic sea state, *Proc. 17th Int. Conf. Coastal Eng.*, Sydney, ASCE, 1980, pp. 2974-2991.
16) 合田良実：波の連なりの統計的性質について，港湾技術研究所報告，第15巻 第3号，1976年，pp. 3-19.
17) Rye, H.: Wave group formation among storm waves, *Proc. 14th Int. Conf. Coastal Eng.*, Copenhagen, ASCE, 1974, pp. 164-183.
18) Kimura, A.: Statistical properties of random wave groups, *Proc. 17th Int. Conf. Coastal Eng.*, Sydney, ASCE, 1980, pp. 2955-2973.
19) Battjes, J. A. and van Vledder, G. Ph.: Verification of Kimura's theory for wave group statistics, *Proc. 19th Int. Conf. Coastal Eng.*, Houston, ASCE, 1984, pp. 642-648.
20) Longuet-Higgins, M. S.: Statistical properties of wave groups in a random sea state, *Phil. Trans. Roy. Soc. London, Ser. A*, Vol. 312, 1984, pp. 219-250.
21) Davenport, W. B. and Root, W. L.: *Introduction to the Theory of Random Signals and Noise*, McGraw-Hill, 1958.（瀧　保夫・宮川　洋共訳：「不規則信号と雑音の理論」，好学社，1968，pp. 181-182.）
22) 合田良実：波浪の統計的性質に関する二，三の数値的検討，港湾技術研究所報告，第24巻 第4号，1985年，pp. 65-102.
23) Goda, Y.: Numerical experiments on wave statistics with spectral simulation, *Rept. Port and Harbour Res. Inst.*, Vol. 9, No. 3, 1970, pp. 3-57.
24) Longuet-Higgins, M. S.: The statistical analysis of a random, moving surface, *Phil. Trans. Roy. Soc. London, Ser.* A(966), Vol. 249, 1957, pp. 321-387.
25) Longuet-Higgins, M. S.: On the joint distribution of the periods and amplitudes of sea waves, *J. Geophysical Res.*, Vol. 80, No. 18, 1975, pp. 2688-2694.
26) 例えば，竹内　啓：「数理統計学」，東洋経済新報社，1963年，p. 56.
27) 合田良実：波浪観測記録における波高と周期の結合分布について，港湾技研資料，No. 272, 1977年，19 p.
28) Bretschneider, C. L.: Wave variability and wave spectra for wind-generated gravity waves, *U. S. Army Corps of Engrs., Beach Erosion Board, Tech. Memo.* No. 113, 1959, 192p.
29) Saville, T. Jr.: An approximation of the wave runup frequency distribution, *Proc. 8th Int. Conf. Coastal Eng.*, Mexico City, ASCE, 1962, pp. 48-59.
30) 首藤伸夫：有義波とうちあげ高の関係，土木研究所報告，第126号，1965年，pp. 19-30.
31) Battjes, J. A.: Computation of set-up, longshore currents, run-up and overtopping due to wind-generated waves, *Dept. Civil Eng., Delft Univ., Tech. Rept.* No. 74-2, 1974, 244p.
32) Cavanié, A., Arhan A., and Ezraty, R.: A statistical relationship between individual heights and periods of storm waves, *Proc. BOSS*, Trondheim, Vol. II, 1976, pp. 354-360.
33) Longuet-Higgins, M. S.: On the joint distribution of wave periods and amplitudes in a random wave field, *Proc. Roy. Soc. London, Ser. A*, Vol. 389, 1983, pp. 241-258.
34) 磯部雅彦：多方向不規則波の波別解析法に関する理論的考察，第34回海岸工学講演会論文集，1987

年，pp. 111-115.

35) 赤井鈴子・水口　優：多方向不規則波における波高・周波数・波向の結合確率分布，第35回海岸工学講演会論文集，1988年，pp. 143-147.

36) 権　正坤・石本晴義・椹木　亨・出口一郎：波高，周期及び波向の結合確率分布について，第35回海岸工学講演会論文集，1988年，pp. 148-152.

37) 中西浩和・磯部雅彦・渡辺　晃：波向の定義に着目した多方向不規則波浪の波別解析法の検討，海岸工学論文集，第36巻，1989年，pp. 139-143.

38) 例えば，前出26) p. 47.

39) 合田良実・永井康平：波浪の統計的性質に関する調査・解析，港湾技術研究所報告，第13巻 第1号，1974年，pp. 3-37.

40) Goda, Y.: A unified nonlinearity parameter of water waves, *Rept. Port and Harbour Res. Inst.*, Vol. 22, No. 3, 1983, pp. 3-30.

41) 合田良実：工学的応用のために砕波統計量の再整理，海岸工学論文集　第54巻，2007年，pp. 81-85.

42) Hotta, S. and Mizuguchi, M. (1980): A field study of waves in the surf zone, *Coastal Engineering in Japan*, JSCE, 1980, Vol. 23, pp. 59-79.

43) 堀田新太郎・水口　優：現地砕波帯における波の統計的性質，第33回海岸工学講演会論文集，1986年，pp. 154-158.

44) Ebersole, B. A. and Hughes, S. A.: DUCK85 photopole experiment, *US Army Corps of Engrs., WES*, Misc. Paper, CERC-87-18, 1987, pp. 1-165.

45) 角野　隆・関野高志・梅沢一之：浅海域における波浪特性に関する現地観測，第33回海岸工学講演会論文集，1986年，pp. 149-153.

46) Myrhaug, D. and Kjeldsen, S. P.: Parameteric modelling of joint probability density distributions for steepness and asymmetry in deep water waves, *Applied Ocean Res.*, Vol. 6, No. 4, 1984, pp. 207-220.

47) Goda, Y.: Effect of wave tilting on zero-crossing wave heights and periods, *Coastal Engineering in Japan*, JSCE, Vol. 29, 1986, pp. 79-90.

48) Longuet-Higgins, M. S.: On the distribution of the heights of sea waves: Some effects of non-linearity and finite band width, *J. Geophys. Res.*, Vol. 84, No. C3, 1980, pp. 1519-1523.

49) Tayfun, M. A.: Nonlinear effects on the distribution of crest-to-trough wave heights, *Ocean Engng.*, Vol. 10, No. 2, 1983, pp. 97-106.

50) Tick, L. J.: Nonlinear probability models of ocean waves, *Ocean Wave Spectra*, Prentice-Hall, Inc., 1963, pp. 163-169.

51) Hamada, T.: The secondary interactions of surface waves, *Rept. Port and Harbour Tech. Res. Inst.*, No. 10, 1965, 28p.

52) Hasselmann, K.: On the non-linear energy transfer in a gravity wave spectrum, *J. Fluid Mech.*, Vol. 12, 1962, pp. 481-500, *Ibid.*, Vol. 15, 1963, pp. 273-281 and pp. 385-398.

53) Masuda, A., Kuo, Y. Y., and Mitsuyasu, H.: On the dispersion relation of random gravity waves. Part 1. Theoretical framework, *J. Fluid Mech.*, Vol. 92, 1979, pp. 717-730.

54) Mitsuyasu, H., Kuo, Y. Y., and Masuda, A.: On the dispersion relation of random waves. Part 2. An experiment, *J. Fluid Mech.*, 1979, Vol. 92, pp. 731-749.

55) Sharma, J. N. and Dean, R. G.: Development and evaluation of a procedure for simulating a random directional second order sea surface and associated wave force, *Ocean Eng. Rept. No. 20, Dept. Civil Eng., Univ. of Delaware*, 1979, 139p.

56) Tuah, H. and Hudspeth, R. T.: Finite water depth effects on nonlinear waves, *J. Waterway, Port, Coastal, and Ocean Eng.*, ASCE, Vol. 111, 1985, pp. 401-416.

57) 橋本典明・永井紀彦・菅原一晃・浅井　正・朴慶寿：波浪の多方向性と弱非線形性効果を考慮した水圧波から表面波への換算法について，港湾技術研究所報告，第32巻 第1号，1993年，pp. 27-51.

58) 加藤　始・信岡尚道・小松崎泰光：非線形の波の数値シミュレーションにおける2次波の性質，海岸工学論文集，第51巻，2004年，pp. 156-160.

59) 加藤　始・信岡尚道：非線形の波の数値シミュレーションにおける2次波の性質(2)，海岸工学論文集，第52巻，2005年，pp. 136-140.

60) Sand, S. S.: Long waves in directional seas, *Coastal Engineering.*, Vol. 6, No. 3, 1982, pp. 195-208.
61) 木村　晃：非線型長周期波の2次元スペクトル，第32回海岸工学講演会論文集，1985年，pp. 155-158.
62) Kendall, M. G. and Stuart, A. S.: *The Advanced Theory of Statistics*, Vol. 1 (3rd Ed.), Griffin, 1969, p. 243.
63) 同上，p. 236.
64) Tucker, M. J.: The analysis of finite-length records of fluctuating signals, *Brit. Jour. Applied Phys.*, Vol. 8, April 1957, pp. 137-142.
65) Cavanié, A. G.: Evaluation of the standard error in the estimation of mean and significant wave heights as well as mean period from records of finite length. *Proc. Int. Conf. on Sea Climatology*, Édition Technip, Paris, 1979, pp. 73-88.
66) 合田良実：数値シミュレーションによる波浪の標準スペクトルと統計的性質，第34回海岸工学講演会論文集，1987年，pp. 131-135.
67) 北野利一・二宮太一・喜岡　渉・間瀬　肇：有義波高の統計的変動性―波別解析法に自由度を導入した理論解―，海岸工学論文集，第50巻，2003年，pp. 161-165.
68) 前出62)，pp. 249-250.

11. 不規則波の解析手法

11.1 波の統計量の解析

11.1.1 アナログ記録の解析

波高計の出力は，多くはペン書きレコーダー上の連続波形として記録される。こうした連続量としての記録はアナログ記録と呼ばれる。不規則波の解析では次項に述べるようにデジタル記録に変換したうえで各種の統計量やスペクトルを計算するが，アナログの波形記録を目で読み取って整理しなければならないこともあるので，本項ではそうした場合の解析法を述べる。

まず最初に波形記録を眺め，目分量で平均水位の線を引く。潮汐の影響などで平均水位が緩やかに変化しているときには，斜めの直線あるいは曲線を当てはめてよい。次に，2.1節で述べたゼロアップクロス法で個々の波を定める。このときは，一度設定したゼロ線を忠実に守り，これをわずかでも横切るものは1波として数える。それから各波について波高と周期を読み取り，表2-1のような様式で書き取ったうえで，最高波，1/10最大波，有義波，平均波などの波高と周期を計算する。代表波の中では有義波の諸元が最も重要であり，波浪状況のみを把握したいときは，これだけを整理してもよい。

なお，記録の簡易読取法として Tucker 法[1] と呼ばれるものがある。これは10.1節の狭帯域スペクトルに対するレーリー分布の理論に基づくもので，具体的な方法は次の通りである。まず波形のゼロ線を引き，図11-1に示すように正の最大振幅 A，正の第2番目の振幅 B，負の最大振幅 C，および負の第2番目の振幅 D を読み取る。また，波形記録に含まれるゼロアップクロス波数 N_0 を数えておく。次に，$A \sim D$ を用いて次のような波高を定義する。

$$H_1 = A + C, \qquad H_2 = B + D \tag{11.1}$$

そうすると，波形の標準偏差 η_{rms} が次式で推定できる。

$$\eta_{\mathrm{rms}} = \frac{1}{2}(\eta_1 + \eta_2) \tag{11.2}$$

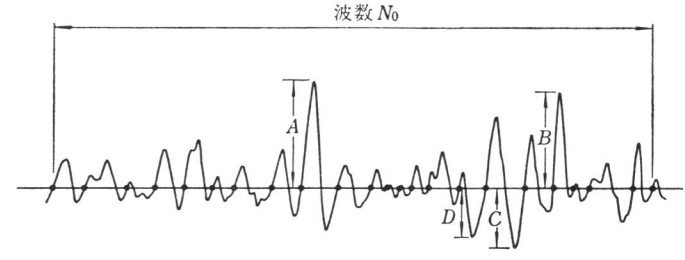

図11-1 Tucker による読み取りデータ

ここに，

$$\eta_1 = \frac{H_1}{2\sqrt{2\ln N_0}\left[1+\dfrac{0.289}{\ln N_0}-\dfrac{0.247}{(\ln N_0)^2}\right]} \tag{11.3}$$

$$\eta_2 = \frac{H_2}{2\sqrt{2\ln N_0}\left[1-\dfrac{0.211}{\ln N_0}-\dfrac{0.103}{(\ln N_0)^2}\right]} \tag{11.4}$$

η_{rms} すなわち $m_0^{1/2}$ が求められると，表10-1の関係を用いて $H_{1/10}$，$H_{1/3}$，$\bar{H}$ などの代表波高が推定できる。一方，平均周期は記録長を N_0 で割って求められるので，$T_{1/10}$，$T_{1/3}$ などは2.2節の式（2.9）の関係から概略推定できる。なお，$H_{\max}$，$T_{\max}$ は波形から直接に読み取る。

　海の波の表面記録にこの方法を適用した結果[2]では，η の分布が正規分布よりも広がっていることなどのために式（11.2）は実際よりも過大な値を与える傾向があり，推定値の0.88倍を用いるのが適当であったと報告されている。また，この方法では最大振幅4個のデータしか用いていないので推定値の統計的変動が大きく，上述の修正を行った場合でもさらに10％程度の標準偏差を見込む必要があるようである。

　波形記録から波浪状況を推定する目的では代表波の諸元を求めるだけで十分である。しかし，波浪の統計的性質をやや詳しく調べる場合には，波高と周期の分布および両者の結合分布を求めておく。このときは絶対値ではなく，$\bar{H}$ および $\bar{T}$ で無次元化した値で整理しておくほうが多数の記録を集計するのに便利である。また，波形の極大値の数 N_1 を求めると，10.4節の式（10.133）によってスペクトル幅パラメータ ε の値が推定できる。あるいは，極大値の中で波の谷の部分に出現するものの割合 r を求めて式（10.132）で推定してもよい。さらに，波高の連の長さを求めておけば，スペクトルのピークの鋭さの一つの指標となる。この波高の連の長さは，模型構造物に対する不規則波の作用の実験の際にも求めておくことが望ましい。

11.1.2　デジタル記録の解析

　波形記録をある一定時間間隔で読み取り，その値をデジタル量に変換したものはデジタル記録であり，コンピュータを利用することによって種々の統計量を迅速に計算することができる。また，スペクトルの推定ではデジタル量への変換が不可欠といってよい。この変換は測定計器からの出力段階で直接に行うことが望ましく，オシログラフあるいはアナログ型式のデータレコーダーに一度記録したものを後になってA-D変換する場合には，読み取り誤差や雑音の影響で精度が若干低下する。

　波形のデジタル記録をコンピュータで解析する場合の手順の一例を図11-2に示す。この手順のうち，若干の項目については以下に補足して説明する。

(1)　記録長および波形読取りの時間間隔

　現地波浪の観測では1回の記録時間を20分とするのが標準である。これは，波の平均周期が10sのときに120波を含む長さであって，10.6節に述べた波浪の統計的変動性から考えて100波程度以上であれば実用上妥当な精度を保ち得ること，一方，波浪の時間的変化から考えてあまり長時間を対象とするとその間の波浪状況が一定でなくなる懸念があること，の2点を勘案して定められたものである。しかし，不規則波実験などでは200波程度以上を対象として統計的変動を減らすことが望ましく，また現地観測でもうねりを対

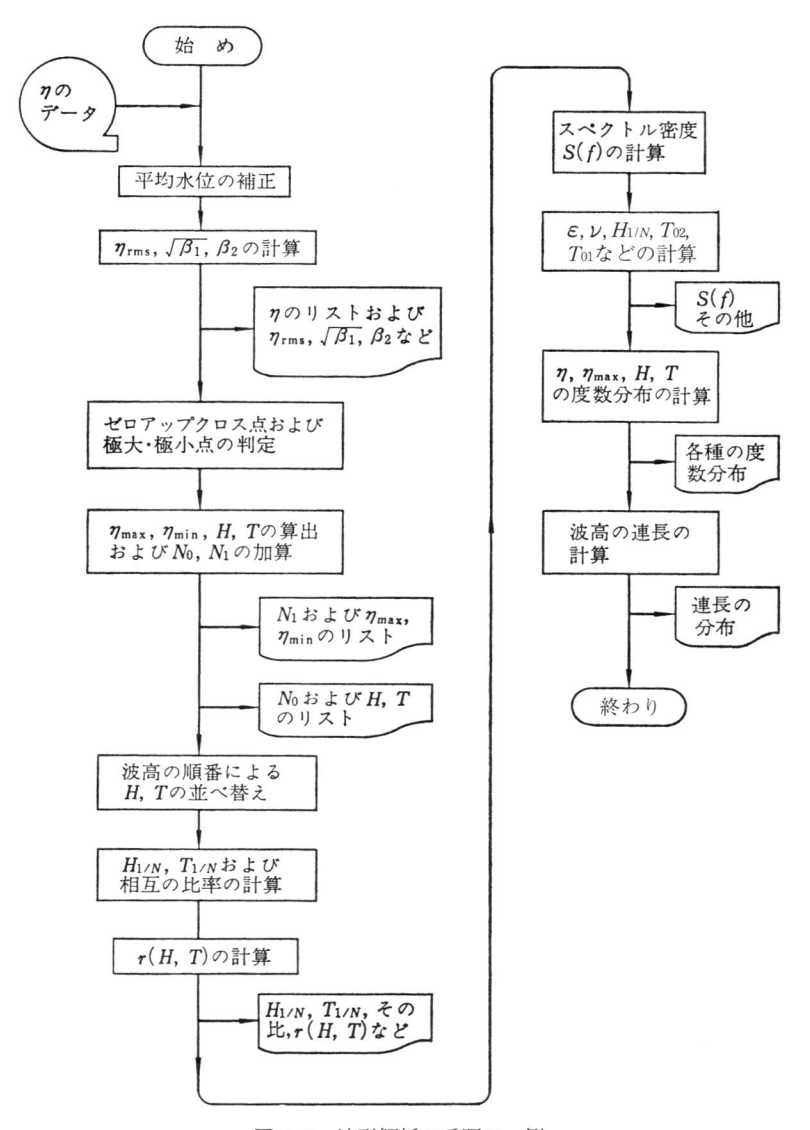

図11-2 波形解析の手順の一例

象とする場合のように波がかなり長い間定常と考えられる場合には30分以上にわたって記録することを考えるのがよい。

一方，波形記録の読取時間間隔は短いものほど良く，有義波周期の1/10以下，もしできれば1/20程度とする。それ以上短くするのはデータ量が増すだけで得られる情報量があまり増えないので，一般には得策ではない。逆に読取時間間隔が広すぎると，波高の小さい波を読み落としたり，また波形の最大値や最小値を低めに見積もるために波高が小さく出るなどの問題を生じる。

記録長と読取時間間隔が決まればデータ個数が定まる。この個数を 2^m よりもやや大きめにしておくと，後述するスペクトルの計算に都合がよい。

(2) 平均水位の補正

単純には算術平均として行う。しかし，潮汐などの影響があると判断される場合には平均水位が直線変化あるいは放物線変化をするものと見なしてその係数を最小2乗法で定め

る。直線変化を仮定する場合の補正は次式による。

$$\overline{\eta} = A_0 + A_1 n \qquad : \quad n = 1, 2, \cdots, N \tag{11.5}$$

ここに，

$$A_0 = \frac{N_2 Y_0 - N_1 Y_1}{N_0 N_2 - N_1^2}, \qquad A_1 = \frac{N_0 Y_1 - N_1 Y_0}{N_0 N_2 - N_1^2} \tag{11.6}$$

$$N_r = \sum_{n=1}^{N} n^r, \qquad Y_r = \sum_{n=1}^{N} n^r \eta_n \tag{11.7}$$

なお，Nはデータ個数である。

また，放物線変化を仮定する場合の平均水位の算定式は次の通りである。

$$\overline{\eta} = B_0 + B_1 n + B_2 n^2 \qquad : \quad n = 1, 2, \cdots, N \tag{11.8}$$

ここに，

$$\left.\begin{array}{l} B_0 = \dfrac{1}{\Delta}[Y_0(N_2 N_4 - N_3^2) + Y_1(N_2 N_3 - N_1 N_4) + Y_2(N_1 N_3 - N_2^2)] \\[4pt] B_1 = \dfrac{1}{\Delta}[Y_0(N_2 N_3 - N_1 N_4) + Y_1(N_0 N_4 - N_2^2) + Y_2(N_1 N_2 - N_0 N_3)] \\[4pt] B_2 = \dfrac{1}{\Delta}[Y_0(N_1 N_3 - N_2^2) + Y_1(N_1 N_2 - N_0 N_3) + Y_2(N_0 N_2 - N_1^2)] \\[4pt] \Delta = N_0 N_2 N_4 + 2 N_1 N_2 N_3 - N_2^3 - N_0 N_3^2 - N_1^2 N_4 \end{array}\right\} \tag{11.9}$$

なお，波形記録に顕著な長周期振動が重なっている場合には，11.5節に述べる数値フィルターを用いてこれを除去するのも一つの方法である。いずれにしても平均水位の補正は波形の解析を進めるうえでの必須条件である。

(3) ゼロアップクロス点および極大・極小点の取扱い

デジタル記録におけるゼロアップクロス点は次の条件で判定される。

$$\eta_i \cdot \eta_{i+1} < 0 \quad \text{かつ} \quad \eta_{i+1} > 0 \tag{11.10}$$

ただし，η_iはi番目のデータ（平均水位補正済み）の値である。ゼロアップクロス点の位置（時刻）はη_iとη_{i+1}の間を比例配分して求められ，これと次のゼロアップクロス点の時刻との差からゼロアップクロス周期が算出される。

次に，波形の極大点の条件は次の通りである。

$$\eta_{i-1} < \eta_i \quad \text{かつ} \quad \eta_i > \eta_{i+1} \tag{11.11}$$

極大点の発生時刻およびその高さは，上記の条件を満足する$\eta_{i-1}, \eta_i, \eta_{i+1}$の3点に放物線の当てはめを行って推定するのがよい。すなわち，

$$\eta_{\max} = C - B^2/4A, \quad \text{および} \quad t_{\max} = t_i - \Delta t B/2A \tag{11.12}$$

ここに，

$$A = \frac{1}{2}(\eta_{i-1} - 2\eta_i + \eta_{i+1}), \quad B = \frac{1}{2}(\eta_{i+1} - \eta_{i-1}), \quad C = \eta_i \tag{11.13}$$

ゼロアップクロス波高を求めるときは，二つのゼロアップクロス点の間の最高水位およ

び最低水位の点をまず探し，その点を η_i として式 (11.12)，(11.13) を適用し，$\eta_{\max}$ および $\eta_{\min}$ を推定するのがよい。これによって，波形の読取時間間隔がある程度広くなっても波高の見掛け上の減少を軽減することができる。

(4) 波高・周期の相関係数の計算

このデータは常に必要とされるわけではないが，周期比の値との相関が高いことが知られている[2]ので，一つの検討データとして算出しておくのがよい。また全波数に対するものだけでなく，有義波の算出対象の波についての相関係数も求めておくことが望ましい。

(5) スペクトルに関する諸量の計算

周波数スペクトルの値は次節に述べる方法で推定できるが，その結果からスペクトル幅パラメータ ε を式 (10.25)，同じく ν を式 (10.97)，スペクトル形状パラメータ $\kappa(\bar{T})$ を式 (10.57)，スペクトルピークの尖鋭度のパラメータ Q_p を式 (10.76) でそれぞれ計算しておくと，波の統計量に関する理論の検討に利用できる。ε についてはゼロアップクロス点の総数と波形の極大点の総数のデータから式 (10.133) で推定を行い，式 (10.25) による値と比較することも行われる。

また，周期に関しては式 (10.84) で T_{02}，式 (2.40) で $T_{m-1,0}$，式 (10.103) で T_{01} の推定値が得られる。波高については $\eta_{\mathrm{rms}} = m_0^{1/2}$ の値から表 10-1 の関係を用いて推定できる（図 11-2 の $H_{1/N}$）。

(6) 度数分布の表示

度数分布としては η_i, $\eta_{\max}$, H, および T の度数表，ならびに $H \cdot T$ の相関表などを求めておくと，前章に述べた諸理論との比較が可能である。度数分布は各統計量の絶対値について行う場合と，平均値を使って正規化した値について行う場合とがある。多数の記録についての統計を求めるときは後者の方法を用いる。なお，度数分布の区間幅（例えば ΔH）を一定とする場合には，$(H_i+\Delta H)/\Delta H$ の計算結果を整数化すると，その整数値が H_i の所属すべき階級番号を示すことをプログラミングに利用すると便利である。

11.2 周波数スペクトルの解析

11.2.1 スペクトル推定の理論

1 地点で観測された波形 $\eta(t)$ から周波数スペクトルを求めるための基本式は，9.2 節の式 (9.16) のスペクトルの定義式である。しかし，この式は無限個数の成分波の振幅 a_n を含んでおり，このままでは実際に取り扱えない。ここでは，Δt の時間間隔で読み取られた N 個の波形の時系列 $\eta(\Delta t)$, $\eta(2\Delta t)$, $\cdots$, $\eta(N\Delta t)$ が与えられた場合に，その波形を生み出した波浪（母集団としての）のスペクトルを推定することを考える。なお，説明を簡単にするため N は偶数とする。

いま，波形の時系列に対して調和解析を行うと，次のような有限フーリエ級数に表すことができる。

$$\eta(t_*) = \frac{A_0}{2} + \sum_{k=1}^{N/2-1}\left(A_k\cos\frac{2\pi k}{N}t_* + B_k\sin\frac{2\pi k}{N}t_*\right) + \frac{A_{N/2}}{2}\cos\pi t_* \qquad (11.14)$$

ここに，

$\qquad t_* = t/\Delta t \qquad\quad : \quad t_* = 1, 2, \cdots, N$

式 (11.14) は，そのフーリエ係数を次式のように定めるとき，$t_* = 1, 2, \cdots, N$ の点において与えられた $\eta(n\Delta t)$ の時系列と一致する。

$$A_k = \frac{2}{N}\sum_{t_*=1}^{N} \eta(t_*)\cos\frac{2\pi k}{N}t_* \quad : \quad 0 \leq k \leq N/2 \tag{11.15}$$

$$B_k = \frac{2}{N}\sum_{t_*=1}^{N} \eta(t_*)\sin\frac{2\pi k}{N}t_* \quad : \quad 1 \leq k \leq N/2-1 \tag{11.16}$$

不規則変動に対して調和解析を行う場合に忘れてならないことは，対象とするものが確率変数であることで，海の波の場合も $\eta(t)$ の時系列の異なる標本を入れるたびに異なる A_k, B_k の値が得られる。9.3節で述べたように，$\eta(t)$ は正規分布に従う定常確率過程と見なすことができる。波形の読取データ個数Nが十分に大きければ，A_k, B_k は中心極限定理によって平均値を0とする正規分布に従うことになる。また，その分散は次のように計算される。

まず，$k \neq 0, N/2$ の場合を取り上げ，A_k^2 を計算すると，

$$A_k^2 = \frac{4}{N^2}\left\{\sum_{t_*=1}^{N}\eta(t_*)\cos\frac{2\pi k}{N}t_*\right\}^2 = \frac{4}{N^2}\left\{\sum_{t_*=1}^{N}\eta^2(t_*)\left(\cos\frac{2\pi k}{N}t_*\right)^2 \right.$$
$$\left. + 2\sum_{\tau_*=1}^{N-1}\sum_{t_*=1}^{N-\tau_*}\eta(t_*)\eta(t_*+\tau_*)\cos\frac{2\pi k}{N}t_*\cos\frac{2\pi k}{N}(t_*+\tau_*)\right\} \tag{11.17}$$

ここで，$N\to\infty$ の極限形を考えて A_k^2 の期待値を求めると，$(\cos 2\pi k t_*/N)^2$ の期待値が $1/2$, $(\cos 2\pi k t_*/N)\times(\sin 2\pi k t_*/N)$ の期待値が0であることによって，

$$E[A_k^2] = \lim_{N\to\infty}\frac{2}{N^2}\left\{\sum_{t_*=1}^{N}\eta^2(t_*) + 2\sum_{\tau_*=1}^{N-1}\sum_{t_*=1}^{N-\tau_*}\eta(t_*)\eta(t_*+\tau_*)\cos\frac{2\pi k}{N}\tau_*\right\} \tag{11.18}$$

さらに，9.3節の式 (9.19) で定義した自己相関関数を導入すると，

$$E[A_k^2] = \lim_{N\to\infty}\frac{2}{N}\left\{\Psi(0) + 2\sum_{\tau_*=1}^{N-1}\Psi(\tau_*)\cos\frac{2\pi k}{N}\tau_*\right\} \tag{11.19}$$

また，$\cos\theta$ が θ の偶関数であることを利用すると次のように書き直せる。

$$E[A_k^2] = \lim_{N\to\infty}\frac{2}{N}\sum_{\tau_*=-\infty}^{\infty}\Psi(\tau_*)\cos\frac{2\pi k}{N}\tau_* = \lim_{N\to\infty}\frac{2}{N\Delta t}\sum_{\tau=-\infty}^{\infty}\Psi(\tau)(\cos 2\pi f_k \tau)\Delta t \tag{11.20}$$

ここに，

$$f_k = k/(N\Delta t) = k/t_0, \qquad \tau = \tau_* \Delta t \tag{11.21}$$

ただし，t_0 は波形記録の継続時間である。

式 (11.20) の右辺は，9.3節の式 (9.29) の右辺を級数で表示したものであるので，A_k の分散スペクトル密度関数と次の関係にあることが分かる。

$$E[A_k^2] = \frac{2}{N\Delta t}S_0(f_k) = \frac{1}{N\Delta t}S(f_k) \quad : \quad 1 \leq k \leq \frac{N}{2}-1 \tag{11.22}$$

ただし，$S_0(f)$ は $-\infty < f < \infty$ で定義されたスペクトル密度関数であって $S(f)/2$ に等しい。B_k の分散も同様に計算されて，

$$E[B_k^2] = \frac{1}{N\Delta t} S(f_k) \quad : \quad 1 \leq k \leq \frac{N}{2} - 1 \tag{11.23}$$

また，$A_0, A_{N/2}$ については次の結果が導かれる。

$$E[A_0^2] = \frac{2}{N\Delta t} S(f_0), \qquad E[A_{N/2}^2] = \frac{2}{N\Delta t} S(f_{N/2}) \tag{11.24}$$

以上によって，不規則波形に対するフーリエ係数が平均値0，分散 $S(f)/(N\Delta t)$ で正規分布する確率変数であることが導かれたわけである*。なお，A_k と B_k の相関を見るため共分散を計算すると，

$$\begin{aligned}E[A_k B_k] &= \lim_{N\to\infty} \frac{4}{N^2} \left\{\sum_{t_*=1}^{N} \eta(t_*)\cos\frac{2\pi k}{N}t_*\right\}\left\{\sum_{t_*=1}^{N} \eta(t_*)\sin\frac{2\pi k}{N}t_*\right\} \\ &= \lim_{N\to\infty} \frac{4}{N}\sum_{\tau_*=1}^{N-1} \Psi(\tau_*)\sin\frac{2\pi k}{N}\tau_*\end{aligned} \tag{11.25}$$

ここで，$\Psi(\tau)$ が式 (9.27) によって $S(f)$ の余弦変換で表されることを導入すると，式 (11.25) の右辺は0に収束する。すなわち，A_k と B_k は統計的に独立である。

これまでの準備ができたところで，スペクトル密度の推定法を考える。まず，次式で定義される変数 I_k を導入する。

$$I_k = \begin{cases} N(A_k^2 + B_k^2) & : \ 1 \leq k \leq N/2 - 1 \\ NA_0^2 & : \ k = 0 \\ NA_{N/2}^2 & : \ k = N/2 \end{cases} \tag{11.26}$$

この変数 I_k は，正規分布に従う二つの独立な確率変数の2乗和であるから，これは2自由度のカイ自乗分布に従う確率変数となる。ただし，$k=0, N/2$ については1自由度のカイ自乗分布に従う。ここでカイ自乗分布とは，x_i を平均値0，分散 σ^2 の正規分布変数として

$$\chi_r^2 = \sum_{i=1}^{r} x_i^2 / \sigma^2 \tag{11.27}$$

で定義される確率変数の分布であり，その確率密度関数は

$$p(\chi_r^2) = \frac{1}{2^{r/2}\Gamma(r/2)} (\chi_r^2)^{r/2-1} \exp[-\chi_r^2/2] \tag{11.28}$$

で与えられる。ただし，$\Gamma(x)$ はガンマ関数である。式 (11.27) の項数 r はカイ自乗分布の自由度と呼ばれる。この χ_r^2 を用いると，I_k が次のように表される。

$$I_k = \begin{cases} \dfrac{1}{\Delta t} S(f_k) \chi_2^2 & : \ 1 \leq k \leq N/2-1 \\ \dfrac{2}{\Delta t} S(0) \chi_1^2 & : \ k = 0 \\ \dfrac{2}{\Delta t} S(f_{N/2}) \chi_1^2 & : \ k = N/2 \end{cases} \tag{11.29}$$

この結果，カイ自乗分布の計算によって I_k の期待値と分散が次のように求められる。

---

* ここで示した議論はあまり厳密なものではない。詳しくは文献[3] その他を参照されたい。

$$E[I_k] = \frac{2}{\Delta t} S(f_k) \qquad : 0 \leq k \leq N/2 \tag{11.30}$$

$$\mathrm{Var}[I_k] = \frac{4}{(\Delta t)^2} S^2(f_k) \qquad : 0 \leq k \leq N/2 \tag{11.31}$$

式 (11.26) で定義される変数 I_k を周波数 f_k に対してプロットした曲線はピリオドグラム (periodogram) と呼ばれており, また I_k 自体をピリオドグラムと称することもある。式 (11.30) の結果は, ピリオドグラムの期待値から $f = f_k$ におけるスペクトル密度 $S(f_k)$ が推定できることを示している。しかし, 一方, 式 (11.31) は I_k そのものの変動が非常に大きく, I_k の標準偏差と平均値が全く同じことを示す。しかもこの性質は N を増しても変わらない。したがって, η の一つの標本についてフーリエ係数を計算してピリオドグラムを求めただけでは f_k ごとに激しく変化する結果になり, スペクトル密度の推定値としては信頼度が非常に低いことになる。

ピリオドグラムの変動性は早くから知られており, これを抑えてスペクトル密度の推定値の信頼度を高める工夫がいろいろなされてきた。その一つの方法は, 9.3 節の式 (9.28) に基づいて Blackman・Tukey が実用手法として 1958 年に発表したもので, 自己相関関数法と呼ばれている。これについてはわが国でも赤池[4]が種々検討しており, また永田[5]もその理論および実際の手順を紹介している。もう一つの方法は, $S(f)$ が $f = f_k$ の近傍で緩やかにしか変化しないことを仮定してその近傍での平均値を用いるものである。これは平滑ピリオドグラム法[3]と呼ばれる*。平均方法にも重みのつけ方で数種類あるが, まず基本となる単純平均法について説明する。

この方法では, f_k の前後 n 個の I_k を平均してスペクトル密度の推定値 $\hat{S}(f_k)$ を得る。

$$\hat{S}(f_k) = \frac{1}{n} \sum_{j=k-[(n-1)/2]}^{k+[n/2]} I_j \frac{\Delta t}{2} \tag{11.32}$$

ここに, $[n/2]$ は $n/2$ を超えない最大の整数を表す。

ピリオドグラム I_k は統計的に互いに独立である[3]ので,

$$S(f_j) \fallingdotseq S(f_k) \quad : \quad k - [(n-1)/2] \leq j \leq k + [n/2] \tag{11.33}$$

が成立するときは $\hat{S}(f_k)$ は 2 自由度のカイ自乗値 n 個の和となり, したがって自由度が $2n$ のカイ自乗分布をする。すなわち,

$$\hat{S}(f_k) = S(f_k) \chi_{2n}^2 / 2n \tag{11.34}$$

χ_{2n}^2 の期待値は $2n$ であるので, $E[\hat{S}(f_k)]$ は $S(f_k)$ に一致する。また, $N \gg n$ の条件を満足させつつ N および n を増大させると $\hat{S}(f_k)$ の分散が n に逆比例して減少するので, 推定値の信頼度が向上することになる。例えば, スペクトル推定値の変動係数はカイ自乗分布の理論により $1/\sqrt{n}$ と求められる。

$\hat{S}(f_k)$ の信頼度の定量的評価としては, カイ自乗分布に基づく信頼区間が用いられる。これは, スペクトル密度の真値 (母集団の値) が推定値の上下のある範囲に入っている確率をあらかじめ定めておき, 数理統計学の書物に載っているカイ自乗分布表を使ってその範囲を推定するものである。例えば $n = 20$ 個のピリオドグラムを用いてスペクトル密度

---

* この方法ではピリオドグラムを求める際に高速フーリエ変換 (FFT) を利用するのが普通なので, FFT 法と称されることが多い。

を求める場合について95%信頼区間を計算してみよう．カイ自乗分布の自由度が $2n=40$ なので，$P(\chi_{40}^2<b)=0.975$ および $P(\chi_{40}^2>a)=0.025$ となる値をカイ自乗分布表から求める．この結果は

$$a=24.433\,(a/2n=0.611),\ b=59.342\,(b/2n=1.484)$$

と読み取られるので，スペクトル密度の真値は95%の確率で

$$0.611\hat{S}(f_k)<S(f_k)<1.484\hat{S}(f_k)$$

の範囲にあるものと推定される．

　こうしたスペクトル密度の推定値の変動性のために，一つの波形記録からスペクトルが得られたとしても，真のスペクトルは推定値を周波数に対してプロットした曲線の上下に設けられた信頼区間の幅の中で任意の形をとる可能性がある．図11-3は，波浪記録から求められたスペクトル推定値の変動性の一例[6]である．これは，約9,000kmの距離を伝播してきたうねりの連続波形記録2.5時間分を30分ずつ5個の記録に分割して解析した結果であり，スペクトル解析の自由度は20.9（次節の式-11.47の放物線フィルターを使用）である．この連続記録の間，うねりの波高・周期はほとんど変化せず，スペクトルは安定していたと考えられるけれども，推定結果は5個の平均値の上下にばらついている．こうした変動は見掛けのものであって，うねりのスペクトルが30分ごとにこのように変動していたわけではない．5個の記録のスペクトル推定値を平均した結果は自由度が5倍になったぶんだけ信頼区間の幅が狭く，このときの真のスペクトルに近い結果を与えるけれども，これにしても一つの推定値であり，真の値は不可知である．なお，Donelan・Pier-

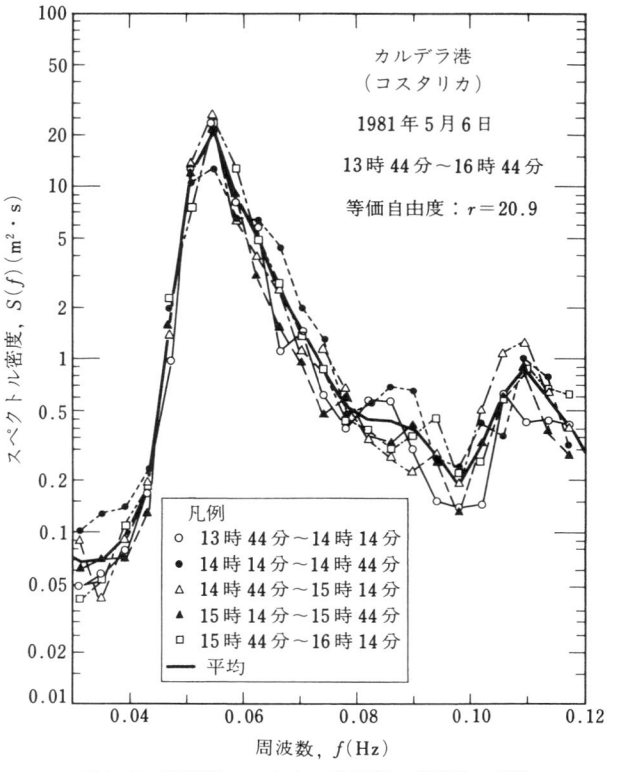

図11-3　周波数スペクトル推定値の変動性の例[6]

son[7] は現地観測記録および風洞水路内の風波の実験データを用いてスペクトル推定値の信頼区間の理論を例証している。

　スペクトル推定値の信頼度を向上させるには平均操作の対象のピリオドグラムの個数 n を増し，スペクトル推定の自由度を上げればよい。しかしそうすると，スペクトルの分解能が低下する。ここで分解能というのは，隣接するスペクトルの二つのピークを判別できる能力を指し，独立な二つのスペクトル推定値の最小間隔（周波数）がその指標となる。これは帯域幅（bandwidth）と呼ばれており，式（11.32）の単純平均による平滑化の場合には次のようになる。

$$f_B = f_{k+n} - f_k = \frac{n}{N\Delta t} = \frac{n}{t_0} \tag{11.35}$$

分解能は f_B が小さいほど高いことになる。式（11.35）の右辺の分母の t_0 は波形記録の長さであり，これが一定の場合には f_B が n に正比例する。すなわち，分解能は n と逆相関である。一方，スペクトル推定値の信頼度は n の増加とともに向上する。したがって，記録長が一定のときは信頼度の向上と分解能の向上とは相矛盾する。これは"Grenander の不確定性原理"といわれている由である[8]。なお，最小帯域幅は $(f_B)_{\min} = 1/t_0$ であり，これは記録長を1周期とする成分波を表している。

11.2.2　平滑ピリオドグラム法によるスペクトル推定方法

　与えられた波形記録から周波数スペクトル密度を推定する方法には前述のように自己相関関数法と平滑ピリオドグラム法があるが，その基礎理論は共通であり[3]，分解能や信頼限界も同等である。両者の差異は計算手順にあるが，力石・光易[9]によればその違いは平滑化関数の違いにすぎない。自己相関関数法については種々解説されているので，ここでは主として平滑ピリオドグラム法による場合の留意事項を中心にして計算方法を述べる。

(1)　データの長さおよびデータ読取時間間隔

　式（11.35）に示されるように分解能は記録長に関係するので，データはできるだけ長い時間にわたるものを使用する。一方，Δt は海の波に対しては11.1節に述べたように，一般には有義波周期の1/10～1/20程度に選べば十分である。なお，Δt が決まるとスペクトルを解析できる最大周波数が自動的に次のように定まる。

$$f_c = 1/2\Delta t \tag{11.36}$$

これは折返し周波数あるいはナイキスト（Nyquist）周波数と呼ばれていて，f_N の記号で表示されることも多い。この周波数の成分波は1波に2個ずつサンプリングされることになる。"折返し"の接頭語がついているのは，$f > f_c$ の周波数帯に存在する波のエネルギーが $0 \leq f \leq f_c$ の範囲に，$f = f_c$ を対称軸として周波数軸を折り返した形で加算されるためである。この現象は"aliasing"と呼ばれている。海の波の場合にはスペクトルの高周波側が f^{-5} にほぼ比例する形で減衰しているので，Δt を上述のように選んでおけばあまり問題にはならない。ただし，$f = f_c$ の近傍では aliasing の影響スペクトルの推定値がやや増加する傾向がある。

(2)　平均水位の補正

　これはスペクトル推定の場合にも重要である。平均値が正しく差し引かれていなかったり，平均水位のドリフトが残っていたりすると，$f = 0$ の近傍のスペクトル密度が大きくなり，その影響がほかの周波数帯にも及ぶ。したがって，平均水位の補正は正しく行うこ

とが肝要である。

(3) データウィンドー (data window)

平均水位を補正し終わった波形データは，一度若干の修正を行ったうえで調和解析にかけるのが一般的である。この作業は次のように表される。

$$\eta(t_*) \rightarrow b(t_*)\eta(t_*) \quad : t_* = 1, 2, \cdots, N \tag{11.37}$$

この係数 $b(t_*)$ がデータウィンドーと呼ばれるもので，普通は波形記録の始めと終わりを次第に減衰させるように選ばれる。具体的には次のようなものが使われる[10]。

a) 台形ウィンドー　$[0 \leq l \leq N/2]$

$$b_1(t_*) = \begin{cases} t_*/l & : 0 \leq t_* < l \\ 1 & : l \leq t_* \leq N-l \\ (N-t_*)/l & : N-l < t_* \leq N \end{cases} \tag{11.38}$$

b) COSINE 型ウィンドー　$[0 \leq l \leq N/2]$

$$b_2(t_*) = \begin{cases} \frac{1}{2}[1-\cos \pi t_*/l] & : 0 < t_* < l \\ 1 & : l \leq t_* \leq N-l \\ \frac{1}{2}[1-\cos \pi(N-t_*)/l] & : N-l < t_* \leq N \end{cases} \tag{11.39}$$

データウィンドーは，スペクトルが非常に鋭いピークを含むときにピリオドグラムを単純に計算すると，そのピークの周辺にも何がしかのエネルギーが存在するかのような結果が生じる現象（leakage という）をできるだけ小さくするための手法であり，波形記録に一定周波数の規則波成分が混在しているようなときにその効果が最もよく発揮される。桑島・永井[11]は数値計算の結果から，$l=0.1N$ とした $b_2(t_*)$ が優れていると推奨している。もっとも，データウィンドーを使用するとスペクトル推定値の自由度が若干低下する。このため，力石・光易[12]は風波のような連続スペクトルを持つものに対してはその効果も小さいので使わないほうがよいと述べている。自由度の低下率は次式に算定される[10]。

$$\frac{1}{\kappa_b} = \frac{\left[\int_0^N b^2(t_*) dt_*\right]^2}{\int_0^N b^4(t_*) dt_*} \tag{11.40}$$

この低下率は b_1 も b_2 もほぼ同じで，$l=0.1N$ の場合に $1/\kappa_b \fallingdotseq 0.9$ となる。

なお，データウィンドーを使用すると全体のエネルギーレベルが低下するので，ピリオドグラムの計算値に $N/\sum b^2(t_*)$ を乗じて補正する。

(4) フーリエ係数の計算

これは高速フーリエ変換（Fast Fourier Transform，略して FFT）によって求める。FFT の演算はコンピュータの標準プログラムに装備されていることが多い。また，力石・光易[7]も紹介している。ただし，一般の FFT 法はデータ個数が $N=2^m$ の場合しか取り扱えないので，そうなるようにデータを取得するか，あるいは任意長の記録の末尾に適当な個数の 0 を追加して個数を合わせる。後者の場合は，データウィンドーをかけた後の時系列に 0 を追加する。この 0 の追加の操作も全体のエネルギーレベルを下げるので，計算個数と実際のデータ個数との比をピリオドグラムに乗じて補正する。

データ個数の制限を緩和するには，従来のFFT法を$N=2^m \times M$（ただしMは奇数）の場合も扱えるように拡大した桑島・永井の方法[11]を用いるとよい。

(5) ピリオドグラムの計算

フーリエ係数A_k, B_kが求められたならば式（11.26）でI_kを計算し，全体のエネルギーに対するデータウィンドーおよびデータ個数の影響を補正する。すなわち，

$$I_k = \alpha(A_k^2 + B_k^2) \tag{11.41}$$

ここに，

$$\alpha = N_2^2/NU, \quad U = \left\{\sum_{t_*=1}^{N} b^2(t_*)\right\}/N \tag{11.42}$$

N_2：FFT計算に用いたデータ個数

なお，式（11.41）において$k=0, N_2/2$に対しては$B_k=0$として取り扱う。

(6) ピリオドグラムの平滑化

式（11.32）は単純平均の方式であるが，ピリオドグラムを平滑化してスペクトル密度を推定する一般式は次のようなものである。

$$\hat{S}(f_k) = \frac{\Delta t}{2} \sum_{j=k-[(n-1)/2]}^{k+[n/2]} K(f_k - f_j) I_j \tag{11.43}$$

ただし，

$$\sum_{j=k-[(n-1)/2]}^{k+[n/2]} K(f_k - f_j) = 1 \tag{11.44}$$

この平滑化関数（smoothing function）$K(f)$は重み関数とも呼ばれ，簡単にはフィルターとも称される。なお，$K(f)$は自己相関関数法におけるスペクトルウィンドーと同一である。

フィルターとしては次のようなものがよく使われる。

a）矩形フィルター

$$K_1(f_j) = \frac{1}{n} \quad : -[(n-1)/2] \leq j \leq [n/2] \tag{11.45}$$

b）三角フィルター[9]

$$K_2(f_j) = \frac{1}{\overline{K_2}}\left\{1 - \frac{|j|}{[(n-1)/2]}\right\} \quad : -[(n-1)/2] \leq j \leq [n/2] \tag{11.46}$$

c）放物線フィルター[11]

$$K_3(f_j) = \frac{1}{\overline{K_3}}\left\{1 - \left(\frac{j}{[(n-1)/2]}\right)^2\right\} \quad : -[(n-1)/2] \leq j \leq [n/2] \tag{11.47}$$

ただし，$\overline{K_2}, \overline{K_3}$は式（11.44）を満足させるための定数である。

実際の適用においては平滑化個数を奇数に取る。そして，スペクトルの推定周波数f_kは矩形フィルターのときは$n+1$ずつずらし，三角フィルターおよび放物線フィルターでは$(n+1)/2$ずつずらしてピリオドグラムを半分ずつ重なるようにしながら使用することが多い。もっとも，矩形フィルターではnを偶数として両端の各1個を$K_1=1/2n$とし，

ここを隣接のフィルター領域と重複させることも行われる[9]。

矩形フィルターの自由度は前述のように $2n$ であり，またその帯域幅が式（11.35）のように与えられている。これ以外のフィルターについては等価自由度を次式で算出する[3]。

$$r = \frac{2}{\sum_{j=-[(n-1)/2]}^{[n/2]} K^2(f_j)} \tag{11.48}$$

n が大きい場合には，$K_2(f)$ および $K_3(f)$ について次の近似が成立する。

$$r \fallingdotseq 1.5n \quad :三角フィルター \tag{11.49}$$

$$r \fallingdotseq \frac{5}{3}n \quad :放物線フィルター \tag{11.50}$$

さらに，（3）項で述べたデータウィンドーを使用するときには，これらの値に $1/\kappa_b$ を乗じたものが最終的な等価自由度となる。帯域幅についても同様にしてその等価値が次のように与えられる[3]。

$$f_B = \frac{3n}{4N\Delta t} \quad :三角フィルター \tag{11.51}$$

$$f_B = \frac{5n}{6N\Delta t} \quad :放物線フィルター \tag{11.52}$$

なお，三角フィルターおよび放物線フィルターで領域を $1/2$ ずつ重ならせてスペクトル推定値の間隔を狭めても，隣接する推定値は統計的に独立でないことに注意する必要がある。

ピリオドグラムの平滑化に当たっては，等価自由度および分解能を勘案のうえで平滑化個数を選定する。自由度を上げるためには Δt を狭め，N ならびに n を増すことが効果的のように見えるが，これはスペクトル推定の周波数領域を高周波側へ広げているにすぎず，波浪スペクトルのピーク付近では n の増加に反比例して分解能が低下する。分解能を高めるためには，式（11.35）で明らかなように波形記録長 t_0 を長くすることがまず必要である。なお，平滑ピリオドグラム法による場合には n の値を周波数によって変えて，低周波側あるいはピーク付近の分解能をほかの周波数帯よりも高いものとすることも可能である。ただし，前述のように信頼度は低下する。また，n を変えた境界部分でピリオドグラムの脱落や過度の重複レベルを生じないように注意する。

(7) エネルギーレベルの最終調整

データウィンドーに対するエネルギー補正は，波形記録によっては式（11.42）のものでも不十分なことがあり，またピリオドグラムの平滑化のためのフィルターの重ね方や $k=0$ および $k=N_2/2$ の近傍での処理方法によってエネルギーレベルが入力値と若干ずれることがある。これは好ましくないので，あらかじめ波形記録の $m_0 = \eta_{rms}^2$ を求めておき，これと推定スペクトルの積分値との比率をスペクトル推定値に乗ずる方法で最終調整を行うのがよい。

11.3　方向スペクトルの解析

第3章で述べたように，波の回折，屈折，反射その他の波の変形の問題では方向スペク

トルの特性が重要であり，この観測データを蓄積して方向スペクトルに関する知識を充実させることが要望されている。しかし，1地点での波形記録から求められる周波数スペクトルに比べて，方向スペクトルの場合にはこれに数倍する労力を必要とする。Panicker[13]の分類を参照しながら現在までに試みられている方向スペクトルの測定法を示すと次のようになる。

1) 直接測定法 { 波高計群（wave gauge array）方式 / 波浪ブイ方式 / 2成分流速計方式

2) リモートセンシング法 { 光学的方法 { ステレオ写真方式 / ホログラム方式 } / 散乱電波法 }

このうち，直接測定法とステレオ写真方式は同一原理によるものであって，クロススペクトルのデジタル解析に基づいている。一方，ホログラム方式[14]は海面の航空写真にレーザー光線を当ててその回折像を求めることによって，アナログ的に方向スペクトル密度の分布を求める方式である。また，散乱電波法は複数のレーダーを作動したときの海面からの散乱反射波の干渉を利用するものである。本節では，方向スペクトル推定の基礎理論ならびに直接測定法を中心に記述する。なお，各種推定法の理論的比較については磯部[15]を参照されたい。

11.3.1 方向スペクトルと共分散関数の関係

方向スペクトルを推定するための基礎データは，平面および時間空間における波形の共分散関数*である。これは1次元波形に対する9.3節の式（9.19）の拡張として次のように定義される。

$$\Psi(X, Y, \tau) = \lim_{x_0, y_0, t_0 \to \infty} \frac{1}{x_0 y_0 t_0} \int_{-\frac{x_0}{2}}^{\frac{x_0}{2}} \int_{-\frac{y_0}{2}}^{\frac{y_0}{2}} \int_{-\frac{t_0}{2}}^{\frac{t_0}{2}} \eta(x, y, t) \eta(x+X, y+Y, t+\tau) \, dx \, dy \, dt \tag{11.53}$$

上式に2次元不規則波形を表す式（9.12）を代入し，$a = kx\cos\theta + ky\sin\theta - \sigma t + \varepsilon$ の略記号を用いると，

$$\Psi(X, Y, \tau) = \lim_{x_0, y_0, t_0 \to \infty} \frac{1}{x_0 y_0 t_0} \iiint \sum_{n=1}^{\infty} \sum_{m=1}^{\infty} a_n a_m \cos \alpha_n \\ \times \cos(\alpha_m + k_m X \cos\theta_m + k_m Y \sin\theta_m - \sigma_m \tau) \, dx \, dy \, dt \tag{11.54}$$

ただし，$\sigma = 2\pi f$ である。ここで，$n \neq m$ のときは $\cos\alpha_n \cos\alpha_m$ の期待値が0であることを利用すると，$\Psi(X, Y, \tau)$ は次のようになる。

$$\Psi(X, Y, \tau) = \sum_{n=1}^{\infty} \frac{1}{2} a_n^2 \cos(k_n X \cos\theta_n + k_n Y \sin\theta_n - \sigma_n \tau) \tag{11.55}$$

さらに，方向スペクトルの定義式である式（9.14）と組み合わせることにより，方向スペクトルと共分散関数の関係が次のように導かれる。

$$\Psi(X, Y, \tau) = \int_0^\infty \int_0^{2\pi} S_k(k, \theta) \cos(kX\cos\theta + kY\sin\theta - \sigma\tau) \, d\theta \, dk \tag{11.56}$$

---

* 9.3節に述べたように，平均値が0の場合の相関関数を共分散関数という。

この逆変換を求めるためには，多変数フーリエ変換およびその逆変換[16]を利用する。すなわち，極座標系 (k, θ) から直交座標系 (u, v) に変換し，式 (9.3) の分散関係式も未確定であるとして σ を独立変数として追加する。詳細は省略して結果のみを示すと次のようになる。

$$\Psi_0(X, Y, \tau) = \int_{-\infty}^{\infty}\int_{-\infty}^{\infty}\int_{-\infty}^{\infty} S_{k0}(u, v, \sigma) e^{i(uX+vY-\sigma\tau)} du\, dv\, d\sigma \qquad (11.57)$$

$$S_{k0}(u, v, \sigma) = \frac{1}{(2\pi)^3}\int_{-\infty}^{\infty}\int_{-\infty}^{\infty}\int_{-\infty}^{\infty} \Psi_0(X, Y, \tau) e^{-i(uX+vY-\sigma\tau)} dX\, dY\, d\tau \qquad (11.58)$$

ここに，

$$u = k\cos\theta, \qquad v = k\sin\theta \qquad (11.59)$$

この式 (11.57)，(11.58) では σ と $k = |u^2+v^2|^{1/2}$ は独立に変化するものとして取り扱っており，(u, v, σ) の3次元空間の各点についてスペクトル密度を定義していることになる。なお，Ψ_0 および S_{k0} の添字 0 は $-\infty < \tau < \infty$ および $-\infty < \sigma < \infty$ の領域で各関数が定義されていることを明示するためのものであり，$[0, \infty)$ の領域で定義された関数の 1/2 の値を持つ。

もし，2次元不規則波の $X, Y,$ および τ に関する共分散関数が詳細に求められたとすると，式 (11.58) の関係によって方向スペクトルが推定できることになる。しかし，$\Psi_0(X, Y, \tau)$ を詳細に求めるためには，$x = -x_0/2 \sim x_0/2$，$y = -y_0/2 \sim y_0/2$ の範囲における η の平面分布が，$t = -t_0/2 \sim t_0/2$ の時間にわたってどのように変化するかが観測されていることが必要である。具体的には海面のステレオ写真が連続して数百枚以上解析されている必要がある。これは不可能ではないが，費用の点からみて非現実的である。このため，米国海軍が 1954 年に実施したステレオ波浪観測計画（SWOP）では波の定常性を仮定し，ステレオ写真から求めた η の平面分布に基づいて $\Psi_0(X, Y, 0)$ を計算し，これから $S_{k0}(u, v)$ を推定した[17]。この方法の欠点は $S_{k0}(u, v)$ と $S_{k0}(-u, -v)$ の値が区別できないこと，すなわち波向が 180° 異なる二つの成分波を区別できないことである。このため，この方法では方向スペクトルが波の主方向から ±90° の範囲にのみ存在するという仮定を設けている。これはホログラム法でも同様である。しかし，波高計群（ただし直線状配置を除く）あるいは波浪ブイなどを用いる方法ではこうした制約がなく，$\theta = 0° \sim 360°$ の方向について方向スペクトルの推定値を求めることができる。

11.3.2 波高計群方式による方向スペクトルの推定
(1) 推定理論

ステレオ写真から方向スペクトルを求める方法は解析の労力が大変であり，また常時実施することが困難である。これに対して数台の波高計の同時波形観測記録を解析する方法は，少なくともステレオ写真方式よりは簡便である。

まず，式 (11.53) の共分散関数の定義において，しばらくの間 X と Y を固定して考える。そのときの共分散関数を Ψ' と表すと，

$$\Psi'(\tau|X, Y) = \lim_{t_0\to\infty}\frac{1}{t_0}\int_{-t_0/2}^{t_0/2} \eta(t|x, y)\eta(t+\tau|x+X, y+Y) dt \qquad (11.60)$$

Ψ' は (x, y) および $(x+X, y+Y)$ における波形の時系列の同時観測値から求めることが

できる．この Ψ' に対して，9.3 節の式（9.27）と同様にしてフーリエ変換の関係で結びつけられる関数 $\Phi_0(f|X, Y)$ を次のように定義することができる．

$$\Phi_0(f|X, Y) = \int_{-\infty}^{\infty} \Psi'(\tau|X, Y) e^{-i2\pi f\tau} d\tau \tag{11.61}$$

$$\Psi'(\tau|X, Y) = \int_{-\infty}^{\infty} \Phi_0(f|X, Y) e^{i2\pi f\tau} df \tag{11.62}$$

ただし，Φ_0 は $-\infty < f < \infty$ の領域で定義しておく．

関数 $\Phi_0(f|X, Y)$ はクロススペクトルと呼ばれており，これは実数部と虚数部に分けて次のようにも表示される．

$$\Phi_0(f|X, Y) = C_0(f|X, Y) - iQ_0(f|X, Y) \quad : -\infty < f < \infty \tag{11.63}$$

ここに，

$$C_0(f|X, Y) = \int_{-\infty}^{\infty} \Psi'(\tau|X, Y) \cos 2\pi f\tau \, d\tau \tag{11.64}$$

$$Q_0(f|X, Y) = \int_{-\infty}^{\infty} \Psi'(\tau|X, Y) \sin 2\pi f\tau \, d\tau \tag{11.65}$$

一般に，$C_0(f)$ はコ・スペクトル（co-spectrum），$Q_0(f)$ はクォドラチャ・スペクトル（quadrature-spectrum）と呼ばれる．

式（11.60）の定義から，Ψ' は次の性質を持つことが導かれる．

$$\Psi'(\tau|X, Y) = \Psi'(-\tau|-X, -Y) \tag{11.66}$$

ただし，$\Psi'(\tau|X, Y)$ と $\Psi'(-\tau|X, Y)$ は一般には等しくない．また，クロススペクトルについては次の関係がある．

$$C_0(f|X, Y) = C_0(f|-X, -Y) = C_0(-f|-X, -Y) = C_0(-f|X, Y) \tag{11.67}$$

$$Q_0(f|X, Y) = -Q_0(f|-X, -Y) = Q_0(-f|-X, -Y) = -Q_0(-f|X, Y) \tag{11.68}$$

これらの関係を使うと，クロススペクトル Φ_0 が複素関数であっても共分散関数 Ψ' は実関数であることが証明される．

以上で定義した Ψ' は，式（11.58）のフーリエ逆変換の 3 重積分においてまず τ に関する積分を求める際の Ψ_0 に相当している．そこで，式（11.61）の関係を利用して式（11.58）の 3 重積分のうちの τ に関する積分を実行すると，

$$S_{k_0}(u, v|f_0) = \frac{1}{(2\pi)^2} \int_{-\infty}^{\infty} \int_{-\infty}^{\infty} \Phi_0^*(X, Y|f_0) e^{-i(uX+vY)} dXdY \tag{11.69}$$

ただし，Φ_0^* はクロススペクトル Φ_0 の共役関数（$= C_0 + iQ_0$）である．なお，この表示においては周波数 f_0 が特定されていることに注意されたい．

式（11.69）は，平面上で十分密に配置された無数の点について距離 $(0, 0)$，(X_1, Y_1)，(X_2, Y_2)，……だけ離れた 2 点ずつの組合せを作り，それらの点における波形の同時観測記録から各組合せごとにクロススペクトルを求めることによって，方向スペクトル $S_{k_0}(u, v, f)$ を推定できることを意味している．しかしながら，現実には有限個の地点で

しか波を観測できないので，式 (11.69) の積分を実際に求めることはできない。

この問題に対して Barber[18] は，対をなす波高計間の距離の点以外ではクロススペクトルの値を0と見なすほかはないとして，式 (11.69) の積分を次のような級数和で置き換えたものを方向スペクトルの推定値とした。

$$\hat{S}_{k_0}(u, v|f_0) = \frac{1}{(2\pi)^2} \sum_{n=-M}^{M} \Phi_0^*(X_n, Y_n|f_0) e^{-i(uX_n+vY_n)} \tag{11.70}$$

ここに，M は波高計の対の組合せ数である。式 (11.70) は式 (11.67)，(11.68) の関係を用いて次のように実変数で表示できる。

$$\hat{S}_{k_0}(u, v|f_0) = \frac{1}{(2\pi)^2} \Big\{ C_0(0,0|f_0) + 2\sum_{n=1}^{M} [C_0(X_n, Y_n|f_0)\cos(uX_n+vY_n) \\ + Q_0(X_n, Y_n|f_0)\sin(uX_n+vY_n)] \Big\} \tag{11.71}$$

この式 (11.71) が波高計群による方向スペクトル測定の基本式である。ただし，この式は $-\infty < f_0 < \infty$ の領域で定義され，かつ波数 (u, v) で表示された方向スペクトルに対するものである。これを9.2節の式 (9.13) で定義されるような $0 \leq f < \infty$ の領域における周波数表示のスペクトル $S(f, \theta)$ に改めることを考える。まず，$k = |u^2+v^2|^{1/2}$ と f_0 との間に式 (9.3) の分散関係式が成立することを前提にすると，

$$S(f_0, \theta) = \alpha \hat{S}_{k_0}(u, v|f_0) \tag{11.72}$$

の対応が成り立つ。ここに α は比例係数であって周波数 f_0 によって変化する。ここで，2.3節の式 (2.20) のように方向スペクトルを周波数スペクトル $S(f)$ と方向関数 $G(f;\theta)$ の積として考える。すなわち，

$$S(f_0, \theta) = S(f_0) G(\theta|f_0) \tag{11.73}$$

一方，式 (11.71) の右辺に現れる $C_0(0,0|f_0)$ はその定義式 (11.64) を9.3節の式 (9.28) と比較してみれば明らかなように，$C_0(0,0|f_0) = S(f_0)/2$ の関係にある。したがって，$S(f_0)$ の推定値は

$$\hat{S}(f_0) = 2C_0(0,0|f_0) \tag{11.74}$$

また，方向関数 $G(\theta|f_0)$ については次のように書き表すことができる。

$$\hat{G}(\theta|f_0) = \alpha'\{1 + 2\sum_{n=1}^{M}[C_*(X_n, Y_n|f_0)\cos(k_0 X_n\cos\theta + k_0 Y_n\sin\theta) \\ + Q_*(X_n, Y_n|f_0)\sin(k_0 X_n\cos\theta + k_0 Y_n\sin\theta)]\} \tag{11.75}$$

ここに，

$$\left.\begin{array}{l} C_*(X_n, Y_n|f_0) = C_0(X_n, Y_n|f_0)/C_0(0,0|f_0) \\ Q_*(X_n, Y_n|f_0) = Q_0(X_n, Y_n|f_0)/C_0(0,0|f_0) \end{array}\right\} \tag{11.76}$$

式 (11.75) の比例係数 α' は，$\hat{G}$ を $\theta = -\pi \sim \pi$ で積分した値が1という方向関数の条件によって定められる。また，式 (11.76) でクロススペクトルを正規化するときは，波高計ごとに得られる $C_0(0,0|f_0)$ の幾何平均を用いるほうが安定した結果が得られる[19]。

以上の式 (11.75) による方向スペクトルの推定法は，クロススペクトルのフーリエ変

換を直接に利用しているので，一般に直接フーリエ変換法と呼ばれている[17]。

(2) 方向分解能とフィルター

Baber[18] が示した式 (11.69) の積分から式 (11.70) の級数和への変換は，式 (11.69) の代わりに，波高計の対の点 (X_n, Y_n) 以外では 0 の値を取り，その点では無限大の値 (面積積分値は 1) を取るデルタ関数 $g(X, Y)$ を式 (11.69) の被積分関数に乗じたものを用いたことに相当する。すなわち，

$$S'_{k_0}(u, v|f_0) = \frac{1}{(2\pi)^2} \int_{-\infty}^{\infty} \int_{-\infty}^{\infty} g(X, Y) \Phi_0^*(X, Y|f_0) e^{-i(uX+vY)} dX\, dY \quad (11.77)$$

この逆変換は，$g(X, Y)$ の逆変換を $\mathscr{G}(u, v)$ として

$$\Phi_0^*(X, Y|f_0) = \int_{-\infty}^{\infty} \int_{-\infty}^{\infty} S'_{k_0}(u, v|f_0) \mathscr{G}(u-u_0, v-v_0) du\, dv \quad (11.78)$$

である。ここに，

$$\begin{aligned}\mathscr{G}(u, v) &= \frac{1}{(2\pi)^2} \int_{-\infty}^{\infty} \int_{-\infty}^{\infty} g(X, Y) e^{-i(uX+vY)} dX\, dY \\ &= 1 + 2\sum_{n=1}^{M} \cos(uX_n + vY_n)\end{aligned} \quad (11.79)$$

式 (11.77)，(11.78) は，式 (11.70) で推定される方向スペクトルが真の値ではなく，$\mathscr{G}(u-u_0, v-v_0)$ の関数が乗じられて歪められたものであることを意味している。この歪みの度合いはどの波数ベクトル (u_0, v_0) を対象とするかによって異なる。いずれにしても $\mathscr{G}$ 関数は方向分解能の指標であり，その分布幅が広いほど分解能が低いことを表す。

具体的に方向分解能の指標を計算するには，周波数 f_0，波向 θ_0 の成分波を対象として次式を用いる。

$$\mathscr{G}(\theta|f_0, \theta_0) = 1 + 2\sum_{n=1}^{M} \cos[k_0 X_n(\cos\theta - \cos\theta_0) + k_0 Y_n(\sin\theta - \sin\theta_0)] \quad (11.80)$$

なおこの式は，規則波すなわち周波数 f_0，波向 θ_0 のところに線スペクトルを持つ波に対して波高計群方式を適用し，式 (11.70) で方向スペクトルを推定する場合の方向関数の推定式に一致することが確かめられる。図 11-4 は 4 台の波高計を星形に配置したときの $\mathscr{G}$ 関数の計算例[20] である。ただし，縦軸の値は $\theta = \theta_0$ に対して 1 となるように基準化してある。図中の曲線は波高計間距離と波長の比によって描き分けられており，一般にこの比が増すにつれて $\theta = \theta_0$ のピーク (main lobe) の分解能が高まる代わりに，これと離れた位置に現れる見掛けのピーク (side lobe) も強くなる。この配置の場合には，波高計間の最小距離 D の約 1.73 倍以下の波長の波に対しては見掛けのピークと真のピークの判別が不能になり，方向スペクトルを推定することができない。

図 11-5 は同じく 4 台の波高計を一直線上に配置したときの $\mathscr{G}$ 関数の値を示すもの[20] で，波高計間の最小距離 D が波長 L の 0.2 倍の場合である。直線状配置の場合には $\theta = 180°$ を軸として左右対称であり，波高計群の左右の方向を判別できない欠点がある。しかし，星形配置に比べて方向分解能が非常に鋭くなっているのが特長である。

図 11-4 や図 11-5 の例でも，$\mathscr{G}$ 関数は負の値を取る領域が出現している。したがって，式 (11.75) で方向関数を推定した結果が負となることもあり得るわけで，海の波に対して適用したときは θ の範囲の一部に $G(\theta) < 0$ の値が現れるのがむしろ普通である。スペ

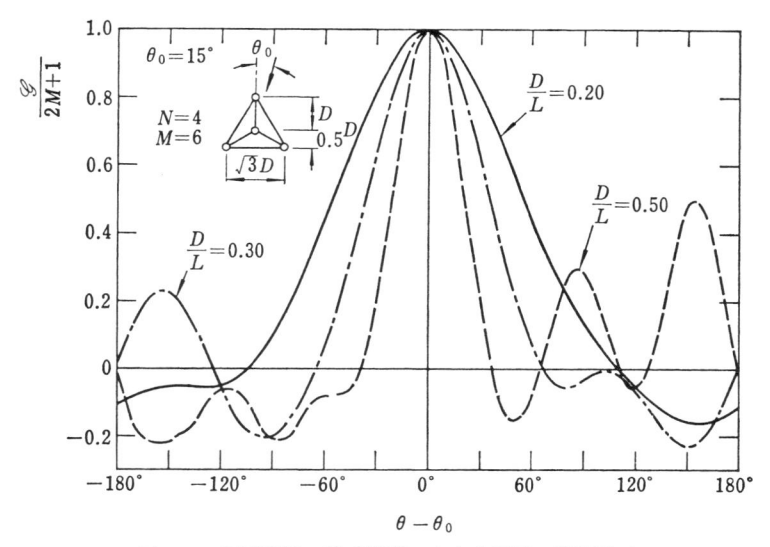

図11-4 星形配置の波高計群の方向分解能の計算例[20]

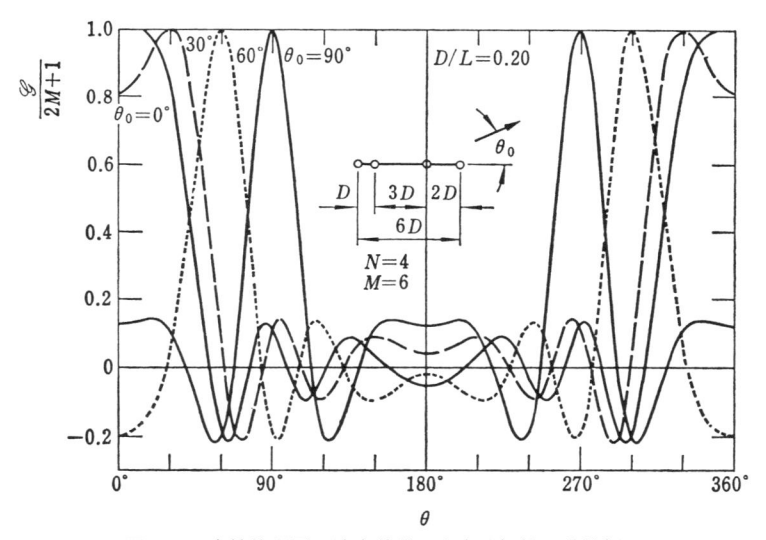

図11-5 直線状配置の波高計群の方向分解能の計算例[20]

クトルは波のエネルギーの分布を表すものであるから，負の値は物理的に不自然である。この解決策としては，式(11.75)の結果をフィルターで平滑化する手法が用いられる。すなわち，

$$\hat{G}_K(\theta|f_0) = \int_{-\pi}^{\pi} \hat{G}(\phi|f_0) W_K(\phi-\theta) d\phi \tag{11.81}$$

フィルターとしては $W_K(\phi) \propto \cos^{2K}(\phi/2)$ の形が考えられる。この関数は ϕ の増加に伴う減衰が比較的緩やかなため，方向関数の推定値 $\hat{G}(\theta|f_0)$ の方向分解能は $W(\phi)$ の特性で制約される。いわば，分解能をある程度犠牲にして方向関数の平滑さを確保するわけで，直接フーリエ変換法では両者を同時に得ることは困難である。

(3) 最尤法 (Maximum Likelihood Method) による解析

直接フーリエ変換法は原理が明快であるけれども，前項に紹介したように方向分解能が

低いのが難点である。これに代わるものとして，1960年代に最尤法（MLM）が開発された。これは，地震観測において複数の地震計の同時観測値から震源の位置その他を精度良く推定する方法として最初に提案[21]されたもので，1970年代後半から海の波にも応用されるようになった。この方法では，まずクロススペクトル $\Phi_{ij}(f_0)=C_{ij}(f_0)-iQ_{ij}(f_0)$ に対する共役クロススペクトル $\Phi_{ij}{}^*(f_0)=C_{ij}(f_0)+iQ_{ij}(f_0)$ （ただし，$0 \leq f_0 < \infty$）を要素とする複素行列を作り，その逆行列を求める。そして，その (i, j) 成分を $\Phi_{ij}{}^{-1}(f_0)$ として次式によって方向関数を推定する。

$$\hat{G}(\theta|f_0) = \frac{a'}{\hat{S}(f_0)} \left\{ \sum_{i=1}^{N} \sum_{j=1}^{N} \Phi_{ij}{}^{-1}(f_0) \exp[-i(kX_{ij}\cos\theta + kY_{ij}\sin\theta)] \right\}^{-1} \quad (11.82)$$

ここに，a' は方向関数を正規化するための比例係数，X_{ij} と Y_{ij} は波高計間の距離であって $X_{ij}=x_j-x_i$ および $Y_{ij}=y_j-y_i$，$\hat{S}(f_0)$ は N 台の波高計から得られる周波数スペクトルの平均値である。なお，実際の計算ではクロススペクトルをあらかじめ式（11.76）のように正規化しておき，$1/\hat{S}(f_0)$ の演算を省略するほうがよい。この正規化のときは，(i, j) の組ごとの幾何平均を用いる。

最尤法はもともと単一方向の平面波に対して真値と推定値との差の分散が最小になるような解を与えるものであり[22]，その場合には非常に優れた分解能を示す。図Ⅱ-6はこの一例であり，4台の波高計を星形に配置した場合について数値シミュレーションで作成した波形データを解析している[19]。比較に用いている直接フーリエ変換法は，方向関数推定の際に負値が生じないように式（11.75）の右辺第1項の1を N で置き換えたものである。この数値実験では，現地観測で避けることのできないノイズの影響の代替として，水位の標準偏差の20％に相当する白色雑音を付加しているにもかかわらず，60°方向からの入射波を的確に検出している。

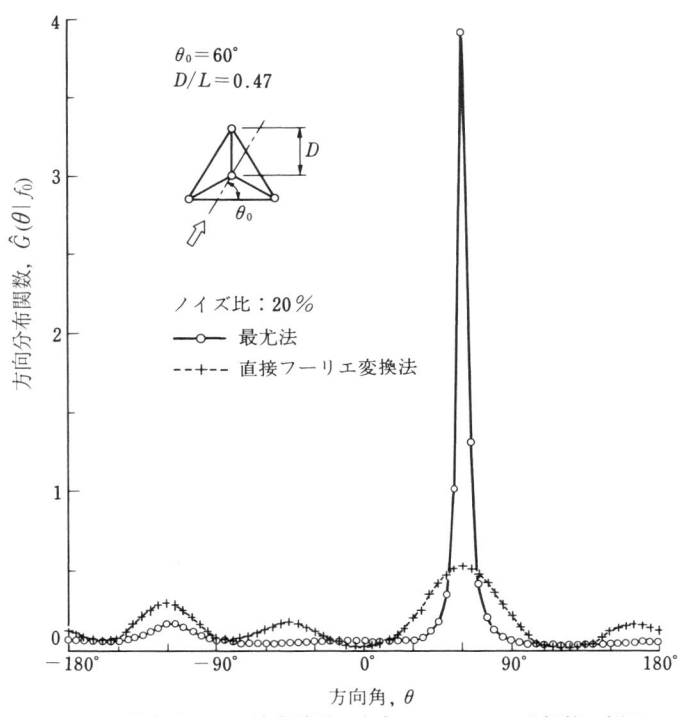

図Ⅱ-6 最尤法による波高計群の方向スペクトルの分解能の例[19]

この例のように最尤法はある程度のノイズは許容し得るけれども，本質的にはノイズがゼロの状態を前提にしている。また，実際の波浪のように連続した方向関数を持つ場合も本来的な対象とは言い難い。波高計の台数が多くなり，しかもノイズの影響が強い場合などはオーバーフィッティングの状態となり，複数の見掛けのピークが現れることがあるといわれている。こうしたノイズが混在する場合でも的確な方向スペクトルを推定できる方法として，橋本[23]は1987年にベイズの情報理論を活用した解析法を提案した（11.3.4節(3)項参照）。

(4) 波高計の配置方法

方向スペクトルの測定では，できるだけ少ない数の波高計で良好な方向スペクトルの推定値が得られるように工夫する必要がある。こうした最適配置の問題は，波浪観測の分野よりもむしろ電波探知や地震観測の分野で検討されてきた。波高計の配置の一般的指針は次のようにまとめられよう。

1) 波高計の対（pair）のベクトル距離がすべて異なるようにする。
2) ベクトル距離ができるだけ広い範囲に等密度で分布するようにする。
3) 波高計間の最小距離を測定対象の最小波長の1/2以下に設定する。

図11-4の星形配置は上記の1)の要件を満足している。しかし，4台の波高計を正方形または長方形に配置したのでは，縦，横，斜めの6組の対のうち，縦の2組および横の2組のベクトル距離がそれぞれ等しくなるので独立なベクトル距離は4組となり，方向スペクトルの推定精度が星形配置よりも低下する。波高計間のクロススペクトルから方向スペクトルを推定するということは，式(11.69)の積分を式(11.70)のように有限個の地点における値の和で近似したことであるから，点の数が多く，配置が密なほど近似精度が向上する。この意味でベクトル距離の重複は避けなければならない。

第2の要件は分解能に関係するものである。本書では述べなかったけれども，周波数スペクトルを自己相関関数法で求める場合には時間差τの最大値が周波数スペクトルの分解能を決定する。方向スペクトルの場合にも，波高計間の距離の最大値が大きいほど方向分解能が高い。これは図11-4でD/Lが大きいものほど$\mathscr{G}$関数のピークの幅が狭くなることによって示されている。また，ベクトル距離が等密度に分布しているほうが，式(11.69)の積分に対する近似精度が方向によって変動する現象が現れにくい。例えば，図11-5の直線状配置では直角方向の波に対しては分解能が高いけれども，波高計列に並行な方向の波に対しては分解能が低下する。

第3の要件は，例えば距離が波長の1/2の波高計の対に波が波高計を結ぶ方向から入射する場合を考えてみれば明らかである。このとき，2台の波高計に記録される波形はちょうど位相が180°逆転しただけの同形であって，クロススペクトルが$C_* = -1$，$Q_* = 0$となる。波高計間の距離が上記の値の整数倍であるものについては同様に$|C_*|=1$，$Q_*=0$となり，こうした波高計の組については波がどちらの方向から来たかを判別することができなくなる。このため真の入射方向と180°異なる方向に顕著なside lobeが出現する。図11-5の直線状配置のときは$\theta_0 = 0$の方向に対して$D/L = 0.5$のときにこの現象が起こり，図11-4の星形配置では，$\theta_0 = 0°, 60°, 120°, \cdots\cdots$の方向に対して$D/L \fallingdotseq 0.577$のときに同じようになる。

このように波高計群による方向スペクトルの観測にはいろいろ制約があり，波高計の台数が少ないと精度の高い観測が難しい。沿岸波浪の観測の場合には波の入射方向が等深線に直角方向から±90°以内と想定できるので，直線状配置が適しているのではないかと思われる。この場合には，Barber[18]の提案を参照して波高計が3台のときは設置位置を相

対距離で（0, 1, 3），4台のときは（0, 1, 4, 6），5台のときは，（0, 1, 4, 9, 11）あるいは（0, 2, 3, 8, 12），6台のときは（0, 1, 4, 10, 12, 17）のようにすると，前述の1），2）の要件がほぼ満足されることになる。

11.3.3 波向計測ブイおよび2成分流速計による方向スペクトルの推定法

方向スペクトルの観測例としては，波高計群方式によるものよりもブイ方式や2成分流速計による報告のほうが多い。例えば，Longuet-Higginsほか[24]は上下加速度，縦傾斜角，および横傾斜角を測定するブイ（pitch and roll buoy）を使用し，光易ほか[25]はさらに水面の曲率の近似値も測定するクローバー型ブイを使用して方向スペクトルの貴重なデータを取得している。また，永田[26]や副島[27]ほかは電磁流速計あるいは超音波流速計を用いて波による水粒子の軌道運動のx, y成分を観測することによって，方向スペクトルの推定値を求めている。

(1) パラメータ法による解析

Longuet-Higginsほか[24]による測定理論は次のようなものである。ブイの上下加速度からはその2回積分によって水位が求められるので，このブイは次の諸量を測定することができる。

$$\left.\begin{aligned}
\xi_1 &= \eta = \sum_{n=1}^{\infty} a_n \cos(k_n x \cos\theta_n + k_n y \sin\theta_n - \sigma_n t + \varepsilon_n) \\
\xi_2 &= \frac{\partial \eta}{\partial x} = -\sum_{n=1}^{\infty} k_n a_n \cos\theta_n \sin(k_n x \cos\theta_n + k_n y \sin\theta_n - \sigma_n t + \varepsilon_n) \\
\xi_3 &= \frac{\partial \eta}{\partial y} = -\sum_{n=1}^{\infty} k_n a_n \sin\theta_n \sin(k_n x \cos\theta_n + k_n y \sin\theta_n - \sigma_n t + \varepsilon_n)
\end{aligned}\right\} \quad (11.83)$$

この3量の共分散関数は次のように計算される。

$$\left.\begin{aligned}
\Psi_{12}(\tau) &= \overline{\xi_1(t)\xi_2(t+\tau)} = \sum_{n=1}^{\infty} \frac{1}{2} k_n a_n^2 \cos\theta_n \sin\sigma_n \tau \\
\Psi_{13}(\tau) &= \overline{\xi_1(t)\xi_3(t+\tau)} = \sum_{n=1}^{\infty} \frac{1}{2} k_n a_n^2 \sin\theta_n \sin\sigma_n \tau \\
\Psi_{23}(\tau) &= \overline{\xi_2(t)\xi_3(t+\tau)} = \sum_{n=1}^{\infty} \frac{1}{2} k_n^2 a_n^2 \cos\theta_n \sin\theta_n \cos\sigma_n \tau
\end{aligned}\right\} \quad (11.84)$$

この共分散関数からクロススペクトルを式（11.64），（11.65）で計算すると，その結果は方向スペクトルと次のように結びつけられる。

$$\left.\begin{aligned}
C_{23}(f) &= \int_{-\infty}^{\infty} \Psi_{23}(\tau) \cos 2\pi f \tau \, d\tau = \frac{1}{2} \int_0^{2\pi} S(f, \theta) k^2 \cos\theta \sin\theta \, d\theta \\
Q_{12}(f) &= \int_{-\infty}^{\infty} \Psi_{12}(\tau) \sin 2\pi f \tau \, d\tau = \frac{1}{2} \int_0^{2\pi} S(f, \theta) k \cos\theta \, d\theta \\
Q_{13}(f) &= \int_{-\infty}^{\infty} \Psi_{13}(\tau) \sin 2\pi f \tau \, d\tau = \frac{1}{2} \int_0^{2\pi} S(f, \theta) k \sin\theta \, d\theta
\end{aligned}\right\} \quad (11.85)$$

$$C_{12}(f) = C_{13}(f) = Q_{23}(f) = 0 \quad (11.86)$$

一方，自己相関関数からはコ・スペクトルのみが求められ，方向スペクトルと次の関係で結びつけられる。

$$C_{11}(f) = \int_{-\infty}^{\infty} \Psi_{11}(\tau)\cos 2\pi f\tau \, d\tau = \frac{1}{2}\int_0^{2\pi} S(f,\theta)d\theta$$

$$C_{22}(f) = \int_{-\infty}^{\infty} \Psi_{22}(\tau)\cos 2\pi f\tau \, d\tau = \frac{1}{2}\int_0^{2\pi} S(f,\theta)k^2\cos^2\theta \, d\theta \quad (11.87)$$

$$C_{33}(f) = \int_{-\infty}^{\infty} \Psi_{33}(\tau)\cos 2\pi f\tau \, d\tau = \frac{1}{2}\int_0^{2\pi} S(f,\theta)k^2\sin^2\theta \, d\theta$$

$$Q_{11}(f) = Q_{22}(f) = Q_{33}(f) = 0 \quad (11.88)$$

結局，この波浪ブイではクロススペクトルの成分として 6 個の量が計算され，これらは式（11.85），（11.87）のように方向スペクトルの方向積分値と関係づけられる．この関係から方向スペクトルの推定値を得るため，$S(f,\theta)$ が次のようなフーリエ級数に展開できるものと仮定する．

$$S(f,\theta) = \frac{1}{2}A_0(f) + \sum_{n=1}^{\infty}[A_n(f)\cos n\theta + B_n(f)\sin n\theta] \quad (11.89)$$

この式を式（11.85），（11.87）に代入して演算すると，$n=0, 1$，および 2 の係数を次のように定めることができる．

$$A_0(f) = \frac{2}{\pi}C_{11}(f), \quad A_1(f) = \frac{2}{\pi k}Q_{12}(f), \quad A_2(f) = \frac{2}{\pi k^2}[C_{22}(f) - C_{33}(f)]$$
$$B_1(f) = \frac{2}{\pi k}Q_{13}(f), \quad B_2(f) = \frac{4}{\pi k^2}C_{23}(f) \quad (11.90)$$

これによって得られる方向スペクトルの推定値は，式（11.89）の無限級数を $n=2$ までで打ち切ったものであるため，真の値とは異なる．式（11.90）の係数を用いた推定値を $\hat{S}_1(f,\theta)$ で表すと，これは真の方向スペクトルと次の関係にある．

$$\hat{S}_1(f,\theta) = \frac{1}{2\pi}\int_0^{2\pi} S(f,\theta) W_1(\phi - \theta) d\phi \quad (11.91)$$

ここに，

$$W_1(\phi) = \sin\frac{5}{2}\phi \Big/ \sin\frac{1}{2}\phi = 1 + 2\cos\phi + 2\cos 2\phi \quad (11.92)$$

この $W_1(\phi)$ による歪みの影響を少なくするため，Longuet-Higgins ほか[17] は方向スペクトルの推定式として次式を提案した．

$$\hat{S}_3(f,\theta) = \frac{1}{2}A_0 + \frac{2}{3}(A_1\cos\theta + B_1\sin\theta) + \frac{1}{6}(A_2\cos 2\theta + B_2\sin 2\theta) \quad (11.93)$$

これは重み関数として次のものを使ったことに相当する．

$$W_3(\phi) = \frac{8}{3}\cos^4\frac{1}{2}\phi = 1 + \frac{4}{3}\cos\phi + \frac{1}{3}\cos 2\phi \quad (11.94)$$

以上のように，この方法では方向スペクトルの形をあらかじめ仮定し，その係数すなわちパラメータを観測値に基づいて定めるので，パラメータ法と呼ばれている．こうした方向関数のパラメータ推定法は波高計群方式の場合にも適用可能であって，Borgman ほか[28],[29] が具体的方法を提示している．ただし，前項の最尤法に比べて特別の優位性は認められないようである．なお，磯部[30] は次項に述べる拡張最尤法の応用として，2.3.2 節

で述べた光易型方向関数その他の方向スペクトルの標準形をあらかじめ想定した場合について，その方向分布パラメータの最良推定法について論じている。

(2) 拡張最尤法による解析

波高計群方式の場合には最尤法が極めて優れた分解能を示したが，Longuet-Higginsほか[24]によるパラメータ法の分解能は直接フーリエ法とほぼ同等であり，あまり満足できるものでない。これに対して磯部ほか[31]は，ブイで計測した水面傾斜あるいは流速計による水粒子速度などを波運動量の伝達関数を使って水面変動の情報に変換すると最尤法が適用できることを見いだし，これを拡張最尤法（Extended Maximum Likelihood Method: EMLM）と名付けた。この方法では，上述の伝達関数を $H(k,f)$ とし，さらに各測定量の運動方向を表す指数 p, q を導入する。微小振幅波理論では，この伝達関数および方向角指数が表11-1のように与えられる。

拡張最尤法（EMLM）が利用できるのは，波運動量3個以上の同時計測データが得られている場合であり，2成分流速計1台と水圧式波高計，複数の2成分流速計の配列群その他いろいろな組合せが考えられる。計測データについては，運動量各2個ずつの組合せについてすべてのクロススペクトル $\varPhi_{ij}$ を計算する。そして，得られたクロススペクトルを表11-1の伝達関数を使って次のように正規化する。

$$\phi_{ij}(f) = \frac{\varPhi_{ij}(f)}{H_i(k,f)H_i^*(k,f)} \tag{11.95}$$

ここに，$H_i^*(k,f)$ は伝達関数 $H_i(k,f)$ の共役複素数である。そして，$\phi_{ij}(f)$ を要素とする行列の逆行列を計算し，その行列要素 $\phi_{ij}^{-1}(f)$ を用いて方向スペクトルを次式で推定する。

$$\hat{S}(\theta|f) = \alpha \Big\{ \sum_{i=1}^{N}\sum_{j=1}^{N} \phi_{ij}^{-1}(f)\exp[-i(kX_{ij}\cos\theta + kY_{ij}\sin\theta)] \\ \times (\cos\theta)^{p_i+p_j}(\sin\theta)^{q_i+q_j} \Big\}^{-1} \tag{11.96}$$

ここに，X_{ij} と Y_{ij} は計測点間の距離であって $X_{ij}=x_j-x_i$ および $Y_{ij}=y_j-y_i$ である。ただし，式（11.96）の右辺は一般に複素数となるので，その実数部のみを取る。また，右辺の α は全方向についての積分値が周波数スペクトルの絶対値に一致するための比例係数である。

表11-1 波運動量の伝達関数および方向角指数（磯部ほか，第31回海岸工学論文集，1984年，p.173から抜粋）

波運動量	記号	伝達関数 $H(k,f)$	指数 p	指数 q
水位変動	η	1	0	0
水面鉛直加速度	η_{tt}	$-4\pi^2 f^2$	0	0
水面勾配 x 成分	η_x	ik	1	0
同上　y 成分	η_y	ik	0	1
水粒子速度 x 成分	u	$2\pi f \dfrac{\cosh k(h+z)}{\sinh kh}$	1	0
水粒子速度 y 成分	v	同上	0	1
水圧変動	p	$\rho g \dfrac{\cosh k(h+z)}{\cosh kh}$	0	0

注：ここでは，波向として波の進んで行く方向と x 軸のなす角度を用いている。
　　z：水面から上方を正に取った鉛直座標，ρ：水の密度。

なお，実際の波浪観測では計測データに混入するノイズ等の影響によって伝達関数が表11-1の値とずれることがある。このことを考慮して磯部ほか[31]は，微小振幅波理論から予測される波運動量間の関係を利用し，伝達関数の絶対値を測定結果から算出することを推奨している。

拡張最尤法も波高計群に対する最尤法と同様に方向分解能に優れているが，ノイズあるいは測定記録の統計的変動性等によるクロススペクトル推定誤差の影響を受けやすい。こうしたクロススペクトルの推定値統計的変動性については，磯部・古市[32]が検討している。

11.3.4 最大エントロピー原理法とベイズ法
(1) 最大エントロピー原理法（MEP）

前節に紹介したように，方向スペクトル推定のためにいろいろな方法が開発されてきた。この基本となっているのは，磯部ほか[31]が提示した次のクロススペクトル $\Phi_{ij}(f)$ と方向スペクトル $S(f,\theta)$ との関係である。

$$\Phi_{ij}(f)=\int_0^{2\pi} H_i(f,\theta)H_j^*(f,\theta)\exp[-ik(X_{ij}\cos\theta+Y_{ij}\sin\theta)]S(f,\theta)d\theta \quad (11.97)$$

橋本・小舟[33]によれば，直接フーリエ変換法から拡張最尤法に至る方向スペクトル推定法は式（11.97）を基本とするものの，いずれも何らかの仮定や近似を用いており，それによって方向スペクトルの解を一義的に求めている。しかし，Barber[18]が式（10.69）の無限積分を式（10.70）の有限級数和で置き換えたように，限定された数の波運動量の計測値から方向スペクトルを推定する際には，多くの不確定な要素が残る。橋本・小舟はこの不確定性を最小化するような推定値を求めるため，不確定性の尺度であるエントロピーの概念を導入し，最大エントロピー原理（Maximum Entropy Principle: MEP）に基づく方向スペクトル推定法を導入した。以下，これをMEP法と略称する。

方向スペクトルの推定というのは，各周波数において方向分布関数 $G(f,\theta)$ を求めることであるが，方向分布関数は2.3.2節の式（2.21）で定義されるように，非負の関数であって方向角の全範囲 $0\sim 2\pi$ にわたる積分値が1という条件が付されている。すなわち $[0, 2\pi]$ で定義される一つの確率密度関数と見なすことができる。この確率密度関数 $G(f,\theta)$ に対するエントロピーは次式で与えられる。

$$E=-\int_0^{2\pi} G(f;\theta)\ln G(f;\theta)d\theta \quad (11.98)$$

波運動量が3個のみ観測されている場合に方向分布関数のエントロピーを最大とする推定値は，橋本・小舟によれば次のように導かれる。

$$\hat{G}(f;\theta)=\exp[-\lambda_0-\sum_{j=1}^{4}\lambda_j a_j(\theta)]$$
$$: \quad a_1(\theta)=\cos\theta,\ a_2(\theta)=\sin\theta,\ a_3(\theta)=\cos 2\theta,\ a_4(\theta)=\sin 2\theta \quad (11.99)$$

ここで，$\lambda_1,\cdots,\lambda_4$ はラグランジュの未定係数であり，次の非線形連立方程式を解くことによって求められる。

$$\int_0^{2\pi}[\beta_i-a_i(\theta)]\exp[-\sum_{j=1}^{4}\lambda_j a_j(\theta)]d\theta=0 \quad (11.100)$$

ここに，β_i は観測された波運動量間のコ・スペクトルとクォドラチャ・スペクトルから計算される下記の統計量である。

$$\left. \begin{array}{ll} \beta_1 = \dfrac{Q_{12}(f)}{kC_{11}(f)}, & \beta_3 = \dfrac{Q_{22}(f)-Q_{33}(f)}{k^2 C_{11}(f)} \\ \beta_2 = \dfrac{Q_{13}(f)}{kC_{11}(f)}, & \beta_4 = \dfrac{2Q_{23}(f)}{k^2 C_{11}(f)} \end{array} \right\} \quad (11.101)$$

式（11.100）を解いてラグランジュの未定係数 $\lambda_1, \cdots, \lambda_4$ が求められれば，残る未定係数 λ_0 は次の積分を実行して求められる。

$$\lambda_0 = \ln\left\{\int_0^{2\pi} \exp\left[-\sum_{j=1}^{4} \lambda_j a_j(\theta)\right] d\theta\right\} \quad (11.102)$$

以上によって $\lambda_0, \lambda_1, \cdots, \lambda_4$ が決定されたならば，それを式（11.99）に代入することによって方向分布関数の推定値が得られることになる。もっとも，式（11.100）を解くためには何らかの数値解法が必要であり，橋本・小舟は Newton・Raphson を採用し，解の収束条件を経験的に定める計算プログラムを開発している。

(2) 拡張最大エントロピー原理法（EMEP）

MEP は波運動の3成分観測データに対して極めて有効な方法であるけれども，4成分以上の観測データに適用することができない。方向スペクトルの汎用的な解析法として橋本[23]は次項に述べるベイズ型モデルを開発したけれども，多大な計算時間を必要とする難点がある。このため，橋本ほか[34]は MEP を発展させた拡張最大エントロピー原理法（Extended Maximum Entropy Principle: EMEP）を提案した。

この EMEP においては，まずクロススペクトルの推定値の標準偏差を周波数ごとに次式で評価する。

$$\sigma[\hat{C}_{ij}(f)] = \sqrt{[\Phi_{ii}(f)\Phi_{jj}(f) + C_{ij}^2(f) - Q_{ij}^2(f)]/2N_a} \quad (11.103)$$

$$\sigma[\hat{Q}_{ij}(f)] = \sqrt{[\Phi_{ii}(f)\Phi_{jj}(f) - C_{ij}^2(f) + Q_{ij}^2(f)]/2N_a} \quad (11.104)$$

ここに，N_a はアンサンブル平均する際の相異なるデータ個数である。

そして，式（11.97）の基本式を次のような1次元的表示式に再構成する。

$$\phi_r(f) = \int_0^{2\pi} H_r(f;\theta) G(f;\theta) d\theta \quad : \quad r = 1, 2, \cdots, K \quad (11.105)$$

ここに，K は独立な方程式の数であり，$\phi_r(f)$ と $H_r(f;\theta)$ は次のように定義される。

$$\left. \begin{array}{l} \phi_r(f) = \dfrac{\Phi_{ij}(f)}{S(f) D_{ij}(f)} \\ H_r(f;\theta) = \dfrac{1}{D_{ij}(f)} H_i(f;\theta) H_i^*(f;\theta) \exp[-ik(X_{ij}\cos\theta + Y_{ij}\sin\theta)] \end{array} \right\} \quad (11.106)$$

ここに，$D_{ij}(f)$ はクロススペクトルをその推定誤差を考慮して無次元化するために導入する関数で，$\Phi_{ij}(f)$ と $H_r(f)$ の実部に対しては式（11.103），虚部に対しては式（11.104）の標準誤差を用いる。

式（11.106）の1次元のクロススペクトル $\phi_r(f)$ と $H_r(f;\theta)$ は観測データから求められるので，方向スペクトルの推定はこの両者を与条件として式（11.105）を満足する方向分布関数 $G(f;\theta)$ を見いだすことに帰着する。このため，方向分布関数の推定値として次

の関数形を仮定する。

$$\hat{G}(f;\theta) = \exp\left[a_0 + \sum_{n=1}^{N}(a_n \cos n\theta + b_n \sin n\theta)\right] \tag{11.107}$$

ここに，a_n，b_n は未知パラメータであり，a_0 は方向分布関数の全方向角にわたる積分値が 1 となる条件を満足させるための定数である．具体的には，何らかの初期値を用いて得られる $G(f;\theta)$ を式（11.105）の右辺に代入し，左辺との差が最小になるように繰り返し計算する．その際に，式（11.107）の級数の次数 N については，AIC（赤池の情報量基準）を用いて最適な次数を選択する．

以上は EMEP の考え方を紹介したものであり，計算方法の詳細は橋本ほか[35]を参照されたい．この EMEP は次項のベイズ型モデル（BDM）よりは正確さが劣るかもしれないけれども演算時間がはるかに短くて済む．この方法が発表された翌年の 1994 年には，池野ほか[35]が 4 台の波高計を星形配置した場合について演算時間を比較しており，当時のワークステーションで BDM 88 s，EMEP 0.29 s，EMLM 0.04 s の結果を報告している．計算結果も勘案して池野ほかは，実験設備の解析システムに EMEP を組み込むことによって，不規則波浪実験の一連の作業を最も効率良く実現できると判断している．ほかの試験研究機関でも同様であり，EMEP はデファクトスタンダードとして世界各国で使用されている．

(3) ベイズ型モデル（BDM）

ベイズ型モデルによる方向スペクトル推定法（Bayesian Directional spectral estimation Method: BDM）は，橋本[23]が 1987 年に発表したものである．これは，限られた少数の情報から複雑な問題を逆推定する方法として確率統計の分野において利用されているベイズの定理に基づいている．

ベイズ型モデルによる方向スペクトル推定法では，方向分布関数として特定の関数形を仮定せず，関数として常に正の値を取り，$[0, 2\pi]$ の区間を等間隔で K 分割した微小区間内で離散的な一定値を取るとのみ仮定する．この k 番目の区間の値を $\exp[x_k(f)]$ と表すと，方向分布関数は次のように近似できる．

$$G(f;\theta) \fallingdotseq \sum_{k=1}^{K} \exp[x_k(f)] I_k(f;\theta) \tag{11.108}$$

ここに，

$$I_k(f;\theta) = \begin{cases} 1 & : (k-1)\Delta\theta \leq \theta < k\Delta\theta \\ 0 & : \theta < (k-1)\Delta\theta \text{ or } k\Delta\theta \leq \theta \end{cases} \tag{11.109}$$

式（11.108）の方向分布関数を式（11.105）の積分方程式に代入すると，K が十分に大きい（40 から 180 程度）ことを条件として，式（11.105）が次のように近似される．

$$\left.\begin{array}{l} \phi_i(f) = \sum_{k=1}^{K} a_{i,k}(f) \exp[x_k(f)] + \varepsilon_i \quad : \quad i=1, 2, \cdots, 2N \\ a_{i,k}(f) = \int_0^{2\pi} H_i(f;\theta) I_k(f;\theta) d\theta \fallingdotseq H_i(f;\theta_k) \Delta\theta \end{array}\right\} \tag{11.110}$$

ここで，N は波浪データの組合せの数であり，M 個のデータに対して $N = M \times (M+1)/2$ である．式（11.110）の $\phi_i(f)$ と $a_{i,k}(f)$ は本来は複素数であるが，取扱いの便宜のために虚数部も実数化しており，そのために方程式の数が $2N$ 個となっている．また，ε_i は

観測値に含まれる誤差を考慮したものであり，平均値が 0，分散（未知量）が σ^2 の正規分布に従うものとする。

式（11.110）で解くべきものは微小区間ごとの値 $\exp[x_k(f)]$ であり，これに対する一つの条件は方向分布関数が方向に関して滑らかに変化することである。ここで，未知の方向分布関数 $G(f;\theta)$ を求めるため，微小区間ごとの値 x_k と分散 s^2 に関する次の尤度を最大化することを考える。

$$L(x_1, x_2, \cdots, x_K; \sigma^2) = \left(\frac{1}{2\pi\sigma^2}\right)^N \exp\left[-\frac{1}{2\sigma^2}\sum_{i=1}^{2N}\left\{\phi_i - \sum_{k=1}^{K} a_{i,k}\exp[x_k]\right\}^2\right] \quad (11.111)$$

この際には，方向分布関数が滑らかに変化する連続関数であるところから，次の量をできるだけ小さくするようにする。

$$\sum_{k=1}^{K}\{x_k - 2x_{k-1} + x_{k-2}\}^2 \quad (11.112)$$

ただし，$x_0 = x_k$, $x_1 = x_{k-1}$ とする。この条件で最適解を求めるには，次の関数を最小化すればよい。

$$\sum_{i=1}^{2N}\left\{\phi_i - \sum_{k=1}^{K} a_{i,k}\exp[x_k]\right\}^2 + u^2\sum_{k=1}^{K}\{x_k - 2x_{k-1} + x_{k-2}\}^2 \quad (11.113)$$

ここに u^2 は超パラメータであり，この値を決定し，誤差の分散 σ^2 を推定するため，次の ABIC（赤池のベイズ型情報量基準）を最小化する。

$$ABIC = -2\ln\{L(x_1, \cdots, x_K; \sigma^2)p(x_1, \cdots, x_K|u^2; \sigma^2)dx_1\cdots dx_K\} \quad (11.114)$$

ここに，

$$p(x_1, \cdots, x_K|u^2; \sigma^2) = \left(\frac{u}{\sqrt{2\pi}\sigma}\right)^K \exp\left[-\frac{u^2}{2\sigma^2}\sum_{k=1}^{K}\{x_k - 2x_{k-1} + x_{k-2}\}^2\right] \quad (11.115)$$

以上がベイズ型モデルによって方向スペクトルを推定するための基本式である。数値計算の方法については橋本[23]を参照されたい。この BDM は，方向スペクトル推定のための最も信頼度の高い方法と評価されている。

11.4 不規則波浪場における反射波の分離推定法

11.4.1 造波水路内の反射波の分離推定法

現地構造物の反射率の推定あるいは反射性の模型構造物に対する不規則波実験などに際しては，不規則な波列を対象として入射波と反射波を分離することが必要になる。水路内の不規則波を入射波と反射波に分離することは，まず鹿島[36]が相関関数法を用いて試み，その後，著者ら[37]が FFT 法を利用する分離法を開発した。また，Thornton・Calhoun[38]は，鹿島[36]とは若干異なる方法を用いて現地の捨石防波堤の反射率および波高伝達率を推定している。

造波水路内では模型構造物からの反射波が造波板で再反射され，これがさらに模型で再再反射され，この過程が繰り返されることによって多重反射系が形成される。入射方向に進む波は最初の発生波，造波板の第1次反射波，第2次反射波……が重畳されたものであ

るが，いまある特定の周波数の成分波に着目すると，これらの波は周波数が共通であり，かつ位相差が一定であることから一つの波に合成されてしまう．反射方向に進む波についても同様である．この合成入・反射波の波形はそれぞれ次のように表示することができる．

$$\left.\begin{array}{l}\eta_I = a_I \cos(kx - \sigma t + \varepsilon_I) \\ \eta_R = a_R \cos(kx + \sigma t + \varepsilon_R)\end{array}\right\} \quad (11.116)$$

上式中の添字 I は入射波，添字 R は反射波に関する量であることを示す．なお，座標軸 x は造波板から模型構造物へ向かう方向を正に取ってある．

いま，水路内に距離 Δl だけ離れた2点，$x = x_1$，$x = x_2 = x_1 + \Delta l$ で波形が同時に記録されているものとすると，この波形は一般に次のように表示することができる．

$$\left.\begin{array}{l}\eta_1 = (\eta_I + \eta_R)_{x=x_1} = A_1 \cos \sigma t + B_1 \sin \sigma t \\ \eta_2 = (\eta_I + \eta_R)_{x=x_2} = A_2 \cos \sigma t + B_2 \sin \sigma t\end{array}\right\} \quad (11.117)$$

ここに，

$$\left.\begin{array}{l}A_1 = a_I \cos \phi_I + a_R \cos \phi_R \\ B_1 = a_I \sin \phi_I - a_R \sin \phi_R \\ A_2 = a_I \cos(k\Delta l + \phi_I) + a_R \cos(k\Delta l + \phi_R) \\ B_2 = a_I \sin(k\Delta l + \phi_I) - a_R \sin(k\Delta l + \phi_R)\end{array}\right\} \quad (11.118)$$

$$\phi_I = kx_1 + \varepsilon_I, \quad \phi_R = kx_1 + \varepsilon_R \quad (11.119)$$

これらのうち，式 (11.118) は四つの未知数 a_I, a_R, ϕ_I, ϕ_R に関する四つの方程式群である．まず，A_2, B_2 の表示から a_R, ϕ_R を消去すると，

$$\left.\begin{array}{l}A_2 = (A_1 \cos k\Delta l + B_1 \sin k\Delta l) - 2a_I \sin k\Delta l \sin \phi_I \\ B_2 = (-A_1 \sin k\Delta l + B_1 \cos k\Delta l) + 2a_I \sin k\Delta l \cos \phi_I\end{array}\right\} \quad (11.120)$$

となるので，これから ϕ_I を消去すれば a_I が求められ，同様の演算を行えば a_R が求められる．この結果は次の通りである．

$$\left.\begin{array}{l}a_I = \dfrac{1}{2|\sin k\Delta l|}[(A_2 - A_1 \cos k\Delta l - B_1 \sin k\Delta l)^2 + (B_2 + A_1 \sin k\Delta l - B_1 \cos k\Delta l)^2]^{1/2} \\ a_R = \dfrac{1}{2|\sin k\Delta l|}[(A_2 - A_1 \cos k\Delta l + B_1 \sin k\Delta l)^2 + (B_2 - A_1 \sin k\Delta l - B_1 \cos k\Delta l)^2]^{1/2}\end{array}\right\} \quad (11.121)$$

すなわち，A_1, B_1, A_2, B_2 の振幅および2点間の位相角 $k\Delta l$ から入・反射波の振幅 a_I, a_R が求められるわけである．

なお，范[39] は式 (11.120) で a_I のほうを消去することによって ϕ_I を求め，同様にして ϕ_R も求めて次の結果を得ている．

$$\left.\begin{array}{l}\phi_I = \tan^{-1}\left[\dfrac{-A_2 + A_1 \cos k\Delta l + B_1 \sin k\Delta l}{B_2 + A_1 \sin k\Delta l - B_1 \cos k\Delta l}\right] \\ \phi_R = \tan^{-1}\left[\dfrac{-A_2 + A_1 \cos k\Delta l - B_1 \sin k\Delta l}{-B_2 + A_1 \sin k\Delta l + B_1 \cos k\Delta l}\right]\end{array}\right\} \quad (11.122)$$

不規則波の実験においては，適当な間隔で設置した2台の波高計による同時波形記録を式 (11.14) のフーリエ級数で表示し，周波数成分ごとの係数 A_k, B_k を FFT 法で求める．

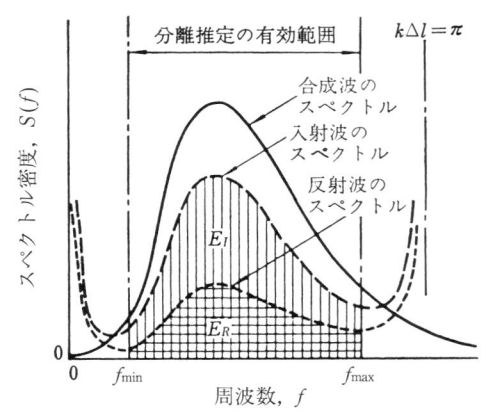

図11-7 入・反射波のスペクトルの分離結果の模式図[24]

そして，各周波数成分ごとに式（11.121）によって a_I, a_R を計算する。このときは波数 k と角周波数 σ の間に式（9.3）の分散関係式が成立するものとして扱う。振幅 a_I, a_R はそれぞれ式（11.26）のピリオドグラムにおける $|A_k{}^2+B_k{}^2|^{1/2}$ に相当するので，11.2.2節に述べた方法によって入・反射波のスペクトルが推定できる。

この方法によるスペクトルの分離結果を模式的に示すと図11-7のようになる。一般に，$f=0$ および $k\Delta l=n\pi$ の条件を満足する周波数の近傍では式（11.121）の右辺の分母の $|\sin k\Delta l|$ が非常に小さな値となるために誤差が増幅され，入・反射波のスペクトル密度の推定値が著しく大きな値となる。スペクトルの分離推定値は，こうした発散点の近傍を除く周波数帯でのみ有効である。有効周波数範囲の目安としては次式を参考にすることができよう。

$$\left.\begin{array}{ll} 上限（f_{\max}）： & \Delta l/L_{\min}\fallingdotseq 0.45 \\ 下限（f_{\min}）： & \Delta l/L_{\max}\fallingdotseq 0.05 \end{array}\right\} \quad (11.123)$$

上式中の $L_{\min}$, $L_{\max}$ は，有効周波数範囲の上限値 $f_{\max}$ および下限値 $f_{\min}$ にそれぞれ対応する波長である。2台の波高計の距離 Δl が既定の場合には，式（11.123）によって有効周波数範囲が決定される。逆に，実験の計画に際しては対象とする波のスペクトルの範囲を考え，エネルギーの大部分が $f_{\min}\sim f_{\max}$ に含まれるように Δl を選定する。

反射率の推定に当たっては，$f_{\min}\sim f_{\max}$ の範囲の入・反射波のエネルギー E_I, E_R をまず求める。すなわち，

$$\left.\begin{array}{l} E_I=\displaystyle\int_{f_{\min}}^{f_{\max}}S_I(f)df=\dfrac{\Delta t}{2t_0}\sum_{f_{\min}}^{f_{\max}}I_I \\ E_R=\displaystyle\int_{f_{\min}}^{f_{\max}}S_R(f)df=\dfrac{\Delta t}{2t_0}\sum_{f_{\min}}^{f_{\max}}I_R \end{array}\right\} \quad (11.124)$$

ここに，t_0 は波形記録の長さである。この計算においてはスペクトル推定の際のフィルターによる周波数帯の広がりを取り除くため，ピリオドグラムそのものの和を用いる。式（11.124）で求められた入・反射波のエネルギーはそれぞれの波高の自乗に比例しているはずであるから，波高比で定義される反射率は次のように推定される。

$$K_R=\sqrt{E_R/E_I} \quad (11.125)$$

この反射率は波群全体としての平均的な値を表すと考えられる。入射波高 H_I および反

射波高 H_R は，この反射率 K_R と 2 地点での波高の平均値 H_S を用いて次のように推定できる。この波高は，有義波高，平均波高など，どのような定義のものでもよい。

$$H_I = \frac{1}{(1+K_R^2)^{1/2}} H_S, \qquad H_R = \frac{K_R}{(1+K_R^2)^{1/2}} H_S \qquad (11.126)$$

この式は，入射波高と反射波高の 2 乗和が水路内の観測波高に等しいとおいたものであり，3.7 節の式（3.47）に示した関係に基づいている。ただし，図 3-38 に示したように反射面の近傍では位相干渉の影響が残るために式（3.47）の関係が成立しない。したがって，実験の際には波高計を模型構造物および造波板の両方から 1 波長（有義波周期に対する値）以上離して設置する必要がある。

以上の方法は規則波実験の場合にもそのまま適用できる。その場合には，式（11.121）で求めた振幅がそのまま入・反射波の振幅となり，反射率も a_R/a_I として求められる。また，范[39]による式（11.122）を用いて ϕ_I, ϕ_R を求め，a_I, a_R と組み合わせて計算すると入射波，反射波の波形も推定できる。范ほか[40]は，この方法によって捨石防波堤に関する模型実験の際の不規則波の入・反射波形を求め，有義波その他の波高・周期を算出している。

なお，式（11.123）の制約条件を避ける方法として，Seelig[41]は 3 台の波高計の同時使用を提案している。すなわち，3 台の波高計を間隔を変えて設置すると 2 台ずつの 3 組の対ができるので，1 組が式（11.123）の条件で使えなくともほかの 2 組は有効であり，その平均値として入・反射波のエネルギーその他を推定することができる。3 組とも有効なときは，その全平均を用いればよい。

11.4.2 平面波浪場における反射波の分離推定法

水路実験の場合とは異なり，現地においては防波堤や護岸等の構造物からの反射波を捕捉することがなかなか困難である。波向観測に用いられたミリ波レーダの映像には，防波堤からの反射波の波峰線が明瞭に認められることがあった。しかしその場合でも反射波高の値は求められない。

現地における反射波の測定は，基本的には方向スペクトルの観測であり，方向スペクトルにおける入射波と反射波の二つのピークを分離することである[42]。しかしながら，入射波と反射波は反射境界面において同位相であるので，方向スペクトルの各成分の入・反射波は成分波ごとに位相関係が固定されている。このことは，スペクトルの解析における前提であるすべての成分波の位相のランダムな一様分布性の条件を満たしていない。この結果，防波堤その他の反射構造物の前面で方向スペクトルの計測を行っても，11.3 節の一般的な解析法を適用したのでは入・反射波の位相干渉のために正しい答えが得られない[19]。

このような場合に対して磯部・近藤[43]は，構造物の反射面において入射角と反射角が等しく，かつ反射の際に位相がずれないことを仮定して，入・反射波の共存場における方向スペクトルの推定式を導いた。これは波高計群方式を対象とする最尤法を修正したもので，修正最尤法（Modified Maximum Likelihood Method: MMLM）と名付けられている。座標系として反射面を y 軸（$x=0$）にとると，各周波数・方向別の反射率が次のように与えられる。

$$r(f, \theta) = -\left[\sum_{i=1}^{N}\sum_{j=1}^{N} \Phi_{ij}^{-1}(f)\{\exp[-ik(R_{ij}\cos\theta + Y_{ij}\sin\theta)] \right.$$
$$\left. + \exp[ik(R_{ij}\cos\theta - Y_{ij}\sin\theta)]\}\right]$$

$$/2\Big[\sum_{i=1}^{N}\sum_{j=1}^{N}\Phi_{ij}^{-1}(f)\{\exp[ik(X_{ij}\cos\theta+Y_{ij}\sin\theta)]\}\Big] \quad (11.127)$$

ここに，$\Phi_{ij}^{-1}(f)$ はクロススペクトル複素行列の逆行列の (i, j) 成分，X_{ij} と Y_{ij} は波高計 i，j 間の距離，R_{ij} は反射面からの距離の和であって $R_{ij}=X_i+X_j$ である。

また，入・反射波が共存する場における方向関数は，次式で推定できる。

$$\hat{G}(\theta|f)=A\Big[\sum_{i=1}^{N}\sum_{j=1}^{N}\Phi_{ij}^{-1}(f)\{\exp[ik(X_i\cos\theta+Y_i\sin\theta)]$$
$$+r(f,\theta)\exp[-ik(X_i\cos\theta-Y_i\sin\theta)]\}$$
$$\times\{\exp[-ik(X_j\cos\theta+Y_j\sin\theta)]$$
$$+r(f,\theta)\exp[ik(X_j\cos\theta-Y_j\sin\theta)]\}\Big]^{-1} \quad (11.128)$$

ここに，A は方向関数を正規化するための比例係数であるが，この場合はエネルギー密度の次元を持った量である。

反射性構造物の前面では，入・反射波の干渉によって一種の斜め重複波が形成されるので，周波数スペクトルの値が場所ごとに変化する。このため，各波高計で得られた周波数スペクトルを次のように修正する。

$$\hat{S}_{ii}(f)=\frac{S_{ii}(f)}{\Big\{\int_{-\pi/2}^{\pi/2}\hat{G}(f,\theta)[1+2r(f,\theta)\cos(2kX_i\cos\theta)+r^2(f,\theta)]d\theta\Big\}} \quad (11.129)$$

ここに，$S_{ii}(f)$ は i 番目の波高計による周波数スペクトルの測定値である。このようにして N 個の周波数スペクトルの修正値が得られたならば，それらを平均して周波数スペクトルの推定値とし，式（11.128）の方向関数と組み合わせて方向スペクトルの推定値とすればよい。

近藤ほか[44]および大下ほか[45]は，1980 年代後半にこの修正最尤法を用いて実際の港湾構造物の反射率を測定し，妥当な結果を報告している。一方，1987 年には橋本・小舟[46]が入・反射波共存場におけるベイズ型モデルによる方向スペクトル推定法を発表し，さらに 1993 年には橋本ほか[47]が拡張最大エントロピー原理法を入・反射波共存場に適用できるように修正した。前者は入・反射波分離の信頼度が高いけれども，演算時間が長くなるという難点がある。このため，実務計算では後者の方法（Modified Extended Maximum Entropy Principle: MEMEP）がしばしば用いられる。この MEMEP も EMEP と同様に，非線形連続方程式を数値計算で解くために式（11.129）のような陽形式で解を示すことができず，数値計算プログラムを使用する必要がある。

なお現地で反射率の概略値を知りたい場合には，構造物の前面で 1 波長程度離れた地点と，反射波の影響のない地点の 2 カ所に波高計を設置し，両者の有義波高を比較すればよい。すなわち，構造物前面では部分重複波が形成されていて，そこでの波高 H_S は 3.7 節の式（3.47）で表される。反射波の影響のない地点の波高を入射波高 H_I とすれば，反射波高は $H_R\fallingdotseq\sqrt{H_S^2-H_I^2}$ として推定できる。ただし，反射率が 50% であっても，合成波高は入射波高の 12% 増にしかならないので，不規則波の統計的変動性に影響されて反射波の的確な検出はかなり困難である。条件の類似した多数の観測データについて H_S/H_I の平均値を求め，それによって統計的変動性の影響を軽減したうえで反射率の推定を行う必要がある。

11.5 不規則波浪の数値シミュレーションと数値フィルター

11.5.1 数値シミュレーションの方法
(1) 基本式

不規則な波浪の性質はスペクトル特性に基づいていろいろ解析されるけれども，不規則波浪の挙動をやや具体的に追求するためには，表面波形や水粒子運動などの情報が必要になる。このため，与えられた波浪スペクトルに対応する波運動の時間・空間波形をコンピュータで模擬するシミュレーション手法が活用される。また不規則造波装置を駆動する際の造波信号も，数値シミュレーションによって作成している。

波浪運動量をシミュレートするときの基本は，9.2節の式（9.12）である。ただしこれは無限級数であるので，M個の有限個数の級数で近似する。さらに，表面波形以外の任意の運動量 ζ_i に適用できるように書き換えると，次の基本式が得られる。

$$\zeta_i(x, y, t) = \sum_{m=1}^{M} K_i(f_m, \theta_m) a_m \cos(k_m x \cos\theta_m + k_m y \sin\theta_m - 2\pi f_m t + \varepsilon_m + \Psi_i) \tag{11.130}$$

ここに，a_m, k_m, f_m, ε_m はそれぞれ成分波の振幅，波数，周波数，およびランダム位相角である。また，$K_i(f, \theta)$ と Ψ_i は水面波形 η から運動量 ζ_i へ変換するときの振幅比と位相遅れ角であり，表11-1に記載した伝達関数と方向角指数を使って次のように表される。

$$\left.\begin{array}{l} K_i(f, \theta) = |H_i(k, f)| \cos^p\theta \sin^q\theta \\ \Psi_i = \arg\{H_i(k, f)\} \end{array}\right\} \tag{11.131}$$

不規則波発生用の造波信号作成のときには，伝達関数として式（8.1），（8.2）の造波特性関数 $F_j(f, h)$ を使う。すなわち，$K(f, \theta) = 1/F_j(f, h)$ である。

なお，式（11.130）は x 軸と θ_m の角度をなす方向へ進んでいく成分波の合成を表している。方向スペクトル観測など，波向を波のやってくる方向として定義している場合をシミュレートするときには，$2\pi f_m t$ の項の符号を正に変え，水粒子速度の水平成分の位相遅れ角を π に変更する。本節では説明を簡単にするために $K_i(f, \theta) = 1$，$\Psi_i = 0$ の表面波形 η の場合について記述するが，ほかの波運動量についても方法は同じである。

(2) ダブルサンメーション法における振幅の設定

式（11.130）に基づいて波のシミュレーションを行う場合には，有限級数を周波数と波向に関する二重級数に変換する方式と，単級数のまま扱う方法とがある。前者をダブルサンメーション法，後者をシングルサンメーション法という。ダブルサンメーション法では，基本式を次のように書き換える。

$$\eta(x, y, t) = \sum_{m=1}^{M}\sum_{n=1}^{N} a_{m,n} \cos(k_m x \cos\theta_n + k_m y \sin\theta_n - 2\pi f_m t + \varepsilon_{m,n}) \tag{11.132}$$

この表記における成分波の振幅 $a_{m,n}$ は，方向スペクトル関数 $S(f, \theta)$ を定義した9.2節の式（9.13）によって次のように与えられる。

$$a_{m,n} = \sqrt{2S(f_m, \theta_n)\Delta f_m \Delta \theta_n} \tag{11.133}$$

ここに，Δf_m，$\Delta \theta_n$ はそれぞれ周波数と方向角の刻み幅であって必ずしも一定値ではなく，シミュレーションの方法によっては成分波ごとに異なることがある。

成分波の数は，数値シミュレーションの目的や演算時間などを考慮して設定する。3.2節の図 3-2 に示した不規則波の屈折による波峰パターン図の場合には $M=50$, $N=30$ を用いた。

　特定の地点での波運動量の時間変化を模擬する場合には，演算時間の短縮のために式(11.132) を次のように書き直して使用する[48]。

$$\eta(t|x, y) = \sum_{m=1}^{M} A_m \cos(2\pi f_m t - \Psi_m) \tag{11.134}$$

ここに，

$$\left.\begin{array}{l} A_m = \sqrt{C_m^2 + S_m^2} \\ \Psi_m = \tan^{-1}[S_m/C_m] \\ C_m = \sum_{n=1}^{N} a_{m,n} \cos(k_m x \cos\theta_n + k_m y \sin\theta_n + \varepsilon_{m,n}) \\ S_m = \sum_{n=1}^{N} a_{m,n} \sin(k_m x \cos\theta_n + k_m y \sin\theta_n + \varepsilon_{m,n}) \end{array}\right\} \tag{11.135}$$

成分波の数としては，著者が波の統計的変動性を検討した際には $N=30$ または 36 を用いて式 (11.135) の諸量を計算し，式 (11.134) は $M=200$ で計算した[48]。

　なお，方向角に関する成分数 N が十分に大きくかつ位相角 $\varepsilon_{m,n}$ がランダムに分布している場合には，中心極限定理によって C_m と S_m はいずれも期待値が 0 の正規分布に従い，その分散が次のようになる。

$$\mathrm{Var}[C_m] = \mathrm{Var}[S_m] = \sum_{n=1}^{N} \frac{1}{2} a_{m,n}^2 = S(f_m)\Delta f_m \tag{11.136}$$

(3) シングルサンメーション法における振幅の設定

　ダブルサンメーション法は分かりやすいけれども，成分波の数が膨大になり，また成分波間で位相干渉を起こす危険性がある。このため，不規則信号造波信号を作成するときには周波数に関してのみ級数和を取るシングルサンメーション法が多く用いられる。この方法では，式 (11.130) の単級数を使い，成分波の振幅は周波数スペクトル密度に基づいて次式で定める。

$$a_m = \sqrt{2S(f_m)\Delta f_m} \tag{11.137}$$

この第 m 成分の方向角は，周波数 f_m における方向分布関数の累加値 $P(f_m; \theta)$ が $[0, 1]$ の範囲の値をランダムに一様な確率で選ばれるように定める。すなわち，

$$P(f_m; \theta_m) = \int_0^{\theta_m} G(f_m; \theta) d\theta \quad : \quad 0 \leq P(f_m; \theta_m) \leq 1 \tag{11.138}$$

実際には，あらかじめ式 (11.138) の積分を $[0, 1]$ の範囲で実行して $P(f_m; \theta)$ の値を θ の適切な間隔ごとの数表（配列）として求めておく。そして，擬似一様乱数 r を発生させ，$P(f_m; \theta_m) = r$ となるような方向角 θ_m を各周波数について設定する。

　成分波の数については，平石[49]は多方向不規則波の造波用として $M=450$ の例を挙げており，また別の事例では $M=1,000$ としている[50]。

(4) 単一地点における数値シミュレーション

　ある 1 地点における水位の時間的変化を模擬する場合には，座標原点をその地点におい

ても任意性を失わない。したがって，式（11.130）において $x=0, y=0$ と設定した次式を用いればよい。

$$\eta(t)=\sum_{m=1}^{M} a_m \cos(2\pi f_m t - \varepsilon_m) \tag{11.139}$$

成分波の振幅は式（11.137）で設定してもよいが，波浪の統計的変動性を的確に再現するには不十分である。というのは，式（11.135）で表示される振幅 A_m を構成している C_m と S_m はいずれも正規分布の確率変量であり，したがって A_m は自由度が 2 のカイ自乗分布に従う確率変量である。式（11.139）の振幅 a_m も同様であり，次のように与えるのが正しい。

$$a_m = \sqrt{S(f_m)\chi_2^2 \Delta f_m} \tag{11.140}$$

自由度が 2 のカイ自乗分布の期待値は $E[\chi_2^2]=2$ であるので，この期待値を用いると式（11.140）は式（11.137）に帰着する。不規則波造波装置の造波信号の作成では，ランダム位相角 ε_m の効果を期待して，式（11.140）を導入しないことが多いようである。

（5） 成分波の周波数の選定と級数和の計算方法

成分波の周波数 f_m の選定は，式（11.130），（11.134），あるいは（11.139）の級数和の計算方法によって異なる。一つの方式は周波数を等間隔で選び，複素フーリエ係数を与えて高速フーリエ逆変換法によって時系列波形を計算する。もう一つの方法は，周波数を不等間隔で選び，級数の三角関数をそのまま計算して総和を求める方法である。

高速フーリエ逆変換法を使う場合には，再現しようとする時系列の長さに応じた数の周波数成分についてフーリエ振幅を与える必要がある。例えば，模型実験で平均周期 1 s の波を 20Hz（$\Delta t=0.05$ s）で 300 波発生させようとすると，全体で 6,000 個の成分波が必要である。高速フーリエ変換ではデータ個数は 2 のべき乗で選ぶので，この場合には $M=8,192$ となる。この方式で不規則波を連続して発生させると，特別の手段を講じなければ最初に発生させた波形が何度も繰り返されることになる。

もう一つの方法では，成分波の周波数を等比級数あるいは何らかの不等間隔で設定する。著者が 1969～70 年に不規則波形の数値シミュレーションを行ったとき[51]には，発生させようとするスペクトルの最小周波数と最大周波数の間を等比級数で分割したものを使用した。また，1977 年および 1985 年の数値シミュレーション[48],[52]では，2.3.1 節の Bretschneider・光易型周波数スペクトルを M 個に等分割する区間の中分点となる次のような周波数を用いた。

$$f_m = \frac{1.007}{T_{1/3}} \left[\ln\left(\frac{2M}{2m-1}\right)\right]^{-1/4} \tag{11.141}$$

この周波数を使うことによって，成分波の振幅としてほぼ等しい値を用いることが可能となった（カイ自乗分布に従う確率変的変動を導入しない場合）。

不等間隔の周波数を使うときには，式（11.130），（11.139）が等間隔の時間 Δt ごとに計算されることに着目し，以下の三角関数の関係式を利用すると演算時間が大幅に節約できる。

$$\left.\begin{array}{l}\cos(k+1)\Delta t = \cos k\Delta t \cos \Delta t - \sin k\Delta t \sin \Delta t \\ \sin(k+1)\Delta t = \sin k\Delta t \cos \Delta t + \cos k\Delta t \sin \Delta t\end{array}\right\} \tag{11.142}$$

または，

$$\left.\begin{array}{l}\cos(k+1)\Delta t = 2\cos k\Delta t \cos \Delta t - \cos(k-1)\Delta t \\ \sin(k+1)\Delta t = 2\sin k\Delta t \cos \Delta t - \sin(k-1)\Delta t \end{array}\right\} \quad (11.143)$$

なお，前者は著者が使用してきたものであり，後者はMedina et al.[53]によるものである。

(6) 擬似乱数の発生方法

不規則波の数値シミュレーションでは，位相角 ε を $[0, 2\pi]$ の範囲に一様な確率でかつランダムに分布させなければならない。このために $[0, 1]$ の範囲に一様に分布する乱数を発生させ，その値を 2π 倍する。一様乱数の発生法としては，一般に乗算合同法が用いられる。これは，i 番目の乱数（整数）を X_i とするとき，$(i+1)$ 番目の乱数 X_{i+1} を次のように求めるものである。

$$\left.\begin{array}{l} Y = aX_i \\ X_{i+1} = \mathrm{mod}(Y, b) \end{array}\right\} \quad (11.144)$$

ここに，$\mathrm{mod}(Y, b)$ は Y を b で除した余りの数である。得られた整数の乱数は，次式で区間 $[0, 1]$ 内の一様乱数に変換される。

$$R_{i+1} = X_{i+1}/q \quad (11.145)$$

式 (11.144), (11.145) に現れる a, b, q はあらかじめプログラムで設定した定数である。

この乗算合同法で得られる乱数は厳密な意味での一様乱数ではなく，ある回数を繰り返すと同一の X_i に戻る周期性を持っている。この意味でコンピュータ上で発生させた乱数は擬似乱数と呼ばれており，そのランダム性を検定しておく必要性が指摘されている。例えば $a=329$, $b=10^8+1$, $q=10^8$ の定数を使うと，$L_p=5,882,352=2^4\times3\times7^2\times41\times61$ の周期で数列が繰り返される[52]。このため，著者が行った数値シミュレーションでは次の定数の組を使用した。

$$a = 7,909, \qquad b = 2^{36}, \qquad q = 2^{35}-1 \quad (11.146)$$

ただし，式 (11.145) で $X_{i+1} < 2^{35}$ のときはそのままの値を使うけれども，$X_{i+1} > 2^{35}$ のときは $(2^{36}-X_{i+1})$ の値を新しく X_{i+1} とする方式を用いている。この方式においては 10^8 個までの乱数列において周期性が検出されず，また 2×10^7 個までの乱数列についてのランダム性が棄却されていない[52]。

11.5.2 数値フィルター

観測で得られた時系列データについてその低周波数成分を抽出したり，あるいは逆に記録中の長周期変動を除去することをフィルター操作という。リアルタイムでフィルター操作を行うときには，連続する数個のデータを加重平均する数値フィルターが適用される。定常波浪観測において長周期波を検出するためには，そうしたデジタルフィルターが使われている。

デジタル記録が取得された後でフィルター操作が必要な場合には，不規則波形のシミュレーションの考え方を応用すればよい。例えば，汀線近傍の波浪観測記録にサーフビートが重なっているときには，波形を高速フーリエ変換して有限フーリエ級数に分解する。そして，着目している周波数帯の成分波について部分級数を構成し，その周波数帯の波形を計算する。すなわち，対象外の周波数帯のフーリエ係数をすべて0とし，高速フーリエ逆変換をかければよい。

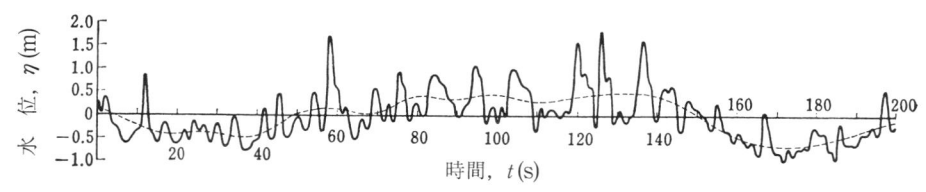

図11-8 数値フィルターによるサーフビート波形の検出例[54]

　図11-8はこの一例[54]であり，$\Delta t=1$ s，$N=1,800$個の波形データから求めたフーリエ係数のうち，$f\leq 0.05$ Hzの約90組の係数を用いて再構成したサーフビート波形を破線で示している。ここではサーフビート波形の抽出を目的としたけれども，このようにして求めた波形を元の記録から差し引いてやれば，平均水位が複雑に変化するときの水位補正法となる。

　こうしたドリフト補正の目的では，まずΔtを粗く取った予備解析を行ってドリフト波形のフーリエ係数を求める（フーリエ級数の基本周波数は$f_0=1/t_0$であって，Δtには関係しないことに注意）。そして，原波形からドリフト波形を差し引いた波形データを作成し，これについて詳しいスペクトル解析を行うのがよいとされている。ただし，この場合にはある周波数の個所で振幅を急に0とせず，ある範囲にわたって漸変させるようにしないと，スペクトルの本計算の結果において遮断周波数の近傍で見掛け上大きな値が出るなどの問題を生じるといわれている。

参考文献

1) Tucker, M. J.: Analysis of records of sea waves, *Proc. Inst. Civil Engrs.*, 1963, Vol. 26, No. 10, pp. 305-316.
2) 合田良実・永井康平：名古屋港内における波浪観測　第2報，港湾技研資料，No. 61，1968年，64 p.
3) Koopmans, L. H.: *The Spectral Analysis of Times Series*, Academic Press, 1974, pp. 258-265.
4) 赤池弘次：スペクトル解析，「相関函数およびスペクトル（磯部　孝編）」，東京大学出版会，1968年，pp. 28-46.
5) 永田　豊：スペクトル解析の概念と海洋学における時系列解析，「海洋物理学Ⅱ（寺本俊彦編）」，東京大学出版会，1976年，pp. 157-200.
6) Goda, Y.: Analysis of wave grouping and spectra of long-travelled swell, *Rept. Port and Harbour Res. Inst.*, Vol. 22, No. 1, 1983, pp. 3-41.
7) Donelan, M. and Pierson, W. J.: The sampling variability of estimates of spectra of wind-generated gravity waves, *J. Geophys. Res.*, Vol. 88, No. C7, 1983, pp. 4381-4392.
8) 前出3) p. 305.
9) 力石国男・光易　恒：スペクトル計算法と有限フーリエ級数，九州大学応用力学研究所所報，第39号，1973年，pp. 77-104.
10) 前出3) pp. 300-302.
11) 桑島　進・永井康平：任意個数試料のFFT算法とそのスペクトル解析への応用，港湾技研資料，No. 155，1973年，33 p.
12) Rikiishi, K. and Mitsuyasu, H.: On the use of windows for the computation of power spectra, *Rept. Res. Inst. Applied Mech., Kyushu Univ.*, Vol. XXI, No. 68, 1973, pp. 53-71.
13) Panicker, N. N.: Review of techniques for directional wave spectrum, *Proc. Int. Symp. on Ocean Wave Measurement and Analysis*, ASCE, Vol. 1, 1974, pp. 669-688.
14) 例えば，杉森康宏：黒潮流域における波の方向スペクトルの特性，「海洋科学」，Vol. 5，1973年，pp. 117-126.
15) 磯部雅彦：方向スペクトルの推定理論，「海岸環境工学（堀川清司編）」，補章A，東京大学出版会，

1985 年，pp. 506-524.
16) Sneddon, I. A.: *Fourier Transform*, McGraw-Hill, 1951, p. 44.
17) 例えば，Kinsman, B.: *Wind Waves*, Prentice-Hall, Inc., 1965, pp. 460-471 参照.
18) Barber, N. F.: The directional resolving power of an array of wave detectors, *Ocean Wave Spectra*, Prentice-Hall, Inc., 1961, pp. 137-150.
19) 合田良実：波高計群による方向スペクトルを用いた反射波推定法の検討，港湾技術研究所報告，第19巻 第3号，1980年，pp. 37-70.
20) 合田良実：波高計群による方向スペクトルの測定について，港湾技術研究所波浪研究室資料，No. 13, 1976 年，51 p.（部内資料）.
21) Capon, J., Greenfield, R. J., and Kolker, R. J.: Multidimensional maximum-likelihood processing of a large aperture seismic array, *Proc. IEEE*, Vol. 55, 1967, pp. 192-211.
22) Pawka, S. S.: Island shadows in wave directional spectra, *J. Geophys. Res.*, Vol. 88, No. C4, 1983, pp. 2579-2591.
23) 橋本典明：ベイズ型モデルを用いた方向スペクトルの推定，港湾技術研究所報告，第26巻 第2号，1987年，pp. 97-125.
24) Longuet-Higgins, M. S., Cartwright, D. E., and Smith, N. D.: Observations of the directional spectrum of sea waves using the motions of a floating buoy, *Ocean Wave Spectra*, Prentice-Hall, Inc., 1963, pp. 111-136.
25) 光易 恒・田才福造・栖原寿郎・水野信二郎・大楠 丹・本多忠夫・力石國男・高木幹雄・肥山央：海洋波の計測法の開発研究(1)，九州大学応用力学研究所所報，第39号，1973年，pp. 105-181.
26) Nagata, Y.: Observation of the directional wave properties, *Coastal Engineering in Japan*, JSCE, Vol. 7, 1964, pp. 11-30.
27) 副島 毅・高橋智晴・棚橋輝彦・土子良治：波向観測法等の一例について，第23回海岸工学講演会論文集，1976年，pp. 340-344.
28) Borgman, L. E.: Directional spectral model for design use for surface waves, *Hyd. Eng. Lab., Univ. Calif.*, HEL 1-12, 1969, 56 p.
29) Panicker, N. N. and Borgman, L. E.: Enhancement of directional wave spectrum estimates, *Proc. 14th Int. Coastal Eng. Conf.*, Copenhagen, ASCE, 1974, pp. 258-279.
30) 磯部雅彦：標準化された方向スペクトルの推定法，海岸工学論文集，第36巻，1989年，pp. 158-162.
31) 磯部雅彦・近藤浩右・堀川清司：方向スペクトルの推定における MLM の拡張，第31回海岸工学講演会論文集，1984年，pp. 173-177.
32) 磯部雅彦・古市耕輔：不規則波に対する統計量の変動に関する理論的考察，第33回海岸工学講演会論文集，1986年，pp. 159-163.
33) 橋本典明・小舟浩治：最大エントロピー原理（MEP）を用いた方向スペクトルの推定，港湾技術研究所報告，第24巻 第3号，1985年，pp. 123-145.
34) 橋本典明・永井紀彦・浅井 正・菅原一晃：海洋波の方向スペクトルの推定における最大エントロピー原理法（MEP）の拡張，港湾技術研究所報告，第32巻 第1号，1993年，pp. 3-25.
35) 池野正明・田中寛好・岡本直樹：各種方向スペクトル解析法の性能比較に関する研究，海岸工学論文集，第41巻，1994年，pp. 56-60.
36) 鹿島遼一：不規則な波の入射および反射エネルギースペクトルの測定法について，第15回海岸工学講演会講演集，1968年，pp. 91-96.
37) 合田良実・鈴木康正・岸良安治・菊地 治：不規則波実験における入・反射波の分離推定法，港湾技研資料，No. 248，1976年，24 p.
38) Thornton, E. B. and Calhoun, R. J.: Spectral resolution of breakwater reflected waves, *Proc. ASCE*, Vol. 98, No. WW4, 1972, pp. 443-460.
39) Fan, Qijin: Separation of time series on incident and reflected waves in model test with irregular waves, *China Ocean Eng.*, Vol. 2, No. 4, 1988, pp. 45-60.
40) 范 期錦・渡辺 晃・堀川清司：不規則波に対する消波ブロック被覆堤の安定性に関する実験的研究，第30回海岸工学講演会論文集，1983年，pp. 352-356.
41) Seelig, W. N.: Effect of breakwaters on waves: Laboratory tests of wave transmission by overtopping, *Coastal Structrures '79*, ASCE, 1979, pp. 941-961.
42) 上床隆彦・湯村やす：砕波帯の波の研究（3）―佐賀の関海岸の例―，第23回海岸工学講演会論文集，

1976 年，pp. 308-312.
43) 磯部雅彦・近藤浩右：入・反射波の共存場における方向スペクトル推定法，第 30 回海岸工学講演会論文集，1983 年，pp. 44-48.
44) 近藤浩右・赤間正幸・金子和宏・奥　武之：大村湾における反射波の観測と護岸反射率の推定，第 32 回海岸工学講演会論文集，1985 年，pp. 500-504.
45) 大下哲則・近藤浩右・関本恒浩・今井澄雄・中村光宏：港内における方向スペクトルの観測と反射率の推定，第 34 回海岸工学講演会論文集，1987 年，pp. 121-125.
46) 橋本典明・小舟浩治：ベイズ型モデルを用いた方向スペクトルの推定－入・反射波共存場を対象として－，港湾技術研究所報告，第 26 巻 第 4 号，1987 年，pp. 3-33.
47) 橋本典明・永井紀彦・浅井　正：海洋波の方向スペクトルの推定における拡張最大エントロピー原理法の修正―入・反射波共存場を対象として―，港湾技術研究所報告，第 32 巻 第 4 号，1993 年，pp. 25-47.
48) Goda, Y.: Numerical experiments on statistical variability of ocean waves, *Rept. Port and Harbour Res. Inst.*, Vol. 16, No. 2, 1977, pp. 3-26.
49) 平石哲也：多方向不規則波の発生とその応用に関する研究，港湾技研資料，No. 723，1992 年，pp. 1-176.
50) 平石哲也・金澤　鋼：マルチ・フェイス多方向不規則波造波装置の適用性について，港湾技術研究所報告，第 34 巻 第 2 号，1995 年，pp. 3-37.
51) Goda, Y.: Numerical experiments on wave statistics with spectral simulation, *Rept. Port and Harbour Res. Inst.*, Vol. 9, No. 3, 1970, pp. 3-57.
52) 合田良実：波浪の統計的性質に関する二，三の数値的検討，港湾技術研究所報告，第 24 巻 第 4 号，1985 年，pp. 65-102.
53) Medina, J. R., Aguilar, J., and Diez, J. J.: Distortions associated with random sea simulations, *Proc. ASCE*, Vol. 111, No. WW4, 1987, pp. 603-628.
54) 合田良実：浅海域における波浪の砕波変形，港湾技術研究所報告，第 14 巻 第 3 号，1975 年，pp. 59-106.

12. 砕波を伴う平面波浪・海浜流場の数値計算

12.1 波浪変形の数値計算法の概要

　波浪に関する問題では，いろいろな局面で数値解析が行われる。風波の発達を求める際の風場の計算から始まり，風波の発生・発達・減衰の波浪推算，沖から岸への伝播過程での浅海変形計算，構造物への波の作用の解析，沿岸での漂砂と海浜変形など，数値解析にゆだねられる問題は数多い。ここで数値解析と称するのは，計算の基礎となる方程式を平面格子あるいは時間的ステップごとに順に解いていく方式を指している。次の第13章で扱う極値統計解析の場合には，データ量が多いためにコンピュータを使うことがあるにしても，基本的には入力された数値に対応する一つあるいは複数の計算値を求める方式であるので，数値解析とはいわない。

　本章では，各種の波浪関連の数値解析のうちで波浪変形に関するものを取り扱う。その中でも，鉛直方向については波運動が微小振幅理論で記述可能であると仮定して平面的な変形を解析する問題に限定する。波高が大きな波の下での水粒子運動の詳細や乱れの問題は，Navier-Stokes方程式をVOF (Volume Of Fluid) 法と組み合わせて解く数値波動水槽[1),2)]や3次元LES (Large Eddy Simulation) を活用した方法[3)]などによっていろいろ研究されているが，ここでは取り扱わない。

　平面的広がりを持つ波浪場，すなわち平面波浪場を対象とする数値計算モデルについては，例えば「海岸保全施設設計便覧」[4)]に解説されているので，それを参考にしながら取りまとめると表12-1のような諸方式が使用可能である。ただし，不規則波を対象とするものに限定している。また，計算領域の広さは著者がやや恣意的に判定した。

　以上のほかに，位相平均型モデルでは1971年に発表された伊藤・谷本[5),6)]による数値波動解析法があり，また時間発展型では非線形長波モデルが極浅海域で使われたこともあ

表12-1　平面波浪場の数値計算モデルの一覧表

分　類	名称（モデル方程式）	主対象	特　徴	砕波の取扱い
位相平均型	ヘルムホルツ方程式 高山法	港内波高分布 同　上	多区域（一様水深）に分割 回折・多重反射（一様水深）	考慮せず 同　上
	エネルギー平衡方程式 回折・エネルギー平衡方程式 波作用量平衡方程式	広領域の波浪変形 同　上 同　上	方向スペクトルを入力 同上・回折項を追加 波・流れ共存場にも適用	エネルギー減衰係数 同　上 ボアーモデル
	緩勾配方程式 放物型方程式 段階的砕波変形モデル	中領域の波浪変形 広領域の波浪変形 同　上	微小振幅の屈折・回折計算 反射波を無視して効率化 放物型を改良	エネルギー減衰係数 同　上 段階的砕波指標
時間発展型	ブシネスク方程式 非線形緩勾配方程式 非線形強分散波動方程式	中領域の波浪変形 小領域の波浪変形 同　上	弱非線形・弱分散性 強非線形・強分散性 同上，多層方程式	鉛直圧力勾配で判定 流速・波速比で判定 未導入

ったけれども，現在はほとんど用いられていない。

表12-1では数値計算モデルを位相平均型と時間発展型に大別している。位相平均型モデルというのは波振幅と波向の平面分布のみを求めるもので，水面波形そのものは計算しない。そのために演算時間が節約され，広い領域であっても比較的短い時間に計算結果を得ることができる。計算格子間隔は波長の1/10程度あるいはさらに大きく取ることができる。これに対して時間発展型（時間領域型あるいは位相分解型ともいわれる）では，波の伝播を時間ステップごとに追跡する方式であり，浅瀬の上での波の分裂その他，水面変化の詳細を調べることができる。しかしながら，計算格子間隔は波長の数十分の1，時間ステップも波周期の数十分の1と小さくしなければならず，演算時間も非常に長くなる。このため，計算領域の広さはコンピュータの能力によって制約される。実際の問題で波浪場の数値解析が必要なときには，種々の計算法の特徴を理解したうえで，最も適切なものを選んで使用する。

なお，ヘルツホルム方程式に基づく計算モデルは1960年代にフランスで開発され，比較的開口部の狭い港湾の静穏度解析に使用された。基本的には規則波に対する計算法である。これに対して高山法と称されるのは高山[7]が開発した方法で，防波堤による回折波をSommerfeldの理論解で計算し，港内の2次回折，反射波の拡散なども考慮し，方向スペクトルの成分波に対する計算結果をエネルギー合成する方式である。論文としての発表は1981年であるが，実質的には1970年代後半から利用されていた[8]。水深が一定の水域を対象とするため，港内の水深変化が著しい港に対しては誤差が大きくなるけれども，わが国の港湾計画の静穏度解析その他に不可欠なツールとして活用されてきた。高山法もヘルツホルム方程式モデルも砕波は考慮していない。本章では砕波を伴う平面波浪場の解析手法を対象とするので，両方式についてはこれ以上言及しない。

砕波によって波高減衰が生じている場においては，数値計算法のモデルの違いよりも砕波変形の取り扱い方によって波高の推定結果が大きく影響される。一様勾配斜面における計算波高の差異については，3.6.4節の図3-38に例示したところである。波高分布が異なればラディエーション応力の空間分布が異なり，海浜流の計算結果も大幅に異なってくる。例えば著者[9]は，一様傾斜海浜における沿岸流の岸沖分布を7通りの不規則砕波変形モデルを使って計算した結果を比べ，特に沿岸流の広がる範囲がモデルによって大きく異なることを例示している。したがって，波浪・海浜流場の計算においては計算モデルの特性のみならず，そこに組み込まれている砕波減衰モデルにも注意して，計算目的に合致する適切なモデルを選択する必要がある。

12.2　位相平均型波浪変形モデルの概要

(1)　エネルギー平衡方程式と波作用量平衡方程式

エネルギー平衡方程式に基づく波浪変形計算法は，3.2節の式（3.14）に示したように方向スペクトル波浪の浅水・屈折変形を数値的に解くモデルである。1.2節（2）項で紹介したように，Karsson[10]が第1世代のスペクトル波浪推算手法を波浪変形計算に応用したのが1969年であり，その5年後にはわが国で実務計算に応用された[11]。このモデルでは，計算格子間隔が屈折変形を適切に再現できるだけの大きさであればよく，波長の数分の1程度で設定してよい。このため，沖合から沿岸近くまでの広領域の計算に適していて，実務計算に多用されている。

一方，波作用量平衡方程式（Wave Action Balance Equation）モデルというのは，方向スペクトル密度 $S(f, \theta)$ を角周波数 σ で除した波作用量 N について次の方程式を解くものである。

$$\frac{\partial N}{\partial t} + \frac{\partial (Nc_x)}{\partial x} + \frac{\partial (Nc_y)}{\partial y} + \frac{\partial (Nc_\sigma)}{\partial \sigma} + \frac{\partial (Nc_\theta)}{\partial \theta} = \frac{S}{\sigma} \tag{12.1}$$

ここに c は波速であり，流れとの共存場ではベクトル合成速度を用いる。また，S はエネルギーの流入・逸散を表す関数である。この表現式から明らかなように，本来は浅海域での風波の発生・発達を解析するための方程式である。Holthuijsen ほか[12]は，式（12.1）の左辺第 1 項の時間変化項をゼロとした定常状態の方程式をスペクトル波浪の浅海変形計算モデルとして提案し，これを SWAN（Simulating WAves in the Near shore）と名付けた。

このエネルギー・波作用量平衡方程式の両モデルには，島や半島による波の回折現象が取り込まれていない。しかしながら，広領域の回折現象は方向分散法（3.3 節（2）項参照）を用いて近似できるため，計算結果では回折効果も取り込まれる。ただし，浅瀬の上の屈折・回折現象や防波堤の狭い開口部からの回折波は再現することができない。このため，Booij ほか[13]および Rivero ほか[14]が波作用量平衡方程式に回折項を近似的に導入する方式を提案した。また，間瀬ほか[15]が放物型方程式を基として回折項を定式化し，これを陽な形でエネルギー平衡方程式に導入し，さらに高次精度差分を用いる方式[16]を提案している。

次に砕波による波高減衰に関しては，式（12.1）の波作用量平衡方程式では右辺の関数 S にエネルギー減衰項を導入することで取り扱われる。具体的には，2 乗平均波高 H_{rms} に対する Battjes・Janssen モデルに基づいてエネルギー減衰率を算定している[17],[18]。エネルギー平衡方程式では，3.2 節の式（3.14）の右辺にスペクトル密度に比例するエネルギー逸散項 $-\varepsilon_b' S$ を追加することで，砕波を考慮した計算を行う[19]。エネルギー逸散率 ε_b' は，不規則砕波変形に関する著者の 1975 年モデル[20]に基づいて評価する。砕波を伴う波浪場の計算に関しては，エネルギー平衡方程式と波作用量平衡方程式の両者とも $H_{1/3}$ や H_{rms} などの代表波高 1 個の変化を計算するけれども，構造物の設計に必要な $H_{1/250}$，$H_{1/20}$ その他の個別波高の分布にかかわる代表波高を求めることができない。このため，構造物の設置地点周辺の波浪場については別の計算モデルを使用する必要がある。

(2) 緩勾配方程式と放物型方程式

平面波浪場を解析するための波動方程式としては，Berkoff[21]が 1972 年に発表した緩勾配方程式がその後の発展の基礎となった。灘岡の解説[22]に従って記述すると，各座標位置での波の複素振幅 $\hat{\eta}$ が次の楕円型方程式で記述される。

$$\nabla \cdot (cc_g \nabla \hat{\eta}) + k^2 cc_g \hat{\eta} = 0 \tag{12.2}$$

ここに，c と c_g は波速と群速度，k は波数，$\nabla = (\partial/\partial x, \partial/\partial y)$ である。波による水面変動は角周波数を σ として $\eta(x, y, t) = \hat{\eta}(x, y) \exp[i\sigma t]$ で表される。

この楕円型波動方程式は，計算領域の全周で境界条件を与える必要があるなど，数値計算上扱いにくい点があるけれども，港内波高分布計算に適用した事例もある[23]。もっとも，数値計算法の発展のうえでは式（12.2）を変形した放物型波動方程式の系統が数多く開発されている。これは，波の主たる方向への伝播成分とそれと逆方向への成分に分離し，前者のみに着目して方程式を導いたものである。放物型方程式を最初に提示したのは Radder[24]であり，次のような方程式形であった。

$$\frac{\partial \phi}{\partial x} = \left\{ ik - \frac{1}{2kcc_g} \frac{\partial}{\partial x}(kcc_g) \right\} \phi + \frac{i}{2kcc_g} \frac{\partial}{\partial y}\left(cc_g \frac{\partial \phi}{\partial y} \right) \tag{12.3}$$

ここに，ϕは定常状態の波の速度ポテンシャルの複素振幅，kは波数，cは波速，c_gは群速度である。各地点の波振幅aと波向θは，ϕの絶対値と位相から求められる。

このRadderの誘導に際しては，各地点において波がほぼx軸方向に進行すると仮定されているため，斜め入射角度が大きいときには誤差が無視できなくなる。この難点を解消するため種々の修正式が提案されており，例えば平口・丸山[25]によるものは次のように表される。

$$\frac{\partial \phi}{\partial x} = \left\{ i\left(k_x + \frac{k_y^2}{2k_x}\right) - \frac{1}{2k_xcc_g} \frac{\partial}{\partial x}(k_xcc_g) \right\} \phi + \frac{i}{2k_xcc_g} \frac{\partial}{\partial y}\left(cc_g \frac{\partial \phi}{\partial y} \right) \tag{12.4}$$

ここで，k_xとk_yはxおよびy方向の波数である。x軸は汀線から直角に沖へ向かう方向に取り，y軸は汀線に平行である。

この方程式を用いれば，30°までの斜め入射に対して円形浅瀬上の屈折・回折現象を適切に再現でき，入射角が45°では波高分布に若干の歪みが出るものの，波浪場をほぼ表現できる。斜め入射波をより的確に取り扱うための改良は続けられており，Li[26]やSaied・Tsanis[27]が発表した放物型方程式では，斜め入射角70°程度まで取り扱うことができると報告されている。この二つの論文は弱非線形性を導入しており，こうした非線形性の取扱いはKirby[28]に始まるようである。

放物型方程式は，防波堤などによる波の回折現象も的確に計算できる。ただし，防波堤がその先端から斜め沖側に引き下がるような形で配置された場合などは，回折波がx軸と逆方向に進むことになるため，正しい答えが得られない。また，基本が緩勾配方程式であるため，海底勾配が1/3程度よりも急であると誤差が大きくなる[22]。人工リーフの横法面は勾配が2割程度のことが多いため，放物型方程式モデルをそのまま適用すると横法面による屈折効果が過大に計算される傾向がある[29]。

多方向不規則波に対しては，それを構成する成分波に対して放物型方程式を適用し，計算結果を線形に重ね合わせればよい。計算の検証データとしてよく用いられるのが，Vincent・Briggs[30]が行った楕円形浅瀬を通過する多方向不規則波の屈折・回折・砕波実験の結果である。この実験データを用いて最初に放物型方程式の適用性を検討したのはÖzkan・Kirby[31]であり，その後Yoonほか[32]や著者[33]も検証計算を行っている。砕波が起きない条件のケースではどのモデルでも実験値とよく合う結果が得られている。砕波に対しては，放物型方程式に複素振幅に比例するエネルギー減衰項を追加して波高変化を計算する。砕波によるエネルギー逸散率についてÖzkan・KirbyはThornton・Guzaモデル，YoonほかはBattjes・Janssenモデルで評価し，著者は後述する段階的砕波変形モデルを使用した。しかしながら，どの計算モデルでも浅瀬で激しい砕波が起きているケースでは，波高分布のパターンが実験値と整合するような結果が得られていない。

なお，放物型波動方程式による数値計算については数多くのモデルが発表されている。1990年代初までの状況については文献[34]がまとめて紹介しており，数値計算法についても解説している。

12.3 時間発展型波浪変形モデルの概要

(1) 非定常緩勾配方程式と非線形緩勾配方程式

式 (12.2) の楕円型の緩勾配方程式は数値計算が面倒であるとして，これを時間発展形式の双曲型方程式に書き換えたのが非定常緩勾配方程式であり，例えば渡辺・丸山[35]は次式を提案した（灘岡[22]による）。

$$\left.\begin{array}{l}\dfrac{\partial \eta}{\partial t}+\nabla \cdot \vec{Q}=0 \\ \dfrac{\partial \vec{Q}}{\partial t}+\dfrac{1}{n} c^{2} \nabla(n \eta)=0\end{array}\right\} \qquad (12.5)$$

ここに，$\vec{Q}$ は流量ベクトルであり，c は波速，n は群速度と波速の比である。

この方程式では c と n が周期に応じて変化するため，このままでは多数の周期成分を持つ不規則波に適用できない。このため磯部[36]および石井ほか[37]は周波数スペクトルの広がりを持った波浪にも適用できるような非定常緩勾配方程式を導いている。

式 (12.5) は線形方程式であるが，波が砕波点に近づいて波高が急増する非線形効果を取り入れた非線形緩勾配方程式が有川・磯部[38]によって開発されている。これは磯部[39]の提案を発展させたものであり，強分散・強非線形の条件での計算が可能である。このモデルでは水粒子速度と波速との比を指標として砕波の有無を判定し，砕波後のエネルギー減衰を取り込んでいる。なお，実際の海底地形に適用した事例は有川・岡安[40]が報告している。

(2) 非線形強分散波動方程式

上述の非線形緩勾配方程式は，速度ポテンシャルを複数の鉛直分布関数の和で近似表現して導いたものであり，一般に多成分連成法に基づく定式化[22]の一つである。定式化を行う際の鉛直依存性関数の選択や，連成方程式を導く方法によって幾つかのモデルに分かれる。非線形強分散波動方程式に関する発表論文はモデルの構築理論に関するものが多いけれども，金山[41]は多層波動方程式を用いて平面場の潜堤周りの規則波の変形を計算している。このモデルでは，水深方向に分割した各層に次項のブシネスク方程式を適用している。砕波減衰項は発表時点では取り込まれていないが，原理的には導入可能である。

非線形緩勾配方程式や非線形強分散波動方程式に基づく数値計算モデルは小領域内の波浪変形を精度良く解析することができるけれども，計算負荷が大きいために実務に広く利用できるようになるまでにはまだしばらくの年数が必要と思われる。

(3) ブシネスク方程式

時間発展型モデルの中で実務計算に利用されているのはブシネスク方程式に基づく諸モデルである。ブシネスク方程式は 1967 年に Peregrine[42] が導いた次式を基本とする[21]。

$$\dfrac{\partial \eta}{\partial t}+\nabla[(\eta+h) \bar{u}]=0 \qquad (12.6)$$

$$\dfrac{\partial \bar{u}}{\partial t}+\bar{u} \nabla \bar{u}+g \nabla \eta=\dfrac{h}{2} \nabla\left[\nabla \cdot\left(h \dfrac{\partial \bar{u}}{\partial t}\right)\right]-\dfrac{h^{2}}{6} \nabla\left[\nabla \cdot \dfrac{\partial \bar{u}}{\partial t}\right] \qquad (12.7)$$

ここに，$\bar{u}$ は深さ方向に平均化された水平速度である。

この方程式は弱非線形性の波動方程式であり，また，もともとは長波を対象として導か

れたために周波数と波数との間の分散関係式を満足しておらず，水深波長比が大きな領域には適用できなかった。そのため実務問題への応用があまり広がらなかったが，1991年にMadsenほか[43]が式（12.7）の運動方程式に修正項を加えて分散関係式に対する近似精度を高めることを提案したことによって，ブシネスク方程式の利用が急速に広まった。文献[4]によると，修正された運動方程式は次のように表される。

$$\frac{\partial \overline{u}}{\partial t} + \overline{u}\nabla \overline{u} + g\nabla \eta = Bgh\nabla[\nabla\cdot(h\nabla\eta)]$$
$$+ h\frac{\partial}{\partial t}\left\{\left(\frac{1}{2}+B\right)\nabla[\nabla\cdot(h\overline{u})] - \frac{1}{6}h\nabla(\nabla\cdot\overline{u})\right\} \quad (12.8)$$

ここにBはパラメータであり，Madsenほかは$B=1/15$が分散関係式を最もよく近似するとした。

分散関係式への近似精度を上げる方法についてはほかにも数種類の提案があり，それに応じて波動方程式の表現も異なったものが用いられる。平山[44]は分散関係式への近似のみならず，2次干渉波についての近似精度も吟味したうえで$B=1/15$を推奨している。

ブシネスク方程式を用いて平面波浪場を計算するためには，基礎方程式をxとy方向の差分式に書き換え，ADI差分法などによる計算アルゴリズムに従ってプログラムを作成する。また，造波側の境界における反射波の吸収や，計算領域周辺での波の吸収方法，あるいは部分反射境界の取扱いなど，工夫しなければならない課題が数多い。こうした計算方法の詳細については平山[44]が解説している。

ブシネスク方程式には砕波変形を取り込むことができる。佐藤・Kabiling[45]は，砕波によって生じる乱れによって運動量が拡散する状況を表す拡散項を運動方程式に追加し，砕波の効果を渦動粘性係数で表示した。平山[44]もこの方式を踏襲し，砕波判定は水表面における粒子速度の絶対値が波速$\sqrt{gh}$の0.64倍を超えることを条件とした。ただし，この方法では砕波の波高が画一的に定まって実際の砕波現象をうまく表現できない。このため，平山・原[46]は灘岡ほか[47]が砕波判定用に提案した「水面における鉛直方向の圧力勾配が0」の条件を導入し，さらにエネルギー減衰は時間領域における擬似段波モデルで評価する方法に変更した。ただし，ブシネスク方程式が弱非線形性であり，また差分形式で圧力勾配を評価していることを勘案して砕波判定条件を次のように設定した[48]。

$$-\frac{1}{\rho g}\frac{\partial p}{\partial z}\bigg|_{z=\eta} = 0.5 \quad (12.9)$$

この変更によって，代表波高の変化のみならず砕波帯内の波高の頻度分布その他をも適切に表現できるようになった。

（独法）港湾空港技術研究所では，このようにして開発されたブシネスク方程式による波浪変形計算モデルをNOWT-PARI Ver. 4.6c5a（2007年現在）として公開している。こうしたブシネスク方程式による波浪変形計算は，風波を対象とした数km四方の領域に対してもいろいろ適用されている。ただし，演算時間は日単位で数える必要があり，計算ケースを選んで実行することになる。

なおブシネスク方程式による計算では，水位や流速の時間平均を取ることによって平均水位の空間的変動や海浜流の様相がある程度解明できる。ただし得られた結果は計算精度に影響されるので，波浪場の計算結果からラディエーション応力を算定し，それを入力として海浜流などを計算するのが無難である。

12.4 段階的砕波変形モデルによる波浪場の解析

(1) 基礎方程式

沿岸域の構造物を設計するときには，混成防波堤であれば $H_{1/250}$，傾斜堤であれば $H_{1/20}$ の情報が必要となる。ブシネスク方程式を長時間計算すれば各計算点における波形の時間変化が得られるので，それを統計解析して個別波の波高・周期を求めることが可能である。しかし，表12-1に示した数値計算法の大半は $H_{1/3}$ あるいは H_{rms} などの代表波高しか出力しないので，設計実務者の要望に応えられない。また，著者の1975年の砕波変形モデルは波高分布の変化を計算するけれども，一様勾配斜面が対象であって複雑な地形の平面場には適用できない。そうしたところから著者は，放物型方程式に段階的砕波係数を導入した段階的砕波変形モデル（Parabolic Equation with Gradational Breaker Index for Spectral waves: PEGBIS）を2003年に提案した[33],[49]。本節ではこのモデルについて紹介する。

基礎方程式として使用するのは平口・丸山による式（12.4）の放物型方程式であり，その右辺に底面摩擦と砕波によるエネルギー減衰を表す項として $-f_D\phi$ を追加したものである。なお，波速については非線形効果を次のように導入する。ただし，群速度は線形のままとする。

$$c = \begin{cases} c_A\left[1+\dfrac{3}{2}\left(\dfrac{a}{h}\right)^2\right]^{1/2} & : \ a<h \\ c_A\left[1+\dfrac{3}{2}\left(\dfrac{a}{h}\right)\right]^{1/2} & : \ a \geq h \end{cases} \quad (12.10)$$

ここに，c_A は微小振幅波としての波速，a は速度ポテンシャル複素振幅 ϕ の絶対値で定義される波振幅，h は水深である。この波速増加率は，第3次ストークス波の速度補正式を参照して近似的に与えたものである。

エネルギー減衰は形式的に ϕ に比例する形とし，その係数は砕波減衰にかかわる係数 f_{Db} と底面摩擦にかかわる係数 f_{Df} との和，すなわち $f_D = f_{Db} + f_{Df}$ として扱う。後者については，海底面の乱流境界層によるエネルギー損失[50]から次のように導くことができる。

$$f_{Df} = \frac{4}{3\pi} f_w \frac{a}{h^2} \frac{k^2 h^2}{\sinh kh(\sinh 2kh + 2kh)} \quad (12.11)$$

ここに f_w は底面の摩擦係数であり，一般の海底面については $f_w = 0.01$ 程度を用いるのが良いと考えられる。

(2) 砕波によるエネルギー減衰項

減衰項のうちの砕波による減衰係数については，Dallyほか[51]を参照して次のように設定する。

$$f_{Db} = \begin{cases} 0 & : \ a \leq \kappa h \\ \dfrac{K_b}{2h}\left[\left(\dfrac{a}{\kappa h}\right)^2 - 1\right]^{1/2} & : \ a > \kappa h \end{cases} \quad (12.12)$$

ここに K_b は定数であって，底面勾配 s に応じて次のように与える。

$$K_b = \frac{3}{8}(0.3 + 2.5s) \quad (12.13)$$

また，式（12.12）における κ は砕波係数であって水深に対する砕波限界の波振幅の比を表し，波振幅 a が限界値 κh を超えたときに $[(a/\kappa h)^2-1]^{1/2}$ の値に比例した割合で砕波減衰が働くように設定されている．砕波減衰に関する定式化では κ を一定値に取ることが多いけれども，この段階的砕波変形モデルでは波高レベルに応じて異なる値を与える．すなわち，まず入射沖波の有義波高 $(H_{1/3})_0$ に対して，次式で定義される M レベルの波高値を定義する．

$$H_m = 0.706(H_{1/3})_0\left[\ln\frac{2M}{2m-1}\right]^{1/2} \quad : \quad m=1, 2, \cdots, M \tag{12.14}$$

この波高レベルはレーリー分布を等確率で $2M$ 区間に分割したときの奇数番目の境界値であり，H_1 が最高レベル，H_M が最低レベルに相当する．

この M 個の波高レベルに対し，段階的砕波係数を次のように設定する．

$$\kappa_m = \left(C_b\frac{L_0}{h}\left\{1-\exp\left[-\frac{1.5\pi h}{L_0}(1+15s^{2.5})\right]\right\} + \beta_0\frac{H_m}{h}\left(\frac{H_m}{L_0}\right)^{-0.38}\exp(30s^2)\right)\times\left(\frac{H_m}{H_1}\right)^p \tag{12.15}$$

そして，C_b，β_0 および p の諸定数を次のように与える．

$$\left.\begin{array}{llll} C_b=0.080, & \beta_0=0.016, & p=0.333 & : \ s>0 \\ C_b'=0.070, & \beta_0'=0.016, & p'=0.667 & : \ s\leq 0 \end{array}\right\} \tag{12.16}$$

ここに，s は海底勾配である．海底勾配が正のときと 0 以下のときで定数値を変えるのは，水平ステップやトラフにおける個別波高の分布をできるだけ実験値の傾向に合わせるためである．なお，複雑な地形における海底勾配の取り方としては，波の主波向の方向で沖側に $0.1L_0$ の距離だけ離れた地点と当該地点との水深の差を用いて算定する．

式（12.15）で算定される段階的砕波係数の値の変化を例示したのが図 12-1 である．左側の図は勾配 $s=1/20$ で岸へ向かって次第に浅くなる場合であり，右側の図は水平ステップ上の場合を示す．

段階的砕波係数の式（12.15）はやや分かりにくい表式であるが，右辺の定数 C_b がかかる項は 3.6.1 節の規則波の砕波指標式を変形したものであり，波振幅に対する $C_b=$

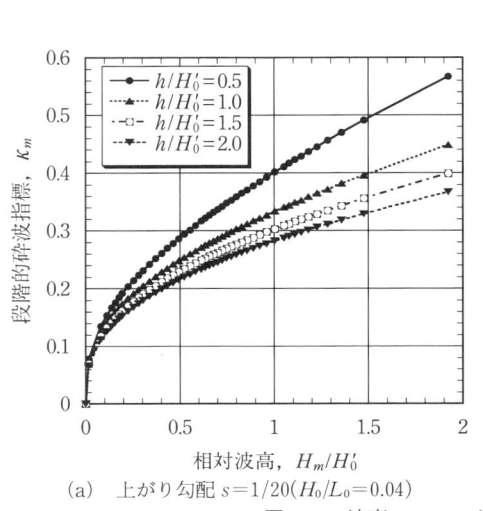

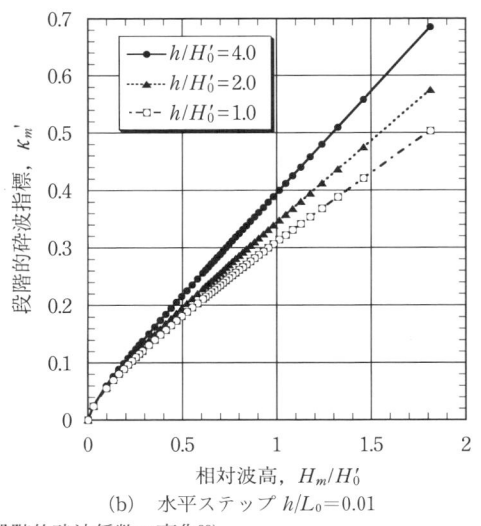

(a) 上がり勾配 $s=1/20(H_0/L_0=0.04)$ (b) 水平ステップ $h/L_0=0.01$

図 12-1 波高レベルによる段階的砕波係数の変化[33]

0.08は波高に対する$A=0.16$に相当する．また，右辺第2項のβ_0のかかる項は，初期水深が0の汀線においても有限な値を保つように，3.6.3節の表3-6の係数β_0の表式を修正したものである．この段階的砕波係数を用いて一様勾配斜面における波高変化を計算した結果が，全体として図3-34〜3-37の図表とできるだけ一致するように，関数形ならびに諸定数の値が選ばれている．

(3) 各波高レベルの合成

式(12.14)で定義されるM個の波高レベルごとに放物型方程式で波浪変形を計算し，領域内の各地点でその結果を集計すれば，砕波変形後の波高の頻度分布が求められる．図12-2は，沖波波高$(H_{1/3})_0=4.0$ m，深海波長$(L_{1/3})_0=100$ mの波が勾配1/100の斜面上を進行したときの，いろいろな水深における波高の確率密度分布を求めた結果を示している．水深波高比h/H_0'が2.0では$H>5.5$ m以上の波高が消滅するのみであるが，水深波高比が小さくなるにつれて波高分布の右裾が消えていき，その左側に波高が三角形に近い形で集中する．波高分布は3.6.2節の図3-28で示したような滑らかな形ではないけれども，水深の減少に伴って個別波高の分布形状が変化する様相は取り込まれている．このような特性によって，図3-29に示したような砕波帯内での波高比の変化を模擬できるのである．

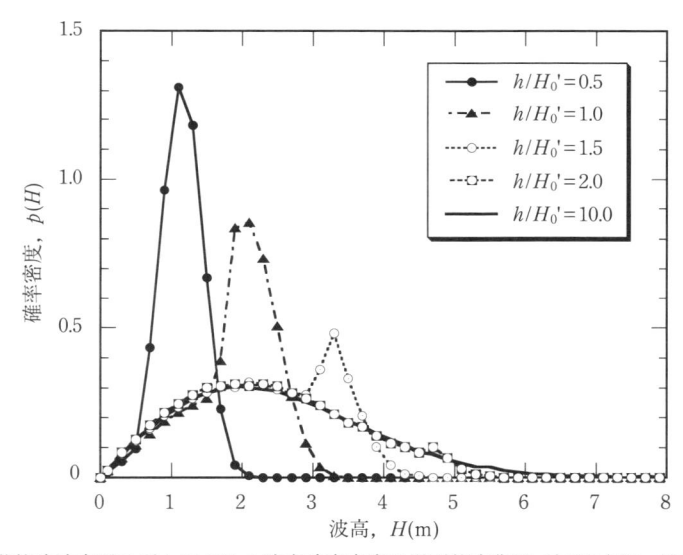

図12-2 段階的砕波変形モデルにおける波高確率密度の場所的変化[33] (勾配1/100，沖波波高4.0 m)

(4) 方向スペクトル成分の合成

平面波浪場の計算を行うには，方向スペクトルで表される波向・周波数帯での波エネルギーの広がりを考慮しなければならない．段階的砕波変形モデルでは，方向スペクトルとして2.3節の式(2.12)のJONSWAP型スペクトルと式(2.22)，(2.25)の光易型方向分布関数の組合せを用い，この方向スペクトルをシングルサンメーション法（11.5.1節参照）によって$2N$個の成分波で代表させる．成分波の周波数f_nは次式によって設定する．

$$f_n = 1.057 f_p \left[\ln \frac{2N}{2N-2n+1} \right]^{-1/4} \quad : \quad n=1, 2, \cdots, N \tag{12.17}$$

この周波数分割は，JONSWAP型スペクトルのピーク増幅率が$\gamma=1$のときに波エネルギーを等分割するものである．$\gamma>1$のスペクトルに対しては，ピーク周辺のエネルギー

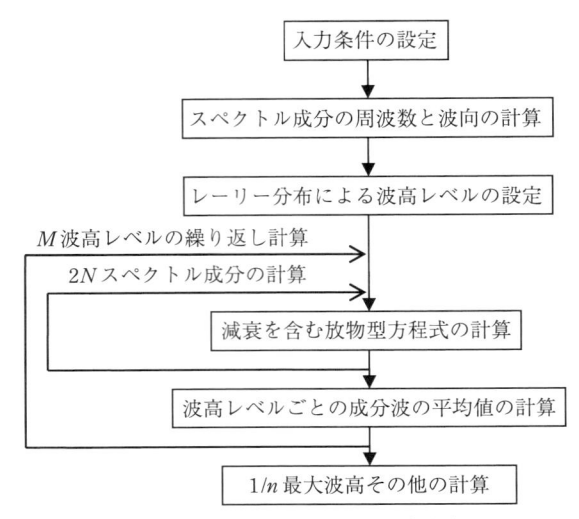

```
           ┌──────────────────────┐
           │   入力条件の設定      │
           └──────────┬───────────┘
                      ↓
           ┌──────────────────────┐
           │スペクトル成分の周波数と波向の計算│
           └──────────┬───────────┘
                      ↓
           ┌──────────────────────┐
           │レーリー分布による波高レベルの設定│
           └──────────┬───────────┘
M波高レベルの繰り返し計算  ↓
    2Nスペクトル成分の計算 ↓
           ┌──────────────────────┐
           │ 減衰を含む放物型方程式の計算 │
           └──────────┬───────────┘
                      ↓
           ┌──────────────────────┐
           │波高レベルごとの成分波の平均値の計算│
           └──────────┬───────────┘
                      ↓
           ┌──────────────────────┐
           │  1/n 最大波高その他の計算   │
           └──────────────────────┘
```

図12-3　段階的砕波変形モデルの計算流れ図

増大に対応してピーク周辺の周波数成分の本数を増加させる。例えば，$\gamma=2$ のときは本数が当初の 1.23 倍，$\gamma=3.3$ では 1.64 倍，$\gamma=20$ では 4.3 倍となる。その場合でも，各周波数成分がほぼ同じエネルギーを持つように設定する。

　成分波の周波数が選定されたならば，あらかじめその周波数に対する方向分布関数の方向別累加曲線を作成する。本モデルでは主波向から $\pm 0.55\pi(10/S_{max})^{0.35}$ の範囲を 100 等分して累加曲線を求めている。そして，[0, 1] の範囲の一様乱数を使って，その乱数値に対応する方向角を求める。ただし，そのままでは，成分波の波向が主波向の周りに非対称な分布形となることが避けられない。このため，成分波ごとに主波向に対称な方向の成分波を付加した。したがって，方向スペクトル成分の個数は $2N$ である。なお，一方向不規則波の場合には，全周波数成分に同一の波向を与える。

　スペクトル成分の計算は図 12-3 のフロー図に示すように，波高レベルごとに行われる。$2N$ 個の成分波は等しいエネルギー密度を与えられているので，成分波ごとの結果を算術平均することによって波高レベルごとの波高その他の計算結果が求められる。波高レベルごとのラディエーション応力への寄与分もこの段階で計算される。M 波高レベルの繰り返し計算が終われば，各地点で $1/n$ 最大波高，主波向，ラディエーション応力などを計算して全計算が完了する。

(5)　計算条件の設定と演算時間

　全体としての繰り返し計算回数は $M\times 2N$ である。波高分布の変化を詳しく調べたいときには，波高レベルの数 M をできるだけ大きく取る。例えば図 12-2 では $M=831$ を使用した。もっとも，$H_{1/3}$ や H_{rms} の代表波高を求めるのが目的であれば，レベル数を大幅に下げてよい。ただし，定数 $C_b=0.08$ のまま M を 300 以下に下げると第 1 位の波高 H_1 に対する砕波係数が高くなりすぎるので，$M=101$ では $C_b=0.077$，$M=61$ では $C_b=0.076$，$M=31$ では $C_b=0.074$ に修正するのがよい。

　スペクトル成分数 N は計算目的によって異なる。図 12-2 の計算や一様勾配斜面上の波高変化を著者の 1975 年モデルと比較したときには，方向分散は与えない一方向不規則波とし，$N=10$ の周波数成分を用いた。しかし，Vincent と Briggs[29] の行った楕円形浅瀬の実験を検証するための計算では $2N=148$ を用い，x 軸方向に 111 格子点，y 軸方向に 151 格子点を配置し，$M=61$ とした。このときは Pentium Ⅲ プロセッサー付きのパソコ

ンの演算時間が約30分であった。また別のケースを格子点数1,300×700，$N=50$，$M=61$ で計算したときには，Pentium IVプロセッサーで約12時間を要した。

格子間隔は解析しようとする地形によって異なる。海底地形が緩やかに変化している場では，格子間隔を波長の数分の1程度にしてよいが，潜堤その他の構造物周辺で地形が急変する場では格子間隔を波長の1/20程度にするほうがよい。また，微小振幅の波の浅水変形を理論通りに再現するためには，1格子間の水深減少量Δhを再現しようとする最小水深の1/10程度以下に設定する必要がある。ただし，実際には砕波によって浅水変形の影響が失われるため，Δhが沖波波高の1/10以下になるように格子間隔を設定すれば十分と思われる。

(6) 大型実験および現地観測における波高変化と計算結果との比較

この段階的砕波変形モデルは，一様勾配斜面上の波高変化が著者の1975年モデルとほとんど変わりない計算値を与えるように調整されている。比較の一例は3.6.4節の図3-38に示されている。複雑な地形における波高変化のデータとしては，Krausほか[52]が報告したSUPERTANKと名付けられた海浜変形実験プロジェクトの成果がある。この実験では$H_0'=0.60～0.80$ mの不規則波を一様勾配の砂斜面に作用させ，海浜変形・波・流れを測定した。図12-4は，そのうちの2ケースにおける$H_{1/3}$と$H_{\rm rms}$の変化について，実験結果と計算結果を比較したものである。バーの上での波高の急減と，背後のトラフにおける波高の緩やかな回復がこのモデルでかなりよく再現されている。

一方，現地観測データとしては堀田・水口[53]が1980年に発表した茨城県阿字ヶ浦海岸での観測成果がある。このデータは3.6.2節の図3-29や10.5節の図10-14～10-17にも使用されているものである。波高として$H_{1/10}$，$H_{1/3}$，$H_{\rm rms}$の三つの波高の観測値と計算値が比較されており，海浜断面は図の下1/4のパネルに示されている。汀線から80～100 mの区間では，非線形浅水変形の効果によって観測値が急増しており，この現象は数値モデルでは再現できていない。しかし，砕波減衰が顕著となる80 m以内では数値モデルが三つの波の変化をほぼ忠実に再現しており，段階的砕波変形モデルの適用性が検証されたといえる。

なおこの段階的砕波変形モデルは，米国バージニア州のDuck海岸で行われたDUCK94とSandyDuckプロジェクトの際の岸沖方向の波高分布データや，Thornton・Guza[54]が米国カリフォルニア州のLeadbeach海岸で行った海浜流観測時の波高データともよく整合する計算結果を与えており，現地への適用性が確認されている。ただし，離岸距離が数百m以上の範囲に適用した際には，砕波定数のうちのC_bの値を0.08から0.07

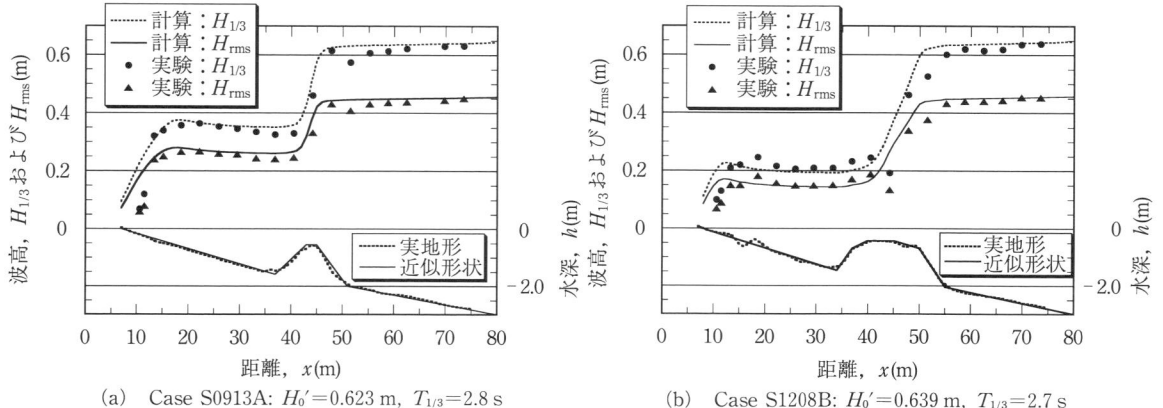

(a) Case S0913A: $H_0'=0.623$ m, $T_{1/3}=2.8$ s

(b) Case S1208B: $H_0'=0.639$ m, $T_{1/3}=2.7$ s

図12-4 複雑地形における大型実験の波高変化データと段階的砕波変形モデルの計算結果との比較[33]

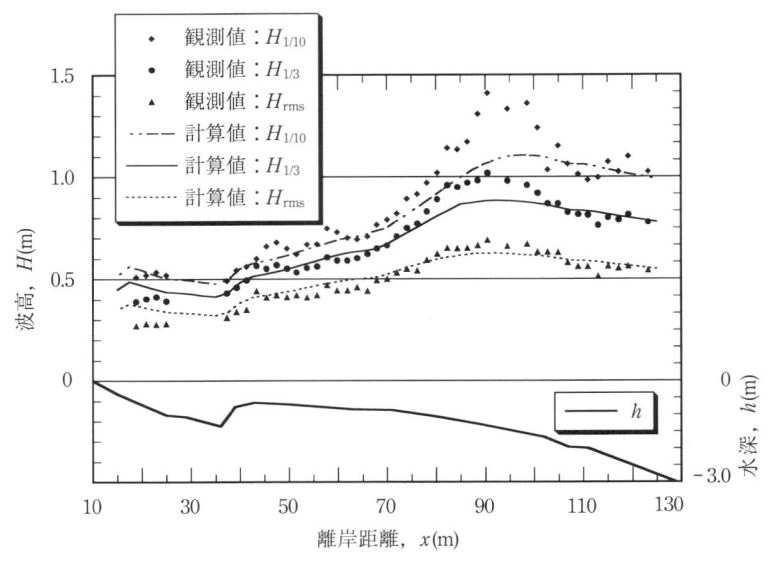

図12-5 阿字ヶ浦海岸における岸沖方向の波高変化の観測値と計算結果の比較[33]

あるいは 0.06 に引き下げないと計算値が過大となる傾向があった[49),55)]。C_b の値を変更するときには，C_b' についても比例配分で 0.07 から 0.0613 あるいは 0.0525 に変更する。

定数値については今後の調査研究を通じてさらに検討し，観測値とよく整合する値を見いだす必要があるけれども，現地データのない個所へ段階的砕波変形モデルを適用するときは，取りあえず $C_b=0.07$，$C_b'=0.0613$ の値を用いるのがよいと考えられる。なお，ほかの定数については $\beta_0=\beta_0'=0.016$，$p=0.333$，$p'=0.667$ のままでよい。

12.5　海浜流場の数値計算法の概要

(1) 基礎方程式

沖から岸へ波が伝播すると，海底地形の形状に応じて波が屈折，砕波などによって波高と波向が変化し，それによって平均水位が場所的に変化し，沿岸方向および岸沖方向の流れが発生する。沿岸・岸沖方向の流れを合わせて海浜流という。子細に観察すれば，平均的な海浜流に加えて，砕波帯内の表層では岸向きの流れ（質量輸送）が生じ，中層から底層にかけてはそれを補償する沖向きの戻り流れが存在することが明らかになる。本章ではそうした流れの鉛直構造は取り上げず，平面場での平均流と平均水位について記述する。

いま，静水位からの平均水位の上昇量を $\bar{\eta}$，x および y 軸方向の断面平均流速を U，V で表すと，連続方程式と運動方程式は次のように表される。

$$\frac{\partial \bar{\eta}}{\partial t}+\frac{\partial (DU)}{\partial x}+\frac{\partial (DV)}{\partial y}=0 \quad : \quad D=h+\bar{\eta} \tag{12.18}$$

$$\left.\begin{array}{l}\dfrac{\partial U}{\partial t}+U\dfrac{\partial U}{\partial x}+V\dfrac{\partial U}{\partial y}+g\dfrac{\partial \bar{\eta}}{\partial x}+R_x-L_x+F_x=0 \\ \dfrac{\partial V}{\partial t}+U\dfrac{\partial V}{\partial x}+V\dfrac{\partial V}{\partial y}+g\dfrac{\partial \bar{\eta}}{\partial y}+R_y-L_y+F_y=0\end{array}\right\} \tag{12.19}$$

ここに，R_x と R_y はラディエーション応力とサーフェスローラーに起因する力の x と

y 方向成分，L_x と L_y は水平拡散項の x と y 方向成分であり，それぞれ式（12.20），
（12.21）で与えられ，F_x と F_y は底面に働く平均摩擦力の x と y 方向成分である。

$$R_x = \frac{1}{\rho D}\left[\left(\frac{\partial S_{xx}}{\partial x}+\frac{\partial S_{yx}}{\partial y}\right)+\frac{\partial}{\partial x}(2E_{sr}\cos^2\theta)+\frac{\partial}{\partial y}(E_{sr}\sin 2\theta)\right]$$
$$R_y = \frac{1}{\rho D}\left[\left(\frac{\partial S_{xy}}{\partial x}+\frac{\partial S_{yy}}{\partial y}\right)+\frac{\partial}{\partial x}(E_{sr}\sin 2\theta)+\frac{\partial}{\partial y}(2E_{sr}\sin^2\theta)\right]$$
(12.20)

ここに，$S_{xx}, S_{xy}, S_{yx}, S_{yy}$ はラディエーション応力であり，E_{sr} はサーフェースローラーの運動エネルギーであり，次項に述べる。

$$L_x = \frac{1}{h}\left[\frac{\partial}{\partial x}\left(\nu_t h\frac{\partial U}{\partial x}\right)+\frac{\partial}{\partial y}\left(\nu_t h\frac{\partial U}{\partial y}\right)\right]$$
$$L_y = \frac{1}{h}\left[\frac{\partial}{\partial x}\left(\nu_t h\frac{\partial V}{\partial x}\right)+\frac{\partial}{\partial y}\left(\nu_t h\frac{\partial V}{\partial y}\right)\right]$$
(12.21)

ここに，ν_t は渦動粘性係数である。

なお，式（12.18）〜（12.21）の表式は栗山・尾崎[56]に従い，サーフェースローラーに関する部分は Reniers[57] によったものである。

(2) ラディエーション応力とサーフェースローラー

平面波浪場において波高・波向が場所的に変化すると，それに応じてラディエーション応力の空間分布が変化し，その空間的勾配に比例する形で平均水位勾配と海浜流を生成する力が作用する。ラディエーション応力の計算式は次の通りである。

$$S_{xx} = \frac{1}{8}\rho g H^2\left[n(\cos^2\theta+1)-\frac{1}{2}\right]$$
$$S_{yy} = \frac{1}{8}\rho g H^2\left[n(\sin^2\theta+1)-\frac{1}{2}\right]$$
$$S_{xy} = S_{yx} = \frac{1}{16}\rho g H^2 n\sin 2\theta$$
(12.22)

ここに，x 軸は汀線の法線方向，y 軸は汀線位置に取り，波向角 θ は x 軸と入射方向とのなす角である。また，n は群速度と波速の比である。S_{xx} は x 軸沿いに x 方向に働く応力，S_{yy} は y 軸沿いに y 方向に働く応力，S_{xy} は x 軸沿いに y 方向に働く応力である。

段階的砕波変形モデルでは波高レベルごとに，波向をランダムに与えた周波数成分について変形計算を行った結果を算術平均し，それを全波高レベルについて集計する。式（12.22）のラディエーション応力についても計算領域の各格子点について集計計算が行われる。

また，サーフェースローラーというのは Svendsen[58] が提唱したもので，砕波の前面では単位幅当り面積 A_{sr} の部分が回転渦（ローラー）となるという概念である。このサーフェースローラーは1周期平均で次のような運動エネルギーを持つ。

$$E_{sr} = \frac{\rho A_{sr} C}{2T}$$
(12.23)

サーフェースローラーは砕波によって失われるエネルギーの一部を受け取って発達し，波が砕波帯の中を進むにつれて次第に減衰する。このサーフェースローラーの発達・減衰の過程を考察したのは Dally・Brown[59] であり，田島・Madsen[60] はその考え方を取り入れて次式のように表示した。

$$\alpha\left[\frac{\partial}{\partial x}(Ec_g\cos\theta)+\frac{\partial}{\partial y}(Ec_g\sin\theta)\right]+\left[\frac{\partial}{\partial x}(E_{sr}c\cos\theta)+\frac{\partial}{\partial y}(E_{sr}c\sin\theta)\right]=-\frac{K_{sr}}{h}E_{sr}c \tag{12.24}$$

ここに，α は砕波による逸散エネルギーのうちでサーフェスローラーに移行するエネルギーの割合を表す係数で $0\sim 1$ の間の値を取る。また，K_{sr} はサーフェスローラーのエネルギー逸散率を表し，ここでは田島・Madsen を参照して式（12.13）で与えられる K_b に等しいと見なす。

いま，沿岸方向にほぼ一様な海底形状である海浜を対象として考えると，y 方向の変化を無視することによって，式（12.24）が次のように書き換えられる。

$$\alpha\frac{\partial}{\partial x}\left(\frac{1}{8}\rho g H_{\mathrm{rms}}^2 c_g \cos\theta\right)+\frac{\partial}{\partial x}\left(\frac{\rho A_{sr}}{2T}c^2\cos\theta\right)=-\frac{K_{sr}}{h}\frac{\rho A_{sr}}{2T}c^2 \tag{12.25}$$

この式の左辺第1項は砕波によるエネルギー逸散率を表しており，砕波変形モデルによって各地点ごとに計算される。したがって，サーフェスローラーの面積 A_{sr} の初期値を沖境界で0とし，式（12.25）を沖から岸へ順次数値計算することによって，サーフェスローラーの発達・減衰過程を追うことができる。そして，式（12.25）を解いて得られた面積 A_{sr} を式（12.23）に代入すれば，砕波帯内の各地点におけるサーフェスローラーのエネルギーが計算されることになる[9),55)]。

(3) 一様傾斜海浜における平均水位と沿岸流速の計算式

これまでの砕波帯内の平均水位と沿岸流速の計算においてはサーフェスローラーの影響を考慮していなかったけれども，砕波によるエネルギー逸散の一部がサーフェスローラーに転換されることによって，平均水位や沿岸流速の岸沖変化の値が異なってくる。沿岸方向に一様な海浜における平均水位の変化量 $\overline{\eta}$ の計算式は，式（12.19）の第1式で定常状態を対象とし，y 方向の変化を無視することによって次のように導かれる。

$$\frac{\partial\overline{\eta}}{\partial x}=-\frac{1}{\rho g(h+\overline{\eta})}\left[\frac{\partial S_{xx}}{\partial x}+\frac{\partial}{\partial x}(2E_{sr}\cos^2\theta)\right] \tag{12.26}$$

ここで S_{xx} は x 軸沿いの x 方向のラディエーション応力であり，式（12.22）の第1式で与えられる。ラディエーション応力算定のときの波高 H は一般には H_{rms} を用いるけれども，段階的砕波変形モデルでは各波高レベルについて計算した結果の集計として S_{xx} が算出される。

一方，式（12.19）の第2式において岸沖方向の平均流速が $U=0$ であり，沿岸流速 V が y 方向に一様であることを考慮すると，定常状態の沿岸流速 V を求める式が次のように導かれる。

$$\frac{\partial S_{xy}}{\partial x}+\frac{\partial}{\partial x}(E_{sr}\sin 2\theta)-\frac{\partial}{\partial x}\left(\rho\nu_t h\frac{\partial V}{\partial x}\right)+\tau_y=0 \tag{12.27}$$

ここに，ν_t は渦動粘性係数，τ_y は沿岸流に対する底面摩擦抵抗力（$=\rho DF_y$）である。この式で左辺第2項を含まないものが Longuet-Higgins[61)] が与えた沿岸流速の計算式である。

まず底面摩擦抵抗力については，Longuet-Higgins が線形理論に基づいて次式を導いた。

$$\tau_y=\frac{2}{\pi}\rho C_f u_{\max}V \tag{12.28}$$

ここに，C_f は底面摩擦係数であり，一般に $C_f=0.01$ 程度の値が用いられる。また，u_{max} は水底における軌道粒子速度の振幅であり，微小振幅波理論により $u_{max}=\pi H/(T\sinh kh)$ で計算される。

式 (12.28) は沿岸流速が波による軌道運動速度に比べて十分に小さいことを仮定したものであり，この過程が成り立たないときには，水粒子運動と沿岸流とのベクトル速度を用いて底面摩擦項を算定すべきであるといわれる。2次元地形における数値計算では，例えば西村[62]による非線形近似解が多く用いられる。ただし，線形解と非線形解による沿岸流速の差異は，使用する底面摩擦係数の値を調整することによってほぼ解消される。例えば，Larson・Kraus[63] はバー型地形で沿岸流を計算するときの底面摩擦項の線形解と非線形解の差異を吟味し，摩擦係数を見掛け上2倍程度まで嵩上げすれば線形解でも利用できることを示唆している。また，不規則波による沿岸流速の推定は，砕波変形モデル，次項の渦動粘性係数，サーフェースローラーへのエネルギー転換率など多くの不確定要因を含んでおり，線形解と非線形解との差よりもこうした要因のほうが大きな影響を及ぼすであろう。したがって，不規則波による沿岸流速の算定に当たっては，線形な底面摩擦抵抗力を用いてもよいと考えられる。

(4) 渦動粘性係数の取扱い

Longuet-Higgins[61] がラディエーション応力の概念を導入した沿岸流速の推定理論を提案したときには，渦動粘性係数が代表的な長さと速度の積で表されるとして，代表長に汀線からの距離，代表速度に長波の波速を用いて次のように表した。

$$\nu_t = N|x|(gh)^{1/2} \tag{12.29}$$

ここに，N は定数で $0 \sim 0.016$ の値が設定された。この提案式では汀線から離れるほど渦動粘性係数の値が大きくなるため，不規則波に適用すると砕波帯の外側の遠くまで沿岸流速が広がることになる。このため，不規則波に対しては N を 0.0001 などと極めて小さく設定する必要があり，そのようにするとトラフ周辺の拡散現象が表現できないなどの難点がある。

これに対して Battjes[64] は単位面積当りの波エネルギー逸散率 D_w を導入した次式を提案した。

$$\nu_t = Mh\left(\frac{D_w}{\rho}\right)^{1/3} \tag{12.30}$$

ここに，M は1程度以下の定数である。この提案式は拡散現象の物理的考察に基づいており，これを導入した数値モデルも少なくない。ただし，離岸堤の背後の領域などエネルギー逸散率の算定が難しい場所もあり，やや使いにくいところがある。

一方，Larson・Kraus[63] は代表長として波高 H，代表速度として底面の最大粒子速度 u_{max} を用いる次式を提案した。

$$\nu_t = \Lambda u_{max} H \tag{12.31}$$

ここに，Λ は $0.3 \sim 0.5$ 程度の定数とされている。この式によれば渦動粘性係数は水深が大きくなるにつれて減少し，砕波帯の外の遠くまで沿岸流が広がることがない。また，波浪場が求められれば直ちに渦動粘性係数が計算できる利点がある。そのため，本章では渦動粘性係数の算定式として式 (12.31) を用いる。

(5) サーフェースローラーへのエネルギー転換率の役割

砕波帯内の平均水位と沿岸流速は，式（12.24）で導入した砕波からサーフェースローラーへのエネルギー転換率 α の値に影響される。図12-6は，勾配1/20の一様傾斜海浜に沖波有義波高2.0 mの波が入射角30°で来襲したときの平均水位の変化を段階的砕波変形モデルで計算した結果であり，エネルギー転換率が $\alpha=0$，0.25および0.50の3通りのケースを示している[9],[55]。$\alpha=0$ はサーフェースローラーを考慮しない場合であり，これに比べて α を0.25から0.50と高めるにつれて wave setdown の終了位置が岸近くに移動し，wave setup の開始が遅れる。しかし，平均水位の勾配が急になるため，汀線位置での水位上昇量はエネルギー転換率が大きいほど増大する。

沿岸流速もサーフェースローラーへのエネルギー転換率に影響される。転換率が大きくなるにつれて流速最大の地点が汀線に近づき，最大速度も増大する。図12-7は

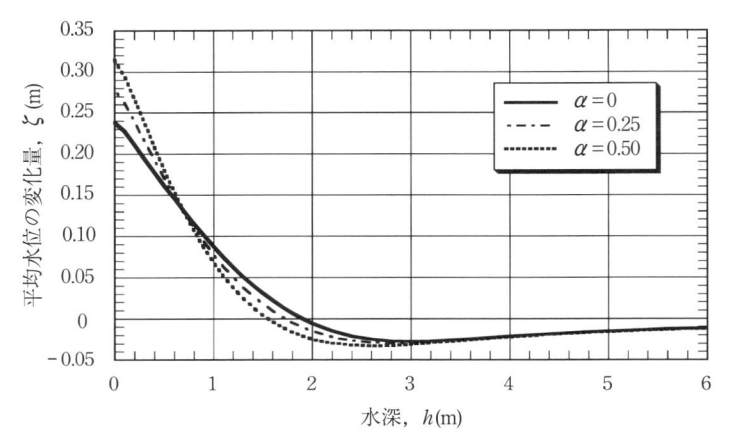

図12-6 段階的砕波モデルで計算した平均水位の変化に及ぼすサーフェースローラーへのエネルギー転換率の影響[55]（海底勾配 $s=1/20$，沖波波浪 $(H_{1/3})_0=2.0$ m，$T_p=9.1$ s，$\theta_0=30°$）

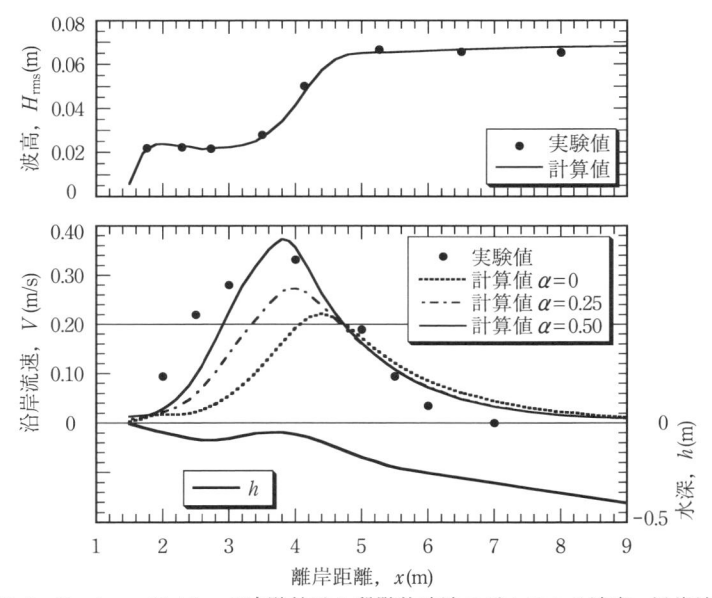

図12-7 Reniers・Battjes の実験値[65]と段階的砕波モデルによる波高・沿岸流速との比較[55]（$H_{\rm rms}=0.07$ m，$T_p=1.2$ s，$\theta_0=30°$）

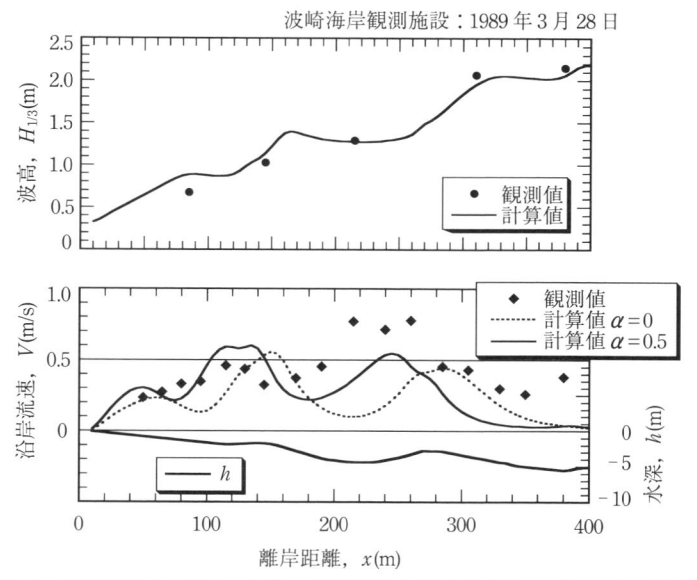

図12-8 波崎海岸での栗山・尾崎の観測値[56]と段階的砕波モデルによる波高・沿岸流速との比較[55]（$(H_{1/3})_0 = 2.35$ m, $T_p = 9.75$ s, $\theta_0 = 25°$）

Reniers・Battjes[65]の室内実験のデータについて計算値を比較したものである[55]。実験は単一方向不規則波で行われ，沖側の一様水深 0.55 m における波浪条件が $H_{rms} = 0.07$ m，$T_p = 1.2$ s，$\theta_0 = 30°$ であった。上の図に示す固定床のバーとトラフ上の波高変化は段階的砕波モデルで適正に再現されており，下の図における沿岸流速は $\alpha = 0.50$ とすることによってピークの位置が実験値と合うようになる。なお，このケースでは砕波係数の定数を $C_b = 0.08$，渦動粘性係数の定数を $\Lambda = 0.05$ とし，底面摩擦係数は沿岸流速の絶対値を合わせるために $C_f = 0.025$ とした。

また現地における沿岸流速として，栗山・尾崎が茨城県波崎海岸で波高と沿岸流速を観測した結果[56]を計算値と比較した1例を図12-8に示す[55]。沖波は $(H_{1/3})_0 = 2.35$ m, $T_{1/3} = 8.9$ s，$\theta_0 = 25°$ と推定された。この比較計算では現地の波高減衰が大きかったため，砕波係数の定数を $C_b = 0.06$ に設定した。沿岸流の計算では渦動粘性係数の定数は $\Lambda = 1.0$，底面摩擦係数は $C_f = 0.0075$ を用いている。下の図で明らかなように，サーフェースローラーをエネルギー転換率 $\alpha = 0.5$ で考慮することによって，距離240 m付近の沿岸流速のピークを再現できるようになっている。

室内実験および現地観測のほかの諸データとの比較検討結果では，サーフェースローラーへのエネルギー転換率は $\alpha = 0.5$ とすることでおおむね良好な結果が得られた。ただし，波形勾配の小さなうねりで顕著な巻き波砕波が発生していたと推測される観測事例に対しては $\alpha = 0.25$ のほうが良好な一致を示す場合があり，室内実験データでも巻き波砕波ではエネルギー転換率が小さいと推測された。

12.6　一様傾斜海浜における平均水位上昇量と沿岸流速の予測

(1) 汀線における平均水位の上昇量

著者は1975年に不規則砕波変形モデルを構築した際に，汀線における平均水位の上昇

量を海底勾配と波形勾配の関数として設計図表の形で作成した[20]。そのときはスペクトル特性を考慮しなかったけれども，段階的砕波変形モデルでは方向スペクトルを入力とするので，前回と同様の平均水位上昇量の算定図表を作成するには，周波数スペクトルのピーク増幅率と方向集中度パラメータを与える必要がある。そこで，沖波有義波高は $(H_{1/3})_0$ $=2.0$ m と一定とし，波形勾配が $0.005, 0.007, 0.010, 0.014, 0.02, 0.03, 0.04, 0.06$ および 0.08（有義波周期換算）となるようにスペクトルピーク周期を $T_p=18.19\sim4.55$ s に設定した。波形勾配が最も小さい $H_0/L_0=0.005$ の条件では，周波数スペクトルのピーク増幅率を $\gamma=10$，サーフェースローラーへのエネルギー転換率を $\alpha=0.20$ に設定し，波形勾配が大きくなるにつれて γ は 1.0 へ向けて減少，α は 0.50 へ向けて増加させた形で変化させた[66]。

海底勾配は $s=1/10, 1/20, 1/30, 1/50$ および $1/100$ の 5 通りとし，沖波入射角は $\theta_0=1°$，$10°(10°)70°$ の 8 通りを用いた。段階的砕波係数の定数は $C_b=0.07$ を用いた。

以上の条件で平均水位の変化を計算し，汀線位置における平均水位の上昇量を算定した結果は 3.6.2 節の図 3-31 に取りまとめ，その近似計算式は (3.34)～(3.36) として提示してある。

(2) 一様傾斜海浜の沿岸流速に対するワイブル分布の当てはめによる近似推定式

著者と渡辺[67]は，先に 1975 年モデルに基づく沿岸流速の算定図表を作成した。しかし，その計算では方向スペクトルの影響が考慮されておらず，またサーフェースローラーの効果が取り込まれていなかったため，段階的砕波モデルに基づく新たな計算を行った[66]。計算は平均水位の変化と同時に行ったので，計算条件は (1) 項に述べた通りである。なお，渦動粘性係数の係数については，勾配 $s=1/10$ では $\Lambda=0.05$，$s=1/20$ では $\Lambda=0.27$，$s=1/30$ では $\Lambda=0.40$，$s=1/50$ では $\Lambda=0.50$，$s=1/100$ では $\Lambda=0.60$ を用いた。これは，勾配が急な斜面では定数を小さくしないと，沿岸流速が過小に評価されたためである。

多数の計算条件に対して得られた沿岸流速の岸沖分布に対して，これらを大局的に表示するものとして次の 2 母数型ワイブル分布を採用する。

$$V=V_0\left(\frac{z}{a}\right)^{k-1}\exp\left[-\left(\frac{z}{a}\right)^k\right] \quad : \quad z=\frac{h}{H_0} \tag{12.32}$$

ここに，V_0 は速度の次元を持つ代表流速，a は尺度母数，k は形状母数である。a と k は無次元量である。

式 (12.32) のワイブル分布は，形状母数が $k>1$ であれば $z>0$ において一つの極大値を持ち，その位置は式 (12.33) で与えられる。

$$z_{\mathrm{mod}}=a\left(1-\frac{1}{k}\right)^{1/k} \tag{12.33}$$

またワイブル分布の最大値は式 (12.34) で求められる。

$$V_{\max}=V_0\left(1-\frac{1}{k}\right)^{1-1/k}\exp\left[-\left(1-\frac{1}{k}\right)\right] \tag{12.34}$$

一方，ワイブル分布の重心位置は次のように求められる。

$$\bar{z}=\frac{\int_0^\infty V(z)z\,dz}{\int_0^\infty V(z)\,dz}=a\Gamma\left(1+\frac{1}{k}\right) \tag{12.35}$$

ここに，Γ はガンマ関数である。

　数値計算で得られた沿岸流速の岸沖分布から，極大値の位置 z_{mod} と重心位置 $\bar{z}$ を求め，それを式 (12.33)，(12.35) と比較することによって，形状母数 k と尺度母数 a の推定値を得ることができる。図 12-9 は沿岸流速の岸沖分布の数値計算結果（太線）とワイブル分布を当てはめて推定した結果（細線）を比べた一例であり，細部では食い違うものの全体ではほぼ合致している。

　各種条件の計算ケースについて両母数の推定値を求め，それに対して重回帰分析によってそれぞれに対する推定式を導いたところ，形状母数に対しては次の推定式が得られている。

$$k=[A_k+B_k \ln H_0/L_0](\cos\theta_0)^{r_k} \tag{12.36}$$

ここに，

$$\left. \begin{array}{l} A_k=-0.9017-1.9486\ln s-0.3783(\ln s)^2 \\ B_k=-0.6884-0.5869\ln s-0.1246(\ln s)^2 \end{array} \right\} \tag{12.37}$$

$$r_k=0.326+0.218\ln s+0.0446(\ln s)^2 \tag{12.38}$$

また，尺度母数に対する推定式として次式が得られている。

$$a=[A_a+B_a \ln H_0/L_0+C_a(\ln H_0/L_0)^2](\cos\theta_0)^{r_a} \tag{12.39}$$

$$\left. \begin{array}{l} A_a=3.148+1.855\ln s+0.3631(\ln s)^2 \\ B_a=1.766+1.122\ln s+0.1929(\ln s)^2 \\ C_a=0.2211+0.1194\ln s+0.02019(\ln s)^2 \\ r_a=-0.751-0.327\ln H_0/L_0-0.0228(\ln H_0/L_0)^2 \end{array} \right\} \tag{12.40}$$

　次に，数値計算で得られた最大流速を $V_{\max}=c_{\max}V_c$ のように基準流速 V_c と最大流速係数 $c_{\max}$ の積の形で表現し，基準流速としては波高その他に依存する次元量として，次のように定義する。

$$V_c=\frac{s\sqrt{gH_0}}{C_f}\sin\theta_0 \cos(0.8\theta_0) \tag{12.41}$$

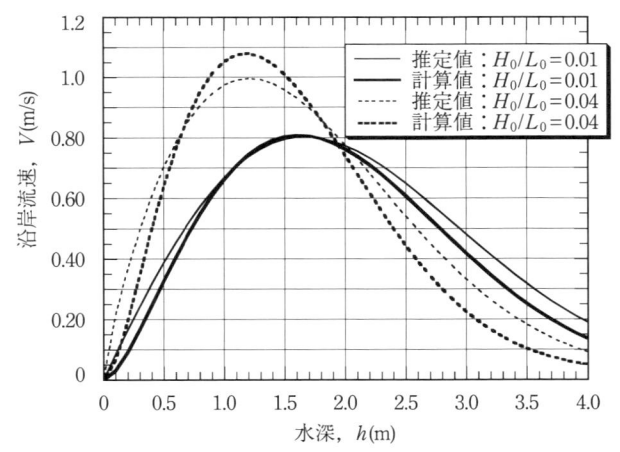

図12-9　沿岸流速の岸沖分布の数値計算結果とワイブル分布による推定曲線の比較の一例 ($s=1/30$, $\theta_0=30°$, $H_0=2.0$ m)[68]

この基準流速と最大流速の算定値を使って最大流速係数 $c_{\max}$ を計算し，それに対する推定式を導いて次式を得た．

$$c_{\max} = A_c + B_c \ln H_0/L_0 + C_c (\ln H_0/L_0)^2 \tag{12.42}$$

$$\left. \begin{array}{l} A_c = 0.8642 + 0.3141 \ln s + 0.02741 (\ln s)^2 \\ B_c = 0.3292 + 0.1616 \ln s + 0.01616 (\ln s)^2 \\ C_c = 0.03281 + 0.01856 \ln s + 0.002024 (\ln s)^2 \end{array} \right\} \tag{12.43}$$

基準流速 V_0 については，式（12.28）の逆関数として求められ，式（12.38）で算定される．

$$V_0 = c_{\max} V_c \left(1 - \frac{1}{k}\right)^{-(1-1/k)} \exp\left[\left(1 - \frac{1}{k}\right)\right] \tag{12.44}$$

以上の各種の推定式のうち，形状母数 k，尺度母数 a，および最大流速係数 $c_{\max}$ の算定図表を図 12-10〜12-12 に示す．

なお，最大流速係数は，海底勾配 1/10 のケースおよび波形勾配 0.06 以上の場合を除けば，$c_{\max} = 0.07 \sim 0.16$ の範囲にある．海底摩擦係数として $C_f = 0.01$ の値を与えると，沿岸流速の最大値の略算式を式（12.45）のように表すことができる．

$$V_{\max} \fallingdotseq (7 \sim 16) s \sqrt{gH_0} \sin\theta_0 \cos(0.8\theta_0) \tag{12.45}$$

この略算式は沖波の諸元を用いたものであるが，これを砕波点の諸元を用いて書き直すと次のように表記できる．

$$V_{\max} = \frac{K_{\max}}{C_f} s \sqrt{gH_b} \sin 2\theta_b \tag{12.46}$$

ここに

$$K_{\max} = \frac{c_{\max} \sqrt{H_0} \sin\theta_0 \cos(0.8\theta_0)}{\sqrt{H_b}(K_r)_b \sin 2\theta_b} \tag{12.47}$$

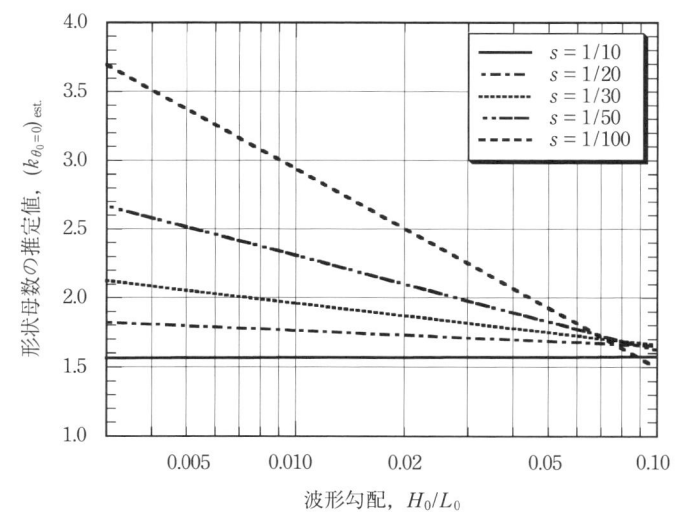

図12-10　垂直入射時の形状母数の推定値 $(k_{\theta_0=0})_{\text{est.}}$ [68]

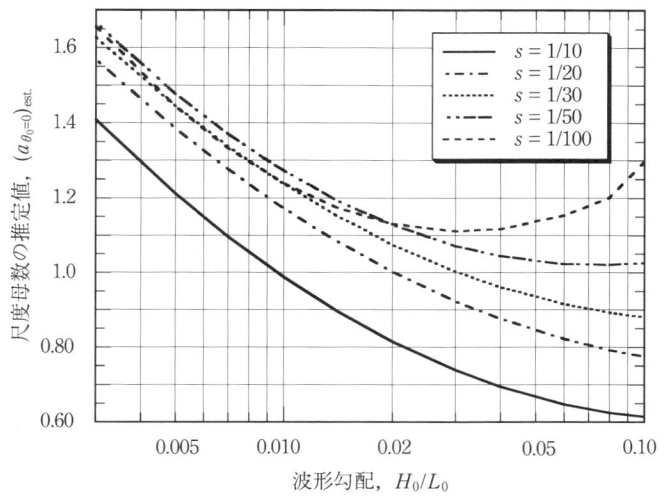

図12-11 垂直入射時の尺度母数の推定値 $(a_{\theta_0=0})_{\text{est.}}$ [68]

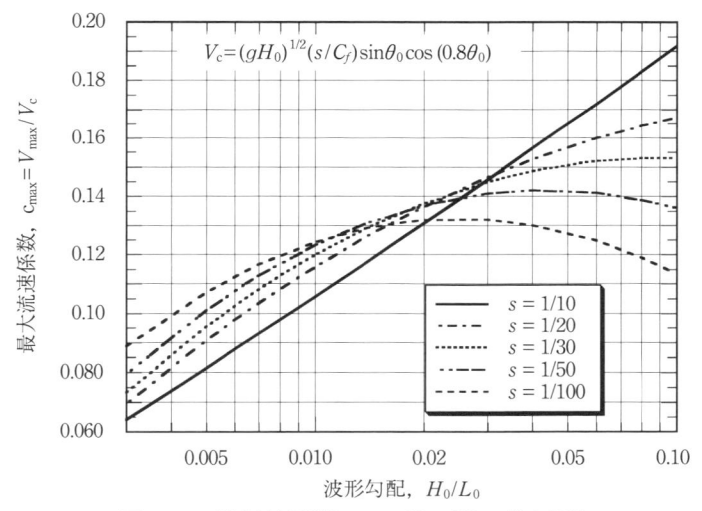

図12-12 最大流速係数 $c_{\max} = V_{\max}/V_c$ の推定値 [68]

この書き換えには式 (12.41) を用いており，$(K_r)_b$ は砕波点における屈折係数である．ここで砕波点の定義として，図 3-27 に示した有義波の初期砕波点を使用し，砕波高 H_b と砕波水深 h_b を求め，砕波点の波向角を Snell の屈折則を用いて推定する．そして，海底勾配 $s=1/100 \sim 1/10$，波形勾配 $H_0/L_0 = 0.005 \sim 0.05$ の範囲で計算を行うと，$K_{\max} = 0.09 \sim 0.14$，平均 0.128 の結果が得られる．したがって，沿岸流速の最大値の略算式としては次のようになる．

$$V_{\max} \fallingdotseq \frac{0.128}{C_f} s \sqrt{gH_b} \sin 2\theta_b \tag{12.48}$$

例えば，$C_f = 0.01$ と仮定すると，比例係数が 12.8 となる．

【例題 12.1】

海底勾配が $s=1/45$ のほぼ一様傾斜海浜に沖波波浪 $(H_{1/3})_0 = 2.5\,\text{m}$，$T_{1/3} = 8.3\,\text{s}$ のうねりが入

射角 $\theta_0=35°$ で来襲するときの沿岸流速を推定せよ．ただし，海底摩擦係数は $C_f=0.01$ とする．

【解】

まず波形勾配を求めるために深海波長を計算すると，$L_0=1.56\times 8.3^2=107.5$ m であるので，$H_0/L_0=2.5/107.5=0.0233$ である．したがって，$\ln H_0/L_0=\ln(0.0233)=-3.759$，また $\ln s=\ln(1/45)=-3.807$ となる．

最初に基準流速を計算すると次の値となる．

$$V_c=1/45\times(9.8\times 2.5)^{1/2}/0.01\times\sin 35°\times\cos(0.8\times 35°)=5.57 \text{ m/s}$$

最大流速係数 $c_{\max}$ を求めるための係数は式（12.43）によって次のように計算される．

$$A_c=0.0657,\quad B_c=-0.0517,\quad C_c=-0.00851$$

したがって，式（12.42）により，

$$c_{\max}=0.0657-0.0517\times(-3.759)-0.00853\times(-3.759)^2=0.1398$$
$$V_{\max}=c_{\max}V_c=0.1398\times 5.57=0.779 \text{ m/s}$$

次に形状母数を求めるための係数は式（12.37），（12.38）によって次のように計算される．

$$A_k=1.034,\quad B_k=-0.260,\quad r_k=0.142$$

したがって，式（12.36）により，

$$k=[1.034-0.260\times(-3.759)]\times(\cos 35°)^{0.142}=1.955$$

また，尺度母数を求めるための係数は式（12.40）によって次のように計算される．

$$A_a=1.349,\quad B_a=0.290,\quad C_a=0.0592,\quad r_k=0.156$$

したがって，式（12.39）により，

$$a=[1.349+0.290\times(-3.759)+0.0592\times(-3.759)^2]\times(\cos 35°)^{0.156}=1.062$$

最大流速 $V_{\max}=0.779$ m/s の出現水深 h_{mode} は式（12.33）によって次のように推定される．

$$h_{\text{mode}}=1.062\times 2.5\times(1-1/1.955)^{1/1.955}=1.84 \text{ m}$$

代表流速 V_0 は式（12.44）によって次のように計算される．

$$V_0=0.779/(1-1/1.955)^{(1-1/1.955)}\times\exp[1-1/1.955]=1.802 \text{ m/s}$$

以上の数値を用いて岸沖方向の沿岸流速分布を計算すると表12-2のようになる．

表12-2　例題12.1における沿岸流速の岸沖分布

x(m)	h(m)	z/a	V(m/s)	x(m)	h(m)	z/a	V(m/s)
0	0	0	0	140	3.11	1.172	0.536
20	0.44	0.167	0.317	160	3.56	1.339	0.406
40	0.89	0.335	0.563	180	4.00	1.507	0.287
60	1.33	0.502	0.720	200	4.44	1.674	0.191
80	1.78	0.670	0.778	220	4.89	1.841	0.119
100	2.22	0.837	0.750	240	5.33	2.009	0.070
120	2.67	1.003	0.660	260	5.78	2.176	0.039

(3) 沿岸流速の最大値の出現水深

上述の例題12.1で示されるように，一様傾斜海浜における沿岸流速はワイブル分布の諸係数を計算することによって，その岸沖分布を算定できる．このうち，沿岸流速の最大値の出現水深を設計図表の形で取りまとめたもののうち，海底勾配 $s=1/20$ と $s=1/50$ のケースを図12-13に示す．

図の横軸は沖波の入射角度 θ_0 であり，縦軸は最大流速の出現水深と波高の比である．パラメータは沖波波形勾配 H_0/L_0 である．沿岸流速の最大値は，海底勾配が緩やかになるほど，また波形勾配が小さいほど相対的に沖側の水深に現れる．また，沖波の入射角が大きくなると，最大流速の現れる地点が岸側に寄ってくる．こうした傾向は，著者と渡辺[68]が先に取りまとめた単一周期・単一方向不規則波に対する計算図表の結果と定性的には一致する．ただし定量的には差異があり，今回の結果は全体として最大流速の出現水

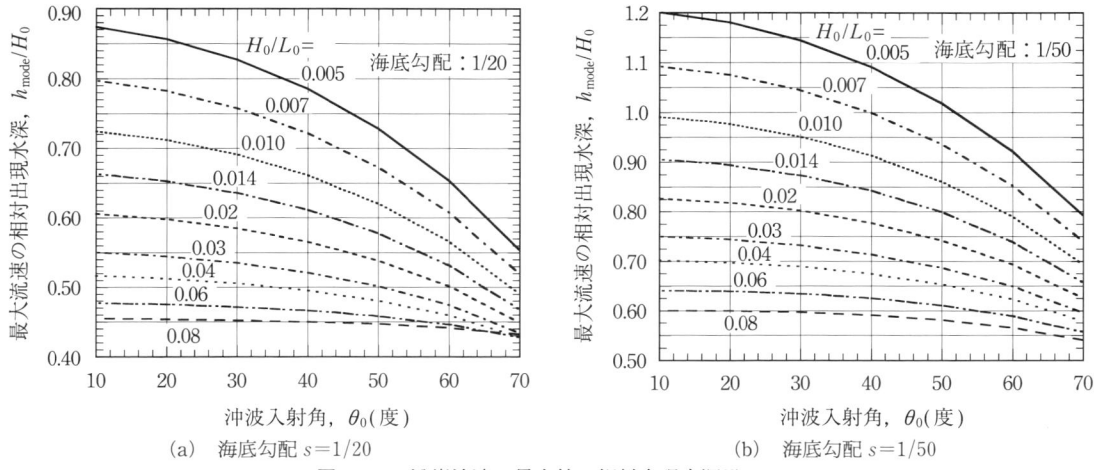

図12-13 沿岸流速の最大値の相対出現水深[68]

(a) 海底勾配 $s=1/20$
(b) 海底勾配 $s=1/50$

深が浅くなっている。その主な理由は，式（12.27）の基本式に示されるように，サーフェースローラーの効果を取り入れたことにあり，サーフェースローラーの重要性が示されているといえよう。

(4) 海浜流場の計算における諸係数の設定について

波浪場および海浜流場の計算においては，幾つかの係数の値を与える必要がある。段階的砕波変形モデルでは，砕波係数の定数 C_b と C_b' が調整可能である。標準値は $C_b=0.07$, $C_b'=0.0613$ であるが，波高値の観測データが得られているときには，C_b を 0.08 あるいは 0.06 程度に変更することによって，データと整合性の良い計算結果を得ることができる。

海浜流場の計算においては，底面摩擦係数 C_f，渦動粘性係数として式（12.31）を用いるのであれば定数 Λ，さらに砕波で逸散されるエネルギーがサーフェースローラーに変換されるエネルギー転換率 α の値を与えなければならない。一様傾斜海浜での平均水位と沿岸流の計算においても，実験ならびに現地観測データと照合する際には，こうした諸係数の値を大幅に変える必要があった[56]。本節 (1)，(2) 項の計算に際しては $C_f=0.01$, $\alpha=0.2\sim0.5$, $\Lambda=0.05\sim0.6$ の値を用いたけれども，その妥当性が確認されているわけではない。こうした諸係数の値に対する的確な指針を見いだすことが今後の課題の一つである。

(5) 複雑な海浜地形における沿岸流速の推定

以上に紹介した沿岸流速推定の実験式は，一様傾斜海浜を対象として導かれたものである。しかしながら，底面勾配が変化していたり，沿岸砂州が存在するような海浜に対しても，オーダー推定用には利用することができる。すなわち，砕波帯と見なされる個所の平均勾配を算定し，所与の波浪条件に対するワイブル分布の形状母数 k と尺度母数 a を推定する。式（12.32）のワイブル分布は相対水深 h/H_0 のみの関数であるので，汀線からの距離に応じた水深を入力していけば，沿岸流速の岸沖分布が計算される。文献[68]には，幾つかの現地観測事例に対して，ここに述べた方法で沿岸流速を推定して比べた結果が紹介されている。

参考文献

1) 磯部雅彦・余　錫平・梅村幸一郎・高橋重雄：数値波動水路の開発に関する研究，海岸工学論文集，第 46 巻，1999 年，pp. 36-40.

2) 沿岸開発技術研究センター：沿岸開発技術ライブラリーNo.12「数値波動水路の研究・開発」（CADMAS-SURF），2001年，本文296 p.，付録4編．
3) 渡部靖憲・安原幹雄・佐伯　浩：大規模旋回渦，斜降渦，3次元ジェットの生成および発達機構，海岸工学論文集，第46巻，1999年，pp.141-145．
4) 土木学会：「海岸保全施設設計便覧」，2000年，2.5節．
5) 伊藤喜行・谷本勝利：新しい方法による波動の数値計算―防波堤周辺の波高分布への適用―，港湾技術研究所報告，第10巻 第2号，1971年．
6) 伊藤喜行・谷本勝利：波向交差領域での波の屈折―数値波動解析法の応用（2）―，第19回海岸工学講演会論文集，1972年，pp.325-329．
7) 高山知司：波の回折と港内波高分布に関する研究，港湾技研資料，No.367，1981年，140 p.
8) Goda, Y., Takayama, T. and Suzuki, Y.: Diffraction diagrams for directional random waves, *Proc. 16th Int. Conf. Coastal Eng.*, Hamburg, ASCE, 1978, pp.628-650.
9) 合田良実：不規則波による沿岸流速に及ぼす砕波モデル選択の影響，海洋開発論文集，Vol.20，2004年，pp.785-790．
10) Karlsson, T.: Refraction of continuous ocean wave spectra, *Proc. ASCE*, Vol.95, No.WW4, 1969, pp.471-490.
11) 永井康平・堀口孝男・高井俊郎：方向スペクトルを持つ沖波の浅海域における伝播計算について，第21回海岸工学講演会論文集，1974年，pp.437-448．
12) Holthuijsen, L.H., Booji, N., and Ris, R.C.: A spectral wave model for the coastal zone, *Proc. 2nd Int. Symp. on Ocean Wave Measurement and Analysis*, New Orleans, ASCE, 1993, pp.630-641.
13) Booji, N., Holthuijsen, L.H., Doorn, N., and Kieftenburg, A.T.M.M.: Diffraction in a spectral wave model, *Proc. 3rd Int. Symp. on Ocean Wave Measurement and Analysis*, Virginia Beach, Virginia, ASCE, 1997, pp.243-255.
14) Rivero, F.J., S.-Archilla, A., and Carci, E.: An analysis of diffraction in spectral wave models, *Proc. 3rd Int. Symp. on Ocean Wave Measurement and Analysis*, Virginia Beach, Virginia, ASCE, 1997, pp.431-445.
15) 間瀬　肇・高山知司・国富将嗣・三島豊秋：波の回折を考慮した多方向不規則波の変形計算モデルに関する研究，土木学会論文集，No.628/Ⅱ-48，1999年，pp.177-197．
16) 間瀬　肇・沖　和哉・高山知司・酒井哲郎：高次精度差分による位相平均不規則波浪変形計算モデルに関する研究，土木学会論文集，No.684/Ⅱ-56，2001年，pp.57-68．
17) Booji, S., Ris, R.C., and Holthuijsen, L.H.: A third-generation wave model for coastal regions, Part I: Model description and validation, *J. Geophys. Res.*, Vol.104, No.C4, 1999, pp.7649-7666.
18) Ris, R.C., Booji, S., and Holthuijsen, L.H.: A third-generation wave model for coastal regions, Part Ⅱ: Verification, *J. Geophys. Res.*, Vol.104, No.C4, 1999, pp.7667-7681.
19) 高山知司・池田直太・平石哲也：砕波および反射を考慮した波浪変形計算，港湾技術研究所報告，第30巻 第1号，1991年，pp.21-67．
20) 合田良実：浅海域における不規則波の砕波変形，港湾技術研究所報告，第14巻 第3号，1975年，pp.59-106．
21) Berkoff, J.C.W.: Computation of combined refraction-diffraction, *Proc. 13th Int. Conf. Coastal Eng.*, Vancouver, ASCE, 1972, pp.471-490.
22) 灘岡和夫：波動方程式―理論と数値シミュレーション―，1999年度（第35回）水工学に関する夏期研修会講義集，土木学会水理委員会・海岸工学委員会，1999年，pp.B-2-1〜B-2-19．
23) 佐藤典之・磯部雅彦・泉宮尊司：任意形状港湾に対する不規則波の港内波高分布計算法の改良，第35回海岸工学講演会論文集，1988年，pp.257-261．
24) Radder, A.C.: On the parabolic equation method for water-wave propagation, *J. Fluid Mech.*, Vol.95, 1979, pp.159-176.
25) 平口博丸・丸山康樹：斜め入射に対する放物型方程式の適用性の拡張，第33回海岸工学講演会論文集，1986年，pp.114-118．
26) Li, B.: Parabolic model for water waves, *J. Waterway, Port, Coastal, and Ocean Eng.*, ASCE, Vol.123, No.4, 1997, pp., 192-199.
27) Saied, U.M. and Tsanis, I.K.: Improved parabolic water wave transformation model, *Coastal Engineering*, Vol.52, 2005, pp.139-149.

28) Kirby, J. T.: Rational approximation in the parabolic equation method for water waves, *Coastal Engineering*, Vol. 10, 1986, pp. 355-378.
29) 合田良実：段階的砕波モデルによる人工リーフ波高伝達率の特性解析，海岸工学論文集，第50巻，2003年, pp. 676-680.
30) Vincent, C.L. and Briggs, M.J.: Refraction-diffraction of irregular waves over a mound, *J. Waterway, Port, Coastal, and Ocean Eng.*, ASCE, Vol. 115, No. 2, 1989, pp. 269-284.
31) Özkan, H. T. and Kirby, J. T.: Evolution of breaking directional spectral waves in the nearshore, *Proc. 2nd Int. Symp. on Ocean Wave Measurement and Analysis*, New Orleans, ASCE, 1993, pp. 849-863.
32) Yoon, S. B., Lee, J. W., Yeon, Y. J., and Choi, B. H.: A note on the numerical simulation of wave deformation over a submerged shoal, *Proc. 1st Conf. Asian and Pacific Coastal Eng.*, Dalian, China, 2001, pp. 315-324.
33) Goda, Y.: A 2-D random wave transformation model with gradational breaker index, *Coastal Engineering Journal*, Vol. 46, No. 1, 2004, pp. 1-38.
34) 土木学会海岸工学委員会研究現況レビュー小委員会編：「海岸波動―波・構造物・地盤の相互作用の解析法」, 1994年，3.7節, pp. 60-65.
35) 渡辺　晃・丸山康樹：屈折・回折・砕波変形を含む波浪場の数値解法，第31回海岸工学講演会論文集，1984年, pp. 103-107.
36) 磯部雅彦：有理式近似に基づく非定常緩勾配不規則波動方程式，海岸工学論文集，第40巻，1993年, pp. 26-30.
37) 石井敏雄・磯部雅彦・渡辺　晃：有理式近似に基づく非定常緩勾配不規則波動方程式を用いた波浪場・海浜流場計算法の実務問題への適用性，海岸工学論文集，第42巻，1995年, pp. 191-195.
38) 有川太郎・磯部雅彦：非線形緩勾配方程式を用いた砕波・遡上計算モデルの開発，海岸工学論文集，第47巻，2000年, pp. 186-190.
39) 磯部雅彦：非線形緩勾配方程式の提案，海岸工学論文集，第41巻，1994年, pp. 1-5.
40) 有川太郎・岡安章夫：非線形緩勾配方程式を用いた屈折・回折・砕波変形モデルの開発，海岸工学論文集，第49巻，2002年, pp. 26-30.
41) 金山　進：離島等の急峻地形における波浪変形計算の多層波動方程式の適用性について，海洋開発論文集，Vol. 22, 2006年, pp. 115-120.
42) Peregrine, D. H.: Long waves on a beach, *J. Fluid Mech.*, Vol. 27, 1967, pp. 815-827.
43) Madsen, P. A., Murray, R., and Sørensen, O.R.: A new form of the Boussinesq equations with improved linear dispersion characteristics, *Coastal Engineering*, Vol. 15, 1991, pp. 371-388.
44) 平山克也：非線形不規則波浪を用いた数値計算の港湾設計への活用に関する研究，港湾空港技術研究所資料，No. 1036, 2002年, 162 p.
45) 佐藤慎司・Kabiling, M.：Boussinesq方程式を用いた三次元海浜変形の数値計算，海岸工学論文集，第40巻，1993年, pp. 386-390.
46) 平山克也・原　信彦：時間領域の擬似段波モデルに基づく砕波モデルの開発，海岸工学論文集，第49巻，2002年, pp. 121-125.
47) 灘岡和夫・大野修史・栗原　礼：波動場の力学状態に基づく砕波過程の解析と砕波実験，海岸工学論文集，第43巻，1996年, pp. 81-85.
48) 平山克也・平石哲也：ブシネスクモデルによる砕波・遡上計算法とその適用性，海岸工学論文集，第51巻，2004年, pp. 11-15.
49) 合田良実：段階的砕波係数を用いた不規則波浪変形計算モデルの改良，海洋開発論文集，Vol. 19, 2003年, pp. 486-490.
50) 堀川清司編：「海岸環境工学」，東大出版会，1985年, p. 67.
51) Dally, W. R., Dean, R. G., and Darlymple, R.A.: Wave height variation across beaches of arbitrary profile, *J. Geophys. Res.*, Vol.90, No. C6, 1985, pp. 11,917-11,927.
52) Kraus, N. C., Smith, J. M., and Sollitt, C. K.: SUPERTANK laboratory data collection project, *Proc. 23rd Int. Conf. Coastal Eng.*, Venice, ASCE, 1992, pp. 2191-2204.
53) Hotta, S. and Mizuguchi, M.: A field study of waves in the surf zone, *Coastal Engineering in Japan*, JSCE, 1980, Vol. 23, pp. 59-79.
54) Thornton, E. B. and Guza, R.T.: Surf zone longshore currents and random waves: field data and

models, *J. Phys. Oceanogr.*, Vol. 16, 1986, pp. 1165-1178.

55) Goda, Y.: Examination of the influence of several factors on longshore current computation with random waves, *Coastal Engineering*, Vol. 53, 2006, pp. 157-170.

56) Kuriyama, Y. and Ozaki, Y.: Longshore current distribution on a bar-trough beach —Field measurements at HORF and numerical model—, *Rept. Port and Harbour Res. Inst.*, Vol. 32, No. 3, 1993, pp. 3-37.

57) Reniers, A.: Longshore current dynamics, *Communications on Hydraulic Eng., Dept. Civil and Geoscience, Delft Univ., Tech. Rept.* No. 99-2, 1999, 132p.

58) Svendsen, I. A.: Wave heights and set-up in a surf zone, *Coastal Engineering*, Vol. 8, 1984, pp. 303-329.

59) Dally, W. R. and Brown, C. A.: A modeling investigation of the breaking wave roller with application to cross-shore currents, *J. Geophys. Res.*, Vol. 100 (C12), 1995, pp. 24,873-24,883.

60) Tajima, Y. and Madsen, O. S.: Modeling near-shore waves and surface roller, *Proc. 2nd Int. Conf. Asian and Pacific Coasts (APAC 2003)*, Makuhari, Chiba, Japan, 2003, Paper No. 28 in CD-ROM, 12p.

61) Longuet-Higgins, M. S.: Longshore current generated by obliquely incident sea waves, 1 & 2, *J. Geophys. Res.*, Vol. 75, No. 33, 1970, pp. 6779-6801.

62) 西村仁嗣：海浜循環流の数値シミュレーション，第29回海岸工学講演会論文集，1982年，pp. 333-337.

63) Larson, M. and Kraus, N. C.: Numerical model of longshore current for bar and trough beaches, *J. Waterway, Port, Coastal, and Ocean Eng.*, ASCE, Vol. 117, No. 4, 1991, pp. 326-347.

64) Battjes, J. A.: Modeling of turbulence in the surf zone, *Proc. Symp. Modeling Techniques*, 1975, pp. 1050-1061.

65) Reniers, A. J. H. M. and Battjes, J. A.: A laboratory study of longshore currents over barred and non-barred beaches, *Coastal Engineering*, Vol. 30, 1997, pp. 1-22.

66) 合田良実：方向スペクトル波浪によるWave Setupと沿岸流速の設計図表，海洋開発論文集，Vol. 21，2005年，pp. 301-306.

67) 合田良実・渡辺則行（1990）：沿岸流速公式への不規則波モデルの導入について，海岸工学論文集，第37巻，1990年，pp. 210-214.

68) Goda, Y.: Wave setup and longshore currents by directional spectral waves: Prediction formulas based on numerical computation results, *Coastal Engineering Journal*, Vol. 50, 2008 (submitted).

III 極値統計解析

13. 極値統計解析

13.1 序　説

13.1.1　極値統計資料の分類
(1)　極値統計の対象

　海の中に建設する構造物の設計では，設計波の選定がまず最初の課題である。第Ⅰ編で述べた波の変形・作用の解析も，設計波の選定が不適切であれば正しい答えを与えない。設計波の選定は一定の手順で機械的に進めていくものではなく，構造物の供用目的や既往の設計条件その他も勘案し，総合的に判断する必要がある。しかし，基本となるものは高波の発生確率であり，過去に高波がどのような頻度で発生したかをまず知らなければならない。波浪に限らず，橋梁の風荷重を定めるための暴風の発生確率，河川の高水流量を選定するための豪雨の発生確率その他，異常な自然条件の発生確率を推定しなければならない問題は数多い。こうした問題を取り扱うものは，一般に極値統計と呼ばれている。高潮や地震の発生確率も極値統計の問題である。これらはいずれも毎年の最大値あるいは異常事象ごとの極大値を基礎データとして解析する。

　上で挙げたのはいずれも異常に大きな値の発生確率を対象としているが，小雨や渇水の問題では異常に小さい値を対象として解析する。また，医薬品の性能判定では実験動物の生存期間の最短値が検討され，工場の品質管理では製品の耐久時間の最小値などが議論の対象となる。こうした最小値の発生確率も極値統計の重要な課題である。最小値の解析は最大値の場合とほとんど同じように行われるが，使用する確率分布その他に若干の差異がある。ここでは構造物の設計条件を検討する立場から最大値の解析に限定して議論を進める。なお，極値統計に関する成書としては文献[1]〜[3]などを参照されたい。

(2)　データの要件と標本

　極値統計で使用するデータについては，**独立性**（independency）と**等質性**（homogenuity）の二つの条件を満たすことが要求される。第1の独立性とは，個々のデータが相互に関連したものでないことをいう。大雨が数日間降り続く場合など各日の日雨量が独立でないことは明らかであり，年間365日の日雨量の全データをそのまま極値統計データとして使うことはできない。独立性が疑問の場合は自己相関係数を計算し，その値が0に近ければ独立性がほぼ確認される。波浪の場合も波の発達・減衰過程を考えると分かるように，数時間ごとに観測された波高値は独立ではない。したがって，2時間ごとの定時観測の波高の頻度分布から数十年に一度起きるような高波の波高を推定することは統計学的に正しくない。一つの高波が発達し，減衰する過程における極大値をデータとして使用すれば，独立性はほぼ保証される。また，年最大値を使用すれば，異常事象が年末・年始にまたがって起きていないかぎり独立性は保証される。

　第2の等質性とは，対象とするデータがすべて同一の確率分布に従う統計的集団から抽出されたものであることをいう。この共通の統計的集団を母集団という。風，雨，波など

表13-1 石廊崎の年最大風速記録　[風速単位：m/s]

年	風速	年	風速	年	風速	年	風速	年	風速
1940	38.9	1950	24.3	1960	25.0	1970	22.3	1980	18.3
1941	27.0	1951	25.6	1961	25.0	1971	19.7	1981	22.5
1942	26.5	1952	37.7	1962	21.4	1972	27.5	1982	29.0
1943	28.4	1953	32.9	1963	32.0	1973	22.1	1983	17.9
1944	23.1	1954	27.0	1964	24.3	1974	21.6	1984	15.7
1945	32.4	1955	29.9	1965	26.5	1975	19.7	1985	28.9
1946	29.5	1956	30.2	1966	29.9	1976	18.4	1986	18.4
1947	26.8	1957	27.5	1967	25.9	1977	16.2	1987	18.2
1948	39.1	1958	38.9	1968	22.5	1978	17.7		
1949	30.5	1959	51.9	1969	22.3	1979	25.8		

注：風速は地上10mの高さにおける値に換算されたものである。

の年最大値あるいは事象ごとの極大値について，これらが同一の母集団に属することを証明することは容易ではない。それぞれの発生原因である気象擾乱を確定し，発生原因ごとに別の組に分けて解析すれば等質性は保証される。このように極値データを発生原因別に分けて解析する場合の取り扱いについては13.4.1節で述べる。ただし，実際の解析作業ではこのような分類作業が面倒なため，ひとまとめにして解析されることが多い。なお，極値統計のデータは数十年以上の期間を対象とするのが普通であり，その間の長期的気候変動の影響の有無が一つの問題となる。長期的変動の影響が明らかな場合にはデータの等質性が崩れているので，トレンド補正などを行う必要がある。

　ある地点において収集された極値データの一つの組は**標本**（sample）と呼ばれる。そして，一つの標本に含まれるデータの個数を標本の大きさと称する。標本という用語は，収集されたデータが確定値ではなく，偶発的要因で発現した値であって，観測を継続すると次にどのような値が得られるかは確率的にしか予測できないとのニュアンスを含んでいる。また，極値統計の標本を各地点について収集した資料全体をここでは極値資料と総称する。

　表13-1は伊豆半島の石廊崎で気象庁が観測した1940〜1987年における年最大風速の記録（地上10mの高さでの値に換算）であり，極値統計の標本の一例である。なお，この記録では近年風速が弱まっているように見える。ただし，これが長期的気候変動の影響によるものであるかどうかを判断するためには，別途の統計的検定が必要である。

(3)　全数極値資料と部分極値資料

　極値統計の中でも地震などは1回ごとに明瞭に区別されるので，個々のデータの定義が明確である（微小群発地震を除く）。また，高潮も潮位の最高値あるいは高潮偏差の最大値が極値データとして定義され，発生回数の計数も困難ではない。これに対して，風速や波高のように毎日連続的に変化している事象の場合には極値の定義がやや困難であり，強風あるいは高波をどのように定義するかによって対象期間中の発生回数も異なってくる。極値データとして定義する一つの方法は，1カ月，1年などの時間単位を定め，その期間中の最大値を使用するものである。もう一つの方法は，高波の例のように事象ごとの極大値を使用するものである。前者の方法による極値データの資料は**期間最大値資料**，後者の方法によるものは**極大値資料**と呼ばれることがある[4]。特に，年最大値を対象とするものは毎年最大値資料と呼ばれる[5]。

　極大値資料においては，極大値の発生頻度が一つの重要なパラメータである。単位期間当りの**平均発生率**（mean rate）をλで表示すると，K年間に対象とする事象がN_T個発生した場合の平均発生率は単純に次のように推定される。

$$\lambda = N_T/K \tag{13.1}$$

期間最大値資料については意味がやや異なるけれども，平均発生率が $\lambda=1$ であると見なすことによって極大値資料と同一の取扱いをすることができる．したがって，以下においては期間最大値資料と極大値資料を特に区別せずに取り扱う．

表13-2 は極大値資料の一つであり，北東太平洋アラスカ沖の Kodiak 地点で波浪追算によって得られた有義波高の極大値の資料[6] である．これは 1956 年から 1975 年までの 20 年間の気象データから波浪推算を行い，高波の極大値が $H_s \geq 6.0$ m の高波 78 個を抽出したものである．したがって，$K=20$，$N_T=78$ であり，平均発生率は $\lambda=3.9$ である．各年の発生個数は 0 から 7 個まで変化しており，発生個数はほぼポアソン分布（後出の式-13.20）で近似できる．

表13-2 Kodiak 地点における有義波高の極大値の時系列[6]

年	極大波高 H_s(m)	年	極大波高 H_s(m)
1956	6.2	1966	7.3, 8.6, 7.4
1957	—	1967	7.1, 6.0, 6.3, 6.0, 6.7
1958	8.8, 6.6, 6.9, 7.8, 6.3	1968	6.6, 6.5, 6.9, 7.7, 8.2, 6.7, 7.4
1959	11.7, 7.2, 7.4	1969	6.4, 6.1, 7.1, 6.5, 8.5, 8.8, 9.1
1960	9.9, 8.9, 7.5, 7.0, 6.7	1970	8.0, 6.3, 9.1
1961	9.2, 6.2, 6.3	1971	6.6
1962	8.1, 6.3, 7.2, 6.3, 6.0	1972	6.7, 7.2, 10.2, 7.0, 10.1
1963	8.4, 6.8, 9.3, 6.7, 6.5, 7.2, 8.5	1973	7.8, 6.1, 6.3, 8.6, 7.1, 10.0
1964	6.9, 6.6, 9.4, 8.2	1974	8.0, 6.1, 8.4
1965	6.3, 7.6	1975	7.4, 8.2, 8.1

極値資料においてもう一つの重要なパラメータは，**データ採択率**（censoring parameter）である[4]．これは，極大値資料の場合に見られるように，統計期間中に発生した異常事象のすべてを取り上げるのではなく，ある大きさ以上の値のデータのみを対象として解析する場合に問題となる．特に，波浪の場合には年間の高波の発生事象を一つ一つ区別することが容易でないため，例えば波高変化のピーク値が $H_{1/3} \geq 1.5$ m の高波のみを対象とするというような取扱いがなされる．そして，さらにその中でも $H_{1/3} \geq 2.5$ m のものだけを解析するということも行われる．後者の処理は，データ個数があまり多くなるのを防ぐためと，比較的小さな高波を見落とす可能性を考慮してその場合の影響をできるだけ排除するためである．発生事象の特定が比較的容易な高潮の場合でも，あまり大きくないものは解析対象から除外することがある．

このように，極値データの中で値が小さいものを除外する操作は censoring といわれている．そして，censoring が行われた資料は，**部分極値資料**，除外操作が行われずにすべてのデータを取り上げた資料は**全数極値資料**と呼ばれる[4]．そして，実際に取り上げられたデータの個数を N とし，統計期間中に発生した極値データの総数を N_T として，この両者の比をデータ採択率と称する．すなわち，

$$\nu = N/N_T \tag{13.2}$$

であり，部分極値資料では $\nu < 1$，全数極値資料では $\nu = 1$ である．期間最大値資料の場合には，原則としてすべての単位期間中の最大値を使用するので全数極値資料となる．極大値資料の場合には部分極値資料の扱いとなることが多い．

13.1.2 極値分布関数とその特性

極値統計では，与えられた標本がどのような確率分布の母集団に属するかを推定することが第一の問題である。確率分布としては以下に述べるように，いろいろなものが使用される。極値統計の厳密な意味では，ある任意の母集団から抽出した多数の標本ごとにその最大値あるいは最小値という極値を定義し，そうした極値の複数のデータからなる標本の統計的性質を取り扱う。ただし，広い意味では上に述べた高波や高潮の部分極値資料のように，自然現象としての極大値の集団の統計的性質を対象とする。

狭義の極値統計の理論では，極値を定義する元の標本が十分に大きいことを前提として，極値の分布関数が次の3種類のいずれかで表されることがFisher・Tippett（1928）によって導かれている[7]。

1) 極値Ⅰ型分布（FT-Ⅰ型分布，二重指数分布，またはグンベル分布）

$$F(x) = \exp\left[-\exp\left(-\frac{x-B}{A}\right)\right] \quad : -\infty < x < \infty \tag{13.3}$$

$$f(x) = \frac{1}{A}\exp\left[-\frac{x-B}{A} - \exp\left(-\frac{x-B}{A}\right)\right] \tag{13.4}$$

2) 極値Ⅱ型分布（FT-Ⅱ型分布またはフレッシェ分布）

$$F(x) = \exp\left[-\left(1 + \frac{x-B}{kA}\right)^{-k}\right] \quad : B - kA \leq x < \infty \tag{13.5}$$

$$f(x) = \frac{1}{A}\left(1 + \frac{x-B}{kA}\right)^{-(1+k)} \exp\left[-\left(1 + \frac{x-B}{kA}\right)^{-k}\right] \tag{13.6}$$

3) 極値Ⅲ型分布（FT-Ⅲ型分布）

$$F(x) = \exp\left[-\left(\frac{B-x}{A}\right)^k\right] \quad : -\infty < x \leq B \tag{13.7}$$

$$f(x) = \frac{k}{A}\left(\frac{B-x}{A}\right)^{k-1} \exp\left[-\left(\frac{B-x}{A}\right)^k\right] \tag{13.8}$$

ここに，xは極値を表す確率変数，$F(x)$はxの分布関数すなわち非超過確率を表す関数，$f(x)$はxの確率密度関数である。また，定数A, B, およびkは分布関数のパラメータで母数と呼ばれており，それぞれ尺度母数，位置母数，形状母数といわれる。極値Ⅰ型分布は母数が2個なので2母数型分布関数，あとの二つは母数が3個なので3母数型分布関数と称される。式（13.5）の極値Ⅱ型分布の表式は合田・小野澤[8]がGumbel[9]を参考にして提示したものである。この式で$k \to \infty$の極限値を求めると式（13.3）の極値Ⅰ型分布に収束する。すなわち，極値Ⅰ型分布は極値Ⅱ型分布の極限形である。また，極値Ⅲ型分布は確率変数xが上限値を持ち，xの小さいほうへ裾を引く分布である。設計条件にかかわる極値の問題ではxの大きいほうに裾を引く分布である場合が多いので，極値Ⅲ型分布についてはこれ以上取り扱わない。

上記の3種類の極値分布関数を一つにまとめたものとして下記の関数が提案されている。

4) 一般化極値分布関数（Generalized Extreme Value Distribution: GEV）

$$F(x) = \exp\left[-\left(1 + \xi\frac{x-B}{A}\right)^{-1/\xi}\right] \tag{13.9}$$

$$f(x)=\frac{1}{A}\left(1+\xi\frac{x-B}{A}\right)^{-(1+1/\xi)}\exp\left[-\left(1+\xi\frac{x-B}{A}\right)^{-1/\xi}\right] \tag{13.10}$$

この一般化極値分布関数は，Jenkins[10]が1955年に上の1)〜3)の3種類の分布関数を一つにまとめたものであり，後に若干書き換えられて式(13.9)，(13.10)のように表されている。この関数形は，式(13.5)の形状母数を$k=1/\xi$としてξに置き換えたものに等しく，$\xi=0$が極値Ⅰ型分布，$\xi>0$が極値Ⅱ型分布，$\xi<0$が極値Ⅲ型分布を表す。この一般化極値分布は，英国の洪水頻度解析における基準分布として使用されている。また，角屋[11]が1956年に導いた対数極値分布は式の形はやや異なるけれども，極値Ⅰ〜Ⅲ型分布を統一的に表示したもので，特にそのA型分布は極値Ⅱ型分布と同等である。

広義の極値統計では，上記の4種類のほかに次の二つの分布関数が経験的に使用されている。

5) ワイブル分布

$$F(x)=1-\exp\left[-\left(\frac{x-B}{A}\right)^{k}\right] \quad : B\leq x<\infty \tag{13.11}$$

$$f(x)=\frac{k}{A}\left(\frac{x-B}{A}\right)^{k-1}\exp\left[-\left(\frac{x-B}{A}\right)^{k}\right] \tag{13.12}$$

6) 対数正規分布

$$F(x)=\int_{-\infty}^{x}f(t)dt \quad : 0<x<\infty \tag{13.13}$$

$$f(x)=\frac{1}{\sqrt{2\pi}Ax}\exp\left[-\frac{(\ln x-B)^{2}}{2A^{2}}\right] \tag{13.14}$$

以上のうち，5)のワイブル分布はWeibull(1939)が材料の破壊強度の分布式として提案したもので，3)の極値Ⅲ型分布を最小値に関する表式として書き直した形になっている。このため，極値Ⅲ型分布がワイブル分布と呼ばれることもある。ただし，極値Ⅲ型分布が上限値を持つ分布であるのに対し，5)のワイブル分布は下限値を持つ分布である。このワイブル分布は波浪の極値統計でもよく利用される。

図13-1〜13-3は以上の各種分布関数のうち，本章で取り扱う分布関数を確率密度関数の形状で比較したものである。まず，図13-1は極値Ⅰ型分布と極値Ⅱ型分布の分布形状である。極値Ⅱ型分布は形状母数が$k=2.5, 3.33, 5.0$，および10.0の場合を示しており，さらに極値Ⅰ型分布に相当する$k=\infty$も併せて示している。なお，図の横軸は次式で定義される変数であり，一般に基準化変量（reduced variate）と呼ばれる。

$$y=(x-B)/A \tag{13.15}$$

極値Ⅱ型分布は基準化変量が$-1<y<3$の範囲では顕著な差が見られず，分布の裾の部分すなわちほぼ$y>4$の領域で初めて明瞭な差が現れる。

次に図13-2は，ワイブル分布について形状母数が$k=0.75, 1.0, 1.4$および2.0の場合を示している。この分布では形状母数の値によって分布形状が大幅に変化する。なお，$k=1.0$の場合は指数分布であり，その名称のままで呼ばれることも多い。

図13-3では，極値Ⅰ型分布，$k=2.0$のワイブル分布，および対数正規分布を比較している。関数形がこのように異なる場合には基準化変量を導入しても適切な比較ができないので，尺度母数および位置母数の値を仮定したうえで図示している。

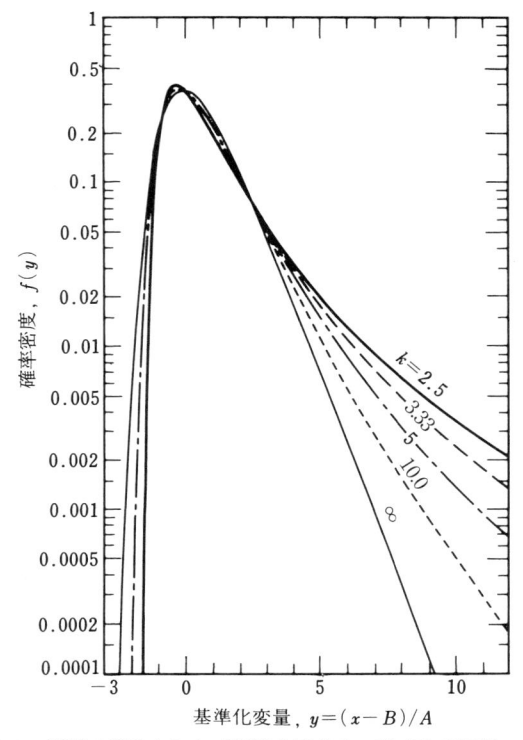

図13-1　極値 I 型分布および極値 II 型分布の確率密度関数の形状

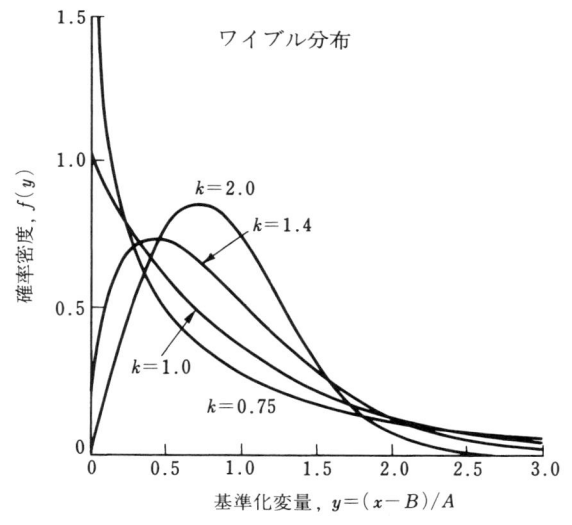

図13-2　ワイブル分布の確率密度関数の形状

　極値分布関数の特性を表す統計量は，最頻値 x_{mode}，期待値あるいは母集団平均値 $E(x)$，標準偏差 $\sigma(x)$ その他である。これらの統計量は，極値 I 型分布，極値 II 型分布，ワイブル分布，および対数正規分布について表13-3のように求められている。極値 II 型分布の場合，標準偏差が定義されるためには $k>2$ が条件であり，$k \leqq 1$ では平均値も求められなくなる。また，ワイブル分布において $k<1$ となると x が 0 に近づくにつれて $f(x)$ が発散し，最頻値が定義できなくなる。なお，表中の γ はオイラーの定数（$=0.5772\cdots$）である。

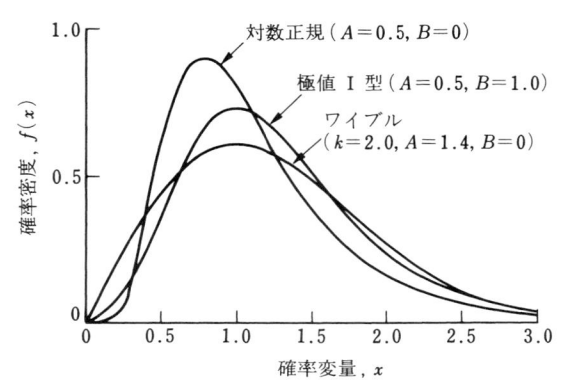

図13-3 各種極値分布の確率密度関数の比較

表13-3 極値分布関数の特性値

分布関数名	最頻値	平均値	標準偏差
極値Ⅱ型分布	$B+Ak\left[\left(\frac{k}{1+k}\right)^{1/k}-1\right]$	$B+kA\left[\Gamma\left(1-\frac{1}{k}\right)-1\right]$	$kA\left[\Gamma\left(1-\frac{2}{k}\right)-\Gamma^2\left(1-\frac{1}{k}\right)\right]^{1/2}$
極値Ⅰ型分布	B	$B+A\gamma$	$\dfrac{\pi A}{\sqrt{6}}$
ワイブル分布	$B+A\left(1-\dfrac{1}{k}\right)^{1/k}:k>1$	$B+A\Gamma\left(1+\dfrac{1}{k}\right)$	$A\left[\Gamma\left(1+\dfrac{2}{k}\right)-\Gamma^2\left(1+\dfrac{1}{k}\right)\right]^{1/2}$
対数正規分布	$\exp(B-A^2)$	$\exp\left(B+\dfrac{A^2}{2}\right)$	$\exp\left(B+\dfrac{A^2}{2}\right)(\exp A^2-1)^{1/2}$

式(13.3)～(13.5)に示した極値分布関数は2母数あるいは3母数型である。与えられた標本に最もよく適合する分布関数を見いだす目的では、3母数型の分布関数を使用するのが有利である。ただし、3母数型分布関数は標本中のデータの値がわずかに変わっただけで母数の推定値が大きく変わることがあり、母数推定が不安定になりやすい。極値統計は標本に固有な分布関数を求めることが目的ではなく、標本の属する母集団の特性を推定することを目的としているので、母数推定値ができるだけ安定していることが望ましい。このため、本章では3母数型の極値Ⅱ型分布およびワイブル分布はあらかじめ形状母数kの値を固定しておき、それぞれ形状の異なる2母数型の分布関数として取り扱う。

13.1.3 再現期間と再現確率統計量

極値統計は、長い間に1回だけ起きるような異常値を推定することを目的としており、再現期間（return period）の概念が使われる。これは対象とする極値事象のうちで、ある特定の値x_uを超えるものが平均して1回起きる時間間隔を指す。極値の分布関数が明らかな場合には、再現期間が次のようにして分布関数と結びつけられる[12]。

いま簡単のために毎年最大値資料を対象とし、その分布関数が$F(x)$で表されるとする。極値の値xがx_uを超えない確率は分布関数の定義によって$F(x_u)$であり、xがx_uに等しいか超える確率は$1-F(x_u)$である。ある年に$x \geq x_u$の事象があり、その翌年から$x < x_u$が続いてn年目にようやく$x \geq x_u$となったとする。$n-1$年の間$x < x_u$である確率はF^{n-1}であるから、そのような事象が起きる確率は

$$P_n = [F(x_u)]^{n-1}[1-F(x_u)] \tag{13.16}$$

で与えられる。$x \geq x_u$の事象は$n=1$年目でも起こり得るし、$n=\infty$まで起きないかもしれない。ただし、年数ごとの生起確率は式(13.16)によりそれぞれ異なる。そこで、n

の平均値を計算するとこれは定義によって再現期間であり，次のように算定される．

$$R = E[n] = \sum_{n=1}^{\infty} nP_n = (1-F)\sum_{n=1}^{\infty} nF^{n-1} = \frac{1}{1-F(x_u)} \tag{13.17}$$

平均発生率が λ の極大値資料の場合には，極大値の発生時間単位が $1/\lambda$ 年であるから（季節的変動がない等質な集団であると仮定），再現期間 R 年内にはこの単位時間が λR 個含まれると考えることによって，式 (13.17) から直ちに次のように導かれる．

$$R = \frac{1}{\lambda[1-F(x_u)]} \tag{13.18}$$

極値統計では特定の値 x_u の再現期間 R を求める場合よりも，逆に再現期間を R 年と指定したときの極値 x_R を推定したいことが多い．これは，式 (13.17) あるいは (13.18) を解くことによって次式で計算される．ただし，F^{-1} は分布関数の逆関数である．

$$x_R = F^{-1}\left(1 - \frac{1}{\lambda R}\right) \tag{13.19}$$

なお，毎年最大値資料については前述のように $\lambda=1$ として扱えばよい．

再現期間 R 年に対応する極値 x_R は，対象とする現象に応じて R 年確率波高とか R 年確率水文量などと呼ばれる．ここでは総称として R 年確率統計量あるいは再現確率統計量の語を用いる．この R 年確率統計量はその定義から明らかなように，その値を超える事象が平均して R 年に 1 回起きるような値である．すなわち，平均して R 年に 1 回起きる事象の**下限値**といえる．

再現確率統計量の推定に際して，毎年最大値資料と極大値資料のどちらを使うのがよいかということが時々問題にされる．実際の極値資料では，標本の抽出誤差による推定値の信頼区間の幅や，事象の季節的変動性に起因する標本の等質性の問題などがあり，答えが複雑であるけれども，こうした問題を除外すれば以下に述べるように 2 種類の資料の差は無視できる程度のものである．いま極大値の年間発生回数を r で表すと，これは年によって変動し，その平均値が平均発生率 λ である．ここで，r の確率分布が次のポアソン分布で近似できると仮定する．

$$P_r = \frac{1}{r!}e^{-\lambda}\lambda^r \quad : r = 0, 1, 2, \cdots \tag{13.20}$$

混乱を避けるため極大値資料における分布関数を $F_*(x)$，年最大値資料における分布関数を $F(x)$ で表示する．いま 1 年間に発生する極大値を $x_1, x_2, \cdots, x_r$ としてこの中での最大値を ξ で表すと，

$$\xi = \max\{x_1, x_2, \cdots, x_r\} \tag{13.21}$$

である．1 年間に r 個発生した中の最大値 ξ が x を超えない条件は $x_1, x_2, \cdots, x_r$ のいずれもが x を超えないことと同等であり，その確率は $[F_*(x)]^r$ で表される．極大値の発生個数 r は $0 \sim \infty$ の任意の値を取り得るので，年間最大値 ξ の非超過確率すなわち毎年最大値の分布関数 $F(x)$ は次のように求められる．

$$F(x) = \text{Prob.}[\xi < x] = \sum_{r=0}^{\infty} P_r[F_*(x)]^r \tag{13.22}$$

式 (13.22) に式 (13.20) を代入して計算すると，二つの分布関数の関係として次の結果が得られる．

$$F(x) = \exp\{-\lambda[1 - F_*(x)]\} \tag{13.23}$$

ここで R 年確率統計量 x_R が毎年最大値資料と極大値資料とでどのくらい異なるかを調べてみる．毎年最大値資料に基づく分布関数が得られていれば $x_R = F^{-1}[1 - 1/R]$ で求められ，x_R の非超過確率は $1 - 1/R$ である．この非超過確率を上の式 (13.23) と等置して対応する $F_*(x_R)$ の値を求めると

$$F_*(x_R) = 1 + \frac{1}{\lambda} \ln\left(1 - \frac{1}{R}\right) \tag{13.24}$$

さらに，R が 1 よりも十分に大きいものとして自然対数のべき級数展開を使って近似計算を行うと，R 年確率統計量 x_R は極大値資料の分布関数の逆関数として次のように表される．

$$x_R \fallingdotseq F_*^{-1}\left[1 - \frac{1}{\lambda(R - 1/2)}\right] \tag{13.25}$$

この結果を式 (13.19) と比べてみると，再現期間が 1/2 年だけ短い期間に対する確率統計量を推定していることになる．すなわち，毎年最大値資料に基づいて計算される値は，極大値資料に基づいて求められる値よりも再現年数にして 1/2 年分だけ小さいことになる．しかし，再現期間が数十年以上となればこの差は微小であり，標本の抽出誤差その他に比べて無視できる大きさである．

13.1.4　順序統計量とその確率分布

極値資料の解析では，まず個々のデータを大きさの順に並べ替える作業が行われる．統計の分野では，最小値を 1 番目とし，昇順に番号を付したデータを順序統計量と呼び，i 番目のデータを $x_{(i)}$ と表す．すなわち，

$$x_{(1)} \leq x_{(2)} \leq \cdots \leq x_{(i)} \leq \cdots \leq x_{(N)} \tag{13.26}$$

土木工学の分野で扱う極値資料は最大値を $x_{(1)}$ とし，降順に番号を付すことが多いので，こうした場合に対しては添字 m を使うことにする．したがって，

$$x_{(1)} \geq x_{(2)} \geq \cdots \geq x_{(m)} \geq \cdots \geq x_{(N)} \tag{13.27}$$

極値データを解析する際には，このような順序統計量の性質を知っておく必要がある．いま分布関数 $F(x)$ を持つ確率変数の母集団から互いに独立な N 個のデータを抽出して一つの標本を作り，このデータを昇順に並べ替えて順序統計量 $x_{(i)}$ の標本を得たとする．この i 番目の順序統計量が任意の値 x を超えない確率を $P_{(i)}$ で表すと，これは $x_1 \sim x_N$ のデータのうちで i 個以上が x を超えない確率に等しい．ところで，N 個中でちょうど r 個のデータが x を超えない確率は

$$P_{r,N}(x) = \frac{N!}{r!(N-r)!}[F(x)]^r[1 - F(x)]^{N-r} \tag{13.28}$$

である．したがって，$x_{(i)}$ が x を超えない確率 $P_{(i)}$ は次式で求められる．

$$P_{(i)}(x) = \sum_{r=i}^{N} \frac{N!}{r!(N-r)!}[F(x)]^r[1-F(x)]^{N-r} \tag{13.29}$$

この級数和は不完全ベータ関数を用いて次のように書き換えることができる[13]。

$$P_{(i)}(x) = \frac{N!}{i!(N-i)!}\int_0^{F(x)} t^{i-1}(1-t)^{N-i}dt \tag{13.30}$$

この式（13.30）をxについて微分すると，$x_{(i)}$の確率密度関数$\phi_{(i)}(x)$が次のように求められる。

$$\phi_{(i)}(x) = \frac{N!}{(i-1)!(N-i)!}[F(x)]^{i-1}[1-F(x)]^{N-i}f(x) \tag{13.31}$$

ただし，$f(x)$は母集団の確率密度関数である。

例として，極値分布の母集団ではないけれども，確率変数が$[0, 1]$の範囲に一様に分布する母集団から抽出された標本の順序統計量を取り上げると，母集団の分布関数および確率密度関数はそれぞれ次式で表される。

$$F(x) = x, \quad f(x) = 1 \quad : 0 \leq x \leq 1 \tag{13.32}$$

したがって，この母集団に対する順序統計量$x_{(i)}$の確率密度関数は式（13.31）により

$$\phi_{(i)}(x) = \frac{N!}{(i-1)!(N-i)!}x^{i-1}(1-x)^{N-i} \tag{13.33}$$

と計算される。確率密度関数が求められれば$x_{(i)}$に関する統計量をいろいろ計算することができる。例えば，期待値すなわち母集団平均値は次のようになる。

$$E[x_{(i)}] = \int_0^1 x\phi_{(i)}(x)dx = \frac{i}{N+1} \tag{13.34}$$

なお，標本中の最小値$x_{(i=1)}$あるいは最大値$x_{(m=1)}$の非超過確率は確率の定義に戻って考えれば明らかなようにそれぞれ次のように書き表される。

$$P_{(i=1)}(x) = [1-F(x)]^N \tag{13.35}$$

$$P_{(m=1)}(x) = [F(x)]^N \tag{13.36}$$

これらに対する確率密度関数は式（13.33）に$i=1$あるいは$i=N$を代入して求められ，また式（13.35），（13.36）を直接微分しても求められる。

13.1.5 裾長度パラメータとその意義

波浪の極値統計解析では，13.1.2節で紹介した極値分布関数のうち，主として極値Ⅰ型，極値Ⅱ型およびワイブル分布が使われる。次節以降には高波の極値統計資料にこれらの分布関数を当てはめ，最も妥当と思われる分布関数の選択方法について記述するが，実際にはどの分布関数を選ぶべきか紛らわしい場合も少なくない。そこで，分布関数の右側（波高の大きな側）の裾の広がりに着目して分布関数の特性を吟味する方法について述べておく。

特定の地点について高波の有義波高の極値分布関数が特定されたとすると，それに基づいて所定の再現期間に対する確率波高が推定できる（具体的には13.2.2節参照）。そうして，

分布関数の裾の広がりを表すパラメータとして，50年確率波高と10年確率波高との比をとり，これを裾長度パラメータ（spread parameter）と称する[14]。すなわち，

$$\gamma_{50} = H_{50}/H_{10} \tag{13.37}$$

この裾長度パラメータの値が大きいときは，再現期間の増大につれて非常に大きな確率波高が発生しやすいことを表す。日本沿岸の高波については，地域別の平均として太平洋北岸で $\gamma_{50} \fallingdotseq 1.21$，太平洋南岸で $\gamma_{50} \fallingdotseq 1.24$，日本海沿岸で $\gamma_{50} \fallingdotseq 1.13$ の値が報告されている。しかし，日雨量や風の場合には裾長度パラメータの値が大きく，日本各地の年最大日雨量や年最大風速の資料では γ_{50} が1.3を超えるものが多く，最大では1.77を示す地点もあった。すなわち，波浪に比べて日雨量や風速は年による変動が大きいことを示している[14),15)]。

与えられた標本において裾長度パラメータに直接に関係するのは，標本の変動係数すなわちデータの標準偏差 σ と平均値の比 $X = \sigma/\bar{x}$ である。この変動係数を使うと，裾長度パラメータが次のように表される。

$$\gamma_{50} = \frac{1 + (y_{50} - y_{10})X/\alpha\kappa}{1 + (y_{10} - \beta)X/\alpha\kappa} \tag{13.38}$$

ここに，α は母集団の標準偏差を $\sigma = \alpha A$ と表したときの比例定数であって表13-3から読み取られ，κ は標本と母集団の標準偏差の比であって，これは母集団分布ごとに後出の表13-10から求められる。また β は，表13-3の平均値を $\beta A + B$ と表したときの係数であり，例えば極値I型分布では $\beta = \gamma$ である。

裾長度は100年確率波高と10年確率波高との比として定義することもできる。すなわち，$\gamma_{100} = H_{100}/H_{10}$ である。二つの裾長度パラメータの間には，次のような関係がある。

$$\gamma_{100} = \frac{H_{100}}{H_{10}} = 1 + \frac{y_{100} - y_{10}}{y_{50} - y_{10}}(\gamma_{50} - 1) \tag{13.39}$$

裾長度パラメータは，特定地点の極値波高の分布特性の指標として有効である。分布関数を指定し，尺度・位置母数の値を与えても，それだけで分布関数の裾の広がりを判断することは難しい。この意味で，6.3.3節の混成堤に対する修正レベル1設計法では，裾長度パラメータ γ_{50} が設計要因の一つとして導入されている。また，期待滑動量方式で防波堤を設計するときには，沖波有義波高の確率分布を指定する必要がある。設計地点における極値分布関数の母数値が未確定のときには，裾長度パラメータの値を1.1～1.3程度の範囲から選び，極値分布関数を設定したうえで次式によって母数値を選ぶのがよい。この設定例については13.4.5節（4）項を参照されたい。

$$\left. \begin{array}{l} A = H_{50} \dfrac{1 - 1/\gamma_{50}}{y_{50} - y_{10}} \\ B = H_{50} \left[1 - \dfrac{1 - 1/\gamma_{50}}{1 - y_{10}/y_{50}} \right] \end{array} \right\} \tag{13.40}$$

なお，毎年最大値資料を対象とした一般化極値分布（式-13.9, 13.10）においては，裾長度パラメータ γ_{50} が形状母数の汎用指標として有効であることを北野[16)]が指摘している。

13.2 極値分布関数の推定

13.2.1 プロッティング・ポジションの選択
(1) 標本に対する分布関数の当てはめ方法

極値統計資料の標本を手にしたならば，最初にその標本の母集団の分布関数を推定しなければならない。母集団の分布型が既知であれば推定作業は容易であるけれども，波浪を含めた自然事象の極値については母集団が確定されていないのが普通である。しかも，標本は1地点に一つしか与えられていないので，多数の標本から統計的に母集団の分布型を定めることが難しい。もっとも，ある地域内の極値標本を集めて解析することによって，母集団を推定する試みも行われている。これについては13.4.5節(3)項で述べる。

波浪の極値については母分布関数が確認されていないため，式(13.3)～(13.12)のような複数の分布関数を当てはめ，標本に最もよく適合する関数を母分布関数であると仮定する。

極値統計の標本に対して分布関数を当てはめて母数を推定する際には，次のような方法が用いられる。

① 積率法
② 最尤法
③ 最小2乗法
④ 重み付き最小2乗法

第1の積率法は，標本についてその1次，2次などの積率を計算して平均値，標準偏差などを求め，これを表13-3に示した各分布関数の平均値 μ，標準偏差 σ に等しいと見なして尺度母数 A と位置母数 B を推定する方法である。3母数型の分布関数の場合には，3次の積率計算によって得られる歪み度（skewness）を追加して形状母数 k を推定する。この方法は第3の最小2乗法よりも計算量が少ないため，コンピュータのない時代には多用されたようである。しかし，この方法で推定された確率統計量が真値とずれる傾向を持つため，あまり推奨できない。

第2の最尤法は，与えられた N 個のランダムなデータに対して定義される尤度関数の値が最大になるように母数の値を定めるもので，一般には非線形な尤度方程式の連立式を数値計算によって解くことになる。各分布関数に対する尤度方程式は文献[3]に記載されている。著者は最尤法を扱ったことがないので確言できないが，データによっては数値解が得られない場合があるようである。また，標本が小さいと確率統計量が真値よりも小さめに推定される傾向がある[17]。

第3の最小2乗法では，順序統計量 $x_{(m)}$ とその非超過確率 $F_{(m)}$ の関係がグラフ上で直線に表示されるように，分布関数を変換した基準化変量 $y_{(m)}$ と呼ばれる変数を導入し，$x_{(m)}$ と $y_{(m)}$ とに対して直線回帰式を当てはめて尺度母数 A と位置母数 B を推定する。この作業はパソコンでExcelを使って容易に実行できる。非超過確率 $F_{(m)}$ を割り付ける方法によっては確率統計量が真値より大きめに推定されることがあり，これが最小2乗法の短所といわれてきた。しかし，(3)項に紹介する方法を用いることによって，この問題は解消される。ただし，(2)項で述べる有効性（標本によって確率統計量の推定値がばらつく度合いが小さいこと）の点で最尤法にやや劣る短所がある。

第4の重み付き最小2乗法は泉宮・斉藤[17]が最初に提案したもので，有効性に劣るという最小2乗法の短所を解消し，計算が容易であるという特長がある。具体的な計算方法

については 13.2.2 (2) 項で紹介する。

20世紀半ばまでは，洪水流量などの極値解析に特殊な確率紙を使った図式解法が用いられたけれども，現在は最小2乗法に代わられている。また，研究者によっては順序統計量の重みを付けて積率を計算する部分確率加重積率法（PPWM）なども使われる[18]。

(2) 当てはめ方法の選択

極値統計の標本に分布関数を当てはめる方法を選ぶときには，少なくとも**不偏性**（unbiasedness）と**有効性**（efficiency）[19]の二つの条件について検討しておく必要がある。不偏性とは，推定された母数や確率統計量などが，その期待値として母集団の値に一致するという性質である。13.3節で述べるように，個々の標本は母集団の一部を代表するだけであり，その統計的性質は母集団からかなりばらついている。このため，標本に当てはめた母数や確率統計量もまた真値からずれている。しかし，同一母集団に属する多数の標本が収集できたときには，その結果を平均したものが母集団の値に一致しなければならない。有効性とは，こうしたばらつきの度合いが小さいということを指す。

さらに，波浪の極値統計資料のように高波ごとの極大値資料を扱う場合には，部分極値資料に対しても適切に解析できることが必要である。また，分布関数の当てはめ方法が分かりやすくて単純であり，かつ主観的判断を含まないものが望ましい。

積率法が基準として用いる表13-3の平均値と標準偏差は母集団の値であって，データ数が少ない小標本では平均的にそれよりも小さい値を示す。このためGumbel[20]は極値I型分布について標本の大きさに応じた修正表を提示している。しかし数値シミュレーションの結果[4]では，この修正値は正しくない。したがって，積率法は不偏性の点で問題を抱えており，また有効性の点では最小2乗法と同レベルである。

最尤法は有効性の点でほかの方法よりも優れているけれども，小標本に対して不偏性を満足しない[21],[22]。また，データ採択率が1未満の場合の尤度方程式が明示されていないため，部分極値資料に対する適用が難しい。

最小2乗法と重み付き最小2乗法は，非超過確率の割り付けを適切に行うことによって，不偏性の条件を満足させることができる。前者は有効性の点で最尤法にやや劣るけれども，重み付き最小2乗法であれば，最尤法と同レベルの有効性が確保できる[17],[22]。最小2乗法（重み付き法を含めて）は3母数型分布関数に直接適用することができないけれども，形状母数を何種類かに固定して2母数型分布関数として扱い，その中で最適なものを選べばよい。13.1.2節の末尾に述べたように，限られた大きさの標本1組に対して3母数型分布を当てはめて母数推定を行っても，母集団の特性を正しく推定できる保証はないのである。以上の理由によって，本書では最小2乗法の使用を前提として記述する。

(3) 非超過確率の割り付け方

極値統計資料の標本をグラフにプロットするときには，極値データの値をその出現確率に対して図示する。このとき，各データをどのような確率の位置にプロットすべきか，あるいは各データにどのような確率を割り付けるかということを，プロッティング・ポジションの問題と呼んでいる。積率法や最尤法を使うときには推定結果の表示だけの問題であるが，最小2乗法では母数そのほかの統計量の推定に直接にかかわってくる。

13.1.4節で述べたように，順序統計量 $x_{(i)}$ は式（11.31）のような確率密度関数を持っている。これは一つの母集団から大きさがNの標本を多数抽出した場合，$x_{(1)} \sim x_{(N)}$のそれぞれの値が標本ごとに変化することを意味している。図13-4は，母数が$A=1.0$，$B=0$の極値I型分布の母集団から大きさが$N=10$の標本をランダムに100組抽出し，各標本中の最大値 $x_{(m=1)}$ の分布を調べた一例である。位置母数が$B=0$であるので，データは

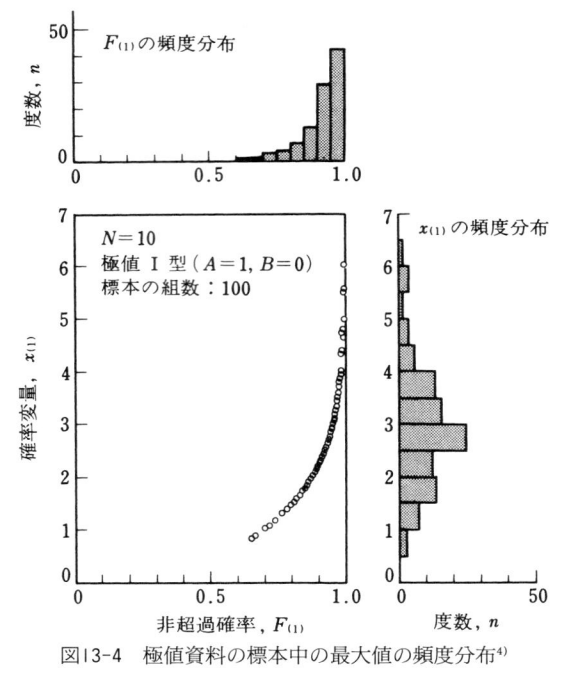

図13-4 極値資料の標本中の最大値の頻度分布[4]

$x=-2\sim 9$くらいの範囲の値を取るが，その中で最大値$x_{(m=1)}$は標本によって0.84から6.04の間で変化している．左下の図は$x_{(m=1)}$とそれが母集団において占める非超過確率$F_{(m=1)}$の値の関係であり，上側の図は$F_{(m=1)}$の頻度分布，右下の図は$x_{(m=1)}$の頻度分布を示している．

図13-4の例では母集団があらかじめ与えられているので各データの非超過確率が明らかであるけれども，実際の標本では母集団の統計量が未知であり，順序統計量としての順位iまたはmだけを手掛りとして各データの非超過確率を与えなければならない．この非超過確率の割り付け方法の考え方として，Kimball[23]は次の四つを挙げている．

① 母集団における$F_{(i)}$の平均$E[F_{(i)}]$を用いる．
② 母集団における$x_{(i)}$の平均$E[x_{(i)}]$に対応する非超過確率$F\{E[x_{(i)}]\}$を用いる．
③ 順序統計量$x_{(i)}$の中央値（median）に対応する母集団の確率値を用いる．
④ 順序統計量$x_{(i)}$の分布の最頻値（mode）に対応する母集団の確率値を用いる．

図13-4でいえば，①は図の上側の$F_{(m=1)}$の頻度分布の平均値を用いることであり，②は右下の図の$x_{(m=1)}$の頻度分布の平均値をまず求め，その値をxとFの関係に当てはめて得られる$F_{(m=1)}$の値を使うことに相当する．

第1の考え方の場合には極値分布関数そのものの特性は入らず，非超過確率の順序統計量$F_{(i)}$の性質だけで定まる．非超過確率は$[0, 1]$の間で一様に分布し，その順序統計量の確率密度関数はすでに式（13.33）として導かれている．$F_{(i)}$の平均値は式（13.34）のように求められているので，プロッティング・ポジションとしては

$$\overline{F}_{(i)}=\frac{i}{N+1}, \quad \overline{F}_{(m)}=1-\frac{m}{N+1} \tag{13.41}$$

となる．これはワイブル公式として知られており，Gumbel[24]はこのプロッティング・ポジションを使うよう力説している．しかし，Cunnane[25]が論駁（ろんばく）しているようにGumbelの説の根拠は薄弱であり，以下に例示するように式（13.41）を用いると再現

正規分布
($A=1, B=5$)

プロッティング
公式
● ワイブル
○ ブロム

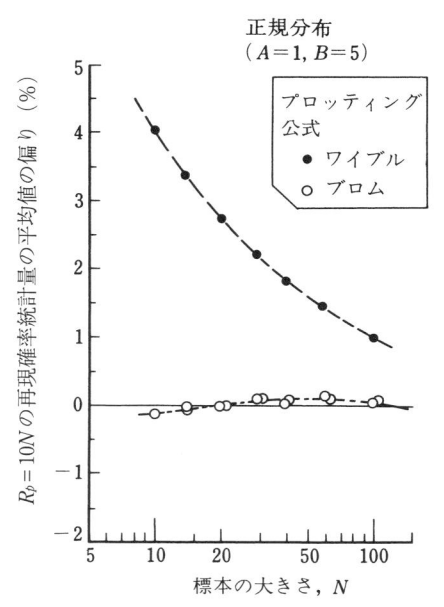

図13-5　正規分布における再現確率統計量の推定値の偏り量[4]

確率統計量の推定値にかなり大きな正の偏りを生じる。

　第2の考え方による場合には母集団の分布関数の特性が関係するため，分布関数ごとに異なるプロッティング・ポジションを用いることになる。式(13.9)，(13.10)のワイブル分布に対して PetruaskasとAagaard[26]は数値計算を行い，この考え方に基づくプロッティング・ポジションの実験式を導いている。

　Kimball[23]は上の四つの考え方の中では2番目のものを推奨したが，あまり明確な論拠を示しているわけではない。むしろ，Cunnane[25]が論じているように母数や再現確率統計量の推定値に偏りがなくて分散が最小のものを選択する，すなわち不偏性と有効性を基準に分布関数ごとに最適なものを選ぶのがよいと考えられる。この方針によると，上の第2の考え方によるものはかなり良い結果を与えるけれども最良ではなく，若干の修正を施す必要が生じることがある。図13-5は正規分布についていろいろな大きさの標本をモンテカルロ法*で各10,000組抽出し，最小2乗法で母数推定を行って再現確率統計量を推定し，その値が真値から偏る度合いを百分率で示したものである[4]。再現期間の長さとしては標本の大きさの10倍に相当する値を取り，プロッティング・ポジションとしては式(13.41)のワイブル公式と次項で述べるブロム公式を用いて比較している。図から明らかなように，ワイブル公式は母集団の真値よりも数%大きな推定値を与えてしまい，プロッティング・ポジション公式としては不適切である。ほかの分布関数に対しても式(13.41)は再現確率統計量として過大な推定値を与えるので，極値統計の標本を最小2乗法を使って分布関数に当てはめる際にはワイブル公式を使用すべきではない。

(4)　極値分布関数に対する最適プロッティング・ポジション公式

　上述のように，プロッティング・ポジションの値は分布関数ごとに異なり，単一の公式を当てはめることはできない。13.1.2節で示した各種の極値分布関数について不偏性を満足するプロッティング・ポジション公式を選ぶと次のようになる。

---

*　コンピュータなどで乱数を発生させ，それを確率変数の非超過確率に置き換えて確率変数の値を求めることによって標本を作成し，そうして得られた多数の標本を統計処理して母集団の統計的性質を調べる数値シミュレーションの方法の総称。

1) 極値Ⅰ型分布：グリンゴルテン公式[27]
2) 極値Ⅱ型分布：合田・小野澤の提案式[8]
3) ワイブル分布：修正ペトルアスカス・アーガード公式（修正P＆A公式）[4]
4) 対数正規分布：ブロム公式[28]

このうちワイブル分布に対するものは，本来はPetruaskas・Aagaardが前述の②の考え方で導いたものであるが，数値実験で調べてみるとやや負の偏りが生じるので，試行錯誤によって修正したものである。

これらの公式は次の一般形を与えられており，その定数は表13-4で計算される。

$$\hat{F}_i = \frac{i-\alpha}{N_T+\beta} \qquad : i = N_T-N+1, \cdots, N_T \tag{13.42}$$

$$\hat{F}_m = 1 - \frac{m-\alpha'}{N_T+\beta} \qquad : m = 1, 2, \cdots, N \tag{13.43}$$

この表記では，簡単のために順序統計量の非超過確率の添字としての順位iあるいはmの括弧を省略しており，これ以降はこの省略形を使用する。順位iとmとの間には$i+m-1=N_T$の関係があるので，表13-4では定数α, α', およびβの間にも$\alpha+\alpha'+\beta=1$の関係が成立するように設定してある。

式(13.42)，(13.43)で標本の大きさNではなくて極値の総数N_Tを使っているのは，部分極値資料において母分布関数の形状をできるだけ正確に推定するためである。部分極値資料は確率密度関数の形でいえば，図13-6の上半の図における斜線部分に相当する。横軸のx_cはデータとして採択する下限値であり，斜線部分の面積と破線も含めた全体の

表13-4 プロッティング・ポジション公式の係数

分布関数名	α	α'	β	文　献
極値Ⅱ型分布	$0.44-0.41/k$	$0.44+0.52/k$	$0.12-0.11/k$	合田・小野澤[8]
極値Ⅰ型分布	0.44	0.44	0.12	Gringorten[27]
ワイブル分布	$0.60-0.50/\sqrt{k}$	$0.20+0.27/\sqrt{k}$	$0.20+0.23/\sqrt{k}$	合田[4]
対数正規分布	0.375	0.375	0.25	Blom[28]
正　規　分　布	0.375	0.375	0.25	Blom[28]

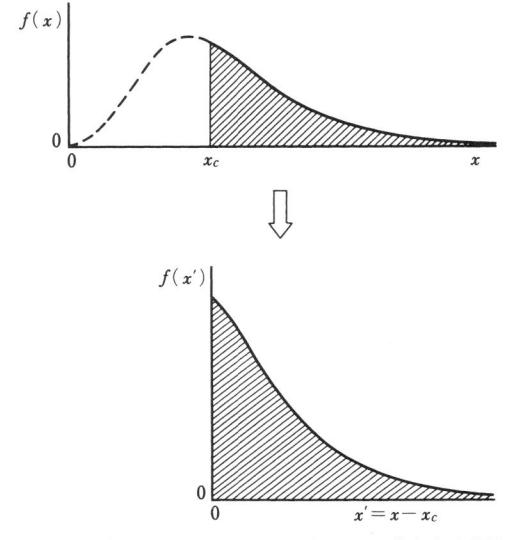

図13-6 プロッティング・ポジションの取り方による確率密度関数の形状の歪み

面積の比率がデータ採択率である。式（13.42），（13.43）の公式でN_Tの代わりにNを導入すると，$x<x_c$のデータの存在が無視され，確率密度関数としては図の下半分に示される形に歪められてしまい，母集団の分布関数の形状を推定することが非常に困難になる。

プロッティング・ポジション公式としてはここに挙げたもののほかにも，$\alpha=\alpha'=1/2$，$\beta=0$と置いたハーゼン公式が早くから知られている。この公式は分布関数に依存しない形であり，それだけに推定値の不偏性が保証されていない。また，極値Ⅰ型分布に対しては公式の関数形が式（13.42），（13.43）とは異なるBarnett[29]の方式がある。これは全数極値資料に対してはグリンゴルテン公式よりも有効性が高く，しかも不偏性も保持していることが数値シミュレーションで例示されている[4),21)]。ただし，部分極値資料に対する適用性については検討されていない。

なお，表13-4に記した定数値は極値の大きな裾の部分，すなわち再現期間の長い個所での推定値に対して偏りがないように設定されたものである。渇水などのように異常に小さな極値の推定問題では，プロッティング・ポジションとして表13-4の数値をそのまま使用すると不偏性が満足されないおそれがあるので，再吟味が必要である。

13.2.2 最小2乗法による母数および再現確率統計量の推定
(1) 最小2乗法による母数推定

母数の推定は次の手順で行うとよい。
① 母集団の分布関数の候補として何種類かの分布関数を選ぶ。3母数型の分布関数については形状母数を固定し，実質的に2母数型の分布関数として扱う。
② 与えられた標本のデータを大きさの順に並べ替えて順序統計量$x_{(m)}$に組み直す。
③ 標本の対象期間中の極値の総数N_Tを推定し，式（13.43）と表13-4の定数を用いて順序統計量の各データに対する非超過確率F_mを割り付ける。
④ それぞれのF_mに対して分布関数ごとに定まる基準化変量$y_{(m)}$を計算する。
⑤ 順序統計量$x_{(m)}$が基準化変量$y_{(m)}$の直線回帰式で表せるとして最小2乗法を適用する。すなわち，

$$x_{(m)}=Ay_{(m)}+B \tag{13.44}$$

なお，対数正規分布に関しては極値データの自然対数についての順序統計量$X_{(m)}=\ln x_{(m)}$に対して式（13.44）を適用する。
⑥ 上の直線回帰式で得られる係数AとBをそれぞれ尺度母数および位置母数の推定値$\hat{A}$および$\hat{B}$とする。

(2) 尺度・位置母数の推定式

式（13.44）の回帰式における母数AとBは，次の連立方程式を解くことによって求められる。

$$\left.\begin{array}{l} A\sum_{m=1}^{N} y_{(m)}^2 + B\sum_{m=1}^{N} y_{(m)} = \sum_{m=1}^{N} x_{(m)} y_{(m)} \\ A\sum_{m=1}^{N} y_{(m)} + NB = \sum_{m=1}^{N} x_{(m)} \end{array}\right\} \tag{13.45}$$

これに対して泉宮・斉藤による重み付き最小2乗法では，順序統計量の分散を考慮した重み係数$w^2_{(m)}$を級数の各項に乗じた次の連立方程式を解く[17)]。

$$\left.\begin{array}{l}A\sum_{m=1}^{N}w_{(m)}^2 y_{(m)}^2 + B\sum_{m=1}^{N}w_{(m)}^2 y_{(m)} = \sum_{m=1}^{N}w_{(m)}^2 x_{(m)} y_{(m)} \\ A\sum_{m=1}^{N}w_{(m)}^2 y_{(m)} + B\sum_{m=1}^{N}w_{(m)}^2 = \sum_{m=1}^{N}w_{(m)}^2 x_{(m)}\end{array}\right\} \quad (13.46)$$

重み係数 $w_{(m)}^2$ は当てはめようとする分布関数によって異なり，極値Ⅰ型分布では次のように与える。

$$w_{(m)}^2 = \frac{(N_T+\alpha'+\beta-m)\left[\ln\left(\frac{N_T+\alpha'+\beta-m}{N_T+\beta}\right)\right]^2}{m-\alpha'} \quad (13.47)$$

また，ワイブル分布に対しては次のように与える。

$$w_{(m)}^2 = \frac{(m-\alpha')\left[-\ln\left(\frac{m-\alpha'}{N_T+\beta}\right)\right]^{2(k-1)/k}}{N_T+\alpha'+\beta-m} \quad (13.48)$$

ここに α' と β は表13-4で与えられる定数である。

この重み係数 $w_{(m)}^2$ は，m が小さくて順位が高い（極値の絶対値が大きい）データほど小さな値が与えられ，順位が下がるほど大きな値が与えられる。$m=1$ と $m=N$ とでは，$w_{(m)}^2$ の値が100倍以上異なることがある。この特性によって，最大値のデータ（$m=1$）が第2位以下のデータと大きく異なる極値資料においても，$m=1$ のデータの影響を小さくとどめることによって，比較的に安定した推定を行うようである。なお，極値Ⅱ型その他の分布関数に対しては泉宮・斉藤[17]は重み係数を提示していないので，普通の最小2乗法を適用することになる。

重み付き最小2乗法は，今後に高波の極値統計解析を行うときに，まず推奨される方法である。ただし，本書に記述している事例や各種の経験公式は，すべて通常の最小2乗法によったものであることをお断りする。

(3) 当てはめ対象の分布関数

まず，当てはめの対象の分布関数としては，母集団の分布関数が既知の場合以外は極値Ⅰ型分布，極値Ⅱ型分布，およびワイブル分布を候補とし，これらの中で標本資料が最もよく適合するものを選ぶのがよい。このうち，極値Ⅱ型分布とワイブル分布は3母数型の関数であるので，形状母数 k を次の各4種類の値に固定する。

　　極値Ⅱ型分布：$k=2.5$, 3.33, 5.0, および 10.0
　　ワイブル分布：$k=0.75$, 1.0, 1.4, および 2.0

極値Ⅱ型分布の形状母数の値は合田・小野澤[8]が取り上げて検討したもので，$1/k$ の値が0.1, 0.2, 0.3, および0.4と等差級数になっている。ワイブル分布の形状母数の値は，最初にPetruaskas・Aagaard[26]が提案した7種類を著者[4]が4種類に絞り込んだものである。これは，標本の大きさが100程度以下では与えられた標本資料1組から母分布関数を正しく識別することが困難であることによる。

対数正規分布は極値統計でしばしば利用されているが，標本資料に対する適合度が高いため，対数正規分布以外の母集団から抽出された標本であっても誤ってこの分布関数に属すると判断される危険性がある[4]。したがって，対数正規分布はほかの分布関数と組み合わせずに単独で使用するほうがよい。なお，対数正規分布は基準化変量および再現確率統計量を推定するときに正規分布の累積分布関数の逆関数を評価しなければならず，計算が面倒であることも難点である。

(4) 基準化変量の計算式と極値分布関数の当てはめ事例

式（13.44）で用いる基準化変量 $y_{(m)}$ は，当てはめる分布関数に応じて以下の式で計算する．

極値Ⅰ型分布：$y_{(m)} = -\ln[-\ln \hat{F}_m]$ (13.49)

極値Ⅱ型分布：$y_{(m)} = k[(-\ln \hat{F}_m)^{-1/k} - 1]$ (13.50)

ワイブル分布：$y_{(m)} = [-\ln(1-\hat{F}_m)]^{1/k}$ (13.51)

対数正規分布：$y_{(m)} = \Phi^{-1}(\hat{F}_m)$ (13.52)

ここに，$\hat{F}_m$ は式（13.43）で順序統計量 $x_{(m)}$ に割り付けられる非超過確率，Φ^{-1} は標準正規分布の累積分布関数の逆関数である．

先に表13-2に示したアラスカ沖Kodiak地点の高波の極大値資料に対して，以上の手順で各種の極値分布を当てはめたうち，4種類に対する結果を表13-5に示す．ここには，それぞれの極値分布関数の下での非超過確率 $\hat{F}_m$，基準化変量 $y_{(m)}$，母数推定値 $\hat{A}$ と，$x_{(m)}$ と $y_{(m)}$ の間の相関係数，および再現確率波高 H_R を記載している．さらに，最下行には13.1.5節で紹介した裾長度パラメータ γ_{50} の値も掲載している．この資料は有義波高6.0 m以下を取り除いた部分極値資料であるけれども，発生した高波の事象の数が不明なため，$N = N_T$ として取り扱っている．

表13-5 アラスカ沖Kodiak地点の高波資料の解析例

[標本の大きさ：$N=78$, 平均値：$\bar{x}=7.501$ m, 不偏標準偏差：$\sigma_x=1.214$ m, 平均発生率：$\lambda=3.9$]

順位 m	順序統計量 $x_{(m)}$	極値Ⅱ型 ($k=10$)		極値Ⅰ型		ワイブル ($k=1.4$)		ワイブル ($k=2.0$)	
		$\hat{F}_m$	$y_{(m)}$	$\hat{F}_m$	$y_{(m)}$	$\hat{F}_m$	$y_{(m)}$	$\hat{F}_m$	$y_{(m)}$
1	11.7	0.9935	6.540	0.9928	4.934	0.9927	3.121	0.9922	2.204
2	10.2	0.9807	4.825	0.9800	3.903	0.9800	2.648	0.9795	1.971
3	10.1	0.9679	4.081	0.9672	3.402	0.9672	2.406	0.9667	1.845
4	10.0	0.9551	3.607	0.9544	3.065	0.9545	2.238	0.9539	1.754
5	9.9	0.9423	3.261	0.9416	2.811	0.9417	2.109	0.9412	1.683
6	9.4	0.9295	2.990	0.9288	2.606	0.9290	2.003	0.9284	1.624
74	6.1	0.0589	−0.989	0.0584	−1.044	0.0619	0.140	0.0607	0.250
75	6.1	0.0461	−1.063	0.0456	−1.128	0.0492	0.118	0.0479	0.222
76	6.0	0.0333	−1.152	0.0328	−1.229	0.0364	0.095	0.0351	0.189
77	6.0	0.0205	−1.270	0.0200	−1.364	0.0237	0.070	0.0224	0.150
78	6.0	0.0077	−1.464	0.0072	−1.597	0.0109	0.040	0.0096	0.098
母数推定値		$\hat{A}=0.8292$ m $\hat{B}=6.937$ m		$\hat{A}=0.9589$ m $\hat{B}=6.943$ m		$\hat{A}=1.8676$ m $\hat{B}=5.789$ m		$\hat{A}=2.6228$ m $\hat{B}=5.178$ m	
相関係数		$r=0.98736$		$r=0.99191$		$r=0.99629$		$r=0.98906$	
確率波高 (m)									
$R=$ 10年		10.56		10.44		10.51		10.20	
$R=$ 20年		11.42		11.11		11.13		10.65	
$R=$ 50年		12.65		12.00		11.91		11.20	
$R=$100年		13.66		12.66		12.48		11.58	
裾長度パラメータ γ_{50}		1.198		1.149		1.133		1.098	

(5) 再現確率統計量の推定

当てはめを行って分布関数に対する母数の推定値が得られたならば，所定の再現期間に

対する再現確率統計量は，式（13.15）の基準化変量の定義によって次のようにして計算される。

$$\hat{x}_R = \hat{A} y_R + \hat{B} \tag{13.53}$$

ここに，y_R は再現期間 R に対する基準化変量であって，極値分布関数ごとに次式で算定される。

$$\text{極値 I 型分布}: y_R = -\ln\{-\ln[1-1/(\lambda R)]\} \tag{13.54}$$

$$\text{極値 II 型分布}: y_R = k\{(-\ln[1-1/(\lambda R)])^{-1/k} - 1\} \tag{13.55}$$

$$\text{ワイブル分布}: y_R = [\ln(\lambda R)]^{1/k} \tag{13.56}$$

$$\text{対数正規分布}: y_R = \Phi^{-1}[1-1/(\lambda R)] \tag{13.57}$$

これらの式中の λ は式（13.1）で定義された平均発生率であり，極値の総数 N_T と一対にして使用する。部分極値資料の場合には対象期間中の極値の総数 N_T を正確に数えることが難しく，概略の推定値を使用することが多い。しかし，ここに示すように平均発生率と組み合わせて使用するのであれば，再現確率統計量の推定値は N_T の推定誤差にあまり影響されない[4]。

なお，対数正規分布においては極値を自然対数に変換したうえで統計解析を行っており，式（13.57）は再現確率統計量の自然対数に対する算定式である。その絶対値は次式で算定する。

$$\hat{x}_R = \exp[\hat{A} y_R + \hat{B}] \tag{13.58}$$

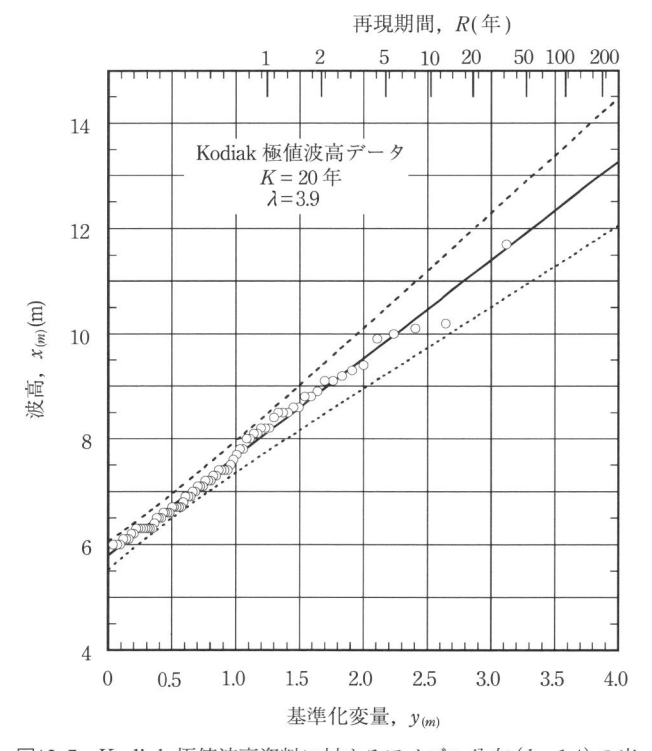

図13-7　Kodiak 極値波高資料に対するワイブル分布（$k=1.4$）の当てはめ結果

表 13-5 の母数推定結果に基づいて再現期間 $R=10, 20, 50$, および 100 年に対応する確率波高を算定した結果は表の下段に記載した。このように，当てはめる分布関数によって確率波高は異なる値を取る。このうち，形状母数 $k=1.4$ のワイブル分布に基づく確率波高の推定値をデータの当てはめ結果と併せて図 13-7 に示す。図中の実線が確率波高の推定値であり，上下の破線はその 90％信頼区間（再現確率統計量の標準偏差の 1.645 倍の範囲）を示している。なお，信頼区間の推定方法については 13.3 節で記述する。

13.2.3 標本に適合する極値分布関数の選定

極値資料の一つの標本は，複数の分布関数に当てはめることが可能であり，選択する分布関数に応じて再現確率統計量の異なる値が得られる。次の 13.2.4 節で述べるように，分布関数当てはめの棄却検定によって幾つかの関数を除外することができるけれども，単一の分布関数に絞り込むことは困難である。対象とする極値の事象についてあらかじめ母分布関数が設定されていないときは，標本が最もよく適合する分布関数を選定する必要が生じる。母数推定を最尤法で行うときは尤度の絶対値を適合度の判断基準として使うことができ，最小 2 乗法を用いるときは $x_{(m)}$ と $y_{(m)}$ の間の相関係数の値を同様に使うことができる。また，宝・高棹[30] は標本に対する適合度ではなく，再現確率統計量の推定値の変動量が最小である分布関数を最適合とする考え方を提案している。

最小 2 乗法による極値の解析では，一般に $x_{(m)}$ と $y_{(m)}$ の間の相関が高くて相関係数も 1 に極めて近い値を取ることが多い。その中でも，分布関数の裾の広がりの狭いものほど 1 に近い値を示す傾向があり，単純に相関係数の絶対値を指標として適合度を比べるのは必ずしも適切でない。そこで，完全適合の場合の値である 1 に対する相関係数の残差 $\Delta r = 1-r$ を指標にとり，この残差が分布関数によって異なる状況を調べたのが図 13-8 である[31]。この図は相関係数の残差の平均値 Δr_{mean} を示したもので，母分布関数からモンテカルロ法で抽出した標本各 10,000 組について計算した結果である。ここに示した中では，形状母数 $k=0.75$ のワイブル分布が最も大きな残差を示し，$k=2.0$ のワイブル分布と対数正規分布の残差が最小である。しかしながら，標本ごとの相関係数の残差を分布関数の平均値に対する比率で表すと，分布関数間の差が減少する。図 13-9 はこれを $\Delta r/\Delta r_{\mathrm{mean}}$ の累積分布の形で示したもの[31] で，標本の大きさが $N=100$ の全数極値資料の場合である。

相関係数の残差が小さいことは分布関数に対する標本の適合度が高いことを意味するから，平均値で正規化した残差が最小の分布関数を最適合と判断することが妥当であろう。この判断基準を著者は MIR (MInimun Ratio of residual correlation coefficient) 基準と名付けている[31]。この基準を適用するためには相関係数の残差平均値 Δr_{mean} を定式化する必要がある。これは部分極値資料も含めて著者ら[8],[31] によって次の実験式の形で提案されている。

$$\Delta r_{\mathrm{mean}} = \exp[a + b \ln N + c(\ln N)^2] \tag{13.59}$$

係数 a, b, および c は，データ採択率 ν の関数として表 13-6 のようにまとめられている。図 13-8 の中の曲線はこの実験式による推定値である。

アラスカ沖 Kodiak 地点の高波は全数極値資料と見なしているので $\nu=1$ であり，標本の大きさは $N=78$ である。表 13-5 で取り扱った 4 種類の分布関数について Δr_{mean} を計算して $\Delta r/\Delta r_{\mathrm{mean}}$ の比を求めると，次の結果が得られる。

　　　極値 II 型分布 $(k=10)$ 　　　：$\Delta r_{\mathrm{mean}}=0.01731$, $\Delta r=0.01264$, $\Delta r/\Delta r_{\mathrm{mean}}=0.730$,

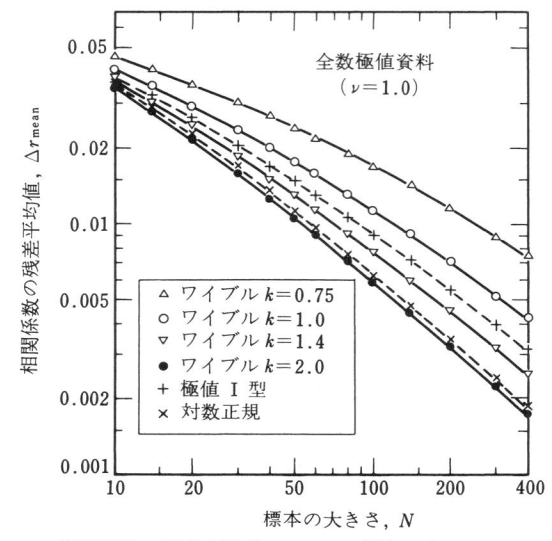

図13-8　相関係数の残差平均値 Δr_{mean} と標本の大きさNとの関係

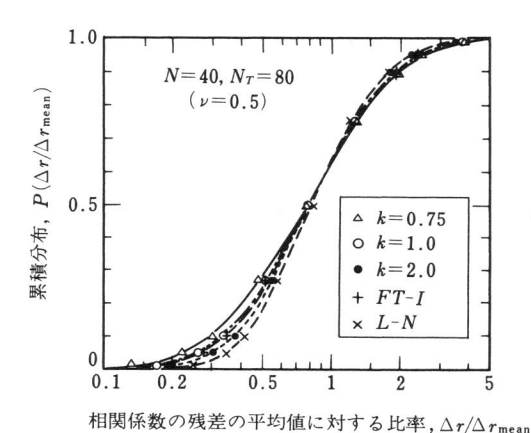

図13-9　相関係数の残差の平均値に対する比率 $\Delta r/\Delta r_{\mathrm{mean}}$ の累積分布

表13-6　相関係数の残差平均値 Δr_{mean} の係数

分布関数	係数 a	係数 b	係数 c
極値II型　($k=2.5$)	$-2.470+0.015\nu^{3/2}$	$-0.1530-0.0052\nu^{5/2}$	0
同上　　　($k=3.33$)	$-2.462-0.009\nu^2$	$-0.1933-0.0037\nu^{5/2}$	-0.007
同上　　　($k=5.0$)	-2.463	$-0.2110-0.0131\nu^{5/2}$	-0.019
同上　　　($k=10.0$)	$-2.437+0.028\nu^{5/2}$	$-0.2280-0.0300\nu^{5/2}$	-0.033
極値I型分布	$-2.364+0.054\nu^{5/2}$	$-0.2665-0.0457\nu^{5/2}$	-0.044
ワイブル　($k=0.75$)	$-2.435-0.168\nu^{1/2}$	$-0.2083+0.1074\nu^{1/2}$	-0.047
ワイブル　($k=1.0$)	-2.355	-0.2612	-0.043
ワイブル　($k=1.4$)	$-2.277+0.056\nu^{1/2}$	$-0.3169-0.0499\nu$	-0.044
ワイブル　($k=2.0$)	$-2.160+0.113\nu$	$-0.3788-0.0979\nu$	-0.041
対数正規分布	$-2.153+0.059\nu^2$	$-0.2627-0.1716\nu^{1/4}$	-0.045

極値I型分布　　　　　　　　　：$\Delta r_{\mathrm{mean}}=0.01278$, $\Delta r=0.00809$, $\Delta r/\Delta r_{\mathrm{mean}}=0.633$,
ワイブル分布($k=1.4$)　　　　：$\Delta r_{\mathrm{mean}}=0.01119$, $\Delta r=0.00371$, $\Delta r/\Delta r_{\mathrm{mean}}=0.332$,
ワイブル分布($k=2.0$)　　　　：$\Delta r_{\mathrm{mean}}=0.01017$, $\Delta r=0.01094$, $\Delta r/\Delta r_{\mathrm{mean}}=1.076$,

この結果から，形状母数 $k=1.4$ のワイブル分布がこの高波の標本に最もよく適合すると判断される。

13.2.4 極値分布関数の棄却検定
(1) 標本中の最大値の無次元表示

図 13-7 のアラスカ沖 Kodiak 地点の極値波高データでは，第 1 位のデータも回帰直線の上にほぼ乗っており，当てはめられた極値分布関数に適合している。しかし，標本によっては第 1 位のデータがほかのデータよりもかけ離れて大きく，そのデータを含めた場合と除外した場合で最適合な極値分布関数が異なり，再現確率波高が相違することがある。そうしたとき，第 1 位のデータを異常値と見なして棄却すべきか否かの問題が生じる。もし，第 1 位の高波を発生させた気象要因が第 2 位以下と特に異なっているのでなければ，第 1 位も当てはめ対象とすべきである。逆に言えば，その場合に第 1 位を異常値と判定するような分布関数のほうを当てはめの対象から除外すべきであろう。

標本中の最大値を異常値と判定するためには，まず第 1 位のデータの分布特性を知らなくてはならない。このため，第 1 位の値 $x_{(m=1)}$ と標本の平均値 $\bar{x}$ との差を標本の標準偏差 s で除して無次元化した最大値偏差 ξ を導入する。

$$\xi = (x_1 - \bar{x})/s \tag{13.60}$$

ただし，本節では簡単のために標本中の最大値を x_1 と略記する。表 13-5 の Kodiak 地点の資料では $\xi = (11.7 - 7.501)/1.214 = 3.46$ である。

すでに 13.1.4 節で述べたように，大きさが N の標本中の最大値の非超過確率は式 (13.36) で与えられる。したがって，非超過確率 P が指定されると最大値 x_1 は分布関数の逆関数として次のように求められる。

$$x_1 = F^{-1}(P^{1/N}) \tag{13.61}$$

例えば，極値 I 型分布の場合には次のようになる。

$$x_1 = -A \ln[-\ln(P^{1/N})] + B \tag{13.62}$$

最大値偏差 ξ は標本平均値および標準偏差を使って定義されるのであるが，これを表 13-3 の母集団平均および標準偏差で代替すると，ξ が母数の絶対値に影響されない補助統計量であることが分かる。このことはほかの分布関数についても同様である。さらに，x_1 が異常に大きい，すなわち P が 1 に極めて近い場合を考えて $P = 1 - \varepsilon$（ただし $\varepsilon \ll 1$）とおくことによって，最大値偏差 ξ は近似的に次式のように表される。

$$\xi = \sqrt{6}\{-\ln[-\ln(1-\varepsilon)^{1/N}] - \gamma\}/\pi \fallingdotseq \sqrt{6}(\ln N - \ln \varepsilon - \gamma)/\pi \tag{13.63}$$

したがって，極値 I 型分布における最大値偏差は，標本の大きさの自然対数にほぼ比例して増大することになる。

(2) 正規分布における最大値偏差の分布特性

標本平均値および標準偏差を用いて式 (13.60) で定義された最大値偏差 ξ の理論値は，一般には求められていない。ただし，正規分布については標本の棄却検定に利用される Thompson の方法[32]を応用することができる。この棄却検定は，すでに角屋[33]が対数正規分布および対数極値分布（極値 I～III 型分布の統一的表示の一つ）における異常値の棄却判定用に応用し，それ以来わが国の水文統計の実務で使用されている。Thompson の方

法は，標本の大きさが $n_1, n_2, \cdots, n_k$ の k 組の標本のうちの第1組の標本が正規分布に従わない疑いがある場合に対するものである。ここで第1組の平均を x_0，全標本についての平均および分散を $\bar{x}$ および s^2 とし，これらを用いて

$$\tau^2 = (x_0 - \bar{x})^2 / s^2 \tag{13.64}$$

なる量を定義すると

$$F = \frac{n_1(N-2)\tau^2}{(N-n_1) - n_1\tau^2} \tag{13.65}$$

で計算される量が自由度 $(1, N-2)$ の F 分布をすることが知られている。そこで，検定対象の標本について上式の F の値を計算し，それを自由度 $(1, N-2)$，超過確率値 α の F 分布表と比較する。そして，$F > F(1, N-2: \alpha)$ であれば危険率 α の水準で第1組の標本は正規分布に従わないと判定される。

この検定法では第1組の大きさについての制限がないので，$n_1 = 1$ としても差し支えない。したがって，式 (13.65) を書き換えて

$$|\tau| = \frac{|x_0 - \bar{x}|}{s} = \left[\frac{(N-1)F(1, N-2: \alpha)}{N-2+F(1, N-2: \alpha)}\right]^{1/2} \tag{13.66}$$

とすることができる。ここで対象としているのは正規分布であって，x_0 は $\bar{x}$ の上下に等確率で分布している。式 (13.66) では平均値 $\bar{x}$ からの偏差の絶対値が等しいデータを同等に扱うので，$x_0 > \bar{x}$ のデータに着目すると，超過確率 α の F 分布値に対応する x_0 が母集団中で占める超過確率は $\alpha/2$ に等しい。

式 (13.60) の ξ と式 (13.64) の τ とは同一形式の定義式である。そこで，式 (13.66) が最大値偏差 ξ についても適用できると見なすと，超過確率値として $\alpha/2 = 1 - P^{1/N}$ を与えることによって，最大値偏差 ξ とその非超過確率 P との関係を標本の大きさ N の関数として求めることができる。図 13-10 は，この考え方による理論値をモンテカルロ法による数値実験結果と比べたもので，正規分布の全数極値資料の場合である[31]。数値シミュレーションではランダムに抽出された各標本についてそれぞれ ξ 値を求め，同一条件の標本1万組の ξ 値を単純に大きさの順に並べ替えてその累積分布を作成している。

図で明らかなように，累積分布の下の部分では ξ 値の理論値が過小であり，特に標本が小さいときにその傾向が著しい。この差異は，式 (13.65)，(13.66) の誘導に際して x_0 に何も条件を付けていないことによる。α を推定するときに初めて x_0 が N データ中の最

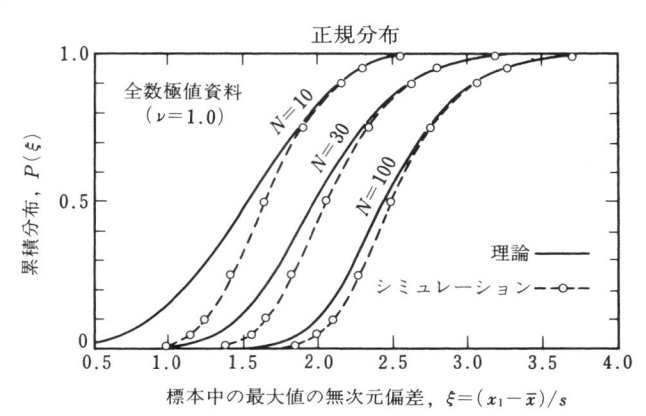

図 13-10 正規分布における標本中の最大値偏差の累積分布

大値であるという条件を入れているけれども，標本平均値 $\bar{x}$ および標準偏差 s はランダムな N 個のデータに対するものとして算定されたままである。このため，最大値 x_1 が相対的に小さい標本では $\bar{x}$ と s がランダムな標本に対する期待値よりも小さくなり，したがって ξ 値が理論値よりも大きくなると考えられる。しかしながら，累積分布の上の部分ではよく一致しており，標本の大きさによって ξ 値が変化する傾向も同じである。したがって，数値実験結果は最大値偏差の特性を十分に再現していると考え，本節では数値実験結果に基づいて議論を進める。

(3) 最大値偏差に基づく DOL 棄却基準の導入

最大値偏差 ξ の数値は，図 13-10 に一例を示したように，ある幅で分布する。極値データの標本にある分布関数を当てはめたとき，標本中の最大値が異常値であるかどうかは標本の ξ 値を対象とする分布関数の ξ 値の累積分布と比較することによって判定できる。比較の目安としては累積分布の下方 5% および上方 5% の個所を使うことができよう。すなわち，非超過確率 5% および 95% の ξ 値である。これらを $\xi_{5\%}$ および $\xi_{95\%}$ と表し，各種の分布関数について数値シミュレーションで求めた結果の例を図 13-11，13-12 に示す。前者は極値 II 型分布の場合の $\xi_{5\%}$ と標本の大きさ N との関係であり，後者は極値 I 型分布，ワイブル分布，および対数正規分布のグループに対する $\xi_{95\%}$ の値を示すものである。いずれも全数極値資料に対する結果であるが，数値実験ではこのほかデータ採択率が $\nu=0.25$ および 0.5 についても $\xi_{5\%}$ および $\xi_{95\%}$ が算定されている[31],[34]。

このような最大値偏差の 5% および 95% 非超過確率値の数値実験結果に対しては，次のような実験式が当てはめられ，係数 a，b および c が分布関数ごとにデータ採択率の関数として表 13-7，13-8 のように設定されている。

$$\xi_P = a + b \ln N + c(\ln N)^2 : P = 5\% \text{ および } 95\% \tag{13.67}$$

図 13-11，13-12 中の曲線はこの実験式による当てはめ結果である。なお，データ採択率の適用範囲としては，基礎資料の条件から考えて $\nu \fallingdotseq 0.15$ 以上に限定すべきであろう。こ

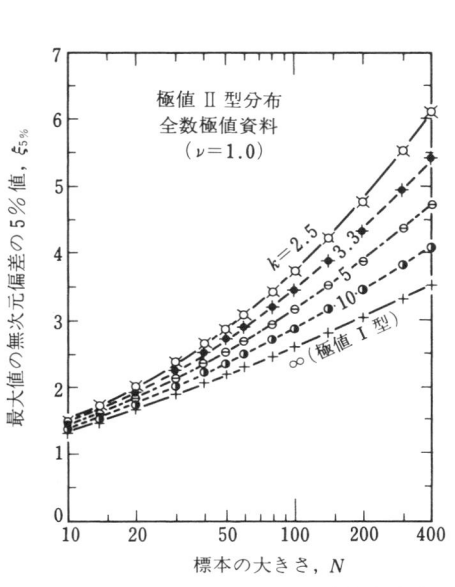

図13-11 標本中の最大値偏差の5%非超過確率値 $\xi_{5\%}$ と標本の大きさ N との関係

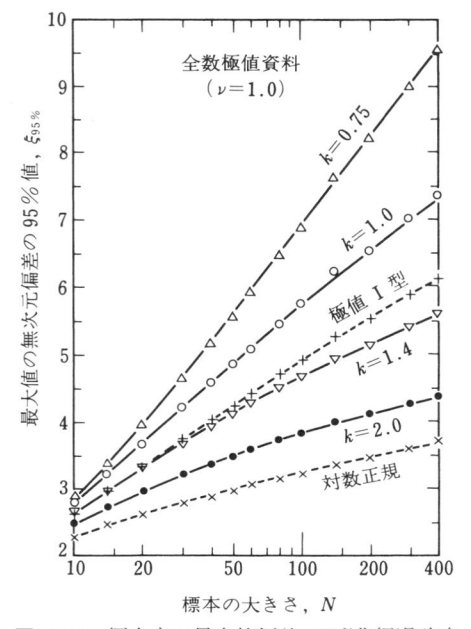

図13-12 標本中の最大値偏差の95%非超過確率値 $\xi_{95\%}$ と標本の大きさ N との関係

表13-7 標本中の最大値の偏差の5%非超過確率値 $\xi_{5\%}$ の係数

分布関数	係数 a	係数 b	係数 c
極値Ⅱ型 ($k=2.5$)	$1.481-0.126\nu^{1/4}$	$-0.331-0.031\nu^2$	0.192
同上 ($k=3.33$)	1.025	$-0.077-0.050\nu^2$	0.143
同上 ($k=5.0$)	$0.700+0.060\nu^2$	$0.139-0.076\nu^2$	0.100
同上 ($k=10.0$)	$0.424+0.088\nu^2$	$0.329-0.094\nu^2$	0.061
極値Ⅰ型分布	$0.257+0.133\nu^2$	$0.452-0.118\nu^2$	0.032
ワイブル ($k=0.75$)	$0.534-0.162\nu$	$0.277+0.095\nu$	0.065
ワイブル ($k=1.0$)	0.308	0.423	0.037
ワイブル ($k=1.4$)	$0.192+0.126\nu^{3/2}$	$0.501-0.081\nu^{3/2}$	0.018
ワイブル ($k=2.0$)	$0.050+0.182\nu^{3/2}$	$0.592-0.139\nu^{3/2}$	0
対数正規分布	$0.042+0.270\nu$	$0.581-0.217\nu^{3/2}$	0

表13-8 標本中の最大値の偏差の95%非超過確率値 $\xi_{95\%}$ の係数

分布関数	係数 a	係数 b	係数 c
極値Ⅱ型 ($k=2.5$)	$4.653-1.076\nu^{1/2}$	$-2.047+0.307\nu^{1/2}$	0.635
同上 ($k=3.33$)	$3.217-1.216\nu^{1/4}$	$-0.903+0.294\nu^{1/4}$	0.427
同上 ($k=5.0$)	$0.599-0.038\nu^2$	$0.518-0.045\nu^2$	0.210
同上 ($k=10.0$)	$-0.371+0.171\nu^2$	$1.283-0.133\nu^2$	0.045
極値Ⅰ型分布	$-0.579+0.468\nu$	$1.496-0.227\nu$	-0.038
ワイブル ($k=0.75$)	$-0.256-0.632\nu^2$	$1.269+0.254\nu^2$	0.037
ワイブル ($k=1.0$)	-0.682	1.600	-0.045
ワイブル ($k=1.4$)	$-0.548+0.452\nu^{1/2}$	$1.521-0.184\nu$	-0.065
ワイブル ($k=2.0$)	$-0.322+0.641\nu^{1/2}$	$1.414-0.326\nu$	-0.069
対数正規分布	$0.178+0.740\nu$	$1.148-0.480\nu^{3/2}$	-0.035

のことは Δr_mean の係数に関する表13-6および次項で述べる $\Delta r_{95\%}$ の係数値に関する表13-9についても同様である。

以上のようにして最大値偏差の5%および95%非超過確率が推定できると，これらを使って標本中の最大値の棄却検定が可能になる。すなわち，標本の ξ 値が $\xi_{5\%} \leqq \xi \leqq \xi_{95\%}$ の範囲に入っていればその標本の最大値は正常であると見なし，$\xi < \xi_{5\%}$ あるいは $\xi > \xi_{95\%}$ であればそのような事象が起きる確率がそれぞれ5%未満であるので，その最大値を危険率5%で異常と判定することができる。このように，標本中の最大値の無次元偏差 ξ を利用する異常値の棄却基準を著者はDOL (Deviation of OutLier) 基準と名付け，$\xi_{5\%}$ によるものを下向DOL基準，$\xi_{95\%}$ によるものを上向DOL基準と称している。

与えられた極値資料の標本が，特定の極値分布の母集団に属することが一般に認められている場合には，このDOL基準を使って標本中の最大値の棄却検定を行えばよい。しかし，極値資料の母集団が確定していない場合には，その最大値を異常値と見なして棄却するのではなく，逆に標本の当てはめを行う分布関数に対して棄却検定を行うほうが合理的である。すなわち，DOL基準は分布関数によって異なる値を取るので，ある分布関数を当てはめるときは異常値と判定されても，別の分布関数を当てはめると正常と判定される場合が起こり得る。例えば，前述のKodiak地点の資料では標本の ξ 値が3.46であるのに対し，標本の大きさが $N=78$ のときの $\xi_{95\%}$ 値は極値Ⅱ型分布の $k=10$ で6.07，極値Ⅰ型分布で5.22，ワイブル分布の $k=1.4$ で4.84，同じく $k=2.0$ で4.53であるので，いずれも当てはめが棄却されない。

このKodiak地点の例では，標本中の最大値がやや大きめであるとして $\xi_{95\%}$ を使う上向DOL基準が適用されたけれども，最大値が小さくて第2位との差が目立たないような

場合には下向 DOL 基準により $\xi_{5\%}$ 値との比較が行われる。なお，ここで述べた DOL 棄却基準は分布関数の当てはめ方法に全く依存しない。したがって，最小 2 乗法以外の積率法や最尤法を用いる場合でもこの棄却基準は適用可能である。

(4) 最小2乗法の相関係数による REC 棄却基準の導入

極値分布関数に対する標本の当てはめの際の棄却検定は，当てはめの適合度を用いて行うこともできる。適合度の指標は当てはめ方法によって異なり，最小 2 乗法を使用する場合であれば $x_{(m)}$ と $y_{(m)}$ との間の相関係数を用いればよい。ただし，13.2.3 節で述べたように相関係数の絶対値は 1 にかなり近いので，1 との残差すなわち $\Delta r = 1 - r$ を利用する。図 13-13 は $k=1.0$ のワイブル分布の全数資料について Δr の分布特性を調べた例である。当然のことながら，標本の大きさ N が増すにつれて残差 Δr が減少する。

相関係数の残差値の分布特性が明らかになると，与えられた標本の Δr の値を当てはめた極値分布の Δr の分布特性と比較することによって，そのような値の出現する可能性を判断でき，したがって棄却検定が可能になる。相関係数の残差値の累積分布の指標としては，標本の最大値偏差の場合と同様に 95％非超過確率値を用いる。図 13-14 は，極値 I 型

表13-9 相関係数の残差の95％非超過確率値 $\Delta r_{95\%}$ の係数

分布関数	係数 a	係数 b	係数 c
極値 II 型 ($k=2.5$)	$-1.122-0.037\nu$	$-0.3298+0.0105\nu^{1/4}$	0.016
同上 ($k=3.33$)	$-1.306-0.105\nu^{3/2}$	$-0.3001+0.0404\nu^{1/2}$	0
同上 ($k=5.0$)	$-1.463-0.107\nu^{3/2}$	$-0.2716+0.0517\nu^{1/4}$	-0.018
同上 ($k=10.0$)	$-1.490-0.073\nu$	$-0.2299-0.0099\nu^{5/2}$	-0.034
極値 I 型分布	-1.444	$-0.2733-0.0414\nu^{5/2}$	-0.045
ワイブル ($k=0.75$)	$-1.473-0.049\nu^2$	$-0.2181+0.0505\nu^2$	-0.041
ワイブル ($k=1.0$)	-1.433	-0.2679	-0.044
ワイブル ($k=1.4$)	-1.312	$-0.3356-0.0449\nu$	-0.045
ワイブル ($k=2.0$)	$-1.188+0.073\nu^{1/2}$	$-0.4401-0.0846\nu^{3/2}$	-0.039
対数正規分布	$-1.362+0.360\nu^{1/2}$	$-0.3439-0.2185\nu^{1/2}$	-0.035

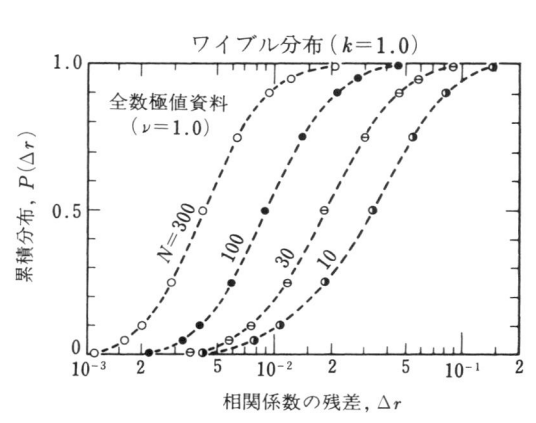

図13-13 相関係数の残差値 Δr の累積分布の例

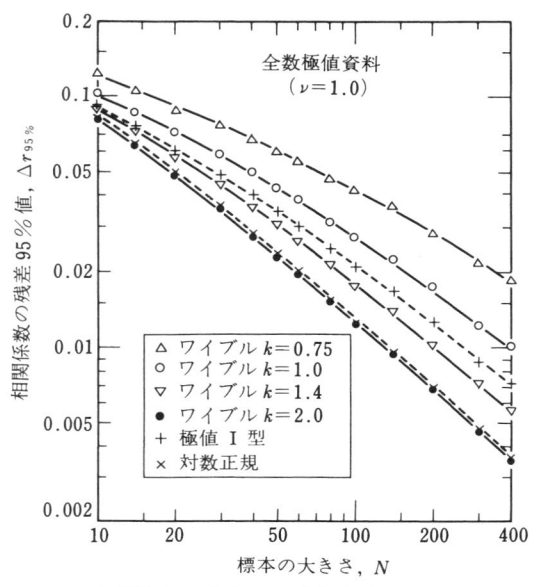

図13-14 相関係数の残差の95％非超過確率値 $\Delta r_{95\%}$ と標本の大きさ N との関係

分布，ワイブル分布，および対数正規分布の全数極値資料について $\Delta r_{95\%}$ を求めた例である[31]。このような $\Delta r_{95\%}$ と標本の大きさ N の関係については，相関係数の残差平均値と同様に次の実験式が当てはめられ，データ採択率が $\nu=0.25$ と 0.5 の部分極値資料の結果も含め，係数 a，b，および c が表 13-9 のように設定されている[8],[31]。

$$\Delta r_{95\%} = \exp[a + b \ln N + c (\ln N)^2] \tag{13.68}$$

この実験式による推定結果は，図 13-14 の中にも曲線で記入されている。

この相関係数の残差の 95%非超過確率値を用いる棄却基準を著者は REC (REsidue of Correlation coefficient) 基準と名付けている[31]。

(5) 極値分布関数の当てはめの棄却検定について

一般に，統計資料の標本がある確率分布に適合するかどうかを判定するためには，カイ自乗検定をはじめとしていろいろな方法が使われる。しかし，統計学で通常用いられる手法では棄却検定力が弱く，極値統計の標本に適用するとどの分布関数も棄却されないことが多い。本節で紹介した DOL および REC 棄却基準は数値シミュレーション結果に基づく経験的な手法であって理論的裏付けはない。その代わり，極値分布関数ごとの差異をかなり明確に浮かび上がらせることができる。とはいっても，データ個数が数十から 100 程度の標本では本章で扱っている極値 I 型分布，極値 II 型分布，ワイブル分布，対数正規分布のどれにも当てはまる例が少なくない。本当に極値分布の関数形を確定するためには，数百あるいは数千の大きさの標本を必要としよう。

極値統計資料の標本に対して棄却検定を行う目的は次のように考えられる。

① 対象とする極値事象の母分布関数が不明な場合には，当てはめ関数の棄却検定によって候補となる分布関数の数を削減し，誤った当てはめを行う危険性を減らす。

② 多数の地点の標本に対して棄却検定を行うことによって，対象とする極値事象の母分布関数を絞り込む。

③ 既往の研究成果などによって母分布関数がほぼ確定している場合には，標本中の最大値に対して異常値かどうかの検定を行う。

このうちの第 2 の目的で行った棄却検定の一例として，著者[35] は日本各地の年最大風速と毎最大日雨量について DOL 基準と REC 基準を併用した棄却検定を行った。風速については極値 I 型分布が母集団である可能性が高いものの，日本全地域に極値 I 型分布を適用することには統計学的に無理があり，地方ごとに母集団が異なるように思われる。日雨量の場合には形状母数が $k=10$ の極値 II 型分布が母集団である可能性が指摘されている。日本沿岸の高波についても同様な検定作業が試みられており，これについては 13.4.5 節で記述する。

第 3 の異常データの棄却の場合には，最大値のデータが異常値として棄却されたとしても，異常に大きな事象が発生した事実は存在する。したがって，13.2.2 節で述べた最小 2 乗法による母数推定を行う際には，第 1 位を空白とし，$m=2\sim N$ のデータについて順位 m もそのままとして解析するのが妥当である。この第 1 位のデータ棄却判定は異常に大きい場合だけでなく，第 2 位との差が異常に少ない場合にも行う。前者は上向 DOL 基準により，後者は下向 DOL 基準によって行うことができる。

なお，上述の棄却データの取扱いの考え方は，数値的には明確ではない歴史的な極値事象の取込みにも応用できる。例えば，過去何十年かの間に異常に大きな高波によって甚大な災害を被っているけれども正確な波高値が不明な場合は，概略の波高値を推定して極値データ中の順位だけを定め，その部分を空白として最小 2 乗法を適用することによって，

高波の発生事実を極値解析に有効に利用することができる。

13.3 極値統計量の信頼区間

13.3.1 標本の標準偏差の分布

　前節では，極値統計の一つの標本が与えられたとき，これに最も適合する分布関数を当てはめて再現確率統計量を推定する方法について記述した。しかし，極値統計の資料を扱っていてしばしば経験するように，それまでの何十年の極値データでは現れなかったような大きな値が観測され，極値統計資料の信頼性を疑わせるようなことが起きる。そのような事態が異常気象現象に起因することもあるけれども，多くの場合には極値データの観測資料が不足していて極値統計として十分な大きさの標本が得られなかったことが原因である。標本の大きさによる極値統計量の変動性は実データでは検証が困難であるけれども，数値シミュレーションを行えば容易に解析することができる。図13-15はこの一例であり，極値Ⅰ型分布の母集団から大きさが$N=10$の標本をランダムに10組抽出し，データを順序統計量に並べ替えてその基準化変量に対してプロットしたものである。標本ごとの変動は大きく，このように小さな標本から再現確率統計量を推定したのでは誤差が大きくなることが容易に推察できよう。また，13.2.1節の図13-4で紹介した標本中の最大値の分布もこうした標本ごとの変動の一例である。

　標本の基本統計量の一つはその標準偏差である。図13-16は数値実験によって極値Ⅱ型分布（$k=10$）の母集団からいろいろな大きさの標本を各1万組抽出して，その不偏標準偏差の母集団値に対する比率の累積度数分布を調べた結果である。$N=10$と標本が小さい

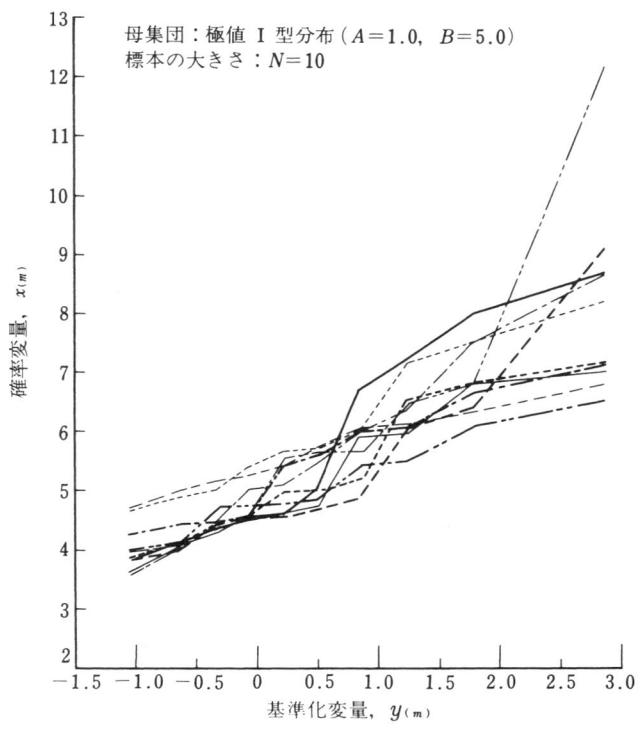

図13-15　極値資料の標本の統計的変動の例

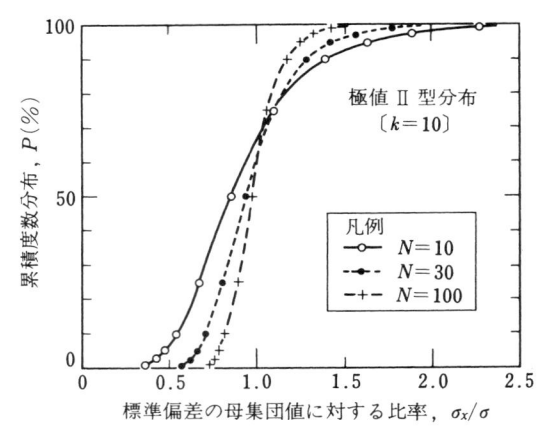

図13-16 極値資料の標本の不偏標準偏差の累積分布の例

場合には，累積分布の上下5%の範囲で見ると母集団値の約0.5倍から1.6倍にまで広がっている。上下1%とすると母集団値の約0.4倍から2.3倍である。標本が$N=100$と大きくなると標準偏差の上下5%の範囲が母集団値の約0.8倍から1.2倍と狭まるが，それでもかなりの変動である。また，図から推測されるように不偏標準偏差の平均値は母集団値よりも小さい。$N=10$で母集団値の0.93倍，$N=30$で0.97倍であり，$N=100$でも母集団値の0.99倍にとどまる。

このような標本の不偏標準偏差の性質は母集団の特性によってそれぞれ異なる。表13-10は全数極値資料の場合について，母集団標準偏差に対する標本の不偏標準偏差の平均値の比率およびその変動係数の計算結果である[4],[8]。これは各数値とも各1万回の作業を2回繰り返し（文献[4]に記載の分については作業を追加），その結果をNに対して滑らかに変化するように若干修正したものである。したがって，ここに記載した平均値は誤差として変動係数を乗じた値の約0.7%の標準誤差を伴っている。例えば，形状母数が$k=0.75$のワイブル分布の$N=10$の標本では，平均値が0.870，変動係数が0.56であるので，この平均値は$0.007\times0.56\times0.870=0.003$の標準誤差を持っており，1シグマ信頼限界としては0.867〜0.873である。

部分極値資料に対する同様な計算結果は，極値Ⅱ型分布を除く確率分布について文献[4]に記載してある（$N=10\sim100$）。これによると，指数分布（$k=1.0$のワイブル分布）ではデータ採択率νの影響を受けずに一定であるが，形状母数が$k=0.75$のワイブル分布ではνの減少とともに平均値が増大して変動係数が減少する。これに対して，極値Ⅰ型分布，$k=1.4$と2.0のワイブル分布，ならびに対数正規分布ではνの減少につれて標準偏差の平均値が減少して変動係数が増加する。この結果，データ採択率が小さいときは分布関数の違いによる変動係数の差異が縮小する。極値Ⅱ型分布では，$k=10$の場合が極値Ⅰ型分布に近く，$k=5$では指数分布的であり，$k=2.5$と3.33では$k=0.75$のワイブル分布に近い挙動を示す。

標本の不偏標準偏差の平均値が標本の大きさの影響を受けることはすでに，Gumble[20]が極値Ⅰ型分布に対して数表の形で提示しており，角屋[11]もこれとやや異なる数値を示している。ただし，理由は不明であるものの，Gumbelの数値は角屋や今回の結果に比べて過小であり，現在では推奨できない。

表13-10 極値統計資料の不偏標準偏差の平均値とその変動係数

標本の大きさ N	極値 II 型分布				極値 I 型分布
	$k=2.5$	$k=3.33$	$k=5.0$	$k=10.0$	
10	0.632 (1.25)	0.798 (0.79)	0.882 (0.55)	0.928 (0.41)	0.951 (0.32)
14	0.662 (1.12)	0.827 (0.71)	0.905 (0.49)	0.946 (0.36)	0.965 (0.27)
20	0.690 (0.99)	0.851 (0.63)	0.923 (0.42)	0.958 (0.31)	0.975 (0.23)
30	0.718 (0.87)	0.873 (0.54)	0.940 (0.36)	0.969 (0.25)	0.984 (0.19)
40	0.736 (0.80)	0.887 (0.49)	0.950 (0.32)	0.975 (0.22)	0.988 (0.16)
60	0.761 (0.74)	0.906 (0.44)	0.962 (0.28)	0.983 (0.18)	0.992 (0.13)
100	0.792 (0.66)	0.929 (0.38)	0.974 (0.23)	0.989 (0.15)	0.995 (0.10)
140	0.810 (0.61)	0.941 (0.35)	0.981 (0.20)	0.992 (0.13)	0.996 (0.09)
200	0.827 (0.56)	0.951 (0.32)	0.987 (0.18)	0.994 (0.11)	0.998 (0.07)
母集団値 σ/A	[3.8513]	[2.4341]	[1.8287]	[1.4921]	[1.2826]

標本の大きさ N	ワイブル分布				正規分布
	$k=0.75$	$k=1.00$	$k=1.4$	$k=2.0$	
10	0.870 (0.56)	0.925 (0.42)	0.954 (0.31)	0.971 (0.25)	0.975 (0.24)
14	0.899 (0.49)	0.942 (0.36)	0.966 (0.26)	0.980 (0.20)	0.982 (0.20)
20	0.923 (0.42)	0.958 (0.30)	0.977 (0.22)	0.986 (0.17)	0.987 (0.17)
30	0.944 (0.35)	0.971 (0.25)	0.985 (0.18)	0.991 (0.14)	0.992 (0.14)
40	0.956 (0.31)	0.978 (0.22)	0.989 (0.15)	0.993 (0.12)	0.994 (0.12)
60	0.969 (0.25)	0.984 (0.18)	0.992 (0.13)	0.995 (0.09)	0.996 (0.09)
100	0.980 (0.20)	0.990 (0.14)	0.995 (0.10)	0.997 (0.08)	0.998 (0.07)
140	0.985 (0.18)	0.993 (0.12)	0.996 (0.08)	0.998 (0.06)	0.998 (0.06)
200	0.989 (0.15)	0.995 (0.10)	0.997 (0.07)	0.999 (0.06)	0.999 (0.05)
母集団値 σ/A	[1.6108]	[1.0000]	[0.6596]	[0.4633]	[1.0000]

注：1) 平均値は母集団値に対する比で表している。2) 括弧内の数値は変動係数である。

13.3.2 母数推定値の分布

前節の図 13-15 の 10 組の標本に対して最小 2 乗法で極値 I 型分布を当てはめると，母数として $\hat{A}=0.55\sim1.86$，$\hat{B}=4.58\sim5.50$ のような推定値が得られる。標本の数を増すと推定値の幅がさらに増大する。極値統計に限らず統計の分野では，常に標本から得られる推定値の信頼性を吟味しておく必要がある。

極値分布の母数推定値の信頼度は，母数の推定方法によって異なる。13.2.1 節で簡単に述べた積率法の場合には，標本の不偏標準偏差に比例する量として尺度母数を推定する。したがって，標準偏差の変動性がそのまま尺度母数の推定値に反映される。最尤法による推定値に関しては二，三の理論解析が行われており，Lawless[35] は極値 I 型分布の場合（全数極値資料）の解を与え，Challenor[36] はこれに基づいて母数推定値の信頼区間の数表を作成している。最小 2 乗法による場合には理論解が提示されていないので，数値シミュレーションの結果に基づいて母数推定値の信頼区間を求めた。表 13-11 はそのうちの全数極値資料に対する結果であり，各数値はそれぞれ 1 万組の標本に対する推定作業を 2 回繰り返した平均値である。なお，極値 II 型分布以外の分布関数の部分極値資料に関しては，$N=100$ までの範囲について文献[4] に記載されている。なお，この最小 2 乗法による母数推定値の信頼区間のうちの極値 I 型分布の結果は，最尤法に基づく Challenor の数表と比べると 20% 前後大きめである。

表 13-11 では，母数の絶対値の影響を受けないように補助統計量の形で非超過確率が

表13-11 最小2乗法による母数推定値の信頼区間

分布関数	N	尺度母数 $A/\hat{A}$					位置母数 $(\hat{B}-B)/\hat{A}$				
		2.5%	25%	75%	97.5%	σ	2.5%	25%	75%	97.5%	σ
極値II型 ($k=2.5$)	10	0.30	0.89	2.04	4.05	0.98	-1.27	-0.31	0.39	1.42	0.66
	14	0.31	0.89	1.90	3.45	0.82	-0.92	-0.25	0.37	1.21	0.53
	20	0.35	0.89	1.78	3.05	0.70	-0.66	-0.20	0.35	1.05	0.44
	30	0.37	0.89	1.65	2.65	0.59	-0.51	-0.15	0.33	0.92	0.37
	40	0.39	0.89	1.59	2.48	0.53	-0.47	-0.13	0.32	0.85	0.34
	60	0.42	0.89	1.51	2.25	0.47	-0.44	-0.10	0.30	0.75	0.30
	100	0.45	0.90	1.43	2.01	0.40	-0.43	-0.08	0.28	0.65	0.28
	140	0.48	0.90	1.39	1.90	0.36	-0.43	-0.08	0.27	0.60	0.26
	200	0.49	0.90	1.35	1.80	0.33	-0.43	-0.07	0.27	0.56	0.25
極値II型 ($k=3.33$)	10	0.36	0.85	1.73	3.19	0.74	-1.09	-0.28	0.30	1.11	0.54
	14	0.38	0.86	1.62	2.73	0.61	-0.82	-0.23	0.27	0.91	0.43
	20	0.42	0.86	1.53	2.43	0.51	-0.62	-0.19	0.24	0.76	0.35
	30	0.46	0.87	1.43	2.14	0.43	-0.47	-0.15	0.21	0.65	0.28
	40	0.49	0.88	1.38	2.00	0.38	-0.40	-0.13	0.20	0.57	0.25
	60	0.52	0.88	1.32	1.83	0.33	-0.34	-0.10	0.17	0.48	0.21
	100	0.56	0.89	1.26	1.65	0.28	-0.30	-0.09	0.15	0.39	0.18
	140	0.59	0.90	1.23	1.56	0.24	-0.28	-0.08	0.14	0.34	0.16
	200	0.62	0.91	1.20	1.49	0.22	-0.26	-0.07	0.12	0.30	0.14
極値II型 ($k=5.0$)	10	0.43	0.84	1.53	2.63	0.57	-0.96	-0.26	0.26	0.95	0.47
	14	0.46	0.85	1.44	2.29	0.47	-0.74	-0.21	0.22	0.76	0.37
	20	0.50	0.86	1.36	2.03	0.39	-0.57	-0.18	0.19	0.62	0.30
	30	0.55	0.87	1.29	1.81	0.32	-0.44	-0.14	0.16	0.51	0.24
	40	0.59	0.88	1.25	1.70	0.28	-0.37	-0.12	0.15	0.44	0.21
	60	0.62	0.89	1.21	1.57	0.24	-0.30	-0.10	0.12	0.36	0.17
	100	0.67	0.91	1.16	1.44	0.19	-0.24	-0.08	0.09	0.28	0.13
	140	0.71	0.91	1.14	1.37	0.17	-0.21	-0.07	0.08	0.24	0.11
	200	0.74	0.92	1.12	1.32	0.15	-0.18	-0.06	0.07	0.20	0.10
極値II型 ($k=10.0$)	10	0.51	0.84	1.39	2.26	0.46	-0.85	-0.24	0.25	0.86	0.42
	14	0.54	0.86	1.32	1.98	0.37	-0.68	-0.19	0.21	0.69	0.34
	20	0.59	0.87	1.26	1.77	0.30	-0.53	-0.16	0.18	0.55	0.27
	30	0.64	0.88	1.20	1.60	0.24	-0.42	-0.13	0.15	0.44	0.22
	40	0.67	0.90	1.18	1.51	0.21	-0.36	-0.11	0.13	0.38	0.19
	60	0.71	0.91	1.14	1.41	0.18	-0.28	-0.09	0.10	0.31	0.15
	100	0.76	0.92	1.11	1.31	0.14	-0.22	-0.07	0.08	0.23	0.12
	140	0.79	0.93	1.09	1.26	0.12	-0.19	-0.06	0.07	0.20	0.10
	200	0.82	0.94	1.08	1.22	0.10	-0.16	-0.05	0.06	0.16	0.08
極値I型	10	0.58	0.86	1.30	2.03	0.37	-0.77	-0.21	0.25	0.83	0.40
	14	0.62	0.87	1.24	1.78	0.30	-0.61	-0.18	0.21	0.66	0.32
	20	0.67	0.88	1.19	1.61	0.24	-0.49	-0.15	0.18	0.53	0.26
	30	0.71	0.90	1.14	1.47	0.19	-0.39	-0.12	0.14	0.42	0.20
	40	0.74	0.91	1.13	1.39	0.17	-0.34	-0.11	0.12	0.36	0.18
	60	0.78	0.92	1.10	1.30	0.13	-0.27	-0.09	0.10	0.29	0.14
	100	0.82	0.94	1.08	1.23	0.10	-0.21	-0.07	0.07	0.22	0.11
	140	0.85	0.95	1.06	1.19	0.09	-0.18	-0.06	0.06	0.19	0.09
	200	0.87	0.95	1.05	1.16	0.07	-0.15	-0.05	0.05	0.18	0.08
ワイブル ($k=0.75$)	10	0.42	0.82	1.70	3.58	0.86	-0.41	-0.12	0.36	1.14	0.40
	14	0.47	0.83	1.55	2.88	0.65	-0.39	-0.11	0.31	0.93	0.34
	20	0.50	0.84	1.43	2.45	0.50	-0.36	-0.11	0.26	0.75	0.29
	30	0.56	0.85	1.34	2.09	0.40	-0.33	-0.10	0.22	0.61	0.24
	40	0.59	0.87	1.28	1.89	0.33	-0.31	-0.09	0.19	0.53	0.21
	60	0.64	0.88	1.22	1.67	0.27	-0.28	-0.08	0.16	0.42	0.18

分布関数	N	尺度母数 $A/\hat{A}$					位置母数 $(\hat{B}-B)/\hat{A}$				
		2.5%	25%	75%	97.5%	σ	2.5%	25%	75%	97.5%	σ
	100	0.70	0.90	1.17	1.50	0.20	−0.24	−0.07	0.12	0.33	0.15
	140	0.73	0.91	1.15	1.41	0.18	−0.22	−0.06	0.11	0.28	0.13
	200	0.77	0.92	1.12	1.34	0.15	−0.19	−0.06	0.09	0.24	0.11
ワイブル ($k=1.0$)	10	0.51	0.83	1.44	2.58	0.55	−0.34	−0.12	0.24	0.83	0.30
	14	0.55	0.84	1.36	2.22	0.43	−0.31	−0.11	0.21	0.66	0.25
	20	0.60	0.86	1.28	1.92	0.34	−0.28	−0.09	0.17	0.52	0.21
	30	0.65	0.88	1.22	1.70	0.26	−0.25	−0.08	0.13	0.41	0.16
	40	0.69	0.89	1.18	1.58	0.23	−0.22	−0.08	0.12	0.35	0.15
	60	0.72	0.90	1.15	1.44	0.18	−0.20	−0.07	0.10	0.28	0.12
	100	0.78	0.92	1.11	1.33	0.14	−0.16	−0.05	0.07	0.21	0.09
	140	0.80	0.93	1.09	1.27	0.12	−0.14	−0.05	0.06	0.18	0.08
	200	0.83	0.94	1.08	1.22	0.10	−0.12	−0.04	0.05	0.15	0.07
ワイブル ($k=1.4$)	10	0.60	0.86	1.30	2.05	0.38	−0.30	−0.12	0.17	0.66	0.24
	14	0.64	0.87	1.24	1.79	0.30	−0.27	−0.10	0.15	0.52	0.20
	20	0.69	0.88	1.19	1.61	0.24	−0.24	−0.09	0.11	0.38	0.15
	30	0.73	0.90	1.14	1.47	0.19	−0.20	−0.07	0.10	0.31	0.13
	40	0.75	0.91	1.12	1.39	0.16	−0.18	−0.07	0.08	0.26	0.11
	60	0.79	0.92	1.10	1.29	0.13	−0.15	−0.06	0.07	0.21	0.09
	100	0.83	0.94	1.07	1.22	0.10	−0.12	−0.05	0.05	0.16	0.07
	140	0.86	0.95	1.06	1.18	0.08	−0.11	−0.04	0.04	0.13	0.06
	200	0.88	0.96	1.05	1.15	0.07	−0.09	−0.03	0.04	0.11	0.05
ワイブル ($k=2.0$)	10	0.66	0.87	1.22	1.80	0.29	−0.30	−0.12	0.17	0.66	0.24
	14	0.70	0.88	1.17	1.60	0.23	−0.26	−0.10	0.13	0.49	0.19
	20	0.74	0.90	1.14	1.46	0.19	−0.22	−0.09	0.11	0.38	0.15
	30	0.78	0.92	1.11	1.36	0.15	−0.19	−0.07	0.08	0.29	0.12
	40	0.80	0.92	1.09	1.29	0.13	−0.17	−0.06	0.07	0.24	0.10
	60	0.83	0.94	1.07	1.23	0.10	−0.14	−0.05	0.06	0.19	0.08
	100	0.87	0.95	1.05	1.17	0.08	−0.11	−0.04	0.04	0.14	0.06
	140	0.89	0.96	1.05	1.14	0.06	−0.10	−0.04	0.04	0.12	0.05
	200	0.90	0.97	1.04	1.11	0.05	−0.08	−0.03	0.03	0.09	0.04
正規分布	10	0.66	0.87	1.21	1.78	0.29	−0.68	−0.22	0.22	0.71	0.35
	14	0.70	0.89	1.16	1.58	0.22	−0.57	−0.18	0.18	0.57	0.29
	20	0.75	0.90	1.13	1.44	0.18	−0.46	−0.15	0.15	0.47	0.23
	30	0.79	0.92	1.10	1.33	0.14	−0.37	−0.12	0.12	0.37	0.19
	40	0.81	0.93	1.08	1.28	0.12	−0.32	−0.11	0.11	0.32	0.16
	60	0.84	0.94	1.07	1.21	0.09	−0.26	−0.09	0.09	0.26	0.13
	100	0.87	0.95	1.05	1.16	0.07	−0.20	−0.07	0.07	0.20	0.10
	140	0.89	0.96	1.04	1.13	0.06	−0.17	−0.06	0.06	0.17	0.09
	200	0.91	0.97	1.03	1.10	0.05	−0.14	−0.05	0.05	0.14	0.07

2.5%, 25%, 75%, 97.5%の値および標準偏差が提示されている。尺度母数については $A/\hat{A}$, 位置母数については $(\hat{B}-B)/\hat{A}$ の形である。

【例題 13.1】
  極値 I 型分布の大きさが $N=20$ の標本について $A=1.20$, $B=4.77$ の推定値を得た。この場合の母集団の母数の 95%信頼区間を推定せよ。
【解】
  表 13-11 で該当する行を探して 2.5% と 97.5% の数値を読み取ると，
    $A/\hat{A}$　　　：2.5%値＝ 0.67, 97.5%値＝1.62
    $(\hat{B}-B)/\hat{A}$：2.5%値＝−0.49, 97.5%値＝0.53

したがって，母集団の母数の95%信頼区間は次のようになる。
$$A = (0.67 \sim 1.61) \times 1.20 = 0.80 \sim 1.93$$
$$B = 4.77 + (-0.49 \sim 0.53) \times 1.20 = 4.18 \sim 5.41$$

こうした信頼区間の幅の中ではどの値も可能性があり，どれか一つを特定することは不可能である。母数推定の結果を利用する際には，どの値であっても対処できるように用意しておく必要があろう。信頼区間の幅を狭めるためには，表13-11で明らかなように，標本の大きさを増大させることが必要である。

13.3.3 再現確率統計量の信頼区間
(1) 再現確率統計量の推定値の変動性

これまでに述べたように，極値統計資料では同じ母集団から抽出された標本であっても標本ごとにかなり異なる数値を取る。しかし，実際の解析作業ではただ一つの標本しか与えられていないので，その標本が母集団の中で比較的大きな値を占めるものなのか，あるいは相対的に小さな値のものなのかを知ることができない。例えば，今までに30年間の極値データが観測されているとして，次の30年間の観測データが相対的にこれよりも大きな値を多く含むかどうかを予測することは不可能である。したがって，観測期間の何倍もの長さの再現期間に対する確率統計量を推定しようとすると，用いた標本の母集団中の相対的位置に応じて母集団の真値よりも大きな値を予測したり，逆に小さな値を算出したりする。われわれが推定可能なのは，再現確率統計量の推定値がどのくらいの幅で変動するかという情報である。

図13-17は，数値実験によって極値Ⅰ型分布の母集団に属する毎年最大値の標本から100年確率統計量を推定した場合の推定値の分布状況を例示したものである[37]。母数推定はこれまでに述べた最小2乗法によっており，標本としては観測期間が20年の場合と100年の場合を取り上げている。また，推定値 $\hat{x}_R$ を無次元化するために次のような補助統計量 z を導入し，その頻度分布を表示している。

$$z = (\hat{x}_R - x_R)/\sigma_x \tag{13.69}$$

ここに，x_R は母集団における真値，σ_x は標本の不偏標準偏差である。この図で明らかな

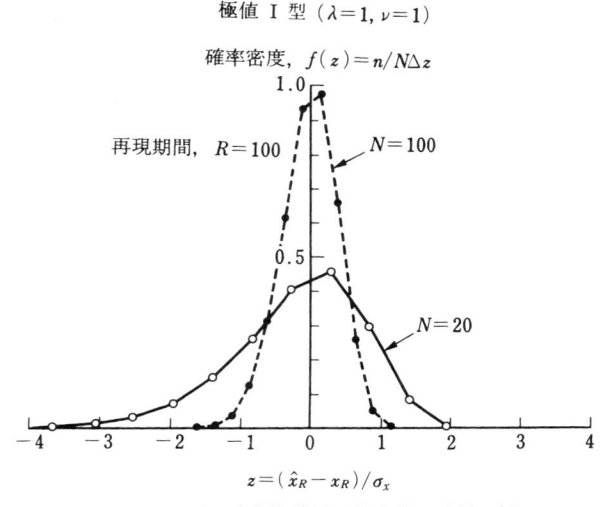

図13-17 再現確率統計量の推定値の分散の例

ように，20年のデータから100年確率値を推定すると$2\sigma_x$以上の誤差を生じることがあり，100年間のデータを使用しても$1\sigma_x$に近い推定誤差を伴う。

(2) 母集団既知の場合の再現確率統計量の標準偏差

再現確率統計量の推定値の信頼区間を調べるには，図13-17のような$\hat{x}_R$の分布特性を吟味する必要がある。ただし，標本がある程度大きくなり，また再現期間も長くなると$\hat{x}_R$の分布は正規分布に近づいてくる。そこで，信頼区間の指標として推定値の標準偏差$\sigma(\hat{x}_R)$を用いることにすると，極値I型分布についてはGumbel[20]が次の算定式を与えている。

$$\sigma(\hat{x}_R)=[1+0.8885(y_R-\gamma)+0.6687(y_R-\gamma)^2]^{1/2}\sigma/\sqrt{N} \tag{13.70}$$

ここに，σは母集団の標準偏差，y_Rは式（13.54）の再現期間R年に対する基準化変量，γはオイラーの定数である。この算定式は母数推定を積率法で行う場合のものであり，また母集団の標準偏差σを基準としている。

母数推定を最小2乗法で行う場合については理論式が示されていない。図13-17にデータの一部を示した数値実験資料に基づいて再現確率統計量の標準偏差を調べた結果が図13-18である[4]。ここでは，式（13.69）の補助統計量zの標準偏差σ_zに$\sqrt{N}$を乗じた値について示しており，参考として式（13.70）の母集団偏差σを標本不偏偏差σ_xで置き換えて計算した結果も図示している。この例では，最小2乗法による再現確率統計量の推定値の信頼区間は積率法による結果と同等であるが，σをσ_xで置き換えた影響のためか標本の大きさNの影響がやや見られる。著者[4,8]は，部分極値資料に対する数値実験結果も含めて，補助統計量zの標準偏差σ_zを式（13.71）のような実験式の形で表示した。そして，この実験式を極値I型分布のみならず，極値II型分布およびワイブル分布についても

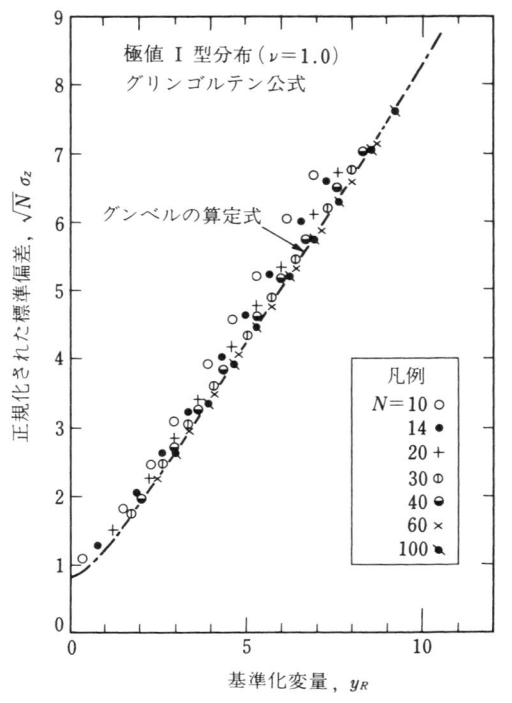

図13-18 極値I型分布における再現確率統計量の標準偏差の数値実験結果

適用し,各係数の値を表 13-12,13-13 のように設定した.

$$\sigma_z = [1.0 + a(y_R - c + \alpha \ln \nu)^2]^{1/2}/\sqrt{N} \tag{13.71}$$

ここに,

$$a = a_1 \exp[a_2 N^{-1.3} + \kappa(-\ln \nu)^{1/2}] \quad : \quad 極値 I 型分布およびワイブル分布 \tag{13.72}$$

$$a = a_1 \exp\{a_2[\ln(N\nu^{0.5}/N_0)]^2 - \kappa[\ln(\nu/\nu_0)]^2\} \quad : \quad 極値 II 型分布 \tag{13.73}$$

なお,ここに示した係数値は DOL や REC 棄却基準に対する実験式と同様に,データ採択率が $\nu = 0.25, 0.5$,および 1.0 の場合の数値実験結果に基づいて設定したものであるので,$\nu \fallingdotseq 0.15$ 以上の範囲で適用することが望ましい.

対数正規分布の場合にはデータ採択率の影響を一つの関数形で表示することができず,次式のようにデータ採択率ごとに異なる関数が提案されている[4].

$$\sigma_z = [1.2 + a(y_R - 0.2)^q]^{1/2}/\sqrt{N} \quad : \quad 対数正規分布 \tag{13.74}$$

表13-12 極値 I 型分布およびワイブル分布の再現確率統計量の標準偏差の係数

分 布 関 数	a_1	a_2	κ	c	α
極 値 I 型 分 布	0.64	9.0	0.93	0	1.33
ワイブル ($k=0.75$)	1.65	11.4	-0.63	0	1.15
ワイブル ($k=1.0$)	1.92	11.4	0	0.3	0.90
ワイブル ($k=1.4$)	2.05	11.4	0.69	0.4	0.72
ワイブル ($k=2.0$)	2.24	11.4	1.34	0.5	0.54

表13-13 極値 II 型分布の再現確率統計量の標準偏差の係数

形 状 母 数	a_1	a_2	N_0	κ	ν_0	c	α
$k=2.5$	1.27	0.12	23	0.24	1.34	0.3	2.3
$k=3.33$	1.23	0.09	25	0.36	0.66	0.2	1.9
$k=5.0$	1.34	0.07	35	0.41	0.45	0.1	1.6
$k=10.0$	1.48	0.06	60	0.47	0.34	0	1.4

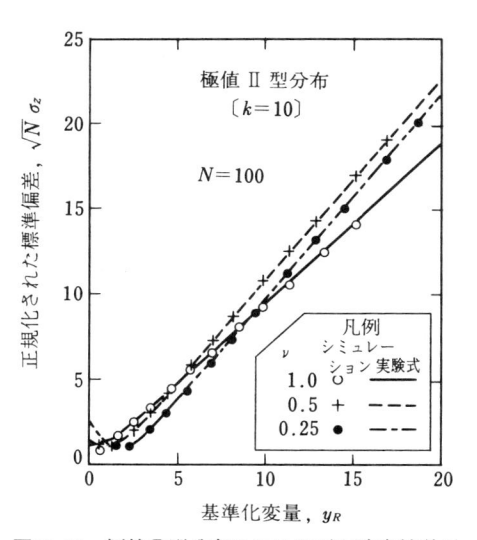

図13-19 極値 II 型分布における再現確率統計量の標準偏差の推定式の適合状況の例

ここに,

$$\left.\begin{array}{lll}\nu=1.0: & a=0.65, & q=2.0 \\ \nu=0.5: & a=1.55\exp[-4.6N^{-0.6}], & q=2.0\exp[1.96N^{-0.5}] \\ \nu=0.25: & a=1.18\exp[-8.8N^{-0.6}], & q=2.5\exp[2.34N^{-0.5}]\end{array}\right\} \quad (13.75)$$

以上の算定式はいずれも補助統計量 z に関するものである。再現確率統計量 $\hat{x}_R$ そのものの標準偏差 $\sigma(\hat{x}_R)$ は,z を定義している式 (13.66) の形から考えて,次式で推定できるものと思われる。

$$\sigma(\hat{x}_R)=\sigma_z \cdot \sigma_x \quad (13.76)$$

また,数値実験データに対する式 (13.70)〜(13.75) の当てはめ誤差は大きくても3%〜4%程度である。図 13-19 は,極値Ⅱ型分布 ($k=10$) の数値実験データに対する当てはめ結果の一例である。

【例題 13.2】
アラスカ沖 Kodiak 地点の高波の資料について,100年確率波高の90%信頼区間を求めよ。

【解】
この地点の極大値波高については,13.2.3節に述べたように形状母数 $k=1.4$ のワイブル分布が最も適合すると判断されている。この極値分布関数における100年確率波高は,表 13-5 に記載されているように $x_{100}=12.48$ m であり,また不偏標準偏差は $\sigma_x=1.214$ m である。まず,$R=100$ 年に対する基準化変量を計算すると,式 (13.56) により,

$$y_{100}=[\ln(3.9\times100)]^{1/1.4}=3.5815$$

次に,式 (13.72) の係数 a を表 13-11 の係数を用いて計算すると,

$$a=2.05\times\exp[11.4\times78^{-1.3}+0.69\times(-\ln 1.0)^2]=2.133$$

さらに,その他の係数が $c=0.4$, $\alpha=0.72$ であるので,式 (13.71) により,

$$\sigma_z=[1.0+2.133\times(3.5815-0.4+0.72\times(\ln 1.0))^2]^{1/2}/\sqrt{78}=0.538$$

$$\therefore \quad \sigma(\hat{x}_{100})=0.538\times1.214=0.653 \text{ m}$$

したがって,100年確率波高の信頼区間は次のように推定される。

$$\hat{x}_{100}=12.48\pm1.645\times0.653=12.48\pm1.07=11.4〜13.6 \text{ m}$$

図 13-7 の上下の破線は,このようにして計算された90%信頼区間を示したものである。

なお,泉宮・斉藤[38] は極値統計に関する漸近理論を適用して積率法でワイブル分布の母数推定を行う場合,ならびに最小2乗法で極値Ⅰ型とワイブル分布の母数推定を行う場合について,再現確率波高の分散を求める計算式を提示している[22]。全数極値資料に対するものであって,やや難解であるけれども理論で裏付けられた推定値を与える。また,山口ほか[39] は数値シミュレーションによって式 (13.71) に基づく近似的推定法の精度を吟味している。

(3) 再現確率統計量の推定誤差の比較

再現確率統計量の推定値の標準偏差が以上の諸式によって算定できるようになると,いろいろな条件における信頼区間の比較が可能になる。図 13-20 はこの一例として,毎年最大値資料の標本に基づいて100年確率統計量を求める場合,標本の統計年数 N によって推定値の標準偏差がどのように変化するかを極値分布関数ごとに例示したものである。分布関数の裾が長く引くものほど標準偏差が大きい。また,式 (13.71),(13.74) などの形から推測されるように,統計年数の平方根にほぼ逆比例して標準偏差が変化する。条件によ

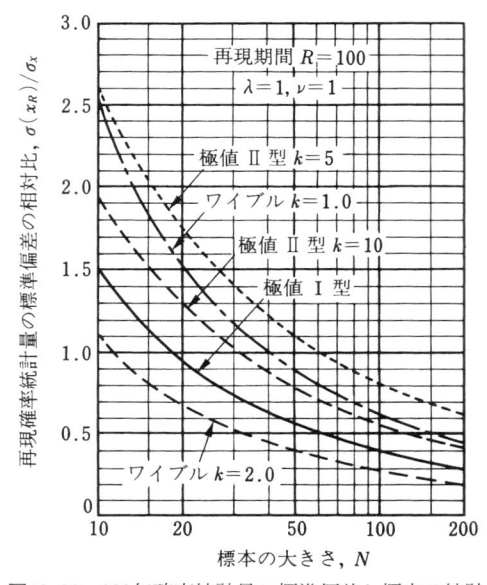

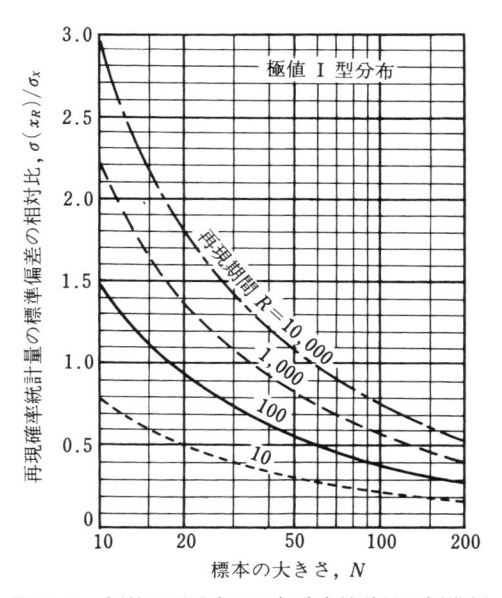

図13-20 100年確率統計量の標準偏差と標本の統計年数との関係

図13-21 極値Ⅰ型分布のR年確率統計量の標準偏差と標本の統計年数との関係

って異なるけれども，例えば30年間の標本から100年確率統計量を推定すると，標本の不偏標準偏差の0.5～1.5倍程度の推定誤差を伴うといえる。図13-21は，標本に極値Ⅰ型分布が最もよく適合する場合について，再現期間を変えることによる再現確率統計量の推定誤差の変化を調べた例である。この図から明らかなように，推定誤差を小さくするためには標本の統計年数をできるだけ長く取ることが何よりも必要である。

なお，極値資料の統計年数が限られている場合，毎年最大値資料と極大値資料のどちらのほうが再現確率統計量の推定誤差が小さいかという問題がある。これは，実際の資料についてそれぞれ標本を作成し，式（13.71）～（13.76）などを使って$\sigma(\hat{x}_R)$の大きさを算定してみれば明らかになる。母集団の分布関数によって異なるけれども，毎年数個以上の極値データを抽出できるのであれば，極大値資料に基づく再現確率統計量のほうが誤差が小さくなる。

再現確率統計量の推定誤差は，標本に対する当てはめ方法によってやや異なる。これまでに述べたのは，13.2.2節の式（13.45）の連立方程式を用いた最小2乗法の場合の推定誤差である。極値Ⅰ型分布に対して最尤法を適用する場合について，推定誤差に関するLawless[35]の解をChallenor[36]が計算した結果を見ると，最尤法のほうが最小2乗法よりも推定誤差がやや小さめである。すなわち，有効性に優れている。しかし，泉宮・斉藤[17]による式（13.46）の重み付き最小2乗法を用いれば，最尤法と同水準の精度で再現確率統計量を推定できる[22]。したがって13.2.2節に述べたように，今後は重み付き最小2乗法の使用が推奨されるのである。

(4) 母集団未知の場合の再現確率統計量の推定誤差

極値資料の一つの標本がどのような分布関数の母集団に属するかが不明な場合には，母集団が既知の場合に比べて再現確率統計量の推定誤差が大きくなる。この場合の誤差は，

① 母集団以外の分布関数を誤って当てはめたことによる偏り
② 標本が母集団から抽出されたときの統計的変動性に起因する誤差

の二つの要素の和である。母集団が既知の場合には第2の誤差のみであり，この大きさは

式 (13.71)～(13.76) で推定できる。しかし，母集団が未知であることに起因する第1の誤差は本質的に推定不能である。宝・高棹[30]は，Jacknife法およびBootstrap法という数値実験手法を利用して再現確率統計量の変動量が最小となる分布関数を採択することを提案しているけれども，そのようにしても母集団以外の分布関数を当てはめてしまう危険性を排除することはできない。13.2.4節で述べた棄却検定によって当てはめにふさわしくない極値分布関数を除外し，推定値の偏りをできるだけ小さくするように努力する以外に方法はないと思われる。

極値資料の標本に対して，母集団以外の分布関数を誤って最適合と判断してしまう危険確率は，母集団の候補として取り上げる分布関数の種類，さらに当てはめの方法や分布関数の棄却検定の有無などによって異なる。著者[4]は先に，当てはめ分布関数の候補として極値Ⅰ型分布とワイブル分布4種類の組合せを対象とし，最小2乗法における相関係数の絶対値のみで適合度を判定する方式を用いる場合（極値分布関数の棄却検定なし）についてこうした危険確率に関する数値実験を行い，その結果をマトリックス表の形で報告した。この結果から，母集団以外の分布関数へ当てはめられる危険性を少なくするためには，できるだけ大きな標本（データ個数が多い）を使うこと，および部分極値資料ではデータ採択率をできるだけ高めることの必要性が指摘される。

13.4 極値統計に関する諸問題

13.4.1 発生原因が異なる統計資料の取り扱い
(1) 極値の非超過確率の算定

極値統計の解析に当たっては，13.1.1節で述べたように個々のデータが独立であり，かつそれらが同一の母集団に属する統計量であることを確かめておく必要がある。もっとも，自然現象の極値についてそれらが同一の母集団に属することを確認することは不可能に近いので，発生原因別に分けて極値解析を行うのが無難である。例えば，台風時の暴風と冬期季節風の強風とでは風速の絶対値に差があるので，別個の統計資料として扱うことが望ましい。個々の強風について気象原因を調べることが難しいときは，毎年の月別最大値を対象として解析し，この結果を組み合わせて所定の再現期間に対する確率統計量を推定する方法も考えられる。

対象とする極値資料を個々のデータの発生原因別，あるいは季別・月別に分けて解析する場合には，そのグループごとに個別の極値分布関数に当てはめることができる。この結果から所定の再現期間に対する確率統計量を推定するには，Carter・Challenor[40]の方法を採用して次のように考えればよい。まず，簡単のために期間最大値資料を考える。例えば，毎年の1～12月の月別最大値のデータが得られ，これから月ごとに12個の分布関数が求められている場合である。ここで，第j月の月最大値の分布関数を$F_j(x)$で表すと，年最大値の分布関数は次式で与えられる。

$$F(x)=\text{Prob.}(X\leq x)=\prod_{j=1}^{12}F_j(x) \tag{13.77}$$

この式の意味は次の通りである。ある年に確率変数Xがxの値を超えたとすると，この事象は1月に起きたかもしれないし，8月に起きたかもしれない。また1回超えただけかもしれないし，5回超えたかもしれない。したがって$X>x$の事象の確率を直接求める

ことは非常に複雑となる。しかし，問題を逆から考えて，X が x を超えないという非超過の事象を対象とすると，$X \leq x$ の事象が成立するためには $j=1 \sim 12$ のどの月においても X は x を超えてはならない。すなわち，各月の非超過の事象が同時に成立していなければならない。したがって，1年間に X が x を超えない確率は，確率の定義によって毎月の非超過確率すなわち分布関数の乗積として与えられる。月別ではなく，毎年の季別最大値資料について解析する場合も，同じ方法を使うことができる。

一方，極値データの発生原因別に解析する場合には，これらは一般に極大値資料であって，年間の平均発生回数（すなわち平均発生率）がそれぞれ異なるのが普通である。例えば，台風による強風や高波であれば年間数個，低気圧によるものであれば年間数十個程度である。極大値資料の場合の再現期間 R 年に対する確率統計量は，超過確率が $1/\lambda R$ に対する値として推定される。したがって，資料ごとの平均発生率 λ が異なる場合にはそれぞれの分布関数をそのまま式（13.77）に代入することができない。この解決策は，極大値資料に対する分布関数を毎年最大値に対するものに変換することである。すでに13.1.3節で述べたように，極大値の年間発生回数の年ごとの変動がポアソン分布で近似できる場合には，極大値に対する分布関数と年最大値に対する分布関数との関係が式（13.23）として求められている。極値データの発生原因別に年最大値の分布関数がそれぞれ求められれば，所定の再現期間に対する超過確率はいずれも $1/R$ と共通であるので，各分布関数を式（13.77）に代入することができる。この結果は次の通りである。

$$F(x) = \prod_{j=1}^{n} \exp\{-\lambda_j[1-F_j(x)]\} = \exp\{-\sum_{j=1}^{n} \lambda_j[1-F_j(x)]\} \tag{13.78}$$

(2) 再現確率統計量およびその信頼区間の推定

極値データが同一の母集団に属すると見なせる場合には，13.2.2節に述べた方法によって再現確率統計量を推定できる。しかし，本節で扱っているような複数の母集団の場合には確率分布関数の逆関数が求められないので，再現確率統計量は式（13.78）を数値計算で解いて求めなければならない。作業としては，$F(x)$ を式（13.78）で計算する際に x の刻み目を十分に細かくして $F(x)$ の数値表を作成する。この分布関数は年最大値に対するものであるから，再現期間 R に対する非超過確率は $F_R = 1-1/R$ である。したがって，これに対する確率統計量は $F(x)$ の数値表を内挿して求めればよい。

このようにして得られる再現確率統計量の信頼区間に関して，泉宮[22]は次式で分散を評価できることを述べている。

$$\sigma^2(\hat{x}_R) = \frac{\sum_{j=1}^{n} \lambda_j^2 f_j^2(\hat{x}_R) \sigma_j^2(\hat{x}_R)}{\{\sum_{j=1}^{n} \lambda_j f_j(\hat{x}_R)\}^2} \tag{13.79}$$

ここに，n は気象原因別の高波資料の数，λ_j は気象原因別の高波の平均発生率，$f_j(\hat{x}_R)$ は j 番目の高波資料に対する確率密度関数の $x=\hat{x}_R$ における値である。分散が求められればその平方根として標準偏差 σ を計算し，90%信頼区間であれば推定値 $\hat{x}_R$ の上下に 1.645σ の幅をとればよい。

13.4.2 高波の極値統計を考慮した構造物の設計外力の選定
(1) 極値の再現期間の信頼区間

極値統計の中でも，本章で取り扱っている最大値の発生確率の問題は，構造物の設計外力の選定を合理的に行い得るようにすることを目的にしている。一般には，あらかじめ設

定した再現期間に対応する確率統計量を推定し，これを基本として設計外力を定めることが多い。再現期間の年数は，構造物の種類や重要度などに応じて半ば経験的に設定されている。また周辺の既設構造物と比べて，設計条件が急変しないように考慮されるのが普通である。わが国では 50 年前後の場合が多いけれども，オランダの高潮対策施設では破堤時の被害の甚大性を勘案して，数千年から数万年の再現期間を設定している。

一般に，再現期間は一度設定されると確定値であるかのように受け取られる。例えば，再現期間 50 年の条件で設計波高を選定し，それが 12 m であったとする。そうすると波高 12 m の高波は 50 年に 1 回起きる波であると受け取られやすい。しかし，高波の発生は確率事象であるから 50 年に 1 回も起きないかもしれないし，2 回以上起きるかもしれない。また，12 m という推定値自体も 13.3.3 節で述べたような統計的誤差を伴っている。

図 13-7 では，アラスカ沖 Kodiak 地点の高波資料にワイブル分布 ($k=1.4$) を当てはめた結果を示し，最適合の回帰直線の上下に 90%信頼区間の幅を図示した。この信頼区間の幅を水平方向に読むと，概略ではあるけれども，一つの波高に対する再現期間の誤差範囲を知ることができる。例えば，波高 12 m は再現期間約 56 年に相当するけれども，信頼区間の左の破線を見ると再現期間約 20 年に相当し，右の破線では約 250 年に相当する。このような再現期間自体の信頼区間についてはまだ十分に検討されていないけれども，データ数が有限の標本から推定される極値統計量はすべて確率変量であって，確定値と見なしてはいけない一つの事例である。

(2) 構造物の供用年数と遭遇確率

設計条件に関する再現期間を考えるときの一つの目安は，構造物を供用している期間内に設計外力を上回る事象に遭遇する確率である。この遭遇確率について Borgman[41] は次のような考え方を示している。

いま設計供用年数を L 年とし，設計条件の再現期間を R 年で表す。さらに対象とする事象の年最大値の確率分布関数が $F(x)$ であるとする（極大値資料に対する分布関数が与えられていれば，式-13.23 で変換すればよい）。設計外力 x_D を上回る事象 $x > x_D$ が年最大値として発生する確率は，確率分布関数の定義によって $1-F(x_D)$ である。この確率は 13.1.3 節の式 (13.17) によって $1/R$ に等しいので，1 年のうちに設計外力を上回る事象に遭遇しない確率は $F(x_D) = 1 - 1/R$ である。設計供用期間 L 年の間に設計値を上回る事象に遭遇する確率を P_L で表すと，これは次式で計算される。

$$P_L = 1 - \left(1 - \frac{1}{R}\right)^L \tag{13.80}$$

例えば，仮設構造物に対して設計供用年数を $L=5$ 年と見積もり，再現期間が $R=20$ 年の事象を設計対象とすると，5 年のうちにその事象に遭遇する確率は 23%と計算される。設計条件をやや下げて $R=10$ 年の事象を対象とすると，遭遇確率は 41%に増大する。

式 (11.80) は R が十分に大きいことを前提として，次のように近似できる。

$$P_L = 1 - \exp\left[-\frac{L}{R}\right] \tag{13.81}$$

この近似式を使うと，例えば再現期間 R を設計供用期間 L に等しく取ったときの遭遇確率がほぼ 63%に達することが分かる。また，遭遇確率を 30%程度に抑えるためには，再現期間を設計供用年数の 3 倍以上にする必要があることなども導かれる。

(3) 確率波高の信頼区間の取扱い

極値統計に基づいて算定したR年確率波高は13.3.3節に述べたように、標本の大きさが限定されていることならびに高波の母集団が未確定であることに起因して、その値は確定値ではなくて一定の誤差を伴っている。誤差の大きさを示すのが信頼区間であり、例えば真値が図13-7の2本の破線の間に入る確率が90%であるとしかいえない。

確率波高を確定値として設計に用いるときには、例えば安全を見越して信頼区間の上限を設計外力として選定する。しかし、第6章に紹介した確率論的設計においては、設計因子の変動係数として信頼区間を活用することができる。すなわち、沖波波高として確率波高とそれに対する標準偏差の比が変動係数であり、それを修正レベル1設計法あるいは期待滑動量方式に導入する。例えば、例題13.2ではアラスカ沖Kodiak地点の100年確率波高$H_{100}=12.47$ m が得られ、その標準偏差として$\sigma(\hat{H}_{100})=0.653$ m の値が見積もられている。したがって、変動係数は$CV[H_{100}]=5.2\%$となる。

確率波高の標準偏差は、式(13.71)に示すように極値統計解析に用いた標本の大きさNの平方根に逆比例する。したがって、高波の統計期間が長くて発生した高波の極値の数が多ければ、変動係数を小さく見積もることができ、構造物の設計の信頼性が向上する。わが国沿岸の高波の特性については13.4.4節に紹介しており、表13-14に定常波浪観測地点の100年確率波高とその変動係数その他(1997〜1999年度の解析)を記載している。これによると、太平洋南岸では台風による高波が対象であるために一般に標本が小さく($N=39〜112$)、そのために変動係数も8%〜14%と大きい。しかし、日本海沿岸では冬期風浪が対象であるために標本が大きく($N=109〜406$)、変動係数が3%〜6%と小さくなっている。後者の変動係数が小さいもう一つの要因は、地域共通の極値分布関数としてワイブル分布($k=1.4$)を当てはめたことによる。

各地の波浪観測は毎年の継続によってデータが着々と蓄積されているので、現時点で極値波高の統計解析を実施すれば、これまでよりも大きな標本を対象とすることが可能であり、したがって変動係数も小さくなることが予想される。6.1節の表6-1では沖波波高の変動係数として10%の値が挙げられており、これが確率論的設計に用いられることが多い。しかし今後は、設計対象地点で極値統計解析をやり直し、できるだけ大きな標本に基づいて変動係数の値を縮減し、そのうえで確率論的設計を行うことが要望されよう。

(4) 確率波高に対する周期の設定

極値統計解析によって設計波を選ぶ場合には、波高とともに周期を与えなければならない。周期の影響は波の作用の形態によって異なるけれども、混成防波堤の設計では無視できない要因である。しかしながら、周期の決定法については適切な手法が確立されていない。周期については、これまで次のような方法が用いられてきた。

① 極値波高を抽出した波浪資料について作成した極値波高とその周期の相関図を参照する。
② 高波の波形勾配を仮定して周期を計算する。
③ 波高と周期のそれぞれの分布関数を組み合わせた2変数分布関数を導き、波高と周期の組合せとしての発生確率を求める。

最初の方法は相関図を描いたうえで回帰直線あるいは回帰曲線を当てはめるものであり、一般的に用いられている。ただし、波高に対する周期のばらつきが大きく、設計者を悩ませることが少なくない。波高の極値が出現した時刻のデータ数が不足しがちであるので、例えば関本ほか[42]は高波のピークの前後6時間のデータも付け加えることを提案している。

第2の方法としては，3.1節で紹介したWilsonの波浪推算式に基づく式（3.2）を用いる方法が考えられる。すなわち，$T_{1/3}$(s)≒$3.3H_{1/3}^{0.63}$(m)で見積もるものである。波高が小さいときには波形勾配が0.04前後，波高が大きいときには波形勾配が0.03弱の周期を与える。第1の相関図の上にこの関係式をプロットしてみて，ずれが大きいようであれば定数3.3を適宜修正することが考えられる。

第3の方法としては，関本ほか[43]が太平洋沿岸のある港の波浪データに対して2次元ワイブル分布を当てはめ，n%発生確率周期を推定した例がある。①の波高・周期の相関図に対して直線回帰を当てはめて推定した周期はほぼ50%発生確率周期に対応し，超過発生確率10%では周期が約20%増，超過発生確率1%では約40%増の周期となる例を示している。また，Repkoほか[43]は北海のある地点の波浪データベースについて極値波高と極値周期それぞれの周辺分布を求め，波形勾配を介して両者を結びつける方法を示している。波高と波形勾配が独立であることを前提にしている点には疑問が残るが，一つの方法としては有力と思われる。さらに，De Waal・Van Gelder[44]はcopula（繋合）なる数学概念を導入した解析事例を紹介している。手法は難解であって直ちに利用することは難しいが，極値波高と周期の関係についてはいろいろ研究が行われており，今後の発展が期待される。

13.4.3　L年最大統計量とその変動係数
(1)　L年最大統計量の定義

確率論的設計法としては，「荷重強度係数設計法」（Load and Resistance Factor Design: LRFD）と呼ばれる方法が1970年代に開発された[45],[46],[47]。この設計法では，荷重や外力ならびに構造物の耐力の確率分布を考慮し，破壊の危険性の確率をある一定値以下に抑えるように設計する。確率分布は現象ごとに異なるけれども，第1次近似として正規分布を仮定し，平均値と変動係数を設計パラメータとして使用する。したがって，信頼性設計のレベル1設計法に相当する[48]。

この荷重強度係数設計法では，設計外力として構造物の供用期間中に作用すると予想される最大外力の平均値をまず基準に取る。ここで，L年間の外力の最大値をL年最大統計量と呼ぶことにし，これをx_Lで表す。その非超過確率すなわち分布関数を$\Phi(x_L)$で表示すると，これは次のように書き表される。

$$\Phi(x_L)=[F(x_L)]^L \tag{13.82}$$

この式は，1年間の最大値が$x \leq x_L$である確率は$F(x_L)$であるので，L年間中にxがx_Lを超えない確率は，$n=1, 2, \cdots, L$のそれぞれの年における非超過確率の乗積で表されることを述べたものである。なお，対象とする統計量xの分布関数が年最大値ではなくて極大値資料に基づいて求められているときは，式（13.23）で変換するか，あるいは平均発生率λを用いて供用年数Lを近似的にλLと置き換えればよい。

L年最大統計量x_Lの確率密度関数は，式（13.82）の微分によって次式のように求められる。

$$\phi(x_L)=L[F(x_L)]^{L-1}f(x_L) \tag{13.83}$$

このように，x_Lもまたある一つの確率分布で表される変量である。同じ確率分布関数$F(x)$に従う統計量をL年分集めて一つの標本を作り，こうした標本を多数集めてそれぞれのx_Lを比べると，その累積分布が式（13.82），頻度分布が式（13.83）に相当する。したがって，年最大値の分布関数が与えられれば，L年最大統計量x_Lについてもその平均

値，最頻値，中央値などが計算できる。

(2) 極値Ⅰ型分布の L 年最大統計量

極値 x の分布関数が式（13.3）の極値Ⅰ型分布に従う場合には，この分布関数を上述の式（13.82）へ代入すると，式の変形によって次のような結果が導かれる。

$$\Phi(y_L) = \{\exp[-\exp(-y_L)]\}^L = \exp[-L\exp(-y_L)]$$
$$= \exp\{-\exp[-(y_L - \ln L)]\}$$
$$\therefore \quad \Phi(x_L) = \exp\left\{-\exp\left[-\frac{x - (B + A\ln L)}{A}\right]\right\} \tag{13.84}$$

白石・上田[47]も述べているように，式（13.84）は原式である式（13.3）と関数形が同一であり，位置母数が $A\ln L$ だけ大きくなったにすぎない。したがって，x_L の平均値その他の統計量は表13-3を参照して直ちに次のように書き表される。

$$\left.\begin{array}{l}\text{平均値：} \bar{x}_L = B + A(\ln L + \gamma), \quad \text{最頻値：} (x_L)_{\text{mode}} = B + A\ln L \\ \text{標準偏差：} \sigma(x_L) = \pi A/\sqrt{6}\end{array}\right\} \tag{13.85}$$

これらの平均値および最頻値に対する再現期間を式（13.17）で求めると，次のようになる[4]。

$$R(\bar{x}_L) = \{1 - \exp[-\exp(-\ln L - \gamma)]\}^{-1} \fallingdotseq 1.781L + 1/2 \tag{13.86}$$

$$R[(x_L)_{\text{mode}}] \fallingdotseq L + 1/2 \tag{13.87}$$

すなわち，L 年最大統計量の最頻値は L 年確率統計量にほぼ等しく，L 年最大統計量の平均値は再現期間が約 $1.8L$ 年の再現確率統計量にほぼ等しい。

(3) 極値Ⅱ型分布の L 年最大統計量

極値 x の分布関数が極値Ⅱ型分布の場合には式（13.5）を式（13.82）に代入して計算を進めることにより，x_L の分布関数が次のように求められる。

$$\Phi(x_L) = \exp\left\{-\left[1 + \frac{x_L - (B + kAL^{1/k} - kA)}{kAL^{1/k}}\right]^{-k}\right\} \tag{13.88}$$

すなわち，形状母数が $L^{1/k}$ 倍になり，位置母数が $kA(L^{1/k} - 1)$ だけ大きくなるものの，関数形自体は変わらない。したがって，平均値その他の統計量が次のようになる。

$$\left.\begin{array}{l}\text{平均値：} \bar{x}_L = kAL^{1/k}\left[\Gamma\left(1 - \frac{1}{k}\right) - 1\right] + kA(L^{1/k} - 1) + B \\ \text{最頻値：} (x_L)_{\text{mode}} = kAL^{1/k}\left[\left(\frac{1}{1+k}\right)^{1/k} - 1\right] + kA(L^{1/k} - 1) + B \\ \text{標準偏差：} \sigma(x_L) = kAL^{1/k}\left[\Gamma\left(1 - \frac{2}{k}\right) - \Gamma^2\left(1 - \frac{1}{k}\right)\right]^{1/2}\end{array}\right\} \tag{13.89}$$

こうした極値Ⅱ型分布の L 年最大統計量の平均値や最頻値に対する再現期間は解析的には求められないが，数値計算で試算してみると，形状母数の逆数 $1/k$ の値が 0 から 0.4 に増大するにつれて平均値については $R \fallingdotseq 1.8L$ から $R \fallingdotseq 2.7L$ に増加し，最頻値については $R \fallingdotseq 1.0L$ から $R \fallingdotseq 0.7L$ に減少することが分かる。

(4) ワイブル分布の L 年最大統計量

極値 x の分布関数がワイブル分布の場合については x_L の分布関数を直接に導くことが難しいため，白石・上田[49]が式（13.82）を数値積分法あるいは級数展開法を用いてわが

国各地の風圧力ならびに波高の L 年最大統計量の平均値と標準偏差を計算した。しかし，泉宮[50]はワイブル分布関数の Taylor 展開を利用して，x_L の分布関数とその統計量に関する理論を提示した。以下は泉宮によるものである。

まず，分布関数に対しては次のような漸近分布を提示した。

$$\Phi(x_L) \fallingdotseq \left\{1 - \frac{1}{L}\exp[-a_L(x_L - x_{Lp})]\right\}^L \fallingdotseq \exp\{-\exp[-a_L(x_L - x_{Lp})]\} \tag{13.90}$$

ここに，

$$\left. \begin{array}{l} x_{Lp} = (\ln L)^{1/k} A + B \\ a_L = \dfrac{k}{A}(\ln L)^{1-1/k} \end{array} \right\} \tag{13.91}$$

式（13.90）は L が十分に大きいときに極値 I 型分布に漸近収束することを表しているので，表 13-3 に記載した極値 I 型分布の平均値と標準偏差の表式を利用することによって，L 年最大統計量 x_L の平均値と標準偏差が次のように書き表される。

$$\overline{x}_L = A\left\{(\ln L)^{1/k} + \frac{\gamma}{k(\ln L)^{1-1/k}}\right\} + B \tag{13.92}$$

$$\sigma(x_L) = \frac{\pi}{\sqrt{6}} \cdot \frac{A}{k(\ln L)^{1-1/k}} \tag{13.93}$$

なお，最頻値 $(x_L)_{\text{mode}}$ は式（13.91）の x_{Lp} に等しい。さらに，平均値に対する再現期間は次のように与えられる。

$$R(\overline{x}_L) \fallingdotseq 1.781 L \exp\left[\frac{(k-1)\gamma^2}{2k \ln L}\right] \tag{13.94}$$

なお，L 年最大統計量の中央値 $(x_L)_{\text{med.}}$ の再現期間は Gumbel[51] が提示しているように，極値分布の関数形にかかわらず $R \fallingdotseq L/\ln 2 + 1/2 \fallingdotseq 1.44 L + 0.5$ で与えられる。中央値そのものは，この再現期間に対応する再現確率統計量として求められる。

(5) L 年最大統計量の変動係数

以上に述べた諸式によって極値 I 型，極値 II 型，およびワイブル分布の L 年最大統計量 x_L の標準偏差と平均値が求められるので，その変動係数は両者の比として直ちに計算される。しかしながら 13.3.3 節で述べたように，極値波高の統計資料から推定された分布関数は標本の統計的変動性に起因する推定誤差を伴っており，確率波高の推定値はその信頼区間の幅を考えて利用する必要がある。前項に提示した標準偏差は，極値データの分布関数が確定している場合に期間 L 年の試行ごとに x_L が変化することに対するものである。したがって，L 年最大統計量 x_L の変動係数としては極値分布関数の不確定性による変動性と，L 年の試行ごとの変動性の両者を考える必要がある。具体的には次のようにするのが適切であろう。

$$CV[\overline{x}_L] = \frac{1}{\overline{x}_L}\sqrt{\sigma_L^2(x_L) + \sigma_x^2(\overline{x})} \tag{13.95}$$

ここに，$\sigma_L(x_L)$ は式（13.85），（13.89）あるいは（13.93）によって算定される x_L の分布関数に固有な標準偏差であり，$\sigma_x(\overline{x}_L)$ は式（13.76）によって推定される極値分布関数の不確定性に起因する標準偏差である。

【例題 13.3】
　表13-5のアラスカ沖 Kodiak 地点の極値波高資料について，50年最大波高の平均値と変動係数を求めよ。
【解】
　この資料については，$k=1.4$ のワイブル分布が最もよく適合し，母数推定値として $\hat{A}=1.8676$ m，$\hat{B}=5.789$ m を得ている。この推定値を用い，$L=50$ 年に対する L 年最大波高の平均値とその標準偏差を式 (13.92)，(13.93) で計算すると次の値が得られる。

$$\bar{x}_{L=50} = 1.8676 \times \left\{ (\ln 50)^{1/1.4} + \frac{0.5772}{1.4 \times (\ln 50)^{1-1/1.4}} \right\} + 5.789$$

$$= 1.8676 \times \left\{ 2.6494 + \frac{0.5772}{1.4 \times 1.4766} \right\} + 5.789 = 5.469 + 5.789 = 11.26 \text{ m}$$

$$\sigma_L(x_{L=50}) = \frac{\pi}{\sqrt{6}} \cdot \frac{1.8676}{1.4 \times (\ln 50)^{1-1/1.4}} = 1.16 \text{ m}$$

　一方，極値分布関数の不確定性に起因する標準偏差を求めるため，$\hat{x}_{L=50}=11.26$ m に対する基準化変量を計算すると，$y_{L=50}=(11.26-5.789)/1.8676=2.929$ である。すでに例題 13.2 において式 (13.71) を計算するための係数は調べられているので，それらを使って $\sigma_x(\bar{x}_{L=50})$ が次のように算定される。

$$\sigma_x(\bar{x}_{L=50}) = 1.214 \times [1.0 + 2.133 \times (2.929 - 0.4)^2]^{1/2} / \sqrt{78} = 0.526 \text{ m}$$

　これによって標準偏差の合成値は次のようになる。

$$\sigma_{\text{all}} = \sqrt{\sigma_L^2(x_L) + \sigma_x^2(\bar{x}_L)} = \sqrt{1.16^2 + 0.526^2} = 1.27 \text{ m}$$

したがって，50年最大波高の変動係数は $CV=1.27/11.26=11.3\%$ となる。この値は極値分布関数の不確定性を無視した場合の1.095倍である。
　なお，50年最大波高の平均値 11.26 m は50年確率波高の 11.91 m よりもやや低い。これは形状母数 k が1よりも大きなワイブル分布の性質によるものである。

13.4.4　波浪の極値統計資料とその整理
(1)　波浪の極値資料
　強風や豪雨の極値解析などでは数十年以上にわたる観測値が利用できるので，毎年最大値を極値資料として使うのが普通である。これに対して波浪の場合は計器観測の歴史が浅いため，観測データが30年以上も蓄積されている地点は世界でもまだ数が少ない。したがって，観測値のみに基づいて毎年最大値資料を作成したのでは標本として非常に小さいものとなり，確率波高の推定値の誤差が大きくなりすぎる。このため，波浪の極値統計解析では状況により次のような統計資料が使い分けられる。
　① 観測データから作成された高波の極大値資料
　② 波浪推算結果に基づく高波の極大値資料
　③ 波浪推算結果に基づく高波の毎年最大値資料
　④ 洋上波浪の目視観測資料に基づく波高・周期の相関出現頻度表
　このうち②，③の波浪推算は，当該地点に高波をもたらしたと考えられる既往の気象擾乱を対象として推算したもので，できるだけ長期間（例えば30年以上）にわたるものであることが必要である。また，洋上の風を正確に推定することが難しいために波浪の推算精度には限界がある。このため，推算結果の一部について波高計による観測値で比較検証が行われていることが望ましい。③の波浪推算結果を毎年最大値資料として使うためには，各年の最大波浪が確実に捕捉されていなければならない。一般的には，毎年数ケースについて推算を行い，その中から最大波浪を抽出することが必要である。②の極大値資料の場合には，次項に述べるような設定波高以上の高波がすべて拾い上げられていることを確認

しなければならない。一般的にいって，推算対象の気象擾乱を選ぶ際に見落としをする可能性は否定できないので，推算結果のうちで波高の低いケースを全体の1/4～1/3程度棄却するのが無難である。

④の資料は，海外のプロジェクト調査などで遭遇するもので，これが唯一の波浪資料であることが多い。洋上航行船舶からの通報データをある一定の海域区分ごとに頻度表として整理したもので，高波の発生日時等の情報は欠落している。このため，こうした資料では本章で述べた極値統計解析の手法が適用できず，再現確率波高の推定も不確かとならざるを得ない。概略の値を求めるためには，全観測値に対して確率分布関数を当てはめ，その分布関数を所定の再現期間に対応する非超過確率の値まで外挿する。ただし，これは便宜的方法であって統計学的にはデータの独立性の点で問題がある。また，船舶が暴風域を避けて航行する傾向のために，高波の発生頻度が低く見積もられがちであることにも注意する必要がある。

(2) 極値統計解析のための観測資料の整理方法

波浪観測資料を整理して極大値資料を作成する際には，次のような諸点に注意する。
① 高波の極大値の抽出
② 発生原因別の高波の分類
③ 欠測の処理と有効統計年数の算定
④ データ採択率の推定

まず，第1には観測資料に基づいて波高（一般には有義波高）の経時変化を調べ，高波の極大値を抽出する。作業としては，天気図に基づいて個々の高波の発生原因を特定するべきであるが，実際には対象地点ごとにある限界値を設定し，波高がこの限界値を継続して超えている間を一つの高波と見なし，その間の最大値を高波の極大値とするのが普通である。ただし，一つの高波の継続期間中に波高が顕著に落ち込む場合には天気図を参照し，複数の気象原因による高波でないかを検討しておく。高波の限界波高としては，外洋に面する日本沿岸では年間の平均発生回数が30～50回程度となるような値がよいと思われる。もっとも，④項で述べるように高波の総数は概略値が分かればよいので，多数の地点について解析する場合などは，平均発生回数が10～20回程度になるように限界波高を高めに設定することも許されよう。いずれにしても，このようにして観測資料から抽出された高波の極大値の総数が標本中のデータ数Nである。

第2の発生原因別の整理は望ましいことではあるが，実際には天気図を分析する作業の煩雑さから省略されることが多い。ただし，波浪推算の場合にはもともと天気図の分析から作業が始まるので，台風と低気圧とを分けて解析するべきであろう。なお，発生原因別の分類の一つの簡略法として，1～12月の各月ごとに極大値資料としての解析を行い，これを13.4.1節の方法で合成する方法も考えられる。

第3の問題として，波浪観測では種々の原因で欠測が生じる。欠測期間が長期の場合には，これを観測期間から除外して有効統計年数Kを算定する。ただし，季節によって高波の発生頻度に差が見られるのが普通なので，月別の高波の出現率を求めておき，これを重みとして各月の測得延べ月数に乗じて加算する方法[52]で季節的特性を考慮することが望ましい。なお，高波の極大値の部分のみが欠測したような場合には，できるだけ周辺の観測値や波浪推算値などで推測して補足するようにする。推測困難であっても，既存施設の被災状況などから既往最大波浪であることが明らかな場合には，13.2.4節 (5) 項に述べた方法で第1位の波高値を空白として処理することができる。欠測した高波の極大値が推測不能のときは，その高波の前後の相当期間を欠測として有効統計年数から除外する。

第4のデータ採択率の推定に当たっては，有効統計年数の期間中の高波の総数 N_T が必要である。このデータと有効統計年数とから，高波の平均発生率が $\lambda = N_T/K$ として算定される。台風による高波については対象地点に来襲した回数をかなり明確に数えることができるが，低気圧その他については高波の総数の見積もりが困難である。ただし，数値実験の結果[4]によれば，極値Ⅰ型分布の場合には λ の見積もりに数倍の誤りがあっても，再現確率統計量の推定値にはあまり影響がないことが例証されている。ほかの分布関数については確認されていないけれども，事情は変わらないと思われる。したがって，高波の総数が不明のときはやや多めに推定し，データ採択率を $\nu = N/N_T$ として推定する。

以上によって高波の極値資料が作成されたならば，13.2節および13.3節に述べた方法に従って解析を行うことによって，再現確率波高およびその信頼区間を推定することができよう。

13.4.5　波浪の極値統計の地域特性
(1)　定常波浪観測データによる確率波高の極値分布関数

繰り返し述べてきたように，極値統計解析では標本の大きさ，すなわち極値のデータ個数が十分に多くないと信頼度の高い結果が得られない。波高計による波浪観測は世界的にも歴史が浅く，同一地点で30年以上にわたって欠測の少ない記録が取得されている個所は限られている。わが国では旧運輸省港湾局が1970年度に全国港湾部署の波浪観測網を設置し，観測地点を年々増強して2003年12月時点では全国54カ所で波浪の定時観測を実施している。

著者ら[53]は1997～1999年度に日本沿岸の確率波高の地域特性を調べる目的で，その時点で取得されていたNOWPHASの極値データを解析した。解析は苫小牧港から鹿島港に至る太平洋北岸，伊豆大島の波浮港から中城港に至る太平洋南岸，および留萌港から浜田港に至る日本海沿岸の3地域に大別し，各地区で最も棄却されにくい分布関数をその地域に共通する極値分布関数と見なした。表13-14は解析結果の概要である（元データから再計算したものを含む）。なお，データ数 N は港ごとに設定した波高の閾値を超えたデータの数（部分極値資料）であり，一方，平均発生率 λ は除外されたデータを含むすべての波高極値に対する値である。

地域共通の極値分布関数としては，太平洋北岸ではワイブル分布の形状母数 $k=1.0$ 型，太平洋南岸ではFT-Ⅰ型，日本海沿岸ではワイブル分布の形状母数 $k=1.4$ 型を1997～1999年度の時点で選定した。これらの分布関数による50年確率波高，その変動係数ならびに裾長度パラメータ γ_{50} の値を表に示した。ただし，各港の極値波高データに対する最適合分布はこれらと異なる場合が少なくない。この最適合関数に基づく50年確率波高を表の最右欄に記載した。地域共通の分布関数による波高値が北から南へと比較的滑らかに変化するのに比べ，港ごとの最適合関数を用いると場所的変動が大きい傾向がある。

ここで選定した地域共通の極値分布関数はあくまでも1997～1999年度の解析作業の成果であり，それ以降の波浪観測データを含めて作業を行えば，これらと異なる分布関数が浮かび上がる可能性がある。将来的には，こうした作業によって地域ごとの極値波高の母分布関数が見いだされることを期待したい。実務的には，極値統計解析によって最適分布関数が明らかになったとしても，こうした地域共通の極値分布関数をも勘案して，極値波高に対する分布関数を選定すべきである。その際には裾長度パラメータにも着目し，その値が地域全体の平均値から著しく外れるような分布関数は選定対象から除外するほうがよいと思われる。

表13-14 日本沿岸の確率波高の地域特性（1997～1999年度の解析による）[53]

地域	港名	観測期間	N	λ	地域共通分布関数				最適合関数	
					分布関数	H_{50}(m)	CV(H_{50})	γ_{50}	分布関数	H_{50}(m)
太平洋北岸（全高波）	苫小牧	1983 – 1996	293	21.5	W(k=1.0)	7.0	0.056	1.20	W(k=1.4)	6.1
	むつ小川原	1975 – 1996	358	16.9	W(k=1.0)	9.4	0.051	1.21	F-Ⅱ(k=10)	9.4
	八戸	1973 – 1996	431	20.6	W(k=1.0)	8.8	0.046	1.22	W(k=1.0)	8.8
	宮古	1985 – 1996	117	11.4	W(k=1.0)	6.0	0.092	1.24	W(k=1.0)	6.0
	釜石	1979 – 1996	375	24.1	W(k=1.0)	7.7	0.056	1.22	W(k=1.0)	7.7
	仙台新港	1980 – 1996	406	27.4	W(k=1.0)	6.7	0.051	1.21	W(k=1.0)	6.7
	相馬	1983 – 1996	224	18.6	W(k=1.0)	6.8	0.062	1.20	W(k=1.0)	6.8
	小名浜	1981 – 1996	352	27.5	W(k=1.0)	9.0	0.056	1.21	W(k=1.0)	9.0
	常陸那珂	1981 – 1996	426	29.1	W(k=1.0)	8.2	0.049	1.20	W(k=1.0)	8.2
	鹿島	1985 – 1996	188	22.6	W(k=1.0)	9.1	0.070	1.20	W(k=1.4)	7.9
太平洋南岸（台風限定）	波浮	1973 – 1995	58	4.6	FT-I	9.4	0.088	1.22	W(k=1.4)	9.2
	下田	1988 – 1997	48	5.3	FT-I	7.2	0.099	1.23	F-Ⅱ(k=10)	8.0
	御前崎	1988 – 1997	62	7.1	FT-I	7.6	0.085	1.21	W(k=1.4)	6.4
	潮岬	1987 – 1997	55	8.9	FT-I	12.9	0.117	1.26	W(k=2.0)	11.5
	御坊沖	1983 – 1997	56	8.0	FT-I	12.9	0.115	1.26	W(k=1.0)	13.6
	室津	1990 – 1997	39	8.8	FT-I	10.9	0.114	1.25	F-Ⅱ(k=10)	12.1
	宮崎・油津	1975 – 1997	101	6.6	FT-I	11.6	0.078	1.25	FT-I	11.6
	志布志	1980 – 1997	70	7.2	FT-I	10.0	0.102	1.27	FT-I	10.0
	中城	1973 – 1997	112	8.5	FT-I	12.0	0.067	1.26	W(k=1.4)	11.7
日本海沿岸（除く台風）	留萌	1970 – 1998	378	22.3	W(k=1.4)	8.2	0.031	1.13	W(k=2.0)	7.7
	瀬棚	1983 – 1998	274	25.9	W(k=1.4)	8.7	0.037	1.13	FT-I	9.2
	深浦	1980 – 1998	376	28.4	W(k=1.4)	9.4	0.032	1.13	W(k=1.4)	9.4
	秋田	1983 – 1998	226	25.7	W(k=1.4)	9.5	0.043	1.14	W(k=1.4)	9.5
	酒田	1973 – 1998	411	26.3	W(k=1.4)	9.7	0.031	1.13	W(k=1.4)	9.5
	新潟沖	1989 – 1998	109	20.1	W(k=1.4)	8.2	0.057	1.13	W(k=2.0)	7.7
	輪島	1979 – 1998	288	23.2	W(k=1.4)	8.3	0.035	1.13	W(k=2.0)	7.8
	金沢	1970 – 1998	406	22.8	W(k=1.4)	9.3	0.031	1.13	W(k=2.0)	8.7
	福井	1981 – 1998	206	18.0	W(k=1.4)	8.9	0.041	1.14	W(k=1.4)	8.9
	鳥取	1979 – 1998	206	20.7	W(k=1.4)	7.9	0.042	1.13	W(k=1.0)	8.6
	浜田	1974 – 1998	259	22.3	W(k=1.4)	8.0	0.036	1.13	FT-I	8.4

(2) 波浪推算資料による確率波高の極値分布関数

　計器観測による波浪資料は波高・周期などの信頼度が高いけれども，観測期間の制約のために極値統計解析の結果にある程度の不確定性が残る。これを補う一つの方法は，波浪推算手法を活用して過去の高波をできるだけ長期間にわたって再現し，極値波高の標本のデータ数を増大させることである。また，台風や低気圧の大きさや進路などを確率的に表現し，そうした確率的台風・低気圧を用いた数値シミュレーションを行うことも標本の大きさの拡大に有効である。高田ほか[54]はこれまでに実施された各地の波浪推算成果を収集し，わが国沿岸の波浪外力の分布を詳細な一覧表として取りまとめている。

　一方，こうした波浪推算に基づく広域の極値統計解析として，野中ほか[55]および山口ほか[56]は北西太平洋における年最大有義波高の母分布関数や標本分布についての解析を行っている。この研究では4通りの波浪推算を行っている。第1は，確率的台風モデルを使って20,000年間にわたる高波を発生させ，年平均約7.8個の推算値から年最大波高を抽出した。第2は，1948～1998年の51年間454ケースの台風波浪の推算値から年最大値を求めた。第3は，確率的低気圧モデルを使って10,000年間約350,000ケースの波浪推算値から年最大波高を得た。第4は，1979～1998年の気象データに基づく低気圧による

波浪推算を20年間175ケース実施した。得られた結果は，日本列島を含む海域図上に描かれた100年確率波高，最適分布関数の母数，裾長度パラメータその他の等値線として表示されている。

まず，確率的台風モデルによる極値波高はワイブル分布で表示され，太平洋沿岸では釧路沖の$k=1.4$から南下するにつれて次第に母数値が増大し，房総沖で$k=2.0$，九州南端で$k=2.5$，沖縄では$k=5.0$となる。日本海沿岸では$k=3\sim5$となっている。裾長度パラメータは尺度母数kが大きな値の地点では小さく，k値が減少するにつれて増大する。具体的には沖縄本島周辺の$\gamma_{50}=1.16$を最小として，北上するにつれて増大して三陸沖で1.3程度，日本海沿岸では1.25程度の値である。既往台風に対する推算結果もほとんど同じである。

確率的低気圧モデルによる極値波高は，沿岸についてはほとんどの地点でFT-I型分布が適合する。裾長度パラメータは1.2～1.25程度の値である。既往低気圧のデータでは，裾長度パラメータが1.1～1.2と低くなる。

この波浪推算による極値分布関数の母分布に関する結果は，表13-14とやや異なっている。一つの理由はこの解析が年最大波高を対象としているのに対し，表13-14は極大値波高を扱っていることによる相違である。もっとも，極値統計解析の結果を実務に利用するに当たっては，母分布関数そのものよりも13.1.5節で紹介した裾長度パラメータのほうが大きな影響力を及ぼす。裾長度パラメータの値は，波浪推算による結果も定常波浪観測による値と大差ない。

なお，山口ほか[55]は確率的台風モデルおよび確率的低気圧モデルの推算結果を50年ずつの400組（台風）および200組（低気圧）に分割し，各組について個別に統計解析を行って50年確率波高の変動係数を求めた結果を報告している。この際に全体を一組として解析して得られた分布関数を既知として与えた場合と，未知として個別に分布関数を当てはめた場合とでは後者のほうが変動係数が大きくなり，5%～50%増となった。また変動係数の値はワイブル分布の形状母数の大きな地区で5%程度であり，形状母数が小さくなるにつれて15%程度に増大する。この変動係数は$N=50$の場合の式(13.71)で計算される傾向と一致している。山口ほかの解析においても毎年最大値資料としてではなく，極大値資料として解析していれば変動係数が1/3程度に減少したと思われる。

いずれにしても，こうした極値波高に関する検討を今後とも継続し，より信頼性の高い結果が得られることを期待したい。

(3) 地域頻度解析手法の適用性

表13-14は，同一地域内の多数地点の極値波高データに対して棄却検定手法を応用して，その地域に共通すると思われる分布関数を選び出した例である。波浪以外の分野では，極値統計解析手法として地域頻度解析（Regional Frequency Analysis）と呼ばれる方法[57]が用いられ始めている。この手法は毎年最大値資料を対象とし，L-momentsと呼ばれる統計量を導入するもので，地域ごとの特性を判別して解析するのに適している。わが国では外山・水野[58]が全国のアメダスデータ約860地点の降水量について地域頻度解析を行っており，L-momentsの値によるクラスター分析によって地域分けを行い，年最大日降水量では全国を49地域，年最大1時間降水量では51地域に分割した。

この解析では20～22年間のデータを用いて解析しており，統計年数が100年を超えるような気象官署のデータを用いた1地点解析よりも変動性の少ない確率降水量の推定結果が得られたと結論している。

L-momentsは標本の大きさが20以上のときに精度の良い結果が得られるとされてお

り，波浪統計では20年以上にわたる年最大値が得られる地点が少ないため，現時点で地域頻度解析を導入するのは時期尚早かもしれない。また，極大値資料に対して地域頻度解析を適用する方法も未解明である。しかし，いずれ波浪データベースが発展し，多数地点で20年以上の年最大波高が利用できるようになった時点では，地域頻度解析によって全国の極値波浪の地域特性が明確になるものと期待される。

(4) 裾長度パラメータの利用について

波浪の定常観測は，わが国がデータベースの量・質ともに，世界で最も進んでいる国の一つである。しかし，ほかの国においても波浪観測網を整備し，波浪データベースを構築する動きは進んでおり，例えばイタリアでは1989年に波浪ブイによる観測網を発足させている。2006年には14地点で観測を継続しており，観測データに基づく50年確率波高として5.4〜11.0 m，裾長度パラメータとして1.10〜1.24の値を報告している[59]。著者であるGencarelliほかは，裾長度パラメータの利用法の一つとして観測期間が統計解析に不足する地点であっても，近隣に長期観測地点があれば後者の裾長度パラメータを参照して極値分布関数を外挿することを推奨している。その際に，10年確率波高の推定の信頼度が低いようであれば，$\gamma_{50,5}=H_{50}/H_5$で定義される裾長度パラメータを導入し，5年確率波高をベースとする方式を提案している。

なお，期待滑動量方式の数値シミュレーションなどに際して極値分布関数の母数を設定する方法について13.1.5節では式（13.40）を挙げたので，ここでその使用例を提示する。

【例題 13.4】

いま，極値分布として形状母数$k=1.0$のワイブル分布を使い，50年確率波高が$H_{50}=7.8$ mのときの尺度母数Aと位置母数Bを設定せよ。ただし，高波の平均発生率は$\lambda=8.5$であり，裾長度パラメータとして$\gamma_{50}=1.25$を仮定する。

【解】

まず基準化変量y_{50}とy_{10}を式（13.56）で計算すると，次の値が得られる。

$$y_{50}=[\ln(8.5\times 50)]^1=6.052, \quad y_{10}=[\ln(8.5\times 10)]^1=4.443$$

したがって，式（13.40）を用いることによって母数AとBが次のように設定される。

$$A=7.8\times\frac{1-1/1.25}{6.052-4.443}=7.8\times\frac{0.2}{1.609}=0.9695 \text{ m}$$

$$B=7.8\times\left[1-\frac{1-1/1.25}{1-4.443/6.052}\right]=7.8\times\left[1-\frac{0.2}{1-0.7341}\right]=1.933 \text{ m}$$

なお，この母数を使って10年確率波高を求めると，

$$H_{10}=0.9695\times 4.443+1.933=6.24 \text{ m}$$

となり，$H_{50}=7.8$ mに対して$\gamma_{50}=1.25$の関係を満足することが確認される。

参考文献

1) Gumbel, E. J.: *Statistics of Extremes*, Columbia Univ. Press, New York, 1953.（河田・岩井・加瀬監訳；「極値統計学」，生産技術センター新社．）
2) Lawless, J. F.: *Statistical Models and Methods for Lifetime Data*, John Wiley & Sons, New York, 1982, 580 p.
3) 神田　徹・藤田睦博：「水文学―確率論的手法とその応用―」，技報堂出版，1982年，275 p.
4) 合田良実：極値統計におけるプロッティング公式ならびに推定値の信頼区間に関する数値的検討，港湾技術研究所報告，第27巻 第1号，1988年，pp. 31-92.
5) 前出3) p. 56.
6) Van Vledder, G., Goda, Y., Hawkes, P., Mansard, E., Martin, M. J., Mathiesen, M., Peltier, E., and Thompson, E.: Case studies of extreme wave analysis: a comparative analysis, *Proc. 2nd Int.*

Symp. Ocean Wave Measurement and Analysis (*WAVES '93*), ASCE, 1993, pp. 978-992.
7) 前出1) 5.1 節.
8) 合田良実・小野澤昌己：極値Ⅱ型分布の特性と推定値の信頼区間，土木学会論文集，No. 417/Ⅱ-13 (ノート)，1990 年，pp. 289-292.
9) 前出1) 7.1.3 節.
10) Jenkinson, A. F.: The frequency distribution of the maximum or minimum of meteorological elements, *Quart. Jour. Roy. Meteorol. Soc.*, Vol. 81, 1955, pp. 158-171.
11) 角屋　睦：極値分布とその一解法，農業土木研究，第 23 巻 第 6 号，1956 年，pp. 28-35.
12) Borgman, L. E.: Extreme statistics in ocean engineering, *Proc. Civil Engng. in the Ocean/*Ⅲ, ASCE, 1975, pp. 117-133.
13) Rao, C. R. (奥野忠一他訳)：「統計的推測とその応用」，東京図書，1977 年，568 p.
14) 合田良実：設計波高に係わる極値統計分布の裾長度パラメータとその意義，海岸工学論文集，第 49 巻，2002 年，pp. 171-175.
15) Goda, Y.: Spread parameter of extreme wave height distribution for performance-based design of maritime structures, *J. Waterway, Port, Coastal, and Ocean Eng.*, ASCE, Vol. 130, No. 1, 2004, pp. 29-38.
16) 北野利一：極値波高分布の形状特性に対する汎用指数の提案，海岸工学論文集，第 50 巻，2003 年，pp. 211-215.
17) 泉宮尊司・斉藤雅弘：極値統計解析における順序統計量の分散を考慮した母数推定法，海岸工学論文集，第 44 巻，1997 年，pp. 181-185.
18) 山口正隆・宇都宮好博・野中浩一・真鍋　晶・畑田佳男：Censoring を伴う年最大値資料に対する極値統計解析における PWM 法の適用性，海岸工学論文集 第 51 巻，2004 年，pp. 186-190.
19) 前出3) pp. 20-21.
20) 前出1) 6.2.3 節.
21) Carter, D. J. T. and Challenor, P. G.: Methods of fitting the Fisher-Tippett type I extreme value distribution, *Ocean Engng.*, Vol. 10, No. 3, 1983, pp. 191-199.
22) 泉宮尊司：設計波の合理的設定法，水工学シリーズ 00-B-3，土木学会海岸工学委員会・水理委員会，2000 年，pp. B-3-1〜20.
23) Kimball, F.: On the choice of plotting positions on probability paper, *J. Amer. Statist. Assoc.*, Vol. 55, 1960, pp. 546-560.
24) 前出1) 1.2.7 節.
25) Cunnane, C.: Unbiased plotting positions—a review, *J. Hydrology*, Vol. 37, 1978, pp. 205-222.
26) Petruaskas, C. and Aagaard, P. M.: Extrapolation of historical storm data for estimating design wave heights, *Prepr. 2nd Ann. Offshore Tech. Conf.*, 1970, OTC 1190.
27) Gringorten, I. I.: A plotting rule for extreme probability paper, *J. Geophys. Res.*, Vol. 68, No. 3, 1963, pp. 813-814.
28) Blom, G.: *Statistical Estimates and Transformed Beta-Variable*, John Wiley & Sons, New York, 1958, Chapt. 12.
29) Barnett, V.: Probability plotting methods and order statistics, *Applied Statistics*, Vol. 24, No. 1, 1975, pp. 95-108.
30) 宝　馨・高棹琢馬：水文頻度解析における確率分布モデルの評価規準，土木学会論文集，No. 393/Ⅱ-9，1988 年，pp. 151-160.
31) 合田良実・小舟浩治：波浪の極値統計における分布関数の棄却基準，海岸工学論文集，第 36 巻，1989 年，pp. 135-139.
32) 三上　操：「応用推計学」，内田老鶴圃，1959 年，pp. 270-273.
33) 角屋　睦：異常（確率）水文量とデータの棄却検定，農業土木研究，別冊第 3 号，1962 年，pp. 23-27.
34) 合田良実：極値統計における異常値の棄却基準，土木学会論文集，No. 417/Ⅱ-13，1990 年，pp. 245-254.
35) Lawless, J. F.: Approximation to confidence intervals for parameters in the extreme value and Weibull distributions, *Biometrika*, Vol. 61, No. 1, 1974, pp. 123-129.
36) Challenor, P. G.: Confidence limits for extreme value statistics, *Inst. Oceanographic Sciences, Rept.*

No. 82, 1979, 27 p.

37) 合田良実：波浪統計における確率波高の信頼区間，第35回海岸工学講演会論文集，1988年，pp.153-157.
38) 泉宮尊司・斉藤雅弘：極値統計解析における不偏性条件式ならびに漸近理論による信頼区間の推定，海岸工学論文集，第45巻，1998年，pp 206-210.
39) 山口正隆・大木泰憲・前川隆海：最小2乗法に基づく極値統計解析システム精度の検討，海岸工学論文集，第43巻，1996年，pp 231-235.
40) Carter, D. J. T. and Challenor, P. G.: Estimating return values of environmental parameters, *Quart. Jour. Ryo. Meteorol. Soc.*, Vol. 107, 1981, pp. 259-266.
41) Borgman, L. E.: Risk criteria, *J. Wat. & Harb. Div., Proc. ASCE*, Vol. 89, No. WW3, 1963, pp. 1-35.
42) 関本恒浩・花山格章・片山裕之・清水琢三：設計波周期の設定法の提案，海岸工学論文集，第46巻，1999年，pp. 256-260.
43) Repko, A., Van Gelder, P. H. A. J. M., Voortman, H. G., and Vrijling, J. K.: Bivariate description of offshore wave conditions with physics-based extreme value statistics, *Applied Ocean Research*, Vol. 26, 2004, pp. 162-170.
44) De Waal, D. J. and Van Gelder, P. H. A. J. M.: Modelling of extreme wave heights and periods through copulas, *Extremes*, Vol. 8, 2005, pp. 345-356.
45) Cornell, C. A.: A first order reliability theory of structural design, *Structural Reliability and Codified Design*, SM Study No. 3, Univ. Waterloo, Ontario, Canada, 1970.
46) Ravindra, M. K., Cornell, C. A. and Galambos, T. V.: Wind and snow load factors for use in LRFD, *J. Struct. Eng., Proc. ASCE*, Vol. 104, No. ST9, 1978, pp. 1443-1457.
47) Ellingwood, B. and Galambos, T. V.: General specification for design loads, *Proc. Symp. Probabilistic Methods in Structural Eng.*, ASCE, 1987, pp. 27-42.
48) 白石 悟・上田 茂：港湾構造物及び海洋構造物の安全性照査に関する検討―作用荷重の変動係数と荷重係数の算定，港湾技術研究所報告，第26巻 第2号，1987年，pp. 493-576.
49) 星谷 勝・石井 清：「構造物の信頼性設計」，鹿島出版会，1986年，p. 162.
50) 泉宮尊司：ワイブル分布に従う極値データのN年最大統計量の定式化とその適用性，海岸工学論文集，第46巻，1999年，pp. 236-240.
51) 前出1) 3.1.3節.
52) 合田良実：波浪統計に関する二，三の考察，港湾技研資料，No. 39，1967年，pp. 237-255.
53) Goda, Y., Konagaya, O., Takeshita, N., Hitomi, H., and Nagai, T.: Population distribution of extreme wave heights estimated through regional analysis, *Coastal Engineering 2000 (Proc. 27th Int. Conf.*, Sydney), ASCE, 2000, pp. 1078-1091.
54) 高田悦子・諸星一信・平石哲也・永井紀彦・竹村慎治：我が国沿岸の波浪外力分布，国土技術政策総合研究所報告，No. 88，2003年．132 p.
55) 野中浩一・山口正隆・畑田佳男・大福 学：北西太平洋における気象要因別波高極値の母分布の推定，海岸工学論文集，第50巻，2003年，pp. 216-220.
56) 山口正隆・野中浩一・大福 学・畑田佳男：北西太平洋における気象擾乱別確率波高の標本分布の検討，海岸工学論文集，第51巻，2004年，pp. 181-185.
57) Hosking, J. R. M., and Wallis, J. R.: *Regional Frequency Analysis: An Approach Based on L-Moments*, Cambridge Univ. Press, UK, 1997, 224p.
58) 外山奈央子・水野 量：L-moments を用いた地域頻度解析による全国アメダス地点における確率降水量の推定，気象庁研究時報，54巻5-6号合併号，2002年，pp. 55-100.
59) Gencarelli, R., Tomasicchio, G. R., and Veltri, P.: Wave height long term prediction based on the use of the spread parameter, *Coastal Engineering 2006 (Proc. 30th Int. Conf.*, San Diego, USA), ASCE, 2006, pp. 4482-4493.

Ⅳ 海浜変形論

14. 海浜変形の予測とその制御

14.1 概　説

14.1.1　海浜変形の様相と研究小史
(1)　海浜変形の様相

　海岸は陸地と海洋の接点であり，その位置は絶えず変化している。日単位では潮汐の干満に応じて汀線が数 m（干潟海岸では数百 m）単位で前進，後退する。年単位では，波浪エネルギーの強弱に応じて数十 m 単位で出入りを示す[1]。木村・大野[2]は鳥取海岸の汀線から外浜へかけての状況を毎日デジタルカメラで撮影し，汀線や沿岸砂州の形が季節によって変化する様子を分析している。自然海浜では，このようなサイクリックな変動を伴いながらも，長期的には汀線位置が安定しているのが普通である。

　しかし，千葉県飯岡町の屏風ヶ浦では崖海岸が毎年数 m の速度で欠壊してきた歴史があり，鎌倉時代の古絵図と比べて 2,000～6,000 m も海岸線が後退したと分析されている[3]。また，新潟平野では度重なる信濃川の洪水災害を防除するために，1909（明治 42）年に大河津分水工事が着手された。1922（大正 11）年に完成して通水が始まったところ，洪水が運んでくる土砂供給が止まったために新潟西海岸が急速に侵食され，約 20 年間で汀線が最大 350 m 以上も後退した[4]。また，インド亜大陸の南東海岸に位置するマドラス港では，1876 年から南北の突堤を沖へ約 700 m 突き出して泊地を新しく形成した。しかしこの海岸では北へ向かう沿岸漂砂が激しく，南突堤の延伸に合わせて南海岸が毎年 20 m 以上の速度で前進し，1900 年には最大幅 500 m もの砂浜が形成された。その一方で，北海岸では砂の供給が止まったために海岸侵食に悩まされるようになった[5]。

　さらに 1,000 年単位で見れば，海岸線は海水面の昇降ならびに地殻変動の影響を受ける。氷河期の最盛期であった亜ウルム氷期（約 2 万～2.5 万年前）には，汎世界的に海水面が現在よりも 120～130 m 低かったことが知られている。その後の氷河期の衰退とともに海水面は数度の停滞を挟みながら上昇を続け，日本列島では約 6,000 年前頃に海水面が今よりも 3～5 m 高い位置にあった。これは縄文海進といわれており，当時の貝塚が海からはるかに内陸に入った場所にあることで証明されている。海水面はその後徐々に低下して現在の高さとなったが，今後は気候温暖化の影響で次第に上昇することが確実となっている。

　海浜変形のうち，数年以上を単位とする海浜変形は沿岸方向の砂移動が主体となって起こる。2～3 週間を単位として見れば，高波で汀線が後退し，時化（しけ）が治まるにつれて汀線が前進するような変化を示す。そのときには海浜の断面形状も変化しており，岸沖方向の底質移動が主体である。しかし，本章では沿岸方向の砂移動が主体となって起こる中長期の海浜変形を対象とし，岸沖方向の砂移動については論究しない。

(2)　波による砂移動の研究の経緯

　人間の生活にとっては海岸線の変化，特に侵食は多くの悪影響を及ぼすため，海浜変形とそれを引き起こす漂砂現象については早くから調査研究が進められてきた。20 世紀前

半では地理学者が地形学的観点から海岸の変化を分析していたが，土木の分野でも侵食対策に取り組み始めていた．米国では早くから人々が夏のリゾート地としての砂浜を保全することに大きな関心を寄せていたようで，米国陸軍工兵隊は人々の要望に応えてアメリカの海岸の深刻な侵食問題に対処するために，海岸侵食局（Beach Erosion Board）を1930年に設立した．この組織は海岸保全技術の開発・発展のために自らが調査研究を行うとともに，特に1940年代後半からは大学その他の研究機関に研究資金を提供し，米国における海岸工学の研究を精力的に推進した．1954年には"Shore Protection, Planning and Design（海岸保全の計画と設計）"と題する技術マニュアルを発行し，このマニュアルはその後の幾度もの改訂を経ながら米国のみならず世界の研究者，実務者のバイブルとして利用されてきた．

米国の大学における漂砂の研究は，第2次世界大戦後にカリフォルニア大学バークレー校が海軍の委託を受けて行った波による海浜の砂移動の研究が嚆矢（こうし）であろう．確率統計概念に基づく河川の掃流砂公式で著名であったEinstein[6]は1948年に，河川は一方向に流れ，海底の砂は波の軌道運動による往復流にさらされるけれども，河川流砂に対する考え方は海浜の砂の運動にも拡張できるとした．浮遊砂についてはその重要性を認識していたのであろうが，その総量について一般的な結論を見いだすことが難しかったためか，掃流砂のみを対象とした．

一方英国では，直立壁に作用する衝撃波圧の実験や飛砂の先駆的研究で有名なBagnold[7]が，第2次世界大戦直後に波による砂の運動の研究を開始した．彼は天井から吊り下げた円弧形の揺りかごを水槽に入れ，その上面に砂層を設けた．そして，揺りかごの運動振幅と周期を調整することで砂面に作用する往復流の強さを調整し，往復水流による砂粒の運動を観察して，砂粒の運動開始流速，砂漣の発生，その頂部からの砂の舞い上がりなどを解析した．この結果は1946年に発表されている．

Bagnoldの研究に触発された米国では，Scott[8]やManohar[9]が水槽中に水平板を入れ，それをピストン運動機構によって往復運動させる方法を用いて砂の移動限界流速などを研究し，1954～1955年に報告している．また，Eagleson・Dean[10]は波による斜面上の粒子の運動を綿密に計測し，底面付近の残差流の鉛直分布や底面上の粒子の抗力係数その他に関する研究成果を1961年に発表した．

このようにして始まった漂砂の研究は，往復流による底質（海底面を覆う物質の総称）の移動限界が主対象となり，世界の多くの水理研究所や大学に往復水流水槽が設置され，数多くの実験が行われた．粒子状の底質の移動限界流速は，粒子が往復運動を開始する限界のせん断力を無次元化したシールズ数で表現するのが通例であり，限界シールズ数をレイノルズ数（限界流速と粒径で定義）に対してプロットした，いわゆるシールズ曲線で実験結果を取りまとめてきた．なお，シールズ数は次のように定義される．

$$\Psi = \frac{\tau_b}{(\rho_s - \rho)gd} = \frac{1}{2}\frac{fu_b^2}{(\rho_s/\rho - 1)gd} \tag{14.1}$$

ここに，τ_bは底面せん断力，fは摩擦係数，u_bは底面流速，ρ_sとρは底質と水の密度，dは底質の粒径である．しかしHallermeier[11]やYou[12]は，波による底質の移動限界はシールズ曲線では的確に表現できないとして，異なる経験式を提案している．

波による往復水流の速度が大きくなり，底質に作用するせん断力が増大するにつれ，底面の砂層には砂漣が出現する．せん断力すなわち水粒子速度がさらに増大すると，底質粒子は砂漣の頂部から舞い上がる．浮遊した粒子は乱れによって上方へ運ばれる一方で，重

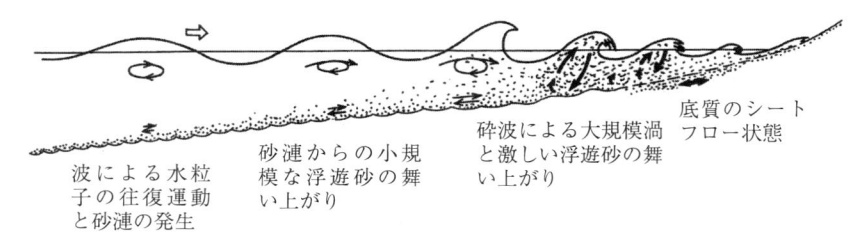

図14-1 海浜における波の運動と底質移動の模式図

力で沈降する。浮遊砂濃度は底面近くが最大で，水面近くでは薄い。時間平均の浮遊砂濃度の鉛直分布は，乱れの渦動粘性係数の大きさと底質の沈降速度によって規定される。砂漣の発達は沖浜から砕波帯の外縁部にかけて見られるが，砕波が頻繁に起きる砕波帯の内部では砕波による激しい乱れによって海底から砂が大規模に巻き上げられ，海底の砂漣が消滅する。底質はある厚さの層にわたって全体としてまとまって動くようになり，これをシートフローと呼んでいる。図14-1はこうした底質移動の遷移状態を模式的に示したものである。浮遊砂に関する研究状況については，14.2.2節で述べる。

(3) 海浜の断面形状に関する研究

海浜がさまざまな平面形状を示すとともに，断面形状もまた変化することは早くから知られていた。初期の研究段階では底質粒径が海浜断面の位置によって変化することや，底質粒径が前浜勾配や波浪の規模によって異なることなどが注目された。わが国では，海浜断面を沿岸砂州のあるバー型海浜と沿岸砂州が消滅したステップ型海浜に分類した米国の1950年代初期の研究の影響を強く受け，前者を暴風海浜（Storm beach），後者を正常海浜（Normal beach）と名付けて，両者を波形勾配と相対粒径（H_0/d_{50}）で分類する図表が作成された[13]。しかし，米国の"Shore Protection, Planning and Design"の1961年版にはそうした記述はない。1973年に改題されて"Shore Protection Manual"となった後の第3版（1977年）においては，時化の後の海浜断面の回復過程でバー型からステップ型へ変わる限界を，次式のDean数[14]と波形勾配あるいは相対粒径（H_0/d_m）の関数として図表化しているだけである。

$$F_0 = \frac{H_0}{w_f T} \tag{14.2}$$

ここに，w_fは底質の沈降速度である。このDean数は，浮遊漂砂を主体として考えるときに重要となるパラメータである。Storm/Normal beachの用語は，近年では沿岸砂州が崩されてバーム型海浜に移行する過程を記述する場合に使われる[15]。

米国では，Deanが多数の現地海浜の断面測量データを整理して1977年に提案した，海浜の平衡勾配（Equilibrium Beach Profile）の概念[16]が定着しており，養浜工の設計や今世紀の平均海面上昇への対応策の検討などに活用されている。海浜の平衡勾配については14.5.1節で述べる。

(4) 沿岸漂砂量公式と海浜変形の予測手法の発展

海浜変形の研究では，波や流れによる漂砂の移動量の推定が不可欠である。そのため，これまでに数多くの研究者が漂砂量公式を提案してきた。最初に取り上げられたのは海岸に直角な断面を通過する漂砂の総量で，1956年にCaldwell[17]が単位時間当りの漂砂の移動量Qを入射波浪のエネルギーE_iに結びつけた次式を提案した。

$$Q = aE_i^n \tag{14.3}$$

この式中の比例係数 a とべき指数 n については，各種の現地データに基づくいろいろな提案が相次いだ（1971年までの諸提案については佐藤・合田[18]を参照）。

しかしながらこの表示では係数 a が次元量となるため，Inman・Bagnold[19]が次元的に整合した表現式を提案し，Komar・Inman[20]が係数値を具体的に与えた式を提示した。その後，米国陸軍工兵隊の海岸工学研究センター（Coastal Engineering Research Center）が "Shore Protection Manual" の1984年版[21]に次式を記載し，それ以降CERC公式の名で知られている。

$$Q = \frac{K(Ec_g)_b}{(\rho_s - \rho)g(1-\lambda)} \sin a_b \cos a_b \tag{14.4}$$

ここに，K は CERC 公式の定数であって平均的に 0.77 の値であり，c_g は群速度，a は波向，添字 b は砕波点の値であることを表し，ρ_s と ρ はそれぞれ底質と水の密度，λ は底質の現地での空隙率であってほぼ 0.4 である。波のエネルギー密度 E は，波高のレーリー分布を前提として次式で計算される。

$$E = \frac{1}{8}\rho g H_{\text{rms}}^2 = \frac{1}{16}\rho g H_{1/3}^2 \tag{14.5}$$

式 (14.4) の CERC 公式は 14.2.4 節で述べるワンラインモデルの基本として広く用いられているが，定数 K の値については議論が多いところであり，14.2.3 節で述べる。

漂砂の移動によって汀線位置が変化する状況を予測する最初のモデルは Pelnard-Considere[22]が提案したとされる。当初は突堤周辺の汀線変化を扱うものであったが，多くの研究者がその概念を発展させ，今では汀線変化予測モデル（ワンラインモデル）として実務計算に欠かせないものとなっている。

海浜断面を通過する総漂砂量ではなく，局所的な漂砂量に関する推定公式は 1971 年の Bijker[23]によるものが最初である。それ以降は数多くの局所漂砂量公式が提案され，そうした公式を用いた 3 次元海浜変形モデルがいろいろ試行されている。これについては 14.2.5 節で論述する。

14.1.2　海浜変形の要因

海岸は海と陸の営力がぶつかり合う場所であり，陸の営力が強ければ海岸線が前進し，海の営力が強ければ海岸線が後退する。海岸線の前進・後退の営力のうち，長期的要因を挙げると次のようになる。

 A．長期的な海岸前進の営力
  A-1：地盤の隆起（アイソスタシー運動，地震による隆起）
  A-2：海水面の低下
  A-3：河川からの土砂の供給
  A-4：隣接する崖海岸の崩壊による土砂の供給（崖海岸にとっては侵食）
  A-5：隣接する海浜からの沿岸漂砂の供給
 B．長期的な海岸後退の営力
  B-1：地盤の沈降
  B-2：海水面の上昇
  B-3：波・流れの侵食作用

これらは人の行為とは無関係に自然の状態で発現されるものである。これに対して，人が自然に手を加えたことによって発現する海浜変形の要因としては，次のようなものが挙げられる。

C．人為に起因する海岸変形の要因
　　C-1：山林の伐採などによる保水能力の低下その他に伴う河川流出土砂の増加（汀線前進）
　　C-2：砂防，ダム建設，放水路開削などによる河川流出土砂の減少（汀線後退）
　　C-3：地下水汲み上げなどによる地盤沈下（汀線後退）
　　C-4：突堤，防波堤の建設などによる沿岸漂砂の阻止（上手側で堆積，下手側で欠壊）
　　C-5：離岸堤，防波堤などの背後での舌状砂州（またはトンボロ）の形成（隣接海岸での欠壊）
　　C-6：砂浜海岸に建設した突出構造物による弧状海浜の形状変更（一方で堆積，他方で欠壊）
　　C-7：海浜防護による下手側海岸での欠壊
　　C-8：反射率の高い海岸護岸の建設による砂浜の侵食

　まず，長期的な地盤隆起運動としては，北欧バルト海沿岸（イングランドも含む）などで氷河期が終わって氷河の重さがなくなったことによって地盤が隆起し，この運動はゆっくりではあるがいまだに継続している。海水面の昇降については14.1節に述べたところである。若干の異説もあるが，メソポタミア文明時代にはペルシャ湾が内陸へ湾入しており，諸都市国家群は海岸に近い場所で発達した。

　河川からの土砂供給によって海岸線が前進した事例は枚挙にいとまがない。揚子江デルタ地帯は過去数千年にわたって毎年40 mの速度で陸化し，上海が陸の都市として成立したのは12世紀になってからである。また，ローマを流れるテベレ川の河口には1世紀に人工のオスチア港が築かれたが，テベレ川の流出土砂によって海岸線が次第に前進したためにオスチア港は陸地の一部となり，今では海から3 km以上も離れたレオナルド・ダ・ヴィンチ国際空港の下に埋まっている。このオスチアの海岸も近年の河川整備による供給土砂の不足によって欠壊が進み，養浜事業によって砂浜を回復したところである。中央ヨーロッパから東ヨーロッパを流れるドナウ川では，19世紀半ばに毎年7,300万 m³もの土砂を河口から流出していた。しかし，その後に本流・支流に多数のダムが建設されたことによって流送土砂量が半減（1990年には3,600万 m³）し，ルーマニアの黒海北部海浜では延長100 km以上にわたって年間数 mの速度（最大約20 m）で汀線が後退している。

　14.1節に述べた新潟西海岸の侵食問題は，C-2項の典型事例である。また鳥取県の皆生海岸では，日野川上流で江戸時代に始まった，たたら製鉄用の砂鉄を鉄穴流し（かんなながし）で採取した際に発生した多量の流砂[24]によって海岸線が大きく前進した。しかし1921年頃に砂鉄採取が中止になり，また1935年頃からの砂防事業の進展によって海岸への土砂供給が急減し，海岸が300 mも後退した[25]。

　河川流送土砂の減少による海岸侵食問題は日本各地で起きており，なかでも静岡・清水海岸（安倍川），駿河海岸（大井川）などが深刻である。駿河海岸の場合には大井港の建設による沿岸漂砂の阻止も海岸侵食の一因である。宇多[26]は日本各地の海岸侵食の実態を詳細に論じており，この書物は今後の海浜変形調査における当該あるいは隣接海岸の侵食状況などの基礎資料として必携といえる。

　構造物の建設による汀線変化については，田中[27]が撮影年代の異なる海岸の航空写真

の比較検討に基づいて汀線変化のパターン分けを行っており，それを見ると定性的ではあるけれども構造物建設の影響を容易に判断することができる．汀線変化の要因はC-4～C-6項であり，このパターン図は文献[28],[29],[30]などに引用されているので，海浜変形予測に際して参考にするとよい．

またC-7項は，侵食海岸の一部を保全するために海岸護岸などを整備すると，漂砂の下手側へ砂が回らなくなり，そちらで侵食が加速される現象である．C-8項は，護岸が波を反射しやすい構造のときに反射波によって護岸前面の砂浜が侵食される事象であり，砂浜が消滅することが少なくない．

海岸変形の制御に際しては，対象の海岸区間だけでなく，広域的に考察することが大切である．

14.1.3 現地海岸における漂砂量の概略値

海浜変形の直接原因である沿岸漂砂量については，現地の地形・深浅測量調査あるいは波浪資料から漂砂量公式を用いて推定した結果がいろいろ報告されている．わが国各地における沿岸漂砂量については宇多が取りまとめており，3千～30万 m^3/年の数値を挙げている．また，1960年代の鹿島港の開発調査では南向き沿岸漂砂量が64万 m^3/年，北向きが60万 m^3/年と推定された[31]．ただし，鹿島港建設後の汀線変化では北向きの漂砂が優勢であり，沿岸漂砂量推定の難しさを例証している．

諸外国における沿岸漂砂量について諸文献に報告されている値を抜粋すると，表14-1

表14-1 世界各地における沿岸漂砂量の報告例

(沿岸漂砂量の単位：1,000 m^3/年)

国 名	場 所	一方向漂砂量	正味漂砂量	波浪規模	出典・備考
バルバドス	Southwest Coast	—	70	C	Smith et al.[32]（岩礁海岸）
コスタリカ	Caldera Port	0/120(北)	120	C-D	維持浚渫量による推定[33]
インド(東海岸)	Madras Manamelkudi	680(南)/1,030(北) 640(南)/1,430(北)	350 790	B B	Chandramohan et al[34] (CERC公式による推定)
インド(西海岸)	Trivandrum Cochin	1,630(南)/620(北) 980(南)/690(北)	1,010 290	B B	同上 同上
イスラエル	Haifa Ashdod	200(南)/80(北) 250(南)/50(北)	120 200	C C	Perlin and Kit[35] (LITPAKパッケージによる推定)
スリランカ(東海岸)	Trinconamale Dondra	330(南)/240(北) 280(南)/1,820(北)	90 1,540	B B	Chandramohan et al[32] (CERC公式による推定)
スリランカ(西海岸)	Columbo Kalpitiya	1,060(南)/680(北) 650(南)/800(北)	380 150	B B	同上 同上
U.S.A.(大西洋)	Long Island, NY Sandy Hook, NJ Ocean City, NJ	— — —	約200 350 310	B-C B B	Rosati et al.[36] CEM (2001) Table Ⅲ-2-1 同上
U.S.A.(太平洋)	Santa Barbara, CA Port Hueneme, CA	— —	210 380	B B	CEM (2001) Table Ⅲ-2-1 同上
U.S.A.(五大湖)	各地	—	10～70	D	CEM (2001) Table Ⅲ-2-1
ブラジル	ムクリペ港	—	600～860	B	大中ほか[37]（防波堤上手側堆積量）

注：1) 一方向漂砂量の（南）と（北）はそれぞれ南向き，北向きの沿岸漂砂量を表す．
　　2) 波浪規模のB，C，Dは有義波の概略値が波高5～8 m (周期8～12 s)，3～5 m (6～9 s)，0～3 m (0～7 s) 程度．
　　3) CEMは米国陸軍工兵隊編集の"Coastal Engineering Manual"の略．

のようになる。

　海浜変形を検討する際には沿岸方向の漂砂量だけでなく，経年的に沖へ流失する漂砂量も考えなければならない。新潟西海岸は，もともとは長年にわたって信濃川が供給した土砂によって，陸地が海へ張り出して形成された地形である。その後に土砂供給が途絶えたために，絶え間ない波の営力によって海岸地形の底質の大半が沖へ運ばれ，大規模な侵食が生じたのである。富山湾その他のように海底谷が存在する所では失われる漂砂量が推定可能であるけれども，普通の海岸での沖向き流失漂砂量の推定は難しい。それでも，黒木ほか[38]は新潟県の角田岬から新潟港を越えて三面川に至る約75 kmについて土砂収支を計算し，1947～1975年間には平均で9 m³/m/年の沖流失が起きていたと推定している。また，小椋ほか[39]は駿河湾沿岸の土砂収支計算に基づき，富士川から田子の浦港の約5.5 kmの区間で1961～1986年の間に26.3万m³/m/年，すなわち平均48 m³/m/年の沖流失があり，1977～1999年の期間では沖流失が27 m³/m/年に減少したと推定している。大井川を供給源とする駿河海岸については，国枝ほか[40]が大井川からの供給土砂量50万m³/m/年のうち，29.4万m³/m/年が沖へ流失したと推定している。対象となる海岸延長は約14 kmであるので，平均で21 m³/m/年となる。一方，姜ほか[41]は仙台湾海岸の汀線変化に経験的固有関数法を適用した結果として，沖方向への土砂流出量を1.9 m³/m/年と見積もっている。

　このように，本書の執筆時点では沖への土砂流失に関するデータは不足であり，指針を与え得るような段階ではない。しかし，今後は各地の土砂収支の解析が進み，沖への流失土砂量が波浪諸元や広域の海岸地形と関連づけられることを期待したい。

14.2　海浜変形モデルの概要

14.2.1　海浜変形計算にかかわる未解決問題

　海浜が時とともに変化する状況を予測する数値計算法には，非常に多くのモデルがある。文献[42),43)]は各モデルについてかなり詳しく解説し，また相互比較や現地への適用例についても紹介している。また，清水[44]は1996年の時点ではあるが，海浜変形シミュレーションについて的確な評価を与えている。

　海岸工学の分野のうちでも構造物に作用する波力などは，波浪と構造物の諸元が与えられれば，かなり確度の高い答えを出すことができる。しかし，海浜変形の計算に関しては精度の高い予測が極めて困難であり，オーダー推定の域を脱しない。予測モデルの多様さは，それだけ問題解決が難しいことを示唆している。海浜変形の予測が困難であるのは，漂砂問題が次のような本質的課題を抱えているためである。

① 海の波が本質的に不規則であるにもかかわらず，これまでの理論的，実験的研究の大半が規則波の概念に基づいていた。

② 沿岸漂砂に起因する海浜の長期変化は浮遊砂が主体であるにもかかわらず，これまでの研究の流れが掃流砂を中心に行われてきたため，現地の漂砂現象の本質を把握できていない。

③ 既往の現地資料も目視観測データに基づいて整理されたものが多く，データの精度が高くない。

④ 波浪条件は日々変化するにもかかわらず，波候の統計データを十分に考慮しないまま整理したデータが少なくない。

⑤ 海浜変形は長期にわたる波と流れの作用の累積として発現するものであり，少数の波浪条件で代表させて解析しても適正な答えを得ることが難しい。

第1の不規則波概念を海浜変形に十分に取り込んでいない問題点は，漂砂の駆動力である波浪変形についていえば，1990年代後半から不規則波の砕波変形を取り込んだ解析が行われるようになり，部分的に解消された。しかし，底質の移動に関しては規則波概念によるデータが大半であり，現地の状況に対して不規則波浪のどのような代表値を用いるべきかについての明確な指針が示されていない。

第2の浮遊砂の問題については次節で論じる。

第3の現地資料の精度の問題は，海岸での観測が1950年代に始まった時点では観測機器が未発達であり，波高計，流速計，浮遊砂濃度計など信頼できる計測器が漂砂観測に利用できるようになったのが1980年代以降であるという事情によるものである。例えば，式（14.4）のCERC公式の現地データベースの大半は，漂砂が突堤や防波堤などに阻止されてその上手側に堆積した土砂量から推定されたものである。また，沿岸流の強さを推定する経験式も，流速はフロートの追跡観測で得られたものと推測される。何よりも，不規則な波浪に対して砕波点を見極め，トランジットなどを使って波高と波向を定めるのは観測者の経験と技量に負っていた。沿岸砂州の発達した海岸であれば砕波点は砂州の位置にほぼ固定されるけれども，沿岸砂州が未発達な場所の海岸における砕波点の位置は，観測者の判断によるところが大きかった。

第4の問題は，波浪観測データが整備されているときには観測時刻ごとの波エネルギーを計算し，それを1年間にわたって累積する[45]ことによって，これを回避することができる。しかし，波浪観測データが欠落していて波候統計が不確定なときには，限定されたケースの観測資料から一般的な結論を得ることが難しい。特に漂砂の移動限界水深などは，どのような出現頻度の波浪を対象とすべきかについて意見が分かれている。これについては14.2.4節で説明する。

第5は海浜変形に特有な問題である。海洋構造物の疲労の問題であれば，個々の波による部材応力を計算し，多年にわたる部材応力の頻度分布を算定することが比較的容易である。しかし，波高，周期，波向が変化する波浪に対する日々の海浜変形を計算し，それを多年にわたって集計するというのは，必要とされる計算量からいって現実的ではない。このため，例えば複数の方向からのエネルギー代表波浪を用いて海浜変形を計算するなどの便宜的方法が用いられる。なお，漂砂の問題をある時点の波浪条件で考察するのではなく，波候統計を導入して確率的に検討する方法については，突堤の沿岸漂砂通過率を例として14.4節で紹介する。

なお，岸沖漂砂の問題では岸向き，沖向きに多量の砂移動があり，両者のわずかな差によって侵食か堆積かが決定され，このことが海浜断面変化の予測を困難にしている。本章で主に扱っている沿岸方向の漂砂現象でも，左右の両方向への沿岸漂砂量の差によって，突堤など構造物周辺の汀線前進・後退が支配される。しかし，大局的な観点ではそうした差が問題となることは少ない。

海浜変形の推定は以上のような本質的問題を抱えているため，波浪や底質のデータを取得するだけでは予測不可能である。これまでに現地海浜が変化した資料を入手して海浜変形モデルの現地再現性を検証し，式（14.4）の定数Kの値を現地に合うように調整しなければならない。逆に言えば，汀線位置や水深変化の既往データが得られない海浜に対しては，変形予測を行ったとしてもその信頼度は極めて低いと言わざるを得ない。その意味で，海岸侵食の問題を抱えている海岸では早くから海浜変形の測量調査を行い，データベース

14.2.2 砕波による浮遊砂巻き上げの諸問題

本章の最初に漂砂研究の経緯を述べたように，波による砂移動の問題は，海底面の水粒子の往復運動流によって引き起こされる掃流砂の観点から開始された。やがて，砂漣の頂部で剥離する流れによって砂が舞い上がる現象が研究されるようになったものの，砕波に伴う激しい乱れによる全面的な砂の舞い上がりの問題は取扱いが難しいため敬遠され，その解明が遅れている。いま，底質の運動モードごとに現象の理解度と沿岸漂砂への寄与度を判定すれば表14-2のようになろう。ただし，これは著者の主観的判断である。また，短期的な海浜変動を引き起こす岸沖漂砂について見れば別の評価が下されるであろう。

表14-2 底質の各種運動モードの役割の評価案

運動モード	現在の理解度	沿岸漂砂量全体への寄与
掃流砂：個々の砂粒運動	ほぼ解明	少ない
シートフロー	ある程度明らか	中程度
浮遊砂：砂漣からの舞い上がり	ほぼ解明	僅少
砕波による巻き上げ	未解明	支配的

砕波による砂の巻き上げ現象の重要性は，砕波帯を横切って設置された桟橋などから海面を見れば，直ちに理解できる。巻き波が岸へ進行したすぐ背後には，海中から茶褐色の雲が湧き上がる。これは浮遊砂の雲である。灘岡ほか[46]は波崎海岸の観測および室内実験によって，浮遊砂濃度の急上昇は巻き波砕波が作り出す3次元大規模渦（斜降渦）が原因であることを論じている。この浮遊砂雲は，多量の砂粒を運んで砕波帯内をゆっくりと沿岸方向に移動する。その浮遊砂がやがて沈降し，堆積するのである。

しかしながら，砕波による浮遊砂の舞い上がりは間欠的な現象であり，これを定量的に把握することは容易でない。このためもあってか，漂砂を取り扱う研究者は掃流砂を中心に考察を進め，砕波で舞い上がる浮遊砂に正面から取り組む研究はまれである。これはわが国に限らず，欧米でもその傾向が強い。それでも，Kana・Ward[47]は1970年代後半に米国ノースカロライナ州Duck海岸の観測桟橋を使って浮遊砂濃度と沿岸流速の系統的観測を行い，"浮遊砂濃度は約 0.05 g/l から 10.0 g/l 以上まで 3.5 オーダーにわたって変化し，最大濃度は砕波帯内部および海底近傍である"と報告している。また，光電式濃度計を用いた Jaffe・Sallenger[48] の観測では，濃度がほかよりも1桁以上高い浮遊砂の巻き上げが1〜2分ごとに生じており，こうした濃度の急上昇が起きている時間は全体の10%以下であるけれども，下層の平均濃度を15%〜50%増大させていた。

浮遊砂の舞い上がり現象は砕波の強い乱れと底質の沈降速度が関係するため，小規模の室内実験では再現が難しい。このため，有義波高1m以上の波を発生できる超大型造波水路での実験が幾つか行われている。浮遊砂濃度の鉛直分布は，一般に次のような指数関数で近似される。

$$c(z) = c_0 e^{-az} \tag{14.6}$$

ここに，$c(z)$は時間平均の濃度，c_0は底面での基準濃度，aは減衰パラメータである。Peters・Dette[49]の大型水路実験の結果によると，c_0は 10 g/l 前後であり，aは砕波帯内縁部では 2 m^{-1} にまで低下し，ほぼ一様な鉛直分布を示唆している。

底面での基準濃度はシールズ数の関数として表されることが多い。それは砕波帯の外の砂漣の頂部からの舞い上がりを対象として研究されたためであった。Kos'yanほか[50]は，

ドイツ北海沿岸の Norderney 海岸ほかで現地観測を実施し，非砕波のときには水平水粒子速度と下層の浮遊砂濃度の相関が強いけれども，激しい砕波のときには間欠的に発生する砕波の強い渦に伴う鉛直水粒子運動によって浮遊砂が舞い上がり，水平水粒子速度とは相関が極めて弱いことを確認した。このため，砕波帯の内部のように強い鉛直混合がある場に対して，シールズ数に基づく基準濃度の概念を適用することに強い疑念を表明している。また，Mocke・Smith[51] も現地観測の成果から基準濃度のシールズ数依存性に反対し，波高や周期に直接に関係づけた経験式を提案している。

なお，シールズ数が砕波による浮遊砂の支配要因として不具合な例証は，シールズ数の岸沖変化である。清水ほか[52]のモデル計算によれば，海底勾配 1/100，底質粒径 0.25 mm の海岸に周期 10 s の不規則波が来襲したときにシールズ数が最大となるのは沖波波高の 1.5～2.5 倍の水深である。この水深では波群中の数%の波が砕け始めたばかりであり，砕波が激しくなるのは水深がさらにその半分になった辺りである。したがって，砕波による浮遊砂を論じるうえでシールズ数を基準にすることには無理がある。

それでも柴山・Jayaratne[53] は，大型移動床実験のデータなどを整理し，底面水粒子速度を用いた砕波帯内の基準濃度式を次のように案出した。

$$c_0 = 4 \times 10^{-10} \left(\frac{\hat{u}_0}{\hat{u}_b} \right)^{1.5} gT \frac{\hat{u}_b^{2.3}}{w_f^{3.3}} \qquad (14.7)$$

ここに，c_0 は底面から $100d$ の高さにおける基準濃度，$\hat{u}_0$ はその高さにおける水粒子速度，$\hat{u}_b$ は砕波点における底面の水粒子速度である。また，減衰パラメータは砕波点からの距離に応じて変化させている。規則波実験データに対しては浮遊砂濃度の計算値の 90% が実験値の 1/3～3 倍の範囲に収まるけれども，現地においては砕波点を明確に設定できないので，その適用性には疑問が残る。

こうしたアプローチとは別に片山と著者[54),55)] は，全水深に対する平均濃度を砕波による波エネルギーの減衰に結びつけて考えた。すなわち，砕波で舞い上がった浮遊砂は粒径に固有な速度で沈降するので，浮遊砂濃度を一定に保つためには沈降量と同じだけの砂が水面まで持ち上げられなければならない。そのための仕事率は次のように表される。

$$dW = (\rho_s - \rho) g w_f \overline{C}(x) h dx \qquad (14.8)$$

ここに，$\overline{C}(x)$ は離岸距離 x の地点における平均浮遊砂濃度である。砕波による波エネルギーフラックスの減耗の一部が浮遊砂巻き上げの仕事率に転換されると考えることにより，平均濃度が次のように表される。

$$\overline{C}(x) = \frac{\beta_s}{8(s_r-1)w_f h} \frac{\partial}{\partial x}(H_{rms}^2 C_g) \quad : \quad s_r = \rho_s/\rho \qquad (14.9)$$

ここに β_s は係数であり，波の諸元と次のように結びつけられた。

$$\beta_s \simeq 0.76 \times \frac{w_f K}{gT_{1/3}}(s^{-1} + 18s^{0.4})(H_0/L_0)^{-0.43} \qquad (14.10)$$

上式中の K は式 (14.4) の CERC 公式の定数であり，s は海浜勾配である。現地データと照合したところ，β_s は 0.01～0.1 の値であった。この浮遊砂濃度の算定式を用いた海浜変形の予測は，離岸堤や突堤周辺の地形に対して試行された段階にとどまっている。

14.2.3 漂砂量推定式
(1) 沿岸漂砂量の推定式

海岸に直角な断面を通過する単位時間当りの沿岸漂砂の総量*を推定する式の代表は，式 (14.4) の CERC 公式である。しかし，これ以外にも Kamphuis[56] や Komar[57] の提案式がある。また，次項の局所漂砂量式を岸沖方向に積分すれば，総漂砂量を算定することができる。Kamphuis の提案式は 3 次元水槽実験に基づいて提案されたもので，次式で表される。

$$Q = 2.27(H_s)_b^2 T_p^{1.5} s_b^{0.75} d_{50}^{-2.5} \sin^{0.6}(2\theta_b) \tag{14.11}$$

こうした諸公式の推定精度については Schoonees・Theorn[58],[59] が現地データ 273 ケースについて吟味しており，Kamphuis 公式の適合度が最も高いと報じている。ただし，計算値は実測値の数分の 1 から数倍であり，こうしたデータの広がりは漂砂問題では不可避の状況にある。一方，Miller[60] は米国の Duck 海岸の観測桟橋で浮遊砂輸送の詳細な観測の結果を取りまとめ，有義波高 1.6～3.5 m の条件下での沿岸漂砂輸送は浮遊砂によるものであり，その輸送量率は 5 ケース中 4 ケースが CERC 公式による値と合致したと報告している。

実務面で多用される CERC 公式の K 値は観測データによっていろいろ異なり，一般に粒径が大きくなると小さな値を取るとされる。例えば，King[61] は先行する諸研究を参照しながら，データの分散が大きいものの全体の傾向は $K = 0.1/d_{50}$（mm 単位）で表されるとした。ただし，これは沿岸漂砂で突堤その他の障害物で阻止されて堆積した量から推定した沿岸漂砂量率に関するものである。CERC 公式を使って海浜変形を予測する場合には，現地再現性を確保するために K 値を大幅に調整する。そうした再現計算用の K 値は現地条件などによっていろいろ異なり，粒径に反比例して減少するわけではないようである。14.2.1 節に述べたように，現地の既往の海浜変形資料の入手，ならびにその資料に基づくモデルの検証が欠かせないところである。

なお，2007 年に Bayram ほか[62] は浮遊砂を主対象とした次のような沿岸漂砂量の推定式を提案した。

$$Q = \frac{\varepsilon}{(\rho_s - \rho)(1-\lambda)g w_f}(E c_g \cos\theta)_b \overline{V} \tag{14.12}$$

ここに ε は現地データとの照合によって経験的に定める輸送係数，$\overline{V}$ は平均沿岸流速であり，砕波による沿岸流のみならず，吹送流その他の寄与分も含む。また，添字 b は砕波点における値であることを示す。輸送係数 ε については観測値として信頼できる 6 組の観測資料の 180 データに基づいて，次の経験式を提案している。

$$\varepsilon = \left(9.0 + 4.0 \frac{(H_{m0})_b}{w_f T_p}\right) \times 10^{-5} \tag{14.13}$$

ここに $(H_{m0})_b$ は砕波点におけるスペクトル有義波高である。

式 (14.12) は沿岸漂砂の大半が流れに乗って運ばれる浮遊砂であり，波のエネルギーフラックスの一部が砂を海底から持ち上げる仕事に使われるとの考えによっている。すなわち，式 (14.8) の片山と著者のアプローチと同じ発想である。

---

* 英語では longshore sediment transport rate といい，厳密には沿岸漂砂量率であるけれども，沿岸漂砂量と称するのが一般的である。

(2) 現地資料による局所漂砂量式の比較検討

局所的な漂砂の移動量を推定するための算定式は，これまでに10種類以上も提案されている。こうした漂砂量式については，文献[63],[64],[65]に紹介されている。また，Bayramほか[66]とDaviesほか[67]は現地データを用いて各種漂砂量式の比較検討を行っている。Camenen・Larroudé[68]も漂砂量式の比較を行っているが，実験室の往復水流水槽のデータや現地でも砕波を含まないデータであるので，ここでは取り上げない。

Bayramほかの比較検討では，Bijker[23]，Engelund‒Hansen，Ackers‒Whaite，Bailard-Inman，van Rijn および渡辺の6公式を取り上げた。現地データはDuck海岸の観測桟橋を使ったDuck85，SuperDuck および SandyDuckと名付けられた総合観測時のものであり，桟橋の数地点から下ろした浮遊砂濃度計と流速計のデータから浮遊砂輸送率を算定し，諸公式による計算値と比較した。計算値が観測値の1/5～5倍の範囲に入った割合が62％～96％とばらつきがかなり大きく，変動の大きさを$\log(q_p/q_m)$の標準偏差で表すと0.35～0.87であった。Bayramほか[66]は，諸公式の中ではvan Rijn式が比較的にばらつきが少なく，Bailard-Inman式がこれに次ぐと結論している。

また，Daviesほかは研究目的の7公式とヨーロッパの諸研究機関が発展させた5種類のソフトウエアモデル（基礎式としてBijker，Dibajinia・Watanabe，Bailardなどを含む）を検討対象とした。現地は波と流れの共存場の4海岸（ほとんどが非砕波）と砕波条件を含む1海岸のデータである。砕波を含む海岸のデータに対しては，ほとんどのモデルの計算値が観測値の0.1～10倍の範囲に入ったけれども，1/3～3倍の範囲に限定するとその条件を満たすのは全データの33％～88％しかない。ソフトウエアの中では，van Rijn式をベースにしたものが比較的好成績であった。なおDaviesほかは，漂砂量の推定は経験則の段階（state-of-the-art）であり，現地条件を把握してモデルの諸定数を検定することの必要性を強調している。

なお，van Rijnの推定式といわれるのは1984年に発表されたもの[69]で，河川，河口，海岸のすべてに適用できるように体系化されているようである。その算定式についてはBayramほか[66]が紹介しているので参照されたい。

(3) Bailardの漂砂量式

前項で名前の挙がったBailardの推定式というのは1981年および1984年に発表されたもの[70],[71]で，Bayramほか[66]が次のようにまとめている。

$$q = 0.5 \rho f_w u_0^3 \frac{\varepsilon_b}{(\rho_s - \rho)g \tan\gamma} \left(\frac{\delta_V}{2} + \delta_V^3 \right) + 0.5 \rho f_w u_0^4 \frac{\varepsilon_s}{(\rho_s - \rho)g w_f} \delta_V u_3^* \quad (14.14)$$

式（14.14）中の記号は次の通りである。ε_bとε_sは掃流砂と浮遊砂の効率係数（エネルギー損失のうちで底質輸送に使われた割合），f_wは波浪に関する底面摩擦係数，gは重力加速度，u_0は海底での水粒子軌道速度の振幅，u_3^*は速度の3次モーメント，w_fは底質の沈降速度，δ_Vはu_0に対する沿岸流速の比率（$=V/u_0$），γは波高に関係するパラメータ，ρとρ_sは水および底質の密度である。

このBailardの漂砂量式は，漂砂を掃流砂と浮遊砂に分離して考え，後者については底質の沈降速度に反比例すると設定したことが特徴的である。両者は効率係数ε_bとε_sによって重みづけがなされる。Bailard[70]は当初，$\varepsilon_b=0.21$，$\varepsilon_s=0.025$を与えた。しかし，後に次の式（14.15）を提唱したときには，$\varepsilon_b=0.13$と$\varepsilon_s=0.032$の値を推奨し[71]，浮遊砂の重みづけを高めている。なお，Bayramほか[66]は，$\varepsilon_b=0.1$，$\varepsilon_s=0.025$および$\tan\gamma=0.63$の定数値を用いて現地データと比較している。

なお Bailard[71] は，自らの公式を用いて CERC 公式の K 値に内在するパラメータの評価を行い，現地および実験室データに最も適合する値として次式を導いている。

$$K = 0.05 + 2.6\sin^2(2\alpha_b) + 0.007 u_{0b}/w_f \tag{14.15}$$

(4) 底質の沈降速度

式（14.14）で用いられる底質の沈降速度については，河床の底質運動について研究した Rubey[72] が導いた次式が使われてきた。

$$w_f = \sqrt{(s_r-1)gd}\left[\sqrt{\frac{2}{3}+\frac{36\nu^2}{(s_r-1)gd^3}} - \sqrt{\frac{36\nu^2}{(s_r-1)gd^3}}\right] \quad : \quad s_r = \frac{\rho_s}{\rho} \tag{14.16}$$

ここに，ν は水の動粘性係数である。

砂の沈降速度については 2000 年代に入って関心が復活しており，例えば Ahrens[73] はいろいろな提案式を比較した結果として次式を推奨している。

$$w_f = \frac{\nu}{d}\left[\sqrt{3.61^2 + 1.18 A^{1/1.53}} - 3.61\right]^{1.53} \quad : \quad A = \frac{(s_r-1)gd^3}{\nu^2} \tag{14.17}$$

Rubey による式（14.14）は，Ahrens[73] が次のように書き直した形を示している。

$$w_f = \frac{\nu}{d}\left[\sqrt{6^2 + \frac{2}{3}A} - 6\right] \tag{14.18}$$

なお，海水の密度と動粘性係数の値は水温に依存し，Ahrens[73],[74] は次の近似式を与えている。

$$\rho = 1.028043 - 0.0000721\bar{T} - 0.00000471\bar{T}^2 \quad : [\text{g/cm}^3] \tag{14.19}$$

$$\nu = 0.0182 - 0.000529\bar{T} + 0.0000069\bar{T}^2 \quad : [\text{cm}^2/\text{s}] \tag{14.20}$$

ここに，$\bar{T}$ は摂氏温度である。例えば，水温 20°C とすると，$\rho = 1.0247\text{ g/cm}^3$，$\nu = 0.0104\text{ cm}^2/\text{s}$ と算定される。

Rubey と Ahrens による沈降速度の推定値を比較したのが図 14-2 である。粒径 0.2

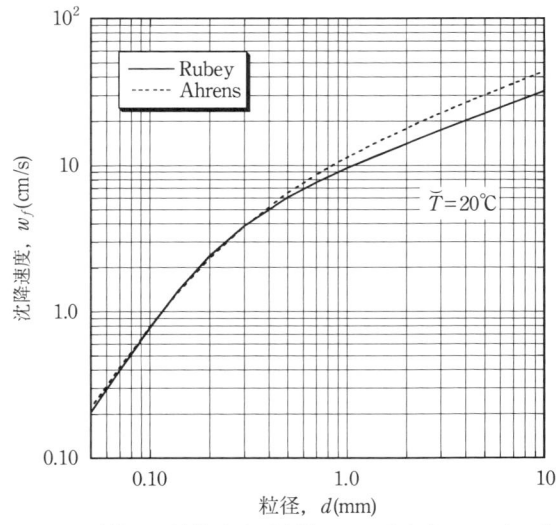

図14-2 砂粒子の沈降速度（水温20°C，砂密度2.65 g/cm³）

mm で両者はほとんど同じであるが，それよりも小さくても大きくても Ahrens の式がやや速い沈降速度を与える。なお，これらの推定式は粒子が円球状であることを前提として導かれたもので，実際の砂粒の沈降速度はその形によってやや異なるであろうが，漂砂にかかわる諸要因の不確定性を考慮してか，形状影響はあまり議論されていない。

14.2.4 海岸線変化モデル
(1) ワンラインモデル

　海岸線の形状変化を予測するモデルには，ワンラインモデルと等深線変化モデルがある。このほかに，Nラインモデルといわれるものもあるが，わが国ではあまり使われていない。ワンラインモデルでは，汀線の平面形状の変化のみを解析し，予測する。海浜縦断面の形状は当初の形を保ったまま汀線の前進・後退に応じて岸沖方向に移動すると仮定する。このため，このモデルは汀線変化予測モデルと呼ばれることが多い。図14-3はこのモデルにおける汀線の前進・後退量と砂の収支の関係を示したものである。

　図中の鉛直距離 D_s は漂砂の移動帯幅といわれるもので，干潮時における海中の底質の移動限界から，満潮時における後浜での波の遡上高さまでの鉛直高さをいう。

　いま沿岸方向に Δy の区間を考え，Δt 時間の間に汀線が Δx_s だけ変化したとする。この変化を引き起こすのは，沿岸方向の漂砂量の出入りのアンバランスであり，また岸沖方向の砂の流出あるいは流入である。海浜断面の変化が生じるのが沖合の移動限界水深からバーム頂部までの高さ D_s に限定されると仮定すると，汀線変化に関する基礎式は次のように表される。

$$\frac{\partial x_s}{\partial t} + \frac{1}{D_s}\left(\frac{\partial Q}{\partial y} - q_n\right) = 0 \tag{14.21}$$

ここに，Q は沿岸漂砂量であり，q_n は岸沖方向の砂量の出入率である。Q の単位は m³/s，q_n の単位は m³/m/s である。

　岸沖方向の土砂移動としては，河口における土砂の流出（正），海岸での土砂採取（負），沖合への土砂損失などが対象である。沿岸漂砂量 Q は式（14.4）の CERC 公式を使うのが一般的である。ただし，この式は防波堤や離岸堤などの構造物がない場合に対するものなので，構造物によって汀線沿いの砕波の波高 H_b が場所的に変化する場合には次式を使用する。

$$Q = \frac{(Ec_g)_b}{(\rho_s - \rho)g(1-\lambda)}\left(K_1 \sin\alpha_b \cos\alpha_b - \frac{K_2}{s}\cos\alpha_b \frac{\partial H_b}{\partial y}\right) \tag{14.22}$$

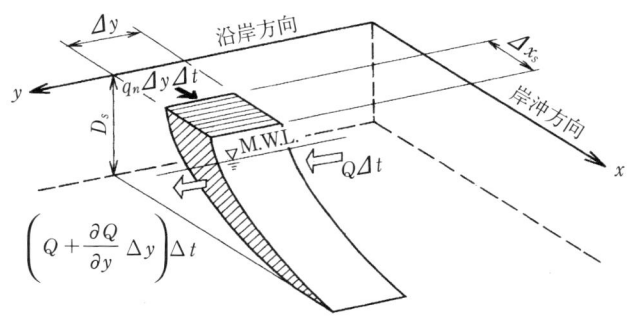

図14-3　ワンラインモデルにおける汀線変化と土砂量収支の関係
（合田良実「二訂版　海岸・港湾」彰国社，1998年，p.169より転載）

ここに，s は海底勾配である。

上式中の K_1 は CERC 公式の K 値をそのまま使う。右辺第 2 項は小笹と Brampton[75] が与えたものであり，その係数 K_2 は K_1 よりもやや小さい値を使うことが多い。海浜変形の予測では，どちらの係数も既往の汀線変化のデータを再現できるように，試行錯誤によって適切な値を選択する。

沿岸漂砂量 Q は波の屈折，砕波などによって場所的に変化するので，汀線変化量 Δx_s は場所ごとに異なる値を取る。汀線位置が大きく移動すると波の変形状況も異なってくるので，新しい海浜地形における波浪変形を計算し直し，それに基づく沿岸漂砂量を算定して汀線変化を求める作業を繰り返す。海浜変形によって波がどの場所でも汀線に平行に砕けるようになれば（$\alpha_b=0$），沿岸漂砂量率がゼロとなり，海浜が平衡状態に達したことになる。天然のポケットビーチは，ほぼこうした平衡状態にあるとみられる。

ワンラインモデルの適用においては，高さ D_s の見積もりが一つの検討課題であり，これについては（3）項で述べる。また，このモデルの適用事例を 14.3 節で紹介する。式（14.21）を用いたワンラインモデルはわが国では実務計算に多用されているが，欧米でも構造物設置による汀線変化の予測その他に使用されている[76]。

また，ワンラインモデルは数年以上にわたる長期間の海浜変形を予測するのに使用されるので，どのような代表波浪を用いて波のエネルギーフラックス Ec_g を算定するかが大きな問題である。後出の 14.3 節に例示するように，年間の波エネルギーを代表するような，エネルギー平均波浪を採用することが多い。その際にも単一方向ではなく，波候特性を代表する複数の波向を用いないと，海浜変形の様相を的確に再現することが難しい。

(2) 等深線変化モデル

上述のワンラインモデルでは汀線の変化に応じて海浜縦断面の形状が平行移動すると仮定したため，水面下の海浜変化が場所によって異なる状況を適切に再現できない。このため，宇多・河野[77] は海岸の基準線から各等深線までの距離の変化に着目し，各水深における沿岸漂砂量率の収支に応じて等深線距離が変化するという，等深線変化モデルを提案した。水深ごとの沿岸漂砂量率は，全体を集計したときに例えば式（14.22）の総漂砂量に一致するように配分される。水深別の漂砂量の分布関数は水理模型実験の結果を参照して設定している。

等深線モデルも総漂砂量の係数その他，現地データに合わせて数値を調整すべきパラメータが幾つかあり，使用に当たってはある程度の経験が必要である。しかし，突堤，護岸その他の構造物建設後の海浜地形変化の計算に使われた事例が多く，また粒径分級を考慮したモデルや局所縦断勾配の算定モデルその他，等深線変化モデルを発展させた研究が数多く発表されている。

(3) 移動限界水深（Depth of Closure）

海岸線変化モデルでは，年間を通じて水深がほとんど変わらなくなる地点から波が遡上するバーム頂部までの高さ D_s を設定する必要がある。前者は移動限界水深といわれており，宇多は日本沿岸の等深線図の変遷に基づいて全国 51 海岸の移動限界水深を推定している[78]。外海に面している所では，8～14 m の数値が挙げられている。

移動限界水深を波候統計から得られる波高に結びつけて考えたのは Hallermeier[79] であり，次式を提案した。

$$h_c = 2.28 H_e - 68.5 \left(\frac{H_e^2}{gT_e^2} \right) \tag{14.23}$$

ここに，H_e は有効波高と称し，年間の超過出現率が0.137%（12時間）の有義波高，T_e はそれに対応する有効周期であり，Hallermeier はこの波高の推定式として $H_e = \bar{H} + 5.6\sigma_H$ を示した（対象海域が異なれば別の関係式となる）。ただし，$\bar{H}$ は年間平均の有義波高，σ_H は有義波高の標準偏差である。なお，風波に対する3.1節の図3-1を参照して $H_0/L_0 = 0.035$ の近似を使うと，上記の移動限界水深は $h_c = 1.9H_e$ となる。

Birkmeier[80] はその後のデータも含めて考察し，次の修正式を提案した。

$$h_c = 1.75 H_e - 57.9 \left(\frac{H_e^2}{g T_e^2} \right) \tag{14.24}$$

波形勾配を $H_0/L_0 = 0.035$ と見なすと，この移動限界水深は $h_c \fallingdotseq 1.43 H_e$ と近似される。

波による底質の移動限界としては佐藤・田中による完全移動限界と表層移動限界がある[81]。ただし，この場合にはどのような出現確率の波高を用いるかについての指針が与えられていない。栗山[82] は茨城県波崎海岸の波浪・海浜データを使って上述の移動限界水深を検討し，佐藤・田中の完全移動限界に対しては超過確率6%～12%（年20回程度），Hallermeier 式であれば超過確率1%～3%（年6～13回程度），Birkmeier 式を使うのであれば超過確率0.12%～0.8%（年2～4回程度）の波を使うのが目安となるとしている。

(4) 波の遡上高

漂砂の移動帯幅 D_s のもう一つの境界は後浜の天端高であり，バーム高さともいわれる。後浜というのは，普段は波が遡上しないけれども，荒天時には波をかぶるような砂浜の部分をいう。これについては，実験値に基づく Rector[83] と Swart[84] ならびに現地データに基づく砂村[85] の提案があり，それぞれ順に次のように表される。

$$\frac{Y_s}{L_0} = \begin{cases} 0.024 & : H_0/L_0 > 0.018 \\ 0.18(H_0/L_0)^{0.5} & : H_0/L_0 \leq 0.018 \end{cases} \tag{14.25}$$

$$\frac{Y_s}{d_m} = 7,644 - 7,706 \exp\left[-0.000143 \frac{H_0^{0.488} T^{0.93}}{d_{50}^{0.786}} \right] \tag{14.26}$$

$$\frac{Y_s}{H_0} = 0.173 (H_0/L_0)^{-0.5} \tag{14.27}$$

ここに，Y_s は静水面からのバーム高さ，d_{50} は底質の中央粒径である。

これらの推定式に用いる波高については，原著者は言及していない。栗山[86] は目安として超過確率2%（年10回程度）の波高を使うことを勧めている。

14.2.5 3次元海浜変形モデル
(1) 概 説

3次元海浜変形の数値計算モデルは，これまでにいろいろなものが提案されている。なお3次元モデルと称していても，鉛直方向の流速分布の詳細な計算は行わず，平面場の波浪・海浜流の計算結果に基づいて地形変化を算定するものが多い。したがって，正しくは2DH モデルと呼ばれるが，ここでは区別をせずに3次元モデルと呼んでおく。なお，1990年代後半までのわが国のモデルについては文献[42]～[44]に紹介されているので，ここではそれ以降のモデルの開発状況と，今後のあるべき方向について述べる。

3次元海浜変形モデルは図14-4に示すように，三つのモジュールで構成される。最初に対象海域における波浪場を計算し，ラディエーション応力などの空間分布を求める。こ

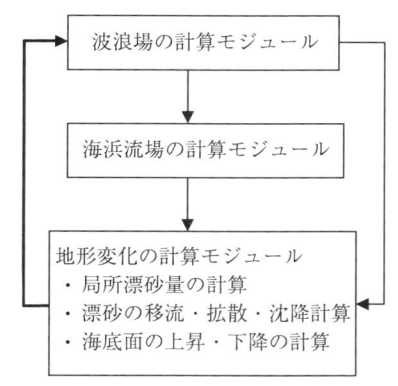

```
┌─→ 波浪場の計算モジュール ──┐
│                              │
│   海浜流場の計算モジュール   │
│                              │
│   地形変化の計算モジュール   │
│   ・局所漂砂量の計算         │
│   ・漂砂の移流・拡散・沈降計算 │
│   ・海底面の上昇・下降の計算 │
└──────────────────────────────┘
```

図14-4　3次元海浜変形計算モデルの構成

の際は，不規則波の砕波減衰を適切に取り込むことが肝要である．次に，波浪場の計算結果を受けて海浜流場を計算する．この二つの計算結果を受けて，地形変化の計算モジュールではまず格子点ごとの漂砂量を算定する．そして漂砂が移動し，拡散し，沈降する過程を追跡する．それによって，格子点ごとの漂砂量の収支が計算され，収支がプラスであれば堆積，マイナスであれば侵食として海底面の昇降を計算する．地形変化が大きいときには，ある程度変化した時点で波浪変形モジュールに戻って計算を繰り返し，安定地形に達するまで計算を続けるのである．

波浪変形と海浜流計算にどのようなモデルを採択するか，局所漂砂量をどの公式で算定するか，さらに浮遊砂の移流・沈降過程を組み込むか否かによって，いろいろなモデルが構築される．著者は，沿岸漂砂による地形変化は浮遊砂が主体であって，浮遊砂の移流・沈降過程を取り込まないモデルは現象の本質を記述していないと考えている．浮遊砂を直接に扱わないモデルは，各種のパラメータを調整することによって現地の状況をある程度再現するのに成功するかもしれないが，汎用性は期待できない．しかしながら，これまでのところ浮遊砂を主体とした海浜変形モデルとして有力なものは未開発であり，今後に期待せざるを得ない．

(2) 欧米におけるモデル開発状況

ヨーロッパでは1990年代から欧州連合（EU）の科学技術研究予算による各国共同研究が活発に行われ，海浜変形モデルの開発もその一つのテーマであった．また，各国の水理研究所もソフトウエアのパッケージ化を推進してきた．1997年にNicolsonほか[87]は，ヨーロッパの5研究機関で開発されたモデルを使って行われた離岸堤背後のトンボロ形成の再現計算の結果を報告した．波浪変形モジュールについては，1研究所は規則波の波浪変形モデルを使ったけれども，ほかは放物型，波作用方程式，緩勾配方程式その他の不規則波のモデルであり，砕波減衰はBattjes・Janssenモデルが多かった．海浜流計算に用いる渦動粘性係数の扱いは，これを一定値とするものとエネルギー減衰影響を考慮するものに分かれた．局所漂砂量公式はBijker式を使うものとその他の算定式を使うものに分かれた．離岸堤に正面から波が作用したときに舌状砂州が発達して，離岸堤につながるトンボロを再現できたのは2モデルにとどまった．ただし，どのモデルも浮遊砂の移流・沈降過程は取り入れていなかった．

浮遊砂を取り込んだモデルを発表したのは1999年のLeont'yev[88]であり，エネルギー平衡方程式に方向分散法による回折計算の近似式を組み込み，局所漂砂量式にはBailard式を選択した．また，海浜流計算ではサーフェースローラー効果も考慮した．規則波に対する計算であって浮遊砂の沈降過程は取り込んでいないものの，離岸堤背後や突堤周辺の

地形変化をかなり再現している。

ヨーロッパの諸水理研究所の海浜変形ソフトウエアの内容はあまり公表されていないが，Lesserほか[89]はデルフト水理研究所のDELFT3D-FLOWの構成ならびに取り込んでいる物理過程を紹介している。このソフトウエアは河川やエスチュアリーなど流れを主体として開発されたモデルのようで，局所漂砂量式としてはvan Rijn式を使用し，波浪場計算には波作用平衡方程式であるSWANモデルを用いている。

米国では，陸軍のEngineer Research and Development Center（ERDC）がエネルギー平衡方程式をベースとしてvan Rijnの局所漂砂量式ともう一つの漂砂量式を用いた海浜変形モデルを開発している。センターから技術マニュアルとして公開しているものの，研究論文としては未発表のようである。

(3) わが国におけるモデル開発状況

各種の3次元海浜変形モデルの中で，浮遊砂の移流拡散を最初に取り上げたのは椹木ほか[90]である。文献[91]によれば，浮遊砂の断面平均濃度$\overline{C}$の時空間変化は次式を解いて求められる。

$$\frac{\partial(h\overline{C})}{\partial t}+\frac{\partial(\overline{C}Uh)}{\partial x}+\frac{\partial(\overline{C}Uh)}{\partial y}-\frac{\partial}{\partial x}\left(K_x h\frac{\partial \overline{C}}{\partial x}\right)-\frac{\partial}{\partial y}\left(K_y h\frac{\partial \overline{C}}{\partial y}\right)+\overline{C}w_f=F_z \qquad (14.28)$$

ここに，K_xとK_yは水深平均の水平渦動拡散係数のx，y方向成分であり，F_zは底層からの砂の巻き上げ率であって，文献[91]ではvan Rijn[92]が提案した次式を紹介している。

$$F_z=0.00033 D_*^{0.3} T_*^{1.5}[(s_r-1)gd_{50}]^{0.5} \quad : \quad s_r=\rho_s/\rho \qquad (14.29)$$

ここに，d_{50}は中央粒径，D_*とT_*は次式で定義される量である。

$$D_*=d_{50}\left[\frac{(s_r-1)g}{\nu^2}\right]^{1/3}, \quad T_*=\frac{u_*^2-u_{*,cr}^2}{u_{*,cr}^2}, \quad u_{*,cr}=\sqrt{\Psi_{cr}(s_r-1)gd_{50}} \qquad (14.30)$$

ここに，u_*は摩擦速度，Ψ_{cr}は限界シールズ数である。

具体的に浮遊砂を考慮して3次元海浜変形モデルを構築したのは黒岩ほか[93],[94],[95]，馬場ほか[96]，小野ほか[97]などである。波浪変形モジュールとして黒岩ほか[93]は当初は非定常緩勾配方程式を使ったが，後に回折項を含めたエネルギー平衡方程式に変更した。小野ほか[97]はエネルギー平衡方程式に基づく米国陸軍のERDCのモデルを用い，馬場ほかは海浜流場のモジュールから始めているようである。海浜流場の計算モジュールに関して，黒岩ほかの一連のモデルは1方程式乱流モデルを導入した準3次元計算であり，小野ほかは平面場の2DHモデルを使っている。馬場ほか[46]は広領域場における吹送流も含めた準3次元計算に基づいて定式化された流速分布式を使っている。

局所漂砂量式に関しては，黒岩ほか[95]は渡辺ほか[98]の掃流砂量式と柴山ほか[99]の浮遊砂基準濃度をベースにしたものを使用し，馬場ほか[96]はBailard式を採択し，小野ほか[97]はvan Rijn式ほかを用いている。式（14.28）の浮遊砂の移流拡散方程式は，黒岩ほか[94]と小野ほか[97]が論文中に明記しており，その他の論文においても使用していると推測される。

現地へのこれまでの適用事例は黒岩のグループが最も多く，実用性がかなり高いものと思われる。

(4) 今後のモデル開発の方向について

これまでに述べたように，海外・国内ともに3次元海浜変形モデルは数多く開発されて

おり，波浪変形モジュール，海浜流計算モジュール，地形変化計算モジュールもそれぞれ異なるものを組み合わせている．しかしながら，いずれのモデルもパラメータ設定に恣意性があり，特定の海岸に対してパラメータを合わせ込んだとしても，別の海岸では改めてパラメータ調整を行わなければならない．漂砂現象を的確に表現したモデルであれば，物理的メカニズムに基づいて各種の係数値を固定できるはずである．その意味で，これまでの海浜変形予測モデルの信頼度は高いとはいえず，今後さらに優れたモデルの開発が望まれる．そのためには，以下の要件を満たすことが必要と思われる．

1) 砕波減衰を的確に表現できる波浪変形モジュールを選択する．
2) 海浜流場の計算においては，構造物の突端で生じる流れの剥離現象を再現できなければならない．
3) 海浜流は準3次元計算が望ましい．
4) 砕波による浮遊砂の巻き上げ率を砕波によるエネルギーフラックス減耗量に結びつけて定式化する．
5) 浮遊砂の移流拡散・沈降過程を地形計算モジュールに組み込む．

上記のうちの第2項は，離岸堤背後の流れや突堤に斜めに波が当たるときの沿岸流などに関係する．突堤によって一様流が阻害されたときには，先端で流れが剥離して背後に反流域が形成され，その範囲は突堤長の10倍前後に達する．12.5節に示した海浜流場の基礎式のままでは，こうした流れの剥離現象は再現できない．具体的な解決法は提言できないけれども，水の粘性効果を考慮した何らかの方法を導入する必要がある．

第4項に関しては，片山と著者が提案した式 (14.9)，(14.10) が一つのアプローチとなろうが，まだ検討不足である．また，Bayram ほかによる総沿岸漂砂量率に対する式 (14.13) の考え方を局所漂砂量に応用する方向もあろう．Bailard 式や van Rijn 式はこれらを採択したモデルが多いけれども，そこに取り込まれている浮遊砂の扱いはあくまでも底面せん断応力を基本としており，砕波帯内の実態には合致しない．砕波による巻き上げを的確に取り扱った局所漂砂量式の確立が待たれるところである．

14.3　ワンラインモデルによる汀線変化の予測事例

(1) 対象海浜の概況

国際協力機構（JICA）はルーマニア政府の要請を受けて，2005〜2007年度にルーマニア国黒海南部海岸の海浜保全計画調査を実施した．この調査報告書[100]はJICAのウェブサイトに2007年9月に公開された．この調査の内容のうち，海岸侵食の状況については黒木ほか[101],[102]が発表したところである．著者はこの調査に参画する機会を得たので，この報告書に基づいてワンラインモデルによる汀線変化の予測事例を紹介する．

調査海岸は図14-5に示すNavodari（ナヴォダリ）からVama Veche（ヴァマヴェケ）に至る約80 kmの区間であり，国際海運の窓口であるコンスタンツァ港を挟んでいる．この海岸のうちでも特にMamaia（ママイア）の海浜が急速な侵食にさらされていた．NavodariからMamaiaの海浜は約11 kmにわたる砂州海岸であり，すぐ背後には延長約8 kmにわたって湖が広がっている．この湖は大昔には海から湾入した潟湖であったが，約160 km北東に位置するドナウ川の河口（Sulina：スリナ）から運ばれてきた細砂がNavodariから伸びる砂嘴（さし）を形成し，それが成長して約2000年前に湖を海から切り離し，湖は淡水化した．

図14-5 調査海岸の位置図

　14.1.2節に紹介したように，ドナウ川の流送土砂は20世紀中に各地で建設された多数のダムによって半減し，ルーマニアの黒海北部海岸の深刻な侵食をもたらした。しかし，Mamaiaの海岸侵食の直接の原因は，この砂州海岸の北端にある石油港湾Midia港の防波堤の延伸工事である。1977年から防波堤の先端を－5mから－10mに向けて延長するにつれて，南側のMamaiaの海浜へ向かう沿岸漂砂が完全に遮断され，砂浜は急速に後退した。1960年代に100mもあった浜幅は，10年余りで最大80mも削られ，海沿いの建物が危険にさらされた。この海浜は20世紀の初頭から海水浴場として開放され，ルーマニア国内ばかりかヨーロッパ各地からの宿泊客でにぎわっていたのである。

　ルーマニア政府は侵食対策として，1988〜1990年に背後の湖から約50万m^3の細砂を浚渫して養浜し，それとともに水深－5mの等深線（離岸距離約500m）に沿って6基の離岸堤（延長約250m，開口幅250m）を建設した（後出の図14-6参照）。養浜によって一時広がった砂浜もやがて侵食が進み，汀線の後退速度は場所によって2.3m/年に達した。

(2) 波浪変形の計算

　この海浜については，コンスタンツァ市に所在の国立海洋開発研究所が多年にわたって前浜の断面測量を行っており，また1976年以降の汀線地形測量図が数枚保存されていた。ワンラインモデルを適用するに当たっては，これらを検証データとして定数の調整を行った。

　波浪観測は，特殊な測距儀で係留ブイの運動を目視観測する方式を用いて，コンスタンツァ港近くの水深約10m地点で30年以上も行われていた。しかしながら，観測値の信頼度にやや欠けたため，ヨーロッパ中期気象予報センター（European Centre for Medium-range Weather Forecast: ECMWF）の黒海の波浪追算資料を主に利用した。この資料は波浪スペクトルの計算に基づいており，1991〜2002年の6時間ごとのスペクトル有義波高H_{m0}，スペクトル有義周期$T_{m-1,0}$，主波向θ_pのデータが利用できた。この波浪データを北系と南系に分割し，代表波高・周期・波向をエネルギー換算の次式で計算した。

$$H_{\text{rep}}=\sqrt{\frac{\sum_{i=1}^{N} H_i^2 T_i}{\sum_{i=1}^{N} T_i}}, \quad T_{\text{rep}}=\frac{\sum_{i=1}^{N} T_i}{N}, \quad \theta_{\text{rep}}=\frac{\sum_{i=1}^{N} \theta_i H_i^2 T_i}{\sum_{i=1}^{N} H_i^2 T_i} \quad (14.31)$$

この操作によって，北系の代表波を $H_{1/3}=1.65$ m，$T_{1/3}=6.2$ s，$\theta_p=$N64.0°E，南系の代表波を $H_{1/3}=1.11$ m，$T_{1/3}=6.2$ s，$\theta_p=$N115.2°E と決定した。

この二つの代表波について南北約 120 km，東西約 65 km の調査海域全体を対象とし，エネルギー平衡方程式を用いて方向スペクトルの波浪変形計算を行った。計算格子間隔は 250 m とした。砕波点は $H_{1/3}=0.8h$ の条件を満たす最も沖側の格子点とした。砕波点から岸側の屈折変形は Snell の法則を利用し，回折については方向分散法を利用した。

ワンラインモデルを適用する際には，季節ごとに波浪条件が変化するので，本来は月ごとあるいは日々の波浪を対象として計算することが望ましい。しかし，一般には計算時間の節約などから，年間の代表波浪を対象として計算することが少なくない。黒海南部海岸の調査においても，二つの代表波に関する沖から汀線までの波浪変形の計算結果をそのまま年間を通じて利用したけれども，あらかじめ 12 カ月の北系と南系の平均波高・周期から波エネルギーの月別変化を算定しておき，エネルギー比に比例させて各月の代表波の作用時間を調整することで，波候の季節変化を代表させた。

砂の移動限界水深に関しては，まず式 (14.23) の対象となる有効波高が ECMWF の波高データから $H_e=5.0$ m，$T_e=9.1$ s と求められた。この波浪に対して算定される水深 9.3 m を移動限界水深に採用した。

(3) 既往の汀線変化の再現

ワンラインモデルは Mamaia の海岸を含む 20 km の区間を対象とし，格子間隔を 20 m にとって計算を行った。その際の CERC 公式の定数 K_1 としては調査に当たった主担当者の経験に基づいて，その値を 0.077，0.154，0.308 と 3 段階に変えて汀線変化を計算したところ $K_1=0.154$ の再現性が最も優れていたので，その値を採用した。第 2 の定数については使用経験のある $K_2=0.81K_1$ の関係を用い，$K_2=0.125$ とした。また，沖への砂流出率を海浜全体の汀線変化の傾向を勘案して，全域にわたって 3 m³/m/年と設定した。既往の汀線変化の再現結果を図 14-6 に示す。この図には 20 km の区間の汀線を示しており，1976 年の測量図を基準としたその後の汀線変化を表示している。汀線変化が顕著に表れているのが Mamaia の沿岸距離 8,000〜12,500 m の区間であり，特に 11,500〜12,700 m の区間の侵食対策が調査の主要点であった。沿岸距離 13,500 m 以南の Tomis 地区は離岸堤などで安定していた。

汀線変化図の一番上が 4 年後の 1980 年の汀線を 1976 年と比較したものであり，汀線の後退が記録されている。1990 年の測量図には養浜による汀線の前進が記録されているが，北側の海浜では汀線の後退が起きていた。1995 年には養浜した砂も失われ，侵食域が北側に広がっている。1997 年の記録も同様である。こうした実測記録に対して，ワンラインモデルによる計算結果は汀線の前進・後退をかなりよく再現しており，ワンラインモデルの再現性は十分であると判断された。

また，図 14-7 はこの海浜での北向き，南向き，および正味の沿岸漂砂量を計算した結果を示している。6 基の離岸堤があることによって，沿岸漂砂量は場所によって大きく変動している。北向きには年間 16 万 m³ の沿岸漂砂量であり，南向きには 14 万 m³ の漂砂と推定され，差し引きで北向きに 2 万 m³/年の沿岸漂砂が起きていたと考えられる。

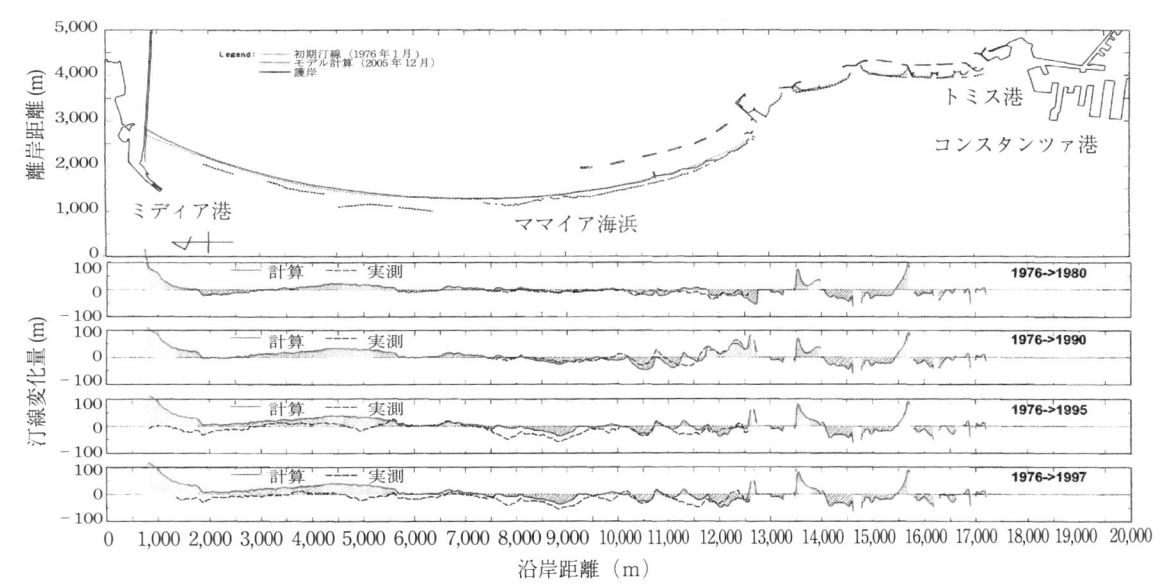

図14-6 Mamaia海岸の汀線変化の再現計算と実測値との比較

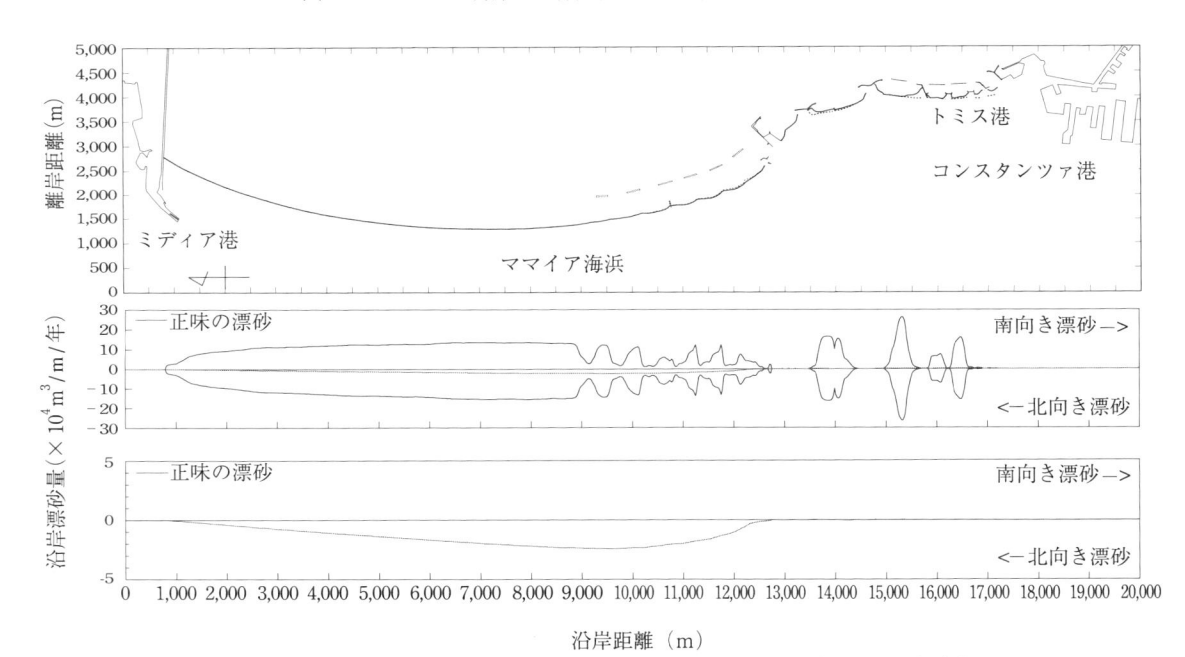

図14-7 Mamaia海岸の北向き，南向き，および正味の沿岸漂砂量の場所的変化

(4) 侵食対策とその効果の評価

　1988〜1990年に養浜した砂浜が短期間で失われたのは，用いた底質の粒径が0.1 mm以下と非常に細かく，外浜の勾配が極めて緩やかになって安定するまで，沖浜へ向かって底質が移動したためである。Mamaia海岸の侵食対策は，侵食の激しい南側の離岸堤2基背後の海浜を対象とした。延長約1,200 m，浜幅増加平均50 mの養浜工（総量22.4万m³）を基本とし，養浜砂の流失を抑制するために前面の既設離岸堤2基（沿岸距離11,500〜12,300 m）の天端を1 mほど嵩上げし，背面に捨石マウンドを張り付けて波の透過率を低下させるとともに，養浜地区の北端（沿岸距離11,400 m）に延長200 mの砂止め

突堤を計画した。なお，養浜砂は養浜後の海浜勾配が安定化するよう，中央粒径 0.2 mm 以上のものを使用するような仕様とした。

この対策工について施工後 20 年間の汀線変化量を予測したところ，養浜区間の砂は徐々に失われるものの，20 年の間は汀線が施工前の位置よりも海側にとどまると計算され，異常な暴浪が発生しない限り養浜して造成した砂浜が維持できるものと予測された。

14.4　海浜変形の制御法の概要

(1)　概　説

侵食が激しい海岸において，侵食を防止して海岸を安定させるのは容易なことではない。また，土砂が堆積して機能しなくなった港を復旧させるには多額の工費を必要とする。自然の営力に人為で立ち向かってできることには限度がある。自然の海浜に手を加える際には，あらかじめ起こり得る海浜変形を定性的にでも予見し，将来に問題が発生するのを防ぐことが大切である。そのためには，14.1.2 節で言及した田中[27]の汀線変形パターン図をよく理解し，活用すべきである。

海浜変形の制御のための方法や施設は，「海岸保全施設設計便覧」にいろいろ記載されている[103]。本節ではその中から幾つかを取り上げ，コメントする。なお，養浜工法については 14.5 節で記述する。

(2)　海岸堤防・護岸

海岸堤防と護岸は，基本的に陸域を高波・高潮・津波から守るための施設である。こうした施設が後浜に築かれていて前面に海浜が広がっていれば，防災機能も高く，海浜も維持される。しかし，海岸堤防や護岸を前浜あるいは汀線近傍に建設すると，波の反射によって前面にあった砂浜が侵食されるのが普通である。また，護岸を改造して反射率が小さめである緩傾斜護岸に変更したとしても，護岸位置を陸側へ引き込んで法先位置を以前と同じにしなければ，既設護岸の前に残されていた海浜を削ることになり，海浜が消滅する。これは宇多が論難しているところである[104]。

崖海岸が後退している場所では，崖の崩壊を食い止めるために崖の根元に護岸や消波堤を築き，波が直接に崖面にぶつからないようにする。ただし侵食崖は，それが崩壊することによって下手側海岸に土砂を供給していることが多いので，下手側海岸の状況も勘案し，崖の保全の度合いを検討する必要がある。米国カリフォルニア州の沿岸管理規定では，私人がみだりに所有地の崖を保全することを制限している。

(3)　突　堤

突堤は沿岸漂砂が一方向に卓越している場所で砂の移動を制限するための構造物であり，100 年以上にもわたって侵食対策工法として採択されてきた。突堤の上手側では汀線が前進し，下手側では汀線が後退する。1 基のみで建設されることはまれであり，複数基を長距離にわたって築造するのが普通である。

突堤についてはこれまでに数多く建設されてきたので，計画の参考とすべき事例が多く，設計の指針も幾つか作成されている。しかし，基本となる沿岸漂砂の阻止率のデータがほとんどなく，またどの程度の阻止率を計画目標とすべきかの指針もない。これに対して中村と著者[105]は，規則波による掃流漂砂を対象とした数値計算ではあるが，突堤先端を回って通過する沿岸漂砂量の割合，すなわち通過率 P_{thru} を次のように定式化した。

$$P_{\text{thru}}=(1+x^2)\exp[-x^2] \quad : \quad x=d_t/H_0 \tag{14.32}$$

ここに，d_t は突堤先端の水深，H_0 は沖波波高である．この数値計算では，掃流漂砂のみを対象とし，浮遊漂砂は今後の課題として残しているけれど，沿岸漂砂としての初めての計算である．

沖波については不規則波中の個別波高がレーリー分布すると仮定できるので，確率計算によって有義波に対する期待通過率を求めることが可能である．さらに，有義波高の年間出現率が指数分布で近似できると仮定し，さらに有義波高と周期の関係として 3.1 節の式 (3.2) を利用することによって，年間平均の沿岸漂砂の通過率 P_{annual} が次のように導かれた．

$$P_{\text{annual}}=\begin{cases}\exp[-0.17x^{1.5}] & : \quad x=d_t/H_{s,\text{mean}} \\ \exp[-0.5y^{1.5}] & : \quad y=d_t/H_{\text{energy}}\end{cases} \tag{14.33}$$

ここに，$H_{s,\text{mean}}$ は年間を通じての有義波高の平均値，H_{energy} はエネルギー平均波高であり，この計算で仮定した波候統計では $H_{\text{energy}}=2.07H_{s,\text{mean}}$ の関係があった．例えば，年間の沿岸漂砂の通過率を 60% 以上確保したければ，突堤の先端水深を $1.0H_{\text{energy}}$ 程度に抑え，逆に突堤によって沿岸漂砂量を 90% 以上阻止したければ，先端水深を $5.7H_{s,\text{mean}}$ まで延ばすことが必要と推定される．

この突堤を越える漂砂の通過率の推定式は，今後に現地データによる検証を通じてその信頼性を確認する必要性があるけれども，これからの漂砂にかかわる研究では，こうした年間を通じての施設の機能に関する考察が必要である．なお，式 (14.33) を利用するときの潮位としては，沿岸漂砂を長期的に把握する観点で平均潮位がよいと思われる．

(4) 離岸堤と人工リーフ

沿岸漂砂が両方向へ移動するような海浜では，来襲波浪のエネルギーを減殺し，構造物背後に舌状砂州を形成させて汀線の後退を制御する方法として，離岸堤や人工リーフが建設される．また，突堤を併設することもある．3.9.2 節で紹介したように，ヨーロッパでは養浜事業に当たってこうした低天端構造物を養浜と併せて施工する事例が多くなっている．しかしながら，離岸堤であれば天端高，離岸距離，開口幅についての計画指針が固まっておらず，既設事例についてまとめた設計図表が幾つか提案されている程度である．人工リーフについても，目標とすべき波高伝達率が明示されていない．

将来において信頼度の高い 3 次元海浜変形予測モデルが開発され，不規則波浪による海浜の応答がいろいろな波浪条件に対して計算できるようになれば，離岸堤や人工リーフの計画も的確に立案されるであろう．例えば，年間のエネルギー平均波浪に対して，どのような水深に設置するのが最も効果的であるかなどが明確になろう．

設計としては，堤体の沈下と開口部および背後の洗掘に注意する必要がある．砂の上にコンクリートブロックや大型の捨石を直接に載せると，ブロックや捨石が次第に砂中に潜り込んでしまう．ブロックなどが波で揺すられ，液状化現象が起きるためといわれる．新潟西海岸の初期の離岸堤は，天端沈下のたびにブロックを補充し，初期断面の 3 倍もの材料を投入する結果となったことが知られている．沈下対策としては，まずジオテキスタイルなど透水性がありながら砂を通過させないフィルター層を設け，さらにグラベルマットなど雑石の層を敷くことが肝要である．

開口部や背後の洗掘の問題は，潜堤形式の人工リーフについて報告されている．越波によって堤内側の平均水位が上昇することが原因であるといわれており，既設事例を調査し

て参考にすることが必要である。

(5) ヘッドランド（人工岬）工法

　この工法は，大型の突堤2基を沖合まで延長して人工の岬として機能させ，突堤間にポケットビーチのような安定した海浜が形成されることを期待するものである。2基を基本として何組も設置する事例が多い。また突堤の先端には円弧状の横堤を設けるのが普通である。もともとはSilvester・Hsuが天然の安定海浜の形状を調査する中から発想したものであり，彼らの著書[106]には詳しく紹介されている。

　来襲波の卓越方向が固定されている海域では，ヘッドランド間の海浜も年間を通じて安定した平面形状を保つけれども，季節によって波の卓越方向が異なる海域では，安定海浜の位置が岸沖方向にかなり移動する。したがって，海浜が汀線の移動に対応できるだけの浜幅を持っていなければならない。わが国におけるヘッドランド工法の施工事例については宇多[107]が紹介しており，それによると突堤の長さは100 m程度が多いので，沿岸漂砂はヘッドランドを越えて下手側の海岸へ相当量が移動する。槻山ほか[108]が仙台湾南部海岸で観測した事例でも，延長100 mの突堤部の沿岸漂砂捕捉率を約23%と推定している。したがって，こうしたヘッドランドだけでは海岸の侵食を防止することはできず，養浜を補足的に行う必要が生じる[109]。

　そのように沿岸漂砂の通過率が大きいのであれば，Silvester・Hsuが提唱したヘッドランドの概念（人工岬の間に砂の移動を制限する）から外れており，わが国独自の大型T-型突堤工法と称すべきものであろう。大洗港の南部海岸のヘッドランドについては，一部の突堤を先端水深6 mまで延伸することが提案[110]されており，ヘッドランドの適正規模については今後の一層の研究が必要と思われる。

14.5　養浜工法

14.5.1　海浜の平衡勾配

　海浜の断面測量のデータを長期にわたって平均すると，ある平衡勾配が得られることをDean[16]が明らかにしており，水深と離岸距離との関係は次のように表される。

$$h(x) = Ax^{2/3} \tag{14.34}$$

ここに，xは汀線からの距離（m単位）であり，定数Aは$m^{1/3}$の単位を持つ。定数Aについては幾つかの提案があり，Dean[111]は次のように底質の沈降速度w_f（cm/s単位）に関係づけた。

$$A = 0.067 w_f^{0.44} \tag{14.35}$$

粒径を0.2 mmとすると，図14-2に示されるように$w_f \fallingdotseq 2.3$ cm/sであり，式（14.35）によれば$A = 0.097$ m$^{1/3}$となる。粒径が増すにつれてAの値が大きくなり，それだけ勾配が急になる。なお，Houston[112]は水温15〜25°Cの範囲で式（14.35）を書き換えた$A = 0.21 d^{0.46}$の関係式を示している。

　なお，式（14.34）では汀線$x=0$において勾配dh/dxが無限大となる。この特異点を避けるための提案がなされており，例えばÖzkan-Haller・Brundidge[113]を参照されたい。

　式（14.34）の海浜の平衡勾配は自然海浜に対するものである。養浜事業で大規模潜堤

などを建設すると波浪条件が変わるため，平衡勾配も自然海浜のときから変化することが考えられる。栗山ほか[114]を参照されたい。

14.5.2　諸外国における養浜工の実施状況

自然の海岸に外部から砂・砂利を導入して海浜を造成あるいは浜幅を広げるのが養浜工法であり，世界各国で実施されている。米国では各地で大規模な養浜事業が行われてきており，小島ほか[115]が紹介するところによると，1922年にニューヨーク州のConey Islandで1.1 kmの区間に130万 m^3 を投入したのが最初であり，最大規模の事業はマイアミ海岸の16 kmの区間に対する1,100万 m^3 の養浜である。また，堀田ほか[116]もアメリカの養浜事業を分析しており，1950～1993年に陸軍工兵隊が56のプロジェクトを施工し，全体で1億4,400万 m^3 の砂を養浜した（平均250万 m^3）。また，養浜砂の95%は沖の海底から採取したものであった。アメリカでの養浜事業は突堤や離岸堤などの保全施設を建設せず，養浜された砂が波・流れによって失われる分を定期的に補給する方式が大半である。そのために，養浜地形の変形予測に基づく養浜の適正規模や維持補給量の算定に関心が集まっている。こうしたアメリカの方式による養浜計画については，Deanの講演論文[117]あるいはDean・Darlympleの著書[118]などを参照されたい。

養浜事業はヨーロッパ諸国でも活発であり，Hansonほか[119]がドイツ，イタリア，オランダ，イギリス，スペイン，およびデンマークにおける海岸管理方策としての養浜事業を総覧している。この6カ国で総計597サイトがあり，1サイト当りの養浜砂量が30万～370万 m^3 であってこれを数回に分けて実施し，1回当りの砂量は10万～73万 m^3 となっている。イタリアのオスチア海岸では，養浜と沖側の連続した砂止め潜堤の組合せで海浜を回復させた事業を行っており，Tomasicchio[120]が1996年に計画の経緯を報告し，施工後の状況については2005年にLambertiほか[121]が説明している。これによると，1990年に工事が始められて2.8 kmの区間に136万 m^3 を投入し，その後1998, 2000, 2003年に累計67万 m^3 の維持養浜を行っている。なおこの論文では，ヨーロッパのほかの地区での養浜と低天端構造物についても紹介している。

こうした欧米での養浜事業に比べて，わが国の養浜は西ほか[122]が調査で確認したように，規模が小さいことが特徴的である。また山下ほか[123]は，日本と欧米の海岸保全のあり方を相互評価するため，欧米における養浜事業を概観している。

わが国の養浜工が小規模にとどまるのは，国費を維持補修の経費に投入しない慣習によるところが大きい。しかし，最近ではサンドバイパスによって海浜を維持する事業に国費が配分されるなど，予算制度が固定化されているわけではない。養浜工は，侵食対策あるいは自然海浜の復旧対策として成功の確率の高い工法である。欧米のように数十万 m^3 あるいはそれ以上の規模の養浜事業を立案し，将来の養浜砂の維持補給量を高い確度で予測することが求められている。

14.5.3　養浜工の設計
(1) 概　説

養浜事業を計画する際には，まず養浜区間の延長と浜幅を定める。次に入手可能な養浜砂の粒度分布を調査する。この養浜砂の粒径は，現地投入後の歩留まり率に関係し，また養浜後の安定勾配を決める要因であるので，適切な粒径の養浜砂を経済的に得られる調達先を探さなければならない。一方，養浜を実施する海浜の現状を調査し，後浜への波の遡上限界その他を調査し，さらに海浜の断面形状に基づいて式（14.34）の平衡勾配の適用

性を確認する。それとともに，海象資料を収集して代表波浪などを決定する。これによって，当該海浜の移動限界水深を式（14.23），（14.24）などで推定する。

次には前浜部の勾配を計算し，適切と思われる値を選定する。また，外浜の勾配を式（14.34）で定めて海浜の断面図を描くと，各断面の養浜砂量が計算され，全体の養浜砂量が算定されることになる。一方において，養浜区間を防護する施設として人工リーフ，ヘッドランド，その他を計画し，これらを配備したときの海浜変形の予測計算を行う。これによって，当該海浜区間のみならず，周辺海域への影響も予測可能となる。

(2) 養浜砂の粒径

養浜砂の粒径は，現状における海浜の底質粒径と対比しながらその仕様を選定する。養浜砂の供給地が先に決まっているような場合には，以下の方法で養浜砂の歩留まり率を計算し，所要の投入量を算定する。

図 14-8 は James が考案した，砂の流出防止策を採らない場合の養浜砂の投入割増率の算定図表[124]である。この図表の横軸は，養浜砂と現地砂の粒径をファイスケールで表したときの相対差であり，縦軸は養浜砂と現地砂の粒径の標準偏差の比，図中のパラメータ R_A が投入割増率を表す。ここでファイスケールとは，$\phi = -\log_2 d = -3.32\log_{10} d$ で表される粒径の表示法であり，粒径の d は mm 単位である。したがって，$d = 0.25$ mm は $\phi = 2$ となる。粒径加積曲線をファイスケールでプロットしてその 84％値 ϕ_{84} および 16％値 ϕ_{16} を読み取ると，平均粒径が $M_{d\phi} = (\phi_{84} + \phi_{16})/2$，粒径の標準偏差が $\sigma_\phi = (\phi_{84} - \phi_{16})/2$ と簡単に計算できる。図中記号の添字 b は養浜砂，n は現地砂を表す。

図 14-8 で横軸の値が正であることは，養浜砂の平均粒径が現地砂よりも小さいことを意味し，そのような場合には養浜した砂が外浜に残留できずに流出する，すなわち不安定となる。また，縦軸の値が 1 よりも大きいと，養浜砂の粒径分布が現地砂よりも広い粒度範囲に広がっていることを意味する。この図表は，養浜砂と現地砂の粒径頻度曲線を重ねたときに，現地砂の頻度曲線よりも小さい粒径の部分が現地の海象条件に抵抗できずに流出するとの考えに基づいている。残留分が例えば 50％であれば，養浜砂量として 2 倍，すなわち $R_A = 2$ の材料を投入する必要があることになる。すなわち，歩留まり率は $1/R_A$ である。

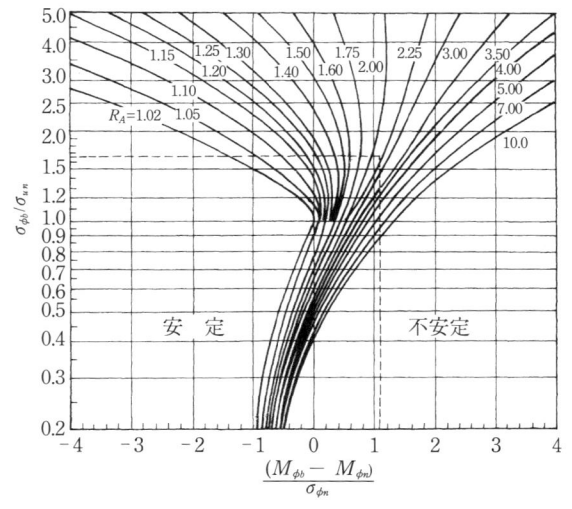

図14-8 James による養浜砂の投入割増率の算定図表
（土木学会「海岸保全施設設計便覧」2000年，p. 459 より転載）

歩留まり率が低くて養浜砂の投入量が過大になるときには，離岸堤その他の保全施設の設計を見直し，海浜に作用する波高を低減するなどの処置が必要となろう。ただし，保全施設を併設する場合の養浜砂の歩留まり率に関する知見は得られていないので，既往の施工事例などを参照し，複数の対処案について工費その他を比較検討し，最適な事業計画を策定する。

(3) 後浜の天端高

養浜に当たっては後浜の部分を水平面として計画する。後浜の計画高さは，現地における波のはい上がり限界を参照に定める。その際には，式（14.25）〜（14.27）の諸式の計算値を比較参照し，現地の後浜のバーム高に適合するものを選定すればよい。14.3節の予測事例では，Rector式による $Y_s = 2.1$ m が現地の平均バーム高に最も近く，この値を採用した。なお，黒海においては潮汐による水位変化が小さいので，養浜の計画高さは平均水位を基準として設定した。

(4) 前浜の勾配

前浜というのは，平均干潮面から満潮時に普段の波が遡上する範囲で比較的に勾配が急であり，前浜から後浜へ移ると勾配が緩やかになる。ただし，養浜の計画ではこの前浜勾配を海中部分にまで延ばし，平衡勾配の断面にぶつかる点までを前浜部分と見なす。

この前浜の勾配 $\tan\beta_f$ に関しては，Rector[83]，Swart[84] および砂村[85] による次のような推定式が提案されている。数式はこの順番に示されている。

$$\tan\beta_f = 0.3\left(\frac{H_0}{L_0}\right)^{-0.3}\left(\frac{d_m}{L_0}\right)^{0.2} \tag{14.36}$$

$$d_z = L_0\left[0.0063\exp\left(4.347\frac{H_0^{0.473}}{T^{0.894}d_m^{0.093}}\right)\right] \tag{14.37}$$

$$\tan\beta_f = 0.25\left(\frac{H_0}{L_0}\right)^{-0.15}\left(\frac{d_m}{H_0}\right)^{0.25} \tag{14.38}$$

ここに，Swartによる式（14.37）の d_z は外浜帯で勾配が緩やかに変わる地点の水深であり，Swartは別に前浜断面の経験式を与えているので，前浜勾配はその前浜断面とこの水深を参照しながら決定する。

14.3節の予測事例では，砂村の式（14.37）による勾配 1/29 が現地の平均勾配に最も近かったので，現地よりも粒径の大きな養浜砂を使うときの計画では，式（14.38）に基づいて前浜勾配を設定した。

(5) 砂の流出防止

わが国の養浜計画では，養浜砂の維持補給量を最小にとどめるため，養浜区間の両端に突堤を設け，また沖側に潜堤などを設置して，投入した砂が施工区間の外にあまり流出しないようにするのが普通である。沿岸方向の漂砂移動の多い海岸では，特にそうした施設が必要である。突堤の延長については式（14.33）が参考になろう。沿岸漂砂が一方向に卓越しているような海岸では，突堤による漂砂の阻止率をあまり高くすると，下手側海浜の侵食を加速するおそれがある。また，養浜を長距離の区間に計画するとき，養浜区間の途中に突堤を設けることの是非など，不明な点が多い。海浜変形モデルによる予測や既往の施工事例などを参照して計画を策定する必要がある。

なお，養浜工の設計ではほかにも考慮すべき事項が多いので，現地施工事例その他を参照していただければ幸いである。

参考文献

1) 加藤一正：漂砂と海浜地形に変化に及ぼす長周期波の影響に関する研究，港湾技研資料，No. 713, 1991 年，121 p.
2) 木村　晃・大野賢一：鳥取海岸における海底地形の短期変化について，海岸工学論文集，第 53 巻，2006 年，pp. 571-575，および同論文集，第 54 巻，2007 年，pp. 666-670.
3) 豊島　修：「現場のための海岸工学　侵食編」，森北出版，1972 年，pp. 43-51.
4) 前出 3)，pp. 8-18.
5) 合田良実：「わかり易い土木講座　17　二訂版　海岸・港湾」，彰国社，1998 年，pp. 163-165.
6) Einstein, H. A.: Movement of beach sands by water waves, *Trans. Amer. Geophys. Union*, Vol. 29, No. 5, 1948, pp. 653-655.
7) Bagnold, R. A.: Motion of waves in shallow water: interaction between waves and sand bottom, *Proc. Roy. Soc. London*, Vol. 187, 1946, pp. 1-15.
8) Scott, T.: Sand movement by waves, *Beach Erosion Board Tech. Memo.*, No. 48, 1954, 37p.
9) Manohar, M.: Mechanics of bottom sediment movement due to wave action, *Beach Erosion Board, Tech. Memo.*, No. 75, 1955, 121p.
10) Eagleson, P. S. and Dean, R. G.: Wave-induced motion of bottom sediment particles, *Trans. ASCE*, Vol. 126, Part I, 1961, pp. 1162-1189.
11) Hallermeier, R. J.: Sand motion initiation by water waves: two asymptotes, *J. Waterway, Port, Coastal, and Ocean Eng.*, ASCE, Vol. 106, No. WW3, 1980, pp. 299-318.
12) You, Z.-J.: A simple model of sediment initiation under waves, *Coastal Engineering*, Vol. 41, 2000, pp. 399-412.
13) 例えば，土木学会水理公式集改訂委員会：「水理公式集　昭和 46 年版」，1971 年，p. 542.
14) Dean, R. G.: Heuristic models of sand transport in the surf zone, *Proc. Conf. Engineering Dynamics in the Coastal Zone*, Sydney, 1973, pp. 208-214.
15) Darlymple, R. A.: Prediction of storm/normal beach profiles, *J. Waterway, Port, Coastal and Ocean Eng.*, ASCE, Vol. 118, No. 2, 1992, pp. 193-200.
16) Dean, R. G.: Equilibrium beach profiles: Principles and applications, *J. Coastal Res.*, Vol. 7, No. 1, 1991, pp. 53-84.
17) Caldwell, J. M.: Wave action and sand movement near Anaheim Bay, California, *Beach Erosion Board, Tech. Memo*, No. 68, 1956, 21p.
18) 佐藤昭二・合田良実：「わかり易い土木講座　17　海岸・港湾」，彰国社，1972 年，pp. 185-189.
19) Inman, D. L. and Bagnold, R. A.: Littoral Processes, *The Sea* (ed. by M. N. Hill), Interscience, New York, 1963, pp. 3529-3533.
20) Komar, P. D. and Inman, D.L.: Longshore sand transport on beaches, *J. Geophys. Res.*, Vol. 76, No. 3, 1977, pp. 713-721.
21) U. S. Army Corps of Engrs., Coastal Engineering Research Center: *Shore Protection Manual* (4th Ed.), 1984, U. S. Gov. Print. Office.
22) Pelnard-Comsodere, R.: Essai de théorie de l'evolution des formes de rivage en plages de sable et de galets, *4th Journees de l'Hydraulique, Les Enegies de la Mer*, Question Ⅲ, Rapport No. 1, 1956.
23) Bijker, E. W.: Longshore transport computations, *J. Waterway, Harbors, Coastal Eng.*, ASCE, Vol. 97, No. WW4, 1971, pp. 687-703.
24) 平凡社：「世界大百科事典」，第 24 巻，「日野川」，p. 4.
25) 前出 3)，pp. 18-20.
26) 宇多高明：「日本の海岸侵食」，山海堂，1997 年，442 p.
27) 田中則男：砂浜海岸における海底および海浜の変化，昭和 49 年度港湾技術研究所講演会講演集，1974 年，pp. 1-46，または，日本沿岸の漂砂特性と沿岸構造物築造に伴う地形変化に関する研究，港湾技研資料，No. 453，1983 年，148 p.
28) 前出 5)，pp. 165-168.
29) 栗山善昭：「海浜変形―実態，予測，そして対策―」，技報堂出版，2006 年，pp. 34-37.
30) 国土交通省港湾局監修：「港湾の施設に関する技術上の基準・同解説」，日本港湾協会，2007 年，第 3 編第 2 章 6.4 節.

31) Sato, S. and Tanaka, N.: Field investigation on sand drift at Port Kashima facing the Pacific Ocean, *Proc. 10th Int. Conf. Coastal Eng.*, Tokyo, ASCE, 1966.
32) Smith, D. A., Warner, P. S., Sorensen, R.M., and Nurse, L. A. (1999): Development of a sediment budget for the west and southwest coasts of Barbados, *Proc. Coastal Sediments '99*, Long Island, N. Y., ASCE, pp. 818-827.
33) Rodorriguez, J. G. P. and Katoh, K.: Control of littoral drift in Caldera Port, Costa Rica, *Proc. Hyro-Port '94*, Yokosuka, Port and Harbour Res. Inst., 1994, pp. 1019-1040.
34) Chandramohan, P., Nayak, B. U., and Raju, V. S.: Longshore-transport model for South India and Sri Lankan Coasts, *J. Waterway, Port, Coastal and Ocean Eng.*, ASCE, Vol. 116, No. 4, 1990, pp. 408-424.
35) Perlin, A. and Kit, E.: Longshore sediment transport on Mediterranean Coast of Israel, *J. Waterway, Port, Coastal and Ocean Eng.*, ASCE, Vol. 125, No. 2, 1999, pp. 80-87.
36) Rosati, J. D., Gravens, M. B., and Smith, W.G.: Regional sediment budget for Fire Island to Montauk Point, New York, USA, *Proc. Coastal Sediments '99*, Long Island, N. Y., ASCE, 1999, pp. 802-817.
37) 大中　晋・宇多高明・三波俊郎・小舟浩治：ブラジル北東部の大規模砂丘-海浜系における漂砂機構の解明，海洋開発論文集，Vol. 22，pp. 457-462.
38) 黒木敬司・小畠大典・近川喜代志・高野剛光：新潟県北部海岸の漂砂動向に関する検討，海岸工学論文集，第49巻，2002年，pp. 536-540.
39) 小椋　進・宇野健司・杉山直子・菊池淳一・片野明良・服部昌太郎：航空写真による駿河湾沿岸の漂砂系解析，海岸工学論文集，第49巻，2002年，pp. 546-550.
40) 国枝重一・飯野光則・大石康正・佐々木　元・桜庭雅明・倉田貴文：駿河海岸全域の土砂収支と漂砂特性，海岸工学論文集，第49巻，2002年，pp. 551-555.
41) 姜　炫宇・田中　仁・坂上　毅：長期現地観測資料に基づく仙台海岸汀線変動特性・土砂収支の検討，海岸工学論文集，第51巻，2004年，pp. 536-540.
42) 土木学会海岸工学委員会研究現況レビュー小委員会：「漂砂環境の創造へ向けて」，1998年，第Ⅲ編，第2章.
43) 土木学会：「海岸保全施設設計便覧」，2000年，2.15節.
44) 清水琢三：海浜変形シミュレーション，水工学シリーズ96-B-5，土木学会海岸工学委員会・水理委員会，1996年，B-5-1～26.
45) 前出18)，pp. 189-194.
46) Nadaoka, K., Ueno, S., and Igarashi, T.: Field observation of three-dimensional large-scale eddies and sediment suspension in the surf zone, *Coastal Engineering in Japan*, JSCE, Vol. 31, No. 2, 1988, pp. 277-287.
47) Kana, T. W. and Ward, L. G.: Nearshore suspended sediment load during storm and post-storm conditions, *Proc. 17th Int. Conf. Coastal Eng.*, Sydney, ASCE, 1980, pp. 1158-1173.
48) Jaffe, B. E. and Sallenger, A., Jr.: The contribution of suspension events to sediment transport in the surf zone, *Coastal Engineering 1992 (Proc. 23rd Int. Conf., Venice)*, ASCE, 1992, pp. 2680-2693.
49) Peters, K. and Dette, H. H.: Sediment suspension in the surf zone, *Proc. Coastal Sediments '99*, Long Island, New York, ASCE, 1999, pp. 195-208.
50) Kos'yan, R., Kunz, H., Pykhov, N., Kuznetsov, S., Podymov, I. and Vorobyez, P.: Physical regularities for the suspension and transport of sand under irregular waves, *Die Künste*, Heft 64, 2001, pp. 161-200.
51) Mocke, G. P. and Smith, G. G.: Wave breaker turbulence as a mechanism for suspended suspension, *Coastal Engineering 1992 (Proc. 23rd Int. Conf., Venice)*, ASCE, 1992, pp. 2279-2292.
52) 清水琢三・近藤浩右・渡辺　晃：局所漂砂量算定式の現地適用性に関する研究，海岸工学論文集，第37巻，1990年，pp. 274-278.
53) 柴山知也・M. P. R. Jayaratne：砕波帯内浮遊砂量の評価法―現地規模の現象に着目して―，海岸工学論文集，第51巻，2004年，pp. 386-390.
54) Katayama, H. and Goda, Y.: A sediment pickup rate formula based on energy dissipation rate by random waves, *Costal Engineering 2000 (Proc. 27th Int. Conf., Sydney)*, ASCE, 2000, pp. 2859

-2872.
55) 片山裕之・合田良実：砕波巻き上げによる浮遊砂の輸送・沈降過程に着目した地形変化の計算，海岸工学論文集，第49巻，2002年，pp. 486-490.
56) Kamphuis, J. W.: Alongshore sediment transport rate, *J. Waterway, Port, Coastal and Ocean Eng.*, ASCE, Vol. 117, No. 6, pp. 624-640.
57) Komar, P. D.: *Beach Processes and Sedimentation* (2nd ed.), Prentice-Hall, 1998.
58) Schoonees, J. S. and Theron, A. K.: Accuracy and applicability of the SPM longshore transport formula, *Coastal Engineering 1994* (*Proc. 24th Int. Conf.*, Kobe), ASCE, 1994, pp. 2595-2609.
59) Schoonees, J. S. and Theron, A. K.: Improvement of the most accurate longshore transport formula, *Coastal Engineering 1996* (*Proc. 25th Int. Conf.*, Orlando, Florida), ASCE, 1996, pp. 3652-3665.
60) Miller, H. C.: Field measurements of longshore sediment transport during storms, *Coastal Engineering*, Vol. 36, 1999, pp. 301-321.
61) King, D. B.: Dependence of the CERC formula K coefficient on grain size, *Costal Engineering 2006* (*Proc. 30th Int. Conf.*, San Diego, California), ASCE, 2006, pp. 3381-3390.
62) Bayram, A., Larson, M., and Hanson, H.: A new formula for the total longshore sediment transport rate, *Coastal Engineering*, Vol. 54, No. 9, 2007, pp. 700-710.
63) 前出42），第Ⅱ編，3.6.2節.
64) 前出43），2.14.2節.
65) 前出29），pp. 143-152.
66) Bayram, A., Larson, M., Miller, H. C., and Kraus, N. C.: Cross-shore distribution of longshore sediment transport: Comparison between predictive formulas and field measurements, *Coastal Engineering*, Vol. 44, 2001, pp. 79-99.
67) Davies, A. G., van Rijn, L. C., Damgaard, J. S., van de Graaff, J., and Ribberink, J. S.: Intercomparison of research and practical sand transport models, *Coastal Engineering*, Vol. 46, 2002, pp. 1-23.
68) Camenen, B. and Larroudé, P.: Comparison of sediment transport formulae for the coastal environment, *Coastal Engineering*, Vol. 48, 2003, pp. 111-132.
69) Van Rijn, L. C.: Sediment transport: Part I: Bed load transport; Part Ⅱ: Suspended load transport; Part Ⅲ: Bed forms and alluvial roughness, *J. Hydraulics Division*, ASCE, Vol. 110, No. 10, 1984, pp. 1431-1456; No. 11, pp. 1613-1641; No. 12, pp. 1733-1574.
70) Bailard, J. A.: An energetics total load sediment transport model for a plane sloping beach, *J. Geophys. Res.*, Vol. 86, No. C11, 1981, pp. 10,938-10,954.
71) Bailard, J. A.: A simplified model for longshore sediment transport, *Proc. 19th Int. Conf. Coastal Eng.*, Houston, ASCE, 1984, pp. 1454-1470.
72) Rubey, W. W.: Settling velocities of gravel, sand, and silt, *American Jour. of Science*, Vo. 25, No. 148, 1933, pp. 325-338.
73) Ahrens, J. P.: Simple equations to calculate fall velocity and sediment scale parameter, *J. Waterway, Port, Coastal and Ocean Eng.*, ASCE, Vol. 129, No. 3, 2003, pp. 146-150.
74) Ahrens, J. P.: A fall-velocity equation, *J. Waterway, Port, Coastal and Ocean Eng.*, ASCE, Vol. 126, No. 2, 2000, pp. 99-102.
75) 小笹博昭・A. H. Brampton：護岸のある海浜の変形数値計算，港湾技術研究所報告，第18巻 第4号，1985年，pp. 303-357.
76) Larson, H. H., Kraus, N. C., and Gravens, M.B.: Shoreline response to detached breakwaters and tidal current: Comparison of numerical and physical models, *Costal Engineering 2006* (*Proc. 30th Int. Conf.*, San Diego, California), ASCE, 2006, pp. 3630-3642.
77) 宇多高明・河野茂樹：海浜変形予測のための等深線変化モデルの開発，土木学会論文集，No. 539/Ⅱ-35，1996年，pp. 121-139.
78) 前出26），pp. 418-419.
79) Hallermeier, R. J.: Uses for a calculated limit depth of beach erosion, *Proc. 16th Int. Conf. Coastal Eng.*, Hamburg, ASCE, 1978, pp. 1483-1512.
80) Birkemeier, W.A.: Field data on seaward limit of profile change, *J. Waterway, Port, Coastal and Ocean Eng.*, ASCE, Vol. 111, No. 3, 1985, pp. 598-602.

81) 例えば，前出5），pp. 148-151.
82) 前出29），pp. 65-66.
83) Rector, R. L.: Laboratory study of equilibrium profiles of beach, *Beach Erosion Board Tech. Memo.* No. 41, 1954, 38p.
84) Swart, D. H.: A shematization of onshore-offshore transport, *Proc. 14th Int. Conf. Coastal Eng.*, Copenhagen, ASCE, 1974, pp. 884-900.
85) Sunamura, T.: "Static" relationship among beach slope, sand size, and wave properties, *Geographical Review of Japan*, Vol. 48, No. 7, 1975.
86) 前出29），pp. 67-68.
87) Nicholson, J., Broker, I., Roelvink, J. A., Price, D., Tanguy, J. M., and Moreno, L.: Intercomparison of coastal area morphodynamic models, *Coastal Engineering*, Vol. 31, 1997, pp. 97-123.
88) Leont'yev, I. O.: Modelling of morphological changes due to coastal structures, *Coastal Engineering*, Vol. 38, 1999, pp. 143-166.
89) Lesser, G. R., Roelvink, J. A., van Kester, J. S. T. M., and Stelling, G. S.: A 3-D wave-current driven coastal sediment transport model, *Coastal Engineering*, Vol. 51, 2004, pp. 883-915.
90) 椹木　亨・李　宋燮・出口一郎：河口周辺の海浜流及び地形変動モデルに関する研究，第34回海岸工学講演会論文集，1984年，pp. 411-415.
91) 前出42），第Ⅲ編，2.5.2節.
92) Van Rijn,, L. C.: Sediment pick-up functions, *J. Hydraulics Division*, ASCE, Vol. 110, No. 10, 1984, pp. 1494-1502.
93) 黒岩正光・野田英明・加藤憲一・谷口　丞・孫　彰培：準3次元海浜流モデルを用いた構造物周辺の3次元海浜変形予測，海岸工学論文集，第46巻，1999年，pp. 616-620.
94) 黒岩正光・口石孝幸・加藤憲一・松原雄平・野田英明：多方向不規則波浪場における準3次元海浜流場と海浜変形予測に関する研究，海岸工学論文集，第49巻，2002年，pp. 491-495.
95) 黒岩正光・口石孝幸・松原雄平：平面2次元と準3次元海浜流モデルによるハイブリッド型海浜予測システム，海岸工学論文集，第53巻，2006年，pp. 486-490.
96) 馬場康之・山下隆男・Abbas Yeqaneh-Bakhtiary・五歩一隆重：強風・高波浪時の海浜流底面流速場および広域漂砂量の平面分布の推算式，海岸工学論文集，第49巻，2002年，pp. 591-595.
97) 小野信幸・N. C. Kraus・山口　洋・入江　功：CMS-M2Dモデルによる離岸堤・潜堤・DRIM背後の海浜変形シミュレーション，海岸工学論文集，第53巻，2006年，pp. 531-535.
98) 渡辺　晃・丸山康樹・清水隆夫・榊山　勉：構造物設置に伴う三次元海浜変形の予測モデル，第31回海岸工学講演会論文集，1984年，pp. 406-410.
99) 柴山知也・Winyu Rattanapitikon：砕波帯を含む浮遊砂濃度の鉛直分布の評価，海岸工学論文集，第40巻，1993年，pp. 306-310.
100) JICA and Ministry of Environmental and Water Management, Romania: *The Study on Protection and Rehabilitation of the Southern Romanian Black Sea Shore in Romania*, August 2007, GE/JR 07-030, Vol. 1-3.
101) Kuroki, K., Goda, Y., Panin, N., Stanica, A., Diaconeasa, D. I., and Babu, G.: Beach erosion and coastal protection plan along the Southern Romanian Black Sea Shore, *Costal Engineering 2006* (*Proc. 30th Int. Conf.*, San Diego, California), ASCE, 2006, pp. 3788-3797.
102) 宇野喜之・伊東啓勝・黒木敬司・越智　裕・合田良実：ルーマニア黒海南部海岸の侵食実態とその対策について，海岸工学論文集，第54巻，2007年，pp. 711-715.
103) 前出43），第5章.
104) 宇多高明：「海岸侵食の実態と解決策」，山海堂，2004年，pp. 224-228.
105) 中村聡志・合田良実：波の不規則性と波候統計を考慮した突堤構造物の沿岸漂砂阻止機能の定量的評価，土木学会論文集B，第63巻 第4号，2007年，pp. 225-271.
106) Silvester, R. and Hsu, J. R. C.: *Coastal Stabilization*, World Scientific, Singapore, 1997, 578p.
107) 宇多高明：長大な海岸線における漂砂制御，水工学シリーズ 00-B-6，2000年，土木学会海岸工学委員会・水理委員会，pp. B-6-1～20.
108) 槻山敏昭・木村　晃・高木利光・橋本　新：仙台湾南部海岸におけるヘッドランドの漂砂捕捉率，海岸工学論文集，第50巻，2003年，pp. 521-525.
109) 石井秀雄・中村友和・宇多高明・高橋　功・大木康弘・熊田貴之：粗粒材養浜による砂浜の安定化に

関する現地実験，海岸工学論文集，第53巻，2006年，pp. 681-685.
110) 木村　泉・佐田明義・宇多高明・高橋　功・熊田貴之・大木康弘：地形・粒径変化予測モデルによるヘッドランドの漂砂制御効果の定量評価，海岸工学論文集，第53巻，2006年，pp. 676-680.
111) Dean, R. G.: Coastal sediment processes: Toward engineering solutions, *Proc. Coastal Sediments*, ASCE, 1987, pp. 1-24.
112) Houston, J. R.: Simplified Dean's method for beach-fill design, *J. Waterway, Port, Coastal and Ocean Eng.*, ASCE, Vol. 122, No. 3, 1996, pp. 143-148.
113) Özkan-Haller, H. T. and Brundidge, S.: Equilibrium beach profile concept for Delaware beaches, *J. Waterway, Port, Coastal and Ocean Eng.*, ASCE, Vol. 133, No. 2, 2007, pp. 147-160.
114) 栗山善昭・山口里実・池上正春・伊藤　晃・高野誠記・田中純克：新潟海岸における大規模潜堤周辺の地形変化特性，土木学会論文集B，Vol. 63, No. 4, 2007年，pp. 255-271.
115) 小島治幸・Thomas J. Campbell・Kim Beachler・Rick Spadoni・Robert G. Dean：フロリダ州の養浜事業に関する研究，海岸工学論文集，第42巻，1995年，pp. 1171-1175.
116) 堀田新太郎・久保田　進・針貝聡一：海岸保全工としての人工養浜の特性評価の試み―アメリカ合衆国における養浜事例からの考察―，海洋開発論文集，Vol. 20, 2004年，pp. 245-250.
117) Dean, R. G.: Beach nourishment: A limited review and some recent results, *Costal Engineering 1998* (*Proc. 26th Int. Conf.*, Copenhagen), ASCE, 1998, pp. 45-69.
118) Dean, R. G. and Darlymple, R. A.: *Coastal Processes with Engineering Applications*, Cambridge Univ. Press, 2002, 475p.
119) Hanson, H., Brampton, A., Capobianco, M., Dette, H. H., Hamm, L., Laustrup, C., Lechuga, A. and Spanhoff, R.: Beach nourishment projects, practices, and objectives - a European overview, *Coastal Engineering*, Vol. 47, 2002, pp. 81-111.
120) Tomasicchio, U.: Submerged breakwaters for the defence of shoreline at Ostia field experience, comparison, *Coastal Engineering 1996* (*Proc. 25th Int. Conf.*, Orlando, Florida), ASCE, 1996, pp. 2404-2417.
121) Lamberti, A., Archetti, R., Kramer, M., Paphitis, D., Mosso, C. and Di Risio, M.: European experience of low crested structures for coastal management, *Coastal Engineering*, Vol. 52, 2005, pp. 841-866.
122) 西　隆一郎・Robert G. Dean・田中龍児：わが国の養浜規模と養浜材単価に関する一考察，海洋開発論文集，Vol. 21, 2005年，pp. 355-360.
123) 山下隆男・土屋義人・D. R. Basco・L. Larson：日，米，欧の海岸保全の相互評価（1）―侵食要因と対策―，海岸工学論文集，第46巻，1997年，pp. 691-695.
124) Krumbein, W. C. and James, W. R.: A lognormal size distribution model for estimating stability of beach fill material, *U. S. Army Corps of Engineers, Coastal Engineering Research Center, Tech. Memo.* No. 16, 1965, 17p.

付　　表

付表-1 水深—周期—波長および波速の表 (1)

水深 (m) \ 周期 (s)	2.0		2.5		3.0		4.0		5.0	
	波長 (m)	波速 (m/s)	波長 (m)	波速 (m/s)	波長 (m)	波速 (m/s)	波長 (m)	波速 (m/s)	波長 (m)	波速 (m/s)
0.1	1.95	0.97	2.45	0.98	2.95	0.98	3.94	0.99	4.94	0.99
0.2	2.71	1.35	3.42	1.37	4.14	1.38	5.55	1.39	6.96	1.39
0.3	3.26	1.63	4.15	1.66	5.03	1.68	6.77	1.69	8.50	1.70
0.4	3.69	1.85	4.74	1.89	5.76	1.92	7.79	1.95	9.79	1.96
0.5	4.05	2.03	5.24	2.09	6.39	2.13	8.67	2.17	10.92	2.18
0.6	4.36	2.18	5.67	2.27	6.95	2.32	9.45	2.36	11.93	2.39
0.7	4.62	2.31	6.05	2.42	7.45	2.48	10.17	2.54	12.85	2.57
0.8	4.85	2.42	6.40	2.56	7.90	2.63	10.82	2.71	13.70	2.74
0.9	5.04	2.52	6.70	2.68	8.31	2.77	11.43	2.86	14.49	2.90
1.0	5.21	2.61	6.98	2.79	8.69	2.90	11.99	3.00	15.23	3.05
1.1	5.36	2.68	7.23	2.89	9.04	3.01	12.52	3.13	15.93	3.19
1.2	5.49	2.74	7.46	2.99	9.36	3.12	13.02	3.26	16.59	3.32
1.3	5.60	2.80	7.67	3.07	9.66	3.22	13.50	3.37	17.22	3.44
1.4	5.70	2.85	7.87	3.15	9.95	3.32	13.94	3.49	17.82	3.56
1.5	5.78	2.89	8.04	3.22	10.21	3.40	14.37	3.59	18.40	3.68
1.6	5.85	2.93	8.20	3.28	10.46	3.49	14.77	3.69	18.95	3.79
1.8	5.96	2.98	8.48	3.39	10.90	3.63	15.53	3.88	19.98	4.00
2.0	6.05	3.02	8.72	3.49	11.30	3.77	16.22	4.05	20.94	4.19
2.2	6.11	3.05	8.91	3.56	11.65	3.88	16.85	4.21	21.84	4.37
2.5	6.16	3.08	9.14	3.66	12.09	4.03	17.71	4.43	23.08	4.62
3.0	6.21	3.11	9.40	3.76	12.67	4.22	18.95	4.74	24.92	4.98
3.5	6.23	3.11	9.55	3.82	13.09	4.36	19.98	5.00	26.52	5.30
4.0	6.23	3.12	9.64	3.86	13.39	4.46	20.85	5.21	27.93	5.59
4.5	6.24	3.12	9.69	3.88	13.60	4.53	21.57	5.39	29.18	5.84
5.0	6.24	3.12	9.72	3.89	13.75	4.58	22.18	5.55	30.29	6.06
6.0	6.24	3.12	9.74	3.90	13.91	4.64	23.11	5.78	32.17	6.43
7.0	6.24	3.12	9.75	3.90	13.99	4.66	23.75	5.94	33.67	6.73
8.0	6.24	3.12	9.75	3.90	14.02	4.67	24.19	6.05	34.86	6.97
9.0	6.24	3.12	9.75	3.90	14.03	4.68	24.47	6.12	35.81	7.16
10.0	6.24	3.12	9.75	3.90	14.03	4.68	24.65	6.16	36.56	7.31
11.0	6.24	3.12	9.75	3.90	14.04	4.68	24.77	6.19	37.15	7.43
12.0	6.24	3.12	9.75	3.90	14.04	4.68	24.84	6.21	37.60	7.52
13.0	6.24	3.12	9.75	3.90	14.04	4.68	24.89	6.22	37.95	7.59
14.0	6.24	3.12	9.75	3.90	14.04	4.68	24.91	6.23	38.22	7.64
15.0	6.24	3.12	9.75	3.90	14.04	4.68	24.93	6.23	38.42	7.68
16.0	6.24	3.12	9.75	3.90	14.04	4.68	24.94	6.23	38.57	7.71
17.0	6.24	3.12	9.75	3.90	14.04	4.68	24.95	6.24	38.68	7.74
18.0	6.24	3.12	9.75	3.90	14.04	4.68	24.95	6.24	38.77	7.75
19.0	6.24	3.12	9.75	3.90	14.04	4.68	24.95	6.24	38.83	7.77
20.0	6.24	3.12	9.75	3.90	14.04	4.68	24.95	6.24	38.87	7.77
深海波	6.24	3.12	9.75	3.90	14.04	4.68	24.96	6.24	38.99	7.80

付表-2 水深—周期—波長および波速の表 (2)

周期 (s) 水深 (m)	6.0 波長 (m)	6.0 波速 (m/s)	7.0 波長 (m)	7.0 波速 (m/s)	8.0 波長 (m)	8.0 波速 (m/s)	9.0 波長 (m)	9.0 波速 (m/s)	10.0 波長 (m)	10.0 波速 (m/s)
0.5	13.16	2.19	15.39	2.20	17.62	2.20	19.84	2.20	22.06	2.21
1.0	18.43	3.07	21.61	3.09	24.78	3.10	27.94	3.10	31.09	3.11
1.5	22.36	3.73	26.29	3.76	30.19	3.77	34.08	3.79	37.95	3.80
2.0	25.57	4.26	30.14	4.31	34.67	4.33	39.18	4.35	43.68	4.37
2.5	28.31	4.72	33.46	4.78	38.56	4.82	43.62	4.85	43.62	4.85
3.0	30.71	5.12	36.39	5.20	42.01	5.25	47.58	5.29	53.13	5.31
3.5	32.84	5.47	39.02	5.57	45.13	5.64	51.18	5.69	57.19	5.72
4.0	34.75	5.79	41.42	5.92	47.98	6.00	54.48	6.05	60.92	6.09
4.5	36.49	6.08	43.61	6.23	50.61	6.33	57.53	6.39	64.40	6.44
5.0	38.07	6.34	45.63	6.52	53.05	6.63	60.38	6.71	67.64	6.76
6.0	40.48	6.81	49.24	7.03	57.47	7.18	65.57	7.29	73.58	7.36
7.0	43.19	7.20	52.39	7.48	61.37	7.67	70.20	7.80	78.92	7.89
8.0	45.19	7.53	55.16	7.88	64.86	8.11	74.38	8.26	83.77	8.38
9.0	46.91	7.82	57.61	8.23	68.01	8.50	78.19	8.69	88.22	8.82
10.0	48.37	8.06	59.78	8.54	70.85	8.86	81.68	9.08	92.32	9.23
11.0	49.62	8.27	61.72	8.82	73.44	9.18	84.89	9.43	96.12	9.61
12.0	50.69	8.45	63.44	9.06	75.80	9.48	87.85	9.76	99.67	9.97
13.0	51.60	8.60	64.98	9.28	77.96	9.74	90.59	10.07	102.98	10.30
14.0	52.38	8.73	66.35	9.48	79.93	9.99	93.14	10.35	106.07	10.61
15.0	53.03	8.84	67.58	9.65	81.73	9.65	95.51	10.61	108.98	10.90
16.0	53.58	8.93	68.66	9.81	83.39	10.42	97.71	10.86	111.71	11.17
17.0	54.04	9.01	69.63	9.95	84.90	10.61	99.77	11.09	114.29	11.43
18.0	54.42	9.07	70.49	10.07	86.29	10.79	101.68	11.30	116.71	11.67
19.0	54.74	9.12	71.25	10.18	87.56	10.95	103.47	11.50	119.00	11.90
20.0	55.00	9.17	71.92	10.27	88.72	11.09	105.14	11.68	121.16	12.12
22.0	55.39	9.23	73.03	10.43	90.76	11.35	108.14	12.02	125.12	12.51
24.0	55.65	9.28	73.89	10.56	92.46	11.56	110.76	12.31	128.66	12.87
26.0	55.83	9.30	74.54	10.65	93.86	11.73	113.04	12.56	131.83	13.18
28.0	55.94	9.32	75.03	10.72	95.02	11.88	115.01	12.78	134.66	13.47
30.0	56.02	9.34	75.40	10.77	95.97	12.00	116.72	12.97	137.19	13.72
35.0	56.11	9.35	75.96	10.85	97.64	12.20	120.03	13.34	142.38	14.24
40.0	56.14	9.36	76.22	10.89	98.61	12.33	122.26	13.58	146.25	14.63
45.0	56.15	9.36	76.33	10.90	99.16	12.39	123.75	13.75	149.10	14.91
50.0	56.15	9.36	76.39	10.91	99.46	12.43	124.71	13.86	151.16	15.12
55.0	56.15	9.36	76.41	10.92	99.63	12.45	125.32	13.92	152.64	15.26
60.0	56.15	9.36	76.42	10.92	99.72	12.46	125.71	13.97	153.68	15.37
65.0	56.15	9.36	76.42	10.92	99.77	12.47	125.95	13.99	154.41	15.44
70.0	56.15	9.36	76.42	10.92	99.79	12.47	126.10	14.01	154.91	15.49
75.0	56.15	9.36	76.43	10.92	99.81	12.48	126.19	14.02	155.25	15.53
80.0	56.15	9.36	76.43	10.92	99.81	12.48	126.25	14.03	155.49	15.55
深海波	56.15	9.36	76.43	10.92	99.82	12.48	126.34	14.04	155.97	15.60

付表-3 水深―周期―波長および波速の表（3）

水深(m) \ 周期(s)	11.0 波長(m)	11.0 波速(m/s)	12.0 波長(m)	12.0 波速(m/s)	13.0 波長(m)	13.0 波速(m/s)	14.0 波長(m)	14.0 波速(m/s)	15.0 波長(m)	15.0 波速(m/s)
1.0	34.2	3.11	37.4	3.12	40.5	3.12	43.7	3.12	46.8	3.12
2.0	48.2	4.38	52.6	4.39	57.1	4.39	61.6	4.40	66.0	4.40
3.0	58.6	5.33	64.2	5.35	69.6	5.36	75.1	5.37	80.6	5.37
4.0	67.3	6.12	73.7	6.14	80.1	6.16	86.5	6.18	92.8	6.19
5.0	74.9	6.81	82.0	6.84	89.2	6.86	96.3	6.88	103.4	6.90
6.0	81.5	7.41	89.4	7.45	97.3	7.48	105.1	7.51	113.0	7.53
7.0	87.6	7.96	96.1	8.01	104.7	8.05	113.2	8.08	121.6	8.11
8.0	93.1	8.46	102.3	8.52	111.4	8.57	120.6	8.61	129.6	8.64
9.0	98.1	8.92	108.0	9.00	117.7	9.05	127.4	9.10	137.1	9.14
10.0	102.8	9.35	113.2	9.44	123.6	9.50	133.8	9.56	144.1	9.60
11.0	107.2	9.75	118.2	9.85	129.1	9.93	139.9	9.99	150.6	10.04
12.0	111.3	10.12	122.8	10.24	134.2	10.33	145.6	10.40	156.8	10.45
13.0	115.2	10.47	127.2	10.60	139.1	10.70	151.0	10.78	162.7	10.85
14.0	118.8	10.80	131.3	10.95	143.8	11.06	156.1	11.15	168.3	11.22
15.0	122.2	11.11	135.3	11.27	148.2	11.40	161.0	11.50	173.7	11.58
16.0	125.5	11.41	139.0	11.58	152.4	11.72	165.7	11.83	178.8	11.92
17.0	128.5	11.68	142.6	11.88	156.4	12.03	170.1	12.15	183.8	12.25
18.0	131.4	11.95	145.9	12.16	160.3	12.33	174.4	12.46	188.5	12.57
19.0	134.2	12.20	149.2	12.43	163.9	12.61	178.6	12.75	193.0	12.87
20.0	136.8	12.44	152.3	12.69	167.5	12.88	182.5	13.04	197.4	13.16
22.0	141.7	12.89	158.1	13.17	174.1	13.39	190.0	13.57	205.7	13.72
24.0	146.2	13.29	163.4	13.61	180.3	13.87	197.0	14.07	213.5	14.23
26.0	150.2	13.66	168.3	14.02	186.0	14.31	203.5	14.53	220.8	14.72
28.0	153.9	13.99	172.8	14.40	191.3	14.72	209.6	14.97	227.6	15.17
30.0	157.3	14.30	176.9	14.74	196.2	15.10	215.3	15.38	234.1	15.60
35.0	164.4	14.95	186.0	15.50	207.2	15.94	228.1	16.29	248.7	16.58
40.0	170.1	15.46	193.5	16.12	216.5	16.65	239.1	17.08	261.4	17.43
45.0	174.5	15.86	199.6	16.64	224.4	17.26	248.7	17.76	272.6	18.17
50.0	178.0	16.18	204.7	17.06	231.0	17.77	256.9	18.35	282.5	18.83
55.0	180.7	16.42	208.8	17.40	236.6	18.20	264.1	18.86	291.1	19.41
60.0	182.7	16.61	212.1	17.68	241.4	18.57	270.3	19.31	298.8	19.92
70.0	185.5	16.86	216.9	18.08	248.7	19.13	280.3	20.02	311.6	20.77
80.0	187.0	17.00	220.0	18.33	253.7	19.52	287.7	20.55	321.5	21.43
90.0	187.8	17.07	221.9	18.49	257.2	19.78	293.1	20.93	329.1	21.94
100.0	188.3	17.11	223.0	18.58	259.5	19.96	297.0	21.21	334.9	23.32
120.0	188.6	17.15	224.1	18.67	261.9	20.15	301.6	21.54	342.5	22.83
140.0	188.7	17.15	224.4	18.70	262.9	21.70	303.8	21.70	346.6	23.11
160.0	188.7	17.16	224.5	18.71	263.3	20.26	304.9	21.78	348.7	23.25
180.0	188.7	17.16	224.6	18.72	263.5	20.27	305.3	21.81	349.8	23.32
200.0	188.7	17.16	224.6	18.72	263.6	20.27	305.5	21.82	350.4	23.36
深海波	188.7	17.16	224.6	18.72	263.6	20.28	305.7	21.84	350.9	23.40

付表-4 水深—周期—波長および波速の表 (4)

周期 (s) 水深 (m)	16.0 波長 (m)	16.0 波速 (m/s)	17.0 波長 (m)	17.0 波速 (m/s)	18.0 波長 (m)	18.0 波速 (m/s)	19.0 波長 (m)	19.0 波速 (m/s)	20.0 波長 (m)	20.0 波速 (m/s)
1.0	50.0	3.12	53.1	3.12	56.2	3.12	59.4	3.12	62.5	3.13
2.0	70.5	4.40	74.9	4.41	79.4	4.41	83.8	4.41	88.2	4.41
3.0	86.1	5.38	91.5	5.38	97.0	5.39	102.4	5.39	107.9	5.39
4.0	99.1	6.20	105.4	6.20	111.8	6.21	118.1	6.21	124.4	6.22
5.0	110.5	6.91	117.6	6.92	124.7	6.93	131.8	6.93	138.8	6.94
6.0	120.8	7.55	128.5	7.56	136.3	7.57	144.1	7.58	151.8	7.59
7.0	130.1	8.13	138.5	8.15	146.9	8.16	155.3	8.17	163.7	8.19
8.0	138.7	8.67	147.7	8.69	156.7	8.71	165.7	8.72	174.7	8.74
9.0	146.7	9.17	156.3	9.19	165.9	9.22	175.4	9.23	185.0	9.25
10.0	154.2	9.64	164.4	9.67	174.5	9.69	184.6	9.72	194.7	9.73
11.0	161.3	10.08	172.0	10.12	182.6	10.15	193.2	10.17	203.8	10.19
12.0	168.0	10.50	179.2	10.54	190.3	10.57	201.4	10.60	212.5	10.63
13.0	174.4	10.90	186.1	10.95	197.7	10.98	209.3	11.01	220.8	11.04
14.0	180.5	11.28	192.6	11.33	204.7	11.37	216.7	11.41	228.7	11.44
15.0	186.3	11.65	198.9	11.70	211.4	11.75	223.9	11.79	236.4	11.82
16.0	191.9	11.99	204.9	12.06	217.9	12.11	230.8	12.15	243.7	12.18
17.0	197.3	12.33	210.7	12.40	224.1	12.45	237.5	12.50	250.8	12.54
18.0	202.4	12.65	216.3	12.72	230.1	12.78	243.9	12.84	257.6	12.88
19.0	207.4	12.96	221.7	13.04	235.9	13.11	250.1	13.16	264.2	13.21
20.0	212.2	13.26	226.9	13.35	241.5	13.42	256.1	13.48	270.6	13.53
22.0	221.3	13.83	236.8	13.93	252.2	14.01	267.5	14.08	282.8	14.14
24.0	229.9	14.37	246.1	14.48	262.3	14.57	278.3	14.65	294.3	14.72
26.0	237.9	14.87	254.9	14.99	271.8	15.10	288.6	15.19	305.3	15.26
28.0	245.5	15.34	263.2	15.48	280.8	15.60	298.3	15.70	315.7	15.78
30.0	252.7	15.79	271.1	15.95	289.4	16.08	307.5	16.19	325.6	16.28
35.0	269.0	16.81	289.1	17.01	309.1	17.17	328.9	17.31	348.6	17.43
40.0	283.4	17.71	305.2	17.95	326.7	18.15	348.1	18.32	369.3	18.46
45.0	296.2	18.51	319.5	18.80	342.6	19.03	365.5	19.23	388.1	19.41
50.0	307.6	19.23	332.4	19.56	357.0	19.83	381.3	20.07	405.4	20.27
55.0	317.8	19.86	344.1	20.24	370.1	20.56	395.8	20.83	421.3	21.06
60.0	326.9	20.43	354.7	20.86	382.0	21.22	409.1	21.53	435.9	21.80
70.0	342.4	21.40	372.9	21.94	403.0	22.39	432.7	22.77	462.1	23.10
80.0	354.9	22.18	387.9	22.82	420.5	23.36	452.8	23.83	484.6	24.23
90.0	364.9	22.80	400.3	23.55	435.3	24.19	470.0	24.73	504.2	25.21
100.0	372.8	23.30	410.4	24.14	447.8	24.88	484.7	25.51	521.2	26.06
120.0	383.9	23.99	425.4	25.03	466.9	25.94	508.0	26.74	548.8	27.44
140.0	390.6	24.41	435.2	25.60	480.1	26.67	524.9	27.63	569.5	28.48
160.0	394.4	24.65	441.4	25.96	489.1	27.17	537.0	28.26	585.0	29.25
180.0	396.6	24.79	445.2	26.19	495.0	27.50	545.5	28.71	596.4	29.82
200.0	397.8	24.87	447.5	26.32	498.8	27.71	551.4	29.02	604.6	30.23
深海波	399.3	24.96	450.8	26.52	505.3	28.07	563.1	29.63	623.9	31.19

索　引

あ
後浜　398
　　　——天端高（養浜工）　410
　　　——遡上高　398
安全照査点　159
安全性（性能設計における）　165
安定数（被覆材の）　119, 123, 124

い
位相平均型モデル　300
一様傾斜海浜（波浪変形）　73, 81, 312
１点係留ブイ（稼働限界）　189
一発砕波（水理模型実験）　200
一般化極値分布関数　330
移動限界水深　397
　　　——佐藤・田中の完全移動限界　398
　　　——Hallermeier式　397
イリバレン数　123, 130, 140

う
ウィルソンの波浪推算式　40
ウインドスクリーン　176
ウェーブセットアップ　71, 314
ウェーブセットダウン　70, 314
打ち上げ高　8, 129, 145
　　　——海岸堤防　130
　　　——滑斜面　130
　　　——斜め入射の影響　131
うねり　7, 25, 40, 41, 250
　　　——スペクトル　22, 28, 251
　　　——船舶係留障害　190

え
営力（海浜変形の）　386
越波排水対策　150
越波流量　6, 132〜145
　　　——海岸堤防　139
　　　——緩傾斜護岸　138〜142
　　　——消波護岸　136〜137
　　　——直立護岸　133〜135, 142
　　　——変動範囲　138
　　　——模型縮尺効果　194
越波量　8, 132
　　　——風の影響　143, 194
　　　——時間変動特性　149
　　　——斜め入射の影響　143
　　　——波返工の効果　144
　　　——模型縮尺効果　144, 194

越波量評価マニュアル　139, 141, 142
$1/N$ 最大波高　219, 221
エネルギー減衰（砕波による）　80, 305
エネルギー代表波（海浜変形予測）　403
エネルギー平衡方程式　5, 45, 300
エルゴード性（確率過程）　213
沿岸漂砂の突堤通過率　406
沿岸漂砂量
　　　——公式　385
　　　——推定式　393
　　　——報告例　388
沿岸流速　312〜321
　　　——近似推定式　315
　　　——最大値　318, 319
　　　——最大値の出現水深　320
　　　——複雑な海浜地形　321

お
オイラーの定数　17, 223, 332
沖波　7
沖向き漂砂量　389
重み関数（スペクトル推定理論）　270
重み係数（重み付き最小2乗法）　344
重み付き最小2乗法　338, 343
折り返し周波数　268

か
海岸護岸　131, 405
海岸堤防　130, 405
カイ自乗分布　265, 266
回折　7, 49〜59
回折図
　　　——規則波　59
　　　——不規則波　51〜55, 85
海浜
　　　——断面形状　385
　　　——平衡勾配　407
海浜変形　383〜401
　　　——構造物建設の影響　388
　　　——その要因　386
　　　——未解決問題　389
海浜流　310
ガウス過程　213〜214
拡張最大エントロピー原理法　284
拡張最尤法（方向スペクトル推定）　282
確定論的設計　155
確率過程　213
確率波高　363, 374〜375

────極値分布関数　374〜375
────周期の設定　368
────信頼区間　368
────地域特性　374
確率分布法（不規則波の取扱法）　9
確率論的設計　155,369
荷重強度係数設計法　369
仮想防波堤（反射波の伝播）　85
滑動安全率（防波堤）　109
滑動量（防波堤）　113〜115
────超過確率　169
渦動粘性係数（沿岸流に対する）　313,321
緩傾斜護岸　138〜141,405
緩傾斜堤　130
換算沖波　7,59〜60
────波高　39,59
感度係数（信頼性設計）　159,164

き

期間最大値資料（極値統計解析）　328
棄却検定（極値統計解析）　354
基準化変量（極値統計解析）　331
擬似乱数の発生方法　294
規則波
────打ち上げ高　132
────回折図　59
────屈折　41,46
────砕波減衰　6
────砕波指標　63
────造波装置　196
────波高分布（防波堤沿い）　88
基礎・地盤の支持力　109
期待越波流量　132
期待滑動量　103,166
────計算フロー　167
期待滑動量方式（性能設計）　166〜169
共振現象（港内水域）　190
狭帯域スペクトル　217,218
共分散関数　272
供用性（性能設計における）　165
極大値資料（極値統計解析）　328
極値Ⅰ型分布　330,332,333
────MIR 最適合基準　348
────L 年最大統計量　370
────基準化変量　345
────再現確率統計量　346
────再現確率統計量の標準偏差　362
────DOL 棄却基準　352
────プロッティング・ポジション　342
────REC 棄却基準　353
極値統計　327〜379
────信頼区間　355〜365

────発生原因別の解析　365
極値Ⅱ型分布　330,332,333
────MIR 最適合基準　348
────L 年最大統計量　370
────基準化変量　345
────再現確率統計量　346
────再現確率統計量の標準偏差　362
────DOL 棄却基準　352
────プロッティング・ポジション　342
────REC 棄却基準　353
極値Ⅲ型分布　330
極値分布関数　157,168,330,354
────あてはめ方法　338
────棄却検定　349
────最頻値　333
────標準偏差　333
────平均値　333
裾長度パラメータ　50,171,336,337,374,377
許容越波流量　146
切れ波　11

く

空気の圧縮性（水理模型実験の相似性）　195
クォドラチャ・スペクトル　274
屈折　7,41〜49
屈折係数　42
────不規則波　43
屈折図法　41
駆動信号（不規則造波装置）　198
グリンゴルデン公式　342
クロススペクトル　274
群速度　45〜46
グンベル分布　330

け

傾斜護岸
────越波流量　138
────越波流量算定図表　139〜141
────所要天端高　149
傾斜堤
────反射率　83
────被覆材　6,123〜125
傾斜防波堤　6,122〜126
係留索　185〜186
係留障害対策　189〜191
係留船舶　184〜191
────許容動揺量　188〜189
────固有周期　186
────動揺解析　184〜187

こ

高山法（港内波高計算）　300

拘束長周期波　　33, 249
拘束波　　249
高速フーリエ逆変換　　198
合田・小野沢の提案式（極値統計解析）　　342
合田波圧式　　104〜110
　　——信頼度　　110
港内水面の共振現象　　187
港内静穏度　　175, 202
　　——向上　　181〜183
合理的再現期間　　169
港湾技術基準　　164, 165, 171, 175
護岸（海浜への影響）　　405
コサイン $2l$ 乗型分布関数　　27
誤差関数　　43
コ・スペクトル　　274
混成防波堤（混成堤）　　6, 115〜122, 164

さ

再現確率統計量　　334
　　——信頼区間　　360
　　——推定誤差　　363〜364
再現期間　　333
最高波　　13
最高波高　　17, 222〜224
最高波頂高　　243
最小2乗法　　338〜339, 343〜344
　　——極値分布の母数推定　　343
最大エントロピー原理法　　283
最大偏差値（極値統計解析）
　　——分布特性　　349
最適設計（期待滑動量に基づく）　　169
砕波　　5, 63〜81
　　——水位上昇　　71, 315
　　——判定条件（ブシネスク方程式）　　304
砕波係数の定数　　308, 310, 315, 321
砕波指標　　63〜67
　　——標準偏差　　64
砕波帯　　64
　　——2乗平均波高　　248
　　——波形の尖鋭度　　245
　　——波形の歪み度　　245
　　——波高算定図　　76〜79
　　——波高の略算式　　74〜80
　　——波高分布　　68〜69
　　——有義波高　　76〜79, 247
砕波変形　　7, 63〜81
最尤法（極値統計解析）　　338〜339
サージング（浮体運動）　　184, 186, 189
サーフェスローラー　　311, 314
サーフビート　　33, 72, 82
3次元海浜変形モデル　　398〜401
　　——浮遊砂の取り扱い　　400

サンフルー波圧式　　101
1/3最大波（有義波）　　14

し

時間発展型モデル（波浪変形計算）　　300
自己共分散関数　　215
自己相関関数　　213, 215, 216
島堤（島状防波堤）
　　——波高分布　　90
　　——波力分布　　90, 121
周期
　　——越波による伝達波　　92
　　——確率波高に対する値　　368
　　——波高との結合分布　　237〜240
　　——変動性　　163, 254
周期分布　　18, 232
終局限界状態　　165
修正最尤法（方向スペクトル解析）　　289
修正ブレットシュナイダー・光易型スペクトル　　21, 31
修正ペトルアスカス・アーガード公式　　342
修正レベル1設計法（信頼性設計）　　170
自由長周期波　　33
周波数スペクトル　　18〜22, 212, 215
　　——推定の理論　　263〜271
修復限界状態　　165
修復性（性能設計における）　　165
重複波→ちょうふくは
1/10最大波　　4, 13
縮尺効果（水理模型実験）　　194
順序統計量（極値統計解析）　　335, 336
衝撃砕波圧　　110
衝撃砕波力　　111
　　——係数　　112
　　——発生　　112
　　——危険性　　112
　　——有効値　　112
使用限界状態　　165
使用性（性能設計における）　　165
消波構造　　83, 181
　　——越波流量　　136〜137
　　——所要天端高　　147
消波ブロック被覆堤　　112, 118, 164, 203
上部斜面ケーソン堤　　119
初期砕波　　64
　　——水深　　65
　　——点　　65〜66
ジョンスワップ型スペクトル　　30, 32, 307
シールズ数　　384, 392
深海波　　7
シングルサンメーション法　　292, 307
人工リーフ　　93, 406
信頼区間

──確率波高　　368
　　──極値の再現区間　　366
　　──再現確率統計　　366
　　──再現確率統計量　　360
　　──スペクトル推定値　　266
　　──母数推定値　　357
信頼性指標　　159, 160, 162
信頼性設計（防波堤）　　158〜165

す

水理模型実験　　115, 144, 193〜203
　　──必要性　　195
スウェイング（浮体運動）　　184, 186, 189
数値シミュレーション　　30, 291〜294
　　──非線形波浪　　251
　　──不規則波形　　4, 12, 42
　　──不規則波浪　　291
数値波動解析法　　46, 299
数値フィルター　　294
ステレオ波浪観測計画　　27, 273
ストークス　　3
ストークス波　　247
ストームライン（係留索）　　191
スペクトル
　　──周期との関係　　31〜32
　　──周波数　　4, 18〜22
　　──推定値の信頼区間　　266
　　──推定値の変動係数　　266
　　──代表波との関係　　29
　　──帯域幅　　220〜221
　　──波高との関数　　29
　　──ピーク尖鋭度　　231
　　──非線形成分　　249〜252
　　──有義周期　　32, 39, 124, 131, 140, 402
　　──有義波高　　30, 140, 402
スペクトル形状パラメータ κ　　30, 228
スペクトル幅パラメータ ε　　220, 235, 242
スペクトル法（不規則波の取扱法）　　9

せ

正規分布　　214
性能関数（信頼性設計）　　158, 161
性能設計法　　165
　　──期待滑動量方式　　166〜169
成分波
　　──エネルギー　　44
　　──周期　　44
　　──周波数　　293, 307
積率法（極値統計解析）　　338, 339
設計因子（信頼性設計）　　164
　　──一覧表　　160, 162
　　──確率分布特性　　168

　　──不確定性　　155
　　──変動係数　　156, 164
設計供用期間　　169, 367
設計波　　103〜104, 327
ゼロアップクロス
　　──点　　262
　　──周期　　232, 238
　　──法　　12, 246
ゼログロス法　　14
ゼロクロス有義波高　　30, 131
ゼロダウングロス法　　14, 246
尖鋭度（水面波形）　　243, 245, 253
浅海波　　7
前傾度パラメータ　　246
浅水変形　　7, 60〜63
全数極値資料（極値統計解析）　　328
船舶　　189
船舶係留障害対策　　190

そ

総滑動量（防波堤）　　166
相関係数（極値統計解析）
　　──残差平均値　　347〜348
　　──残差の非超過確率　　353
遭遇確率　　367
相当深水波　　7, 59
造波信号　　197, 291
造波装置　　196, 199
造波特性関数　　197, 199
造波板　　198
掃流砂　　384, 391, 394
遡上高　　6, 130, 398
　　──砂浜　　398
ソリトン分裂　　201

た

帯域幅（周波数スペクトル）　　268
対数正規分布　　331, 333
　　──MIR最適合基準　　348
　　──基準化変量　　345
　　──再現確率統計量　　346
　　──DOL棄却基準　　352
　　──プロッティング・ポジション　　342
　　──REC棄却基準　　353
代表周期　　13〜14
　　──変動係数　　254
　　──比　　32
代表周波数　　43〜44, 293, 307
代表波の定義　　12
代表波高　　13〜14, 220
　　──相互の関係　　16
　　──変動係数　　254

――比　16, 30
楕円型（波動）方程式　301
ダブルサンメーション法　291
多方向不規則波　7
　　　――発生装置　199
ダリー型モデル　81
単一最高波法（不規則波の取扱法）　9
単一有義波法（不規則波の取扱法）　9
段階的砕波係数　306
段階的砕波変形モデル（PEGBIS）　69, 305～308
端趾圧　109

ち
地域頻度解析（極値統計解析）　376
長周期波　31, 32
　　　――大きさ　34
　　　――拘束　34
　　　――スペクトル特性　34
　　　――制御（水理模型実験）　201
　　　――有義波高　35
　　　――予報　191
重複波
　　　――波の谷の波圧　116
　　　――峯高　129
直線状平行等深線海岸　47
直立護岸
　　　――越波流量　133～135, 142
　　　――所要天端高　147
直立消波構造物　83
沈降速度　395, 407

つ
包み込み正規方向分布　27
津波の発生法（水理模型実験）　201

て
定常確率過程　213, 214
定常性（確率過程）　213
汀線変化予測　401
低天端構造物　93, 406
データ採択率（極値統計解析）　329
デジタル記録　260
データウィンドー　269
伝達関数
　　　――造波信号　198
　　　――波運動量　282
伝達波　8, 91～95
　　　――伝播　95
転倒安全率（防波堤）　109
天端高
　　　――護岸　145
　　　――防波堤　189

と
等質性（極値統計解析）　327
等深線変化モデル　396, 397
独立性（極値統計解析）　327
突堤　405

な
ナイキスト周波数　268
中詰土砂の吸出し防止（堤防・護岸）　151
汀線変化
　　　――事例　383
　　　――予測　401
　　　――予測モデル　396
斜め入射波
　　　――打ち上げ高の補正　131
　　　――越波流量の減少　143
　　　――回折図　56
波エネルギー累加曲線　61
波作用量平衡方程式　301
波のエネルギー　209
波のスペクトル　18～29
波の連なり　224
波の非線形性　222
　　　――周期への影響　249
　　　――波高への影響　247
波の理論　3, 61
波向補正係数（打ち上げ・越波量）　131, 140, 143

に
二次波峰（水理模型実験）　200
二重指数分布　330
2乗平均波高　5, 67, 81, 219
入・反射波
　　　――の合成　86
　　　――の分離測定　202

ね
根固め方塊の安定性　121

は
波圧
　　　――強度　105
　　　――計算式　103
　　　――係数　106
　　　――合力　107
　　　――作用高　104
　　　――算定式の沿革　101
　　　――波の谷における　116
　　　――補正係数　118
破壊点　159, 162
波形
　　　――極大・極小点　262

——極大値　　240
　　　——記録長　　260
　　　——非線形性　　243
　　　——非対称性　　246
　　　——標準偏差　　29〜31
　　　——読取時間間隔　　261
波形勾配　　40
波高
　　　——確率密度関数　　219
　　　——スペクトルの関係　　29
　　　——設計波　　105
　　　——相関係数　　226,229
　　　——の合成　　86
　　　——変動係数　　156,163
　　　——連の長さ　　226
波高計群（方向スペクトル解析）
　　　——直線状配置　　279
　　　——方向分解能　　276
　　　——方式　　273〜279
　　　——星形配置　　276,279
波高・周期結合分布　　238
波向線（屈折図）　　41
波高超過出現率（港内静穏度）　　179
波高伝達率
　　　——広天端幅捨石堤　　93
　　　——混成防波堤　　91
　　　——消波ブロック積み離岸堤　　93
　　　——消波ブロック被覆堤　　92
　　　——離岸堤・人工リーフ　　93
波高平面分布　　14
　　　——凹隅角部　　88
　　　——構造物沿い　　87
　　　——島状防波堤　　90
波速　　45
波長　　39,209
バーム式防波堤　　123
パラペットの耐波性　　150
パラメータ法（方向スペクトル解析）　　280
波力の局所的増大　　121
波浪
　　　——非線形性　　243
　　　——出現率（港内静穏度）　　176
　　　——統計量の変動性　　252,253
波浪の極値統計　　372
　　　——資料の整理方法　　373
　　　——地域特性　　374
波浪漂流力　　185
波浪変形モデル
　　　——位相平均型　　300
　　　——時間発展型　　303
パワースペクトル密度関数　　212,216
半角コサイン2S乗型分布関数　　28

反射　　8,83〜87
反射吸収方式（水理模型実験）　　200
反射波
　　　——吸収型（水理模型実験）　　199
　　　——分離推定法　　286〜290
　　　平面波浪場——　　289
　　　造波水路内——　　286
反射率　　83,288,290
　　　——概略値　　83
半無限長期構造物　　87

ひ

被害度（傾斜堤の被覆材）　　123,124
被害率（水理模型実験）　　203
　　　——信頼区間　　203
ピーク増幅率（周波数スペクトル）　　21,30,254
ピストン型造波装置　　197
歪み度（水面波形）　　244,245,253
非線形
　　　——緩勾配方程式　　303
　　　——干渉　　200,249
　　　——強波動分散方程式　　303
　　　——スペクトル　　250
　　　——浅水変形　　62
非線形性パラメータ　　245〜248
非超過確率の割り付け方（極値統計解析）　　339
ピッチング（浮体運動）　　184,186,189
非定常緩勾配方程式　　303
ヒービング（浮体運動）　　184,186,189
被覆材の所要質量
　　　——基礎マウンド　　119〜121
　　　——コンクリート方塊　　125
　　　——捨石　　123
　　　——テトラポッド　　125
漂砂　　9,384
漂砂量
　　　——沿岸方向　　386,393
　　　——沖向き流失　　389
漂砂量式
　　　——Kamphuis式　　393
　　　——CERC公式　　386,393
　　　——Bailard式　　394
標本（極値統計解析）　　213,328
　　　——最大偏差値　　349
表面張力の影響（水理模型実験）　　194
ピリオドグラム（周波数スペクトル）　　266,270
広井波圧式　　101

ふ

ファイスケール（底質粒度分析）　　409
ブイ式波高計　　30
フィルター（周波数スペクトル解析）　　270

風速スペクトル　　188
風波　　7, 11, 25, 41
不規則造波装置　　6, 196～200
不規則波
　　——回折係数　　49
　　——回折図　　51～55
　　——屈折角　　48
　　——屈折計算　　45
　　——屈折係数　　48
　　——実験手法　　6, 201～202
　　——数値シミュレーション　　198
　　——造波装置　　196
　　——砕波指標　　67
　　——波形　　211
　　——発生方法（水理模型実験）　　196
　　——包絡波形　　217
不規則波実験法（不規則波の取扱法）　　9
ブシネスク方程式　　178, 303, 304
浮体運動　　184
部分極値資料（極値統計解析）　　328
部分係数（信頼性設計）　　164
部分砕波圧式　　102
不偏性（極値統計解析）　　339
浮遊砂　　391, 394
　　——移流拡散　　400
　　——砕波による巻き上げ　　391
　　——濃度　　391, 392
フラップ型造波装置　　197
フーリエ係数　　264, 265, 269
浮力（防波堤）　　105
フルード相似則（水理模型実験）　　193
フレッシェ分布（極値統計解析）　　330
ブレッドシュナイダー・光易型スペクトル　　43
プロッティング・ポジション　　339, 340, 341
ブロム公式（極値統計解析）　　341
分散関係式　　209, 304

へ
平滑ピリオドグラム法（スペクトル解析）　　266
平均周期　　14, 31～32, 236
　　——スペクトルによる　　232～233
　　——変動係数　　254
平均水位
　　——空間的変化　　6, 70
　　——上昇（リーフ）　　82
　　——上昇量　　71, 315
　　——補正（波形記録解析）　　261, 268
平均波　　14
平均発生率（極値統計解析）　　328
平衡勾配（海浜）　　385, 407
ベイズ型モデル（方向スペクトル解析）　　285
ヘッドランド（人工岬）工法　　407

ヘルツホルム方程式　　300

ほ
ボアー型モデル　　80, 81
ポアソン分布　　334
防舷材　　186
方向角の標準偏差　　28
方向関数（方向スペクトル）　　22
　　——相互関係　　28
方向集中度パラメータ　　23, 24, 39, 50
　　浅海域における——　　24
方向スペクトル　　5, 22, 199, 211, 271
　　——成分波　　43, 49, 307
方向スペクトル解析
　　——BDM　　285
　　——MEP法　　283, 284
　　——拡張最尤法　　282
　　——最尤法　　277
　　——直接フーリエ変換法　　276
　　——パラメータ法　　280
方向スペクトル密度関数　　22, 211
方向分解能（方向スペクトル解析）　　276
方向分散法　　58, 86
方向分布関数　　5, 22～28
防波堤　　101～126
　　——滑動　　113～115, 160～163, 166～169
　　——最適設計　　169
　　——信頼性設計　　158
　　——性能設計　　165
　　——波高伝達率　　92
放物型（波動）方程式　　302, 305
包絡波形　　217
　　——振幅　　218, 227
母数推定値（極値統計解析）
　　——信頼区間　　357～360

ま
前浜　　410
　　——勾配　　410
摩擦係数
　　——捨石とコンクリート　　109, 157, 168
　　——海底面　　305, 313, 321

み
見掛けの開口幅（防波堤）　　56
光易型方向関数　　23
光易型方向分布関数　　5, 23～27
ミニキン波圧式　　103

も
模擬波形　　11～12, 42
目標信頼性指標（信頼性設計）　　164, 170, 171

模型（水理模型実験） *194*
模型縮尺（水理模型実験） *193*
　　　——効果　*144, 194*

ゆ

有義波　*4, 14*
有義波高　*14, 39, 247*
有義波周期　*14, 39*
　　　——有義波高との関係　*40*
有限振幅波の理論　*3, 61*
有限フーリエ級数　*263*
有効性（極値統計解析）　*339*
有効波高（海浜変形予測）　*398, 403*

よ

ヨーイング（浮体運動）　*184, 186, 189*
揚圧力　*105*
　　　——大型ケーソン　*117*
養浜工　*407*
　　　——実施状況　*408*
養浜砂　*408*
　　　——歩留まり率　*409*
　　　——粒径　*409*

ら

ラディエーション応力　*33, 70, 311*

り

離岸堤　*93, 406*
リーフ　*82*
　　　——上の波高　*82*

る

累積滑動量（防波堤）　*166, 168*
ルーマニア国黒海南部海岸　*401*

れ

レベル1信頼性設計法　*164, 170, 369*
レベル2信頼性設計法　*159*
レベル3信頼性設計法　*158*
レーリー分布　*4, 15, 218*
連成運動（浮体運動）　*184*
連長（波高の連）
　　　——確率分布　*226〜230*
　　　——出現確率　*231*
　　　——平均長　*230*
　　　——理論　*230*

ろ

ローリング（浮体運動）　*184, 186, 189*

わ

ワイブル公式（プロッティング・ポジション）　*340*
ワイブル分布　*221, 315, 331〜333*
　　　—— MIR 最適合基準　*348*
　　　—— L 年最大統計量　*370*
　　　——基準化変量　*345*
　　　——再現確率統計量　*346*
　　　——再現確率統計量の標準偏差　*362*
　　　—— DOL 棄却基準　*352*
　　　——プロッティング・ポジション　*342*
　　　—— REC 棄却基準　*353*
ワロップス型スペクトル　*21, 30, 32*
ワンラインモデル（海浜変形予測）　*396, 401*

英字

BDM　*285*
CERC 公式　*386*
DEAN 数　*385*
DOL 棄却基準　*351, 354*
EMEP　*284*
EMLM　*282*
FFT 法　*266, 269*
FORM　*158*
FT-I 型分布　*330*
FT-II 型分布　*330*
FT-III 型分布　*330*
Grenander の不確定性原理　*268*
L 年最大統計量　*369*
　　　——変動係数　*371*
MEP 法　*283*
MIR 最適合基準　*347*
Q_p パラメータ　*231*
REC 棄却基準　*353, 354*
R 年確率統計量　*334, 335*
SIWEH　*226*
SMB 法　*4*
SWAN モデル　*301, 400*
SWOP　*27, 273*
　　　——方向関数　*27*
TMA 型スペクトル　*22*
TUCKER 法　*259*
Wiener-Khintchine の関係式　*215*

[MEMO]

[MEMO]

[MEMO]

著者略歴

合田良實（ごうだよしみ）

1935年2月	札幌市に生れる
1957年3月	東京大学工学部土木工学科卒業
1963年6月	米国マサチューセッツ工科大学大学院修士課程修了
1976年1月	工学博士（東京大学）
1967年5月	運輸省港湾技術研究所水工部波浪研究室長
1980年6月	同所水工部長
1986年5月	港湾技術研究所長
1988年4月	横浜国立大学工学部教授
2000年4月	横浜国立大学名誉教授
	㈱エコー顧問　現在に至る
	この間，土木学会論文奨励賞（1968），土木学会論文賞（1977），土木学会著作賞（1989），米国土木学会国際海岸工学賞（1989），土木学会出版文化賞（1997），運輸大臣交通文化賞（1999），土木学会功績賞（2003）各受賞，瑞宝中綬章（2006）受章
2012年1月	没（享年76歳）

耐波工学
港湾・海岸構造物の耐波設計

2008年6月20日　第1刷発行
2013年3月30日　第2刷発行

著　者　　合　田　良　實　©

発行者　　鹿　島　光　一

発行所　　鹿　島　出　版　会
　　　　　104-0028　東京都中央区八重洲2丁目5番14号
　　　　　Tel 03(6202)5200　振替 00160-2-180883
　　　　　無断転載を禁じます。
　　　　　落丁・乱丁本はお取替えいたします。

装幀：西野　洋　　印刷：創栄図書印刷　　製本：牧製本
ISBN978-4-306-02399-4　C3052　Printed in Japan

本書の内容に関するご意見・ご感想は下記までお寄せください。
URL:http://www.kajima-publishing.co.jp
E-mail:info@kajima-publishing.co.jp